STARTKLAR

Prüfe dein Vorwissen und starte erfolgreich ins Kapitel! Die STARTKLAR-Seite bereitet dich gezielt auf die Inhalte des Kapitels vor.

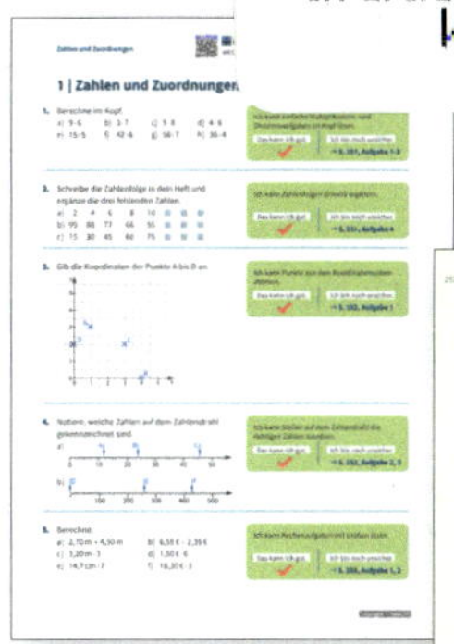
1 | Zahlen und Zuordnungen

WIEDERHOLEN

Hast du einige Startklar-Aufgaben nicht auf Anhieb verstanden? Hier kannst du nochmal gezielt nachschlagen und dein Vorwissen auffrischen.

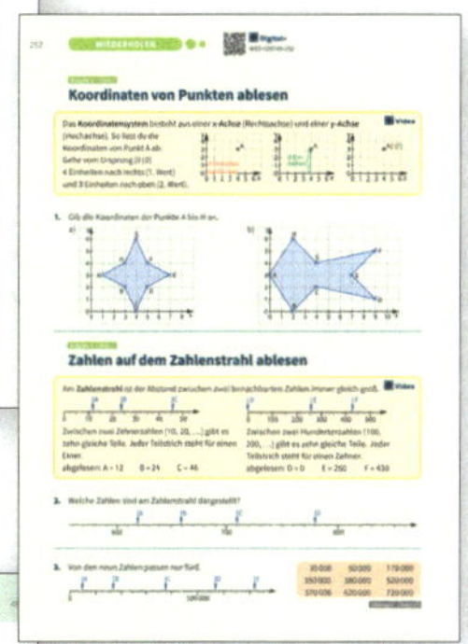
Koordinaten von Punkten ablesen

Zahlen auf dem Zahlenstrahl ablesen

PROJEKT

Entdecke die Mathematik in spannenden Anwendungen. Auf den PROJEKT-Seiten lernst du, wie du mathematische Probleme lösen und deine Ergebnisse präsentieren kannst.

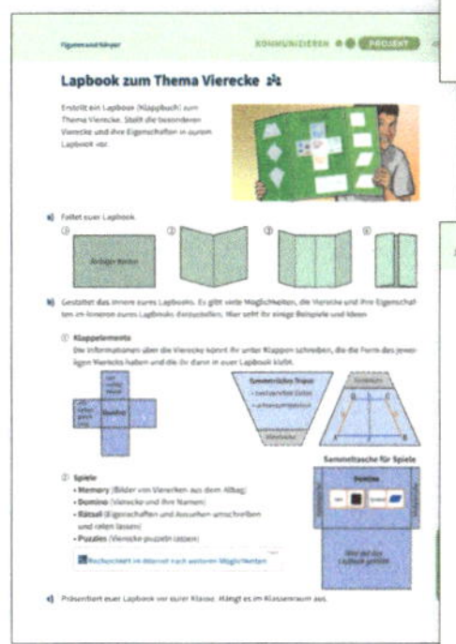
Lapbook zum Thema Vierecke

BLEIB FIT

Mathematik ist wie Sport - Übung macht den Meister! Auf den Seiten „BLEIB FIT“ kannst du gezielt an deinen grundlegenden Fähigkeiten arbeiten und Inhalte aus früheren Kapiteln wiederholen.

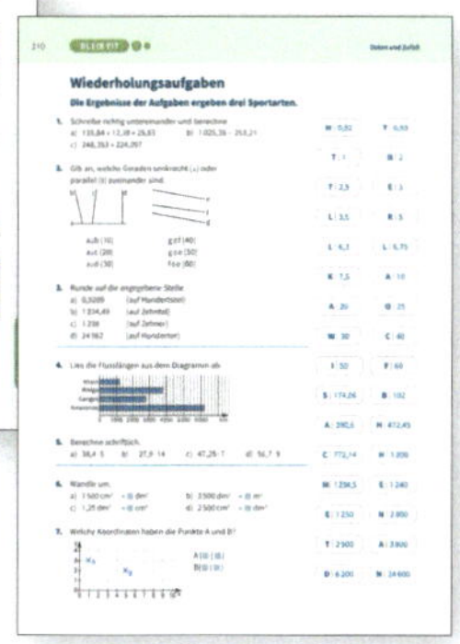
Wiederholungsaufgaben

ZUSAMMENFASSUNG

Die ZUSAMMENFASSUNG gibt dir einen Überblick über die neuen Themen des Kapitels. Hier findest du die wichtigsten Merksätze und Beispiele auf einen Blick.

TRAINER

Bereite dich perfekt auf deine nächste Prüfung vor! Mit dem TRAINER kannst du dein Wissen zu allen Themen des Kapitels festigen und vertiefen. Die Lösungen zu den Aufgaben findest du am Ende des Buches.

ABSCHLUSSAUFGABE

Beweise dein Können in der praxisnahen ABSCHLUSSAUFGABE am Ende des Kapitels. Zeig, was du drauf hast und überprüfe deine Ergebnisse am Ende des Buches.

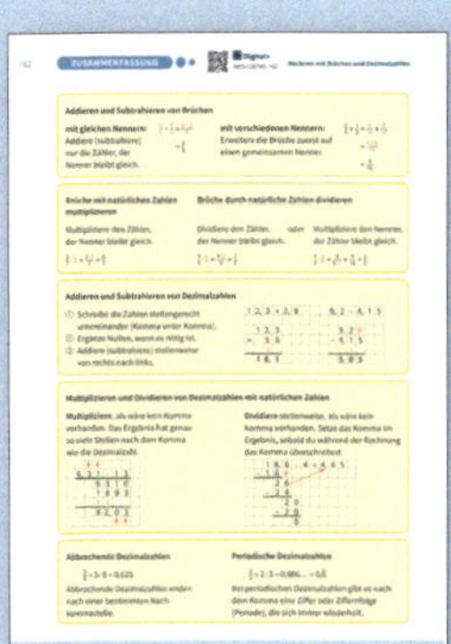

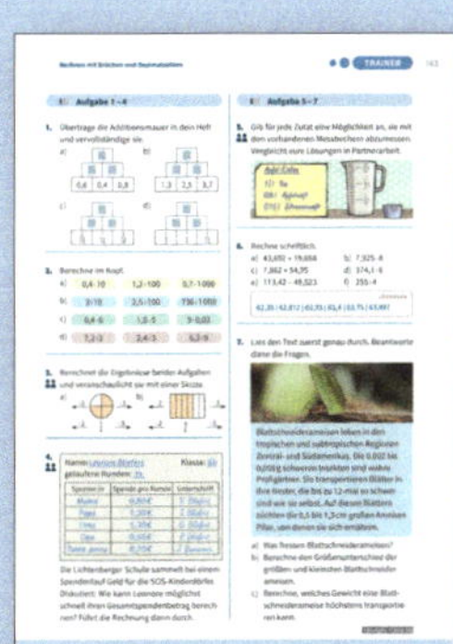

Getränkebar auf dem Schulfest

westermann

Herausgegeben von
Tim Baumert
Dr. Elke Mages
Peter Welzel

ERLEBNIS
Mathematik

6

ERLEBNIS Mathematik 6

Herausgegeben und bearbeitet von

Tim Baumert, Volker Eisenmann, Cornelia Friedrich, R.-Michael Kienast, Nicole Krebber, Dr. Elke Mages, Ludwig Mayer, Michael Siegbert, Peter Welzel

Mit Beiträgen von

Maik Abshagen, Kerstin Cohrs-Streloke, Kathrin Holten, Dr. Martina Lenze, Anette Lessmann, Sigrid Mergelkuhl, Jürgen Ruschitz, Dr. Max Schröder, Rino Schroeder, Prof. Bernd Wurl

Zusatzmaterialien zu Erlebnis Mathematik 6

Für Lehrerinnen und Lehrer:

Schulbuch für Lehrkräfte	978-3-14-117758-9
Lösungen zum Schulbuch	978-3-14-117764-0
BiBox für Lehrerinnen und Lehrer (Einzellizenz)	WEB-14-117788
BiBox für Lehrerinnen und Lehrer (Kollegiumslizenz)	WEB-14-117794
Online-Diagnose zu Erlebnis Mathematik 6	www.onlinediagnose.de
kapiert.de zu Erlebnis Mathematik 6	www.kapiert.de/schule

Für Schülerinnen und Schüler:

Arbeitsheft	978-3-14-117770-1
Arbeitsheft mit interaktiven Übungen	978-3-14-145123-8
Arbeitsbuch Inklusion	978-3-14-117776-3
BiBox (Einzellizenz für 1 Schuljahr)	WEB-14-117794

Druck A2 / Jahr 2025
Alle Drucke der Serie A sind im Unterricht parallel verwendbar.

Redaktion: Jessica Bader
Umschlag: LIO Design, Braunschweig
Layout: Janssen Kahlert, Hannover
Illustration: Felix Rohrberg, Moers
Zeichnungen: Michael Wojczak, Braunschweig
Druck und Bindung: Westermann Druck GmbH, Georg-Westermann-Allee 66, 38104 Braunschweig

ISBN 978-3-14-**117752**-7

STARTKLAR Zahlen und Zuordnungen 7

1 Zahlen und Zuordnungen 8

Zahlenfolgen und Muster 10
Teiler und Vielfache 12
Teilbarkeitsregeln 14
Primzahlen 18
Gemeinsame Vielfache 20
Gemeinsame Teiler 22
BLEIB FIT Wiederholungsaufgaben 24
PROJEKT Escape-Room 25
Zuordnungen 26
Proportionale Zuordnungen 30
Zahlen unter und über Null 32

ZUSAMMENFASSUNG 34
TRAINER 35
ABSCHLUSSAUFGABE Zahlen und Zuordnungen 38

STARTKLAR Figuren und Körper 39

2 Figuren und Körper 40

Der Kreis 42
Vielecke und besondere Vierecke 44
PROJEKT Besondere Vierecke zeichnen 48
PROJEKT Lapbook zum Thema Vierecke 49
BLEIB FIT Wiederholungsaufgaben 50
PROJEKT Kantenmodelle basteln 51
Körper erkennen und beschreiben 52
Netze von Würfeln und Quadern 54
Schrägbilder 56
PROJEKT Zeichnen mit dynamischer Geometriesoftware 58

ZUSAMMENFASSUNG 60
TRAINER 61
ABSCHLUSSAUFGABE Figuren und Körper 64

STARTKLAR Brüche und Dezimalzahlen 65

3 Brüche und Dezimalzahlen 66

Brüche bestimmen und darstellen 68
Bruchteile berechnen 72
Vom Bruchteil zum Ganzen 74
Brüche größer als ein Ganzes 76
Brüche beim Verteilen 78
Erweitern und Kürzen 80
BLEIB FIT Wiederholungsaufgaben 84
PROJEKT Gruppenpuzzle: Bruchvergleich 85
Brüche vergleichen und ordnen 86
Prozentschreibweise 88
Dezimalzahlen 90
Dezimalzahlen vergleichen und ordnen 92
Dezimalzahlen runden 94
PROJEKT Zukunft ohne Müll 96

ZUSAMMENFASSUNG 98
TRAINER 99
ABSCHLUSSAUFGABE Brüche und Dezimalzahlen 102

STARTKLAR Winkel und Symmetrien 103

4 Winkel und Symmetrien 104

Winkel und Winkelarten 106
Winkel messen und zeichnen 108
Beschriftung von Dreiecken und Vierecken 112
Winkel an Geradenkreuzungen 114
PROJEKT Mit dem Kompass orientieren 116
BLEIB FIT Wiederholungsaufgaben 117
Achsenspiegelung und Achsensymmetrie 118
Punktspiegelung und Punktsymmetrie 120
Drehsymmetrie und Drehung 124
PROJEKT Spiegeln und Drehen von Figuren mit DGS 126

ZUSAMMENFASSUNG 128
TRAINER 129
ABSCHLUSSAUFGABE Winkel und Symmetrien 132

STARTKLAR Rechnen mit Brüchen und Dezimalzahlen 133

5 Rechnen mit Brüchen und Dezimalzahlen 134

Gleichnamige Brüche addieren und subtrahieren 136
Ungleichnamige Brüche addieren und subtrahieren 138
Brüche mit natürlichen Zahlen multiplizieren 142
Brüche durch natürliche Zahlen dividieren 144
PROJEKT 3-Gänge-Menü am Projekttag 146
BLEIB FIT Wiederholungsaufgaben 147
Dezimalzahlen addieren und subtrahieren 148
Multiplizieren und dividieren mit Zehnerzahlen 152
Dezimalzahlen mit natürlichen Zahlen multiplizieren 154
Dezimalzahlen durch natürliche Zahlen dividieren 156
Vom Bruch zur Dezimalzahl 158

ZUSAMMENFASSUNG 162
TRAINER 163
ABSCHLUSSAUFGABE Rechnen mit Brüchen und Dezimalzahlen 166

STARTKLAR Flächeninhalt und Volumen 167

6 Flächeninhalt und Volumen 168

Zusammengesetzte Figuren 170
Oberflächeninhalt des Quaders und des Würfels 174
PROJEKT Modellieren am Geobrett 178
BLEIB FIT Wiederholungsaufgaben 179
Rauminhalte vergleichen 180
Volumeneinheiten 182
Volumen des Quaders und des Würfels 186
Liter und Milliliter 190
Volumen von zusammengesetzten Körpern 192
PROJEKT Wasser ist kostbar 194
PROJEKT Volumenbestimmung von unregelmäßigen Körpern 195

ZUSAMMENFASSUNG 196
TRAINER 197
ABSCHLUSSAUFGABE Flächeninhalt und Volumen 200

STARTKLAR Daten und Zufall ... 201

7 Daten und Zufall ... 202

Minimum, Maximum, Spannweite ... 204
Arithmetisches Mittel und Median ... 206
Absolute und relative Häufigkeiten ... 208
BLEIB FIT Wiederholungsaufgaben ... 210
PROJEKT Daten mit Tabellenkalkulation auswerten ... 211
PROJEKT Schulranzen ... 212
PROJEKT Wir machen unsere Schule nachhaltiger ... 213
Zufallsexperimente und Wahrscheinlichkeiten ... 214
Wahrscheinlichkeiten bestimmen ... 216
Kombinieren ... 220

ZUSAMMENFASSUNG ... 222
TRAINER ... 223
ABSCHLUSSAUFGABE Daten und Zufall ... 226

STARTKLAR Multiplizieren und Dividieren von Brüchen und Dezimalzahlen ... 227

8 Multiplizieren und Dividieren von Brüchen und Dezimalzahlen ... 228

Brüche multiplizieren ... 230
Brüche dividieren ... 234
PROJEKT Fehler erkennen und korrigieren ... 238
BLEIB FIT Wiederholungsaufgaben ... 239
Dezimalzahlen multiplizieren ... 240
Durch eine Dezimalzahl dividieren ... 244

ZUSAMMENFASSUNG ... 246
TRAINER ... 247
ABSCHLUSSAUFGABE Multiplizieren und Dividieren von Brüchen und Dezimalzahlen ... 250

Wiederholen ... 251
Lösungen ... 271
Stichwortverzeichnis ... 296
Bildquellenverzeichnis ... 298

1 | Zahlen und Zuordnungen

1. Berechne im Kopf.

a) 9·6 b) 3·7 c) 5·8 d) 4·6
e) 15:5 f) 42:6 g) 56:7 h) 36:4

Ich kann einfache Multiplikations- und Divisionsaufgaben im Kopf lösen.
Das kann ich gut. | Ich bin noch unsicher. → S. 251, Aufgabe 1-3

2. Schreibe die Zahlenfolge in dein Heft und ergänze die drei fehlenden Zahlen.

a) 2 4 6 8 10 ■ ■ ■
b) 99 88 77 66 55 ■ ■ ■
c) 15 30 45 60 75 ■ ■ ■

Ich kann Zahlenfolgen sinnvoll ergänzen.
Das kann ich gut. | Ich bin noch unsicher. → S. 251, Aufgabe 4

3. Gib die Koordinaten der Punkte A bis D an.

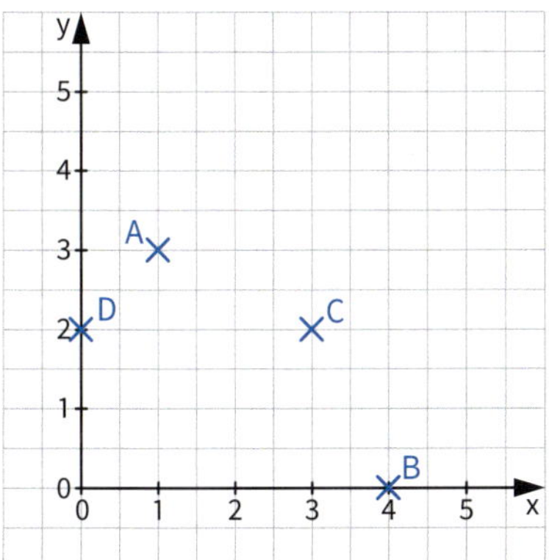

Ich kann Punkte aus dem Koordinatensystem ablesen.
Das kann ich gut. | Ich bin noch unsicher. → S. 252, Aufgabe 1

4. Notiere, welche Zahlen auf dem Zahlenstrahl gekennzeichnet sind.

a)
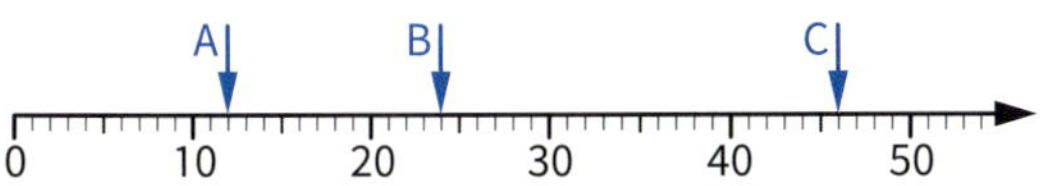

b)
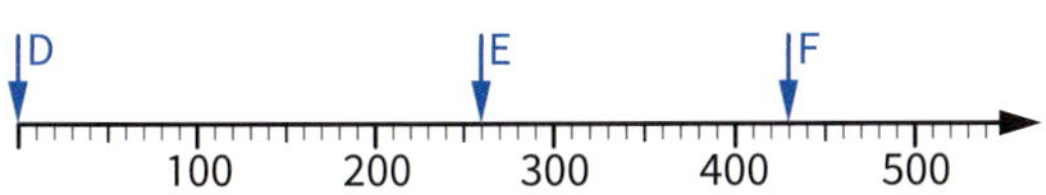

Ich kann Stellen auf dem Zahlenstrahl die richtigen Zahlen zuordnen.
Das kann ich gut. | Ich bin noch unsicher. → S. 252, Aufgabe 2, 3

5. Berechne.

a) 2,70 m + 4,50 m b) 6,55 € – 2,35 €
c) 3,20 m · 3 d) 1,50 € · 6
e) 14,7 cm : 7 f) 18,30 € : 3

Ich kann Rechenaufgaben mit Größen lösen.
Das kann ich gut. | Ich bin noch unsicher. → S. 253, Aufgabe 1, 2

Lösungen → Seite 271

Wie viele Personen braucht man, wenn die menschliche Pyramide ein Stockwerk höher werden soll?

Im Schulchor sind 36 Kinder. Welche Möglichkeiten gibt es, sie in Reihen mit gleich vielen Personen aufzustellen?

1 | Zahlen und Zuordnungen

Beim Schulfest ist ein großer Ballonstart geplant. 300 Ballons sollen vom Schulhof abheben. Welche Kosten entstehen für die Gasflaschen?

In diesem Kapitel lernst du, ...

... wie du das kleinste gemeinsame Vielfache und den größten gemeinsamen Teiler zweier Zahlen bestimmst,

... Teilbarkeitsregeln kennen,

... wie du Zuordnungen in Schaubildern und Tabellen erkennst und damit arbeitest,

... wo im Alltag Zahlen unter Null vorkommen.

Digital+ WES-128745-010

Zahlenfolgen und Muster

Wie lange braucht ihr, um den abgebildeten Becherturm zu bauen?

Wie viele Becher werden für einen Turm benötigt, der zwei Stockwerke höher ist?

1. a) Aus Streichhölzern lässt sich das abgebildete Quadratmuster legen. Bestimmt die Anzahl der Streichhölzer für Muster mit 1, 2 und 3 Quadraten.

b) Wie viele Streichhölzer benötigt ihr, wenn ihr ein Muster mit 10 Quadraten legen möchtet?

---

2. Ein Gerücht kann sich rasend schnell verbreiten. Nehmt an, jede Person, die das Gerücht hört, gibt es jeweils an zwei andere Personen weiter. Wie viele Personen kennen das Gerücht nach der zweiten, dritten oder vierten Runde?

Video

Zahlenfolgen

Eine Aneinanderreihung von Zahlen, die nach einem bestimmten Muster fortgeführt wird, nennst du **Zahlenfolge**.

Rechtecksmuster

Regel: Addiere oder subtrahiere immer dieselbe Zahl.

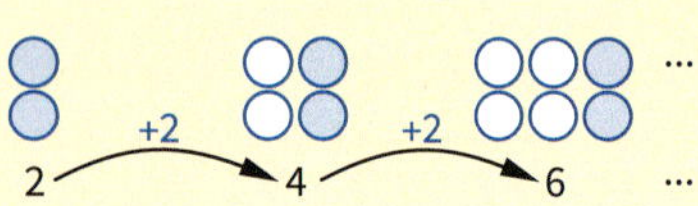

Zahlenfolge: 2, 4, 6, 8, 10, …

Baummuster

Regel: Multipliziere immer mit derselben Zahl.

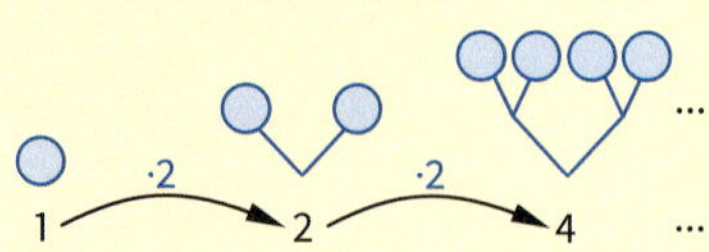

Zahlenfolge: 1, 2, 4, 8, 16, …

Dreiecksmuster

Regel: Addiere immer eine um 1 größere Zahl.

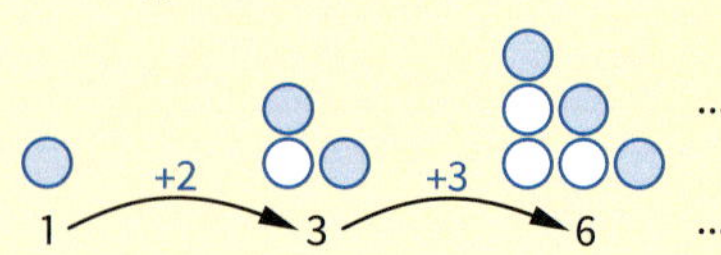

Zahlenfolge: 1, 3, 6, 10, 15, …

3. Nenne die Regel für die Zahlenfolge und gib die nächsten 3 Zahlen an.

	①	②	③
a) Rechtecksmuster:	3, 8, 13, …	3, 13, 23, …	70, 65, 60, …
b) Baummuster:	1, 2, 4, …	50, 100, 200, …	1, 3, 9, …
c) Dreiecksmuster:	1, 4, 8, 13, …	3, 5, 8, 12, …	11, 14, 18, 23, …

Hier findest du jeweils die erste weitere Zahl der Zahlenfolge: 8 15 17 19 27 29 33 55 400

Aufgabe 1 – 4

1. Ordne zu. Je eine Zahlenfolge (grün), eine Regel (blau) und ein Muster (rosa) gehören zusammen. Verwende jedes Muster doppelt.

3, 6, 12, 24, … | 1, 4, 16, 64, … | 1, 8, 15, 22, …

3, 6, 9, 12, … | 2, 3, 5, 8, … | 1, 5, 10, 16, …

+3 | ·2 | ·4 | +1, +2, +3, … | +7 | +4, +5, +6, …

Rechtecksmuster | Dreiecksmuster | Baummuster

2.

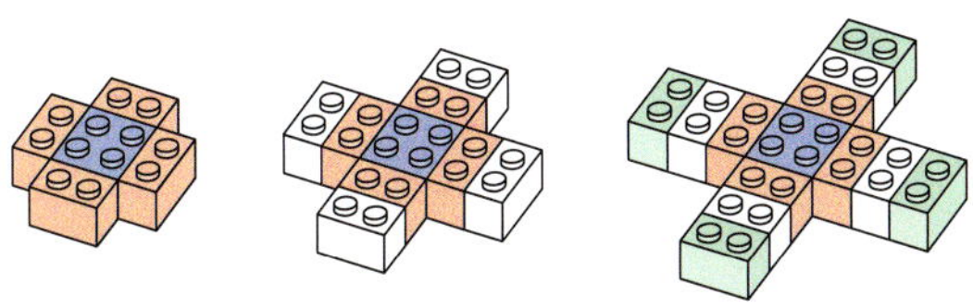

Auch mit Steckbausteinen lassen sich mathematische Muster bilden.

a) Wie viele Noppen haben die erste, die zweite und die dritte Figur?

b) Das Muster wird fortgesetzt. Nenne die Regel und bestimme die Anzahl der Noppen für die vierte und die fünfte Figur.

3.

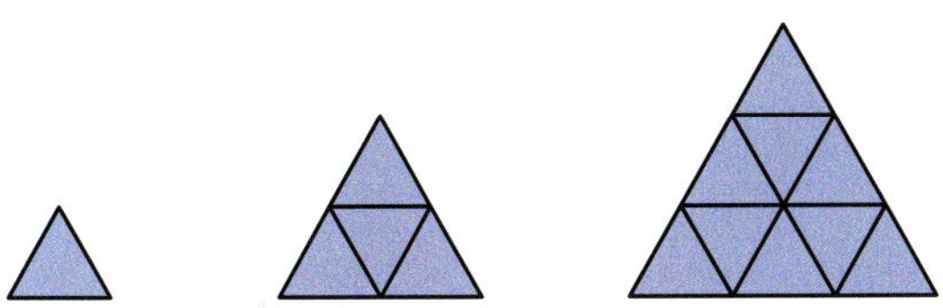

a) Bestimme jeweils die Anzahl der kleinen Dreiecke in den Figuren.

b) Schreibe die Regel auf und bestimme die Anzahl der Dreiecke der nächsten beiden Figuren.

4. Gib die Regel an. Übertrage die Zahlenfolge und setze sie um drei Zahlen fort.

a) 10, 30, 50, …
b) 1, 5, 25, …
c) 3, 4, 6, …
d) 2, 20, 200, …
e) 134, 127, 120, …
f) 6, 12, 19, …

Aufgabe 5 – 7

5. Bei den Zahlenfolgen im Heft von Tom ist einiges nicht mehr genau zu erkennen. Ergänze die fehlenden Werte.

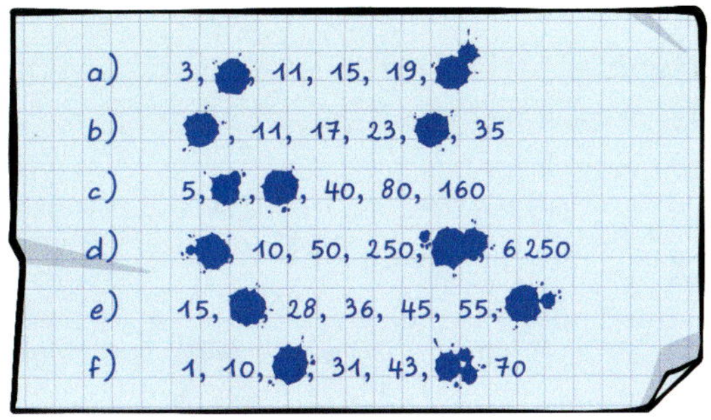

6.

Mit Spielkarten kann man einen mehrstöckigen Kartenturm errichten.

a) Wie viele Karten braucht man für die abgebildeten drei Türme, wie viele für einen vier- oder fünfstöckigen Turm?

b) Erkläre, wie du die Kartenanzahlen für die nächsten Türme berechnen kannst.

7.

Jule und Liam erstellen Spielpläne für das Sportturnier der sechsten Klassen.

a) Wenn jeder gegen jeden spielt, sind es in einer Dreiergruppe drei Spiele. Wie viele Spiele gibt es in einer Vierergruppe?

b) Notiere, wie viele Spiele in einer Fünfer-, Sechser-, Siebener- oder Achtergruppe gespielt werden.

c) Formuliert eine Regel für die Anzahl der Spiele abhängig von der Gruppengröße.

«

Teiler und Vielfache

Wie viele Möglichkeiten findet ihr hier, gleich große Teams zu bilden?
Welche Teams sind bei 36 Kindern möglich?

1.

Arbeitet mit der 1 x 1 Tabelle.

a) Erklärt die Aussagen von Matteo und Marwa.
b) Wo und wie oft gibt es Vielfache von 9?
c) Wo und wie oft gibt es Vielfache von 3?
d) Sind in der Tabelle auch Vielfache von 18? Wie kann man diese finden?
e) Erkennt ihr Teiler von 48? Wie findet ihr sie?

·	1	2	3	4	5	6	7	8	9	10
1	1	2	3	4	5	6	7	8	9	10
2	2	4	6	8	10	12	14	16	18	20
3	3	6	9	12	15	18	21	24	27	30
4	4	8	12	16	20	24	28	32	36	40
5	5	10	15	20	25	30	35	40	45	50
6	6	12	18	24	30	36	42	48	54	60
7	7	14	21	28	35	42	49	56	63	70
8	8	16	24	32	40	48	56	64	72	80
9	9	18	27	36	45	54	63	72	81	90
10	10	20	30	40	50	60	70	80	90	100

Teiler

Dividierst du eine Zahl durch einen ihrer **Teiler**, bleibt kein Rest übrig.

Teiler von 12

12 : 12 = 1
12 : 6 = 2
12 : 4 = 3
12 : 3 = 4
12 : 2 = 6
12 : 1 = 12

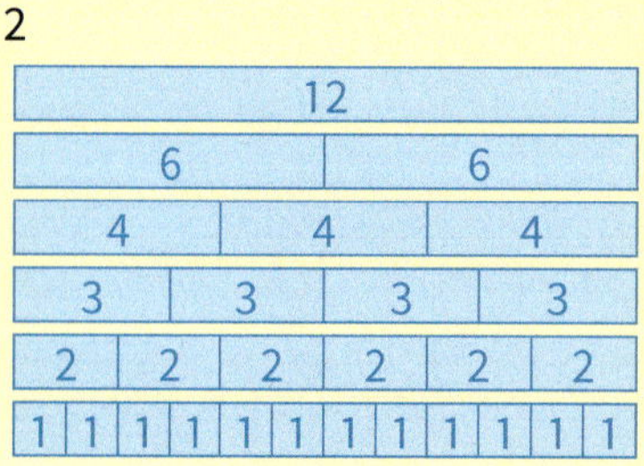

Die Teiler von 12 sind: 1, 2, 3, 4, 6, 12

Vielfache

Video

Die **Vielfachen** einer Zahl erhältst du, wenn du diese Zahl mit 1, 2, 3, … multiplizierst.

Vielfache von 4

1 · 4 = 4
2 · 4 = 8
3 · 4 = 12
4 · 4 = 16
5 · 4 = 20
…

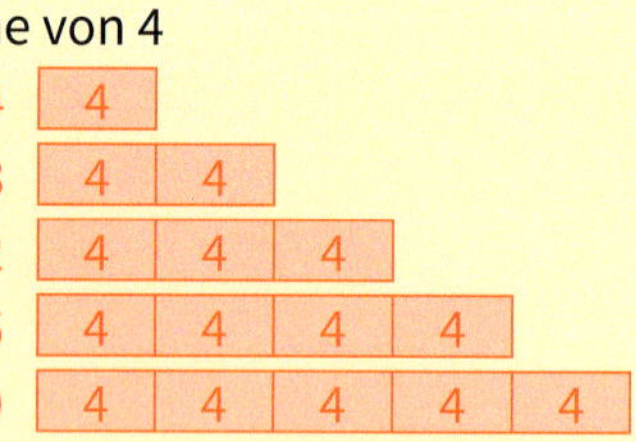

Die Vielfachen von 4 sind: 4, 8, 12, 16, 20, …

2. Ergänze den fehlenden Teiler oder das fehlende Vielfache.

4 6 8 14 24 27 36 45

a) Teiler von 20: 1, 2, ▒, 5, 10, 20
b) Teiler von 28: 1, 2, 4, 7, ▒, 28
c) Vielfache von 8: 8, 16, ▒, 32, 40, …
d) Vielfache von 15: 15, 30, ▒, 60, 75, …
e) Teiler von 18: 1, 2, 3, ▒, 9, 18
f) Teiler von 32: 1, 2, 4, ▒, 16, 32
g) Vielfache von 9: 9, 18, ▒, 36, 45, …
h) Vielfache von 12: 12, 24, ▒, 48, 60, …

Aufgabe 1 – 4

1. Notiere die ersten zehn Vielfachen der Zahl.
a) 5 b) 7 c) 12 d) 18 e) 25 f) 60

2. Ordne die Kärtchen richtig zu und schreibe ins Heft.
a) 48 ist Vielfaches von ▇.
b) 120 ist Vielfaches von ▇.
c) 46 ist Vielfaches von ▇.
d) 135 ist Vielfaches von ▇.
e) ▇ ist Vielfaches von 12.
f) ▇ ist Vielfaches von 25.

100 36 23 45 16 20

3. *Alle Teiler einer Zahl bestimme ich, indem ich multipliziere. Die Faktoren sind die Teiler der Zahl.*

Teiler von 48:	
$1 \cdot 48 = 48$	1 und 48
$2 \cdot 24 = 48$	2 und 24
$3 \cdot 16 = 48$	3 und 16
$4 \cdot 12 = 48$	4 und 12
$6 \cdot 8 = 48$	6 und 8
$8 \cdot 6 = 48$	fertig

Ist der erste Faktor größer als der zweite, erhältst du keine neuen Teiler mehr.

Bestimmt wie Rita alle Teiler der Zahl. Achtet auf den Tipp von Janne.
a) 8 b) 12 c) 24 d) 31
e) 40 f) 44 g) 50 h) 100

4. Ordne die passende Rechenanweisung zu und berechne.

BEISPIEL
der vierte Teil von 84: $84 : 4 = 21$

a) der dritte Teil von 27
b) das Fünffache von 8
c) die Hälfte von 170
d) das Siebenfache von 11
e) der siebte Teil von 56
f) das Doppelte von 63
g) das Zehnfache von 17
h) der fünfte Teil von 60

:5 ·2 :2 ·10 :3 ·7 :7 ·5

Aufgabe 5 – 9

5.

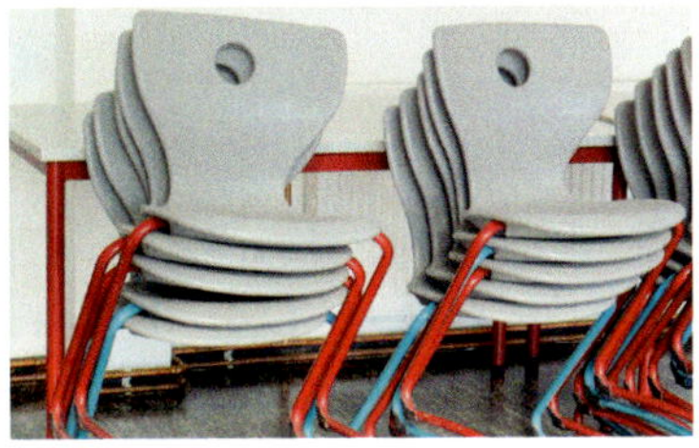

Für ein Sommerkonzert müssen Stühle in die Aula transportiert werden.
a) Eren hat 24 gleich große Stuhlstapel mit je fünf Stühlen in die Aula gebracht. Wie viele Stühle sind das?
b) Die Stühle sollen in Reihen mit gleich vielen Stühlen aufgestellt werden. Überlege, welche Möglichkeiten sinnvoll sind.

6. Bestimmt alle Teiler der Zahl.
a) 60 b) 72 c) 120 d) 300
e) 56 f) 96 g) 210 h) 512

7. Bestimme mindestens drei Zahlen, die die angegebenen Teiler haben.
a) 2, 3 und 5 b) 2, 4, 8 und 9
c) 2, 5 und 9 d) 3, 4, 5 und 6

8. Du gehst zum Bankautomaten und möchtest nur Geldscheine oder Münzen von einer Sorte. Wie könnten 50 € (160 €, 440 €) ausgezahlt werden? Notiere.

9. Die Zahlen 4, 9 und 25 haben genau drei Teiler.
a) Bestimmt die Teiler der Zahlen 4, 9 und 25.
b) Bestimmt fünf weitere Zahlen, die genau drei Teiler haben. Welche Gemeinsamkeit haben diese Zahlen?
c) Bestimmt drei Zahlen, die genau vier Teiler haben.
d) Bestimmt drei Zahlen, die genau fünf Teiler haben.

Teilbarkeitsregeln

Eine Grundplatte soll komplett mit Steinen bestückt werden.

Wie viele Noppen hat die Platte?

Wie viele Vierersteine passen in einer Schicht auf die Platte?

1.

a) Welche Zahlen sind durch 10 teilbar?

b) Bestimmt die Zahlen, die durch 2 teilbar sind.

c) Notiert alle Zahlen, die den Teiler 5 haben.

Teilbarkeit durch 2

Ist die letzte Ziffer einer Zahl eine **0, 2, 4, 6 oder 8**, dann ist die Zahl durch **2** teilbar.

46 hat die Endziffer **6**, du kannst sie durch **2** teilen.

Teilbarkeit durch 5

Ist die letzte Ziffer einer Zahl eine **0 oder 5**, dann ist die Zahl durch **5** teilbar.

45 hat die Endziffer **5**, du kannst sie durch **5** teilen.

Teilbarkeit durch 10

Video

Ist die letzte Ziffer einer Zahl eine **0**, dann ist die Zahl durch **10** teilbar.

50 hat die Endziffer **0**, du kannst sie durch **10** teilen.

2. Bestimme, welche Zahlen durch 2, welche durch 5 und welche durch 10 teilbar sind. Begründe mit der Endziffer.

5 678 2 229 7 305 6 095 8 008 3 653 3 100 2 642 9 605 3 421 1 380 4 310 2 134 3 456 8 677

Acht Zahlen sind durch 2 teilbar, sechs Zahlen haben den Teiler 5 und drei Zahlen den Teiler 10.

3.

a) Prüft durch eine schriftliche Rechnung, ob Moritz die richtigen Zahlen gefunden hat.
b) Erklärt euch gegenseitig, woran Moritz erkennt, dass eine Zahl durch 4 teilbar ist. Achtet auf die Frage von Jule und denkt an die Zerlegung der Zahl.

Teilbarkeit durch 4
Bilden die **letzten beiden Ziffern** einer Zahl ein **Vielfaches von 4**, dann ist die Zahl durch **4** teilbar.

4. Welche Zahlen sind durch 4 teilbar, welche nicht? Entscheide und begründe mit Hilfe der letzten beiden Ziffern.

a) 6120 2418 7328 1336 4410 3711 8316 5340

b) 2700 3568 9073 8190 2444 6766 9586 7016

BEISPIEL
1120 hat die beiden letzten Ziffern **2** und **0**, die **20** ist ein Vielfaches von **4**, also kannst du 1120 durch **4** teilen.

Anzahl der Lösungen: a) fünf Zahlen b) vier Zahlen

5.

a) Hat Manuel Recht? Überprüft wie Ceylan mit einer Rechnung.
b) Stimmt die Regel von Oleg? Prüft, ob die Zahlen auf den Kärtchen durch 3 teilbar sind. Kontrolliert mit einer Rechnung.

370 450 600 830

Video

Teilbarkeit durch 3
Ist die Quersumme einer Zahl durch **3** teilbar, dann ist die Zahl durch **3** teilbar.

Teilbarkeit durch 9
Ist die Quersumme einer Zahl durch **9** teilbar, dann ist die Zahl durch **9** teilbar.

6. Welche Zahl ist durch 3 teilbar, welche durch 9? Die Quersumme hilft dir.

a) 1234 b) 234 c) 12012
d) 8280 e) 123123 f) 281402

BEISPIEL
4278 hat die Quersumme 21, denn 4 + 2 + 7 + 8 = 21. 21 ist durch 3 teilbar, daher kannst du 4278 durch 3 teilen.

»

Aufgabe 1 – 4

1. Suche nach Zahlen, die …
a) … durch 2 teilbar sind,
b) … durch 5 teilbar sind.
Ordne die Zahlen der Größe nach und du erhältst jeweils ein Lösungswort.

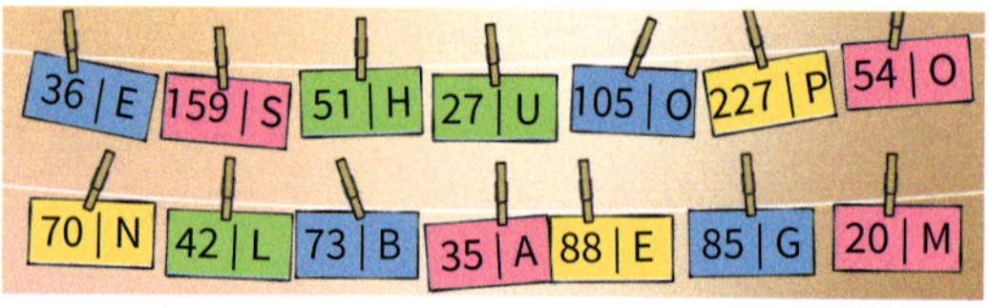

2. a) Welche Zahlen sind durch 3 teilbar? Begründe mit Hilfe der Quersumme.

42   87   189   377   5 847   8 014

b) Welche Zahlen sind durch 9 teilbar? Begründe mit Hilfe der Quersumme.

63   39   919   486   3 258   7 677

LÖSUNGEN: Es sind jeweils vier Zahlen.

3. Schreibt jeweils vier dreistellige Zahlen auf, die teilbar sind …
a) … durch 2, b) … durch 5,
c) … durch 3, d) … durch 4,
e) … durch 9, f) … durch 2 und 5.
Prüft gegenseitig eure Zahlen.

4. Übertrage die Tabelle ins Heft und ergänze. Dafür entscheidest du mit Hilfe der Teilbarkeitsregeln, ob sich die Zahlen durch 2, 3, 4, 5, 9, und 10 ohne Rest teilen lassen.

teilbar durch	2	3	4	5	9	10
124	✓	x	■	■	■	■
350	■	■	■	■	■	■
387	■	■	■	■	■	■
225	■	■	■	■	■	■
408	■	■	■	■	■	■
364	■	■	■	■	■	■
900	■	■	■	■	■	■

Aufgabe 5 – 9

5. 368   252   103   423   413   566   204   705   909   222

a) Welche Zahlen sind durch 3 teilbar?
b) Welche Zahlen sind durch 3 und durch 9 teilbar?

ANZAHL DER LÖSUNGEN
a) sechs Zahlen   b) drei Zahlen

6. a) Gib die nächstgrößere durch 10 teilbare Zahl an: 341   1 040   5 394
b) Gib die nächstkleinere durch 5 teilbare Zahl an: 68   905   7 081
c) Gib die nächstgrößere durch 4 teilbare Zahl an: 63   380   814

7. Ergänze eine Ziffer, sodass die Zahl durch 4 teilbar ist. Es gibt mehrere Möglichkeiten.
a) 212■   b) 546■
c) 32■2   d) 62■8
e) 4■96   f) 941■

8. a) Schreibt die ersten zehn Vielfachen der Zahl 50 auf: 50, 100, 150, …
b) Schreibt die ersten zehn Vielfachen der Zahl 25 auf: 25, 50, 75, …
c) Formuliert Regeln für die Teilbarkeit einer Zahl durch 25 und durch 50.

9. 8 050   2 520   375   600   425   870

a) Welche Zahlen sind durch 25 teilbar?
b) Welche Zahlen sind durch 50 und 25 teilbar?

ANZAHL DER LÖSUNGEN
a) vier Zahlen   b) zwei Zahlen

Aufgabe 10 – 14

10. 

Maia kauft für sich und ihre beiden Brüder Brezeln, Fruchtspieße und Apfelschorle ein. An der Kasse merkt sie sofort, dass zwei Preise nicht stimmen können. Welche Beträge sind falsch und woran erkennt Maia dies?

11. a) Nenne die kleinste dreistellige Zahl, die durch 3 teilbar ist.
b) Nenne die größte vierstellige Zahl, die durch 4 teilbar ist.
c) Nenne die kleinste fünfstellige Zahl, die durch 9 teilbar ist.

12. Welche durch 9 teilbare Zahl liegt am nächsten bei der Zahl?
a) 7321 b) 8310 c) 2987

13. 45 63 36 52 24 48 96 16 75

VIDEO Digital+ WES-128745-017

① Übertragt die Zahlen in euer Heft und markiert mit einem Farbstift Zahlen, die durch 2 teilbar sind.
② Markiert mit einer anderen Farbe die Zahlen, die durch 3 teilbar sind.
③ Welche Gemeinsamkeit haben Zahlen, die zweimal markiert sind? Gebt eine Regel an.

14. Welche durch 6 teilbare Zahl liegt am nächsten bei der Zahl?
a) 9824 b) 5731 c) 2189

Aufgabe 15 – 18

15. 

Ist 368 durch 8 teilbar?
368 = 320 + 48
320 ist durch 8 teilbar, 48 ebenso, daher ist auch 368 durch 8 teilbar.

Zerlege die Zahl geschickt und überprüfe die Teilbarkeit.
a) 288 durch 8 b) 468 durch 8
c) 224 durch 7 d) 189 durch 7
e) 384 durch 12 f) 756 durch 12

16. 18 34 72 56 81 65 27 10 96 50

Verwende jeweils drei der Kärtchen.
a) Bilde die kleinste sechsstellige Zahl, die du durch 4 teilen kannst.
b) Bilde die größte sechsstellige Zahl, die du durch 4 teilen kannst.

17. 2 3 4 5 10 11 12 6 7 8 9 13 14 15

Füllt die Lücken in den Sätzen mit passenden Zahlen. Erstellt so jeweils drei Regeln.
Ihr dürft Zahlen mehrmals verwenden.
a) Jede Zahl, die durch ■ teilbar ist, ist auch durch ■ teilbar.
b) Ist eine Zahl durch ■ und ■ teilbar, dann ist sie auch durch ■ teilbar.

18. Welche Aussage ist wahr, welche falsch? Begründe mit Hilfe der Regeln oder durch geschicktes Zerlegen.
a) 387 ist durch 9 teilbar.
b) 792 ist ein Vielfaches von 12.
c) 1 440 ist durch 11 teilbar.
d) 11 ist ein Teiler von 2 321.
e) 876 ist durch 12 teilbar.
f) 499 ist ein Vielfaches von 9.

Primzahlen

Die Klasse 6b soll in gleich große Gruppen eingeteilt werden. Warum ist das schwierig?

Bei welchen Klassengrößen gelingt das besser? Findet Beispiele und erklärt.

1. Wenn du Primzahlen finden möchtest wie der griechische Mathematiker Eratosthenes, gehst du folgendermaßen vor:

a) Übertrage zuerst die Tabelle in dein Heft, dann vervollständigst du diese, indem du:
- die 2 umkreist und dann alle Vielfachen von 2 durchstreichst.
- die 3 umkreist und dann alle Vielfachen von 3 durchstreichst.
- die 5 umkreist und dann alle Vielfachen von 5 durchstreichst.
- die 7 umkreist und dann alle Vielfachen von 7 durchstreichst.

1	(2)	(3)	~~4~~	(5)	~~6~~	(7)	~~8~~	~~9~~	~~10~~
11	~~12~~	13	~~14~~	~~15~~	~~16~~	17	~~18~~	19	~~20~~
21	22	23	24	25	26	27	28	29	30
31	32	33	34	35	36	37	38	39	40
41	42	43	44	45	46	47	48	49	50
51	52	53	54	55	56	57	58	59	60
61	62	63	64	65	66	67	68	69	70
71	72	73	74	75	76	77	78	79	80
81	82	83	84	85	86	87	88	89	90
91	92	93	94	95	96	97	98	99	100

b) Schreibe die eingekreisten Zahlen auf, und dann alle Zahlen, die nicht durchgestrichen sind. Welche besondere Gemeinsamkeit haben diese Zahlen?

c) Warum wurde die Zahl 1 nicht umkreist und ihre Vielfachen nicht durchgestrichen?

Primzahlen

Eine Zahl **mit genau zwei Teilern** ist eine **Primzahl**. Eine Primzahl kannst du nur durch 1 und sich selbst teilen. Die kleinste Primzahl ist die Zahl 2.

2. Zwei Aussagen sind wahr, zwei falsch. Entscheide und begründe deine Antwort.

Aufgabe 1 – 4

1. Beim Wettangeln gibt es Preise für die Fische, auf denen eine Primzahl steht. Welche Fische versuchst du an Land zu ziehen?

2. Setze eine Ziffer so ein, dass eine Primzahl entsteht. Es kann auch mehrere Möglichkeiten geben.

a) 1▢ b) 2▢ c) 5▢ d) 8▢
e) ▢1 f) ▢3 g) ▢7 h) ▢9

3. Beim Primzahlensudoku müssen in jeder Zeile, jeder Spalte und jedem 4er-Quadrat vier verschiedene Primzahlen stehen. Übertrage die Vorlage in dein Heft und ergänze mit den passenden Primzahlen.

a) Primzahlen zwischen 1 und 10

2	5		3
	3		5
	2		
5			2

b) Primzahlen zwischen 10 und 20

11			19
13		11	
19			13

c) Erstellt zusammen ein eigenes Sudoku mit den vier Primzahlen zwischen 20 und 40. Tauscht es in der Klasse aus.

4. Die Zahlen sind keine Primzahlen. Überprüfe mit Hilfe der Teilbarkeitsregeln, warum das so ist und schreibe die Zahlen als Produkt zweier Zahlen.

BEISPIEL: 69 ist keine Primzahl, denn $69 = 3 \cdot 23$

① 55 ② 1 000 ③ 201 ④ 909

Aufgabe 5 – 7

5.

Auf Ritter Sägebarts Schatztruhe sind viele Merkzettel, um das Nummernschloss zu knacken. Finde die richtigen Zahlen. Die Zahlenkombination ist siebenstellig.

6. Bestimme …

a) … die kleinste zweistellige Primzahl,
b) … die größte zweistellige Primzahl,
c) … die kleinste dreistellige Primzahl,
d) … eine Primzahl, die möglichst nahe bei 50 liegt,
e) … eine dreistellige Primzahl, deren erste und deren zweite Ziffer übereinstimmen.

7. Mit einem Teilerbaum kannst du eine Zahl in Primfaktoren zerlegen. Von einer Zahl führen die Linien zu zwei Partnerteilern. Zu einer Zahl kann es verschiedene Teilerbäume geben.

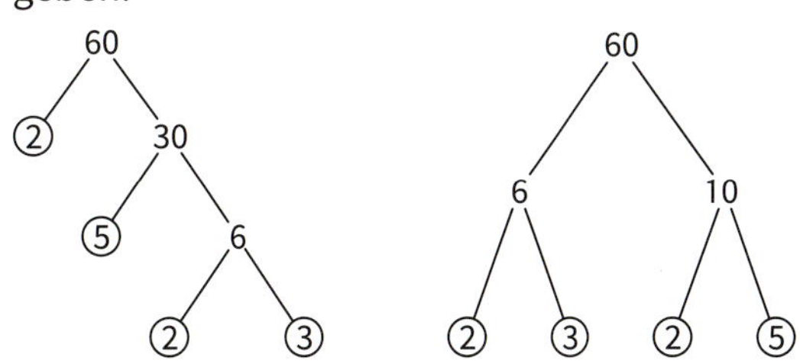

$60 = 2 \cdot 2 \cdot 3 \cdot 5$

a) Zerlegt die Zahl mit Hilfe eines Teilerbaums und schreibt sie als Produkt von Primzahlen.
① 24 ② 72 ③ 100 ④ 144

b) Vergleicht eure Teilerbäume und überprüft eure Zerlegungen.

Gemeinsame Vielfache

Lusi und Lea laufen gemeinsam an der Startlinie los.

Lusi schafft die Runde in 60 Sekunden, Lea in 80 Sekunden.

Wann sind sie wieder gemeinsam an der Startlinie, wenn sie alle Runden gleichmäßig schnell laufen?

1. Für einen Verkaufsstand beim Schulfest werden Kekse gebacken. Diese sollen in Tüten verpackt werden.

a) Wie viele Kekse werden pro Blech produziert?

b) Bestimmt, wie viele Kekse mindestens in eine Tüte müssen, damit diese unter zwei, unter drei und unter vier Kindern gerecht aufgeteilt werden können.

c) Wie viele Bleche müssen mindestens gebacken werden, damit man 40 Tüten jeweils mit gleich vielen Keksen füllen kann?

2.

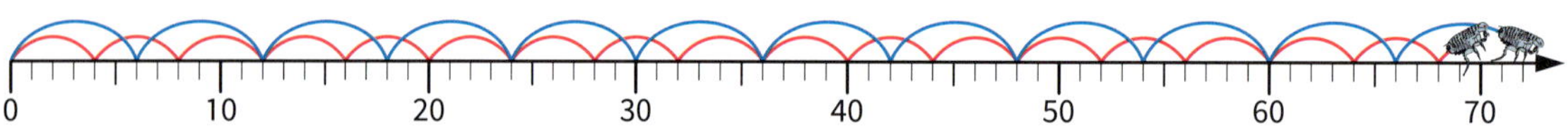

Floh Mika springt entlang der blauen Hüpfspur, Floh Emily hüpft entlang der roten Linie auf dem Zahlenstrahl.

a) Notiere die ersten 10 Zahlen, auf denen Mika und Emily jeweils gelandet sind.

b) Bei welchen Zahlen können sich Mika und Emily treffen?

c) Gib die weiteren möglichen Treffen der beiden bis zur Zahl 100 an.

> **Kleinstes gemeinsames Vielfaches** — Video
>
> Bildest du die Vielfachen zweier Zahlen, findest du immer gemeinsame Vielfache.
> Das **kleinste gemeinsame Vielfache** kürzt du mit **kgV** ab.
>
> Vielfache von 3: 3, 6, 9, 12, 15, 18, **21**, …
> Vielfache von 7: 7, 14, **21**, …
>
> Das kleinste gemeinsame Vielfache von 3 und 7 ist 21: **kgV (3,7)** = **21**

3. Schreibe Vielfache der beiden Zahlen auf und bestimme das kgV.

a) 4 und 7 b) 10 und 15 c) 6 und 9 d) 5 und 8

e) 8 und 10 f) 9 und 12 g) 4 und 20 h) 40 und 50

Aufgabe 1 – 4

1.

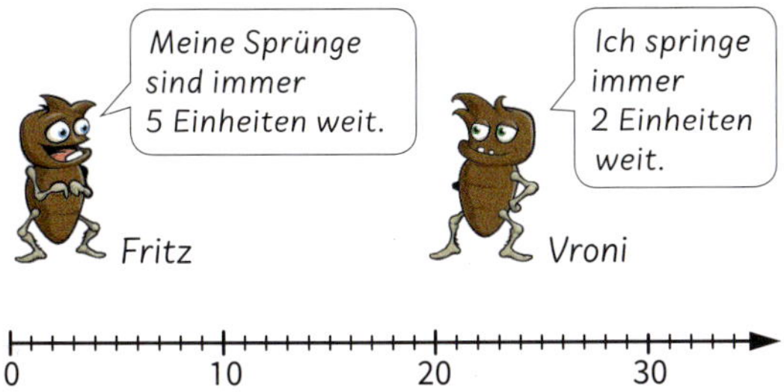

Zeichne einen Zahlenstrahl von 0 bis 30. Als Einheit nimmst du ein Kästchen. Zeichne eine blaue Hüpfspur für Floh Fritz und eine rote Hüpfspur für Floh Vroni.

a) Bei welcher Zahl treffen sich die beiden zum ersten Mal?

b) Bei welchen Zahlen sind ihre weiteren Treffen?

2.

Bestimme das kleinste gemeinsame Vielfache. Nutze die Strategie von Emily.

a) von 4 und 11 b) von 8 und 20

c) von 5 und 12 d) von 9 und 15

3. Welches ist die kleinste Zahl, die durch …

a) … 2, 3 und 5 teilbar ist?

b) … 3, 4 und 6 teilbar ist?

c) … 4, 5 und 6 teilbar ist?

4. Setze die Zahlen ein, sodass alle Ergebnisse stimmen.

a) kgV (8, ▢) = 24 b) kgV (9, ▢) = 18

c) kgV (7, ▢) = 63 d) kgV (12, ▢) = 36

e) kgV (6, ▢) = 30 f) kgV (15, ▢) = 60

2 4 6 9 15 18

Aufgabe 5 – 7

5.

Das Vorderrad des Schleppers hat einen Umfang von 1,80 m, das Hinterrad 4,50 m.

a) Nach wie viel Metern Fahrweg befinden sich beide Räder zum ersten Mal wieder in ihrer Ausgangsstellung?

b) Bestimme weitere Entfernungen, nach denen die Ausgangsstellung erreicht wird.

6.

a) Beim Schulfest werden Waffeln gebacken. Wie viele Waffeln können in drei Stunden Verkaufszeit maximal hergestellt werden, wenn alle drei Geräte im Einsatz sind?

b) Zu manchen Zeiten können drei frische und heiße Waffeln verkauft werden. Wann geschieht das zum ersten Mal? Zu welchen Zeiten wiederholt es sich?

7. Bestimmt die fehlenden Zahlen, indem ihr die Lösungszahlen der Kärtchen verwendet. Ihr dürft die Zahlen mehrmals benutzen. Gibt es manchmal mehrere Lösungen?

a) kgV (▢, ▢) = 30 b) kgV (▢, ▢) = 48

c) kgV (▢, ▢) = 52 d) kgV (▢, ▢) = 70

e) kgV (▢, ▢) = 72 f) kgV (▢, ▢) = 96

3 4 5 6 7 8 9

10 12 16 24 26 32

Digital+
WES-128745-022

Gemeinsame Teiler

Zum Sommerfest kommt der Schulfotograf.
Die Sechstklässler sollen sich für ihr Klassenfoto in gleich großen Reihen aufstellen.
Wie viele Kinder können in jeder Klasse in einer Reihe stehen?

1. a) Die Weide soll eingezäunt werden. Die Pfosten sollen überall den gleichen Abstand haben. In welchem Abstand könnten die Pfosten aufgestellt werden? Welcher Abstand ist maximal möglich?
b) Wie könnten die Pfosten aufgestellt werden, wenn die Weide 18 m breit und 24 m lang wäre?

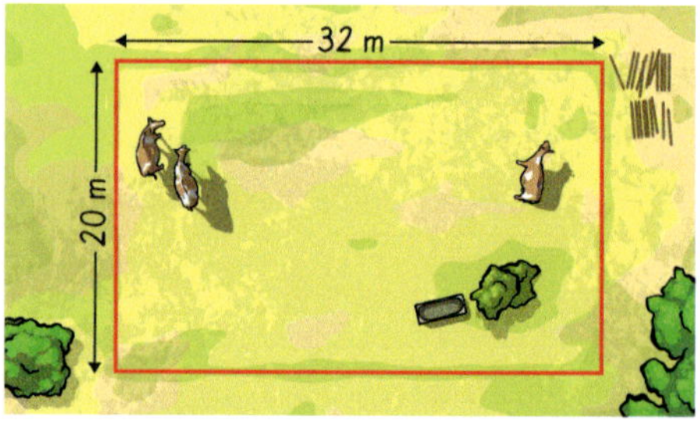

2. Einige Freundinnen treffen sich zum Kartenspielen. Mali hat diese Spiele zu Hause: „Chicago" mit 48 Karten und „Alcatraz" mit 30 Karten. Bei beiden Spielen müssen die Karten komplett ausgeteilt werden.
a) Bestimmt die mögliche Anzahl der Freundinnen so, dass diese bei beiden Kartenspielen mitmachen können.
b) Wie viele Freundinnen können es höchstens sein?

Größter gemeinsamer Teiler Video

Bestimmst du die Teiler zweier Zahlen, findest du mindestens einen gemeinsamen Teiler.
Den **größten gemeinsamen Teiler** kürzt du mit **ggT** ab.

Teiler von 12: 1, 2, 3, 4, 6, 12
Teiler von 18: 1, 2, 3, 6, 9, 18

Der größte gemeinsame Teiler von 12 und 18 ist 6: **ggT (12,18)** = 6

3. Bestimme alle Teiler der Zahl.
a) 18 b) 20 c) 24 d) 29 e) 35 f) 50

4. Schreibe die Teiler der beiden Zahlen auf. Unterstreiche die gemeinsamen Teiler und kreise den größten gemeinsamen Teiler ein. Notiere ihn als ggT der beiden Zahlen.
a) 8 und 20 b) 16 und 24 c) 6 und 18 d) 9 und 13

Aufgabe 1 – 4

1. Finde die Fehler und schreibe richtig in dein Heft.

a) Teiler von 20: 1, 2, 3, 5, 10, 20
b) Teiler von 35: 1, 5, 7, 15, 35
c) Teiler von 22: 1, 2, 11, 12, 22
d) Teiler von 39: 1, 3, 6, 39

2.

Zahlen	gemeinsame Teiler	ggT
12 und 20	1, 13	12
13 und 26	1, 2, 3, 4, 6, 12	30
24 und 36	1, 2, 3, 5, 6, 10, 15, 30	25
50 und 75	1, 2, 4	13
30 und 60	1, 5, 25	4

Lege eine Tabelle an und ordne richtig zu.

3.

Jara will für ihr Wikingerspiel neue Wurfhölzer anfertigen. Im Baumarkt findet sie zwei Reststücke mit dem richtigen Durchmesser und Längen von 90 cm und 150 cm. Daraus will sie gleich lange Hölzer zusägen. Es sollen keine Reste entstehen.

a) Bestimmt, welche Längen möglich sind.
b) Begründet, für welche Länge ihr euch entscheiden würdet.

4.

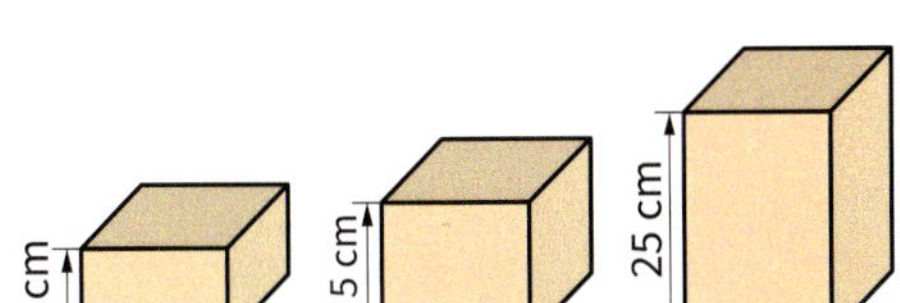

Malte Maurer muss zwei Wände bauen. Die eine Wand ist 2,00 m hoch, die andere 2,75 m. Welchen Ziegelstein soll Malte wählen, wenn er nur eine Sorte kaufen möchte?

Aufgabe 5 – 9

5.

Mario braucht für einen neuen Zaubertrick quadratische Zauberkarten. Er schneidet sie aus einem großen Karton mit den Seitenlängen 32 cm und 48 cm aus.

a) Welche Kartengrößen sind möglich, wenn es keinen Verschnitt geben soll?
b) Mario möchte 48 möglichst große Zauberkarten. Wie viele der großen Kartons braucht er für die Herstellung?

6. Ergänze die fehlenden Zahlen.

a) Teiler von ☐: 1, 2, 7, ☐
b) Teiler von ☐: 1, 3, 11, ☐
c) Teiler von ☐: 1, 2, ☐, 5, ☐, 20
d) Teiler von ☐: 1, 2, ☐, ☐, 10, 14, 35, ☐

7. Begründe, ob die Aussage stimmt: *„Der ggT zweier Zahlen ist immer kleiner als die kleinere der beiden Zahlen."*

8. Bestimme die …

a) … beiden kleinsten zweistelligen Zahlen, deren größter gemeinsamer Teiler 8 ist,
b) … beiden größten zweistelligen Zahlen, deren größter gemeinsamer Teiler 1 ist,
c) … beiden größten dreistelligen Zahlen, deren größter gemeinsamer Teiler 12 ist.

9. Bestimmt die fehlende Zahl. Es gibt mehrere Lösungen, nennt mindestens zwei.

a) ggT (☐, 24) = 8
b) ggT (☐, 33) = 11
c) ggT (☐, 17) = 17
d) ggT (50, ☐) = 5
e) ggT (☐, 16) = 8
f) ggT (☐, 20) = 4

Wiederholungsaufgaben

Die Ergebnisse der Aufgaben findest du auf jedem Schulfest.

1. Rechne möglichst im Kopf.
a) 420 + 180
b) 3 450 + 250
c) 900 – 210
d) 2 460 – 2 435

2. a) Wie viele Flächen hat der abgebildete Körper?
b) Wie viele Kanten hat der abgebildete Körper?

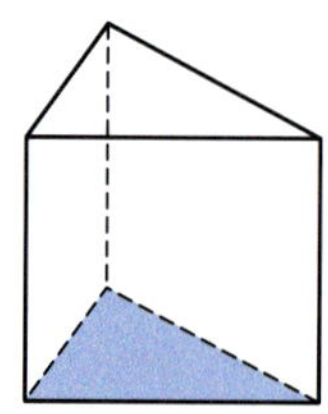

3. Ordne jeder Rechnung einen Begriff zu.
(A) 8 + 4 (B) 8 – 4 (C) 8 · 4 (D) 8 : 4
Differenz (2); Produkt (3); Quotient (12); Summe (13)

4. Wie viele Symmetrieachsen hat das Quadrat?

---

5. Runde auf ganze Euro.
a) 18,75 €
b) 167,47 €
c) 200,50 €

6. Schreibe die nächste Zahl auf.
a) 11, 33, 55, 77, …
b) 11, 22, 44, 88, …

7. Aus wie vielen Ziffern besteht die Zahl?
a) sechs Millionen
b) vier Milliarden
c) siebenhundertneunzigtausendfünfhundert

8. Wandle in die angegebene Einheit um.
a) 1,7 cm = ▒ mm
b) 230 dm = ▒ m
c) 1,2 t = ▒ kg
d) 2 500 mm = ▒ cm

O | 1	**I** | 2
S | 3	**N** | 4
E | 5	**N** | 6
K | 7	**U** | 8
L | 9	**O** | 10
A | 11	**E** | 12
E | 13	**Z** | 17
M | 19	**S** | 22
E | 23	**F** | 25
C | 35	**I** | 99
G | 111	**U** | 167
A | 168	**K** | 176
B | 200	**S** | 201
T | 250	**G** | 500
W | 600	**F** | 690
Ü | 710	**T** | 790
R | 1 200	**R** | 3 200
L | 3 600	**A** | 3 700

Escape – Room

Wenn ihr aus diesem Raum ausbrechen wollt, müsst ihr die Aufgaben in den verschiedenfarbigen Feldern lösen.
In jedem Feld ergibt sich eine Lösungszahl, die ihr für eure Flucht benötigt.
Startet beim 7 – 5 – 12 – 2 – 5 – 14 Feld.
Für die Farbe des nächsten Feldes entschlüsselt ihr eine Zahlenkombination.

Hier hilft die Cäsar-Verschlüsselung: A = 1, B = 2, C = 3, D = 4, E = 5 usw.

Übertragt die Dominosteine ins Heft und ergänzt die passenden Zahlen. Aus den gefundenen Zahlen bildet ihr eine siebenstellige Zahl und berechnet deren Quersumme.

kgV (3, 5) |
ggT (18, 12) |
kgV (8, 12) |
ggT (56, 70) |

32 36 14 3 15 7 5 24 12 2 48 6

Notiert die Zahl und begebt euch zum 7 – 18 – 21 – 5 – 14 – 5 – 14 Feld.

Die Zahl, die ihr sucht, hat folgende Eigenschaften:

?

Ich bin ungerade.
Einer meiner Teiler ist die Zahl 5.
Ich bin zweistellig.
Ich bin ein Teiler von 60.

Notiert die Zahl und begebt euch zum 18 – 15 – 19 – 1 Feld.

Eure Zahlen bilden aneinandergefügt eine sechsstellige Zahl. Davon subtrahiert ihr die Zahl 152 937. Ihr erhaltet so die Seitenzahl, auf der sich ein QR-Code versteckt hat. Aktiviert ihn und ihr werdet für eure Leistung belohnt.

Findet die Primzahlen auf den Ballons.
Bildet die Summe der Primzahlen und teilt das Ergebnis durch 19.

Notiert die Zahl und begebt euch zum 2 – 12 – 1 – 21 – 5 – 14 Feld.

Die Zahlenfolgen sind alle nach einem Muster aufgebaut. Ergänzt die Folge um eine Zahl. Addiert die Lösungszahlen und subtrahiert vom Ergebnis 121.

15	20	25	30	35	
65	55	45	35	25	
1	2	4	8	16	
1	4	9	16	25	

Notiert die Zahl und begebt euch zum 2 – 18 – 1 – 21 – 14 – 5 – 14 Feld.

«

Digital+ WES-128745-026

Zuordnungen

Könnt ihr entscheiden, in welchen Klassen die drei Schülerinnen und Schüler sind?

1. Die Kinder der 6. Klasse lernen verschiedene Instrumente. Lies die Werte ab und ergänze die Tabelle im Heft.

Instrument	Anzahl
Gitarre	
Geige	
Keyboard	
Schlagzeug	
Trompete	

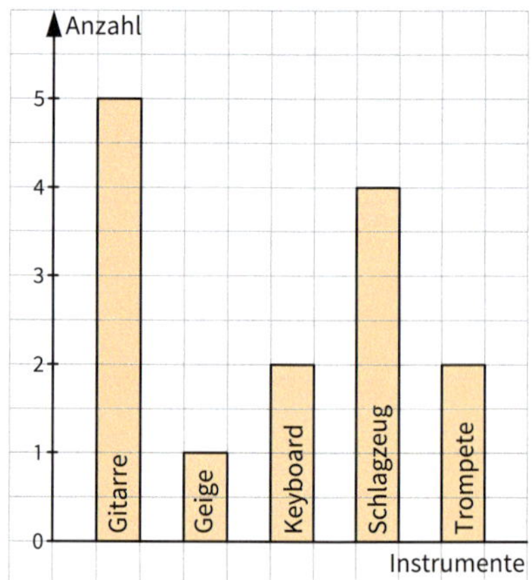

Video

Eine **Zuordnung** ordnet einer Ausgangsgröße eine zugeordnete Größe zu.
Zuordnungen kannst du in **Wertetabellen** und in **Schaubildern** darstellen.

Wenn du verschiedene Dinge vergleichen möchtest, kannst du für dein Schaubild ein Säulendiagramm nutzen.

Wertetabelle

Lieblingsobst	Anzahl
Apfel	6
Erdbeere	5
Banane	2
Birne	3
Weintraube	4
andere	5

Schaubild

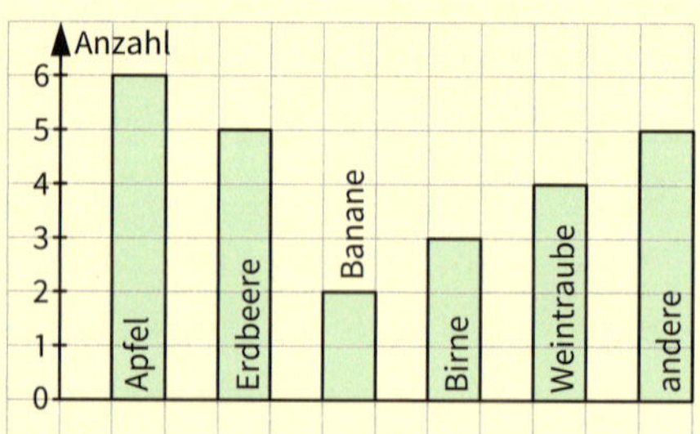

2. In einer 6. Klasse haben die Schülerinnen und Schüler ihre Körpergröße gemessen und in eine Tabelle eingetragen. Vervollständige die Tabelle im Heft und zeichne ein Säulendiagramm.

Größe in cm	131 – 135	136 – 140	141 – 145	146 – 150	151 – 155	> 156
Strichliste	I	II	IIII	𝍸 II	𝍸 IIII	III
Anzahl	1					

3. Biologen haben den Herzschlag von Rotaugenlaubfröschen bei verschiedenen Temperaturen gemessen. Im Unterricht haben zwei Schülergruppen die Werte in verschiedenen Diagrammen eingetragen.

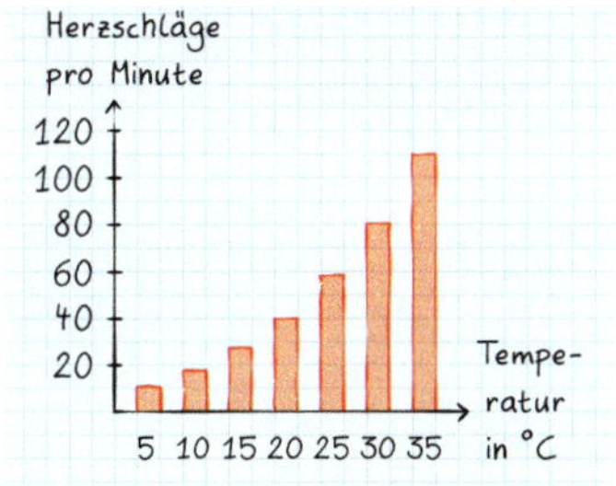

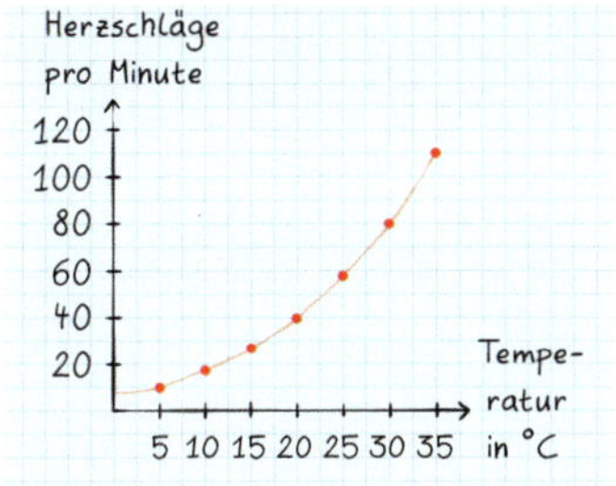

a) Vergleicht die beiden Diagramme. Benennt Gemeinsamkeiten und Unterschiede.
b) Paula möchte wissen, bei welcher Temperatur ein Rotaugenlaubfrosch 50 Herzschläge pro Minute hat. Welches Diagramm sollte sie zum Ablesen nutzen?
c) Welches Diagramm stellt die Zuordnung sinnvoller dar? Begründet eure Antwort.

Wenn eine Zuordnung eine Veränderung beschreibt, kannst du für dein Schaubild ein **Liniendiagramm** nutzen.
Man spricht dann vom **Graphen** der Zuordnung.

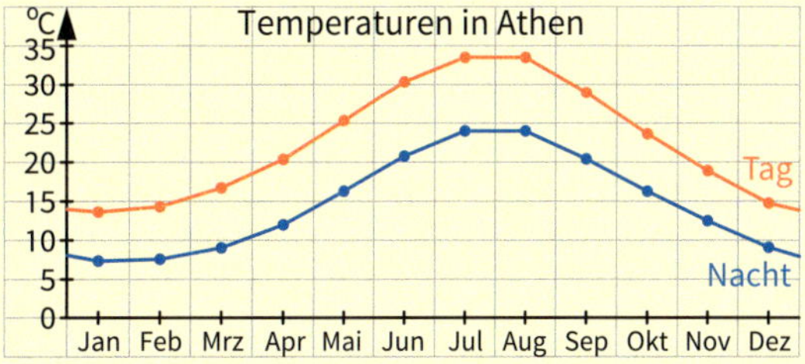

4. Ava legt ihren Schulweg zu Fuß und mit der Straßenbahn zurück.
a) Wie viele Minuten benötigt Ava für ihren Schulweg?
b) Welche Strecke legt Ava mit der Straßenbahn zurück?
c) Zwischen 7:30 Uhr und 7:35 Uhr ist der Graph waagerecht. Findest du dafür eine Erklärung?
d) Zeichne deinen eigenen Schulweg in ein Koordinatensystem ein.

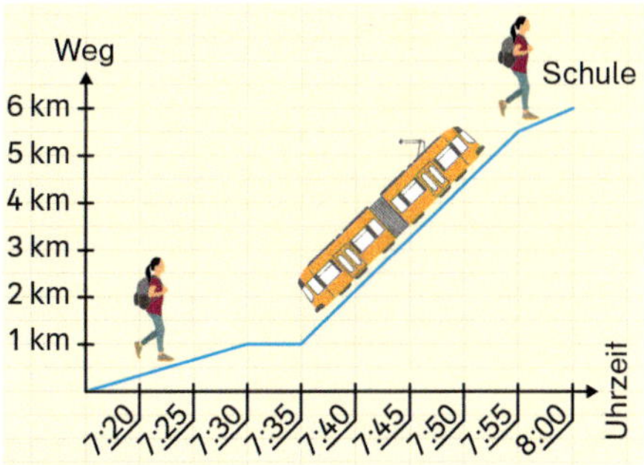

5. Die Tabelle zeigt die gerundeten Wasserstände der Elbe in einem kleinen Hafen in der Nähe von Hamburg an. Wegen Ebbe und Flut gibt es große Höhenunterschiede.

Uhrzeit	0^{00}	3^{00}	6^{00}	9^{00}	12^{00}	15^{00}	18^{00}	21^{00}	24^{00}
Höhe in m	6,00	7,50	5,50	3,50	6,00	8,00	5,50	4,00	6,00

a) Übertrage die Werte in ein Koordinatensystem (x-Achse: 1 Kästchen für 1 h, y-Achse: 2 Kästchen für 1 m). Verbinde die Punkte mit einer gekrümmten Linie.
b) Lies in deinem Schaubild ab: Wann war der Wasserstand 5 m hoch? Gib die ungefähren Uhrzeiten an.

»

Aufgabe 1 – 2

1. Frau Bader zeigt das Ergebnis der ersten Mathematikarbeit.

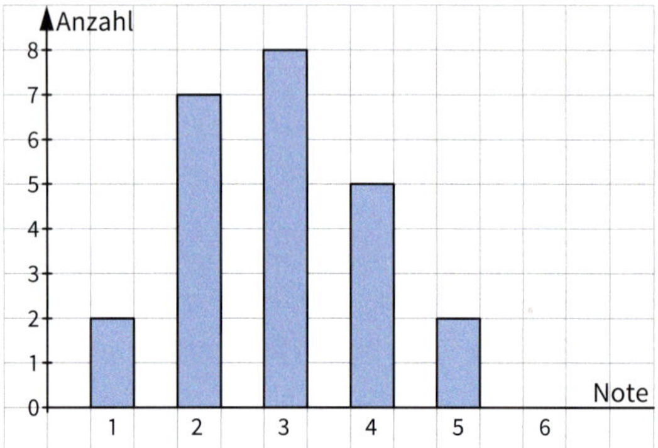

a) Lies die Werte ab und trage sie in eine Tabelle ein.

b) In der zweiten Klassenarbeit gab es diese Ergebnisse:

Note	1	2	3	4	5	6
Anzahl	1	8	8	5	2	1

Erstelle zu der Tabelle ein Schaubild.

2. Auf dem Schulfest verkauft die Klasse 6c Eis. Emil notiert die Anzahl der verkauften Eiskugeln für jede Stunde.

a) Übertrage die Werte in eine Tabelle.

b) Zeichne zu der Tabelle ein Säulendiagramm.

c)

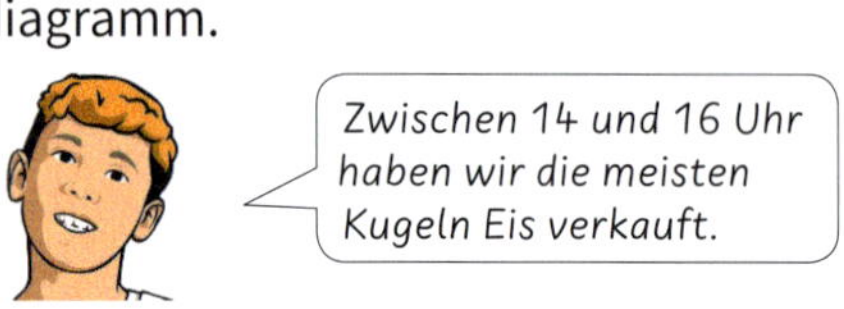

Hat Emil Recht?

d) Eine Eiskugel kostet 1,20 €. Wie viel hat die Klasse 6c insgesamt eingenommen?

Aufgabe 3 – 5

3. Familie Yilmaz wandert im Harz.

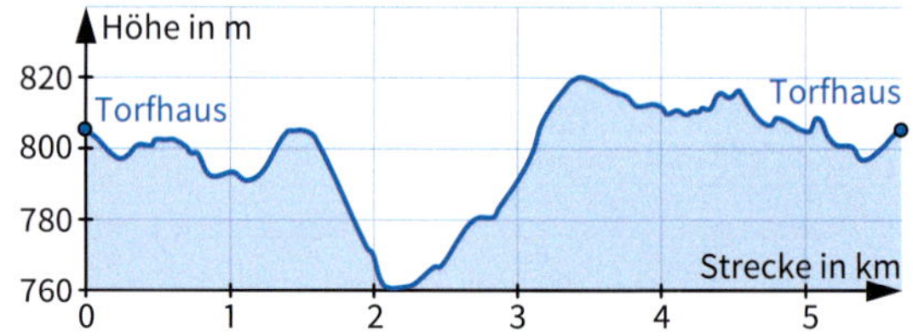

a) In etwa welcher Höhe ist Familie Yilmaz gestartet?

b) Lies ab, in welcher Höhe sich der höchste Punkt der Wanderung befindet.

c) Nach ungefähr wie vielen Kilometern haben sie den tiefsten Punkt erreicht?

d) Berechne den gesamten Höhenunterschied der Wanderung.

4. Eine Wetterstation hat die Temperatur über 24 Stunden aufgezeichnet.

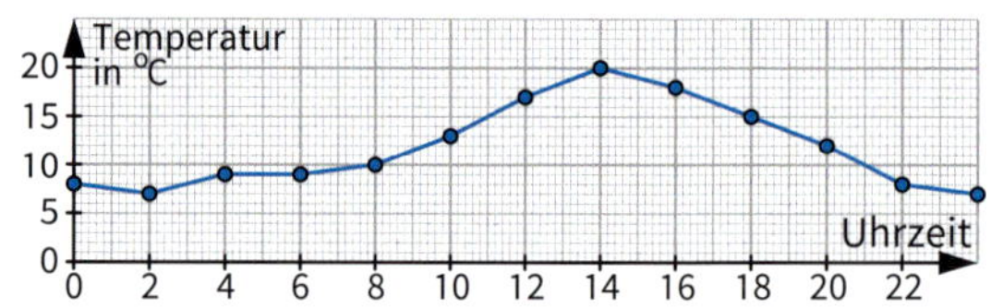

a) Lies die Temperaturen alle 2 Stunden ab und trage die Werte in eine Tabelle ein.

Uhrzeit	0:00	2:00	…
Temperatur	8 °C	7 °C	…

b) Zu welchen Uhrzeiten betrug die Temperatur 8 °C?

c) Gib die Uhrzeit für die höchste und die niedrigste Temperatur an.

5. Die Tabelle zeigt die Portogebühren für Briefe.

Standardbrief	bis 20 g	0,85 €
Kompaktbrief	bis 50 g	1,00 €
Großbrief	bis 500 g	1,60 €
Maxi-Brief	bis 1000 g	2,75 €

Bestimme das Porto für die Briefe mit diesem Gewicht:

① 20 g ② 50 g ③ 40 g ④ 370 g

Aufgabe 6 – 7

6. Neuzulassung Elektroautos in Deutschland

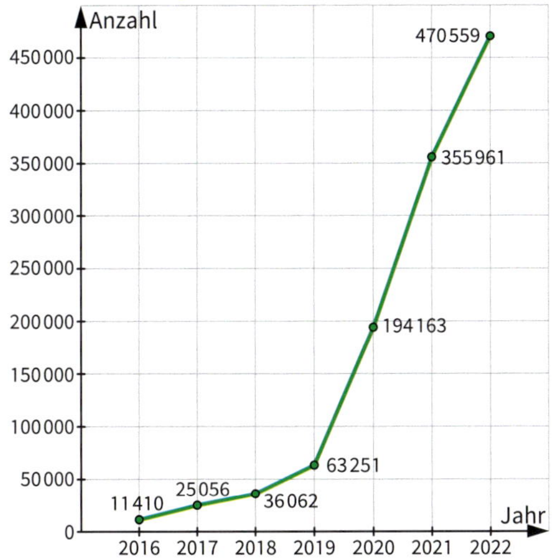

a) In welchem Jahr wurden die meisten Elektroautos neu zugelassen?

b) In welchen Jahren wurden weniger als 50 000 Elektroautos neu zugelassen?

c) *Im Jahr 2022 wurde das 1-millionste Elektroauto zugelassen.*

Überprüfe Seans Behauptung mit Hilfe einer Rechnung.

7. Beim Fahrradkauf sollte die Rahmenhöhe genau beachtet werden. Sie muss zur Körpergröße passen.

Körpergröße	Rahmenhöhe
150 - 155 cm	32 - 36 cm
155 - 160 cm	35 - 38 cm
160 - 165 cm	38 - 40 cm
165 - 170 cm	40 - 43 cm
170 - 175 cm	42 - 45 cm

a) Zofia ist 1,57 m groß. Lies die Rahmenhöhe ab.

b) Niklas behauptet: „Mein Fahrrad ist zu klein.“ Niklas ist 1,67 m groß. Er misst bei seinem Fahrrad eine Rahmenhöhe von 39 cm. Überprüfe Niklas' Behauptung.

c) Welche Rahmenhöhe sollte dein Fahrrad haben?

Aufgabe 8 – 9

8. Die Abbildung zeigt das Klimadiagramm der Stadt Tak in Thailand.

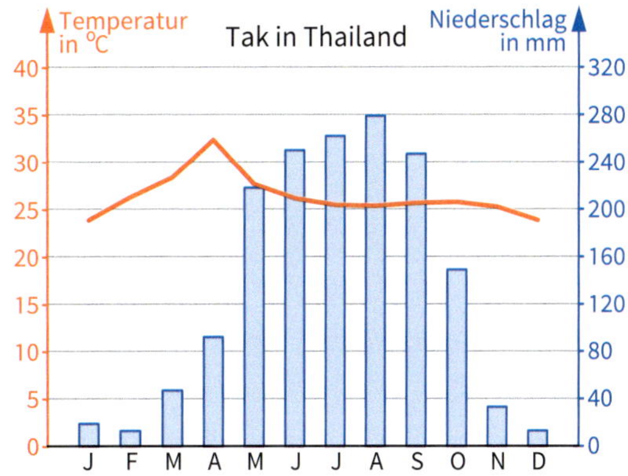

a) In welchem Monat ist die Temperatur am höchsten?

b) In welchen Monaten ist die Niederschlagsmenge kleiner als 40 mm?

c) *In den Sommermonaten sollte man die Stadt nicht besuchen!*

Kannst du Sarah zustimmen?
Wann würdest du die Stadt besuchen?
Begründe.

d) Recherchiere für deinen Heimatort die monatliche Temperatur und die Niederschlagsmenge.
Stelle diese Daten in einem Schaubild dar.

9. Emma erzählt in der Schule:

Um 7:36 bin ich zu Hause losgelaufen. Nach 200 m, für die ich zwei Minuten gebraucht habe, musste ich an einer Baustellenampel lange warten. Die nächsten 200 m ging es bergauf, deshalb habe ich drei Minuten gebraucht. Die restlichen 300 m zur Schule bin ich in der Rekordzeit von 2 Minuten gerannt. Das ging gerade nochmal gut: Ankunft um 7:45.

a) Wie lange musste Emma an der Ampel warten?

b) Zeichne einen Graphen zu dieser Geschichte und vergleiche mit einer Mitschülerin oder einem Mitschüler.

Digital+ WES-128745-030

Proportionale Zuordnung

Lena kauft sechs Eisbecher. Wie viel muss sie bezahlen?

Nach einer halben Stunde sind 45 € in der Kasse. Wie viele Eisbecher wurden verkauft?

1. Die Klasse 6b will auf dem Schulfest Waffeln verkaufen.

a) Wie viel Mehl müssen sie für 150 Waffeln einkaufen?

b) Stimmt die Behauptung von Freya? Begründet eure Antwort.

c) Notiert alle Zutaten in einer Tabelle und berechnet die einzelnen Mengenangaben für 150 Waffeln.

Proportionale Zuordnung Video

Eine Zuordnung ist proportional, wenn gilt:

Zum Doppelten (Dreifachen, …) der Ausgangsgröße gehört das Doppelte (Dreifache, …) der zugeordneten Größe.

Anzahl	Preis
2 Äpfel	1,40 €
4 Äpfel	2,80 €

(Pfeile: ·2, ·2)

Zur Hälfte (zum dritten Teil, …) der Ausgangsgröße gehört die Hälfte (der dritte Teil, …) der zugeordneten Größe.

Anzahl	Preis
6 Äpfel	4,20 €
2 Äpfel	1,40 €

(Pfeile: :3, :3)

2. Übertrage die Tabelle der proportionalen Zuordnung in dein Heft und berechne den fehlenden Wert. Beschrifte die Pfeile mit deiner Rechnung.

a)

Anzahl	Preis
2	1,60 €
4	

b)

Masse	Preis
5 kg	6,00 €
15 kg	

c)

Zeit	Strecke
3 h	50 km
12 h	

d)

Anzahl	Preis
12	2,40 €
2	

e)

Zeit	Strecke
8 h	160 km
2 h	

f)

Masse	Preis
15 kg	36 €
5 kg	

Aufgabe 1 – 3

1.

a) Notiere die Eintrittspreise in einer Tabelle.

Karten	1	2	3	4	5	6
Preis	8 €	▢	▢	▢	▢	▢

b) Tino geht mit seiner Freundin ins Kino. Sie kaufen noch eine Packung Popcorn und 2 Flaschen Cola. Was müssen sie insgesamt bezahlen?

2. Berechne den fehlenden Wert der proportionalen Zuordnung.

a)

Anzahl	Preis
3	3,60 €
6	▢

b)

Anzahl	Preis
2	2,30 €
6	▢

c)

Anzahl	Preis
8	30,00 €
2	▢

d)

Anzahl	Preis
20	35,50 €
4	▢

LÖSUNGEN: 6,90 € | 7,10 € | 7,20 € | 7,50 €

3. Entscheide, ob die Zuordnung proportional ist. Begründe deine Entscheidung.

① Eine Henne braucht zum Ausbrüten von 4 Eiern 21 Tage. Wie lange braucht sie für 8 Eier?

② 3 kg Weintrauben kosten 4,20 €. Wie viel € muss man am selben Stand für 6 kg Weintrauben bezahlen?

③ 4 Musiker spielen den Flohwalzer in 1 Minute. Wie lange brauchen 8 Musiker für dasselbe Musikstück?

Aufgabe 4 – 5

4. Darja und Flynn füllen Wasser in ihr Aquarium. Alle 30 s steigt die Füllhöhe um 4 cm.

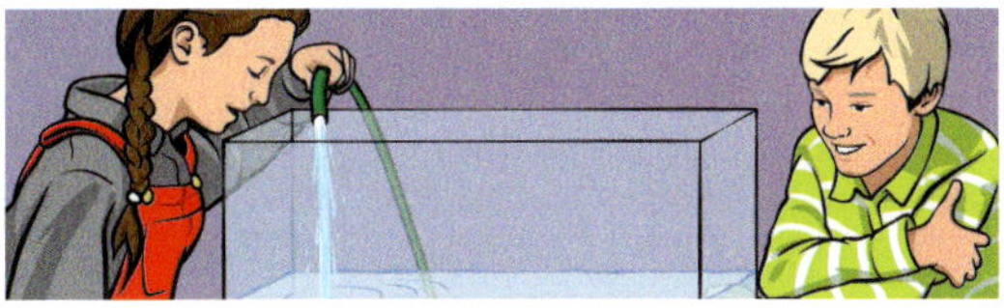

a) Übertrage die Tabelle in dein Heft. Ergänze sie bis zu einer Füllhöhe von 28 cm.

Zeit	0 s	30 s	60 s	90 s	120 s	150 s
Füllhöhe	0 cm	4 cm	▢	▢	▢	▢

b) Trage die Wertepaare als Punkte in ein Koordinatensystem ein (x-Achse: 1 cm für 30 s; y-Achse: 1 cm für 4 cm). Verbinde die Punkte zu einem Graphen und beschreibe ihn.

c) Das Aquarium hat eine Höhe von 50 cm.

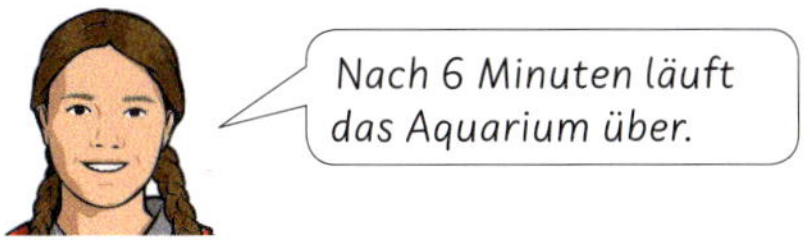

Überprüfe die Behauptung von Darja.

5.

a) Emma kauft 4 kg Äpfel und 2,5 kg Kartoffeln. Wie viel muss Emma insgesamt bezahlen?

b) Arthur hat Äpfel und Kartoffeln gekauft.

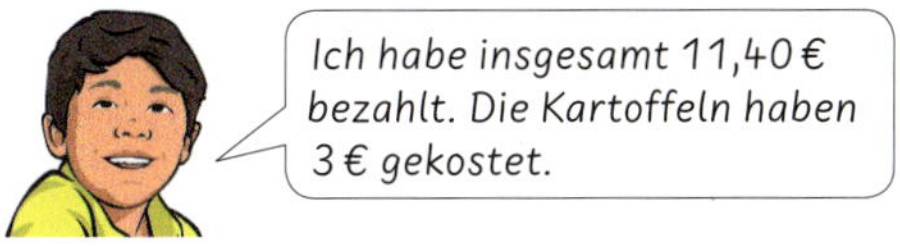

Wie viel Kilogramm Äpfel und wie viel Kilogramm Kartoffeln hat Arthur gekauft?

c) Tessa berechnet die Kosten für 5 kg Äpfel.

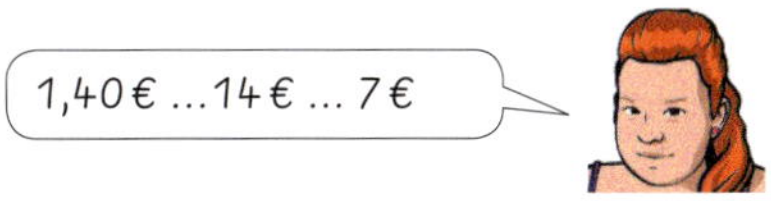

Erkläre den Rechenweg von Tessa.

Zahlen unter und über Null

Die AG-Schulgarten legt einen Teich an.

An den flachen Stellen werden Wasserpflanzen eingesetzt.

Lest in der Skizze ab, in welcher Höhe oder Tiefe gepflanzt wird.

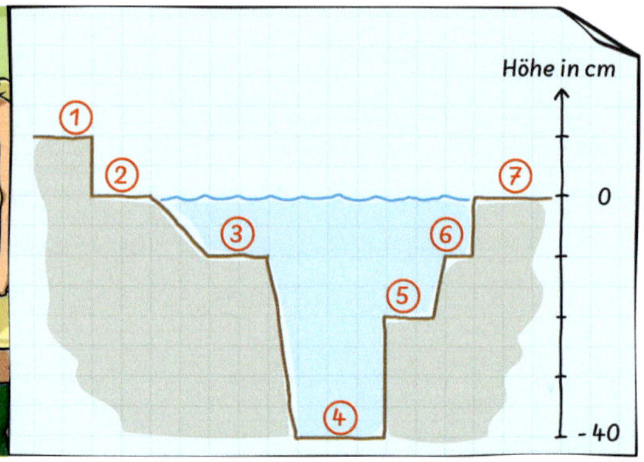

1. Auf Wetterkarten findet man negative und positive Temperaturangaben.

a) Lest die Temperaturen von Berlin, London, Budapest und Moskau ab.

b) Notiert die niedrigste und die höchste Temperatur.

c) Welche Bedeutung haben die Plus- und Minuszeichen vor den Temperaturen?

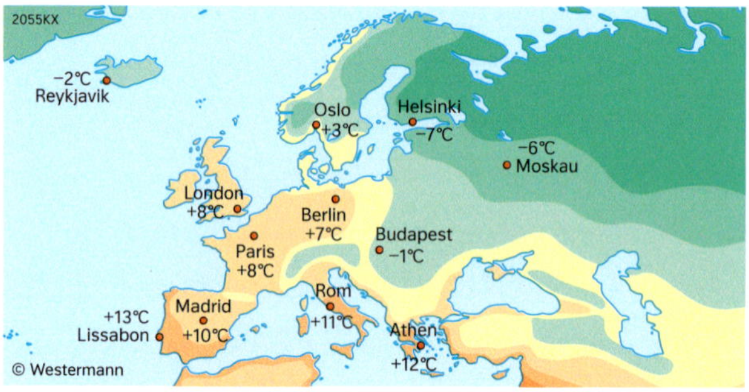

Zahlen unter und über Null

Video

Zahlen unter Null heißen **negative Zahlen** und haben das **Vorzeichen** –.

Zahlen über Null heißen **positive Zahlen** und haben kein Vorzeichen oder das **Vorzeichen** +.

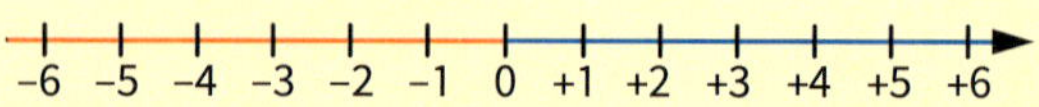

Für 3 °C unter Null schreibt man auch –3 °C.

Für 3 °C über Null schreibt man auch +3 °C oder 3 °C.

2. Wo kommen Zahlen unter Null vor? Besprecht mit Hilfe der Abbildungen.

a)

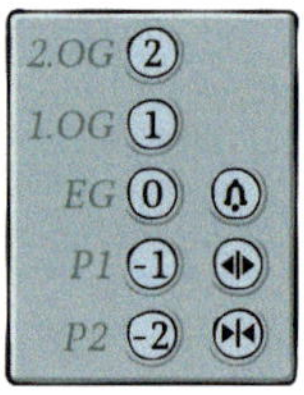

b)

c)

Kontoauszug	
Alter Kontostand	1450,00 €
Autoreparatur	-370,50 €
Neuer Kontostand	1079,50 €

d)

3. Drücke mit Hilfe von Vorzeichen aus.

a) 5 °C unter Null
b) 4. Stock
c) 73 € Schulden
d) 2. Kellergeschoss
e) 17 m unter dem Meeresspiegel
f) 10 °C über Null
g) 1. Untergeschoss
h) 2 °C unter dem Gefrierpunkt
i) 200 € Guthaben

Aufgabe 1 – 4

1. Lies die Temperatur ab.

a) b) c) d)

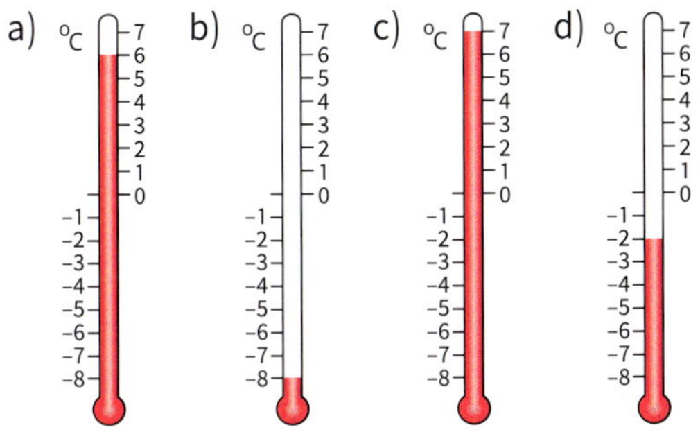

2. Schreibe mit einem Vorzeichen.

a) Das Thermometer zeigt eine Temperatur von 7 °C unter Null.

b) Die Zugspitze liegt 2 962 m über dem Meeresspiegel.

c) Leon hat bei seinem Opa 24 € Schulden.

d) Frau Meyer hat auf ihrem Konto ein Guthaben von 2 300 €.

e) Die tiefste Stelle im Meer liegt bei 11 034 m unter dem Meeresspiegel.

3.

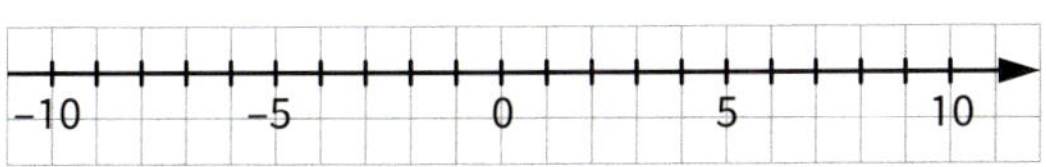

Übertrage die Zahlengerade in dein Heft und markiere die Zahlen.

+7 +1 −2 0 +3 −1 −5

4. Die Zahlen haben immer den gleichen Abstand. Gibt die gesuchte Zahl an.

a)

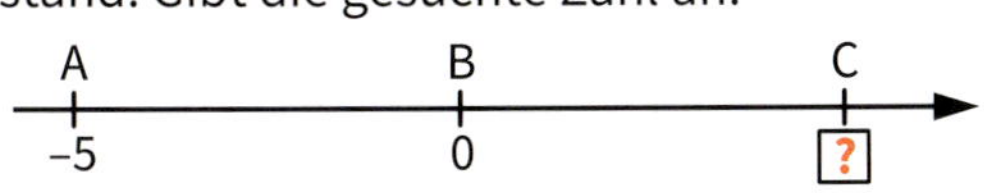

b)

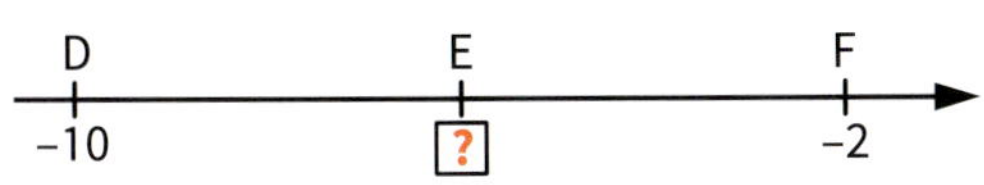

c)

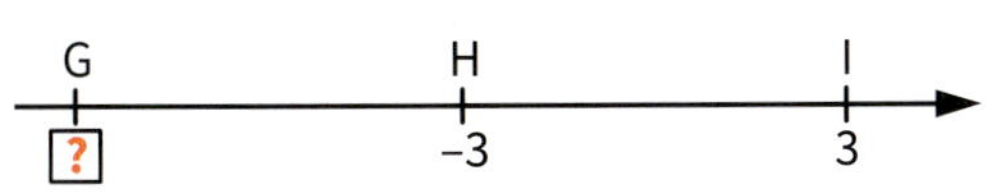

Aufgabe 5 – 7

5. Herr Tarhan sieht sich seinen Kontoauszug an.

Bankhaus Sommer			
Datum	Verwendungszweck	Betrag	neuer Kontostand
12.03.	Heizkosten	−250 €	70 €
15.03.	Einzahlung	100 €	170 €
21.03.	Supermarkt	−40 €	130 €
24.03.	Autoreparatur	−400 €	−270 €
27.03	Supermarkt	−30 €	
30.03.	Gehalt	2 600 €	

a) Wie hoch war der Kontostand am Ende des 11. März?

b) Erkläre die Kontostandsänderung am 24. März.

c) Bestimme die fehlenden Kontostände vom 27. und 30. März.

6. Notiere einen Satz mit einer negativen Zahl.

a) Frau Streller hat auf ihrem Konto 35,00 €. Sie hebt am Automaten 50,00 € ab.

b) Paul wohnt im 4. Stock. Mit dem Fahrstuhl fährt er 6 Stockwerke nach unten.

c) Die Tageshöchsttemperatur liegt bei 4 °C. In der Nacht wird es 13 °C kälter.

d) Die Zugspitze ist 2 962 m hoch. Die tiefste Stelle der Ostsee liegt 3 421 m tiefer.

7.

Marianengraben	−11 034 m
Brocken	1 141 m
Sundagraben	−7 290 m
Mont Blanc	4 806 m
Molloytief	−5 600 m

a) Ordne die aufgelisteten Orte nach ihrer Höhe. Beginne mit dem am tiefsten gelegenen Ort.

b) Bestimme den Höhenunterschied zwischen dem höchsten und tiefsten Ort.

c) Zwischen welchen Orten ist der Höhenunterschied am geringsten? Wie groß ist er?

«

Zahlenfolgen

Rechtecksmuster
Regel: Addiere oder subtrahiere immer dieselbe Zahl.
Zahlenfolge: 2, 4, 6, 8, 10, …

Baummuster
Regel: Multipliziere immer mit derselben Zahl.
Zahlenfolge: 1, 2, 4, 8, 16, …

Dreiecksmuster
Regel: Addiere immer eine um 1 größere Zahl.
Zahlenfolge: 1, 3, 6, 10, 15, …

Kleinstes gemeinsames Vielfaches (kgV)
Das kleinste gemeinsame Vielfache von zwei Zahlen ist die kleinste Zahl, die ein Vielfaches von beiden Zahlen ist: kgV (9,12) = 36

Größter gemeinsamer Teiler (ggT)
Der größte gemeinsame Teiler von zwei Zahlen ist die größte Zahl, durch die man beide Zahlen teilen kann: ggT (30,24) = 6

Primzahlen
Eine Zahl **mit genau zwei Teilern** ist eine **Primzahl**. Eine Primzahl kannst du nur durch 1 und sich selbst teilen. Die kleinste Primzahl ist die Zahl 2.

Teilbarkeit durch 2
Ist die letzte Ziffer einer Zahl eine **0, 2, 4, 6 oder 8,** dann ist die Zahl durch **2** teilbar.

Teilbarkeit durch 5
Ist die letzte Ziffer einer Zahl eine **0 oder 5,** dann ist die Zahl durch **5** teilbar.

Teilbarkeit durch 10
Ist die letzte Ziffer einer Zahl eine **0**, dann ist die Zahl durch **10** teilbar.

Teilbarkeit durch 3
Ist die Quersumme einer Zahl durch **3** teilbar, dann ist die Zahl durch **3** teilbar.

Teilbarkeit durch 9
Ist die Quersumme einer Zahl durch **9** teilbar, dann ist die Zahl durch **9** teilbar.

Teilbarkeit durch 4
Bilden die letzten beiden Ziffern einer Zahl ein Vielfaches von **4**, dann ist die Zahl durch **4** teilbar.

Zuordnungen
Eine **Zuordnung** ordnet einer Ausgangsgröße eine zugeordnete Größe zu.
Zuordnungen kannst du in Wertetabellen und in Schaubildern darstellen.

Proportionale Zuordnung
Zum Doppelten (Dreifachen, …) der Ausgangsgröße gehört das Doppelte (Dreifache, …) der zugeordneten Größe.

Zur Hälfte (zum dritten Teil, …) der Ausgangsgröße gehört die Hälfte (der dritte Teil, …) der zugeordneten Größe.

Zahlen über und unter Null

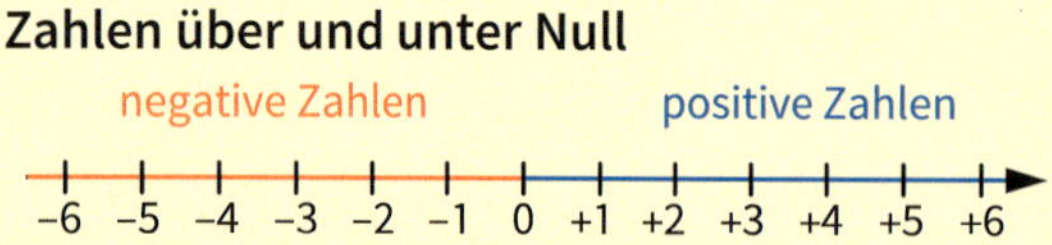

Um Zahlen über Null und unter Null zu unterscheiden, verwendet man Vorzeichen.
Für 3 °C unter Null schreibt man auch –3 °C. Für 3 °C über Null schreibt man auch +3 °C oder 3 °C.

Aufgabe 1 – 5

1. Nenne die Regel der Zahlenfolge und gib die nächsten drei Zahlen an.

a) 1, 4, 7, 10, …
b) 2, 4, 7, 11, …
c) 4, 8, 16, 32, …
d) 35, 31, 27, 23, …

2. Nora legt aus Streichhölzern Dreiecke.
Wie viele Streichhölzer benötigt sie für 1 Dreieck? Wie viele für 2, 5 oder 8 Dreiecke?

3. Beschreibe das Muster der Folge. Zeichne zwei weitere Bilder des Musters in dein Heft.

a)

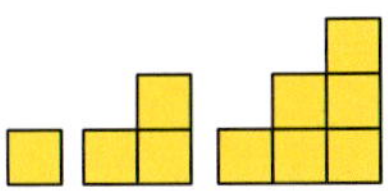

b)

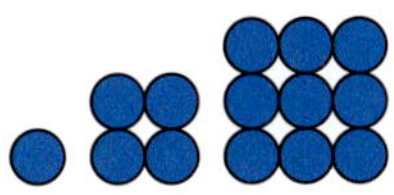

4.

Finde alle Zahlen auf den Ballons, die …

a) … durch 2 teilbar sind,
b) … durch 3 teilbar sind.

Wenn du die Lösungsbuchstaben in der richtigen Reihenfolge ordnest, ergibt sich jeweils ein Lösungswort.

5.

Eine Bahn ist 50 m lang. Jan schwimmt eine Bahn in 50 s, Björn in 60 s.
Nach welcher Zeit schlagen beide gleichzeitig am Beckenrand an? Wie viele Bahnen ist dann jeder geschwommen?

Aufgabe 6 – 10

6. Übertrage die Tabelle ins Heft. Sind die Zahlen 2, 5 und 10 Teiler der obenstehenden Zahl?

ist Teiler von	14	30	45	70	84	90	98
2	✓						
5	x						
10	x						

7. Teiler oder kein Teiler? Begründe wie im Beispiel.

BEISPIEL

6 ist kein Teiler von 15, denn 15 : 6 = 2 Rest 3

5 ist Teiler von 15, denn 15 : 5 = 3

a) Ist 9 ein Teiler von 27?
b) Ist 4 ein Teiler von 31?
c) Ist 11 ein Teiler von 44?
d) Ist 34 ein Teiler von 34?
e) Ist 10 ein Teiler von 72?
f) Ist 1 ein Teiler von 13?

8. Bestimme alle Teiler der Zahl.

a) 8 b) 12 c) 23 d) 25 e) 36

LÖSUNGEN

Anzahl der Teiler: 2 | 3 | 4 | 6 | 9

9. Übertrage die Tabelle ins Heft. Sind die Zahlen 3, 4 und 9 Teiler der obenstehenden Zahl?

ist Teiler von	15	56	248	432	666	772
3	✓					
4	x					
9	x					

10. Drücke mit Hilfe von Vorzeichen aus.

a) 150 € Guthaben
b) 40 € Schulden
c) 14 °C unter Null
d) 10 °C über Null
e) 3. Kellergeschoss
f) 5. Etage
g) 8 884 m über dem Meeresspiegel
h) 390 m unter dem Meeresspiegel

Lösungen → Seite 271

Aufgabe 11 – 13

11. a) Bestimme das kgV von
① 2 und 5 ② 4 und 12 ③ 10 und 15

b) Bestimme den ggT von
① 28 und 48 ② 36 und 81 ③ 15 und 144

Die Lösungszahlen findest du auf den Karten.

3 4 8 9 10 12 30

c) Eine Karte bleibt übrig. Die Zahl ist der ggT von zwei Zahlen. Gib eine Möglichkeit für diese beide Zahlen an.

12. Berechne den fehlenden Wert der proportionalen Zuordnung. Notiere auch die Pfeile mit den Rechnungen.

a)

Anzahl	Preis
2	0,60 €
8	■

b)

Masse	Preis
3 kg	3,20 €
9 kg	■

c)

Anzahl	Preis
36	7,20 €
6	■

d)

Zeit	Strecke
24 h	96 km
3 h	■

13. Das Schaubild zeigt den Tauchgang von zwei Taucherinnen in einer Tropfsteinhöhle.

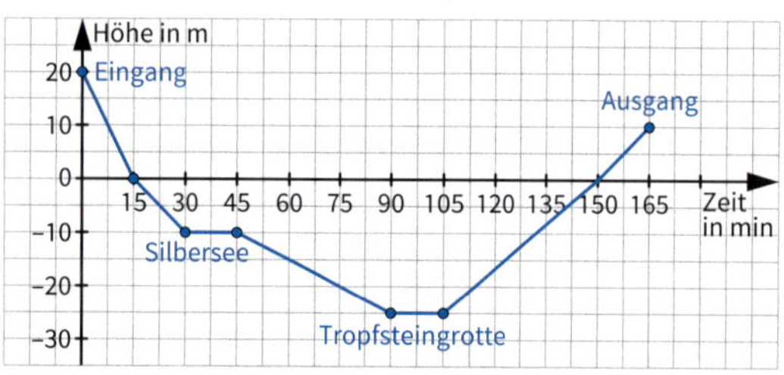

a) In welcher Höhe befindet sich der Eingang?

b) Nach wie vielen Minuten erreichen die Taucherinnen den Silbersee?

c) In welcher Tiefe liegt die Tropfsteingrotte?

d) Wie lange waren die Taucherinnen in der Tropfsteingrotte?

e) Der Tauchgang begann um 9:00 Uhr bei 0 m Höhe. Wann erreichten die Taucherinnen den Ausgang? Berechnet.

Aufgabe 14 – 17

14. Findet die Primzahlen. Ordnet sie von klein nach groß und bildet das Lösungswort.

39 A	1 B	89 N	2 F
17 E	41 E	57 U	37 I
23 R	51 E	87 V	99 D

15. Nur eine der Regeln gilt für die Teilbarkeit durch 12. Welche? Widerlegt die Falschaussagen jeweils mit einem Zahlenbeispiel.

① Jede Zahl, deren letzte beiden Ziffern durch 12 teilbar sind, ist durch 12 teilbar.

② Jede gerade Zahl, deren Quersumme durch 6 teilbar ist, ist durch 12 teilbar.

③ Jede Zahl, deren Quersumme durch 3 teilbar ist und die du zweimal halbieren kannst, ist durch 12 teilbar.

④ Jede Zahl, deren Quersumme durch 2 teilbar ist und die du zweimal dritteln kannst, ist durch 12 teilbar.

16. Lina legt auf einer Fahrradtour in 6 Stunden eine Strecke von 90 km zurück. Im Durchschnitt fährt Lina jede Stunde die gleiche Streckenlänge.

① Stelle die Zuordnung *Zeit (Stunden)* → *Strecke (km)* im Koordinatensystem dar.

② Lies in deinem Graphen ab: Wie viele km hatte Lina nach 4 Stunden etwa zurückgelegt und wie lange benötigte sie für 70 km?

17. Wählt geeignete Zahlenpaare und beantwortet mit Hilfe eurer Beispiele die Frage.

a) Wann ist der ggT von zwei Zahlen eine der beiden Zahlen?

b) Wann ist das kgV von zwei Zahlen das Produkt der beiden Zahlen?

c) Wann ist das kgV von zwei Zahlen eine der beiden Zahlen?

Lösungen → Seite 271

Aufgabe 18 – 20

18. Entscheide und begründe, ob die Zuordnung proportional ist.

① In 2 Minuten fließen 40 Liter Wasser gleichmäßig in eine Badewanne. Wie viel Liter sind nach 6 Minuten in die Badewanne geflossen?

② Marc ist 7 Jahre alt und 120 cm groß. Wie groß ist seine 14jährige Schwester Nora?

③ Leon läuft in 15 Sekunden eine Strecke von 100 m. Wie lange benötigt er für 1 000 m?

19. Ab der Zahl 4 kannst du gerade Zahlen als Summe von zwei Primzahlen darstellen. Der Mathematiker Christian Goldbach vermutete, dass sich das sogar bis ins Unendliche fortsetzen lässt.

BEISPIEL
4 = 2 + 2
6 = 3 + 3
8 = 5 + 3
10 = 7 + 3
12 = 7 + 5
…

a) Ergänzt die Beispielliste bis zur Zahl 30.
b) Stellt drei gerade Zahlen, die größer als 100 sind, auf diese Weise dar.

20.

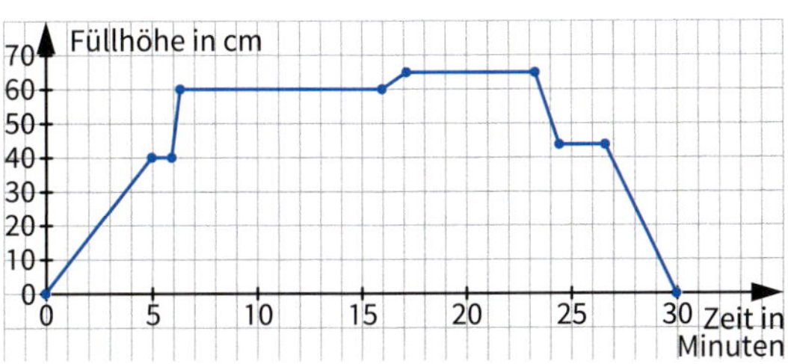

Simon nimmt ein Bad in der Badewanne. Der Graph zeigt den „Badeverlauf" vom Füllen der Wanne bis zum Ablaufen des Wassers.
a) Wie erklärst du dir den Anstieg des Wassers nach 6 Minuten?
b) Wie lange saß Simon in der Badewanne?
c) Schreibe eine passende Badegeschichte zum Graphen.

Aufgabe 21 – 24

21. Wahr oder falsch? Prüfe an selbst gewählten Beispielen und entscheide! Wenn die Aussage falsch ist, dann gib ein Gegenbeispiel an.
a) Eine Zahl ist durch 6 teilbar, wenn sie durch 2 und durch 3 teilbar ist.
b) Eine Zahl ist durch 15 teilbar, wenn sie durch 3 und durch 5 teilbar ist.
c) Eine Zahl ist durch 24 teilbar, wenn sie durch 4 und durch 6 teilbar ist.
d) Eine Zahl ist durch 36 teilbar, wenn sie durch 4 und durch 9 teilbar ist.

22. Zwei Primzahlen mit einer Differenz von 2 nennt man „Primzahlzwillinge".
a) Schreibe alle Primzahlzwillinge zwischen 1 und 100 auf.
b) Finde mindestens drei Primzahlzwillinge, die größer als 100 sind.

23. Zerlege die Zahl mit Hilfe eines Teilerbaums und schreibe sie als Produkt von Primzahlen.

a) 30	b) 54	c) 200	d) 525
e) 88	f) 96	g) 360	h) 594

24.

Die S3 fährt alle 6 Minuten, die S5 alle 9 Minuten vom Schloss ab. Gemeinsamer Betriebsbeginn ist morgens um 5:00 Uhr.
a) Notiere die gemeinsamen Abfahrtszeiten der beiden Bahnen von 5:00 bis 7:00 Uhr.
b) Mike fährt um 9:36 Uhr mit der S3 beim Schloss ab. Kann Holger mit der S5 gleichzeitig am Schloss abfahren? Begründe.
c) Nach einem Konzert, das um 20:30 Uhr endet, wollen Mia mit der S3 und Nora mit der S5 zur gleichen Zeit nach Hause fahren. Welche Bahn könnten sie wählen?

Lösungen → Seite 272

Fahrt zum Ozeaneum

Die 24 Kinder der Klasse 6a planen eine Fahrt zum Ozeaneum.

a) Die Klassenlehrerin Frau Meister möchte die Klasse in gleich große Gruppen einteilen.

Es müssen mindestens zwei Kinder pro Gruppe sein.

① Gib alle möglichen Gruppengrößen an.
② Am Wandertag fallen 4 Kinder aus. Wie groß können jetzt die Gruppen sein?

---

b) Am Wandertag fahren 20 Kinder mit zum Ozeaneum.

① Wie viel € muss Frau Meister für Busfahrt und Eintritt insgesamt einsammeln?
② Wie viel € davon zahlt jedes Kind?

Busfahrt Fünferkarte	35,00 €
Eintrittskarte pro Person	6,00 €

---

c) Am Eingang werden die Besucherzahlen des Tages erfasst.

Uhrzeit	10 – 11	11 – 12	12 – 13	13 – 14	14 – 15	15 – 16	16 – 17	17 – 18	18 – 19
Besucherzahl	34	50	75	90	105	74	45	40	37

Übertrage die Werte in ein passendes Schaubild.

---

d) Am Eingang des Ozeaneum findet die Klasse die abgebildete Infotafel.

① Welche Lebewesen können in einer Tiefe von 6 000 m unter dem Meeresspiegel leben?
② Bis zu welcher Tiefe können Quallen leben?
③ Thomas möchte sich über Wale informieren. Welche Taste muss er im Fahrstuhl drücken?

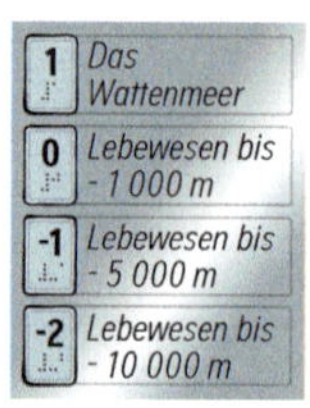

④ Das Uboot Orx kann bis 4 000 m tief tauchen. Könnte die Besatzung in dieser Tiefe Wale sehen?
⑤ Bestimme den Höhenunterschied zwischen den Lebensräumen von Kranich und Knochenfisch.

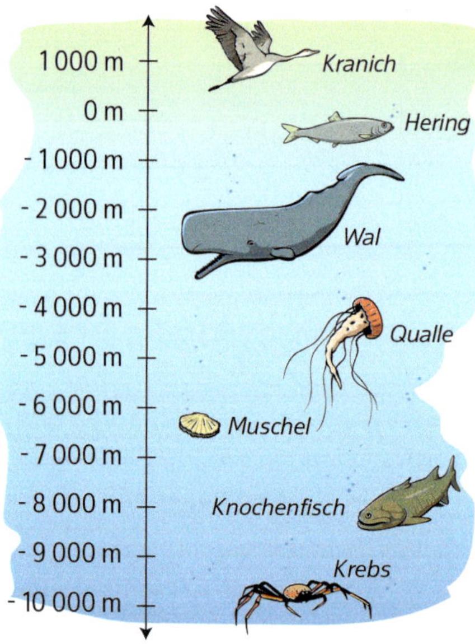

Lösungen → Seite 272

2 | Figuren und Körper

1. Welche Eigenschaften gelten für das Rechteck, welche gelten für das Quadrat? Ordne zu.

gegenüberliegende Seiten gleich lang

vier rechte Winkel

alle Seiten gleich lang

gegenüberliegende Seiten parallel

Quadrat

Rechteck

Ich kenne Eigenschaften eines Rechtecks und eines Quadrats.

Das kann ich gut. | Ich bin noch unsicher.

→ S. 254, Aufgabe 1

---

2. Zeichne in dein Heft …

a) … ein Quadrat mit der Seitenlänge 2,5 cm,

b) … ein Rechteck mit der Länge 4,2 cm und der Breite 3,7 cm.

Ich kann Rechtecke und Quadrate mit vorgegebenen Längen zeichnen.

Das kann ich gut. | Ich bin noch unsicher.

→ S. 254, Aufgabe 2, 3

---

3. Überprüfe, ob die Geraden parallel (■ ∥ ■) oder senkrecht (■ ⊥ ■) zueinander verlaufen.

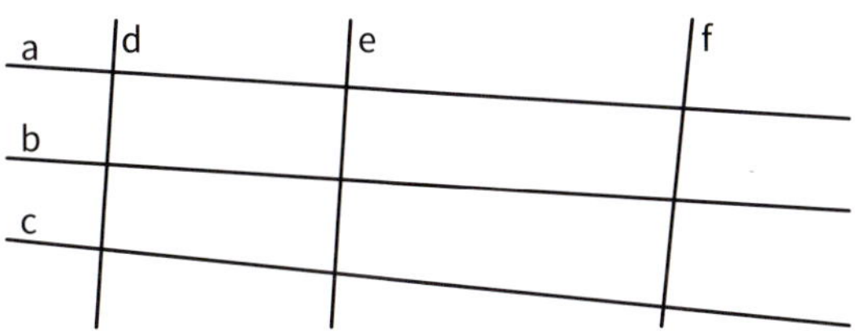

Ich kann überprüfen, ob Geraden senkrecht oder parallel zueinander verlaufen.

Das kann ich gut. | Ich bin noch unsicher.

→ S. 255, Aufgabe 1, 2

---

4. Übertrage die Gerade AB in dein Heft. Zeichne eine parallele Gerade und eine senkrechte Gerade zu AB durch den Punkt C.

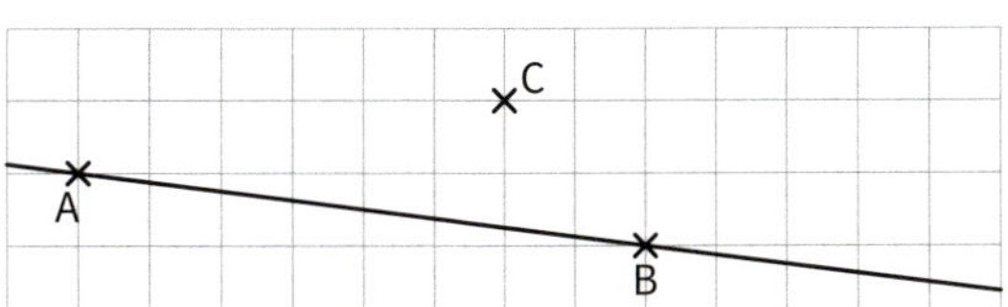

Ich kann senkrechte und parallele Geraden zeichnen.

Das kann ich gut. | Ich bin noch unsicher.

→ S. 256, Aufgabe 1, 2

---

5. Übertrage die Gerade g in dein Heft. Miss den Abstand von Punkt C zur Geraden g.

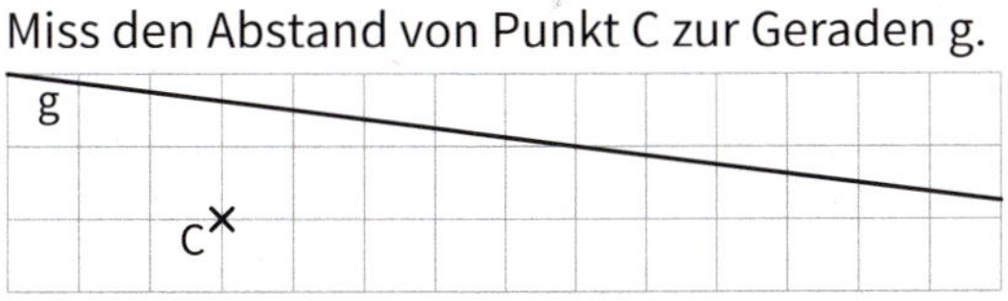

Ich kann mit dem Geodreieck Abstände von Punkten zu einer Geraden messen.

Das kann ich gut. | Ich bin noch unsicher.

→ S. 253, Aufgabe 3

Lösungen → Seite 273

Die Rakete besteht aus einer Toilettenpapierrolle. Wie würdest du die Papierrolle bekleben? Welche geometrischen Figuren in blau, rot, orange und silber musst du dafür ausschneiden?

Welche geometrischen Körper wurden hier als Vorbilder für die Gebäude verwendet?

2 | Figuren und Körper

Habt ihr schon einmal einen Parcours im Sportunterricht aufgebaut? Welche geometrischen Figuren und Körper aus der Sporthalle könnten für einen Parcours verwendet werden?

In diesem Kapitel lernst du, …

… wie du Kreise mit dem Zirkel zeichnest und beschriftest,

… wie du besondere Vierecke benennst, beschreibst und zeichnest,

… wie du Kantenmodelle, Netze und Schrägbilder von geometrischen Körpern zeichnest.

Digital+ WES-128745-042

Der Kreis

Die Bilder rechts wurden mit dem Zirkel gezeichnet.

Könnt ihr die Bilder nachzeichnen? Wie geht ihr vor?

1. a) Beschreibt, wie Tim einen Kreis gezeichnet hat. Was benötigt er dafür? Wie ist er vorgegangen?

b) Erklärt, warum Tim mit dieser Methode einen Kreis zeichnen kann.

Video

Ein **Kreis** ist festgelegt durch seinen **Mittelpunkt M** und seinen **Radius r**.
Der **Durchmesser d** ist doppelt so lang wie der Radius. $d = 2 \cdot r$

Alle Punkte der **Kreislinie** haben den gleichen Abstand vom Mittelpunkt.

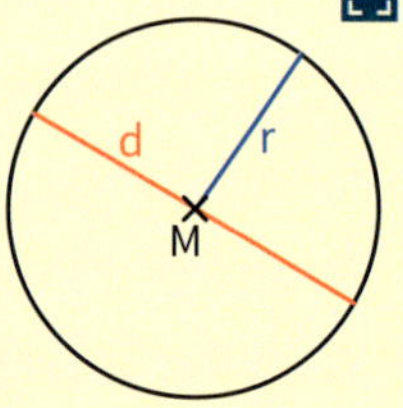

So zeichnest du einen Kreis mit einem Zirkel:

① Radius r einstellen

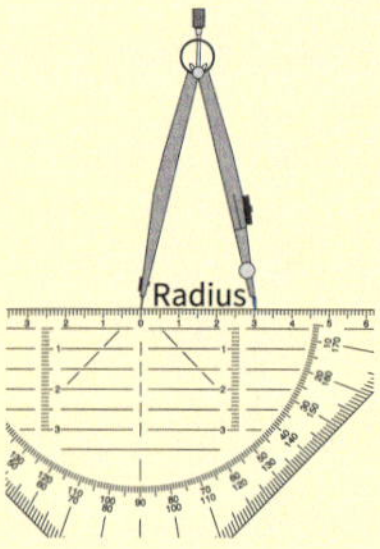

② Mittelpunkt M markieren und in M einstechen

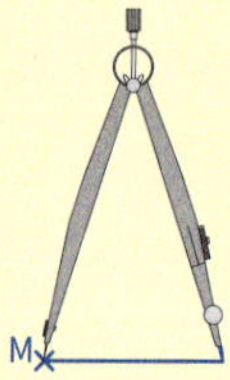

③ Kreis zeichnen

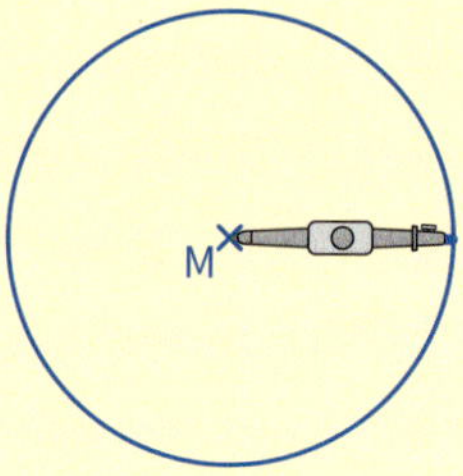

2. Zeichne den Kreis in dein Heft. Markiere immer zuerst den Mittelpunkt. Zeichne den Durchmesser und den Radius ein und beschrifte sie.

a) r = 2 cm b) r = 3,5 cm c) r = 12 mm d) d = 8 cm e) d = 5 cm f) d = 92 mm

3. Miss den Radius und den Durchmesser des Kreises.

a) 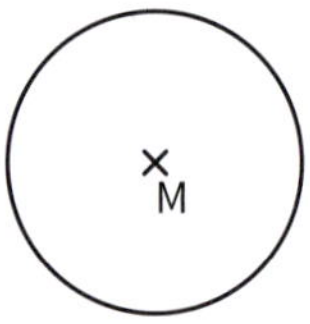

b) 

c) 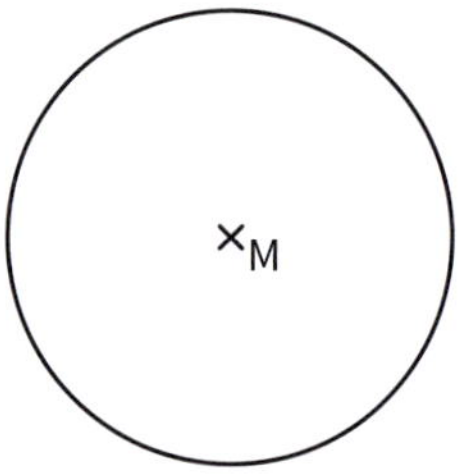

Aufgabe 1 – 3

1. 

a) Beschreibt, wie Stani einen Kreis zeichnet. Verwendet dabei diese Wörter.

Spitze – abmessen – Radius – Mittelpunkt – einstechen – Zirkel – Kreislinie – drehen

b) Zeichnet die Kreise ins Heft.
① r = 5 cm ② r = 2,7 cm ③ d = 9 cm

2. Erklärt euch gegenseitig, wie der Durchmesser bestimmt wurde.

a)
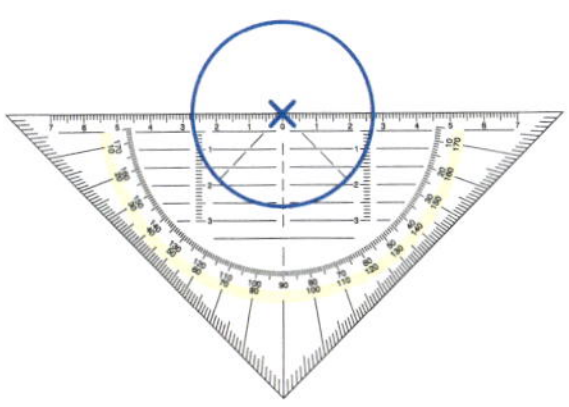

b)
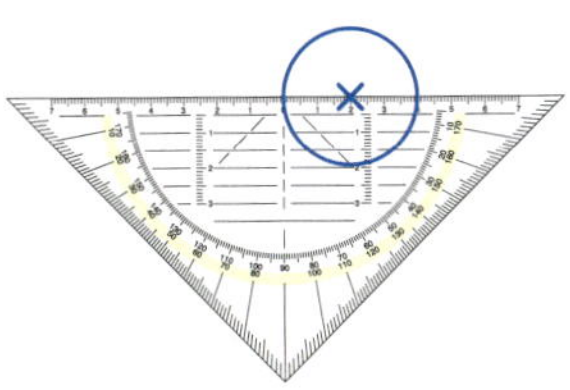

c)
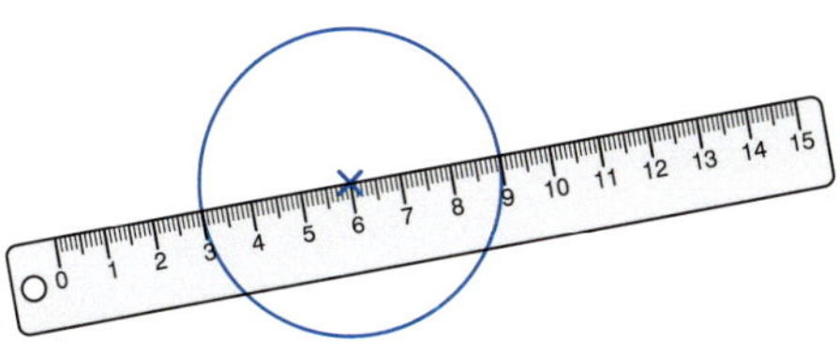

3. Sucht kreisrunde Gegenstände im Klassenraum. Messt den Durchmesser und den Radius und vergleicht eure Ergebnisse.

Aufgabe 4 – 7

4. Wie verändert sich der Durchmesser eines Kreises, wenn man den Radius um 5 mm vergrößert? Zeichne zwei Beispiele in dein Heft.

5. Zeichne die Muster mit deinem Zirkel in dein Heft. Markiere zuerst die Mittelpunkte.

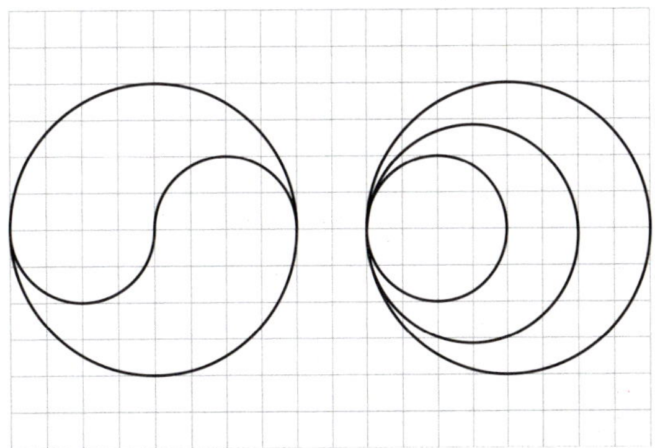

6. Zeichne ein Koordinatensystem in dein Heft. (1 LE = 1 cm)

a) Markiere den Punkt M (3 | 3) und zeichne einen Kreis um M, der beide Achsen berühren soll. Gib den Radius des Kreises an.

b) Zeichne einen Kreis mit r = 5 cm. Der Kreis soll beide Achsen berühren. Gib die Koordinaten des Mittelpunktes an.

7. Zeichne die Figuren mit doppelten Längen in dein Heft. Markiere zuerst die Mittelpunkte der Halbkreise.

a)
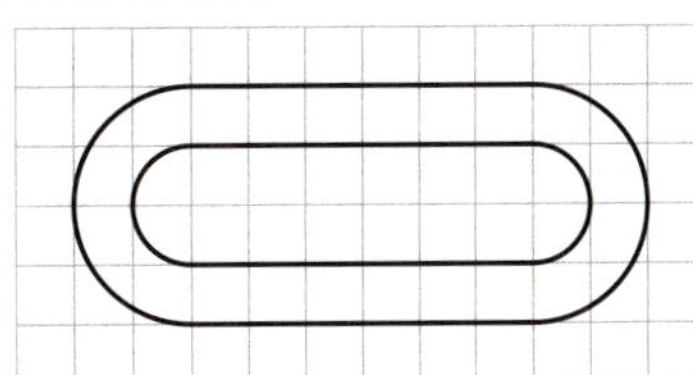

b)
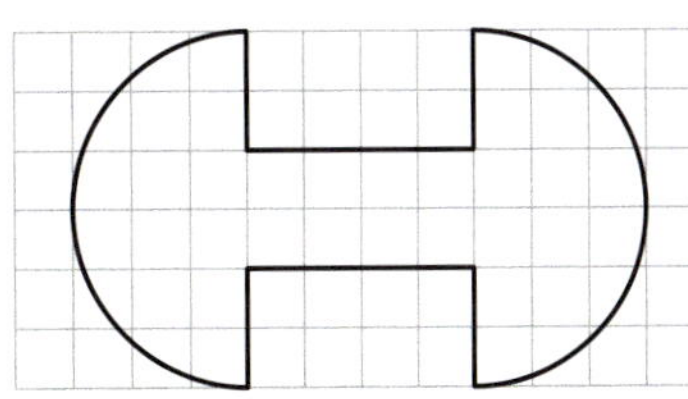

Vielecke und besondere Vierecke

Das Buntglasfenster besteht aus vielen einzelnen Figuren.
Welche Figuren könnt ihr erkennen?
Benennt Gemeinsamkeiten und Unterschiede der Figuren.

1. a) Beschreibt immer abwechselnd eine der Figuren mit Hilfe der Textbausteine. Deine Partnerin oder dein Partner muss herausfinden, welche Figur du beschrieben hast.

hat … parallele Seiten | hat … gleichlange Seiten | hat … Seiten | hat … Ecken | hat … rechte Winkel

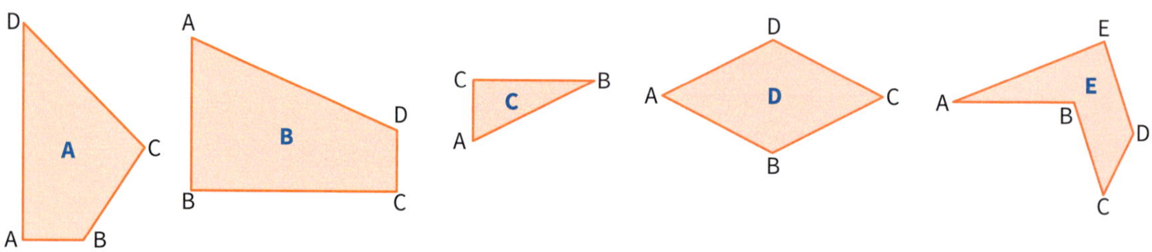

b) Zeichne eine eigene Figur, ohne dass deine Partnerin oder dein Partner sie sieht. Mit Hilfe deiner Beschreibung muss deine Partnerin oder dein Partner deine Figur nachzeichnen. Vergleicht eure Zeichnungen.

Video

Ein **Vieleck** ist eine Figur, die **mindestens drei Eckpunkte** hat und **nur von geraden Linien** begrenzt ist. Man benennt das Vieleck nach der Anzahl der Eckpunkte.

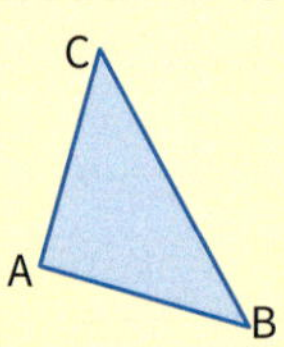

Dreieck

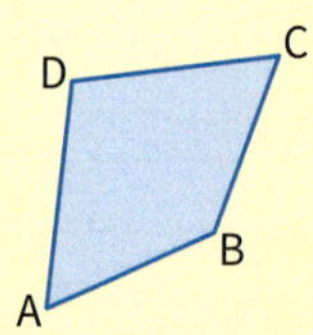

Viereck

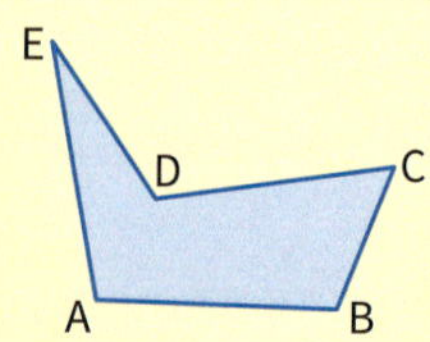

Fünfeck

usw.

2. Entscheide, ob es sich bei der Figur um ein Vieleck handelt. Wenn es ein Vieleck ist, benenne es.

a) 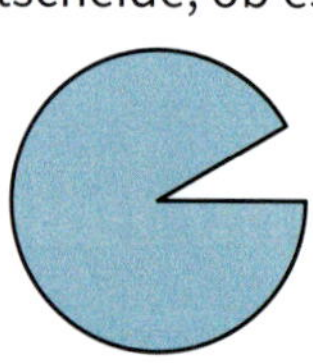

b) 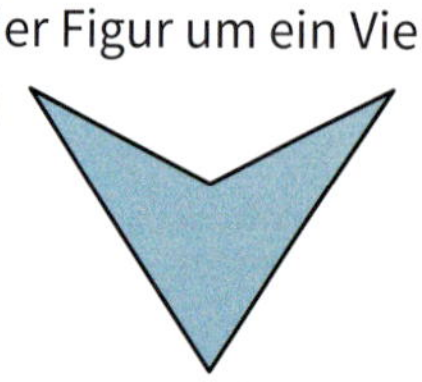

c) 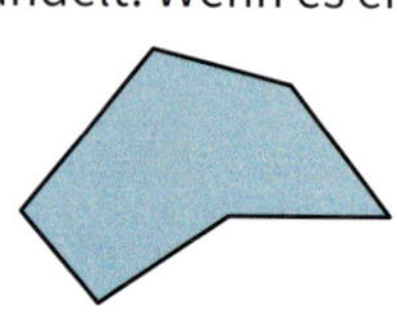

d) 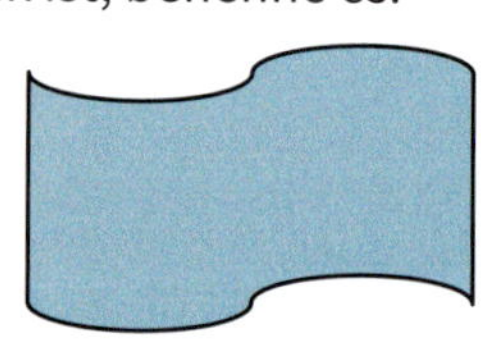

Digital+
WES-128745-045

Besondere Vierecke

Video

Bei den Vierecken gibt es einige, die ganz besondere Eigenschaften haben.

Quadrat | Rechteck | Parallelogramm | symmetrisches Trapez | Raute | Drachen

3. a) Nesrin hat in der Tabelle bereits die Eigenschaften des Rechtecks ergänzt. Dabei ist ihr leider ein Fehler unterlaufen.
Legt eure Hefte quer und übertragt die Tabelle. Übertragt auch Nesrins Eintrag zum Rechteck und korrigiert dabei ihren Fehler.

b) Ordnet die unten abgebildeten Eigenschaften den richtigen Vierecken zu und schreibt sie in eure Tabelle. Manche Eigenschaften können auch mehreren Vierecken zugeordnet werden.

TIPP

Diagonalen verbinden gegenüberliegende Eckpunkte miteinander.

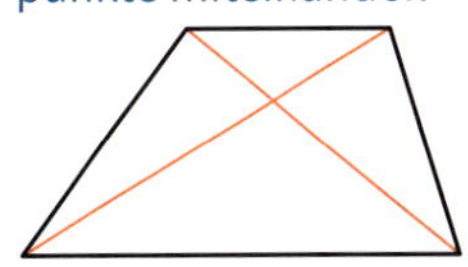

Quadrat	Rechteck	Parallelogramm	symmetrisches Trapez	Raute	Drachen
	· Alle vier Winkel sind rechte Winkel. · Gegenüberliegende Seiten sind parallel. · Nebeneinanderliegende Seiten sind gleich lang. · Diagonalen halbieren einander.				

- Alle vier Winkel sind rechte Winkel.
- Alle Seiten sind gleich lang.
- Diagonalen stehen senkrecht aufeinander.
- Gegenüberliegende Seiten sind parallel.
- Nebeneinanderliegende Seiten sind gleich lang.
- Nur ein Paar gegenüberliegender Seiten sind parallel.
- Gegenüberliegende Seiten sind gleich lang.
- Diagonalen halbieren einander.
- Eine Diagonale wird halbiert.

»

Aufgabe 1 – 3

1. Findet unterschiedliche Vielecke im Bild und benennt sie. Wechselt euch mit eurer Partnerin/ eurem Partner ab.

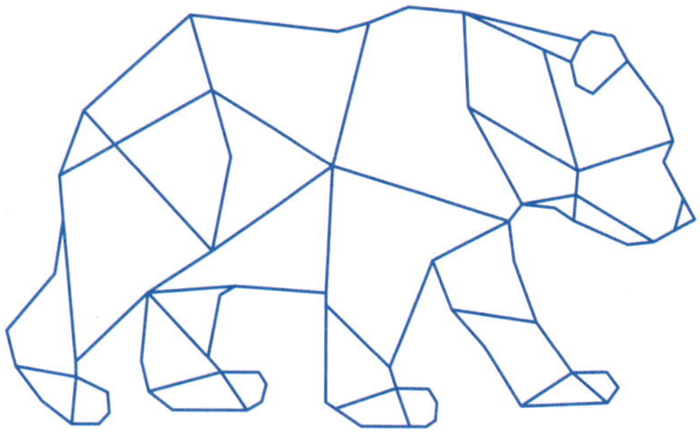

2. Welche Vielecke und besonderen Vierecke erkennt ihr in diesem Buntglasfenster?

① Zeigt und benennt die Figuren abwechselnd.

② Benennt die Eigenschaften der besonderen Vierecke.

3. Gestalte dein eigenes Buntglasfenster. Zeichne dazu ein Rechteck mit den Seitenlängen a = 20 cm und b = 15 cm in dein Heft. Unterteile das Rechteck mit Hilfe des Geodreiecks so, dass verschiedene Vielecke entstehen. Male Dreiecke, Vierecke, Fünfecke, … jeweils in der gleichen Farbe aus. Worauf musst du achten, wenn du dein Fenster achsensymmetrisch gestalten willst?

Aufgabe 4 – 7

4. **Rechteck** **Quadrat** **Parallelogramm**

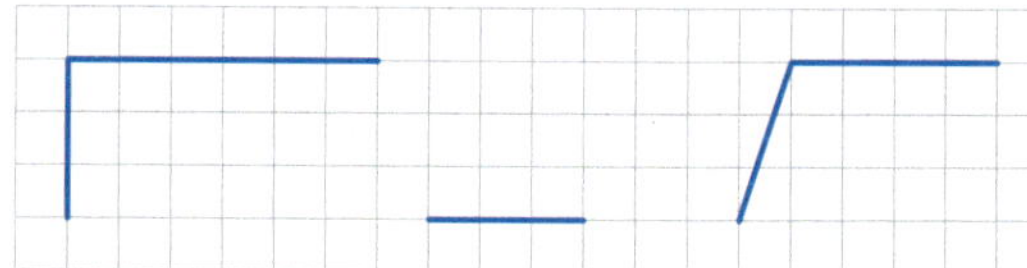

Übertrage die Linien in dein Heft und ergänze sie zur angegebenen Figur. Welche Eigenschaften der Figur hast du ausgenutzt?

5. Trage die Punkte A(1|1), B(3|1), C(5|1), D(7|3), E(5|3), F(1|3), G(7|5), H(5|5) und I(3|5) in ein Koordinatensystem ein (1 LE = 1 cm). Verbinde die Punkte in der angegebenen Reihenfolge zu einem Viereck und benenne es. Nutze für jede Teilaufgabe eine andererе Farbe.

a) A, C, G, I, A b) C, D, H, F, C

c) B, C, D, F, B d) A, C, E, F, A

6. Übertrage die Vierecke in dein Heft. Zeichne die Diagonalen ein und entscheide, bei welchen Vierecken es sich um Drachen handelt.

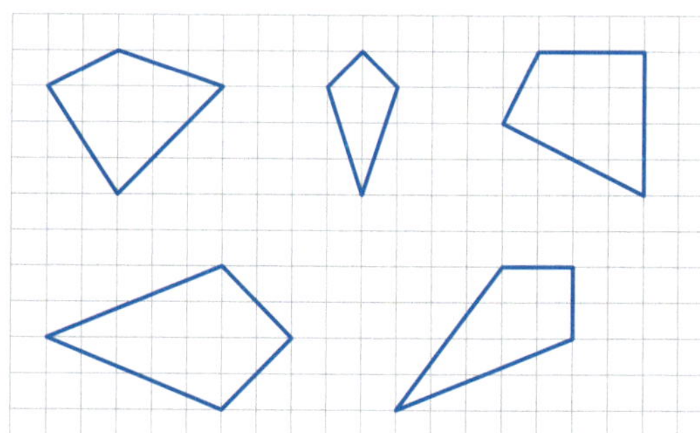

7. Zeichne das Viereck nach der Beschreibung. Welches Viereck ist entstanden?

① Zeichne eine Strecke $\overline{AB}$ mit der Länge 6 cm.

② Zeichne im Abstand von 3 cm parallel zur Strecke $\overline{AB}$ eine Strecke $\overline{CD}$ mit der Länge von 6 cm .

③ Verbinde die Eckpunkte zum Viereck ABCD.

Aufgabe 8 – 10

8. 

Entscheidet und erklärt euch gegenseitig: richtig oder falsch?

a) Jedes Viereck ist auch ein Drachen.
b) Jedes Rechteck ist auch ein Parallelogramm.
c) Jede Raute mit vier rechten Winkeln ist ein Quadrat.
d) Jedes Trapez ist auch ein Parallelogramm.
e) Jedes Parallelogramm ist auch ein Trapez.
f) Jedes Quadrat ist auch ein Drachen.

9. Welche besonderen Vierecke kannst du jeweils aus den Stäben legen? Skizziere die Figuren in dein Heft und benenne sie.

a) 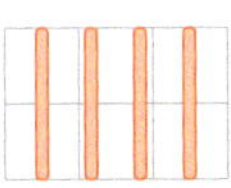
b) 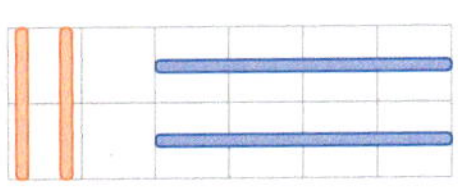

10. Trapeze müssen nicht symmetrisch sein.

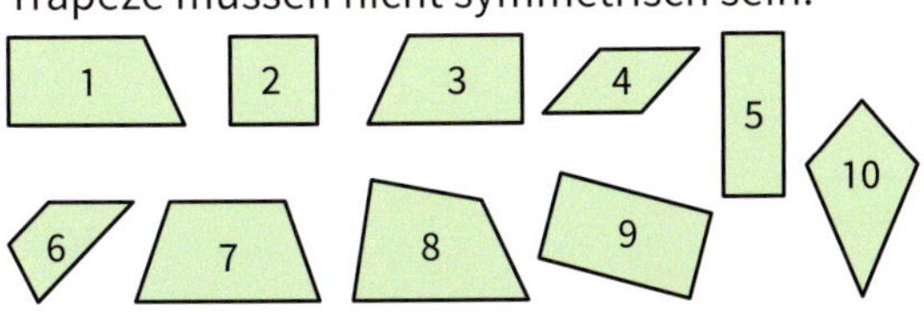

① Recherchiert im Internet nach den Eigenschaften von Trapezen.
② Welche der Vierecke sind Trapeze? Begründet eure Entscheidung, indem ihr für jede Figur die Eigenschaften des Trapezes überprüft.
③ Bereitet für die Klasse einen Kurzvortrag zum Thema „Trapeze“ vor.

Aufgabe 11 – 13

11. Zeichne das Dreieck in dein Heft und ergänze es mit einem vierten Eckpunkt zu einem Parallelogramm.
Findest du alle drei Möglichkeiten?

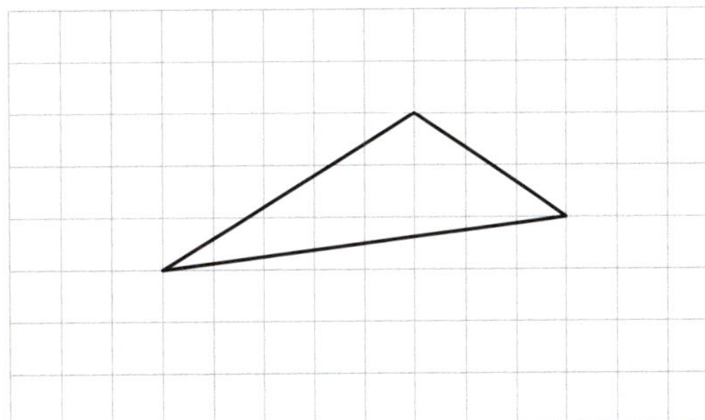

12. ① Übertrage die Figuren auf ein kariertes Blatt und schneide sie aus. Welche besonderen Vierecke kannst du aus allen vier Teilen legen?
② Zeichne die besonderen Vierecke mit der Einteilung ins Heft.

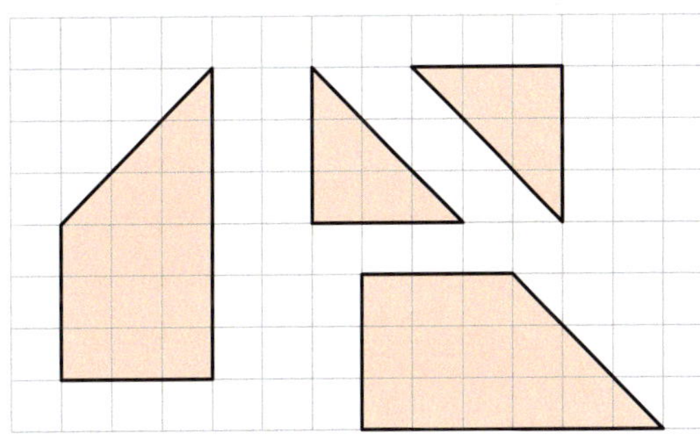

13. ① Zeichne die Punkte in ein Koordinatensystem (1 LE = 1 cm). Ergänze einen vierten Punkt D so, dass das angegebene Viereck entsteht und gib die Koordinaten von D an.

a) A(0|2), B(2|0), C(4|2) Quadrat
b) A(6|1), B(10|1), C(9|4) Parallelogramm
c) A(1|7), B(2|5), C(6|7) Drachen
d) A(10|6), B(10|9), C(7|8) symmetrisches Trapez

② Zeichne in jede Figur die möglichen Symmetrieachsen ein.

»

Besondere Vierecke zeichnen

Besondere Vielecke zu zeichnen ist gar nicht so schwer. Du brauchst nur einen spitzen Bleistift und ein Geodreieck. Die Bilderfolgen zeigen dir, wie es geht.

a) Schaue dir die Bilderfolgen an und versuche, sie zu verstehen.

b) Lass dir von deinem Lehrer oder deiner Lehrerin ein weißes Blatt Papier (ohne Karoraster) geben. Zeichne darauf ein Parallelogramm, eine Raute, einen Drachen und ein symmetrisches Trapez.

c) Präsentiere deine Zeichnungen vor der Klasse. Erkläre, wie du vorgegangen bist.

Parallelogramm

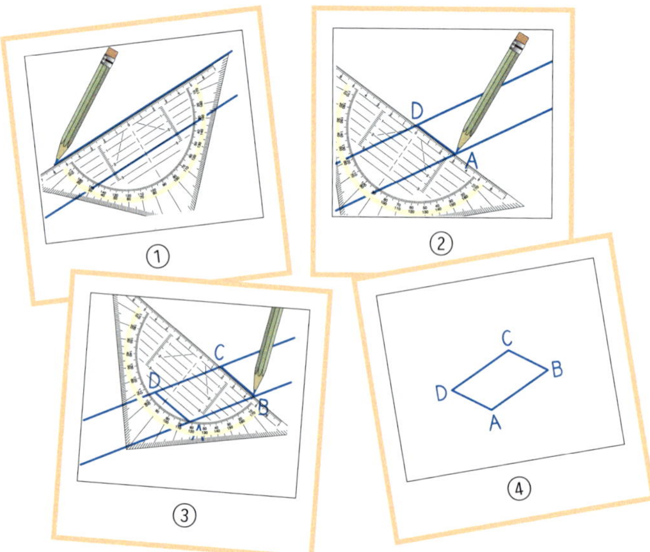

symmetrisches Trapez

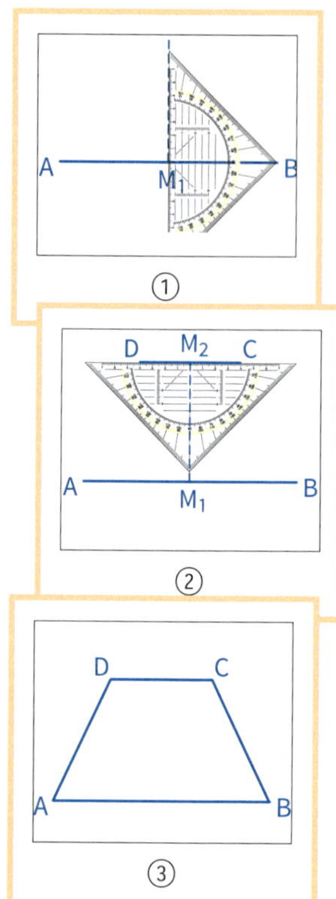

Drachen

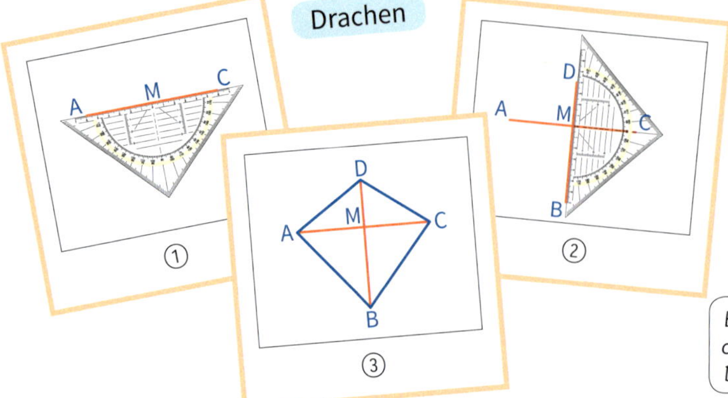

Raute

Lapbook zum Thema Vierecke

Erstellt ein Lapbook (Klappbuch) zum Thema Vierecke. Stellt die besonderen Vierecke und ihre Eigenschaften in eurem Lapbook vor.

a) Faltet euer Lapbook.

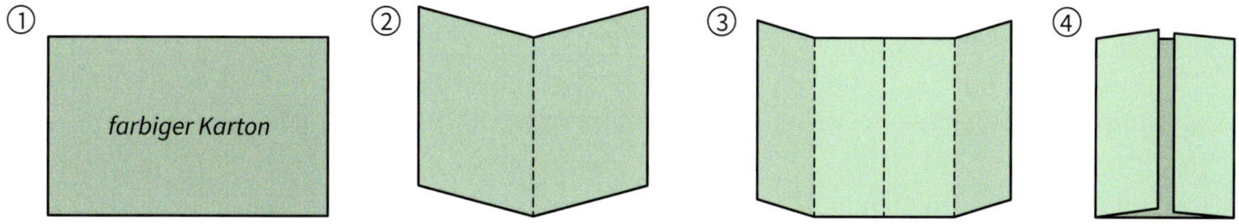

b) Gestaltet das Innere eures Lapbooks. Es gibt viele Möglichkeiten, die Vierecke und ihre Eigenschaften im Inneren eures Lapbooks darzustellen. Hier seht ihr einige Beispiele und Ideen.

① **Klappelemente**
Die Informationen über die Vierecke könnt ihr unter Klappen schreiben, die die Form des jeweiligen Vierecks haben und die ihr dann in euer Lapbook klebt.

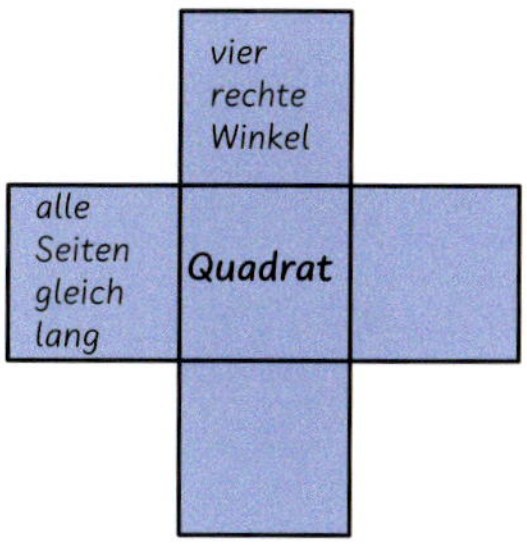

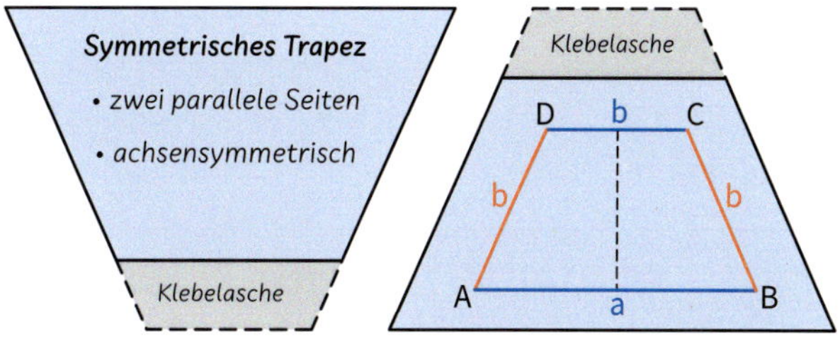

② **Spiele**
- **Memory** (Bilder von Vierecken aus dem Alltag)
- **Domino** (Vierecke und ihre Namen)
- **Rätsel** (Eigenschaften und Aussehen umschreiben und raten lassen)
- **Puzzles** (Vierecke puzzeln lassen)

> TIPP
> Recherchiert im Internet nach weiteren Möglichkeiten.

Sammeltasche für Spiele

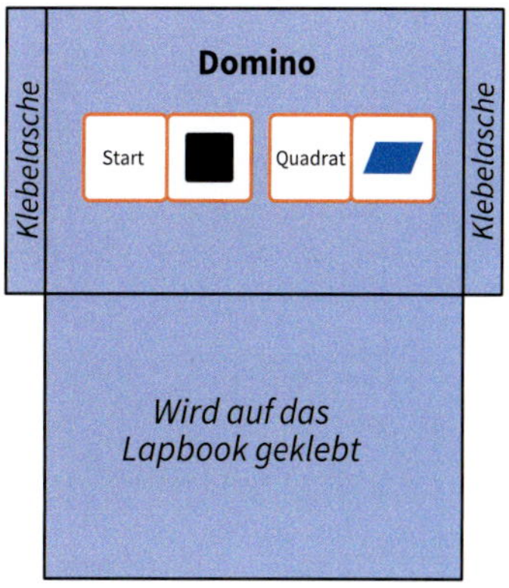

c) Präsentiert euer Lapbook vor eurer Klasse. Hängt es im Klassenraum aus.

Wiederholungsaufgaben

Die Ergebnisse der Aufgaben ergeben drei Begriffe aus der Geometrie.

1. Runde auf Hunderter.

a) 375 b) 203
c) 349 d) 98
e) 1 499 f) 1 038

2. Rechne im Kopf.

a) 45 + 75 b) 56 + 37
c) 134 + 202 d) 90 – 55
e) 44 – 16 f) 169 – 34

---

3. Bestimme die fehlenden Koordinaten der Punkte A bis E.

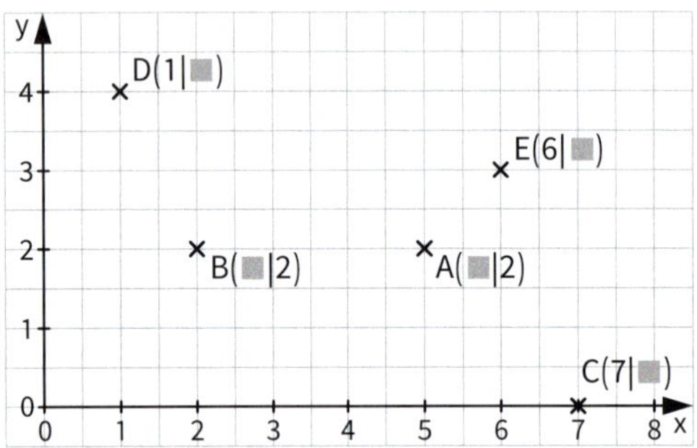

4. Multipliziere bzw. dividiere schriftlich im Heft.

a) 24 · 8 b) 238 · 65
c) 324 : 3 d) 1 734 : 6

---

5. Wandle um.

a) 2,38 m = ■ cm b) 13,80 € = ■ ct
c) $2\frac{1}{2}$ h = ■ min d) $\frac{3}{4}$ h = ■ min
e) 500 g = ■ kg f) 400 mm = ■ cm

6. Bestimme den Umfang der Fläche.

a)
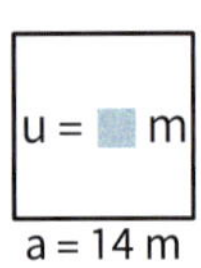

b)
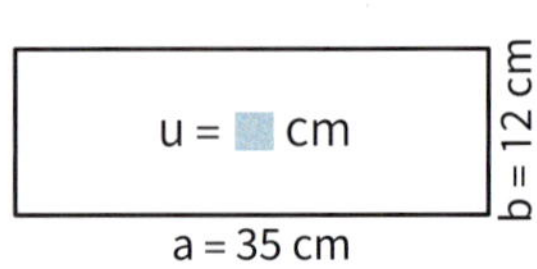

7. Berechne die fehlenden Werte.

Anfang	13:20 Uhr	8:45 Uhr	6:20 Uhr
Dauer	4 h 55 min	■ h ■ min	■ h ■ min
Ende	■:■ Uhr	15:35 Uhr	13:45 Uhr

A | 0
L | 0,5
I | 2
O | 3
G | 4
D | 5
R | 6
M | 7
G | 15
O | 18
R | 23,8
M | 25
L | 28
E | 35
L | 40
A | 45
A | 50
E | 56
O | 93
L | 94
T | 100
L | 108
M | 120
L | 135
R | 150
N | 192
A | 200
P | 238
E | 289
N | 300
D | 336
K | 400
N | 1 000
A | 1 380
E | 1 500
A | 15 470

Kantenmodelle basteln

Würfel
Ihr braucht
- Zahnstocher
- Papier für die Ecken
- Lineal, Bleistift
- Schere, Klebstoff

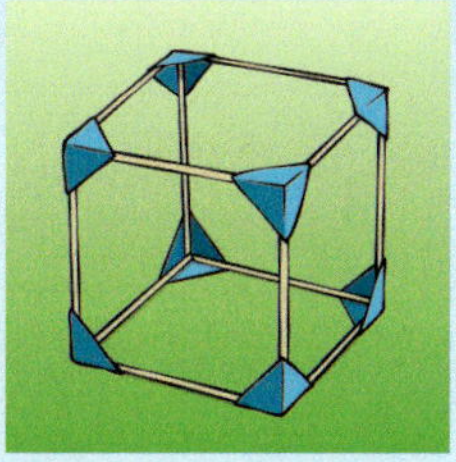

Quader
Ihr braucht
- Holzspieße
- Papier für die Ecken
- Lineal, Bleistift
- Schere, Klebstoff

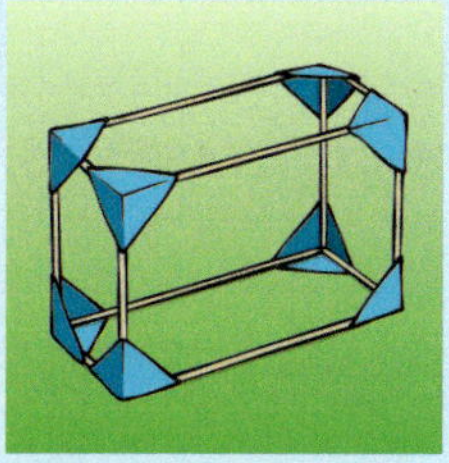

① Schneidet die Holzspieße für den Quader zu. Überlegt zuerst, wie viele Holzspieße ihr benötigt. Wie viele unterschiedliche Längen benötigt ihr? Wie viele Holzspieße müssen jeweils gleich lang sein?

② Stellt die benötigten Papierecken für Würfel und Quader her. Überlegt zuerst, wie viele Papierecken ihr braucht.

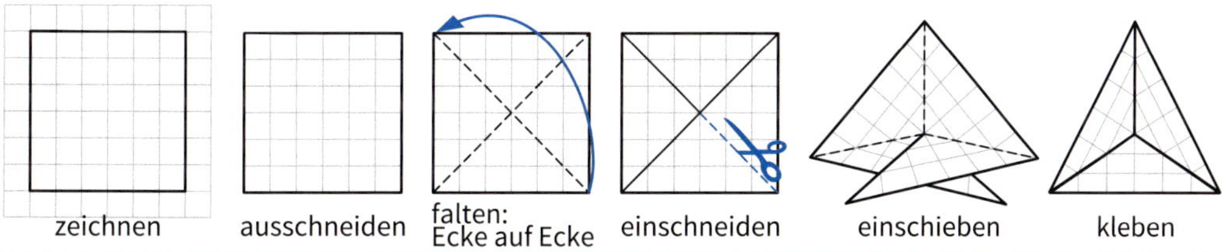

③ So baut ihr Boden und Decke: | Klebstoff an die beiden unteren Kanten | Holzspieße gleich weit hinein „auf Stoß“ | freie hintere Ecke mit Klebstoff füllen

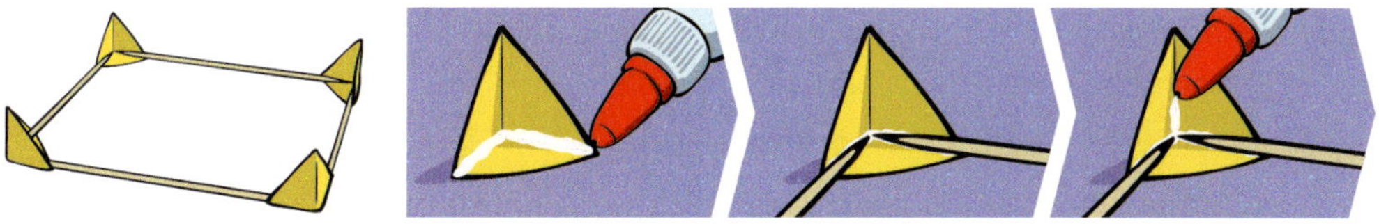

④ Klebt vier Holzspieße an den Boden.

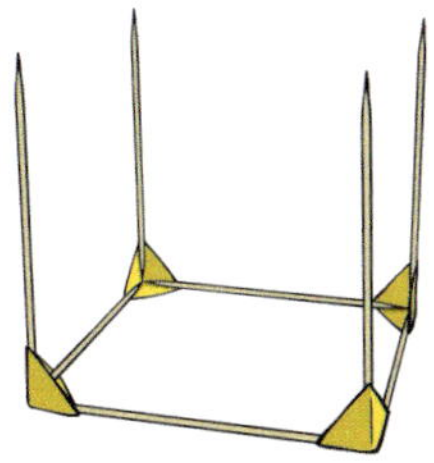

⑤ Zum Schluss: Setzt die Decke auf.

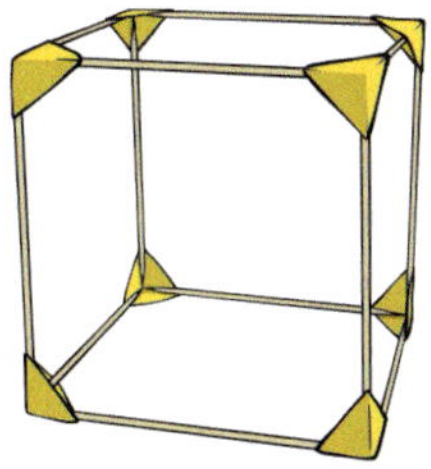

Digital+
WES-128745-052

Körper erkennen und beschreiben

Welche geometrischen Körper erkennt ihr im Parcours?

Habt ihr im Sportunterricht schon einen Parcours aufgebaut? Welche Körper habt ihr verwendet?

1. a) Wie viele Flächen, Kanten und Ecken hat ein Quader?
b) Wie viele Flächen, Kanten und Ecken hat ein Würfel?

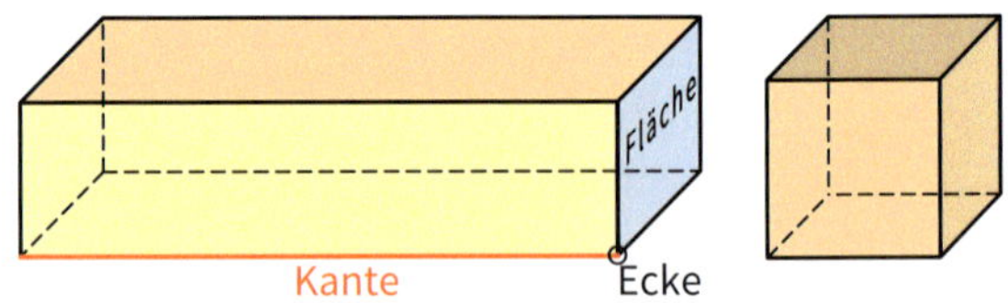

Video

Das sind einige **geometrische Körper**:

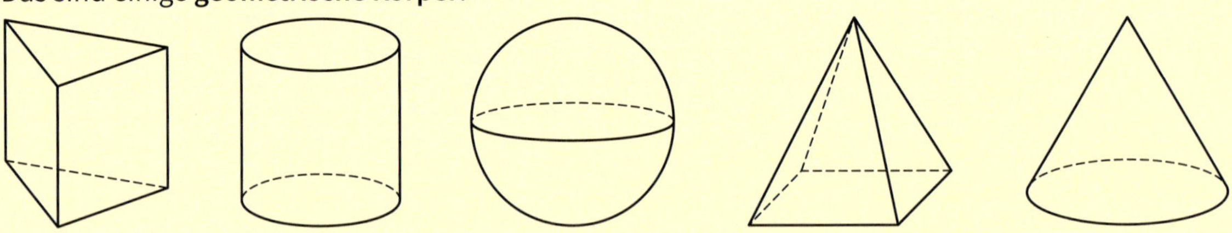

Dreiecksprisma **Zylinder** **Kugel** **quadratische Pyramide** **Kegel**

Geometrische Körper werden durch aneinandergrenzende **Flächen** gebildet. Diese Flächen können zum Beispiel Rechtecke, Dreiecke oder Kreise sein. Die Kugel hat nur eine Fläche.
Geometrische Körper können **Kanten** und **Ecken** haben. An jeder Ecke treffen mehrere Kanten aufeinander. Der Kegel hat keine Ecke, sondern eine Spitze.

2. Wähle einen der geometrischen Körper aus dem Kasten und beschreibe ihn für deine Partnerin oder deinen Partner nur durch die Anzahl der Flächen, Kanten und Ecken. Hat deine Partnerin oder dein Partner den richtigen Körper erkannt, wird getauscht.

Ein Satzbaukasten kann helfen:

Der Körper	*hat besitzt verfügt über …*	*ein/eine zwei drei zwölf*	*Fläche/Flächen Kante/Kanten Ecke/Ecken*

Aufgabe 1 – 4

1. Schreibe den Namen des Körpers in dein Heft und notiere die Anzahl der Flächen, Ecken und Kanten.

a)

b)

c)

d)
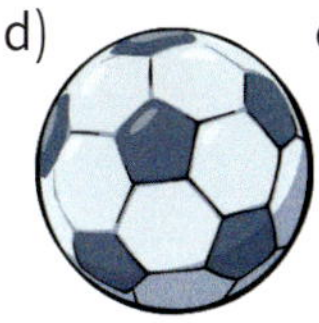

e)

f)

2. Aus wie vielen Würfeln und Quadern ist der Körper zusammengesetzt?

a)
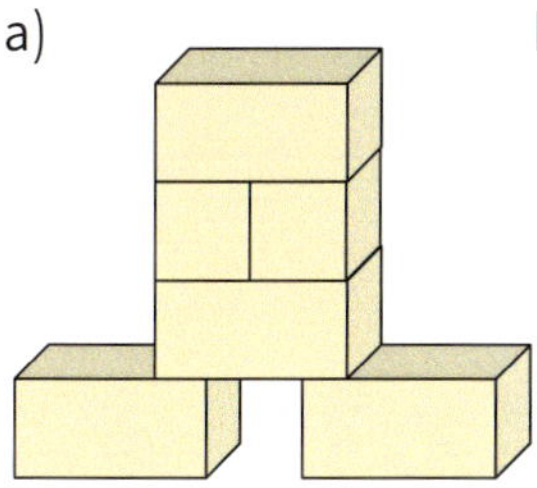

b)
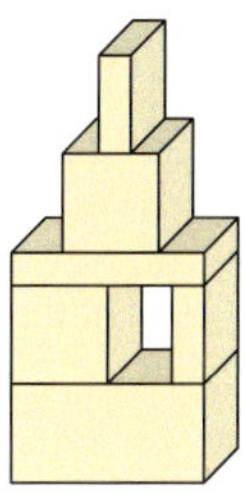

3. Aus welchen Körpern sind die Windlichter zusammengesetzt?

a)

b)

c)

4. Auf welche Körper trifft die Beschreibung zu?

a) Es gibt keine Ecke.

b) Es gibt 8 Ecken.

c) Es gibt mehr als eine aber weniger als 8 Ecken.

d) Es gibt genau eine Spitze.

Aufgabe 5 – 6

5. Welche Körper besitzen die genannten Eigenschaften?

a) Er besitzt nur gerade Kanten.
b) Er besitzt nur gebogene Kanten.
c) Er besitzt gar keine Kanten.
d) Er hat nur Rechtecke als Flächen.
e) Alle Flächen sind deckungsgleich.
f) In jeder Ecke treffen sich drei Kanten.

6. Welche Körper könnt ihr in den Gebäuden erkennen?

Dom, Trier

Moschee, Duisburg

Felsendom, Jerusalem

Digital+
WES-128745-054

Netze von Würfeln und Quadern

Welche Zahl sollte Marek auf welche Würfelseite schreiben?

Gibt es auch andere Möglichkeiten für Würfelnetz und Klebelaschen?

1. Nur aus einem der abgebildeten Netze könnt ihr einen Quader falten. Gebt an, welches es ist und erklärt, warum ihr aus dem anderen Netz keinen Quader falten könnt.

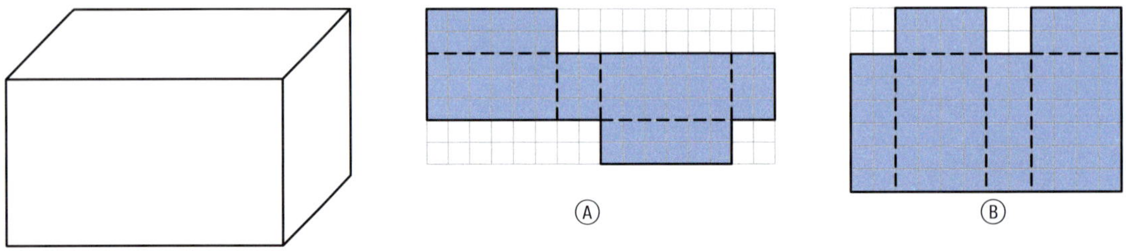

Video

Das **Netz eines Körpers** erhältst du, wenn du den Körper an den Kanten so aufschneidest und auseinanderklappst, dass eine zusammenhängende Fläche entsteht.

Quadernetze bestehen aus 6 Rechtecken, von denen jeweils 2 gleich groß sind.

Würfelnetze bestehen aus 6 Quadraten, die alle gleich groß sind.

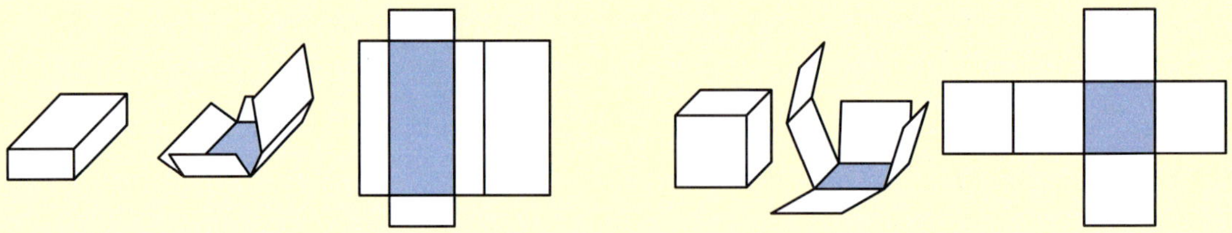

2. Zeichne das Netz des Körpers in dein Heft.

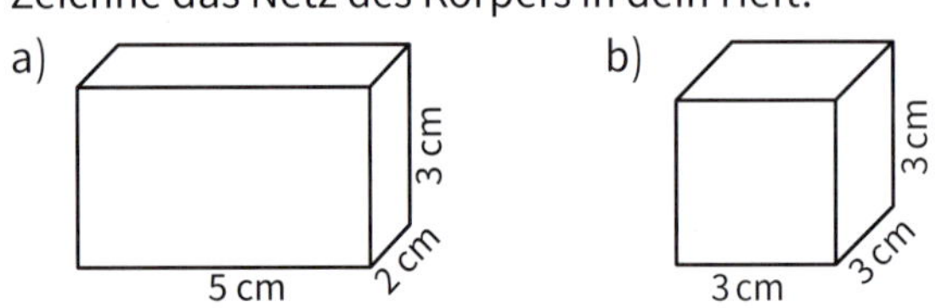

TIPP

So zeichnest du das Netz eines Quaders:

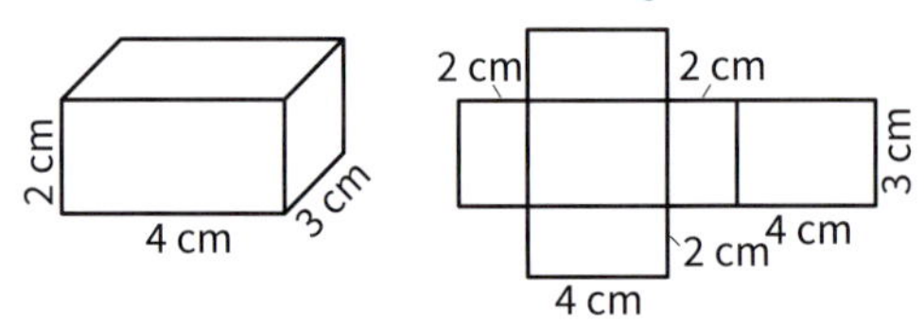

Aufgabe 1 – 3

1. Übertrage das Netz auf kariertes Papier. Die Seitenlänge eines Quadrats beträgt jeweils 3 cm. Schneide es aus und falte den Würfel. Ist es immer möglich?

a) 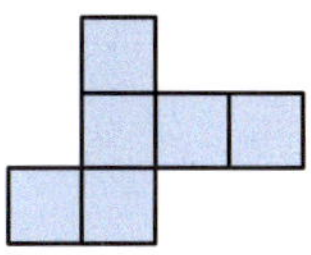

b) 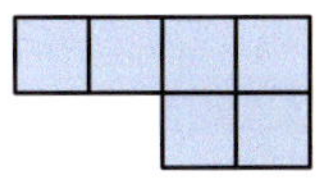

c) 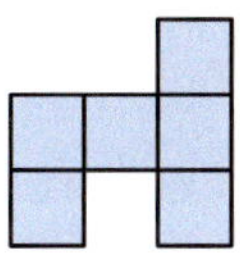

d) 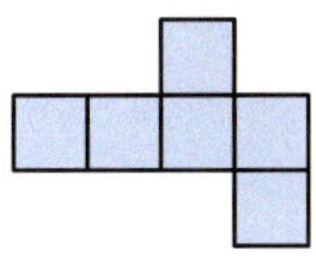

2. Übertrage das angefangene Quadernetz und vervollständige es (Maße in cm).

a) 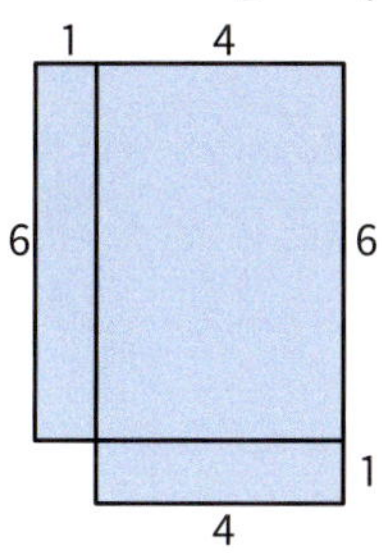

b) 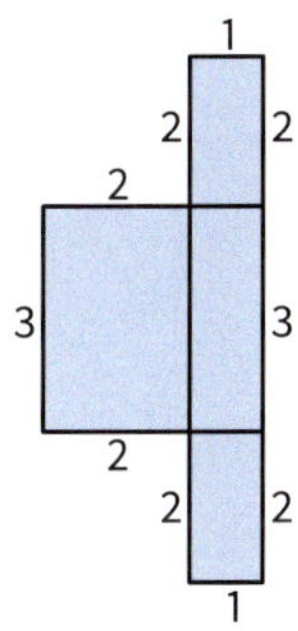

3. Zwei Seiten, die im Würfel gegenüberliegen, ergeben immer die Summe 7.

Übertrage die Netze in dein Heft und vervollständige die Beschriftung.

a) 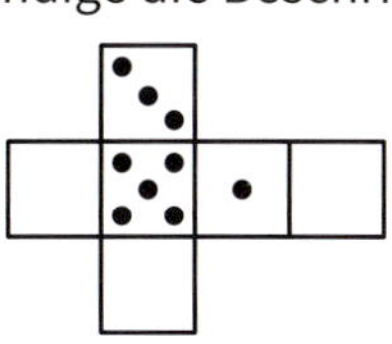

b) 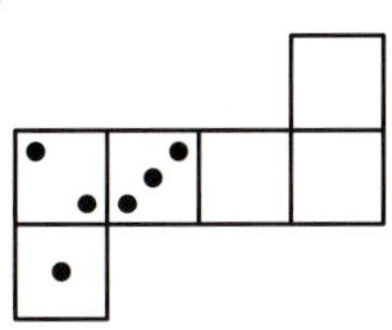

c) 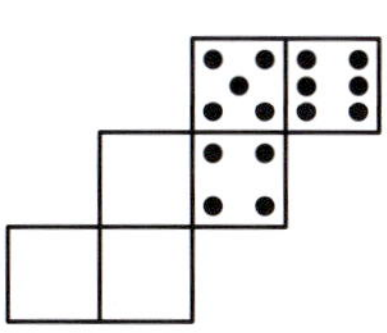

d) 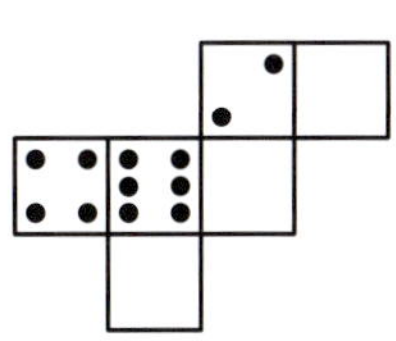

Aufgabe 4 – 6

4. Zu jedem Würfel passt ein Netz. Ordne zu.

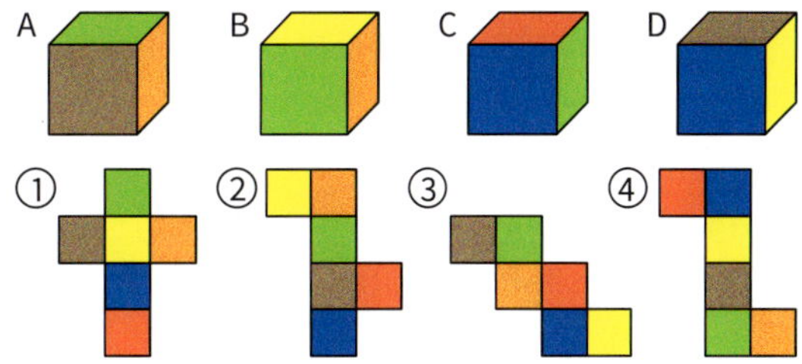

5. Falte im Kopf: Halte die Fläche G auf dem Boden fest und falte die anderen Flächen hoch zu einem Würfel. Beschreibe, welche Zahl dann vorne, hinten, links, rechts und oben liegt.

BEISPIEL

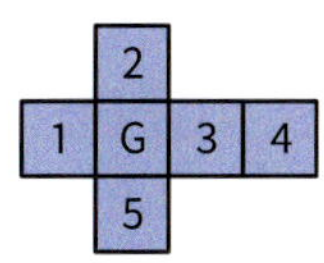

1 links
2 hinten
3 rechts
4 oben
5 vorne

a) 

b) 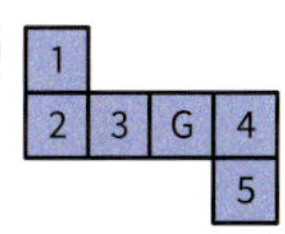

c) 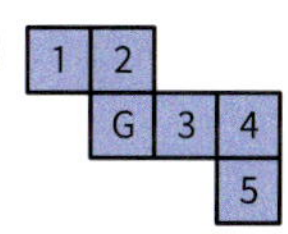

d) 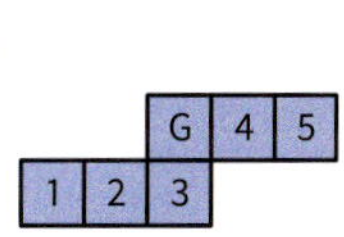

e) 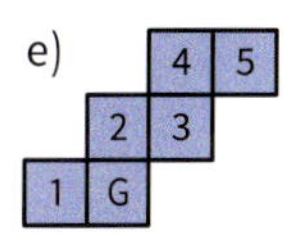

f) 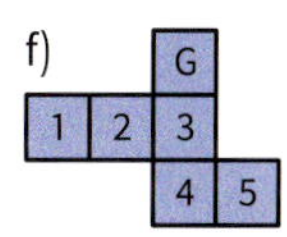

6. Auch für andere Körper kann man Netze zeichnen.
Zeichne ein Netz für das angegebene Prisma. Schneide es aus und prüfe durch Falten, ob du richtig gezeichnet hast.

a) Trapezprisma
b) Dreiecksprisma

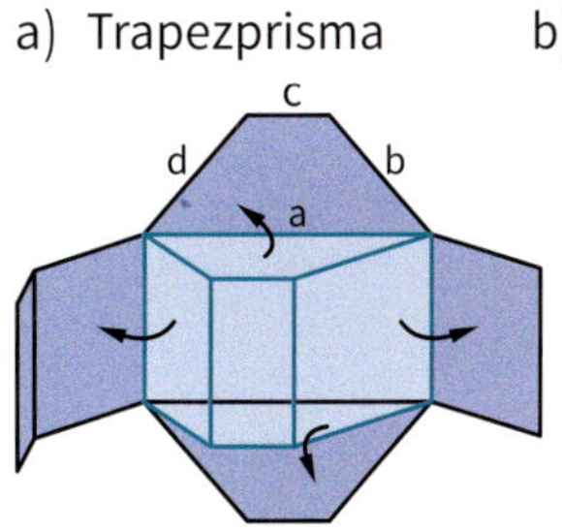

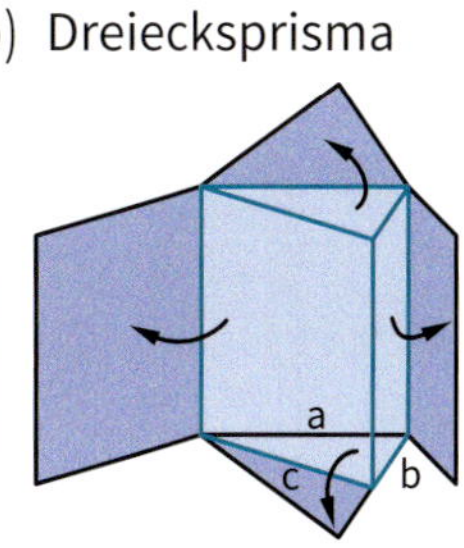

Schrägbilder

Welches Bild findet ihr am besten gelungen und warum?

Beschreibt, worauf ihr achten müsst, wenn ihr einen Würfel zeichnen wollt.

Erklärt, warum manche Linien im Bild gestrichelt gezeichnet werden.

1. a) Welche der beschrifteten Kanten sind in Wirklichkeit senkrecht zur Kante a?

b) Welche der beschrifteten Kanten sind in Wirklichkeit parallel zur Kante a?

c) Wie viele Kanten gibt es, die du im Bild nicht siehst? Wie liegen diese Kanten zur Kante a?

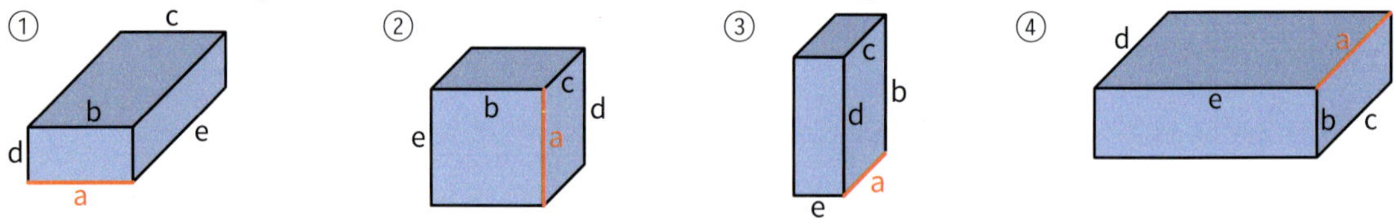

Video

Mit einem **Schrägbild** kannst du einen Körper so zeichnen, dass er auch auf dem Papier räumlich erscheint.

Dabei sind einige Regeln zu beachten:

- Kanten, die nach hinten verlaufen, werden quer durch die Kästchen auf dem Karopapier und nur mit halber Länge gezeichnet.
- Nicht sichtbare Kanten werden gestrichelt gezeichnet.

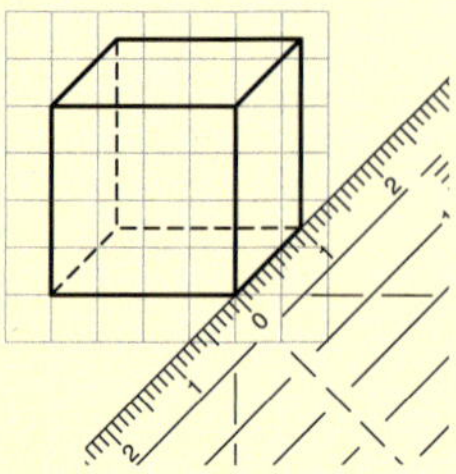

So zeichnest du einen Würfel mit der Kantenlänge 2 cm:

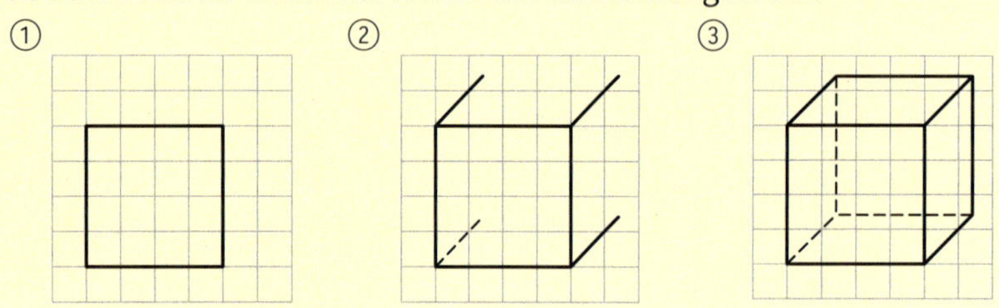

2. Übertrage die angefangenen Quader-Schrägbilder in dein Heft. Ergänze die fehlenden Kanten.

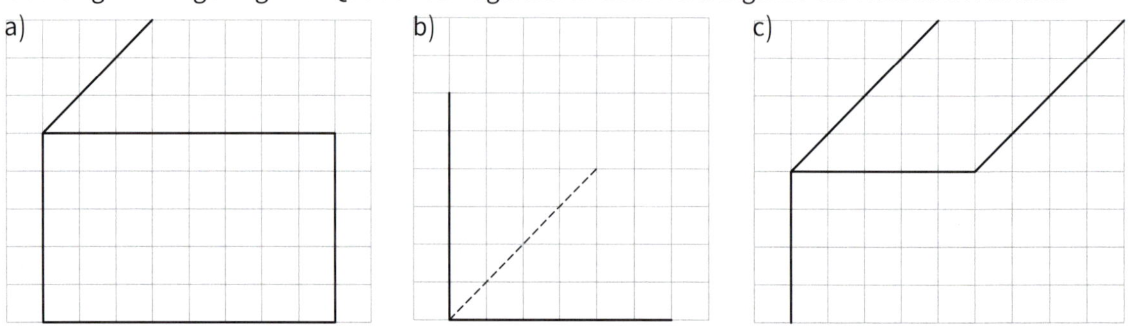

Aufgabe 1 – 4

1. Tyler und Darius haben beide ein Schrägbild eines Würfels gezeichnet. Entscheidet, welches Schrägbild richtig gezeichnet ist. Begründet eure Entscheidung.

Tyler:

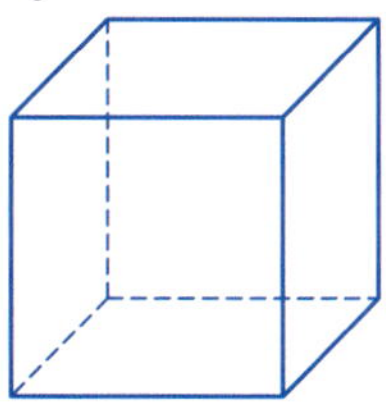

Darius:

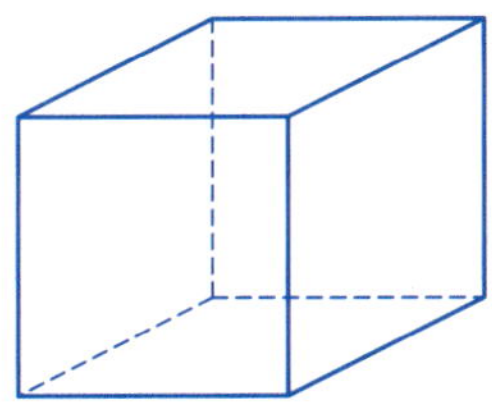

2. Zeichne das Schrägbild eines Würfels mit der Kantenlänge a = 6 cm in dein Heft.

3.

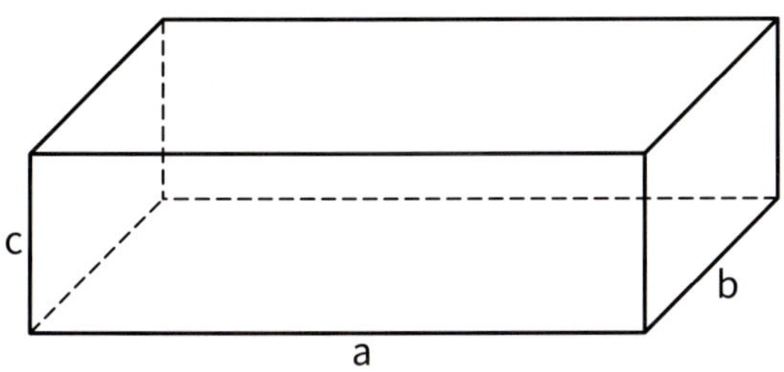

a) Zeichne die Schrägbilder der Quader.
Quader 1: a = 4 cm, b = 2 cm und c = 1,5 cm
Quader 2: a = 1,5 cm, b = 4 cm und c = 2 cm

b) Vergleiche die Quader miteinander.
Was fällt dir auf?

4. Messt die Kantenlängen im Schrägbild und notiert die tatsächlichen Maße des Quaders.

> TIPP
> Denkt daran, dass nach hinten verlaufende Linien in halber Länge gezeichnet werden.

a)

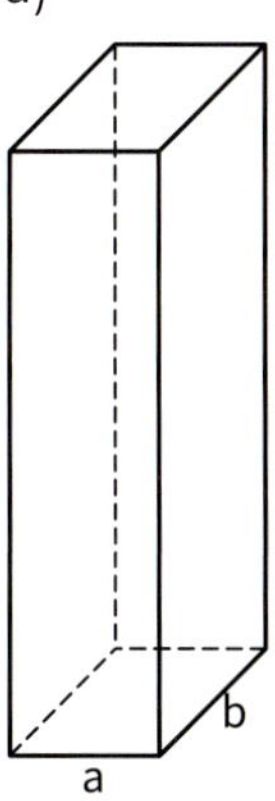

b)

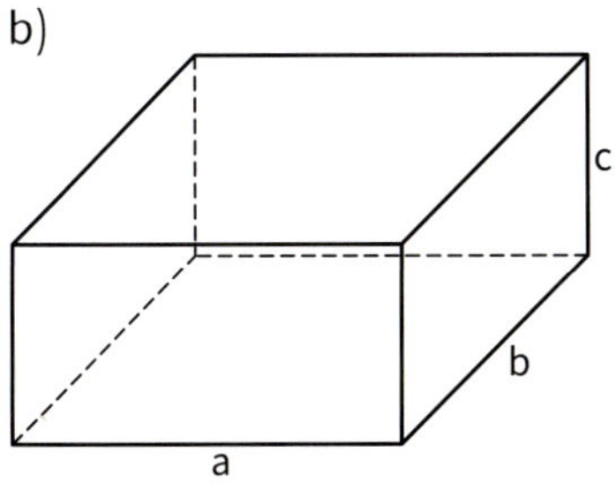

Aufgabe 5 – 7

5. Findet die Fehler in den Schrägbildern des Würfels und beschreibt sie.

a)

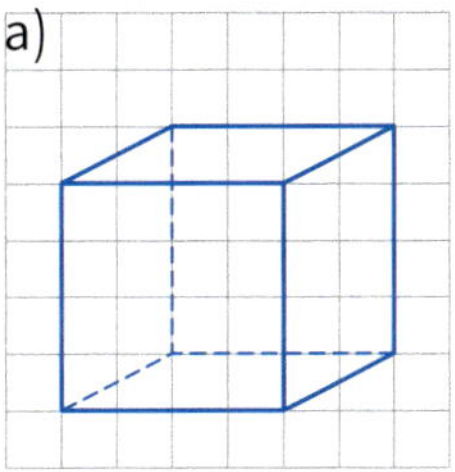

b)

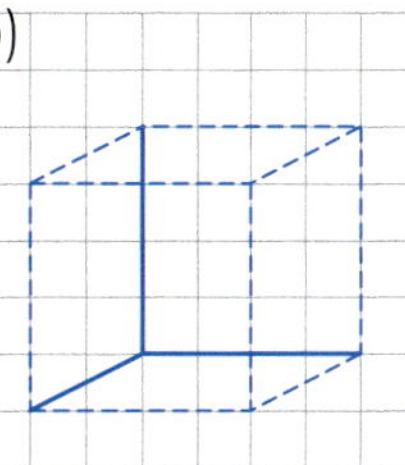

c)

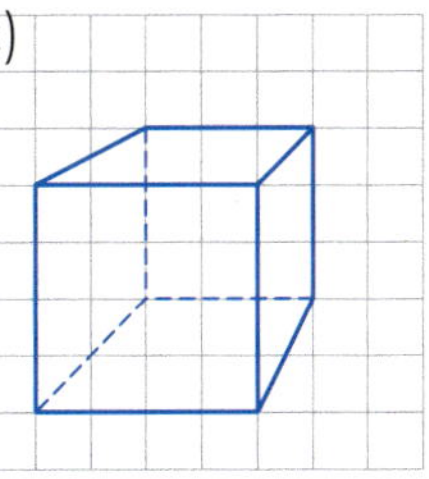

d)

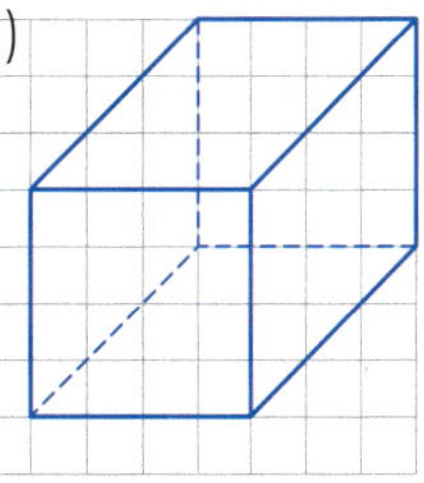

6. Zeichne ein passendes Schrägbild zum Quadernetz in dein Heft.

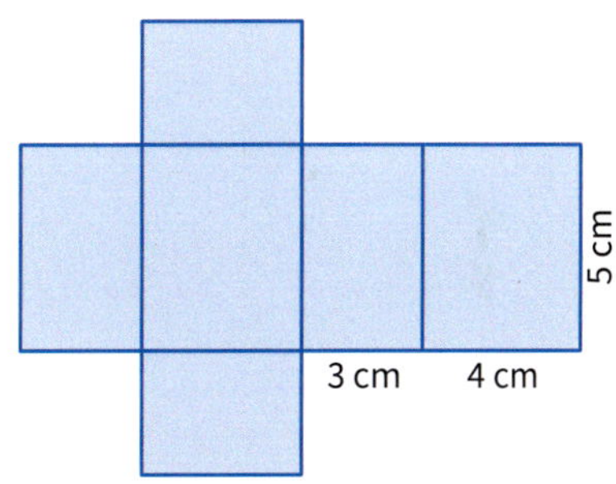

7. Ein Quader besteht aus den abgebildeten Rechtecken. Zeichne drei verschiedene Schrägbilder des Quaders.

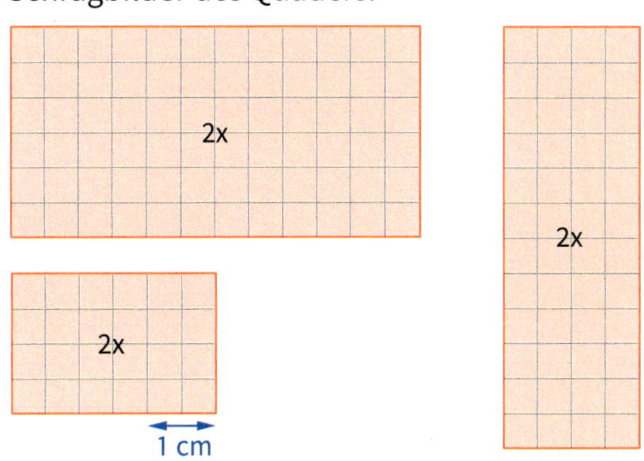

Zeichnen mit dynamischer Geometriesoftware

Mit einer dynamischen Geometriesoftware (DGS) kannst du die Aufgaben dieses Kapitels auch am Computer bearbeiten. Du kannst Figuren und Bilder zeichnen.

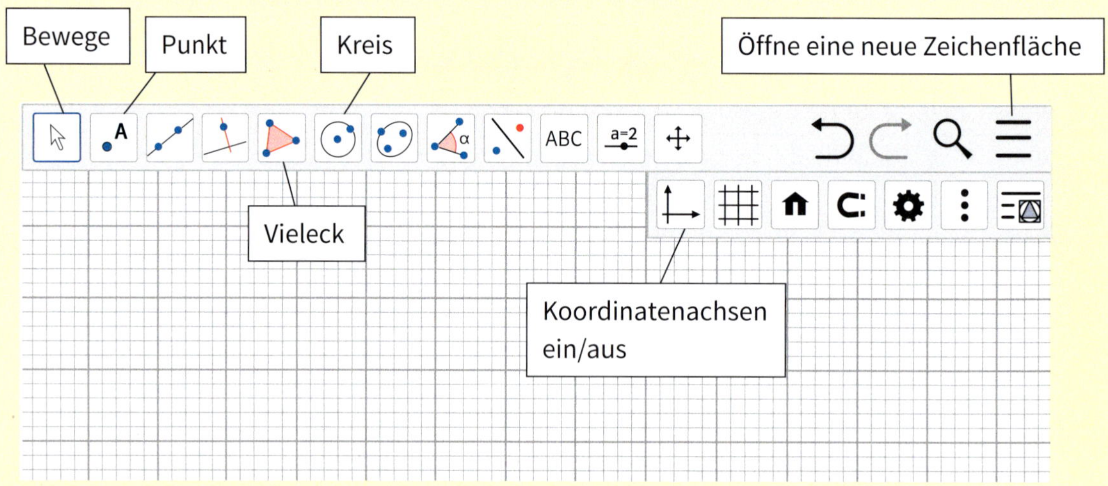

1. Öffne eine neue Zeichenfläche in der dynamischen Geometriesoftware. Schalte die Achsen des Koordinatensystems aus. Finde durch Anklicken, welche Funktionen sich hinter den einzelnen Schaltflächen verbergen.

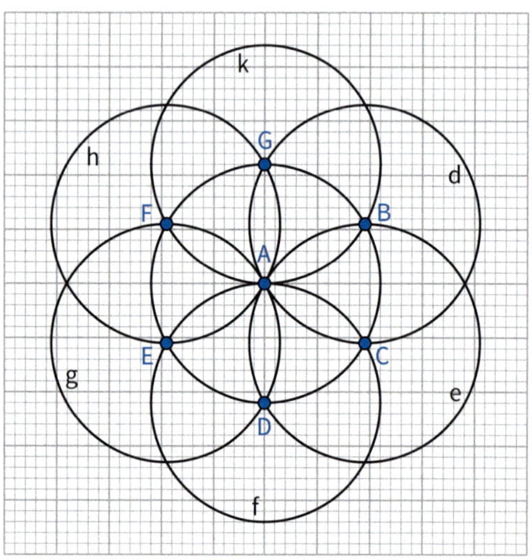

2. BLUME
Zeichne die Blume, indem du das Werkzeug *Kreis mit MP durch Punkt* nutzt.

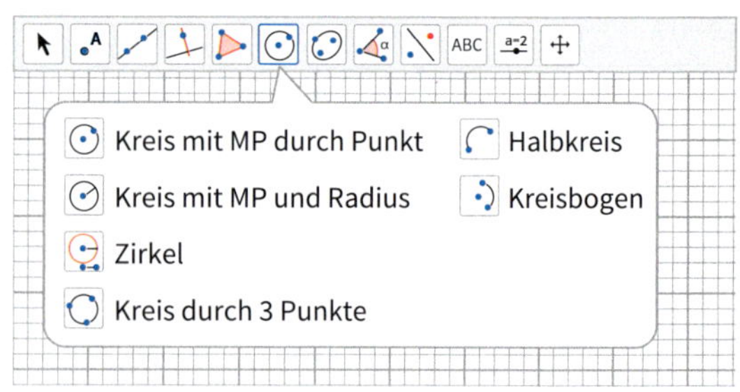

TIPP

So kannst du vorgehen:

①
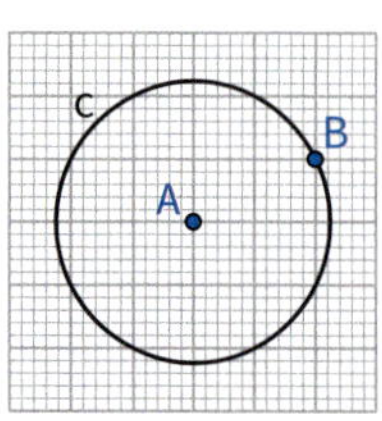

②
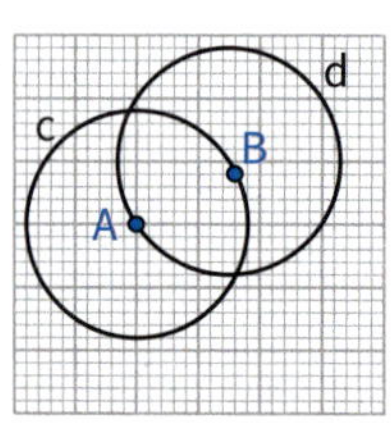

③
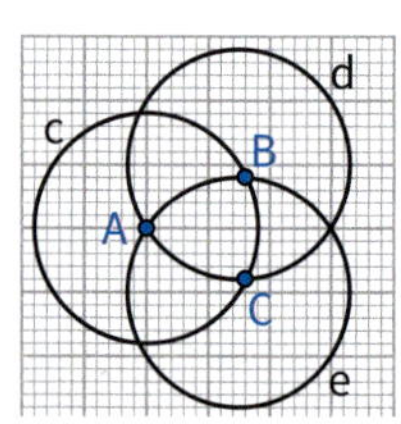

3. YIN und YANG

Öffne eine neue Zeichenfläche.

① Wähle die Schaltfläche *Kreis mit MP und Radius* und zeichne einen Kreis mit dem Radius 4 LE.

② Wähle *Halbkreis* aus und ergänze die beiden Halbkreise im Inneren des großen Kreises.

③ Füge die beiden kleinen Kreise hinzu.

④ Wenn du möchtest, kannst du jetzt alle Beschriftungen aus der Zeichnung entfernen. Das geht mit der rechten Maustaste im Algebra-Fenster am linken Bildschirmrand.

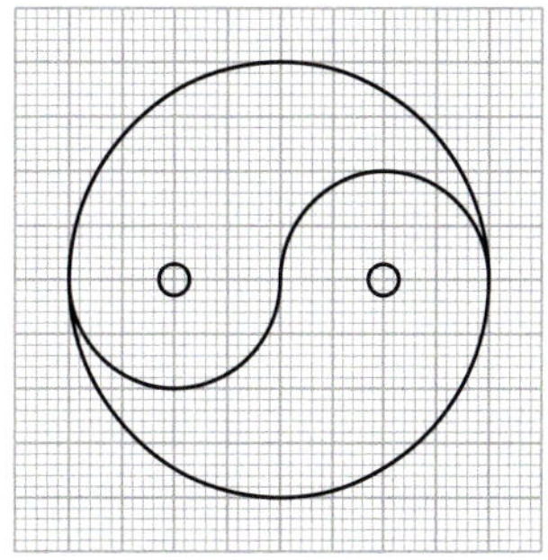

4. BESONDERE VIERECKE

Öffne eine neue Zeichenfläche.

① Wähle das Werkzeug *Vieleck* und übertrage das abgebildete Rechteck.

② Verwende das Werkzeug *Bewege* und verschiebe die Eckpunkte so, dass aus dem Rechteck ein Quadrat wird.

③ Lass aus dem Quadrat einen Drachen entstehen. Wie viele Eckpunkte musst du dafür mindestens verschieben?

④ Wandle den Drachen in ein Parallelogramm um. Reicht es aus, einen Punkt zu verschieben?

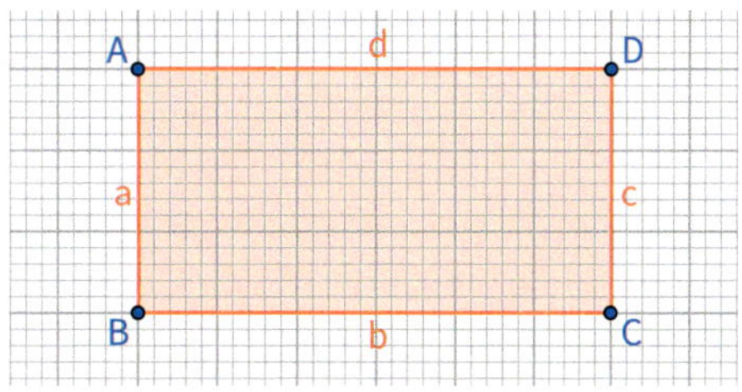

5. SO GEHT ES AUCH

Konstruiere besondere Vierecke mit Hilfe der Werkzeuge *Strecke*, *parallele Geraden* und *senkrechte Geraden*.

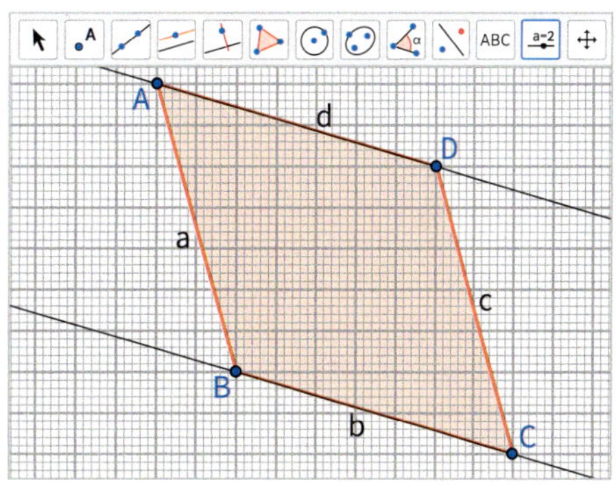

6. Ordne den Symbolen die passende Bedeutung zu.

BEISPIEL
Vieleck ⟶ B

A	B	C	D	E	F	G	H
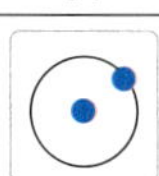	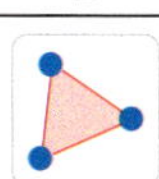	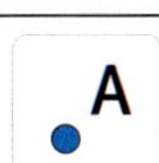		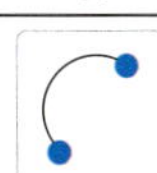	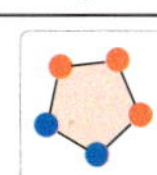	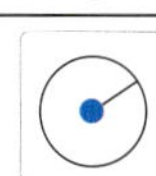	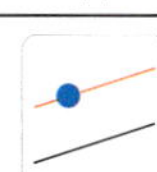
Vieleck	Kreis mit MP durch Punkt	Regelmäßiges Vieleck	Kreis mit MP und Radius	parallele Gerade	Halbkreis	Punkt	Bewege

«

Ein **Kreis** ist festgelegt durch seinen **Mittelpunkt M** und seinen **Radius r**.
Der **Durchmesser d** ist doppelt so lang wie der Radius. $d = 2 \cdot r$

Alle Punkte der **Kreislinie** haben den gleichen Abstand vom Mittelpunkt.

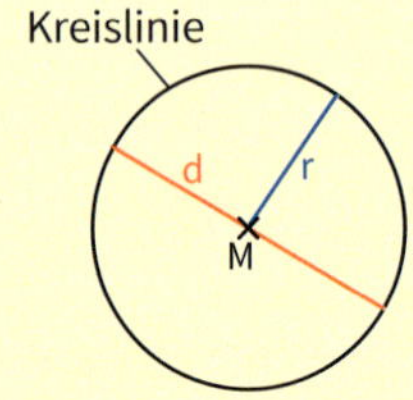

Besondere Vierecke

Bei den Vierecken gibt es einige, die ganz besondere Eigenschaften haben.

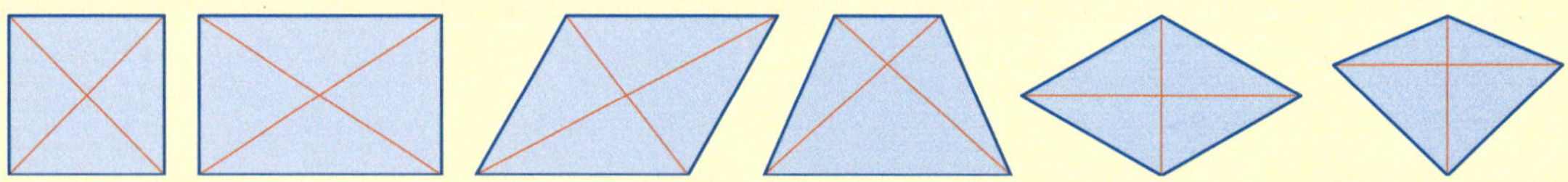

Quadrat | **Rechteck** | **Parallelogramm** | **symmetrisches Trapez** | **Raute** | **Drachen**

Geometrische Körper

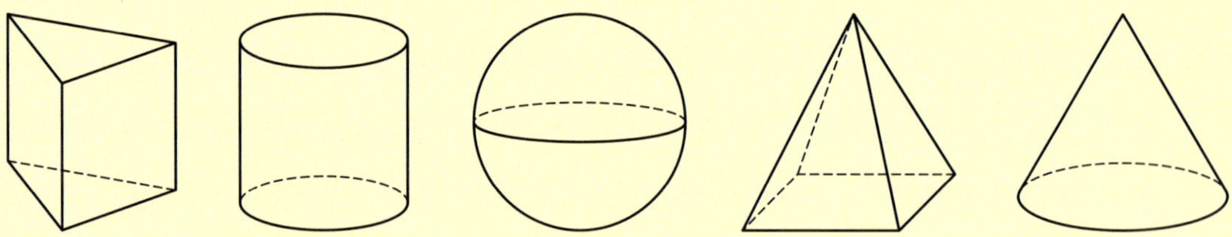

Dreiecksprisma | **Zylinder** | **Kugel** | **quadratische Pyramide** | **Kegel**

Quadernetze bestehen aus 6 Rechtecken, von denen jeweils 2 gleich groß sind.

Quader Quadernetz

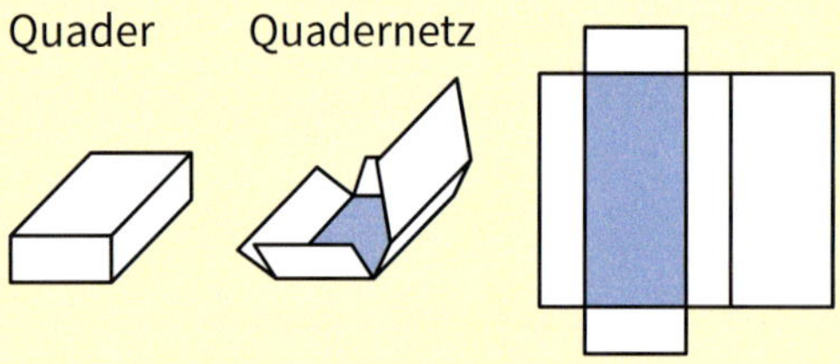

Würfelnetze bestehen aus 6 Quadraten, die alle gleich groß sind.

Würfel Würfelnetz

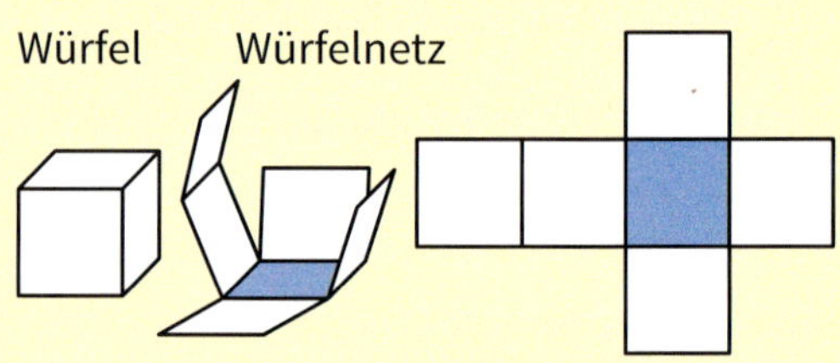

Schrägbild eines Würfels

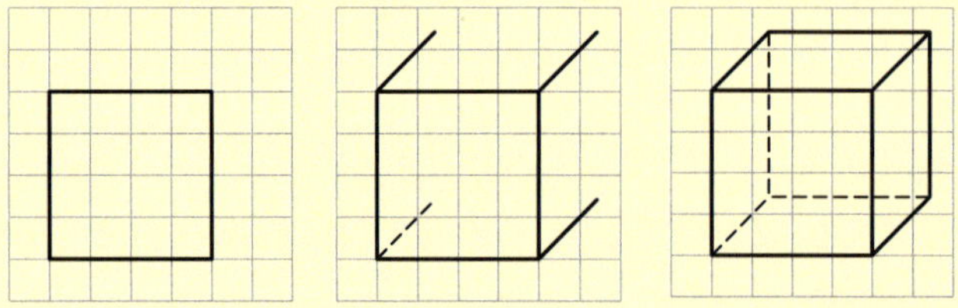

Linien, die nach hinten verlaufen, werden **quer durch die Kästchen mit halber Länge** gezeichnet.
Nicht sichtbare Kanten werden gestrichelt gezeichnet.

Aufgabe 1 – 5

1. Berechne den Radius r bzw. den Durchmesser d des Kreises.
a) r = 4 cm b) r = 25 mm c) r = 8,5 dm
d) d = 10 dm e) d = 130 m f) d = 75 cm

2. Markiere einen Mittelpunkt M und zeichne einen Kreis mit dem angegebenen Radius oder Durchmesser in dein Heft.
a) r = 3 cm b) r = 2,5 cm c) r = 3,7 cm
d) d = 4 cm e) d = 7 cm f) d = 6,6 cm

3. Übertrage die Figur in dein Heft. Überlege dir zuerst, wo die Mittelpunkte der Kreise liegen und welchen Radius die Kreise haben.
Das Quadrat hat eine Seitenlänge von 4 cm.

a) 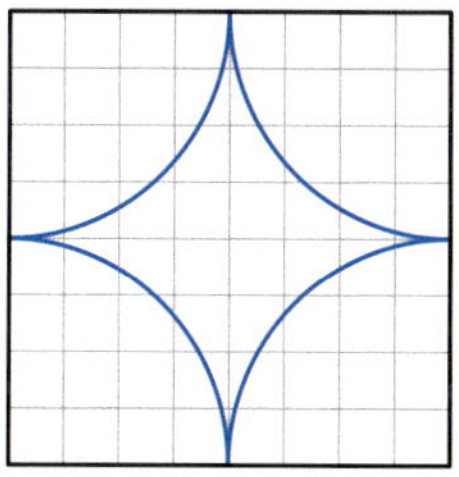
b) 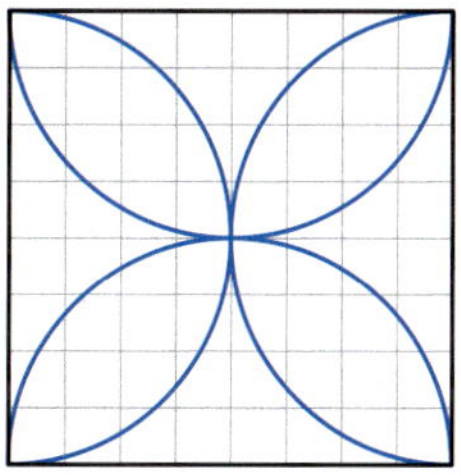

4. Aus welchen besonderen Vierecken wurde die Figur zusammengesetzt?
① Übertrage das Bild in dein Heft.
② Markiere und beschrifte die Vierecke.

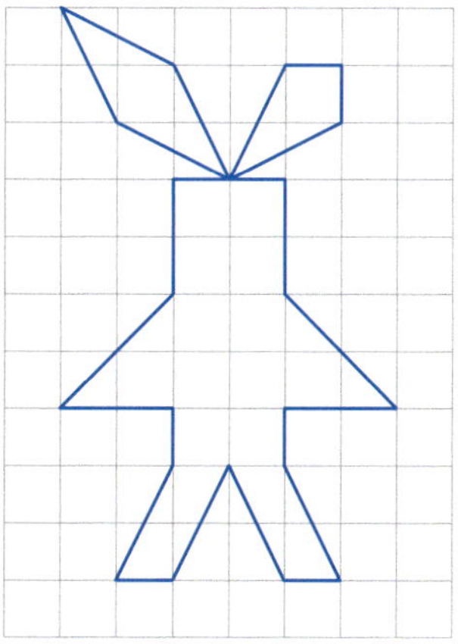

5. Zeichne das Viereck in dein Heft. Färbe gleich lange Seiten in derselben Farbe.
a) Rechteck b) Raute
c) Parallelogramm d) Drachen

Aufgabe 6 – 9

6. Entscheide, für welche besonderen Vierecke die Eigenschaft zutrifft.

a) Alle Seiten sind gleich lang.

b) Gegenüberliegende Seiten sind gleich lang.

c) Benachbarte Seiten sind gleich lang.

d) Gegenüberliegende Seiten sind parallel zueinander.

7. Welche Vielecke und besonderen Vierecke erkennt ihr in diesem Fenster? Überlegt gemeinsam und benennt die Figuren.

8. Zeichne zwei parallele Geraden im Abstand von 4,5 cm. Zeichne dann zwei andere parallele Geraden im Abstand von 3 cm, sodass …
a) … ein Parallelogramm entsteht,
b) … ein Rechteck entsteht.

9. Benenne alle geometrischen Körper auf diesem Bild.

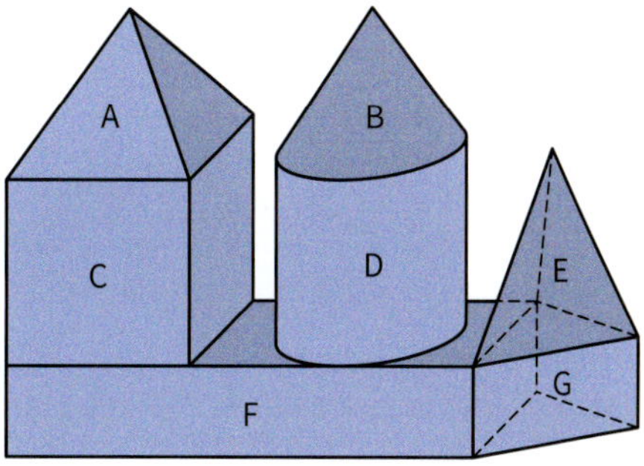

Lösungen → Seite 273

Aufgabe 10 – 14

10. Gib die Anzahl der Ecken, Kanten und Flächen des Körpers an.
a) Quader b) Kugel
c) Zylinder d) Dreiecksprisma
e) Kegel f) quadratische Pyramide

11. Übertrage die Würfelnetze in dein Heft und färbe gegenüberliegende Seiten in der gleichen Farbe.

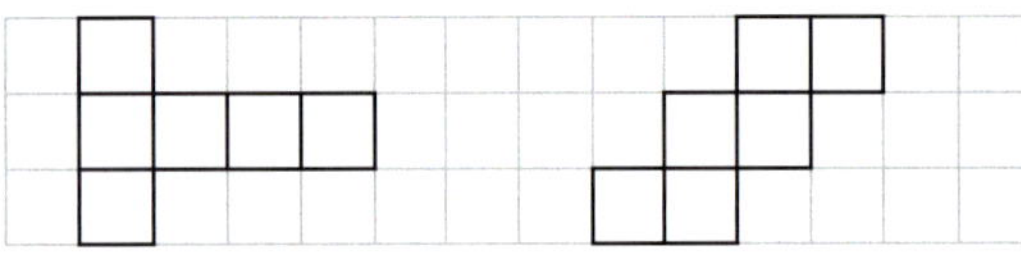

12. Lässt sich das Netz zu einem Quader zusammenfalten? Begründet eure Entscheidung

a) 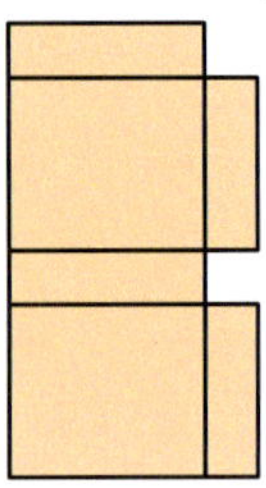

b) 

13. Übertrage das angefangene Schrägbild des Quaders in dein Heft. Ergänze die fehlenden Kanten.

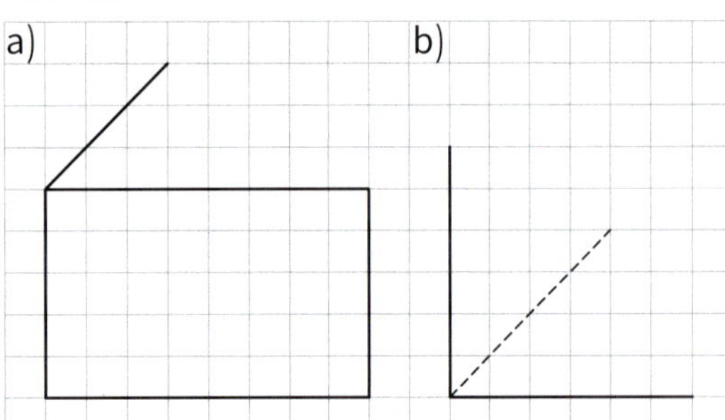

14. Zeichne ein Netz und ein Schrägbild des Körpers in dein Heft.
a) Würfel mit a = 4 cm
b) Quader mit a = 6 cm, b = 4 cm, c = 2 cm

Aufgabe 15 – 18

15. Zeichnet das Logo der Olympischen Spiele in euer Heft. Wählt dazu selbst einen geeigneten Radius. Worauf müsst ihr sonst noch achten? Recherchiert die Bedeutung der olympischen Ringe im Internet.

16. a) Zeichne ein Quadrat mit a = 3 cm in dein Heft. Zeichne in das Quadrat einen Kreis, der alle Seiten des Quadrats berührt.
b) Zeichne ein Rechteck mit a = 5 cm und b = 3 cm. Zeichne in das Rechteck eine Raute, die alle Seiten berührt.

17. Welches Viereck versteckt sich hier? Notiere alle besonderen Vierecke, die sich hinter der Mauer verbergen können. Begründe deine Entscheidung.

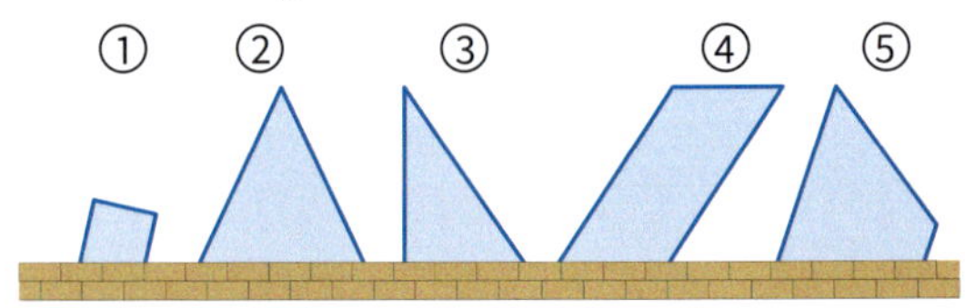

18. Entscheide und begründe: wahr oder falsch?

1) Jedes Trapez ist auch ein Rechteck.
2) Jedes Rechteck ist auch ein Trapez.
3) Ein Quadrat ist eine Raute mit vier rechten Winkeln.
4) Eine Raute ist ein Drachen mit gleich langen Seiten.
5) Ein Parallelogramm ist immer auch eine Raute.

Lösungen → Seite 274

Aufgabe 19 – 22

19. Welche Figur könnt ihr erkennen, wenn ihr das Papier an den Faltkanten aufklappt? Überlegt zuerst im Kopf und schreibt eure Vermutung auf. Überprüft dann durch Falten.

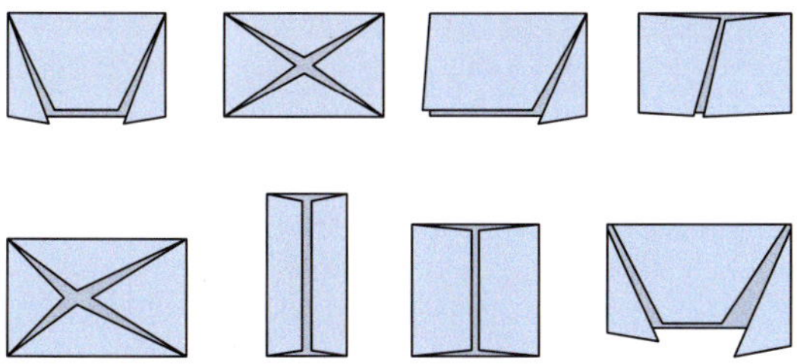

20. Übertrage das Würfelnetz in dein Heft und färbe es passend zum abgebildeten Würfel. Die Fläche G liegt unten.

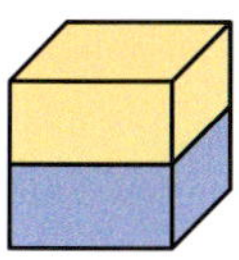

a)

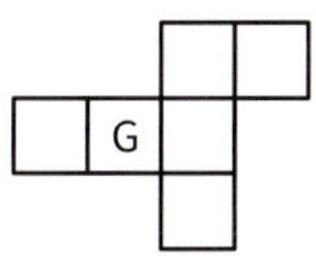

b)

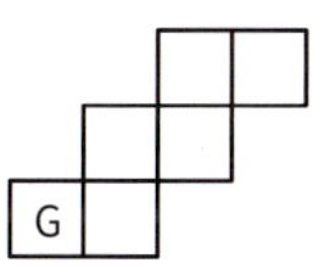

c)

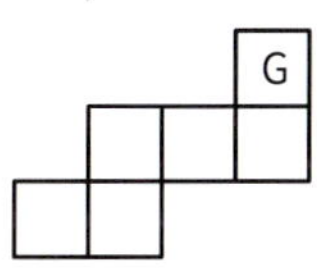

21. a) Lies die tatsächlichen Maße a, b und c aus dem Schrägbild des Quaders ab.
b) Lies die tatsächlichen Maße a und b aus dem Schrägbild des Prismas ab.

① **Quader**

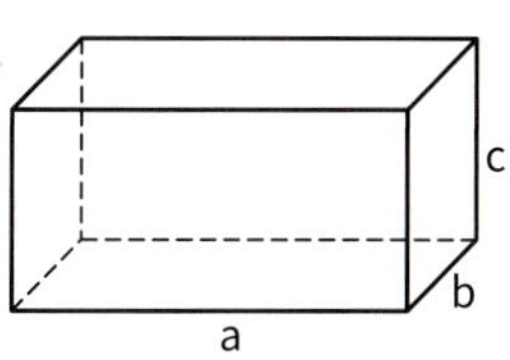

② **Prisma**

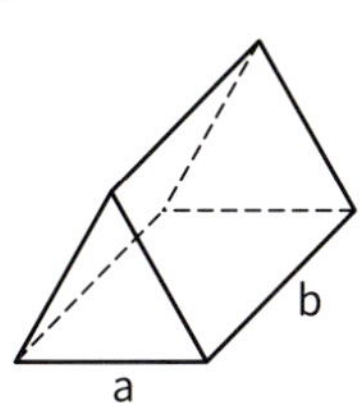

22. Auf welche Körper passt die Beschreibung?
a) Der Körper besteht nur aus Rechtecken und Dreiecken.
b) Der Körper hat nur geradlinige Kanten.
c) Mindestens eine Kante des Körpers ist gekrümmt.

Aufgabe 23 – 26

23. Zwei unterschiedlich große Kreise können keinen, einen oder zwei Schnittpunkte haben.
a) Zeichne zwei Kreise mit dem Radius $r = 2\,cm$ und $r = 3\,cm$, so …
① … dass sie keinen gemeinsamen Punkt haben.
② … dass sie zwei Schnittpunkte haben.
③ … dass sie sich in einem Punkt berühren. Zeichne zwei Lösungen: Der kleine Kreis soll einmal innerhalb und einmal außerhalb des großen Kreises liegen.
b) Welche Möglichkeiten gibt es, wenn beide Kreise gleich groß sind?

24. Zeichne zu der falschen Aussage ein Gegenbeispiel in dein Heft. Korrigiere die Aussage dann so, dass sie richtig ist.
a) „Bei einem Drachen halbieren sich die Diagonalen."
b) „Bei einem Trapez sind die Diagonalen immer gleich lang."

BEISPIEL
Aussage: „Bei einem Dreieck sind immer alle Seiten gleich lang."
Gegenbeispiel:

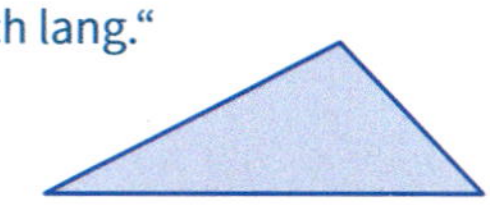

25. Zwei Körper werden so zusammengesetzt, dass ihre quadratischen Grundflächen genau aufeinander passen. Wie viele Ecken, Kanten und Flächen hat der zusammengesetzte Körper? Entscheide, ohne zu zeichnen.
a) Würfel und quadratische Pyramide
b) zwei quadratische Pyramiden

26. Zeichne den Blockbuchstaben L als Schrägbild in dein Heft.
$a = 3\,cm$, $b = 1\,cm$, $c = 4\,cm$

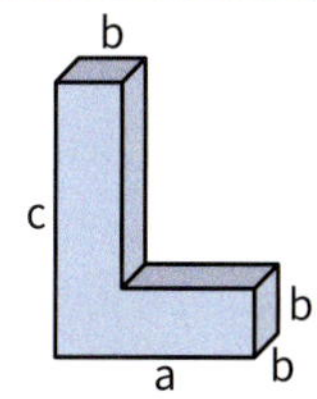

Lösungen → Seite 275

Der Parcours

Die Jahn-Schule veranstaltet jedes Jahr einen Parcours-Wettbewerb für die 6. Klassen. Dabei müssen die Kinder sowohl sportliche Aufgaben als auch Denkaufgaben lösen. Die beste Klasse darf den Pokal das ganze Schuljahr behalten.

a) Entwirf ein Logo für den Jahrgangswettbewerb. Das Logo sollte aus mindestens vier der abgebildeten Figuren bestehen.

Kreis | Quadrat | Rechteck | Raute | Drachen

Dreieck | Parallelogramm | gleichschenkliges Trapez | Fünfeck

b) Beim Aufbau des Parcours in der Sporthalle soll auch der abgebildete quaderförmige Sprungkasten benutzt werden. (10 cm der Originalmaße entsprechen im Heft 1 cm.)

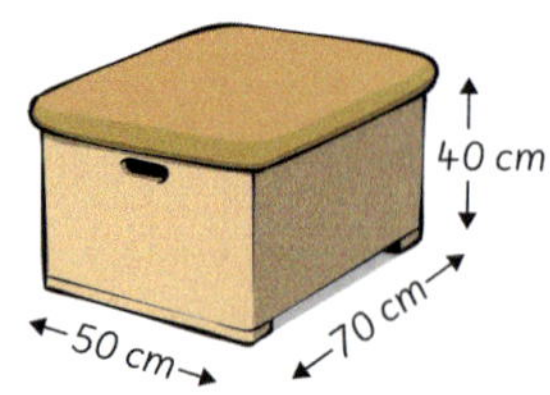

① Zeichne ein Schrägbild des Kastens in dein Heft.

② Zeichne ein Netz des Sprungkastens in dein Heft. Denke daran, dass der Kasten keinen Boden hat.

c) Hier siehst du verschiedene Schaumstoffkörper, die man zum Aufbau eines Parcours verwenden kann.

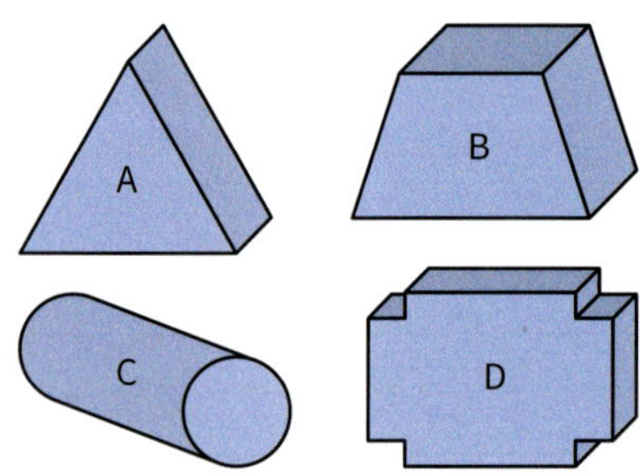

① Übertrage die Tabelle in dein Heft und ergänze die Einträge.

Körper	Anzahl Ecken	Anzahl Kanten	Anzahl Flächen
A			
B			
...			

② Welche Figuren bilden die Flächen der geometrischen Körper?

d) Beim „Brain-Parcours" müssen sich die Schülerinnen und Schüler beschriftete Würfelnetze merken. Nach dem Überwinden des Parcours müssen sie sich an die Beschriftungen erinnern. Chiara hat sich jeweils nur die Augenzahlen 1, 2 und 3 gemerkt. Hilf ihr, die Beschriftungen zu vervollständigen.

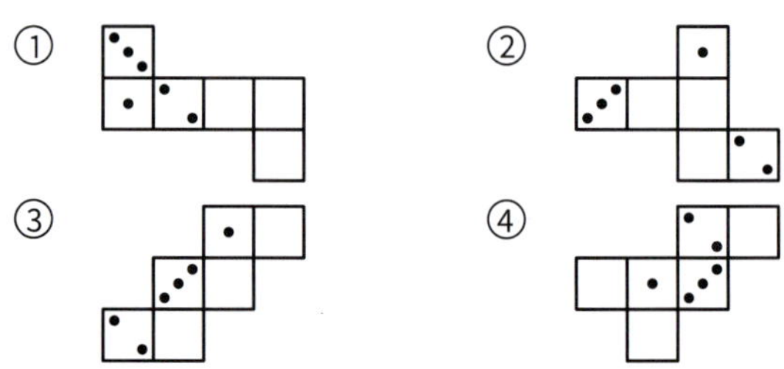

Lösungen → Seite 276

Digital+
WES-128745-065

3 | Brüche und Dezimalzahlen

1. Bestimme das kleinste gemeinsame Vielfache (kgV).

a) 8 und 6 b) 5 und 4
c) 3 und 9 d) 9 und 12

Ich kann das kgV von natürlichen Zahlen bestimmen.

Das kann ich gut. | Ich bin noch unsicher.
→ **S. 257, Aufgabe 1, 2**

---

2. Bestimme den größten gemeinsamen Teiler (ggT).

a) 12 und 18 b) 35 und 21
c) 16 und 24 d) 40 und 60

Ich kann den ggT von natürlichen Zahlen bestimmen.

Das kann ich gut. | Ich bin noch unsicher.
→ **S. 257, Aufgabe 3, 4**

3.

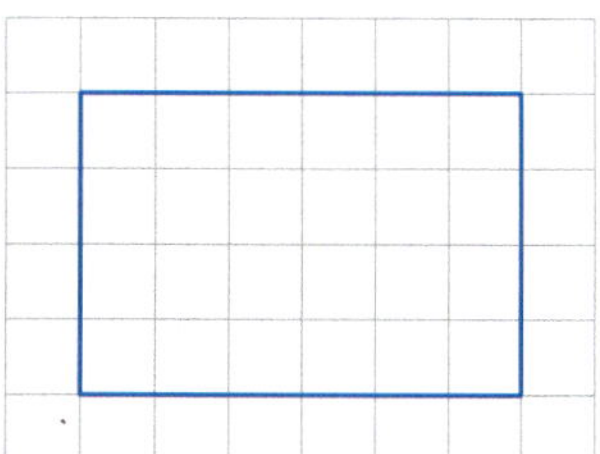

Übertrage das Rechteck dreimal in dein Heft und unterteile es ...

a) ... in 6 gleich große Teile,
b) ... in 4 gleich große Teile,
c) ... in 8 gleich große Teile.

Ich kann Rechtecke in gleich große Teile unterteilen.

Das kann ich gut. | Ich bin noch unsicher.
→ **S. 258, Aufgabe 1, 2**

---

4. Wandle in die angegebene Einheit um.

a) 6 m = ■ cm b) 15 cm = ■ mm
c) 2 kg = ■ g d) 20 € = ■ ct
e) 3 h = ■ min f) 55 km = ■ m

Ich kann Längen-, Massen-, Geld- und Zeiteinheiten umwandeln.

Das kann ich gut. | Ich bin noch unsicher.
→ **S. 259, Aufgabe 1-4**

---

5. Wandle die Längen in die gemischte Schreibweise um.

a) 1,52 m = ■ m ■ cm
b) 1,2 m = ■ m ■ cm
c) 1,305 km = ■ km ■ m
d) 2,5 km = ■ km ■ m
e) 3,05 km = ■ km ■ m
f) 4,8 cm = ■ cm ■ mm

Ich kann Längen aus der Kommaschreibweise in die gemischte Schreibweise umwandeln.

Das kann ich gut. | Ich bin noch unsicher.
→ **S. 258, Aufgabe 3**

Lösungen → Seite 276

Kennt ihr die verschiedenen Notenwerte? Wie hängen sie miteinander zusammen?

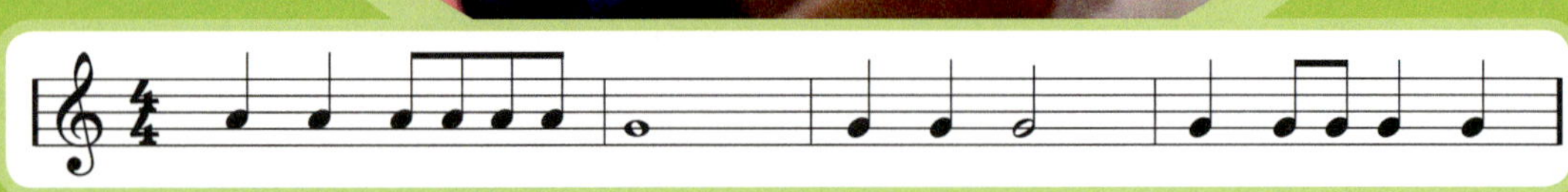

Könnt ihr den abgebildeten Vierviertel-Takt klatschen?

3 | Brüche und Dezimalzahlen

Spielst du auch ein Musikinstrument? Wie viel mal schwerer ist das 4 kg schwere Cello als die 0,4 kg schwere Geige?

In diesem Kapitel lernst du, ...

... was Brüche und Dezimalzahlen sind,

... wie du Brüche darstellst und vergleichst,

... wie du Bruchteile von Größen berechnest,

... wie du Brüche in der Prozentschreibweise darstellst,

... wie du Dezimalzahlen vergleichst und rundest.

Brüche bestimmen und darstellen

Welche Möglichkeiten gibt es, die Schokoladentafel in vier gleich große Teile zu teilen? Skizziert verschiedene Möglichkeiten im Heft.

1. Vier Quadrate wurden auf verschiedene Arten gefaltet, sodass immer vier gleich große Teile entstanden sind.

a) Übertrage die Quadrate mit den Unterteilungen in dein Heft und färbe in jedem Quadrat ein Viertel. Zeichne zwei weitere Quadrate mit anderen Viertel-Unterteilungen.

b) Falte ein rechteckiges DIN-A4-Blatt in vier gleich große Teile. Wie viele Möglichkeiten findest du dafür?

c) Zeichne mindestens drei gleich große Rechtecke in dein Heft. Färbe im ersten Rechteck eine Hälfte, im zweiten ein Viertel und im dritten ein Achtel.

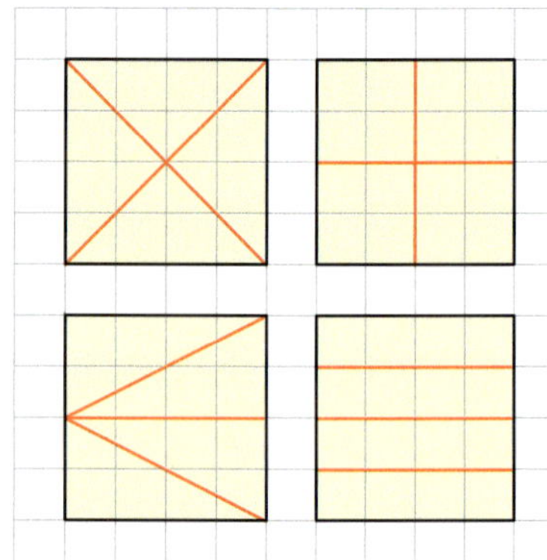

---

2. a) Schneidet sechs 24 cm lange Streifen aus Papier aus, die alle eine Breite von 2 cm haben. Teilt fünf der Streifen durch exaktes Falten oder Ausmessen in 2, 3, 4, 6 und 8 gleich lange Teile. Beschriftet jeden Streifen wie rechts abgebildet.

b) Ordnet jedem Streifen einen Begriff zu.

Achtel | Drittel | Ganze
Halbe | Sechstel | Viertel

c) Legt die Steifen genau untereinander. Bildet mindestens fünf Bruchpaare und entscheidet, welcher Bruchteil größer ist. Notiert die Bruchpaare im Heft (z. B. $\frac{1}{2} > \frac{1}{3}$).

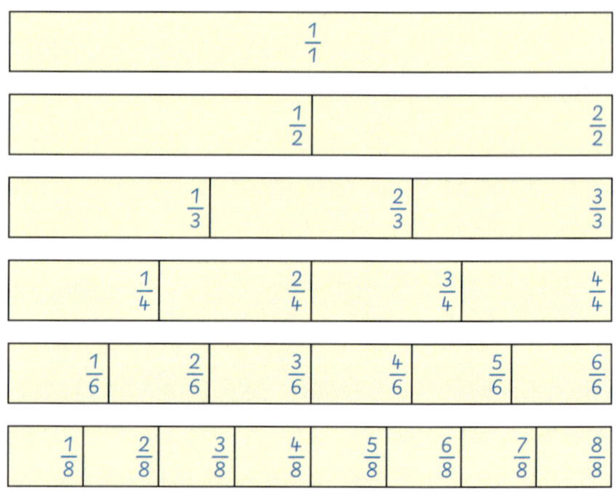

Video

Ein **Bruchteil** ist ein Teil eines Ganzen. Teilst du ein Ganzes in 2, 3, 4, … gleich große Teile, so erhältst du Halbe, Drittel, Viertel, …
Ein Drittel und *drei Viertel* und *fünf Achtel* sind **Anteile** und können als **Brüche** geschrieben werden:

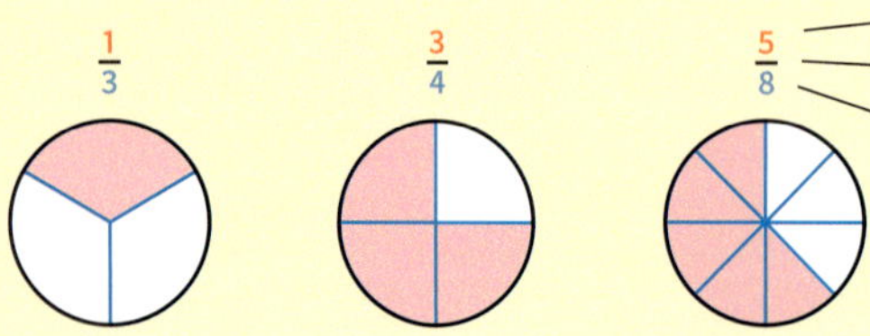

Zähler (zählt die betrachteten Teile)
Bruchstrich
Nenner (nennt die Anzahl der gleich großen Teile des Ganzen)

3. Die Figuren A bis F wurden in gleich große Teile zerlegt. Notiere jeweils,
a) in welche Bruchteile die Figur zerlegt wurde,
b) welcher Anteil der Figur blau markiert ist.

BEISPIEL

a) Zerlegung in Fünftel b) $\frac{3}{5}$

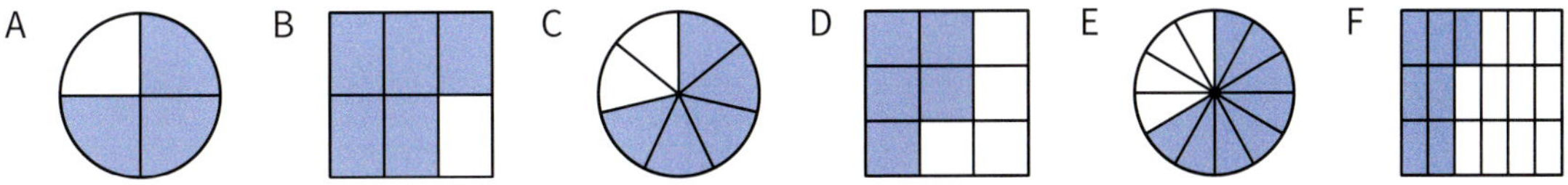

4. a) Die Bruchstreifen sind alle 12 cm breit. Übertragt sie in eure Hefte.
b) Färbt in jedem Bruchstreifen den links daneben angegebenen Bruchteil.

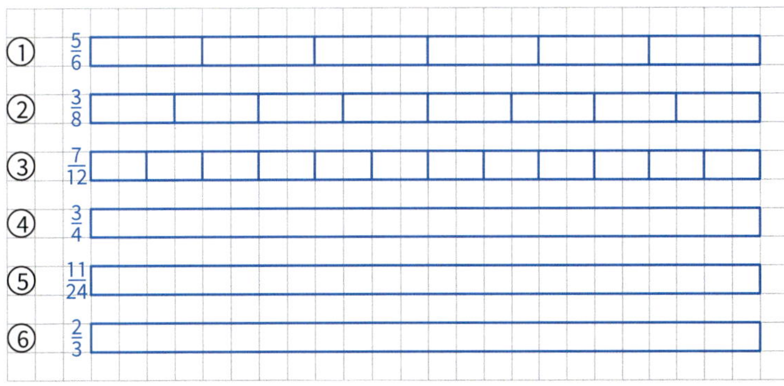

Video

Brüche können auch auf dem **Zahlenstrahl** dargestellt werden.

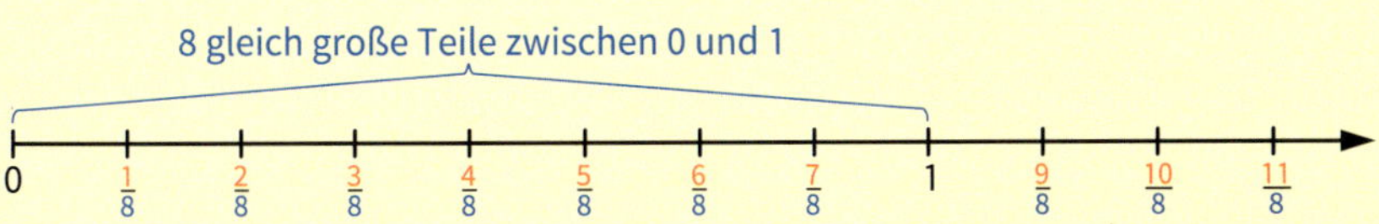

Der **Nenner** gibt an, in wie viele gleich große Teile der Bereich zwischen zwei natürlichen Zahlen zerlegt werden muss. Den **Zähler** jedes Bruchs erhältst du durch Abzählen der Teilstriche.

5. Welcher Bruch ist am Zahlenstrahl markiert?

a) b) c)

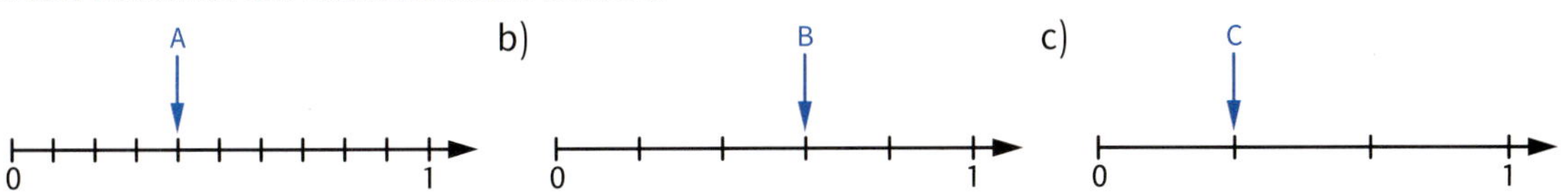

6. Verschiedene Brüche können den gleichen Wert haben. Findet solche Brüche, indem ihr die rechts abgebildeten Zahlenstrahlen vergleicht. Notiert die gleichwertigen Brüche mit Gleichheitszeichen im Heft.

BEISPIEL
$\frac{1}{3} = \frac{2}{6} = \frac{4}{12}$

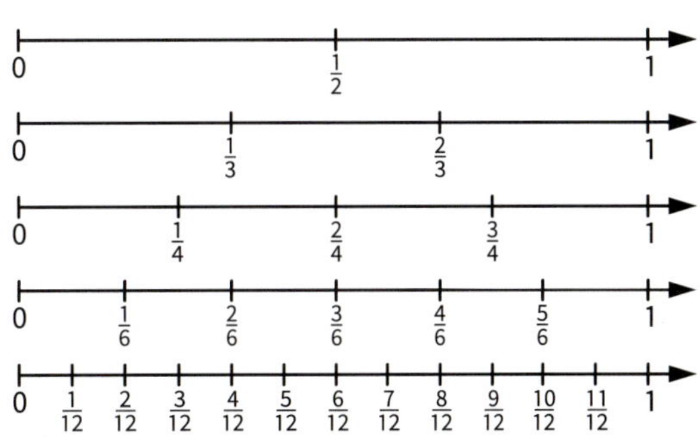

»

Aufgabe 1 – 4

1. Gib den gefärbten Anteil an.

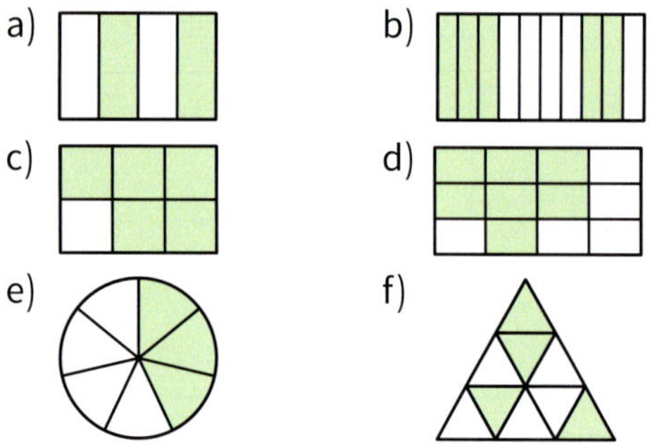

2. Zwei Darstellungen gehören zusammen. Ordne zu.

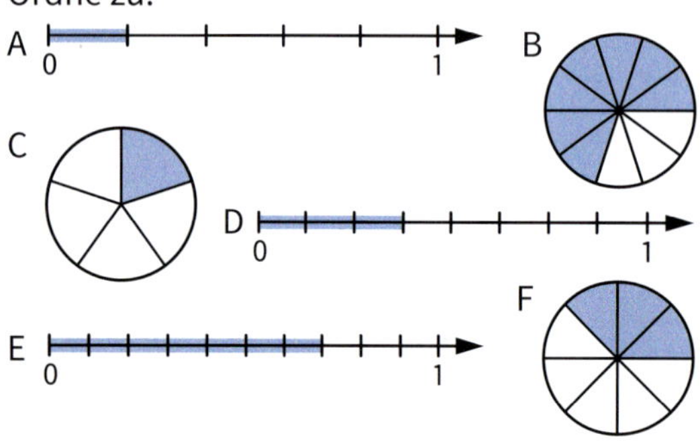

3. Übertrage das Rechteck dreimal in dein Heft. Zerlege es auf drei verschiedene Arten in die angegebenen Bruchteile.

a) Viertel

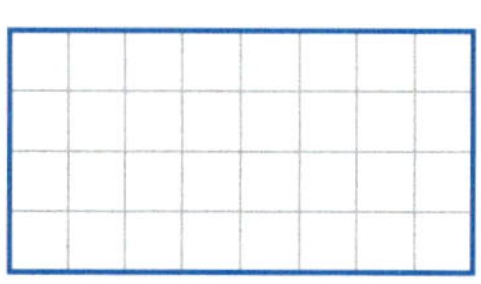

b) Sechstel

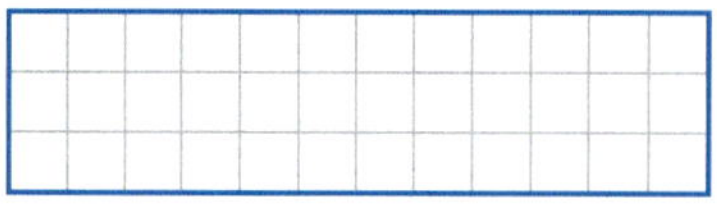

4. Zeichne viermal einen Zahlenstrahl von 0 bis 1. Der Abstand zwischen 0 und 1 beträgt 8 cm. Markiere an jedem Zahlenstrahl einen der angegebenen Brüche.

$\frac{3}{8}$ $\frac{1}{2}$ $\frac{3}{4}$ $\frac{11}{16}$

Aufgabe 5 – 8

5. Übertrage die Rechtecke ins Heft. Färbe jeden Bruchteil in einem passenden Rechteck.

$\frac{7}{15}$ $\frac{11}{24}$ $\frac{5}{18}$ $\frac{13}{28}$

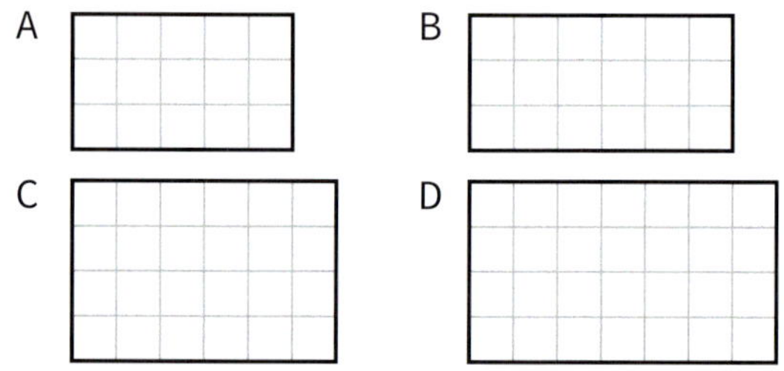

6. Die Bruchteile wurden falsch dargestellt. Erklärt, welche Fehler passiert sind.

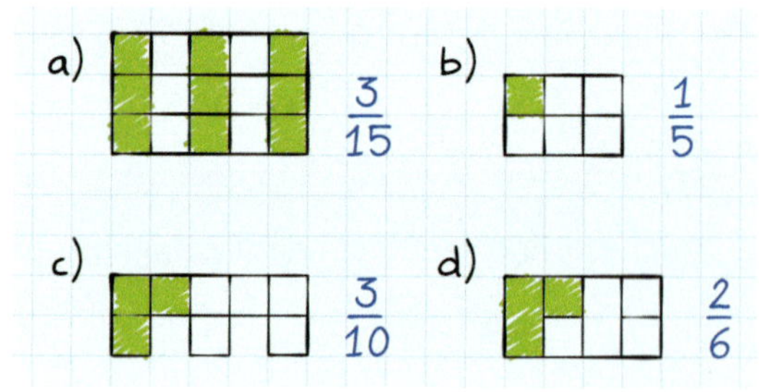

7. Könnt ihr Mareks Frage beantworten?

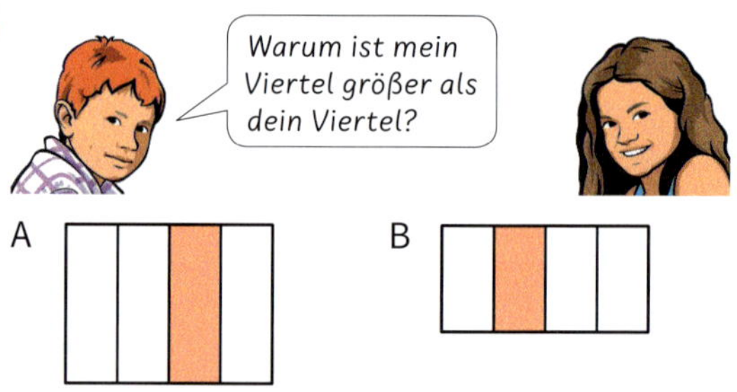

8. a) Erstellt – wie unten bereits angefangen – ein Brüche-Domino mit mindestens 10 Karten.

b) Tauscht mit anderen Gruppen und löst eure Dominos gegenseitig.

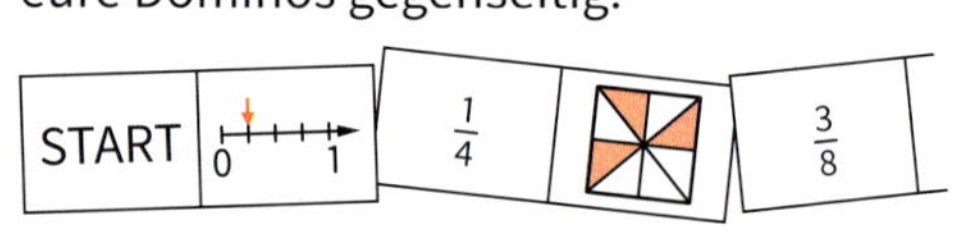

Aufgabe 9 – 13

9. Die Brüche wurden falsch dargestellt.
Findet die Fehler und erklärt sie.

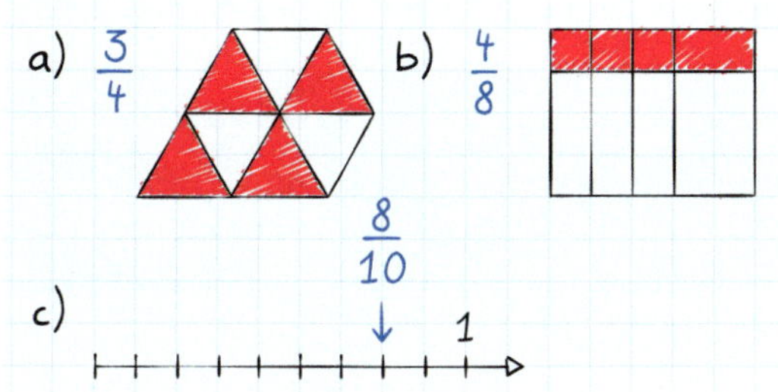

10. Stelle den Anteil $\frac{3}{5}$ in einem Rechteck dar. Finde drei verschiedene Möglichkeiten.

11. Stelle die drei Brüche an einem gemeinsamen Zahlenstrahl dar. Wähle jeweils eine geeignete Länge.

a) $\frac{1}{2}$ $\frac{3}{4}$ $\frac{5}{8}$ b) $\frac{1}{3}$ $\frac{5}{6}$ $\frac{11}{12}$

c) $\frac{2}{5}$ $\frac{3}{4}$ $\frac{1}{2}$ d) $\frac{1}{3}$ $\frac{5}{6}$ $\frac{4}{7}$

12. Gib den gefärbten Anteil an.

a) b)

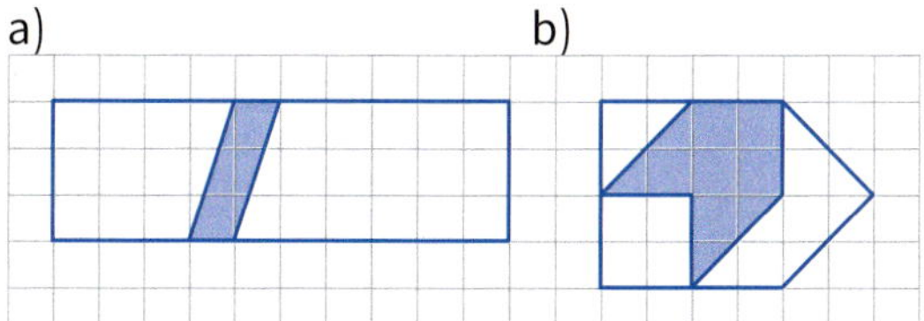

13. Übertrage die Figur in dein Heft und färbe den angegebenen Bruchteil.

a) Färbe $\frac{7}{11}$. b) Färbe $\frac{3}{5}$.

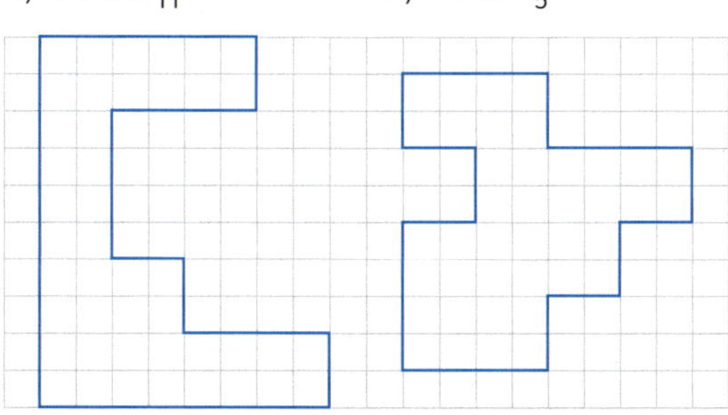

Aufgabe 14 – 19

14. Welcher Anteil der von den Nägeln begrenzten Fläche ist auf dem Geobrett eingerahmt?

a) b) c)

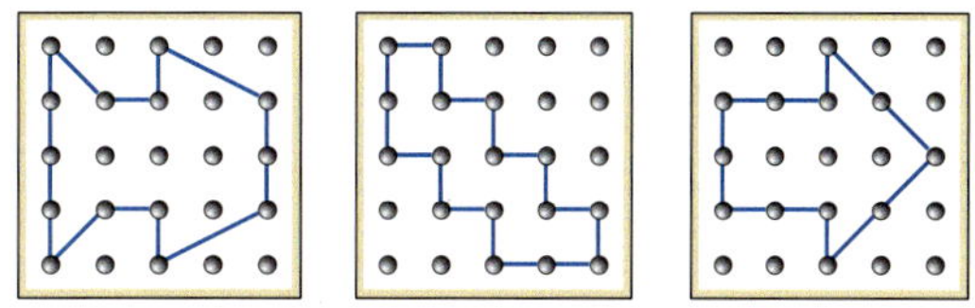

15. Welcher Bruch ist dargestellt?

a) 

b) 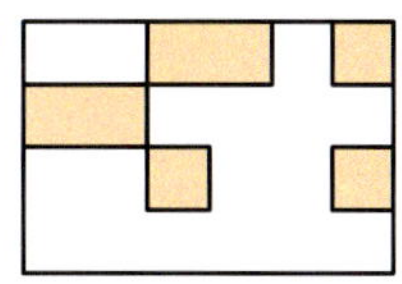 c) 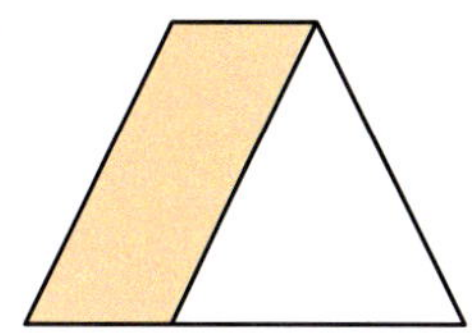

16. Welcher Anteil einer Stunde ist es? Notiere als Bruch mit möglichst kleinem Nenner.

a) 45 min b) 20 min c) 5 min
d) 50 min e) 35 min f) 36 min

17. Zeichne das Dreieck dreimal ins Heft. Färbe in jedem Dreieck einen der angegebenen Bruchteile.

$\frac{5}{8}$ $\frac{1}{4}$ $\frac{7}{16}$

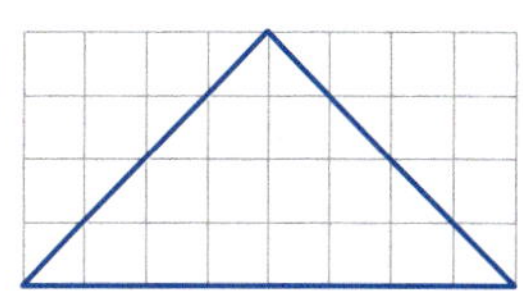

18. Stelle die drei Brüche an einem gemeinsamen Zahlenstrahl dar. Wähle jeweils eine geeignete Länge.

a) $\frac{3}{4}$ $\frac{2}{5}$ $\frac{9}{10}$ b) $\frac{1}{4}$ $\frac{2}{3}$ $\frac{5}{6}$

19. Welche Noten fehlen?

«

Digital+ WES-128745-072

Bruchteile berechnen

Malik geht einkaufen.
Wie viel Gramm Gouda und Hackfleisch muss er kaufen?
Wie viel Milliliter Sahne muss er kaufen?

1. An der Scholl-Schule findet ein Spendenlauf statt. Für jede gelaufene Runde erhält ein Kind von seinem Sponsor 10 €. $\frac{3}{4}$ des Betrages werden gespendet, der Rest geht in die Klassenkasse.

a) Wie viel Euro werden pro Runde gespendet, wie viel Euro gehen in die Klassenkasse?
b) Lucia läuft 5 Runden. Erklärt, wie ihr $\frac{3}{4}$ ihres erlaufenen Betrages berechnen könnt.

Video

So berechnest du einen **Bruchteil** vom Ganzen:

① Dividiere das Ganze durch den Nenner.

② Multipliziere das Ergebnis mit dem Zähler.

Berechne $\frac{2}{5}$ von 10 km.

① 10 km : 5 = 2 km

② 2 km · 2 = 4 km

10 km —davon $\frac{2}{5}$→ 4 km
(:5 → 2 km → ·2)

$\frac{2}{5}$ von 10 km sind 4 km.

2. Bestimme die gesuchten Bruchteile.
a) $\frac{1}{7}$ und $\frac{3}{7}$ von 14 Äpfeln
b) $\frac{1}{5}$ und $\frac{2}{5}$ von 20 €
c) $\frac{1}{10}$ und $\frac{7}{10}$ von 1 000 mℓ Wasser

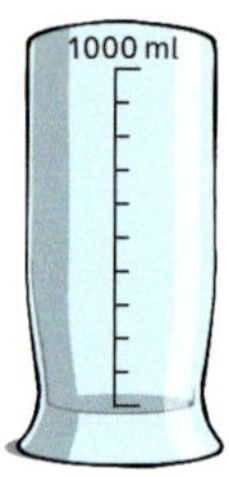

3. Übertrage in dein Heft und berechne den gesuchten Bruchteil.
a) 200 —davon $\frac{2}{5}$→ ■ (:5 → ■ → ·2)
b) 600 —davon $\frac{3}{4}$→ ■ (:4 → ■ → ·3)
c) 420 —davon $\frac{5}{7}$→ ■ (→ ■ →)
d) 360 —davon $\frac{4}{9}$→ ■ (→ ■ →)

LÖSUNGEN
80 | 160 | 300 | 450

Aufgabe 1 – 5

1. Berechne den Bruchteil.

a) $\frac{3}{5}$ von 25 kg b) $\frac{5}{8}$ von 64 €
c) $\frac{5}{9}$ von 27 t d) $\frac{2}{7}$ von 140 g
e) $\frac{5}{6}$ von 300 € f) $\frac{2}{3}$ von 1 200 m

2. Erklärt die Fehler.

a) $\frac{2}{3}$ von 12 kg = 18 kg f
b) $\frac{1}{5}$ von 10 € = 50 € f
c) $\frac{3}{4}$ von 12 h = 1 h f
d) $\frac{2}{7}$ von 21 km = 3 km f

3. Immer zwei Längen sind gleich. Notiere sie mit Gleichheitszeichen ins Heft.

VIDEO Digital+ WES-128745-073

$\frac{1}{4}$ m | $\frac{7}{10}$ m | $\frac{2}{5}$ m | 25 cm | 40 cm | 10 cm | 70 cm | $\frac{1}{10}$ m

4. Bahar hat 20 € von ihrer Tante bekommen. $\frac{3}{5}$ davon soll sie sparen. Berechne, wie viel € zum Ausgeben übrig bleiben.

5. Die Klasse 6c hat 24 Schülerinnen und Schüler. Drei Viertel von ihnen sind Schwimmer. Die Hälfte der Schwimmer besitzt das Schwimmabzeichen in Silber, ein Drittel der Schwimmer hat auch das Abzeichen in Gold.

a) Wie viele Nichtschwimmer gibt es?
b) Wie viele Kinder haben das silberne Abzeichen, wie viele haben Gold?

Aufgabe 6 – 10

6. Welcher Bruch ist gesucht?

a) ▒ von 1 t = 500 kg b) ▒ von 60 € = 40 €
c) ▒ von 5 t = 2 t d) ▒ von 200 € = 50 €
e) ▒ von 3 m = 2 m f) ▒ von 10 m = 6 m

7. Berechne die Bruchteile in der angegebenen Einheit.

VIDEO Digital+ WES-128745-073

a) $\frac{1}{3}$ min = ▒ s b) $\frac{3}{15}$ h = ▒ min
c) $\frac{3}{4}$ d = ▒ h d) $\frac{7}{10}$ min = ▒ s
e) $\frac{7}{12}$ min = ▒ s f) $\frac{5}{12}$ d = ▒ h

LÖSUNGEN
10 | 12 | 18 | 20 | 35 | 42

8. Toni kauft für 280 € ein. Für eine Uhr gibt er $\frac{3}{7}$ und für Schuhe $\frac{2}{5}$ des gesamten Betrages aus. Wie viel Euro bleiben ihm für ein T-Shirt?

9.

Zu einem Volleyballspiel der Frauen-Bundesliga kamen 600 Fans. Gib den angegebenen Bruchteil als Bruch mit möglichst kleinem Nenner an.

a) 300 Fans waren weiblich.
b) 150 Fans waren unter 30 Jahre alt.
c) 540 Fans spielen selbst Volleyball.
d) 360 Fans tragen beim Spiel ein Trikot.

10. Gib in € und ct an.

a) $\frac{1}{5}$ von 16 € b) $\frac{3}{4}$ von 19 €
c) $\frac{5}{8}$ von 18 € d) $\frac{11}{20}$ von 43 €

BENÖTIGTE ZAHLEN
3 | 11 | 14 | 20 | 23 | 25 | 25 | 65

Vom Bruchteil zum Ganzen

Beim Muffin-Verkauf der Klasse 6a sind am Nachmittag noch $\frac{1}{6}$ aller Muffins übrig.
Wie viele Muffins waren es am Morgen?

1. Chris sagt zu seinen Freunden Emre und Jan: „Für das neue Fahrrad habe ich schon 330 € gespart, das sind $\frac{3}{4}$ des Preises.“ Erklärt Emres und Jans Überlegungen und führt sie zu Ende.

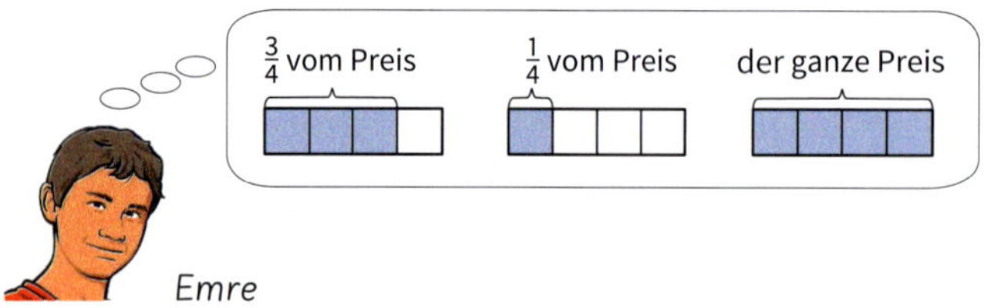

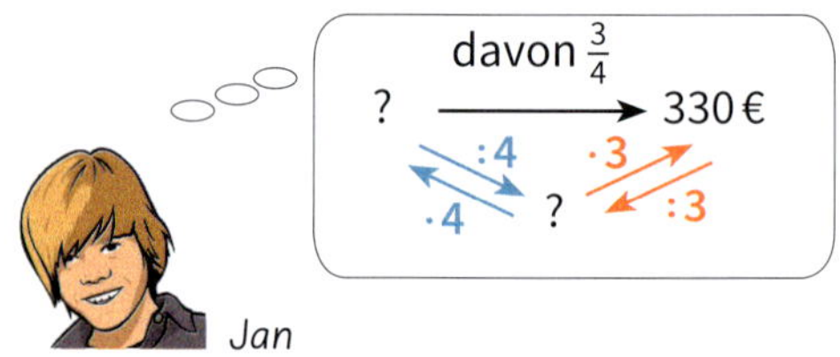

So kannst du aus einem Bruchteil das Ganze berechnen:
① Dividiere den Bruchteil durch den **Zähler**. Du erhältst die Größe eines Teils.
② Multipliziere das Ergebnis mit dem **Nenner**. Du erhältst das Ganze.

Video

12 kg sind $\frac{2}{3}$. Berechne das Ganze.
① 12 kg : 2 = 6 kg
② 6 kg · 3 = 18 kg

davon $\frac{2}{3}$: 18 kg → 12 kg; 12 kg :2 → 6 kg; 6 kg ·3 → 18 kg

Das Ganze sind 18 kg.

2. Übertrage und ergänze.

a) ▢ davon $\frac{3}{5}$ → 21 kg; :3 → ▢; ·5 → ▢

b) ▢ davon $\frac{6}{11}$ → 18 €; :6 → ▢; ·11 → ▢

c) ▢ davon $\frac{5}{8}$ → 25 m; :5 → ▢; ·8 → ▢

d) ▢ davon $\frac{3}{4}$ → 15 €

e) ▢ davon $\frac{2}{9}$ → 8 km

f) ▢ davon $\frac{4}{7}$ → 80 g

---

3. Berechne das Ganze.

a) 6 € sind $\frac{1}{2}$ vom Ganzen.
b) 200 g sind $\frac{4}{5}$ vom Ganzen.
c) 15 cm sind $\frac{3}{7}$ vom Ganzen.
d) 12 € sind $\frac{2}{3}$ vom Ganzen.
e) 80 g sind $\frac{2}{11}$ vom Ganzen.
f) 32 m sind $\frac{8}{25}$ vom Ganzen.

LÖSUNGEN
12 | 18 | 35 | 100 | 250 | 440

Aufgabe 1 – 3

1. Die gefärbte Fläche ist ein Teil eines Ganzen. Übertrage und ergänze zum Ganzen.

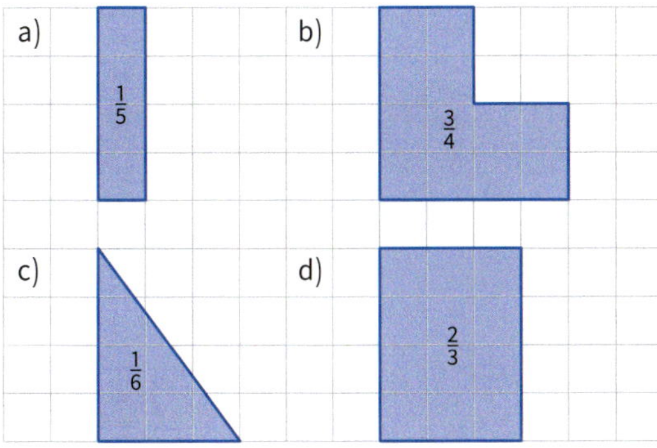

2. Berechne das Ganze.

a) $\frac{1}{6}$ sind 5 kg
b) $\frac{1}{8}$ sind 4 km
c) $\frac{2}{3}$ sind 16 €
d) $\frac{3}{5}$ sind 27 cm
e) $\frac{4}{11}$ sind 24 m
f) $\frac{5}{7}$ sind 250 g

3. Frau Pfisterer fährt mit ihrem Obst und Gemüse auf den Markt. Einen Teil der Ware baut sie im Stand auf. Den Rest lässt sie als Reserve in ihrem Transporter.

a) Wie viel Kilogramm Obst und Gemüse hatte Frau Pfisterer jeweils geladen?
b) Wie viel Kilogramm Obst und Gemüse sind jeweils noch als Reserve im Transporter?

Aufgabe 4 – 7

4. Übertrage die Figur und ergänze sie so zu einem Ganzen, dass ein Rechteck entsteht.

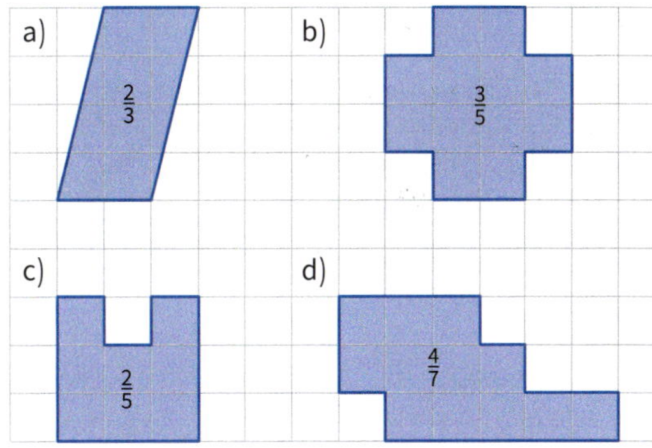

5. Chrissis Eltern bezahlen 816 € Miete. Wer von beiden verdient mehr?

6. In einer Schule kommen die Schülerinnen und Schüler mit dem Fahrrad, zu Fuß oder mit dem Bus zur Schule. Die Anteile sind im abgebildeten Streifendiagramm dargestellt.

a) Mit dem Fahrrad kommen 68 Kinder. Berechne, wie viele Schülerinnen und Schüler die Schule insgesamt hat.
b) Wie viele Kinder kommen zu Fuß?
c) Wie viele Kinder fahren mit dem Bus?

7. Leni sortiert die Gummibärchen in ihrer Tüte nach Farben. $\frac{1}{3}$ der Bärchen sind gelb, drei Bärchen weniger sind grün. Die restlichen 12 Gummibärchen sind rot. Wie viele Gummibärchen waren in der Tüte?

«

Digital+ WES-128745-076

Brüche größer als ein Ganzes

Hätte Yves seine Bestellung auch anders beschreiben können?

Wie viel Pizza bestellt Yves insgesamt? Drückt die Gesamtmenge auf zwei verschiedene Arten aus.

1. a) Schneidet vier Quadrate mit einer Seitenlänge von 4 cm aus. Zerschneidet die Quadrate jeweils wie abgebildet in vier gleich große dreieckige Teile.

b) Legt die abgebildeten Figuren mit den Dreiecken.

c) Zu jeder Figur passen zwei der auf den farbigen Kärtchen abgebildeten Brüche. Ordnet sie zu und erklärt eure Zuordnung.

A

B

C
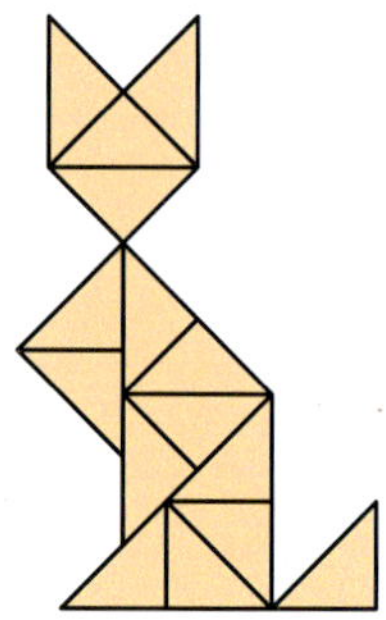

$3\frac{3}{4}$ $\frac{5}{2}$ $2\frac{1}{2}$ $\frac{7}{4}$ $\frac{15}{4}$ $1\frac{3}{4}$

Video

Einen Bruch, der größer als ein Ganzes ist, kannst du als **unechter Bruch** oder als **gemischte Zahl** schreiben.

unechter Bruch: $\frac{7}{4}$

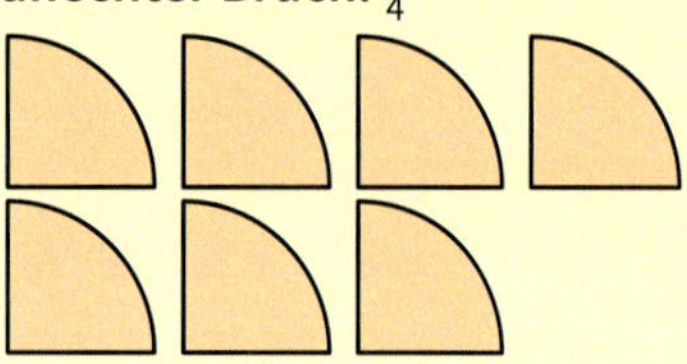

$\frac{7}{4}$

gemischte Zahl: $1\frac{3}{4}$

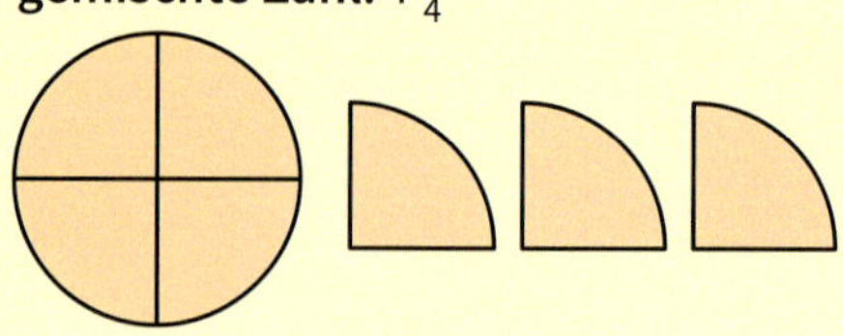

$\frac{7}{4} = \frac{4}{4} + \frac{3}{4} = 1 + \frac{3}{4} = \mathbf{1\frac{3}{4}}$

2. Welche Zahlen sind dargestellt? Notiere als unechten Bruch und als gemischte Zahl.

a)
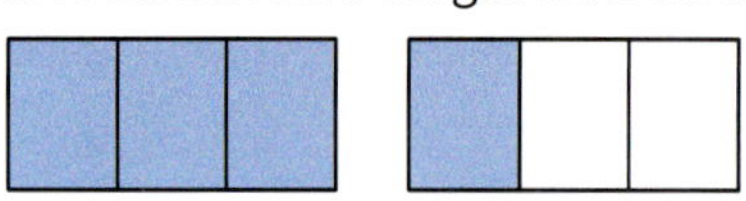

b)
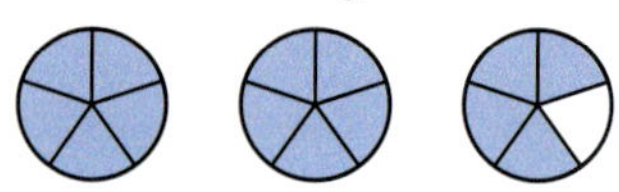

c)
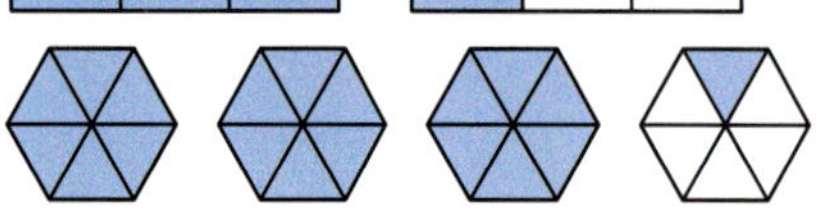

d)
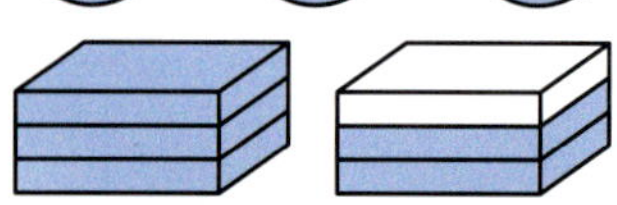

e)

f)
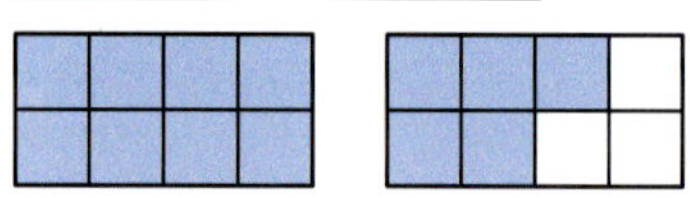

Aufgabe 1 – 6

1. Welche Brüche sind dargestellt? Schreibe als gemischte Zahl und als unechten Bruch.

a)

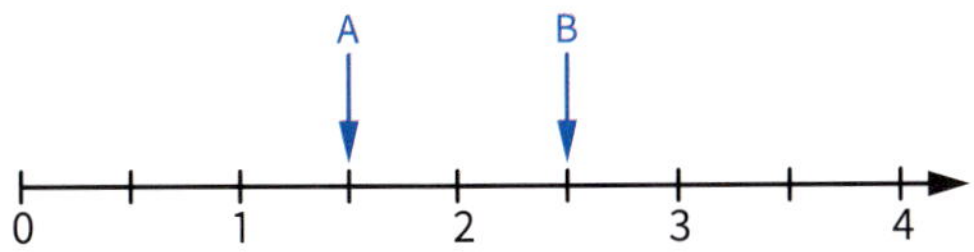

b)

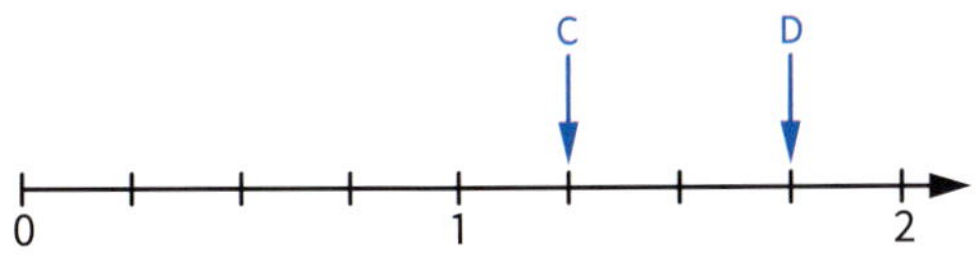

c)

2. Zeichne jeweils einen 6 cm langen Zahlenstrahl. Wähle eine geeignete Einteilung und stelle die gemischte Zahl dar.

a) $1\frac{2}{3}$ b) $2\frac{1}{4}$ c) $3\frac{1}{2}$

3. Gib die natürliche Zahl als unechten Bruch an.

a) $2 = \frac{\square}{6}$ b) $3 = \frac{\square}{7}$ c) $1 = \frac{\square}{10}$

d) $4 = \frac{\square}{5}$ e) $8 = \frac{\square}{3}$ f) $5 = \frac{\square}{2}$

4. Wandle die gemischte Zahl in einen unechten Bruch um.

a) $1\frac{2}{5}$ b) $2\frac{3}{4}$ c) $1\frac{2}{7}$

d) $3\frac{4}{5}$ e) $4\frac{1}{2}$ f) $3\frac{5}{8}$

5. Wandle den unechten Bruch in eine gemischte Zahl um.

a) $\frac{4}{3}$ b) $\frac{11}{7}$ c) $\frac{7}{2}$ d) $\frac{11}{3}$

e) $\frac{17}{4}$ f) $\frac{13}{5}$ g) $\frac{17}{6}$ h) $\frac{23}{8}$

6. Ein Geländelauf beginnt um 10:15 Uhr. Szymon kommt nach $1\frac{3}{4}$ Stunden ins Ziel, Luisa braucht für die Strecke $2\frac{1}{4}$ Stunden. Zu welchen Uhrzeiten sind beide im Ziel?

Aufgabe 7 – 11

7. Wie viele Stunden sind seit 6 Uhr vergangen? Schreibe als unechten Bruch und als gemischte Zahl.

a)

b)

8. Die abgebildete Strecke stellt ein Ganzes dar. Zeichne eine passende Strecke für den Bruch.

a) $\frac{5}{2}$ b) $\frac{7}{5}$ c) $\frac{23}{10}$ d) $\frac{14}{5}$ e) $\frac{11}{10}$

9. Schreibe als gemischte Zahl.

a) in Meter:

150 cm 225 cm 375 cm

b) in Kilometer:

1 250 m 2 500 m 3 400 m

10. Notiere in der angegebenen Einheit.

a) $2\frac{3}{4}$ m = ▢ cm b) $1\frac{4}{5}$ kg = ▢ g

c) $5\frac{1}{3}$ h = ▢ min d) $3\frac{7}{8}$ km = ▢ m

11. Können die vier Freundinnen die Pizza aufteilen wie vorgeschlagen? Begründet eure Antwort mit einer Zeichnung.

Brüche beim Verteilen

Beim Waffelbacken sollen die letzten 3 Waffeln an fünf Personen verteilt werden.

Erklärt, wie man die Waffeln gerecht verteilen kann.

1. a) 8 Äpfel werden gerecht an vier Kinder verteilt. Wie viele Äpfel bekommt jedes Kind? Notiert die zugehörige Rechnung und das Ergebnis.

b) Jan, Dilara, Luis und Kim wollen 3 Äpfel gerecht untereinander aufteilen. Erklärt die Überlegungen der vier Freunde. Welchen Anteil erhält jedes Kind?

c) 7 Äpfel sollen gerecht an vier Personen verteilt werden. Skizziert zwei Möglichkeiten, wie die Äpfel verteilt werden können. Wie viele Äpfel erhält jede Person?

Video

Beim Dividieren von zwei natürlichen Zahlen kann das Ergebnis ein Bruch sein.

2 Pizzas werden an drei Kinder verteilt.

Rechnung:
$2 : 3 = \frac{2}{3}$

zwei Pizzas, jede gedrittelt

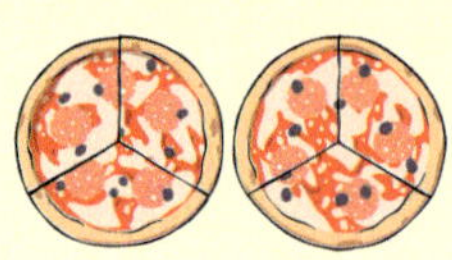

Jedes Kind erhält von jeder Pizza $\frac{1}{3}$, also insgesamt $\frac{2}{3}$ Pizza.

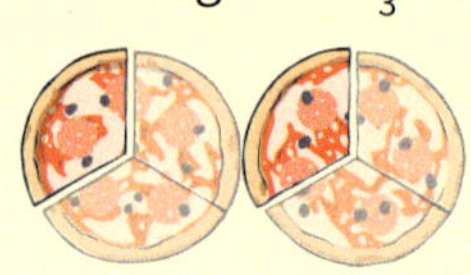

2. Skizziere im Heft, wie geteilt wird. Notiere, welchen Bruchteil jeder bekommt.

a)  2 Pizzas an 5 Kinder

b)  3 Pfannkuchen an 4 Jungen

c) 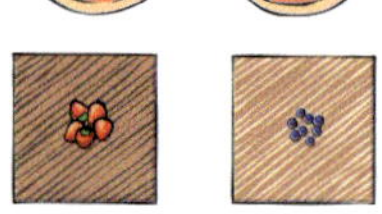 2 Kuchen an 16 Personen

d)  4 Schokoriegel an 3 Mädchen

Aufgabe 1 – 5

1. Jedes Kind soll den gleichen Teil bekommen. Schreibe als Divisionsaufgabe und gib den Anteil an, den jedes Kind bekommt.
a) Verteile 5 Äpfel an acht Kinder.
b) Verteile 2 Waffeln an fünf Kinder.
c) Verteile 3 ℓ Saft an vier Kinder.
d) Verteile eine Torte an 12 Kinder.

2.

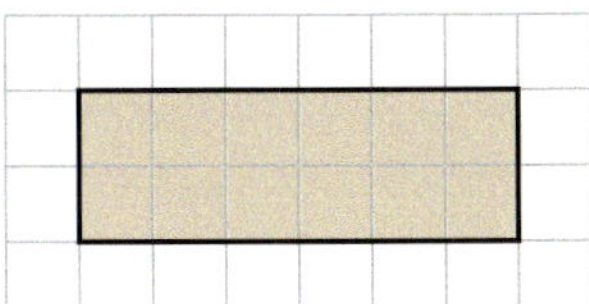

Zeichne, wie du Schokoriegel verteilen würdest. Ein Schokoriegel ist oben abgebildet. Gib an, welchen Anteil jedes Kind bekommt. Notiere ihn als unechten Bruch und als gemischte Zahl.
a) Verteile 5 Riegel an drei Kinder.
b) Verteile 3 Riegel an zwei Kinder.
c) Verteile 5 Riegel an vier Kinder.

3. Gebt das Ergebnis als Bruch an und überlegt euch eine passende Verteilsituation.

a) 1 : 2	b) 4 : 7	c) 5 : 2
d) 1 : 5	e) 2 : 6	f) 7 : 14

4. Bei diesen Aufgaben ergeben sich besondere Brüche. Schreibe als Divisionsaufgabe und gib das Ergebnis an.
a) Verteile 6 Pizzas an sechs Kinder.
b) Verteile 3 Äpfel an ein Kind.
c) Verteile 10 Waffeln an zwei Kinder.

5. Diskutiert und erklärt, warum es bei diesen Situationen schwierig ist, gerecht zu teilen.
① Die Geschwister Paola, Toni und Mariella haben von ihrer Oma 10 € bekommen.
② Tom und Lea haben von ihrem Onkel sein Lieblingsgemälde geerbt.

Aufgabe 6 – 8

6. Wie viele Pizzas wurden an wie viele Personen verteilt und wie viel erhielt jede Person?
a)

b)

c)

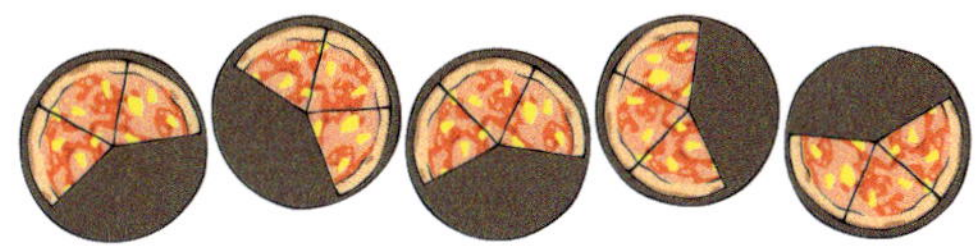

7. 6 Tafeln Schokolade werden gerecht an acht Kinder verteilt. Stimmen die vier Aussagen? Begründet, warum die Aussagen stimmen oder nicht stimmen. Berichtigt alle falschen Aussagen.
① Jedem Kind fehlt ein Achtelstück Schokolade zu einer ganzen Tafel.
② Jedes Kind bekommt $\frac{1}{8}$ von jeder Schokoladentafel.
③ Jedes Kind bekommt $\frac{3}{4}$ von einer Schokoladentafel.
④ Jedes Kind bekommt $\frac{1}{6}$ von der gesamten Schokolade.

8. Zwei Felder sollen gerecht unter drei Brüdern aufgeteilt werden.

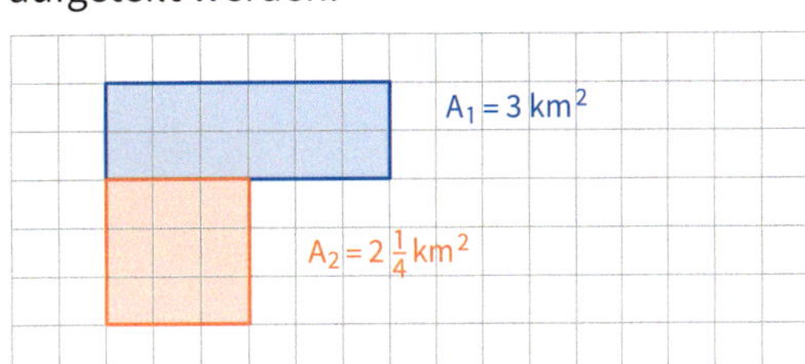

a) Berechnet die Fläche, die jeder Bruder insgesamt erhält.
b) Teilt die Felder gerecht auf. Übertragt dafür die Figuren und stellt eure Aufteilung grafisch dar.

Digital+ WES-128745-080

Erweitern und Kürzen

Franco und Sven haben sich in der Pizzeria verabredet.

Wurde Sven wirklich ungerecht behandelt? Nehmt Stellung zu seiner Aussage.

1. a) ① Schneidet euch drei 24 cm lange Streifen aus Papier aus.
② Faltet den ersten Streifen zweimal genau in der Mitte und färbt $\frac{3}{4}$ des gesamten Streifens.
③ Faltet den zweiten Streifen dreimal genau in der Mitte und färbt wieder $\frac{3}{4}$ des gesamten Streifens.
④ Faltet den dritten Streifen viermal genau in der Mitte und färbt wieder $\frac{3}{4}$ des gesamten Streifens.

b) Benennt die gefärbte Fläche durch verschiedene Brüche. Könnt ihr noch weitere Brüche für die gefärbte Fläche finden?

---

2. a) Übertragt ins Heft und verfeinert die Einteilung. Beschreibt den gefärbten Anteil mit zwei verschiedenen Brüchen.

① jedes Fünftel in 4 Teile

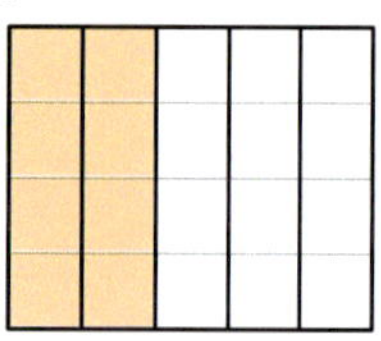

$\frac{2}{5} = \frac{\square}{\square}$

② jedes Viertel in 2 Teile

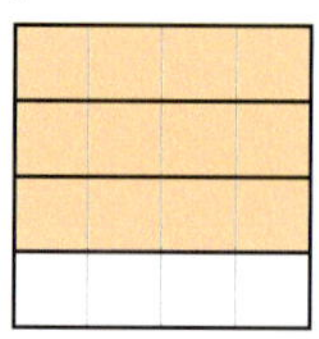

$\frac{3}{4} = \frac{\square}{\square}$

BEISPIEL
jede Hälfte in 3 Teile

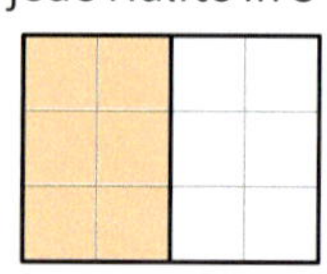

$\frac{1}{2} = \frac{3}{6}$

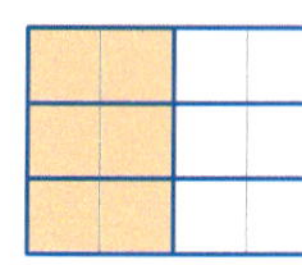

b) Übertragt ins Heft und vergröbert die Einteilung. Beschreibt den gefärbten Anteil mit zwei verschiedenen Brüchen.

① je 2 Achtel zusammen

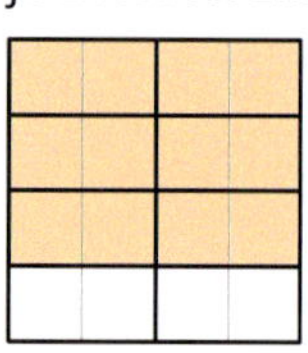

$\frac{6}{8} = \frac{\square}{\square}$

② je 3 Fünfzehntel zusammen

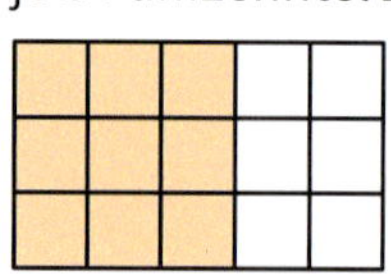

$\frac{9}{15} = \frac{\square}{\square}$

BEISPIEL
je 2 Sechstel zusammen

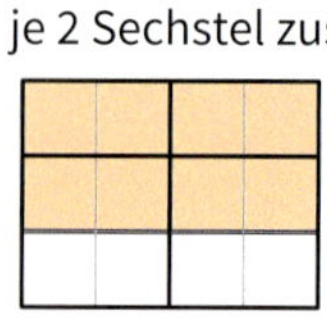

$\frac{4}{6} = \frac{2}{3}$

Durch **Verfeinern** oder **Vergröbern** von Unterteilungen kannst du gleiche Bruchteile auf verschiedene Weisen darstellen.

Video

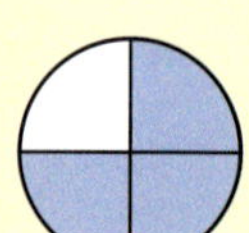

$\frac{3}{4}$

$\frac{3}{4} = \frac{9}{12}$

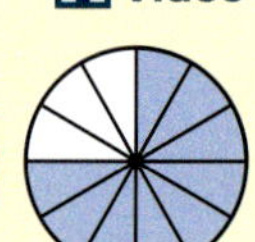

$\frac{9}{12}$

3. Rechts abgebildet seht ihr drei Bruchstreifen.

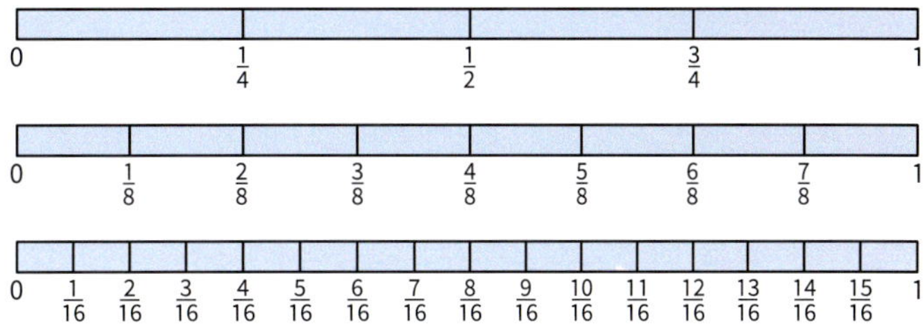

a) Erklärt mit Hilfe der Bruchstreifen, warum $\frac{6}{8}$ genau so groß ist wie $\frac{3}{4}$.
b) Es gibt noch einen weiteren Bruch, der genau so groß ist wie $\frac{6}{8}$. Welcher ist es?
c) 32tel sind hier nicht abgebildet. Welcher Bruch mit dem Nenner 32 ist genau so groß wie $\frac{6}{8}$? Erklärt eure Überlegungen.
d) Findet in den abgebildeten Bruchstreifen weitere Brüche, die gleich groß sind. Erklärt, wie sie miteinander zusammenhängen.

4. ① $\frac{2}{3} = \frac{8}{12}$ ② $\frac{9}{15} = \frac{3}{5}$ ③ $\frac{2}{10} = \frac{1}{5}$ ④ $\frac{1}{2} = \frac{7}{14}$

BEISPIEL
$$\frac{9}{12} \xrightarrow{:3} \frac{3}{4}$$
(Zähler :3, Nenner :3)

Man kann auch rechnerisch verfeinern oder vergröbern.
a) Wie wurde gerechnet? Übertragt in euer Heft und ergänzt die Rechnungen in den grauen Feldern.
b) Wo wurde verfeinert, wo vergröbert? Zeichnet Bilder zur Erklärung.

Video

Das rechnerische Verfeinern nennt man **Erweitern**. Du **erweiterst** einen Bruch, indem du Zähler und Nenner mit derselben natürlichen Zahl multiplizierst.

$$\frac{1}{4} = \frac{1 \cdot 2}{4 \cdot 2} = \frac{2}{8}$$

Das rechnerische Vergröbern nennt man **Kürzen**. Du **kürzt** einen Bruch, indem du Zähler und Nenner durch dieselbe natürliche Zahl dividierst.

$$\frac{2}{6} = \frac{2:2}{6:2} = \frac{1}{3}$$

Beim Erweitern und Kürzen eines Bruches ändert sich der Wert des Bruches nicht. Es entstehen **gleichwertige Brüche**.

5. Erweitere mit der angegebenen Erweiterungszahl.
a) $\frac{1}{2}$ mit 4 b) $\frac{2}{3}$ mit 6 c) $\frac{5}{7}$ mit 3 d) $\frac{4}{9}$ mit 5 e) $\frac{7}{9}$ mit 6 f) $\frac{3}{11}$ mit 9 g) $\frac{2}{6}$ mit 13

6. Kürze mit der angegebenen Kürzungszahl.
a) $\frac{8}{12}$ mit 4 b) $\frac{24}{36}$ mit 6 c) $\frac{45}{66}$ mit 3 d) $\frac{40}{70}$ mit 5 e) $\frac{18}{24}$ mit 6 f) $\frac{9}{18}$ mit 9 g) $\frac{26}{52}$ mit 13

7. Hier wurde erweitert oder gekürzt. Bestimme den fehlenden Zähler oder Nenner.
a) $\frac{3}{4} = \frac{\square}{12}$ b) $\frac{4}{5} = \frac{\square}{10}$ c) $\frac{3}{7} = \frac{\square}{28}$ d) $\frac{3}{4} = \frac{15}{\square}$ e) $\frac{5}{6} = \frac{20}{\square}$
f) $\frac{32}{64} = \frac{\square}{8}$ g) $\frac{9}{12} = \frac{\square}{4}$ h) $\frac{42}{48} = \frac{7}{\square}$ i) $\frac{50}{60} = \frac{5}{\square}$ j) $\frac{21}{49} = \frac{3}{\square}$

8 9 12 20 24
3 4 6 7 8

»

Aufgabe 1 – 4

1. Je zwei Darstellungen stellen den gleichen Anteil dar. Ordne zu.

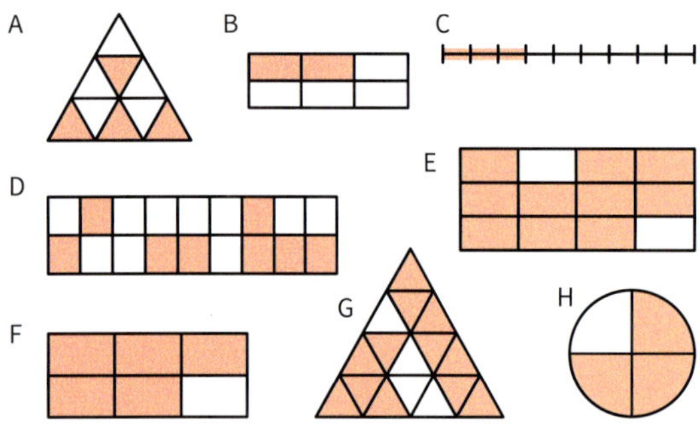

2. Wurde der Bruch erweitert oder gekürzt? Und mit welcher Zahl?

a) $\frac{1}{2} = \frac{4}{8}$ b) $\frac{5}{6} = \frac{40}{48}$ c) $\frac{12}{15} = \frac{4}{5}$

d) $\frac{50}{60} = \frac{5}{6}$ e) $\frac{7}{9} = \frac{14}{18}$ f) $\frac{4}{9} = \frac{20}{45}$

g) $\frac{3}{8} = \frac{21}{56}$ h) $\frac{75}{100} = \frac{3}{4}$ i) $\frac{33}{77} = \frac{3}{7}$

LÖSUNGEN
2 | 3 | 4 | 5 | 7 | 8 | 10 | 11 | 25

3. Gib zu jedem Bruch drei gleichwertige Brüche an. Gib jeweils an, mit welcher Zahl du den Bruch erweitert oder gekürzt hast.

a) $\frac{6}{18}$ b) $\frac{6}{10}$ c) $\frac{2}{8}$ d) $\frac{4}{7}$

4. Kürze den Bruch so weit wie möglich.

BEISPIEL

$\frac{18}{30} \overset{:2}{=} \frac{9}{15} \overset{:3}{=} \frac{3}{5}$

a) $\frac{6}{18}$ b) $\frac{18}{45}$ c) $\frac{24}{36}$ d) $\frac{30}{42}$

e) $\frac{42}{56}$ f) $\frac{16}{80}$ g) $\frac{27}{54}$ h) $\frac{20}{80}$

i) $\frac{56}{80}$ j) $\frac{24}{54}$ k) $\frac{45}{72}$ l) $\frac{45}{75}$

LÖSUNGEN
$\frac{1}{2}$ | $\frac{1}{3}$ | $\frac{2}{3}$ | $\frac{1}{4}$ | $\frac{3}{4}$ | $\frac{1}{5}$ | $\frac{2}{5}$ | $\frac{3}{5}$ | $\frac{5}{7}$ | $\frac{5}{8}$ | $\frac{4}{9}$ | $\frac{7}{10}$

Aufgabe 5 – 7

5. a) Sortiert die Brüche in eine der vier Dosen und schreibt so: $\frac{2}{3} = \frac{4}{6} = \frac{10}{15} = \ldots$

b) Nennt zu jeder Dose mindestens zwei weitere passende Brüche.

6.

$\frac{3}{4}$ $\overset{2}{=}$ →	$\frac{6}{8}$ $\overset{3}{=}$	$\frac{15}{20}$ $\overset{2}{=}$	$\frac{30}{40}$ $\underset{5}{=}$	$\frac{18}{24}$ $\underset{2}{=}$
$\frac{6}{8}$ $\overset{20}{=}$	$\frac{9}{12}$ $\overset{5}{=}$	$\frac{3}{4}$ $\overset{5}{=}$	$\frac{120}{160}$ Ende	$\frac{45}{60}$ $\underset{15}{=}$

a) Bildet eine Bruchkette aus diesen Kärtchen.
$\overset{3}{=}$ bedeutet: „Erweitere mit 3."
$\underset{2}{=}$ bedeutet: „Kürze mit 2."
Die erste und die zweite Karte liegen schon richtig.
Legt die passenden erweiterten und gekürzten Brüche an.

b) Bildet eine ähnliche Kette mit 10 Brüchen. Tauscht mit euren Nachbarn und löst gegenseitig eure Bruchketten.

7. Erklärt die Fehler.

Erweitere den Bruch.

a) mit 5: $\frac{3}{7} = \frac{8}{12}$ f *b) mit 4: $\frac{2}{9} = \frac{8}{9}$* f

c) mit 3: $\frac{9}{12} = \frac{3}{4}$ f *d) mit 2: $\frac{3}{5} = \frac{9}{25}$* f

Aufgabe 8 – 13

8. a) Erweitere die Brüche auf den Nenner 20.

$\frac{3}{4}$ $\frac{4}{5}$ $\frac{3}{10}$ $\frac{1}{2}$ $\frac{2}{5}$

b) Erweitere die Brüche auf den Nenner 100.

$\frac{4}{5}$ $\frac{3}{10}$ $\frac{15}{20}$ $\frac{4}{25}$ $\frac{3}{4}$

9. Gib je zwei verschiedene Brüche mit dem Nenner 12 an, die sich …
a) … nur mit 2 kürzen lassen.
b) … nur mit 3 kürzen lassen
c) … gar nicht kürzen lassen.

10. Ergänze die fehlende Zahl.
a) $\frac{48}{72} = \frac{16}{\square}$ b) $\frac{110}{165} = \frac{\square}{15}$ c) $\frac{48}{100} = \frac{12}{\square}$
d) $\frac{3}{16} = \frac{\square}{400}$ e) $\frac{13}{14} = \frac{65}{\square}$ f) $\frac{12}{25} = \frac{\square}{1\,000}$

11. Begründet mit einer Skizze und einer Rechnung, dass $\frac{9}{12}$ genau so groß ist wie $\frac{15}{20}$.

12.

Diskutiert miteinander und begründet eure Antwort.
a) Wie oft hat Nora getroffen?
b) Wie oft hat Alma geschossen?

13. Je zwei Brüche sind gleichwertig. Notiere sie mit Gleichheitszeichen im Heft.

$\frac{12}{27}$ $\frac{15}{40}$ $\frac{20}{24}$ $\frac{20}{45}$ $\frac{25}{30}$ $\frac{16}{24}$ $\frac{18}{48}$ $\frac{24}{36}$

Aufgabe 14 – 18

14. Kürze den Bruch so weit wie möglich.
a) $\frac{70}{315}$ b) $\frac{110}{275}$ c) $\frac{140}{168}$ d) $\frac{192}{256}$
e) $\frac{110}{165}$ f) $\frac{108}{180}$ g) $\frac{294}{336}$ h) $\frac{168}{294}$

LÖSUNGEN
$\frac{2}{3}$ | $\frac{3}{4}$ | $\frac{2}{5}$ | $\frac{3}{5}$ | $\frac{5}{6}$ | $\frac{4}{7}$ | $\frac{7}{8}$ | $\frac{2}{9}$

15.

Leider sind alle Rechnungen falsch. Habt ihr Erklärungen für die Fehler? Tauscht euch aus und erläutert eure Überlegungen.

16. Erweitere die drei Brüche so, dass sie alle den gleichen Nenner haben.
a) $\frac{3}{4}$ $\frac{5}{16}$ $\frac{1}{32}$ b) $\frac{5}{6}$ $\frac{1}{12}$ $\frac{7}{18}$
c) $\frac{1}{3}$ $\frac{5}{12}$ $\frac{7}{15}$ d) $\frac{7}{15}$ $\frac{3}{5}$ $\frac{1}{20}$

17. Gib je drei verschiedene Brüche mit dem Nenner 24 an, die sich …
a) … nur mit 2 kürzen lassen.
b) … nur mit 3 kürzen lassen
c) … gar nicht kürzen lassen.

18.

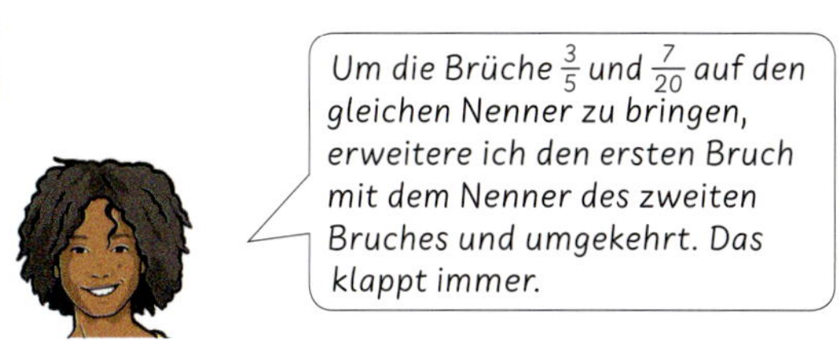

Was meint ihr zu Samiras Aussage?

Wiederholungsaufgaben

Die Ergebnisse der Aufgaben ergeben drei Musikinstrumente.

1. Berechne.

a) $\frac{1}{2}$ von 26 b) $\frac{2}{3}$ von 66

c) $\frac{1}{3}$ von 153 d) $\frac{3}{4}$ von 12

2. Lässt sich aus diesem Netz ein Quader falten?

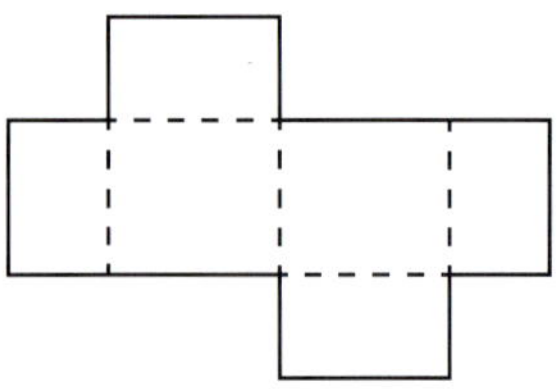

ja (30)
nein (40)

3. Wie viel fehlt zu 20 €?

a) 7,29 € b) 8,65 €

---

4. Berechne die fehlenden Werte.

	a)	b)	c)
Anfang	13:20 Uhr	8:45 Uhr	6:20 Uhr
Dauer	4 h 55 min	□ h □ min	□ h □ min
Ende	□ : □ Uhr	12:35 Uhr	11:45 Uhr

5. a) Berechne die Summe der Zahlen 15 und 48. Dividiere das Ergebnis durch 9.

b) Berechne die Differenz der Zahlen 49 und 35. Dividiere das Ergebnis durch 7.

c) Multipliziere 7 und 8. Addiere zum Ergebnis 19.

---

6. Berechne den Umfang und den Flächeninhalt des Rechtecks.

u = □ cm

A = □ cm^2

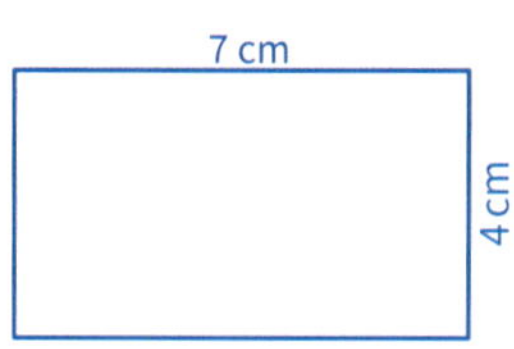

7. Berechne.

a) $19 \cdot 63$ b) $504 : 9$ c) $88 \cdot 7 + 12 \cdot 7$

8. Berechne.

a) $11\,756 + 13\,322$ b) $9633 - 4215$

O | 2	**K** | 3
F | 4,32	**R** | 5
E | 7	**H** | 7,61
V | 9	**R** | 11,35
N | 12,45	**E** | 12,71
K | 13	**A** | 13,71
R | 14	**K** | 15
A | 18	**U** | 22
D | 25	**K** | 28
R | 30	**I** | 40
L | 44	**O** | 50
A | 51	**L** | 56
N | 75	**E** | 700
U | 1 197	**E** | 5 418
U | 13 848	**P** | 24 068
L | 25 078	**F** | 27 478

Gruppenpuzzle: Bruchvergleich

Ablauf:

① **Werdet Experten:** Bildet vier Expertengruppen mit möglichst gleich vielen Schülerinnen und Schülern. Jeder Gruppe wird ein Aufgabenkärtchen zugeordnet.
- Löst eure Aufgabe in der Expertengruppe, erklärt euch eure Lösung gegenseitig, damit ihr sie alle verstanden habt.
- Notiert einen Merksatz und beschreibt eure Methode, mit der ihr eure Brüche verglichen habt.

② **Seid Experten:** Bildet neue Gruppen. In jeder Gruppe sollte mindestens eine Schülerin oder ein Schüler aus jeder Expertengruppe sein.
- Erklärt euch gegenseitig eure Aufgaben und Lösungswege.
- Löst alle gemeinsam die Abschlussaufgabe.

③ **Präsentation:** Präsentiert eure Lösungen der Abschlussaufgabe vor der gesamten Klasse. Erklärt dabei eure Gedanken und Lösungswege.

Expertengruppe 1:

a) Vergleicht die Brüche **mit Hilfe einer Zeichnung** (Zahlenstrahl, Kreis oder Rechteck) und entscheidet, welcher Bruch größer ist.
① $\frac{1}{4}$ oder $\frac{1}{12}$ ② $\frac{5}{8}$ oder $\frac{1}{2}$ ③ $\frac{5}{6}$ oder $\frac{3}{4}$

b) Findet mit eurer Methode je einen größeren und einen kleineren Bruch.
① $\frac{1}{3}$ ② $\frac{5}{16}$ ③ $\frac{9}{10}$

Expertengruppe 2:

a) Vergleicht die Brüche und entscheidet, welcher größer ist. Nutzt dabei aus, dass alle Brüche den **gleichen Nenner** haben.
① $\frac{4}{5}$ oder $\frac{2}{5}$ ② $\frac{2}{6}$ oder $\frac{5}{6}$ ③ $\frac{7}{9}$ oder $\frac{8}{9}$

b) Findet mit eurer Methode je einen größeren und einen kleineren Bruch.
① $\frac{3}{7}$ ② $\frac{6}{11}$ ③ $\frac{23}{27}$

Expertengruppe 3:

a) Vergleicht die Brüche und entscheidet, welcher größer ist. Nutzt dabei aus, dass alle Brüche den **gleichen Zähler** haben.
① $\frac{3}{4}$ oder $\frac{3}{10}$ ② $\frac{5}{7}$ oder $\frac{5}{9}$ ③ $\frac{9}{10}$ oder $\frac{9}{20}$

b) Findet mit eurer Methode je einen größeren und einen kleineren Bruch.
① $\frac{1}{5}$ ② $\frac{4}{11}$ ③ $\frac{34}{35}$

Expertengruppe 4:

a) Vergleicht die Brüche und entscheidet, welcher größer ist. Überlegt dazu, wie **nahe die Brüche bei 1 oder bei $\frac{1}{2}$** liegen.
① $\frac{2}{3}$ oder $\frac{3}{7}$ ② $\frac{10}{9}$ oder $\frac{3}{4}$ ③ $\frac{7}{8}$ oder $\frac{19}{20}$

b) Findet mit eurer Methode je einen größeren und einen kleineren Bruch.
① $\frac{1}{2}$ ② $\frac{24}{49}$ ③ $\frac{8}{9}$

Abschlussaufgabe:

Vergleicht die Brüche und entscheidet, welcher größer ist. Nutzt dafür euer neues Expertenwissen. Wählt für jeden Vergleich eine geeignete Methode aus.

$\frac{5}{13}$ oder $\frac{3}{13}$ $\frac{6}{7}$ oder $\frac{8}{9}$ $\frac{5}{7}$ oder $\frac{2}{5}$ $\frac{1}{3}$ oder $\frac{3}{12}$ $\frac{2}{11}$ oder $\frac{2}{3}$

»

Brüche vergleichen und ordnen

Beim Tortenverkauf beim Schulkonzert ist Torte übriggeblieben.

Welcher Anteil ist von welcher Torte übriggeblieben? Findet ihr mehrere Brüche, um die Anteile zu beschreiben?

Sortiert die Anteile von klein nach groß.

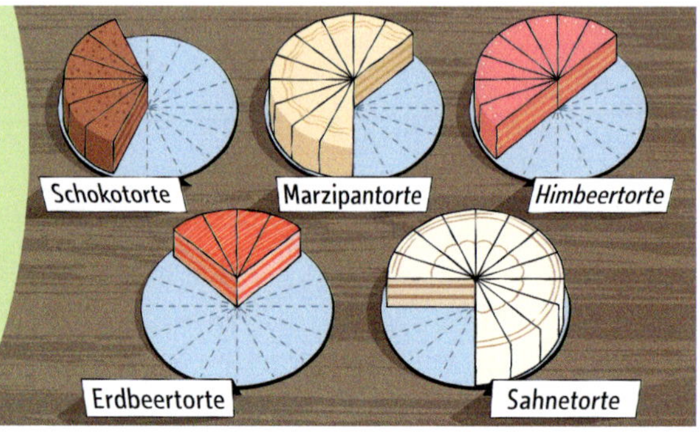

1. Ben und Aissa sollen die Brüche $\frac{2}{3}$ und $\frac{2}{5}$ vergleichen.

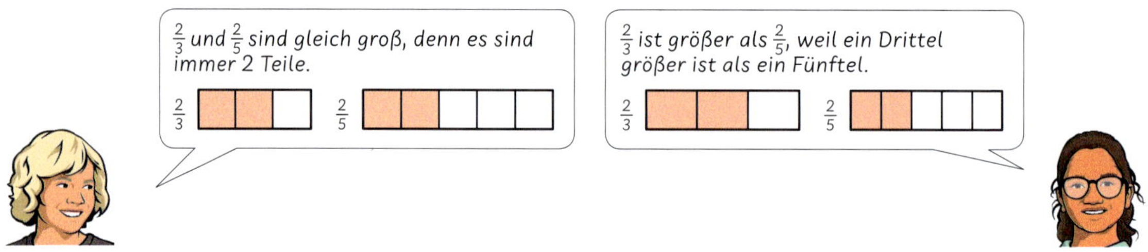

a) Was meint ihr zu den Lösungen von Ben und Aissa zum Vergleich von $\frac{2}{3}$ und $\frac{2}{5}$?

b) Erklärt, warum Aissa mit seinem Rechteck die Brüche $\frac{2}{3}$ und $\frac{3}{5}$ vergleichen kann. Übertragt das Rechteck dafür zweimal in euer Heft. Markiert im ersten Rechteck $\frac{2}{3}$ und im zweiten Rechteck $\frac{3}{5}$.

c) Vervollständigt den Satz in eurem Heft.
$\frac{2}{3}$ ist ______ als $\frac{3}{5}$, weil …

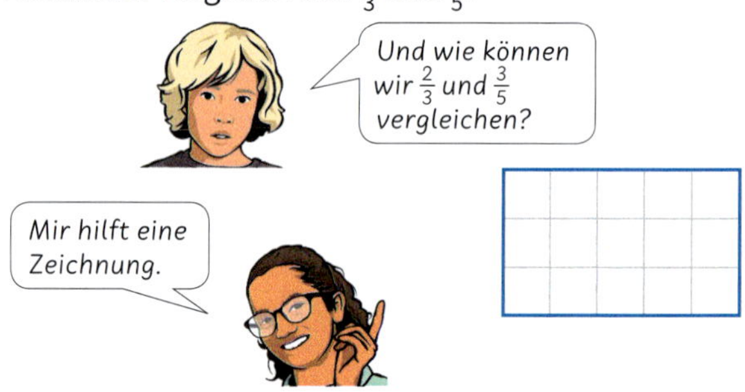

Brüche kannst du so **vergleichen**:

① Bringe die Brüche durch **Erweitern auf einen gemeinsamen Nenner**. *(Die Brüche werden dann auch als **gleichnamige Brüche** bezeichnet.)*

② Vergleiche die Zähler. Der Bruch mit dem **größeren Zähler** ist der größere Bruch.

Video

Vergleiche die Brüche $\frac{2}{3}$ und $\frac{3}{4}$.

① $\frac{2 \cdot 4}{3 \cdot 4} = \frac{8}{12}$ (erweitert mit 4)

$\frac{3 \cdot 3}{4 \cdot 3} = \frac{9}{12}$ (erweitert mit 3)

② $\frac{8}{12} < \frac{9}{12}$, also ist $\frac{2}{3} < \frac{3}{4}$

gemeinsamer Nenner: $3 \cdot 4 = 12$

2. Erweitere die Brüche auf einen gemeinsamen Nenner und setze < oder > ein.

a) $\frac{2}{3}$ ■ $\frac{5}{6}$	b) $\frac{3}{5}$ ■ $\frac{11}{15}$	c) $\frac{7}{18}$ ■ $\frac{4}{9}$	d) $\frac{4}{7}$ ■ $\frac{17}{28}$	e) $\frac{17}{24}$ ■ $\frac{3}{4}$	f) $\frac{37}{45}$ ■ $\frac{11}{15}$
g) $\frac{3}{7}$ ■ $\frac{3}{5}$	h) $\frac{3}{4}$ ■ $\frac{4}{5}$	i) $\frac{1}{6}$ ■ $\frac{2}{9}$	j) $\frac{3}{4}$ ■ $\frac{8}{11}$	k) $\frac{2}{7}$ ■ $\frac{3}{8}$	l) $\frac{7}{10}$ ■ $\frac{2}{3}$

Aufgabe 1 – 7

1. Hier sind die Nenner gleich. Übertrage und setze <, >, oder = ein.

a) $\frac{4}{5} \square \frac{7}{5}$ b) $\frac{2}{8} \square \frac{4}{8}$ c) $\frac{2}{3} \square \frac{1}{3}$

d) $\frac{5}{7} \square \frac{4}{7}$ e) $\frac{2}{9} \square \frac{5}{9}$ f) $\frac{3}{11} \square \frac{2}{11}$

2. Setze einen passenden Bruch ein.

a) $\frac{4}{6} < \frac{\square}{\square} < \frac{8}{6}$ b) $\frac{9}{11} > \frac{\square}{\square} > \frac{5}{11}$ c) $\frac{7}{18} < \frac{\square}{\square} < \frac{11}{18}$

3. Ein Nenner ist ein Vielfaches des anderen. Erweitere einen Bruch auf den gemeinsamen Nenner und setze <, > oder = ein.

a) $\frac{1}{2} \square \frac{2}{6}$ b) $\frac{5}{8} \square \frac{13}{16}$ c) $\frac{3}{5} \square \frac{4}{10}$

d) $\frac{3}{7} \square \frac{5}{21}$ e) $\frac{4}{5} \square \frac{7}{15}$ f) $\frac{2}{6} \square \frac{6}{18}$

4. Erweitere beide Brüche auf einen gemeinsamen Nenner und setze <, > oder = ein.

a) $\frac{2}{3} \square \frac{5}{7}$ b) $\frac{5}{6} \square \frac{3}{4}$ c) $\frac{1}{4} \square \frac{3}{10}$

d) $\frac{5}{6} \square \frac{7}{8}$ e) $\frac{5}{9} \square \frac{6}{11}$ f) $\frac{7}{5} \square \frac{8}{7}$

5. 3 7 5 6 1 2 4

Bildet mit den Kärtchen fünf Brüche, die größer als $\frac{1}{2}$ sind, und fünf Brüche, die kleiner als $\frac{1}{2}$ sind.

6. Begründet mit Hilfe eines selbst gewählten Beispiels, warum Safira Recht hat.

7. Ordne die Brüche der Größe nach. Beginne mit dem kleinsten Bruch.

a) $\frac{3}{7}, \frac{6}{7}, \frac{4}{7}$ b) $\frac{1}{3}, \frac{1}{2}, \frac{1}{6}$ c) $\frac{5}{9}, \frac{7}{9}, \frac{2}{3}$

d) $\frac{4}{11}, \frac{7}{22}, \frac{5}{22}$ e) $\frac{7}{10}, \frac{3}{4}, \frac{13}{20}$ f) $\frac{2}{5}, \frac{7}{15}, \frac{1}{3}$

Aufgabe 8 – 14

8. Ordnet die Brüche ohne zu erweitern. Beginnt mit $\frac{1}{2}$ und ordnet dann die anderen Brüche zu.

$\frac{1}{2}$ $\frac{2}{7}$ $\frac{4}{5}$ $\frac{4}{6}$ $\frac{3}{8}$

9. Zwei Brüche haben den gleichen Zähler. Welcher Bruch ist größer? Formuliert eine Regel. Begründet eure Regel mit einem Beispiel und einer Zeichnung.

10. Vergleiche die Brüche. Entscheide dich jeweils für eine besonders gut geeignete Strategie. Erkläre dein Vorgehen.

a) $\frac{7}{11} \square \frac{7}{12}$ b) $\frac{13}{15} \square \frac{18}{17}$ c) $\frac{8}{15} \square \frac{9}{19}$

d) $\frac{7}{18} \square \frac{5}{12}$ e) $\frac{15}{16} \square \frac{12}{13}$ f) $\frac{7}{20} \square \frac{11}{30}$

11.

a) Hat Kathi Recht? Begründet eure Antwort.

b) Bestimmt den Bruch, der genau in der Mitte von $\frac{3}{7}$ und $\frac{5}{9}$ liegt.

12. Gib den nächstkleineren und nächstgrößeren Bruch mit dem Nenner 8 an.

a) $\frac{\square}{8} < \frac{4}{7} < \frac{\square}{8}$ b) $\frac{\square}{8} < \frac{5}{12} < \frac{\square}{8}$

c) $\frac{\square}{8} < \frac{1}{3} < \frac{\square}{8}$ d) $\frac{\square}{8} < \frac{8}{9} < \frac{\square}{8}$

13. Finde drei Brüche, die zwischen den Zahlen liegen.

a) $\frac{1}{3}$ und $\frac{2}{3}$ b) $\frac{1}{4}$ und $\frac{1}{5}$ c) $\frac{1}{10}$ und $\frac{1}{7}$

d) $\frac{3}{10}$ und $\frac{7}{12}$ e) $\frac{1}{2}$ und $\frac{3}{4}$ f) $\frac{5}{6}$ und $\frac{7}{8}$

14. Ordne die Brüche der Größe nach. Beginne mit dem kleinsten.

$\frac{9}{36}$ $\frac{5}{225}$ $\frac{23}{69}$ $\frac{42}{120}$

«

Prozentschreibweise

Was stellt ihr euch unter 50 % vor? Erklärt.
Wie teuer sind die Musikinstrumente beim Räumungsverkauf?

1.

Mein Handy war gestern Abend nur noch zu 17 % geladen. Ich habe es nachts auf 100 % aufgeladen. Jetzt ist mein Handy noch zu 76 % geladen.

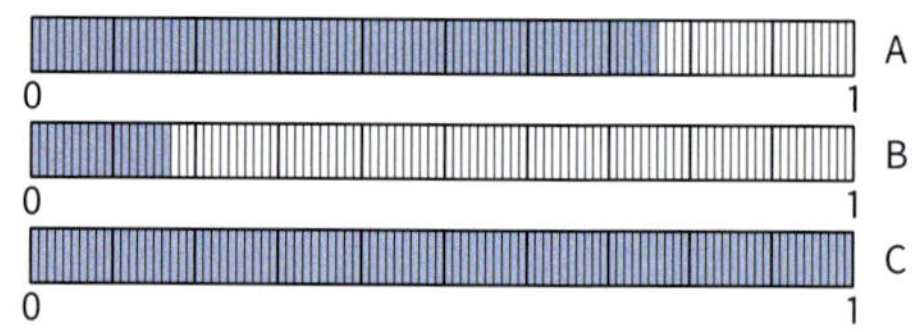

a) Welcher Ladebalken gehört zu welchem Prozentsatz von Alex' Handy? Begründet eure Zuordnung.
b) Zeichnet drei Ladebalken für 10 %, 25 % und 50 % in euer Heft.

---

2. *Ein Prozent* schreibt man auf der ganzen Welt kurz *1 %*. Ausgesprochen wird es in den einzelnen Sprachen unterschiedlich. Vergleiche die Begriffe in den abgebildeten Sprachen und recherchiere im Internet, woher das Wort „Prozent“ kommt.

1 % = one percent

1 % = un pour cent

1 % = een procent

1 % = uno por ciento

Video

Du kannst Anteile auch in **Prozent** angeben. Prozent bedeutet „von 100“.

Prozente sind eine andere Schreibweise für **Brüche mit dem Nenner 100**. Das Zeichen für Prozent ist %.

Viele Brüche kannst du in die Prozentschreibweise umwandeln, indem du sie auf den Nenner 100 erweiterst.

1 % bedeutet $\frac{1}{100}$:
$1\,\% = \frac{1}{100}$

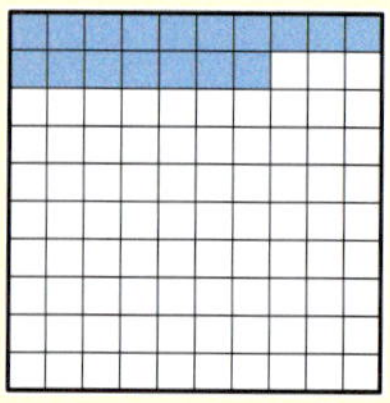

17 % bedeutet $\frac{17}{100}$:
$17\,\% = \frac{17}{100}$

3. Welcher Anteil ist farblich markiert? Notiere als Bruch und in Prozent.

a) 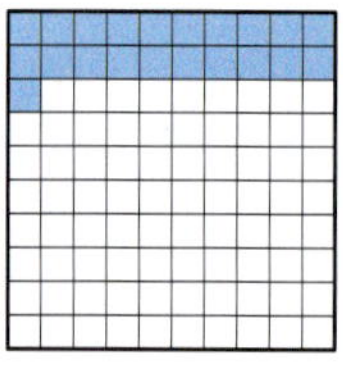

b) 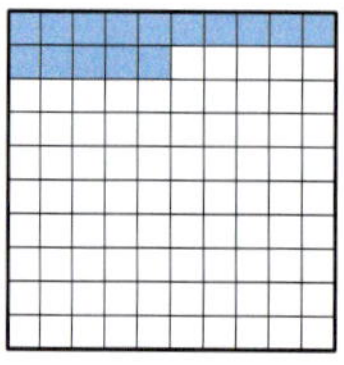

c) 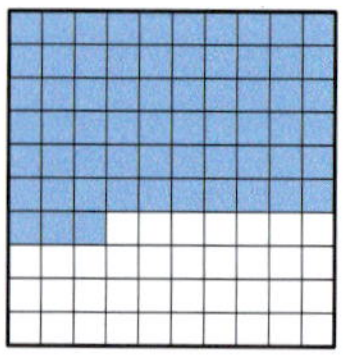

d) 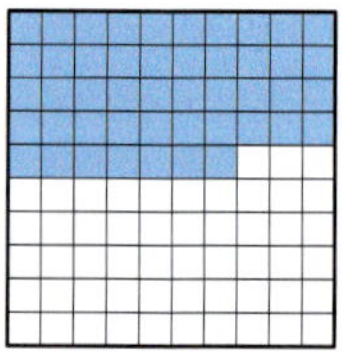

Aufgabe 1 – 6

1. Wie viel Prozent sind das?
a) die Hälfte b) ein Viertel
c) ein Fünftel d) drei Zehntel

2. Notiere die Anteile als Prozent.
a) $\frac{15}{100}$ b) $\frac{26}{100}$ c) $\frac{36}{100}$ d) $\frac{5}{100}$

3. Erweitere auf den Nenner 100 und gib den Anteil in Prozent an.

BEISPIEL
$\frac{3}{20} = \frac{3 \cdot 5}{20 \cdot 5} = \frac{15}{100} = 15\,\%$

a) $\frac{5}{20}$ b) $\frac{3}{25}$ c) $\frac{8}{10}$ d) $\frac{3}{5}$
e) $\frac{7}{50}$ f) 1 g) $\frac{3}{4}$ h) $\frac{1}{25}$
i) $\frac{11}{20}$ j) $\frac{7}{10}$ k) $\frac{31}{50}$ l) $\frac{21}{25}$

LÖSUNGEN
4 % | 12 % | 14 % | 25 % | 55 %
60 % | 62 % | 70 % | 75 % | 80 % | 84 % | 100 %

4. Immer drei Kärtchen gehören zusammen. Ordne zu und schreibe wie im Beispiel.

BEISPIEL
$\frac{4}{10} = \frac{40}{100} = 40\,\%$

4 %	$\frac{75}{100}$	80 %	$\frac{3}{4}$	$\frac{4}{100}$
$\frac{4}{5}$	20 %	$\frac{3}{10}$	$\frac{80}{100}$	30 %
$\frac{30}{100}$	$\frac{1}{25}$	$\frac{20}{100}$	75 %	$\frac{4}{20}$

5. Schreibe als Bruch. Kürze so weit wie möglich.

BEISPIEL
$35\,\% = \frac{35}{100} = \frac{7}{20}$

a) 10 % b) 25 % c) 8 % d) 10 %
e) 50 % f) 60 % g) 70 % h) 42 %

6. Zeichnet jeweils einen Streifen mit 10 cm Länge. Stellt die Prozentangaben als Anteile dar. Erklärt, wie ihr vorgegangen seid.
a) 15 % b) 20 % c) 75 % d) 65 %

Aufgabe 7 – 10

7. Ein Pullover setzt sich aus 40 % Baumwolle, 25 % Polyester, 20 % Wolle und 15 % Viskose zusammen.
Zeichne einen Streifen mit 10 cm Länge und stelle die Zusammensetzung dar.

8. Wie viel Prozent sind markiert?
Notiere den Anteil als Bruch und in Prozent.

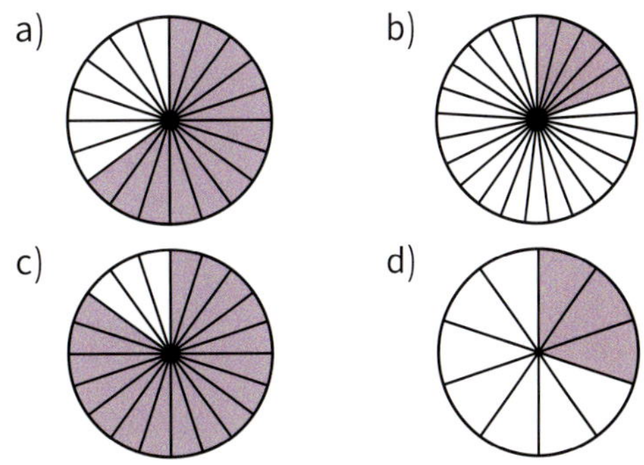

9.

4 % Einzelkinder
In Deutschland gibt es rund 13 Mio. junge Menschen unter 17 Jahre. Jeder vierte davon ist ein Einzelkind.

Nehmt Stellung zum abgebildeten Zeitungsartikel.

10.

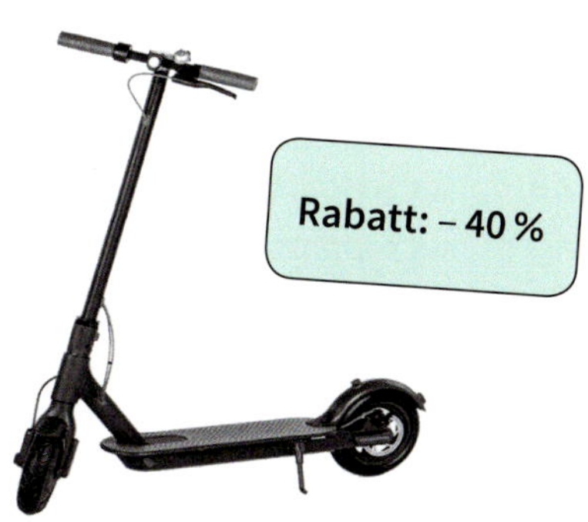

Im Schaufenster entdeckt Lilly ein Angebot für einen E-Scooter. Sie behauptet: „Super, ich muss nur noch $\frac{3}{5}$ des alten Preises bezahlen."
Hat Lilly Recht? Begründe deine Antwort.

Dezimalzahlen

Wer ist weiter gesprungen?
Lest die Weiten an der Skala ab. Was bedeuten die Stellen nach dem Komma?

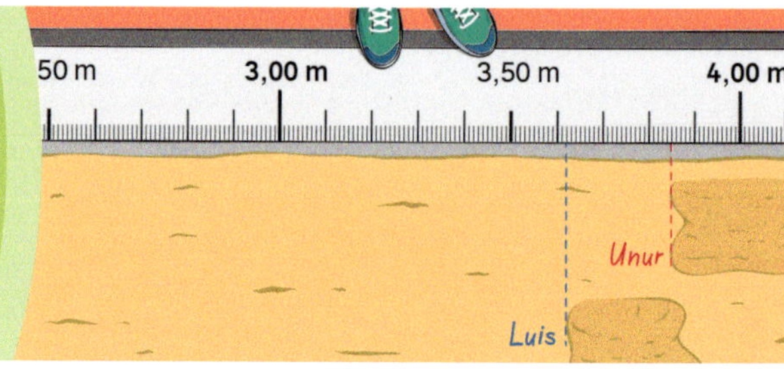

1. In der Abbildung seht ihr, wie eine Stellenwerttafel nach rechts erweitert wird.

a) Übertragt die Tabelle ins Heft und vervollständigt sie so, wie es euch in der ersten Zeile vorgemacht wird.

b) Tragt in eure Stellenwerttafel ein und notiert die zugehörige Dezimalzahl und den zugehörigen Bruch.

① $6 + \frac{3}{10} + \frac{4}{100}$ ② $\frac{7}{100} + \frac{1}{1000}$

③ $50 + 8 + \frac{2}{10}$ ④ $\frac{9}{10} + \frac{5}{1000}$

10 Z	1 E	$\frac{1}{10}$ z	$\frac{1}{100}$ h	$\frac{1}{1000}$ t	Dezimalzahl	Bruch
	2	5			2,5	$\frac{25}{10}$
	0	4			0,4	
	0	0	8			
	3	1	4			
					0,289	
					5,41	
					15,3	

Video

Zahlen mit Komma bezeichnet man als **Dezimalzahlen**.

- Vor dem Komma stehen die Ganzen: Einer (E), Zehner (Z), Hunderter (H), …
- Nach dem Komma stehen die Teile eines Ganzen: Zehntel (z), Hundertstel (h), Tausendstel (t), …
  Die **Nachkommastellen** (Stellen nach dem Komma) werden einzeln gelesen:
  2,37 *zwei Komma drei sieben*
  11,01 *elf Komma null eins*

(·10 ← ·10 ← | → :10 → :10 → :10)

100 H	10 Z	1 E	$\frac{1}{10} = 0{,}1$ z	$\frac{1}{100} = 0{,}01$ h	$\frac{1}{1000} = 0{,}001$ t
		0	6		
		0	0	5	
		2	3	7	

$0{,}6 = \frac{6}{10}$

$0{,}05 = \frac{5}{100}$

$2{,}37 = 2 + \frac{3}{10} + \frac{7}{100} = \frac{237}{100}$

2. Dezimalzahlen können wie natürliche Zahlen am Zahlenstrahl dargestellt werden.
Welche Dezimalzahl gehört zu welchem Buchstaben?
Übertrage die Tabelle und ergänze.

1,9	1,2	6,0	1,4	1,11	2,1	3,0	0,9	1,18	1,15	1,13

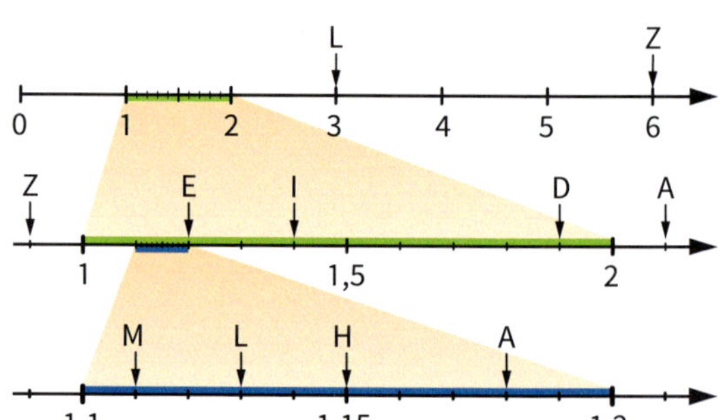

Aufgabe 1 – 5

1. Schreibe als Dezimalzahl und als Bruch.

	Z	E	z	h	t
a)	3	2	5	1	2
b)		2	1	0	0
c)		4	3	1	5
d)	1	4	9	2	0
e)		8	2	3	1
f)		1	8	5	

2. Trage die Dezimalzahlen in eine Stellenwerttafel ein und schreibe sie als Bruch.

a) 0,7 b) 0,09 c) 0,001 d) 0,13
e) 0,071 f) 2,3 g) 45,21 h) 1,17

3. Welche Dezimalzahl gehört zu welchem Bruch? Schreibe mit Gleichheitszeichen ins Heft. Wenn notwendig, erweitere zunächst.

0,5 0,05 0,25 2,05 0,025 0,205

$\frac{5}{100}$ $\frac{25}{1000}$ $\frac{205}{100}$ $\frac{5}{10}$ $\frac{205}{1000}$ $\frac{25}{100}$

4. Schreibe als Dezimalzahl.

a) $\frac{1}{10}$ b) $\frac{13}{100}$ c) $\frac{235}{1000}$
d) $\frac{35}{10}$ e) $\frac{8005}{100}$ f) $\frac{75}{1000}$
g) $\frac{7}{100}$ h) $\frac{3}{1000}$ i) $\frac{4168}{100}$

5. Welche Zahl gehört zu welchem Buchstaben?

a)
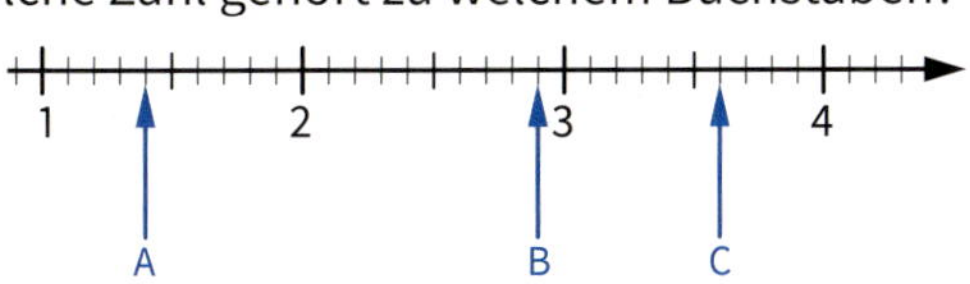

b)
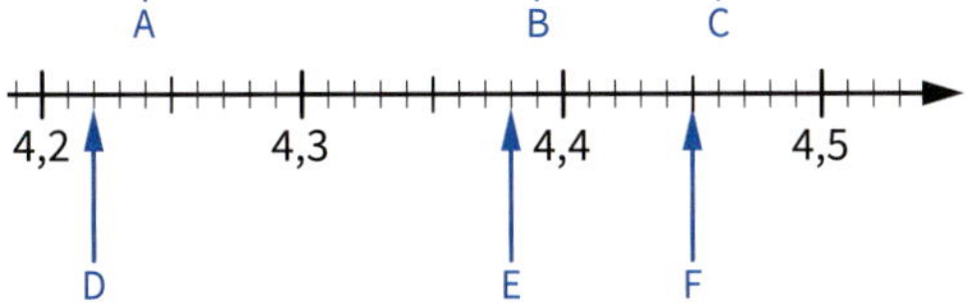

c)
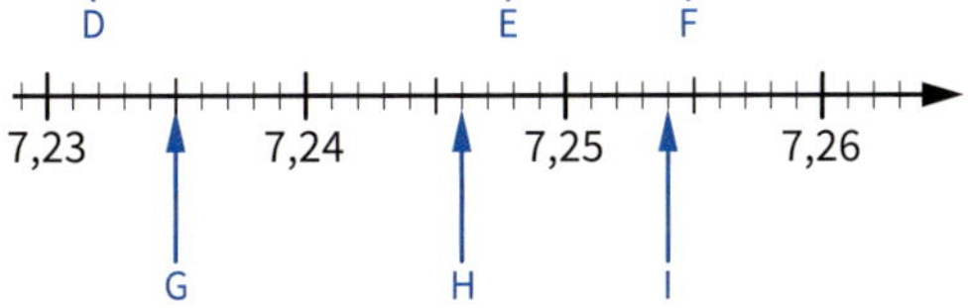

Aufgabe 6 – 10

6.

Wenn man an eine Dezimalzahl Nullen anhängt, wird sie größer.

VIDEO Digital+ WES-128745-091

Wenn man an eine Dezimalzahl Nullen anhängt, bleibt sie gleich groß.

a) Wer hat Recht, Tom oder Amina? Begründet eure Antwort.

b) Man kann in eine Dezimalzahl eine Null einfügen, sodass sie kleiner wird. Erklärt dies mit einem selbst gewählten Beispiel.

7. Ordne jeder Dezimalzahl den passenden Bruch zu. Denke daran, zu kürzen.

0,84 0,75 0,875 0,85 0,835 0,848

$\frac{167}{200}$ $\frac{17}{20}$ $\frac{106}{125}$ $\frac{7}{8}$ $\frac{3}{4}$ $\frac{21}{25}$

8.

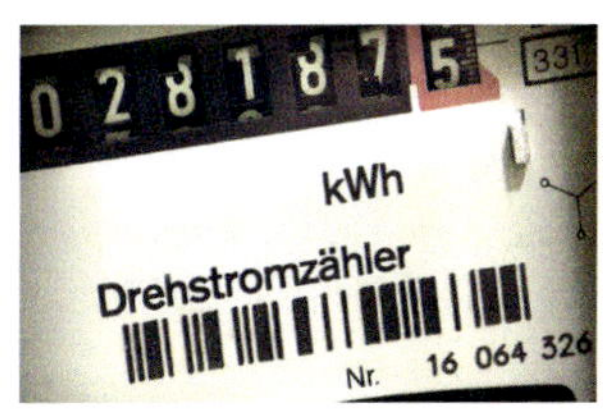

a) Lies den Stromverbrauch ab. In welcher Einheit wird er angegeben?

b) Beim Ablesen des Drehstromzählers wird die Nachkommastelle weggelassen. Finde eine Erklärung.

9. a) Nenne zwei Zahlen zwischen 5 und 7.

b) Nenne zwei Zahlen zwischen 5,2 und 5,4.

c) Nenne zwei Zahlen zwischen 5,2 und 5,22.

10.

Den Bruchstrich kann man auch als Komma schreiben, also $\frac{1}{5}$ = 1,5.

Erklärt, warum Lars Unrecht hat.

Dezimalzahlen vergleichen und ordnen

In welcher Reihenfolge sind Karla, Selin und Lia beim 50-Meter-Sprint über die Ziellinie gelaufen?

Erklärt, wie ihr die Zeiten verglichen habt.

1. Die Aussagen der Kinder ergeben nur wenig Sinn. Erklärt ihre Denkfehler.

2.

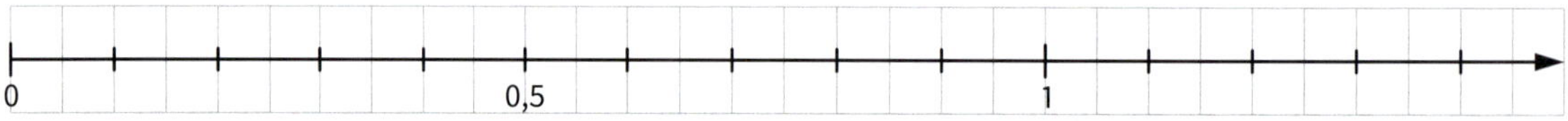

a) Übertrage den Zahlenstrahl in dein Heft. Trage die abgebildeten Dezimalzahlen möglichst genau ein.

b) Ordne die Dezimalzahlen nach ihrer Größe. Beginne mit der kleinsten Zahl: 0,35 < …
Erkläre, wie du vorgegangen bist.

0,78 0,75 0,55 0,4 0,35 0,62 1,15

Video

So kannst du **Dezimalzahlen vergleichen**:

- Vergleiche ihre Ziffern stellenweise von links nach rechts.
- Der erste Unterschied entscheidet.

6,785	4,76
6,821	4,758
6,785 < 6,821	4,76 > 4,758

Am Zahlenstrahl liegt die kleinere Zahl links von der größeren Zahl.

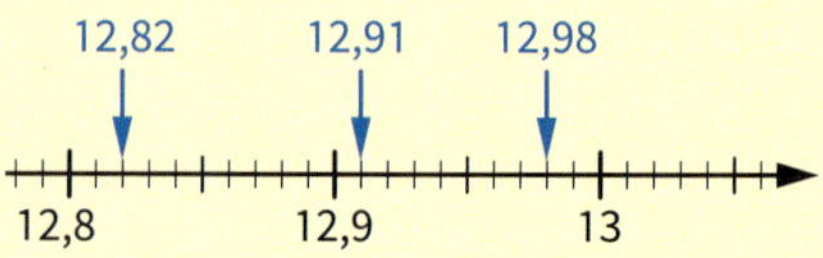

12,82 < 12,91 < 12,98

---

3. Übertrage ins Heft, markiere den ersten Unterschied und vergleiche.

a) 7,243	b) 8,285	c) 13,74	d) 19,851	e) 0,94	f) 11,61
7,181	8,29	13,811	19,815	0,49	3,66
g) 8,73	h) 0,01	i) 7,32	j) 2,545	k) 0,877	l) 3,254
6,94	0,0092	7,324	2,454	0,788	3,52

BEISPIEL
3,42
3,57
3,42 < 3,57

Aufgabe 1 – 5

1. Übertrage ins Heft und setze >, < oder = ein.

a) 17,75 ■ 17,85 b) 9,56 ■ 28,09
c) 4,87 ■ 4,859 d) 0,465 ■ 0,419
e) 3,98 ■ 4,07 f) 2,507 ■ 2,504
g) 5,013 ■ 5,03 h) 0,36 ■ 0,360
i) 9,28 ■ 9,281 j) 10,6 ■ 1,06

2. Ordne die Zahlen der Größe nach. Beginne mit der kleinsten Zahl.

a) 14,72 | **E** 6,81 | **N** 14,68 | **O** 14,7 | **T**

b) 1,82 | **D** 0,89 | **I** 0,9 | **E** 0,87 | **L**

3. Übertrage den Zahlenstrahl in dein Heft. Kennzeichne die abgebildeten Zahlen und ordne sie von der kleinsten Zahl zur größten.

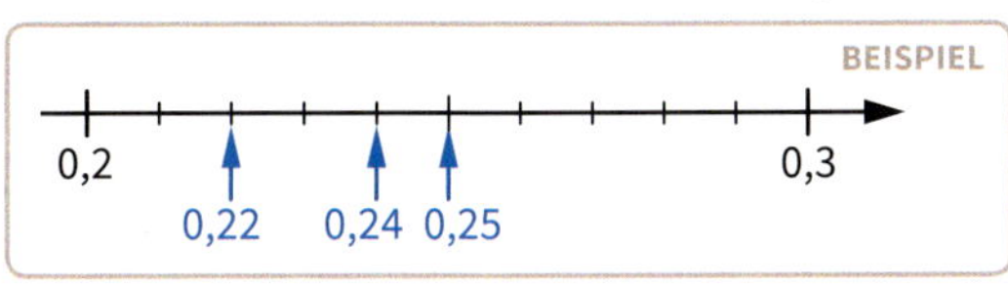

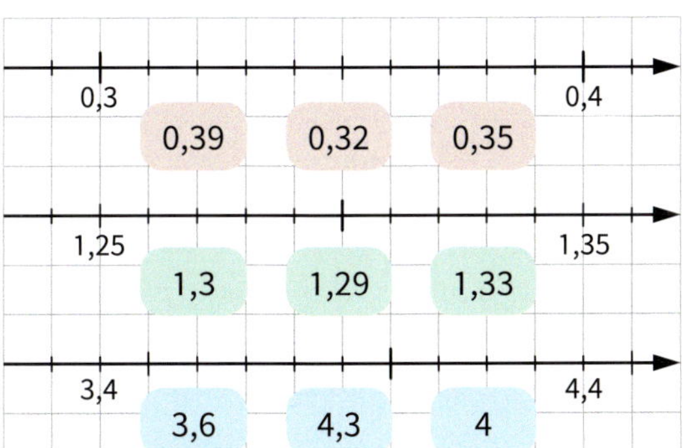

4. Übertragt und gebt eine Zahl an, die zwischen den beiden Zahlen liegt.

a) 2,35 < ■ < 2,39 b) 1,4 < ■ < 1,42
c) 5,4 < ■ < 5,5 d) 3,04 < ■ < 3,1

5. Gebt die Dezimalzahl an, die um …

a) … ein Zehntel größer als 3,42 ist.
b) … ein Hundertstel kleiner als 3,42 ist.

Aufgabe 6 – 10

6. Ordne die Zahlen der Größe nach. Beginne mit der kleinsten Zahl.

a) 11,1 | **R** 11,01 | **E** 1,11 | **I** 1,111 | **K** 1,1 | **U** 1,011 | **M** 1,101 | **S**

b) 0,8 | **R** 0,708 | **Z** 0,78 | **E** 0,087 | **N** $\frac{78}{1000}$ | **K** $\frac{87}{100}$ | **T** $\frac{8}{100}$ | **O**

7. Welche Zahl liegt genau in der Mitte?

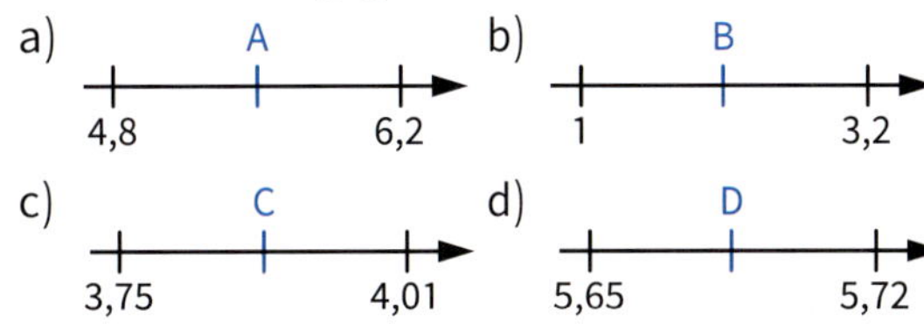

8. Übertrage den Zahlenstrahl in dein Heft. Kennzeichne die abgebildeten Zahlen und ordne sie von der kleinsten Zahl zur größten.

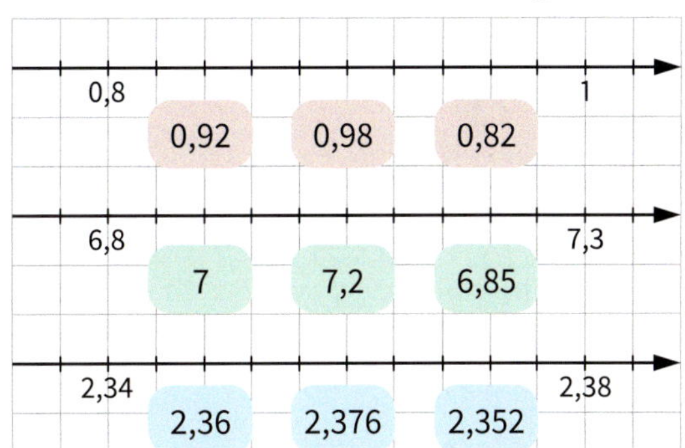

9. Gib zehn Dezimalzahlen an, die zwischen 5,2 und 5,3 liegen.

10.

Hat Steve Recht mit seiner Behauptung? Begründet eure Antwort.

Dezimalzahlen runden

Erklärt, was der Verkäufer mit seiner Aussage meint.

Was würdet ihr sagen: Sind 0,56 kg noch okay?

1.

a) Suche die Zahlen auf den blauen Kärtchen an dem Zahlenstrahl. Welches ist der nächste Einer? Notiere wie im Beispiel.

b) Suche die Zahlen auf den grünen Kärtchen am Zahlenstrahl. Welches ist das nächste Zehntel?

17,26 | 17,65 | 17,81 | 17,33 | 17,08 | 17,74 | 16,96 | 18,13

BEISPIEL
nächster Einer:
17,16 ≈ 17
nächstes Zehntel:
17,16 ≈ 17,2

Video

Beim **Runden von Dezimalzahlen** entscheidet die Ziffer rechts von der Rundungsstelle.

Abrunden bei 0, 1, 2, 3, 4:
Die Ziffer an der Rundungsstelle bleibt unverändert.

Aufrunden bei 5, 6, 7, 8, 9:
Die Ziffer an der Rundungsstelle wird um 1 erhöht.

gerundet auf Zehntel
3,2573 ≈ 3,3
↑ (5) entscheidet

gerundet auf Hunderstel
3,2573 ≈ 3,26
↑ (7) entscheidet

gerundet auf Tausendstel
3,2573 ≈ 3,257
↑ (3) entscheidet

2. a) Runde auf Zehntel.
① 2,346 ② 4,782 ③ 1,049 ④ 5,871 ⑤ 12,899

b) Runde auf Hundertstel.
① 3,247 ② 7,982 ③ 9,996 ④ 15,704 ⑤ 10,565

TIPP

E	z	h	t
2	3	4	6

---

3. Die Größenangaben der Kinder sind zu genau. Besprecht gemeinsam: Auf wie viele Nachkommastellen würdet ihr welche Angabe runden? Erklärt eure Entscheidungen.

Aufgabe 1 – 5

1. a) Runde die Zahlen auf Einer.

2,307 | 5,812 | 1,407 | 9,823

b) Runde die Zahlen auf Zehntel.

0,215 | 9,178 | 7,391 | 2,982

c) Runde die Zahlen auf Hundertstel.

1,6273 | 0,0265 | 0,009 | 2,3946

2. Runde auf ganze Kilogramm.

a) 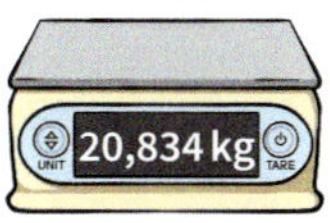

b) 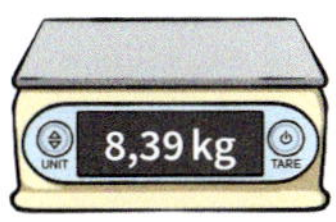

c) 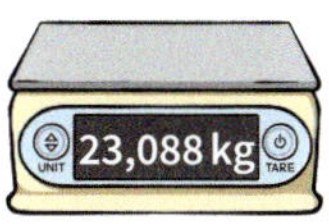

d) 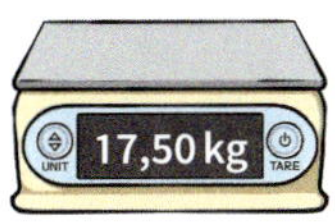

3. Diskutiert: Wie viel könnte es mindestens, wie viel höchstens sein?

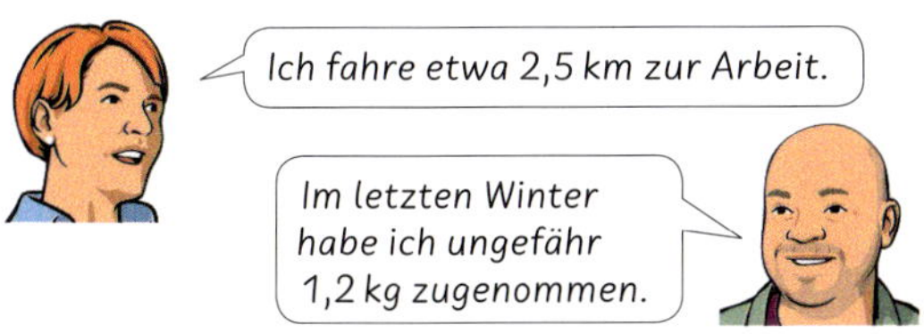

4. a) Runde auf ganze Euro.

3,75 € | 78,50 € | 1,99 € | 2,49 €

b) Runde auf ganze Meter.

5,6 m | 3,48 m | 7,823 m | 9,87 m

c) Runde auf ganze Sekunden.

2,46 s | 3,5 s | 8,09 s | 4,512 s

5. Welche kleinere und welche größere Zahl ergibt …

a) … auf Zehntel gerundet 2,8;

b) … auf Hundertstel gerundet 1,45?

Aufgabe 6 – 9

6. Erklärt Saskias Fehler.

a) Runde auf Einer:
3,47 ≈ 3,5 ≈ 4 f

b) Runde auf Zehntel:
1,245 ≈ 1,25 ≈ 1,3 f

7. Abgebildet siehst du die Einwohnerzahlen europäischer Großstädte. Schreibe die Einwohnerzahlen als Dezimalzahlen in Millionen mit einer Nachkommastelle.

BEISPIEL
Berlin 3 866 385 ≈ 3,9 Millionen

Hamburg 1 892 122 | London 8 787 892
Rom 2 874 605 | Lissabon 2 884 297
Madrid 3 182 981 | Istanbul 15 029 231

8. Wie viele ganze Gläser können befüllt werden? Begründe deine Antwort.

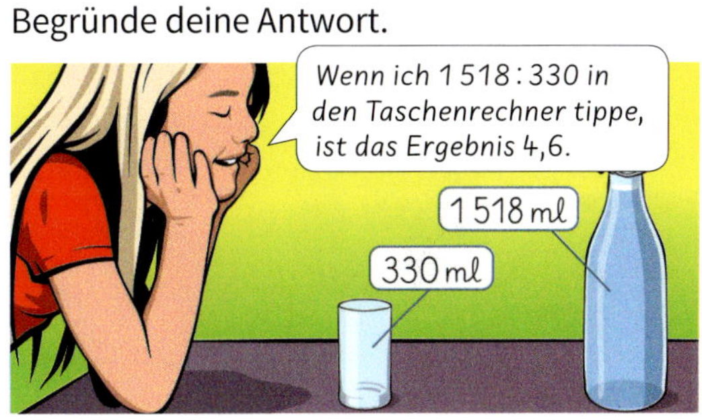

9. a) Finde die kleinste Dezimalzahl, die auf Zehntel gerundet 2,5 ergibt.

b) Finde die größte Dezimalzahl mit drei Nachkommastellen, die auf Zehntel gerundet 3,6 ergibt.

c) Finde die kleinste Dezimalzahl, die auf Hundertstel gerundet 1,25 ergibt.

d) Finde die größte Dezimalzahl mit fünf Nachkommastellen, die auf Hundertstel gerundet 4,23 ergibt.

«

Zukunft ohne Müll

Die Eschenbach-Schule will nachhaltiger werden. Aus diesem Grund findet an der Schule ein Jahresprojekt zum Thema „Zukunft ohne Müll“ statt.

Abfall enthält wertvolle Rohstoffe, die der Umwelt entnommen worden sind, und durch **Recycling** wieder genutzt werden können.

1. Die Schule hat fünf verschiedene Arten von Mülltonnen aufgestellt. Ordnet zu, welcher Müll in welche Tonne soll. Wenn ihr euch nicht sicher seid, recherchiert im Internet.

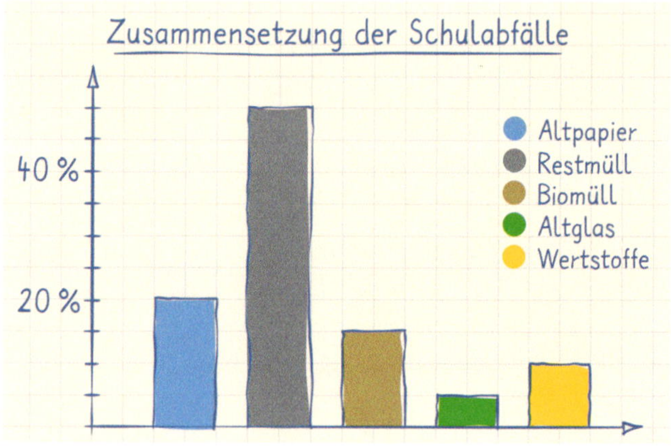

2. Ein ganzes Schuljahr lang wurde die Zusammensetzung der Schulabfälle erfasst. Insgesamt wurden in dem Schuljahr 20 Tonnen Müll produziert.

a) Lest die Anteile der verschiedenen Arten von Abfall aus dem Diagramm ab und wandelt sie in vollständig gekürzte Brüche um.

b) Berechnet, wie viel Kilogramm Müll das in jeder der Müllarten sind.

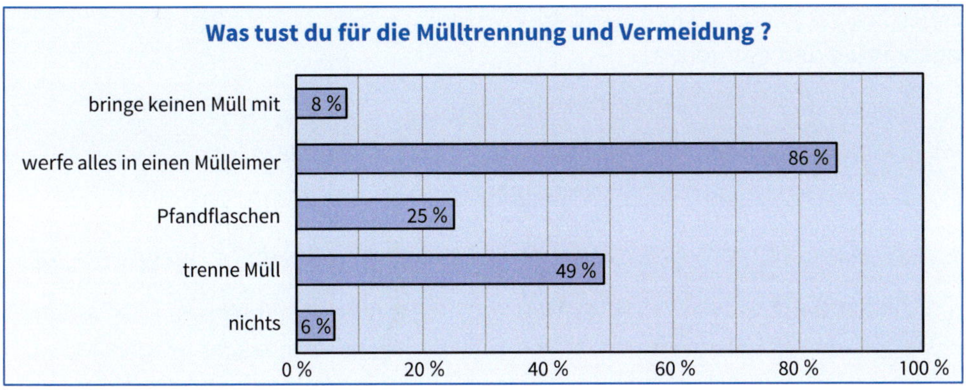

3. Der Müllberg der Schule soll kleiner werden. Dazu wurde in allen Klassen der Schule eine Umfrage durchgeführt. Das Ergebnis dieser Umfrage ist im Balkendiagramm dargestellt.

a) Wandelt die Prozentzahlen in Dezimalzahlen um und ordnet sie von klein nach groß.

b) Beurteilt die vier Aussagen. Welche sind richtig, welche stimmen nicht? Begründet eure Antworten.

① *Mehr als vier Fünftel der Befragten werfen den Müll in einen Mülleimer.*

② *Weniger als die Hälfte der Befragten, die einen Mülleimer nutzen, trennen ihren Müll auch.*

③ *Jede zehnte befragte Person bringt gar keinen Müll mit.*

④ *Jede vierte befragte Person nutzt Pfandflaschen.*

4. Viele der Schülerinnen und Schüler gaben an, ihre Verpflegung für die Frühstückspause von zu Hause mitzubringen.
Im Diagramm ist die Art der Verpackung der Pausenverpflegung dargestellt.

a) Zeichnet einen Bruchstreifen mit einer Länge von 10 cm und einer Höhe von 1 cm.

b) Wandelt die Prozentzahlen im Diagramm in Brüche um.

c) Markiert die Bruchteile auf dem Streifen farblich. Überlegt euch dafür zunächst, wie viel mm Breite ihr für jedes Hundertstel abmessen müsst.

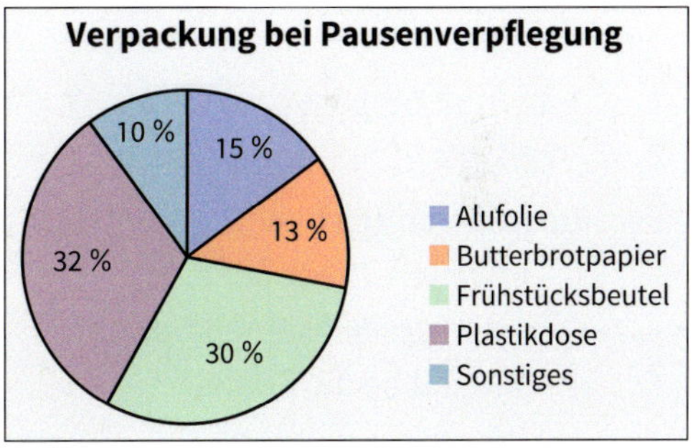

5. a) Diskutiert gemeinsam: Welche Maßnahmen würdet ihr der Schule im Bereich der Mülltrennung empfehlen?

b) Besprecht eure Vorschläge in der Klasse.
Welche Maßnahmen könnte man auch an eurer Schule umsetzen?

«

Brüche bestimmen und darstellen

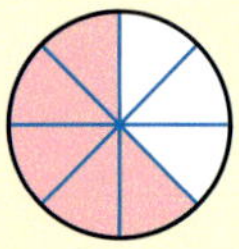

$\frac{5}{8}$ – **Zähler** (zählt die betrachteten Teile)
– Bruchstrich
– **Nenner** (nennt die Anzahl der gleich großen Teile des Ganzen)

echter Bruch

$\frac{7}{4} = 1\frac{3}{4}$

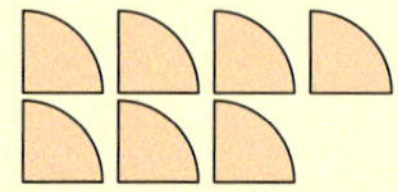

unechter Bruch

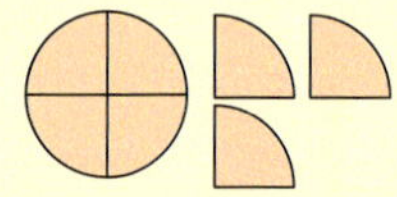

gemischte Zahl

Darstellung am **Zahlenstrahl:**

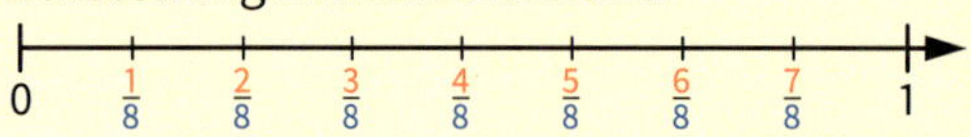

Prozentschreibweise:
Prozente sind Brüche mit dem Nenner 100.
17 % bedeutet $\frac{17}{100}$: 17 % = $\frac{17}{100}$

Bruchteile berechnen

① Dividiere das Ganze durch den **Nenner**.

② Multipliziere das Ergebnis mit dem **Zähler**.

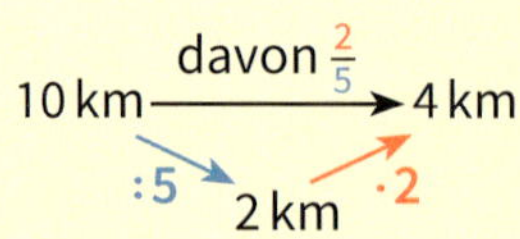

$\frac{2}{5}$ von 10 km sind 4 km.

Vom Bruchteil zum Ganzen

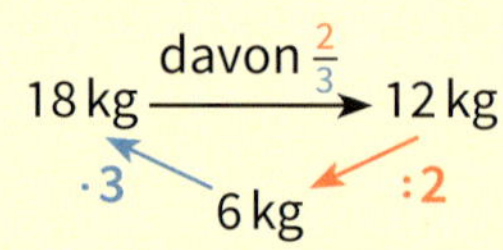

12 kg sind $\frac{2}{3}$.
Das Ganze sind 18 kg.

Brüche erweitern

$\frac{3}{4} = \frac{3 \cdot 3}{4 \cdot 3} = \frac{9}{12}$

Brüche kürzen

$\frac{9}{12} = \frac{9:3}{12:3} = \frac{3}{4}$

Brüche vergleichen

① Erweitere die Brüche auf einen gemeinsamen Nenner.
② Vergleiche die Zähler.

Vergleiche die Brüche $\frac{2}{3}$ und $\frac{3}{4}$.

① $\frac{2 \cdot 4}{3 \cdot 4} = \frac{8}{12}$ $\frac{3 \cdot 3}{4 \cdot 3} = \frac{9}{12}$

② $\frac{8}{12} < \frac{9}{12}$, also ist $\frac{2}{3} < \frac{3}{4}$

gemeinsamer Nenner: 3 · 4 = 12

Dezimalzahlen

Dezimalzahlen sind Zahlen mit einem Komma.

Dezimalzahlen vergleichen

Vergleiche die Ziffern stellenweise von links nach rechts.

6,299 < 6,311 4,76 > 4,758

Dezimalzahlen runden

Runden auf **Zehntel**: 3,2573 ≈ 3,3

Runden auf **Hunderstel**: 3,2573 ≈ 3,26

(·10 ←, ·10 ←, :10 →, :10 →, :10 →)

100	10	1	$\frac{1}{10}$ = 0,1	$\frac{1}{100}$ = 0,01	$\frac{1}{1000}$ = 0,001
H	Z	E	z	h	t
		0	6		
		0	0	5	
		2	3	7	

$0,6 = \frac{6}{10}$

$0,05 = \frac{5}{100}$

$2,37 = 2 + \frac{3}{10} + \frac{7}{100} = \frac{237}{100}$

Aufgabe 1 – 5

1. Gib jeweils zwei verschiedene Brüche an, die den gefärbten Anteil beschreiben.

a) 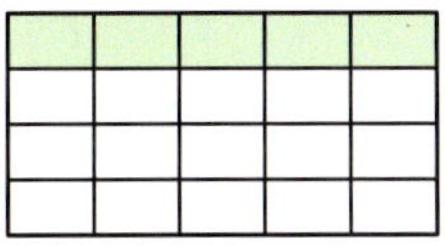 b) 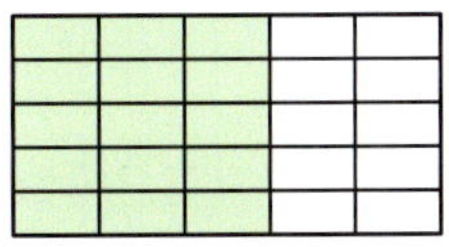

c) 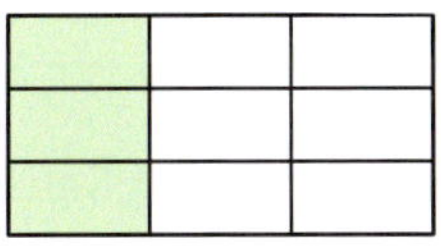 d) 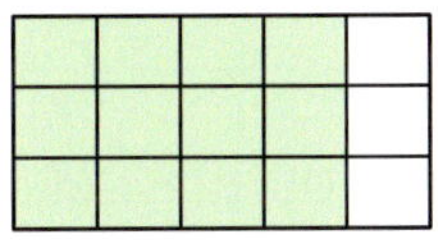

e) 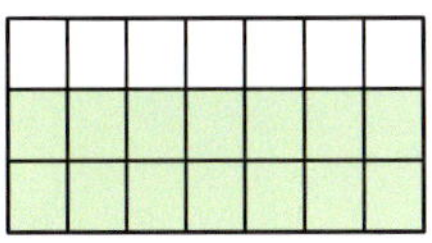 f) 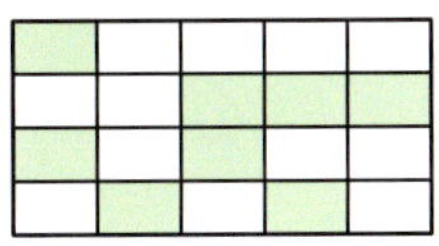

2. Welcher Anteil der 5 cm langen Strecke wurde rot markiert?

a) 

b) 

c) 

d) 

3. Gib den Anteil an und zeichne ihn in ein Rechteck mit a = 6 cm und b = 2 cm ein.

a) 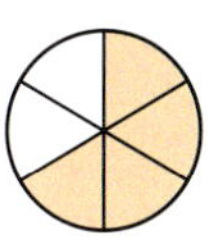 b) 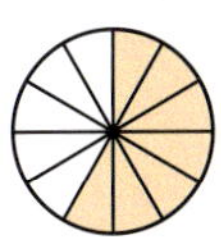

c) 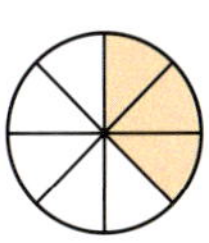 d) 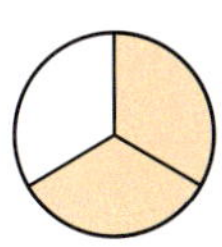

4. Berechne den Bruchteil.

a) $\frac{1}{5}$ von 60 € b) $\frac{1}{3}$ von 210 m

c) $\frac{5}{7}$ von 35 kg d) $\frac{2}{9}$ von 360 g

5. Berechne das Ganze.

a) $\frac{1}{8}$ sind 6 € b) $\frac{1}{10}$ sind 14 m

c) $\frac{4}{5}$ sind 20 km d) $\frac{2}{3}$ sind 18 kg

Aufgabe 6 – 11

6. Wurde erweitert oder gekürzt? Und mit welcher Zahl?

a) 

b) 

7. Kürze den Bruch so weit wie möglich.

a) $\frac{4}{20}$ b) $\frac{10}{35}$ c) $\frac{27}{36}$ d) $\frac{16}{24}$

e) $\frac{42}{70}$ f) $\frac{48}{60}$ g) $\frac{32}{64}$ h) $\frac{22}{88}$

8. $\frac{3}{4}$ $\frac{3}{8}$ $\frac{1}{3}$ $\frac{5}{6}$ $\frac{1}{2}$ $\frac{7}{12}$

a) Erweitere die Brüche auf den Nenner 24.

b) Zeichne einen Zahlenstrahl. Der Abstand zwischen 0 und 1 soll 12 cm betragen. Markiere die Brüche am Zahlenstrahl.

9. Gib den gefärbten Anteil als gekürzten Bruch, als Dezimalzahl und in Prozent an.

a) 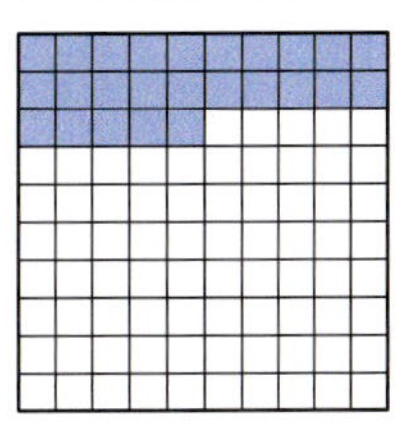 b) 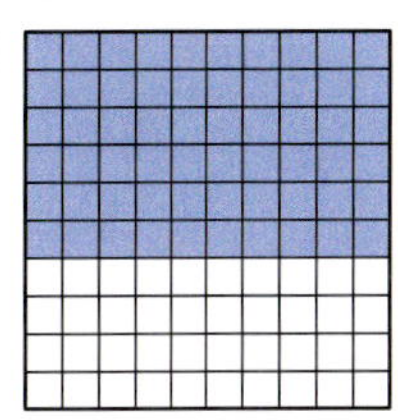

10. Notiere als gemischte Zahl und als unechten Bruch.

a) 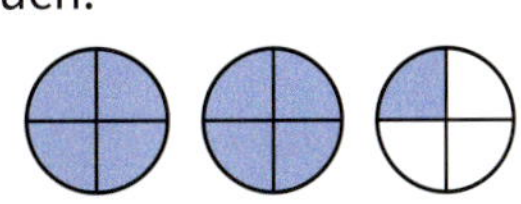 b) 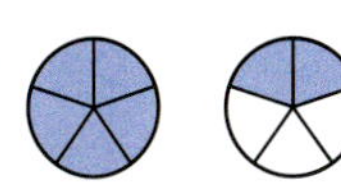

c)  d) 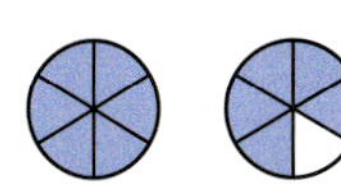

11. Benenne den gefärbten Stellenwert.

a) 3,835 b) 7,936 c) 12,54 d) 15,027

e) 15,24 f) 13,7 g) 0,001 h) 25,36

Lösungen → Seite 277

Aufgabe 12 – 16

12. Spielt zu zweit.

Beispiel:  → $\frac{8}{10}$

Spielregel: Würfelt abwechselnd jeweils zweimal mit einem 12er-Würfel. Bildet daraus je einen Bruch: Die kleinere Zahl bildet den Zähler, die größere Zahl bildet den Nenner. Vergleicht die beiden Brüche. Der größere Bruch erhält einen Punkt. Wer am Ende die meisten Punkte hat, hat gewonnen.

13. Immer drei Kärtchen gehören zusammen.

25 % | 0,35 | $\frac{1}{4}$ | 0,25 | 35 % | $\frac{7}{10}$

0,56 | 70 % | $\frac{7}{20}$ | 56 % | $\frac{14}{25}$ | 0,7

14. Gib als Bruch und als Dezimalzahl an.

a) 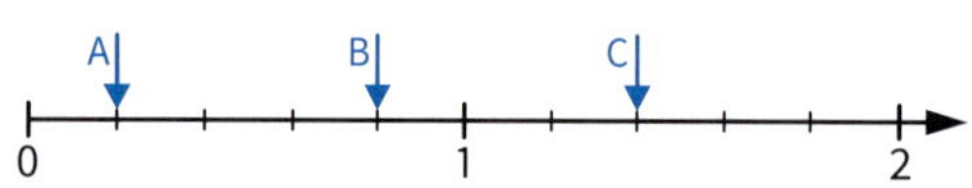

b) 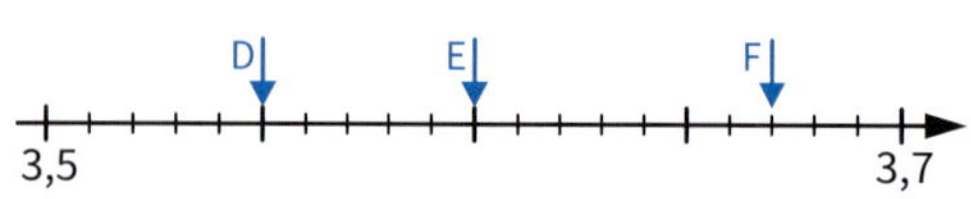

15. Ordne die Dezimalzahlen nach ihrer Größe. Beginne mit der kleinsten.

a) 4,450 | 4,045 | 4,504

b) 7,489 | 7,4891 | 7,488

c) 0,23 | 0,2 | 0,219

16. a) Runde 6,743 und 12,391 auf Einer.
b) Runde 4,724 und 9,361 auf Zehntel.
c) Runde 2,565 und 7,698 auf Hundertstel.

Aufgabe 17 – 21

17. Übertrage die Figur und färbe den Bruchteil.

a) Färbe $\frac{4}{9}$.

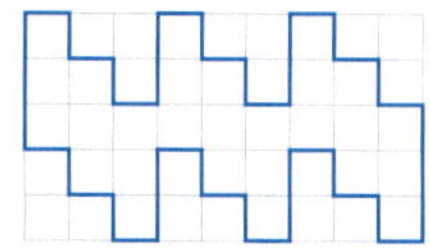

b) Färbe $\frac{8}{15}$.

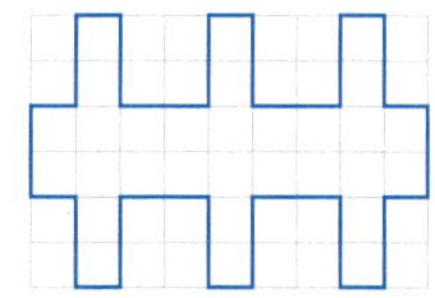

18. Übertrage und ergänze zu einem Ganzen.

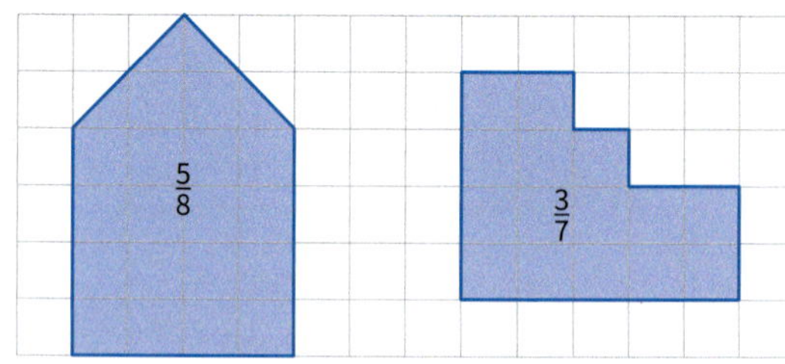

19. Sina hat beim Joggen bereits 1 500 m zurückgelegt. Die Gesamtstrecke ist 5 km lang. Welchen Anteil muss sie noch zurücklegen?

20. Die Figur stellt eine gemischte Zahl dar. Übertrage die Figur und färbe ein Ganzes.

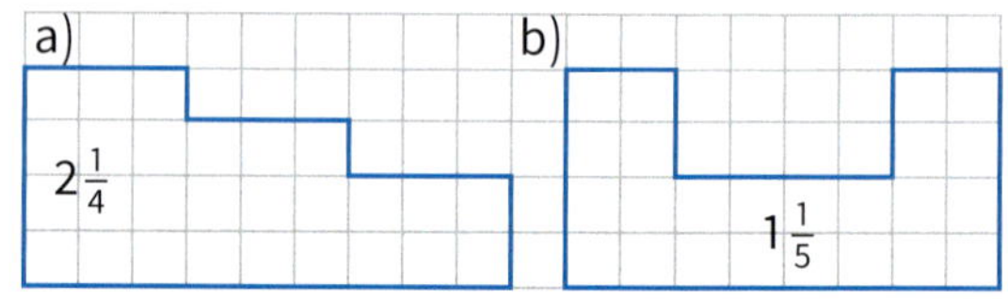

21.

Begründet eure Antworten.

a) Wer hat eine halbe Pizza gegessen?
b) Wer hat besonders wenig Pizza gegessen?
c) Wer hat das kleinste Stück übrig gelassen? Wie groß ist es?

Lösungen → Seite 277

Aufgabe 22 – 26

22. a) Gib zwei Dezimalzahlen zwischen 3,44 und 3,46 an.
b) Welche Dezimalzahl liegt genau in der Mitte zwischen 2,4 und 3,1?

23. Gib als Bruch und als Dezimalzahl an.
a) Zahlenstrahl mit den Beschriftungen 0,4 und 1,8 und den Pfeilen A, B, C
b) Zahlenstrahl mit den Beschriftungen 0,5 und 2 und den Pfeilen D, E, F

24. Runde auf Millimeter.
a) 3,4527 dm b) 2,9247 m c) 5,693 cm

25. Entscheide, ob die Aussagen richtig oder falsch sind. Begründe deine Antwort.

① Wenn zwei Brüche den gleichen Zähler haben, ist der Bruch größer, der den größeren Nenner hat.

② Wenn man den Zähler und den Nenner eines Bruchs verdoppelt, verändert sich der Wert des Bruches nicht.

③ 0,4 ist dasselbe wie ein Viertel.

26. a) Beim Fußballspiel reisen 21 000 Zuschauer mit der Bahn an. Das sind $\frac{3}{4}$ der Zuschauer. Wie viele Zuschauer besuchen das Spiel?
b) $\frac{5}{8}$ der 16 000 Zuschauer des Handballspiels jubeln für den Heimverein. Wie viele sind das?
c) Beim Volleyballspiel sind 2 400 von 3 600 Zuschauern weiblich. Welchem Anteil entspricht das?

Aufgabe 27 – 31

27. Ordne die Zahlen von der kleinsten zur größten Zahl.
a) $\frac{3}{8}$ $\frac{17}{12}$ $1\frac{1}{4}$ $\frac{13}{6}$ $\frac{5}{3}$ $\frac{37}{24}$
b) 0,501 $\frac{5}{9}$ 0,5 51 % $\frac{6}{10}$ $\frac{5}{11}$

28. a) Gib zwei Brüche zwischen $\frac{3}{7}$ und $\frac{4}{7}$ an.
b) Gib zwei Brüche zwischen $\frac{1}{2}$ und $\frac{1}{3}$ an.

29.

Der Rhein hat eine Gesamtlänge von etwa 1 200 km. $\frac{7}{12}$ seiner Länge liegen in Deutschland und etwa $\frac{1}{8}$ seiner Länge liegen in den Niederlanden. Der übrige Teil des Rheins liegt in der Schweiz.

a) Berechne, wie viel km des Rheins durch Deutschland und wie viel km durch die Niederlande fließen.
b) Stelle die Anteile in einem Bruchstreifen dar. Gib an, welcher Anteil weder in Deutschland noch in den Niederlanden liegt.

30.

Wenn ich den Bruch $\frac{3}{25}$ mit 4 erweitere, dann vervierfacht sich die zugehörige Prozentzahl.

Hat Murat Recht? Begründe deine Antwort.

31. In der 6b ist die Hälfte der Kinder 11 Jahre alt. Ein Drittel der Kinder ist 12 Jahre alt, die übrigen vier Kinder sind noch 10 Jahre alt. Wie viele Kinder besuchen die 6b insgesamt?

Lösungen → Seite 278

Das Schulkonzert

Die Musikklasse 6c der Einstein-Schule gibt ein Konzert in der Aula der Schule. Viele Familienangehörige und Freunde haben sich als Gäste angekündigt.

a) Da die aufgestellten 80 Stühle nicht ausreichen, werden zusätzliche Stühle benötigt.

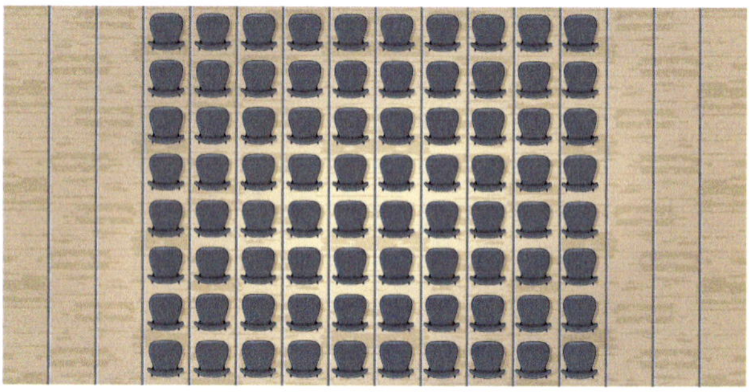

① Wie viele Stühle passen in eine Reihe?
② Gib an, welcher Anteil des rechteckigen Zuschauerbereichs schon mit Stühlen belegt ist.
③ Berechne, wie viele Stühle noch zusätzlich in den Zuschauerbereich passen.

b) Insgesamt sind genau 100 Zuschauerinnen und Zuschauer gekommen. Rechts siehst du, aus welchen Personenkreisen sie kommen.

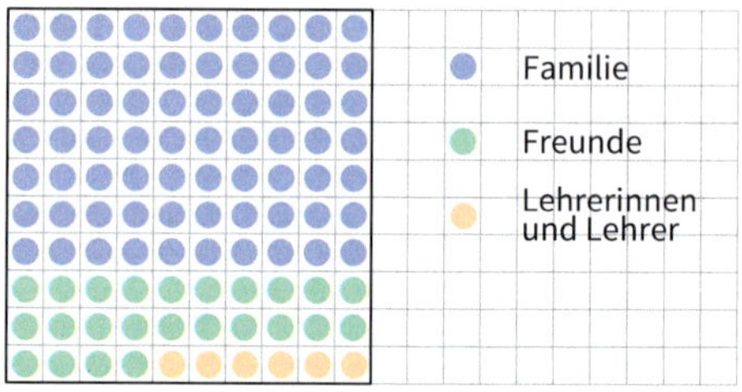

① Gib an, wie viel Prozent der Zuschauerinnen und Zuschauer aus welcher Personengruppe kommen.
② Wandle die Prozentangaben in Dezimalzahlen und in Brüche um. Kürze die Brüche so weit wie möglich.

c) Das Konzert beginnt um 16:30 Uhr.
① Sapnas Eltern kommen $\frac{1}{3}$ Stunde zu spät. Wann kommen Sapnas Eltern?
② Insgesamt dauert das Konzert $1\frac{3}{4}$ Stunden. Wann ist das Konzert zu Ende?

d) Insgesamt wirken 24 Schülerinnen und Schüler am Konzert mit. $\frac{3}{8}$ von ihnen gehören zu den Streichern, $\frac{1}{3}$ gehört zu den Blechbläsern. Hinzu kommen die Holzbläser und eine Schlagzeugerin.

① Berechne, wie viele Streicher und wie viele Blechbläser das Klassenorchester hat.
② Welcher Anteil der Klasse gehört zu den Holzbläsern?
③ Stelle die Verteilung der Instrumente in einem Bruchstreifen (Breite: 12 cm) dar.

Lösungen → Seite 278

4 | Winkel und Symmetrien

1. Gib alle Strecken, alle Strahlen und alle Geraden an.

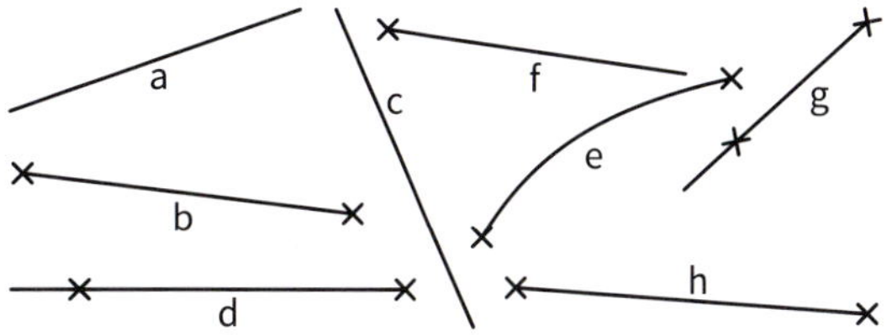

Ich kann Strecken, Strahlen und Geraden unterscheiden.

Das kann ich gut. | Ich bin noch unsicher.
→ S. 260, Aufgabe 1, 2

2. Überprüfe mit dem Geodreieck, an welchen Eckpunkten sich rechte Winkel befinden.

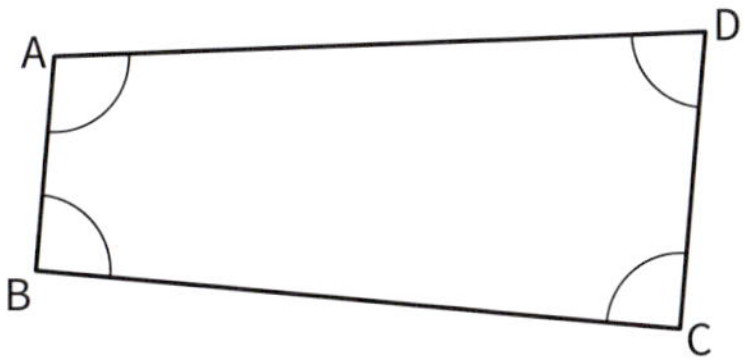

Ich kann mit dem Geodreieck rechte Winkel nachweisen.

Das kann ich gut. | Ich bin noch unsicher.
→ S. 260, Aufgabe 3

3. Miss mit dem Geodreieck die Abstände der Punkte A und B zur Gerade g.

Ich kann mit dem Geodreieck Abstände von Punkten zu einer Geraden messen.

Das kann ich gut. | Ich bin noch unsicher.
→ S. 253, Aufgabe 3

4. Übertrage die achsensymmetrische Figur ins Heft und zeichne alle Symmetrieachsen ein.

a) 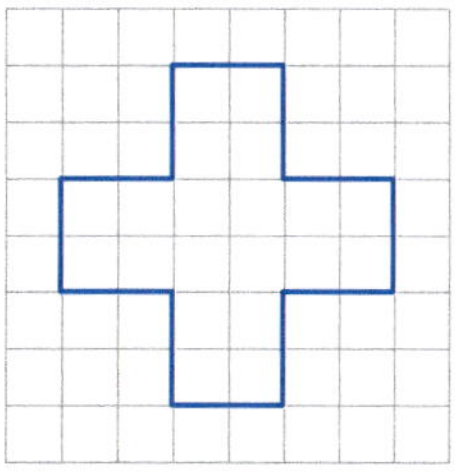 b) 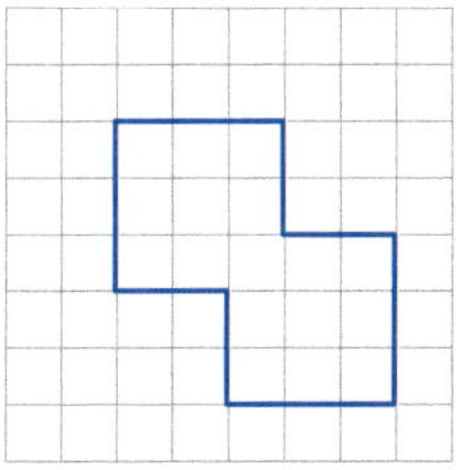

Ich kann Symmetrieachsen in Figuren erkennen und einzeichnen.

Das kann ich gut. | Ich bin noch unsicher.
→ S. 270, Aufgabe 1,2

5. Übertrage ins Heft. Spiegle die Figur mit Hilfe der Kästchen an der Geraden s.

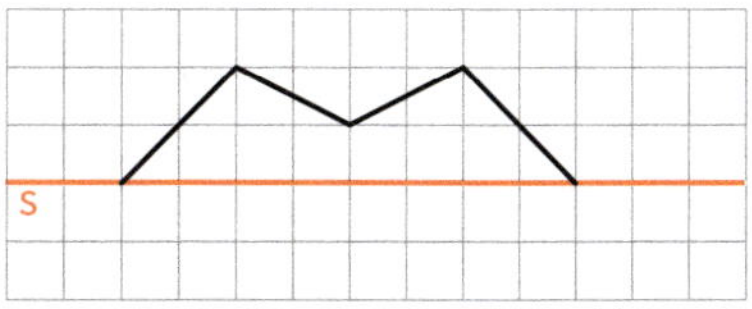

Ich kann einfache Figuren mit Hilfe der Kästchen spiegeln.

Das kann ich gut. | Ich bin noch unsicher.
→ S. 263, Aufgabe 3

Lösungen → Seite 279

Wo sind hier rechte Winkel?
Wo findest du Winkel, die kleiner oder größer als ein rechter Winkel sind?

Kannst du in dem Fachwerkhaus eine Symmetrieachse erkennen?

4 | Winkel und Symmetrien

Beschreibe den Aufbau des Windrades. Wie weit kannst du das Rad drehen, sodass es genauso aussieht wie zuvor?

In diesem Kapitel lernst du, …

… was ein Winkel ist und welche Winkelarten es gibt,

… wie du Winkel messen und zeichnen kannst,

… was Scheitelwinkel, Nebenwinkel und Stufenwinkel sind,

… wie du Figuren an Geraden oder an Punkten spiegelst,

… was drehsymmetrische Figuren sind.

Winkel und Winkelarten

Wo findet ihr auf dem Bild besonders kleine Winkel? Gibt es rechte Winkel?

Könnt ihr eine Stelle nennen, an der ein Winkel größer als ein rechter Winkel ist?

1. Welche Dächer haben ähnliche Formen? Teilt die Dächer in Gruppen ein. Begründet und erklärt eure Einteilung.

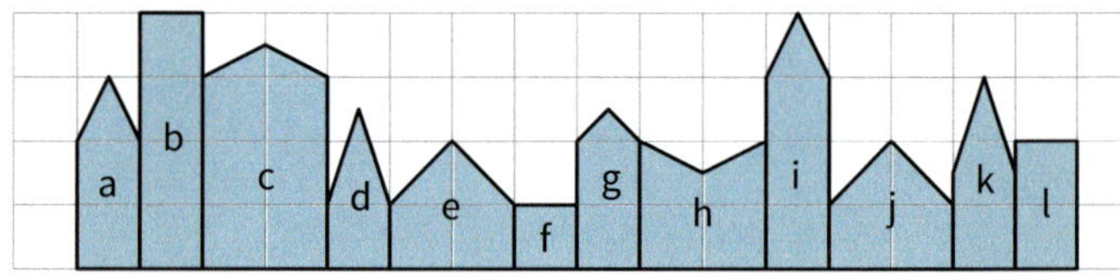

Video

Der Bereich zwischen zwei Strahlen, die einen gemeinsamen Anfangspunkt haben, heißt **Winkel**. Die Strahlen nennt man Schenkel. Der Anfangspunkt eines Winkels heißt **Scheitelpunkt S**. Winkel werden in Grad (°) gemessen und mit einem Bogen gekennzeichnet.

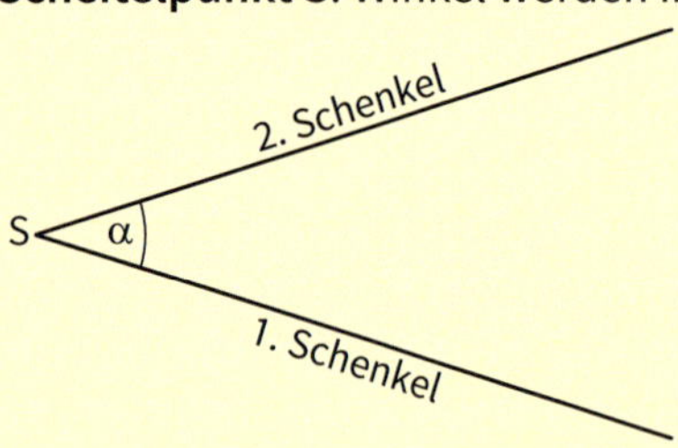

Winkel werden mit griechischen Buchstaben bezeichnet.

- α alpha
- β beta
- γ gamma
- δ delta
- ε epsilon

Winkelarten

spitzer Winkel	rechter Winkel	stumpfer Winkel	gestreckter Winkel	überstumpfer Winkel	Vollwinkel
kleiner als 90°	90°	zwischen 90° und 180°	180°	zwischen 180° und 360°	360°

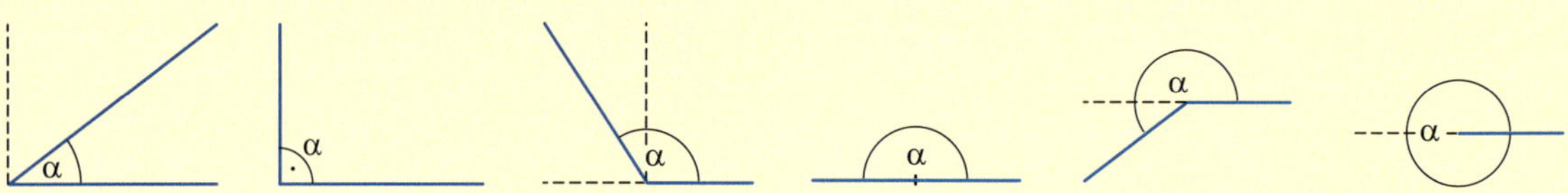

2. ① Bastelt euch zwei Winkelscheiben, eine mit und eine ohne Skala.
② Zeigt euch gegenseitig Winkel und bestimmt die Winkelart.

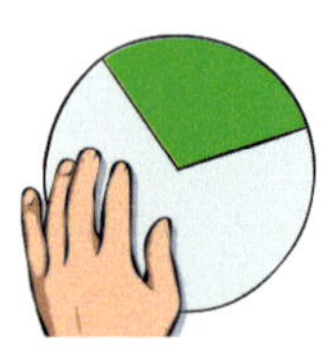

BASTELVORLAGE
Digital+
WES-128745-107

3. Zeichne in dein Heft und kennzeichne mit einem Bogen.

a) einen rechten Winkel
b) zwei stumpfe Winkel
c) zwei spitze Winkel
d) einen gestreckten Winkel
e) zwei überstumpfe Winkel
f) einen Vollwinkel

Aufgabe 1 – 4

1. Schreibe jeden griechischen Buchstaben achtmal in dein Heft.

2. Spitzer Winkel, rechter Winkel, stumpfer Winkel oder überstumpfer Winkel? Benenne für jeden Winkel die Winkelart.

a)

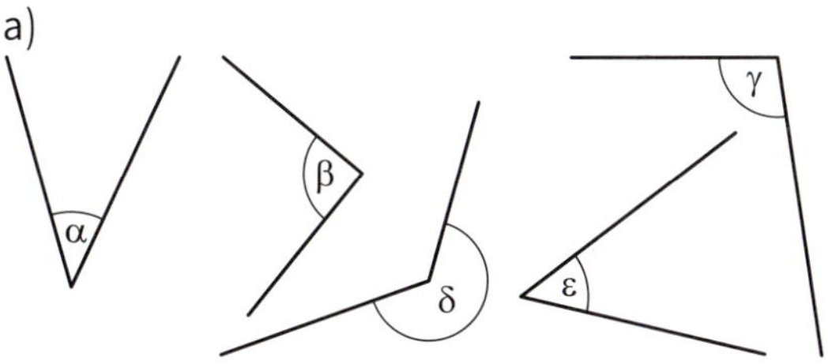

b)

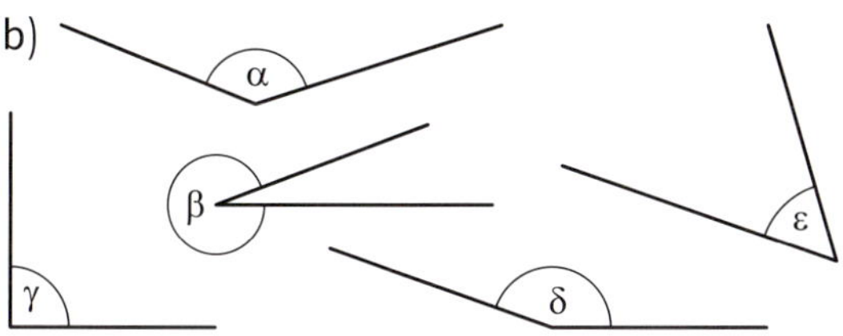

3.

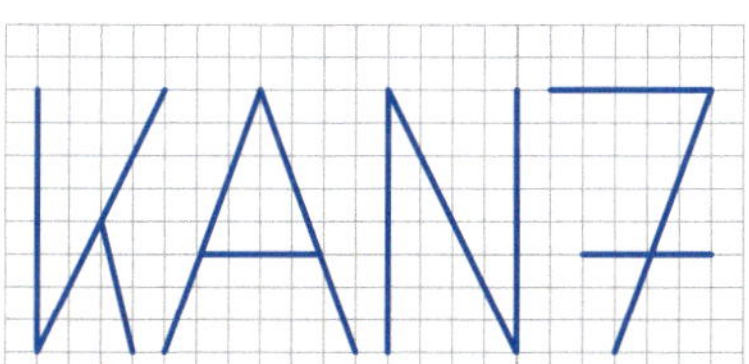

Übertrage die Abbildung in dein Heft.

a) Markiere alle spitzen Winkel mit einem roten Bogen. Markiere alle stumpfen Winkel mit einem blauen Bogen.

b) Suche drei überstumpfe Winkel und markiere sie mit einem grünen Bogen.

4. a) Zeichne einen spitzen Winkel α.

b) Zeichne einen stumpfen Winkel β, dessen Schenkel 6 cm lang sind.

c) Zeichne einen rechten Winkel γ mit dem Scheitelpunkt C.

Aufgabe 5 – 9

5. a) Teile einen gestreckten Winkel mit einem Strahl so in zwei Winkel, dass ein spitzer und ein stumpfer Winkel entstehen.

b) Teile einen gestreckten Winkel so, dass zwei gleich große Winkel entstehen. Welche Winkelart entsteht?

c) Teile einen gestreckten Winkel in drei Teilwinkel auf. Welche möglichen Kombinationen von Winkelarten gibt es?

6. Benenne die Winkelart.

a) 90° b) 193° c) 101° d) 34° e) 360°
f) 82° g) 275° h) 179° i) 45° j) 180°

7. Erklärt mit Hilfe der Abbildung, was man im Straßenverkehr unter einem *toten Winkel* versteht.

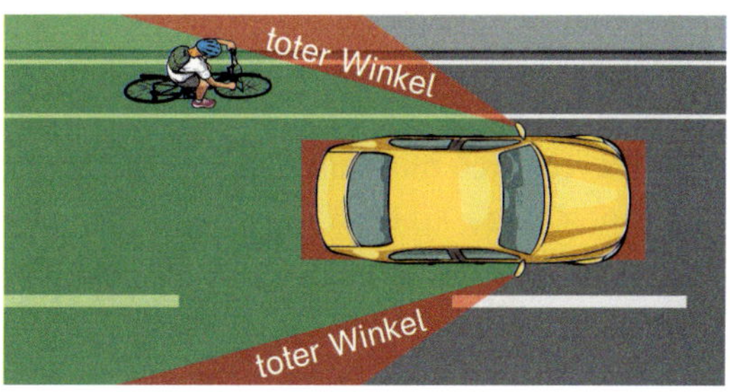

8. Wahr oder falsch? Begründet eure Antwort.

a) Halbiert man einen Vollwinkel zweimal, so erhält man einen rechten Winkel.

b) Zwei spitze Winkel ergeben zusammen immer einen stumpfen Winkel.

c) Zwei stumpfe Winkel ergeben zusammen immer einen überstumpfen Winkel.

9. a) Zeichne ein Dreieck mit drei spitzen Winkeln.

b) Zeichne ein Dreieck mit genau zwei spitzen Winkeln.

c) Gibt es ein Dreieck mit genau einem spitzen Winkel? Begründe.

Winkel messen und zeichnen

In der Betriebsanleitung der Lampe steht: „Lichtkegel von 10° bis 120° einstellbar.“
Was könnte damit gemeint sein? Versucht, die Aussage mit dem Bild zu erklären.

1. Schätzt, welcher Scheinwerfer den größten, welcher den kleinsten Lichtkegel erzeugt.
Ordnet die Farben der Scheinwerfer nach den Größen der Winkel.

Video

Winkel messen mit dem Geodreieck

① Entscheide: spitzer oder stumpfer Winkel?
② Lege das Geodreieck mit dem Nullpunkt auf den Scheitelpunkt.
③ Lege die lange Kante an einen Schenkel an, sodass der andere Schenkel unter dem Geodreieck liegt.
④ Lies auf der Skala, die beim ersten Schenkel beginnt, die Größe des Winkels ab.

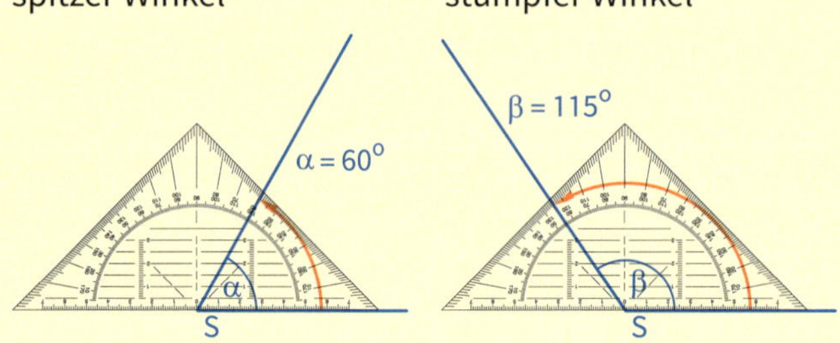

2. Lege das Geodreieck zum Messen an. Welche Skala (äußere oder innere) musst du verwenden, wenn du die lange Kante des Geodreiecks an den blauen bzw. an den roten Schenkel anlegst?

a)

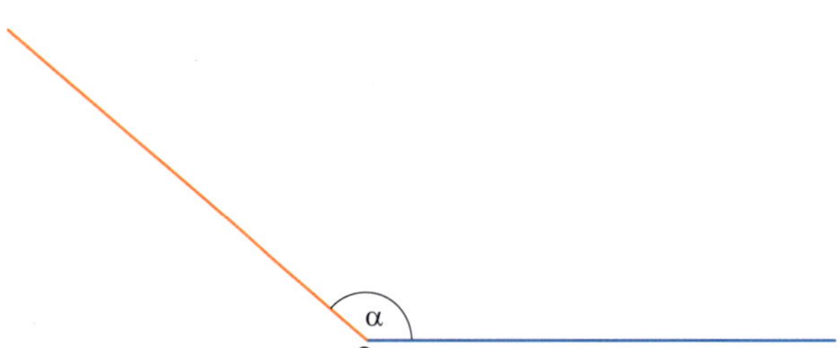

b)

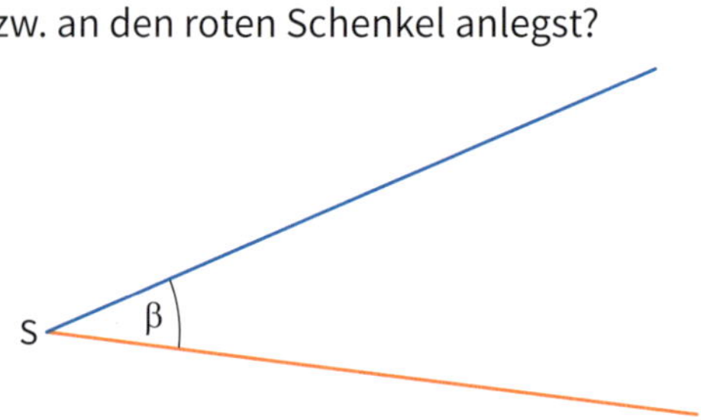

3. Lies ab, wie groß der Winkel ist.

a)

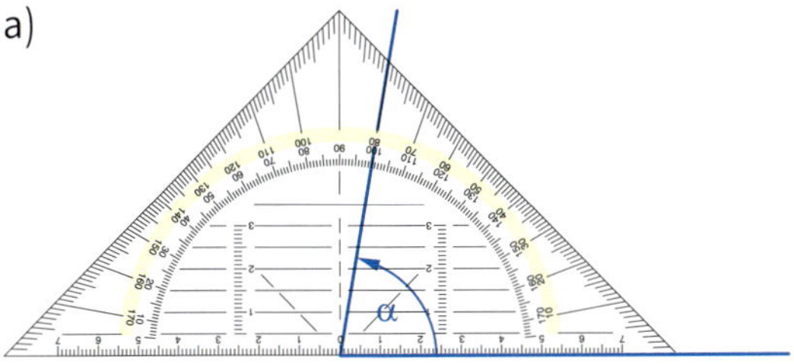

b)

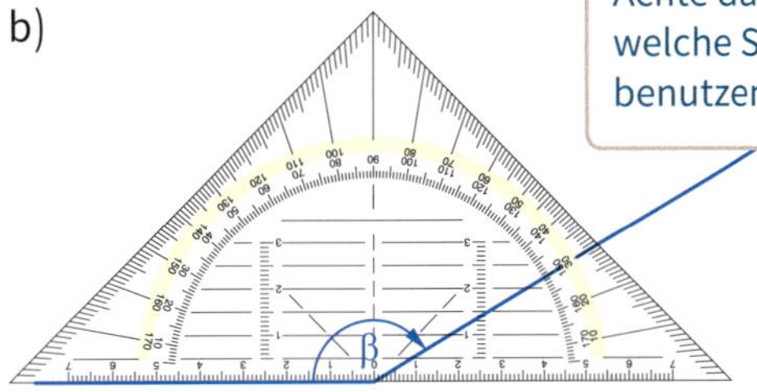

TIPP: Achte darauf, welche Skala du benutzen musst.

4. Bestimme zuerst die Winkelart und miss danach die Größe.

LÖSUNGEN: 20° | 24° | 83° | 95° | 102°

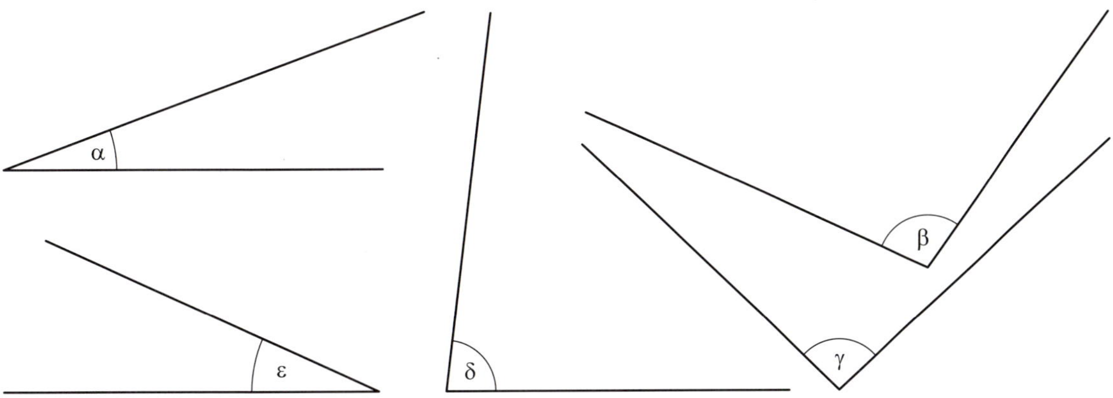

Video

Beim **Zeichnen eines Winkels** von 40° hast du zwei Möglichkeiten.

1. Möglichkeit:

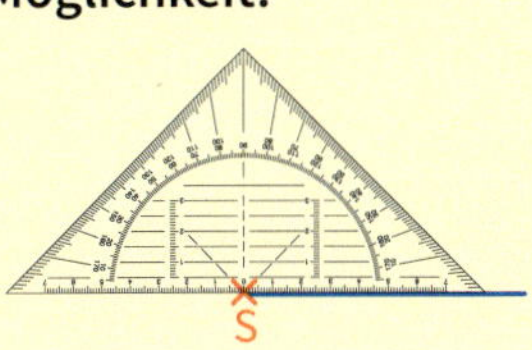

① Zeichne den Scheitelpunkt S und einen Schenkel.

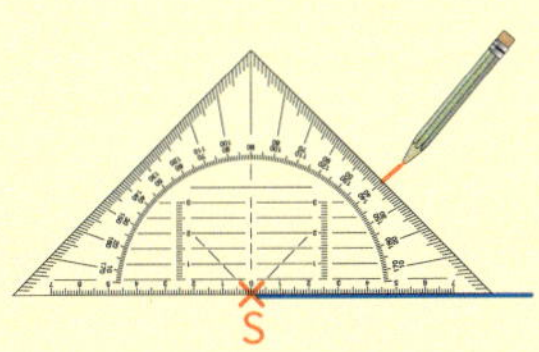

② Markiere den Winkel 40° an der richtigen Skala.

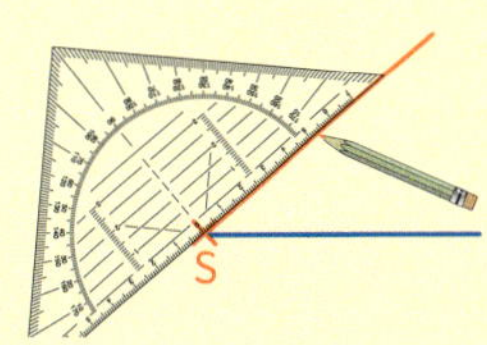

③ Zeichne den zweiten Schenkel.

2. Möglichkeit

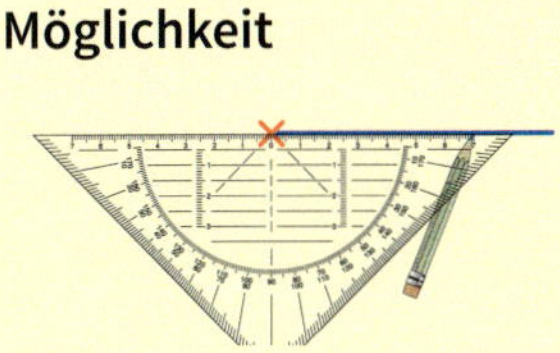

① Zeichne den Scheitelpunkt S und einen Schenkel.

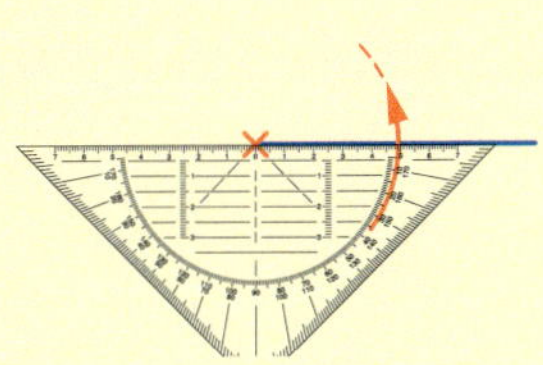

② Drehe das Geodreieck mit der Null am Scheitelpunkt bis 40°.

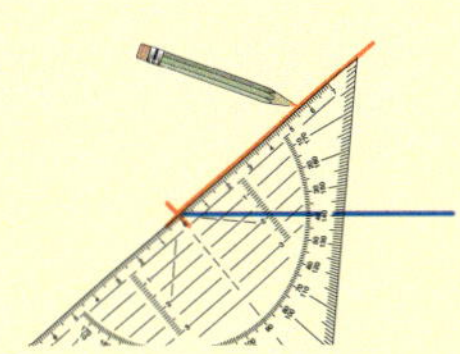

③ Zeichne den zweiten Schenkel.

5. Zeichne den Winkel α mit einer Methode deiner Wahl.

a) $\alpha = 30°$ b) $\alpha = 70°$ c) $\alpha = 120°$ d) $\alpha = 55°$ e) $\alpha = 82°$ f) $\alpha = 128°$

Aufgabe 1 – 4

1. Schätze zuerst die Größen der Winkel. Miss sie anschließend mit dem Geodreieck.

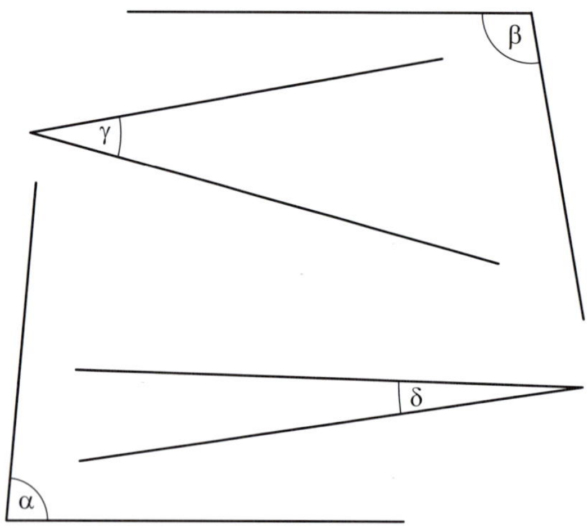

2. Bestimme die Größen der Winkel. Warum genügt es hier, nur einmal zu messen?

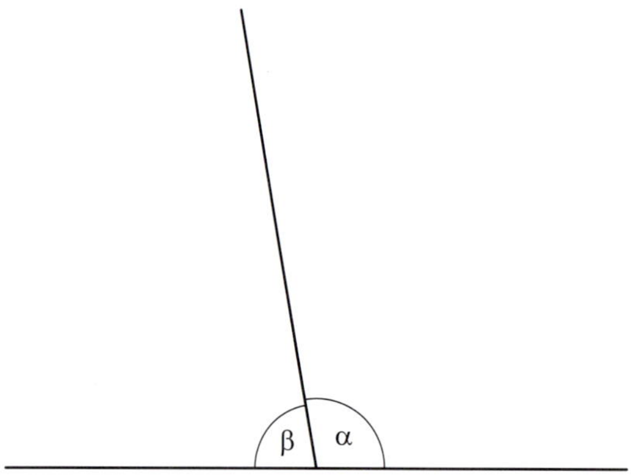

3. Zeichne den Winkel in dein Heft.

a) $\alpha = 30°$ b) $\beta = 70°$ c) $\gamma = 55°$
d) $\alpha = 110°$ e) $\beta = 160°$ f) $\gamma = 128°$

4. ① Jeder von euch zeichnet zwei Geraden, die sich in einem Punkt S schneiden.
② Messt alle vier Winkel an der Geradenkreuzung eures Partners/eurer Partnerin.
③ Kontrolliert gegenseitig eure Messungen. Die Summe der vier Winkel muss 360° ergeben.

Aufgabe 5 – 7

5. Sandra wundert sich, dass ihre Messergebnisse falsch sind. Erklärt ihre Fehler.

a)
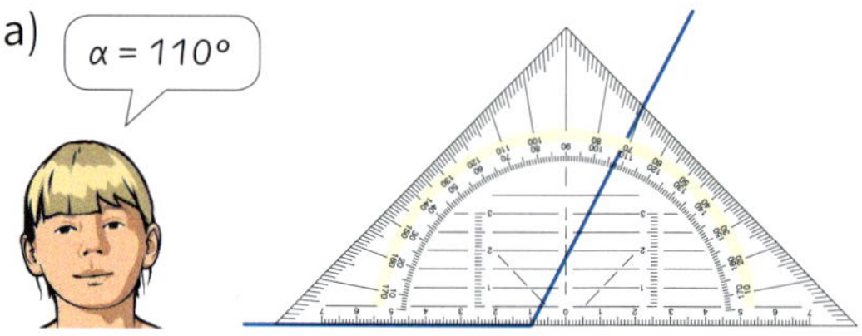

b)
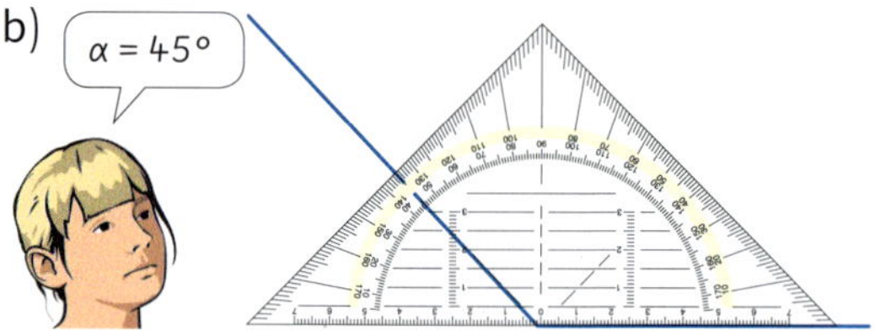

6. Übertrage den ersten Schenkel in dein Heft und zeichne den angegebenen Winkel.

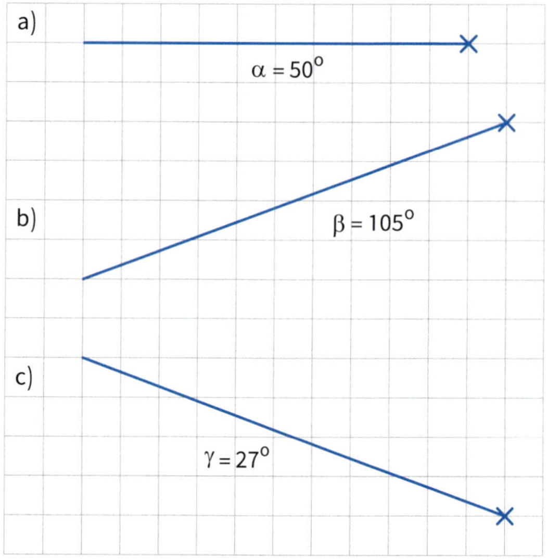

7. a) Miss die Winkel im abgebildeten Viereck.

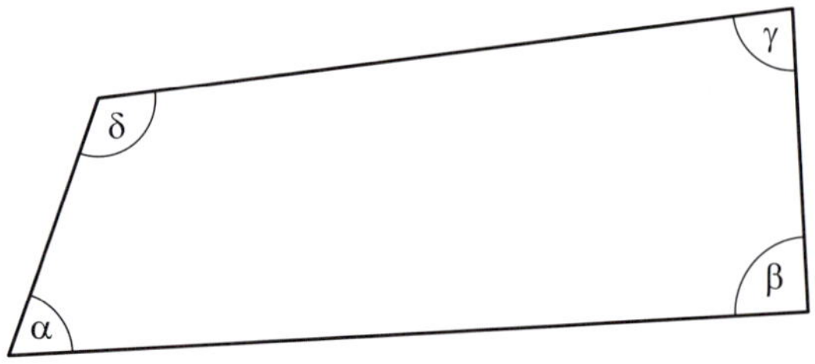

b) Zeichne ein eigenes Viereck und miss die vier Winkel.

Aufgabe 8 – 10

8. 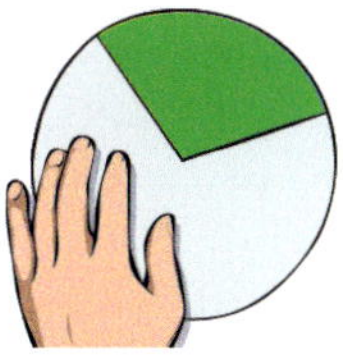

BASTELVORLAGE
Digital+
WES-128745-107

Eine Person stellt auf der Winkelscheibe einen Winkel ein. Alle anderen schätzen die Größe des Winkels. Danach wird der Winkel gemessen. Wer mit seiner Schätzung der wahren Größe der Winkel am nächsten ist, stellt den nächsten Winkel ein.

9. Gib die Größe des Winkels zwischen Minuten- und Stundenzeiger an, ohne zu messen.

a) 

b) 

c) 

d) 

e) 

f) 

10. Zeichne ein Koordinatensystem (1 LE = 1 cm).

a) Zeichne die Punkte A(9|0) und B(0|6) ein. Zeichne die Strecke $\overline{AB}$ ein. Miss im entstandenen Dreieck die Winkel an den Punkten A und B.

b) Zeichne eine Senkrechte zu $\overline{AB}$, die durch den Koordinatenursprung verläuft. Welche Winkel schließt sie mit den beiden Koordinatenachsen ein?

Aufgabe 11 – 14

11. In der Gauß-Schule wird eine Rollstuhlrampe gebaut. Sie soll 10 m lang werden und mit einem Winkel von 5° ansteigen. Welchen Höhenunterschied überwindet sie? Zeichne in einem geeigneten Maßstab und miss.

12. 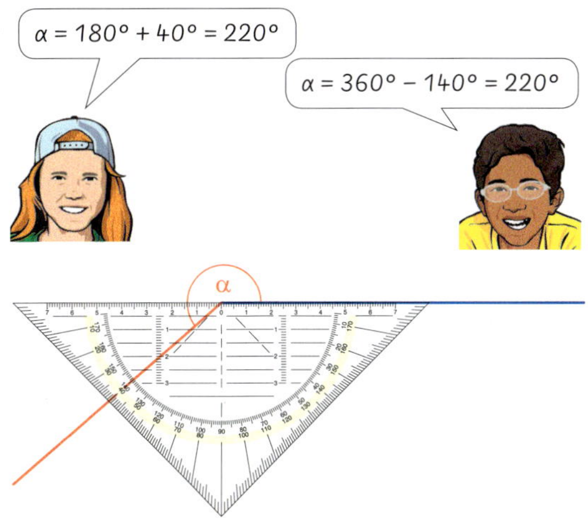

Erklärt euch gegenseitig, wie Tabea und Yazan den überstumpfen Winkel messen.

13. Bestimme die überstumpfen Winkel.

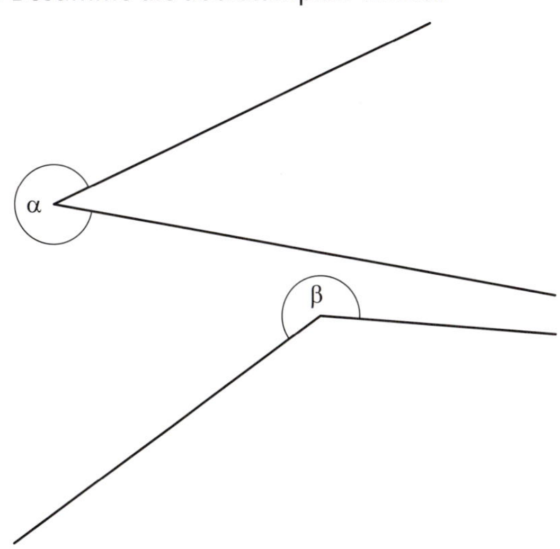

14. Zeichne den überstumpfen Winkel.

a) $\alpha = 310°$ b) $\beta = 250°$ c) $\gamma = 190°$
d) $\delta = 342°$ e) $\varepsilon = 268°$ f) $\varphi = 205°$

Beschriftung von Dreiecken und Vierecken

Beschreibt die Form der Segel.
Um welche ebenen Figuren handelt es sich?
Welche Winkelarten könnt ihr in den Segeln erkennen?

1. Vergleicht die Beschriftung des Dreiecks und des Vierecks. Beschreibt Gemeinsamkeiten und Unterschiede.

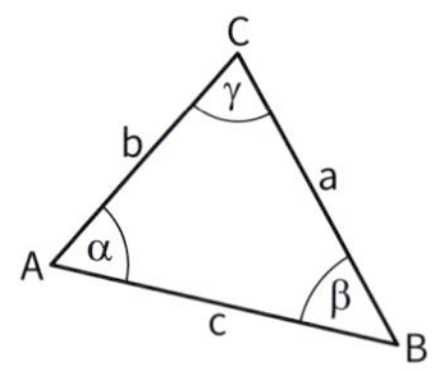

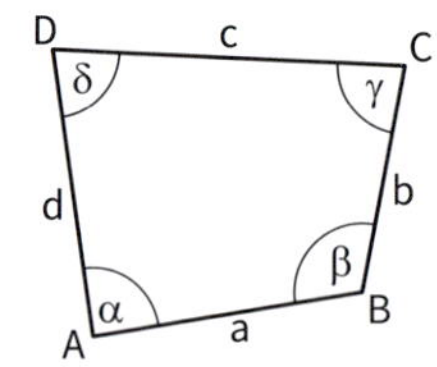

Video

Für die **Beschriftung von Dreiecken** gilt:

① Beschrifte die Eckpunkte mit Großbuchstaben gegen den Uhrzeigersinn.

② Beschrifte die Seiten mit Kleinbuchstaben: Seite a liegt gegenüber von Eckpunkt A, Seite b gegenüber von B, Seite c gegenüber von C.

③ Beschrifte die Winkel:
Winkel α liegt am Eckpunkt A, β liegt am Eckpunkt B und γ liegt am Eckpunkt C.

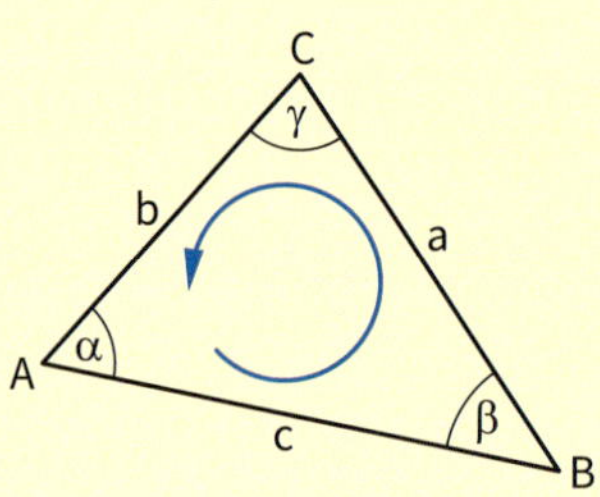

Für die **Beschriftung von Vierecken** gilt:

① Beschrifte die Eckpunkte mit Großbuchstaben gegen den Uhrzeigersinn.

② Beschrifte die Seiten mit Kleinbuchstaben: Seite a liegt zwischen den Eckpunkten A und B, Seite b zwischen B und C und so weiter.

③ Beschrifte die Winkel:
Winkel α liegt am Eckpunkt A, die Winkel β, γ und δ liegen an den Eckpunkten B, C und D.

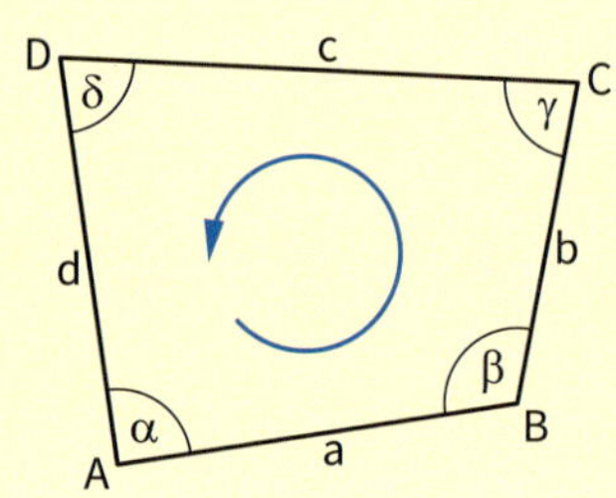

2. Zeichne in dein Heft je drei verschiedene Dreiecke und Vierecke und beschrifte sie vollständig.

3. Skizziere die Figur in deinem Heft und vervollständige die Beschriftung.

a) 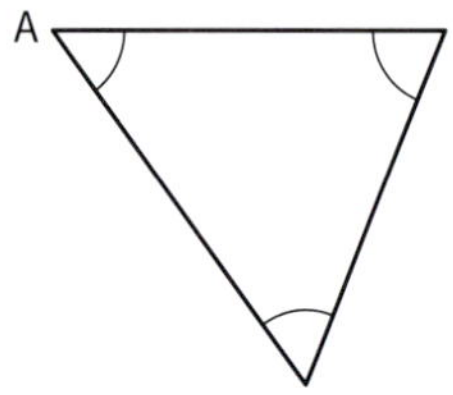

b) 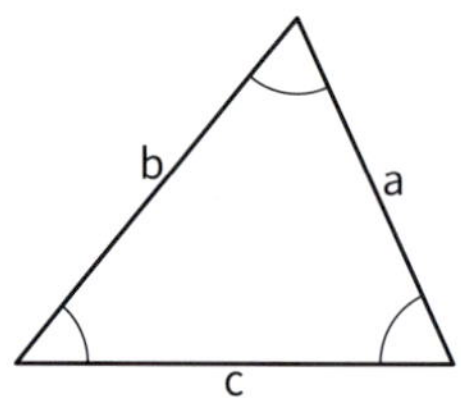

c) 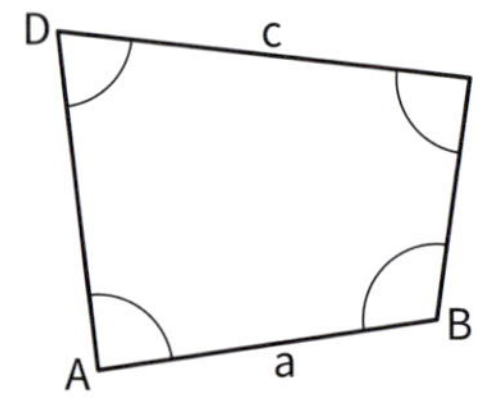

d) 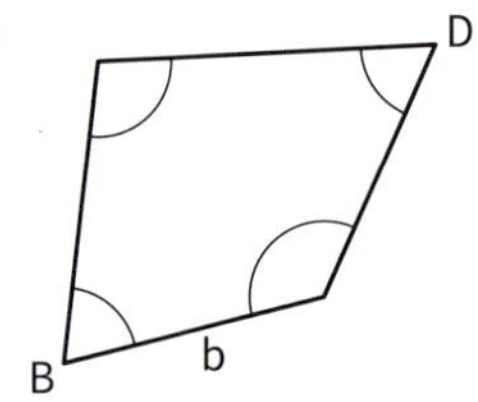

Aufgabe 1 – 3

1. Übertrage die Figur in dein Heft und vervollständige die Beschriftung.

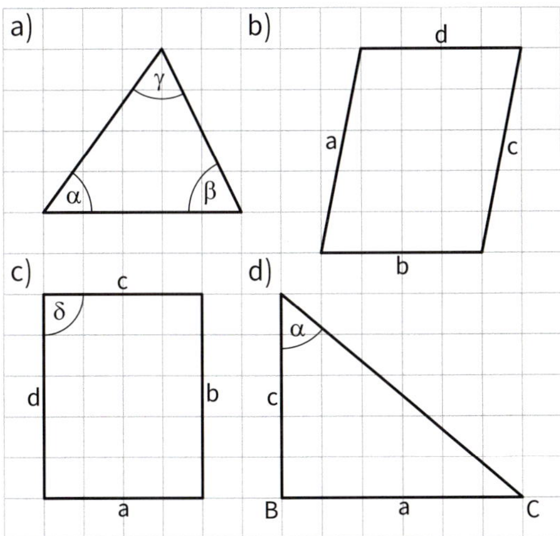

2. Bei der Beschriftung wurden Fehler gemacht. Benenne sie und berichtige im Heft.

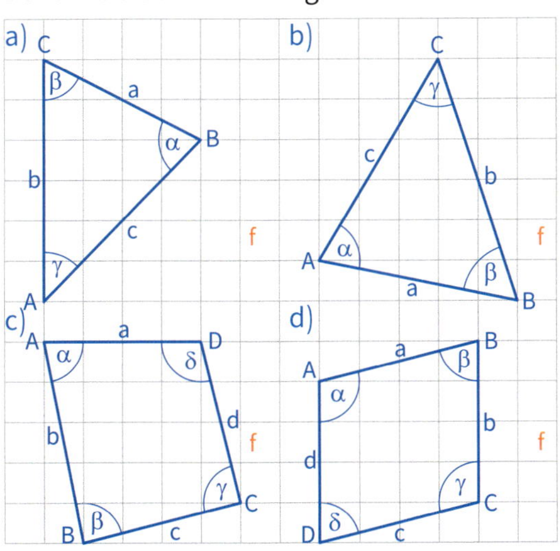

3. Zeichne ein Koordinatensystem (1 LE = 1 cm).
① Zeichne die Punkte A, B und C ein: A(1 | 1), B(8 | 2) und C(5 | 9).
② Verbinde A, B und C zu einem Dreieck.
③ Beschrifte das Dreieck vollständig.
④ Miss alle Winkel im Dreieck.
⑤ Addiere die drei Winkelgrößen. Welche Summe erhältst du?

Aufgabe 4 – 6

4. Übertrage die Figur in dein Heft und vervollständige die Beschriftung.

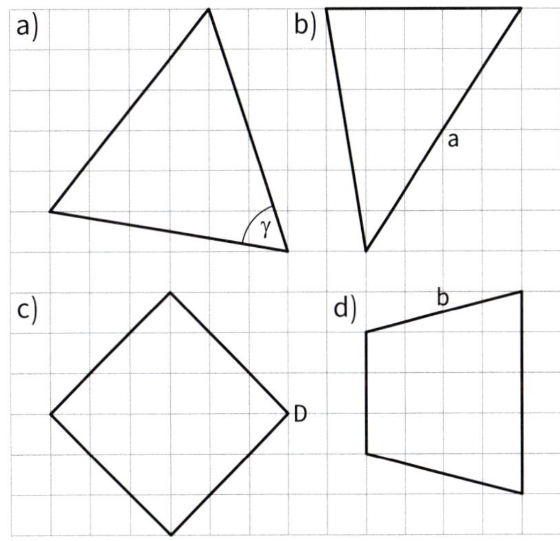

5.

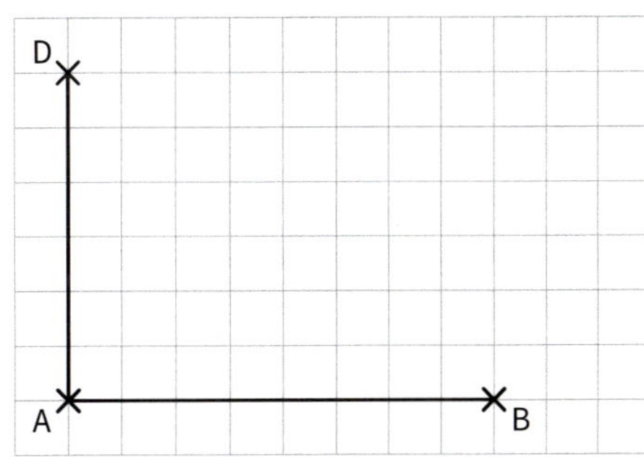

① Vervollständige im Heft zu einem Viereck ABCD mit $\beta = 85°$ und $\delta = 123°$.
② Miss die Seitenlängen b und c (in mm) sowie den Winkel γ.

LÖSUNGEN
48 | 53 | 66

6. ① Zeichne einen Winkel $\alpha = 60°$ mit dem Scheitelpunkt A.
② Zeichne auf dem ersten Schenkel einen Punkt B im Abstand von 7 cm zu Punkt A.
③ Zeichne auf dem zweiten Schenkel einen Punkt D im Abstand von 4 cm zu Punkt A.
④ Finde einen Punkt C, sodass das Viereck ABCD die Winkel $\beta = 60°$ und $\delta = 120°$ hat. Welches Viereck ergibt sich?

Winkel an Geradenkreuzungen

Wie heißt dieses Verkehrszeichen?
Welche Bedeutung hat es?
Welche Winkel im Kreuz sind gleich groß?

1. Vergleicht die beiden Abbildungen. Erklärt, warum einige Winkel die gleiche Farbe haben.
Warum sind in der linken Abbildung beide Kreuzungen gleich gefärbt und rechts nicht? Begründet.

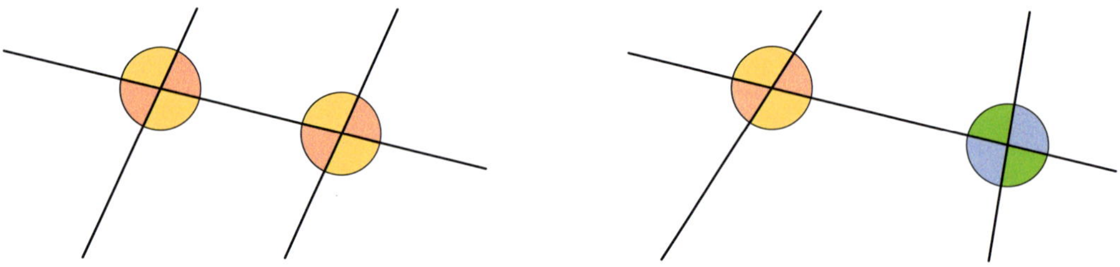

Video

Wenn Geraden sich schneiden, entstehen **Winkelpaare** mit besonderen Eigenschaften.

Scheitelwinkel

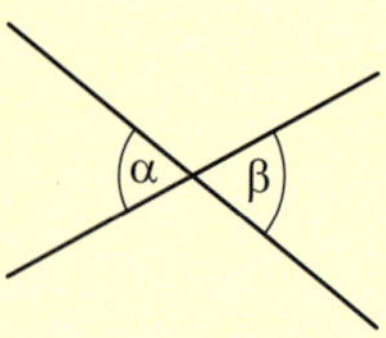

Scheitelwinkel sind gleich groß.
$\alpha = \beta$

Nebenwinkel

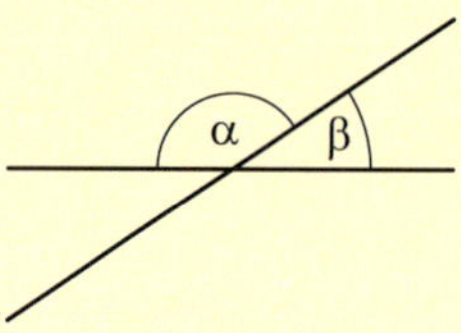

Die Summe der Nebenwinkel beträgt 180°.
$\alpha + \beta = 180°$

Stufenwinkel

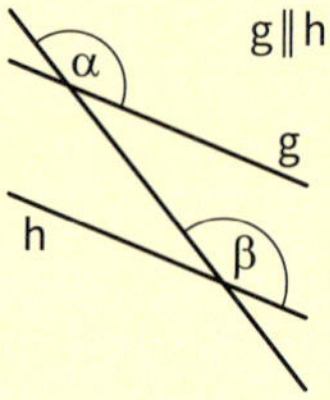

Stufenwinkel an Parallelen sind gleich groß.
$\alpha = \beta$

2. Wenn möglich, vervollständige für jede Abbildung die Sätze.

■ und ■ sind Scheitelwinkel. ■ ist Nebenwinkel von ■. ■ und ■ sind Stufenwinkel.

a)

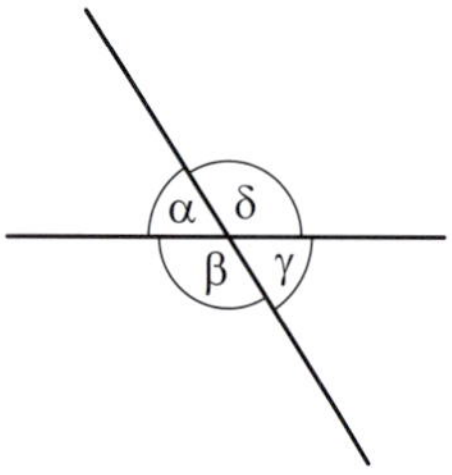

b)

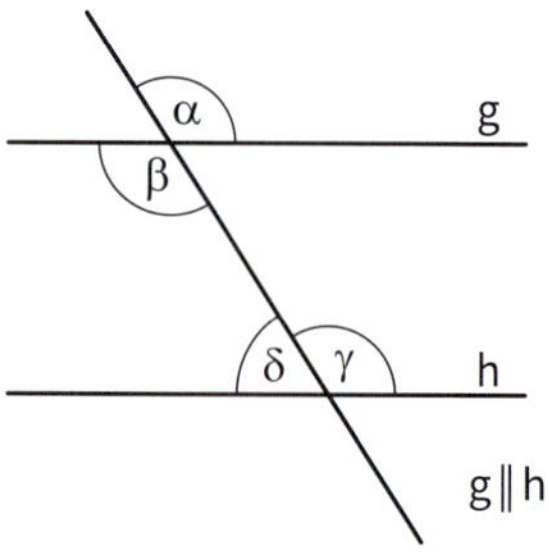

c)

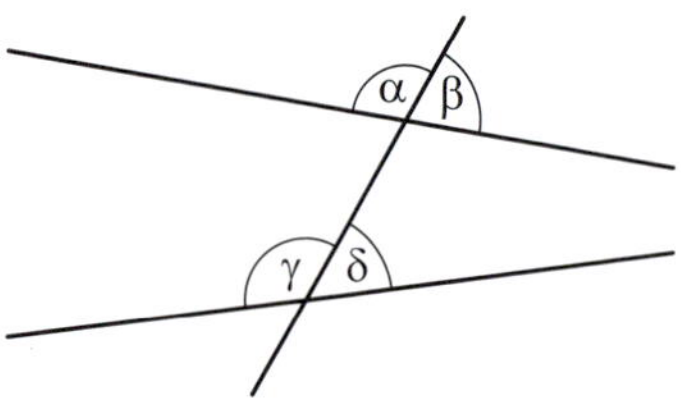

Aufgabe 1 – 4

1. Bestimme die Größe des Winkels α.

a)
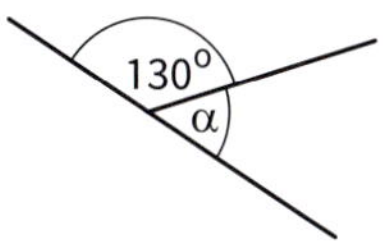

b)
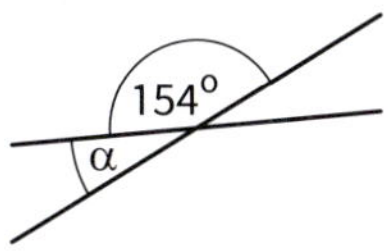

c)
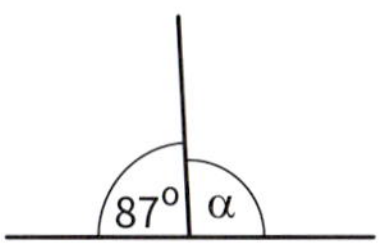

d)
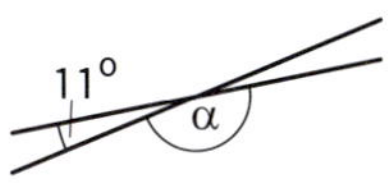

2. Bestimme die Größen von α, β und γ.

a)
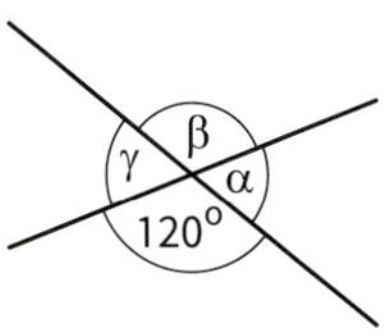

b)
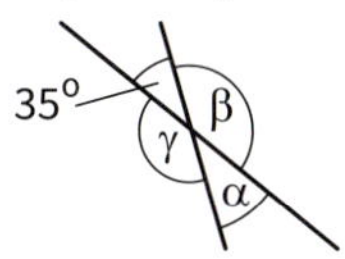

c)
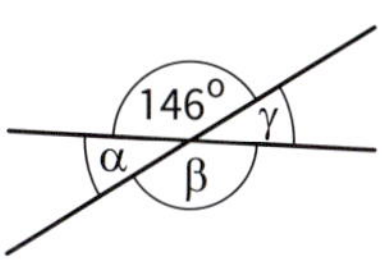

d)
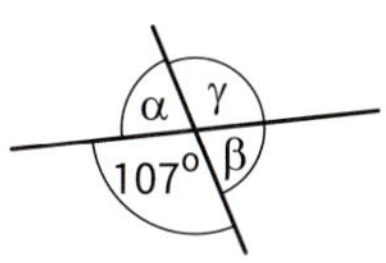

3. Besprecht die Merksätze der Kinder. Wie merkt ihr euch die Namen der Winkelpaare?

Scheitelwinkel haben einen gemeinsamen Scheitelpunkt und sehen aus wie eine Schere.

Nebenwinkel liegen nebeneinander.

Stufenwinkel berühren sich gar nicht, liegen aber wie Stufen auf einer Treppe.

4. Übertrage ins Heft. Notiere alle Winkelgrößen, ohne nachzumessen.

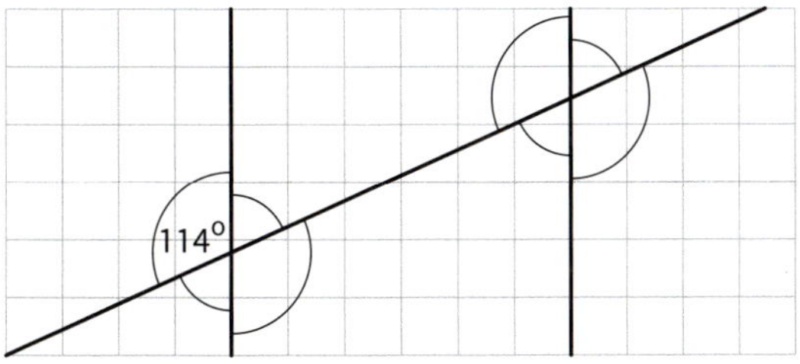

Aufgabe 5 – 8

5. Es gilt: f ∥ g ∥ h und a ∥ b.

> **BEISPIEL**
> ε = 75°, weil ε ein Stufenwinkel von 75° ist.

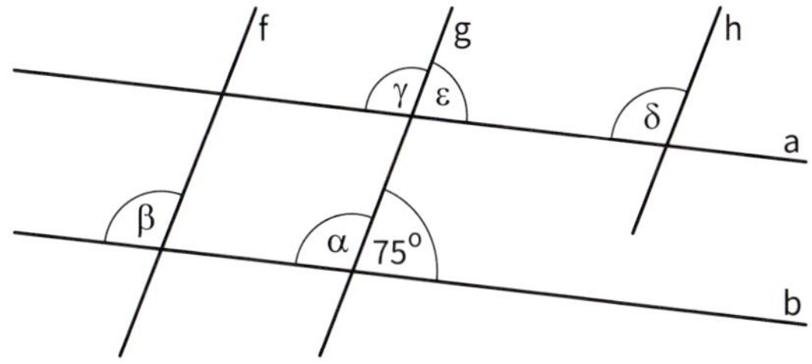

Bestimme die Größen der Winkel α, β, γ, δ und ε. Begründe deine Ergebnisse.

6. Bestimme die fehlenden Größen der Winkel.

a)
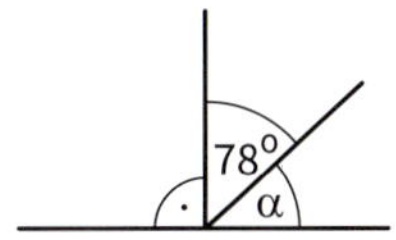

b)
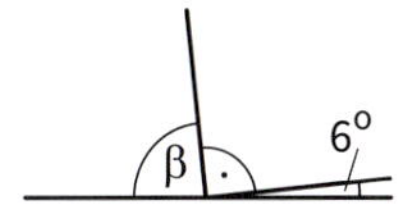

7. Bestimme die fehlenden Größen der Winkel. Begründe deine Ergebnisse.

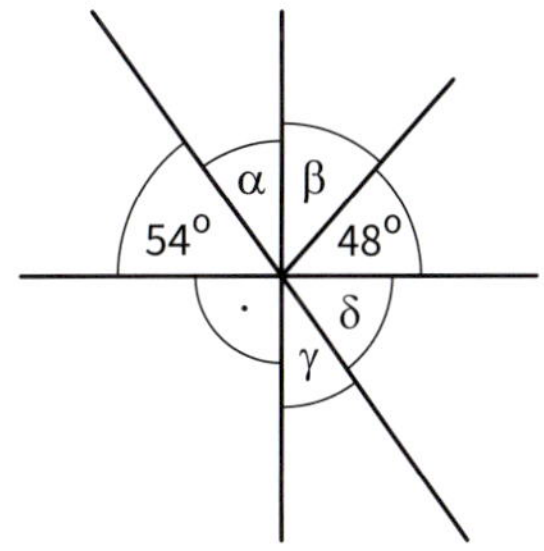

8. Es gilt: g ∥ h

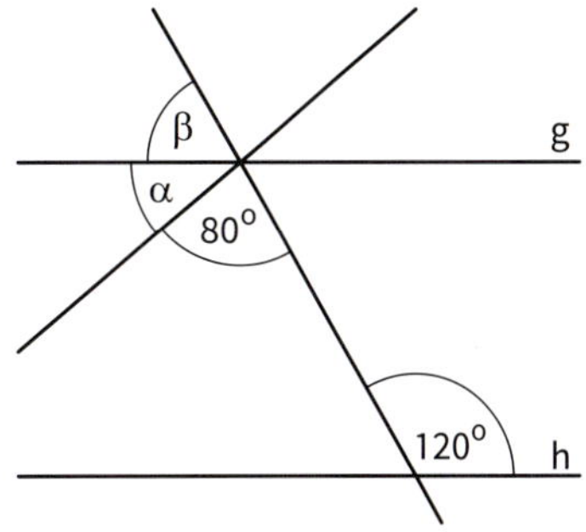

Bestimme die Größen der Winkel α und β. Beschreibe, wie du vorgegangen bist.

Mit dem Kompass orientieren

Das Bild zeigt eine Windrose. Die Himmelsrichtungen kann man auch als Winkel in Grad angeben. Im Norden beginnt die Skala bei 0° und wird im Uhrzeigersinn gelesen.

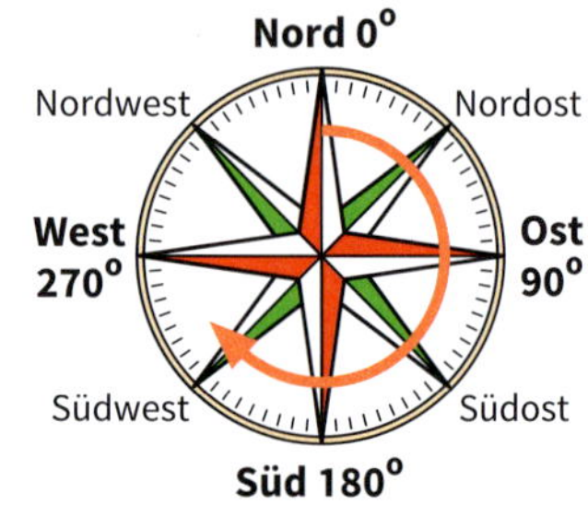

1. Schaut euch die Windrose an. Welche Gradzahlen gehören zu den Richtungen Nordost, Südost, Südwest und Nordwest?

2. Auf der Plattform eines Aussichtsturms ist eine Windrose aufgemalt. Zwischen welchen beiden Himmelsrichtungen liegen die abgebildeten Ziele?

- Kirchturm von Neudorf 69°
- Rad der Königsmühle 243°
- Turm der Falkenburg 295°
- Schornstein der alten Ziegelei 129°

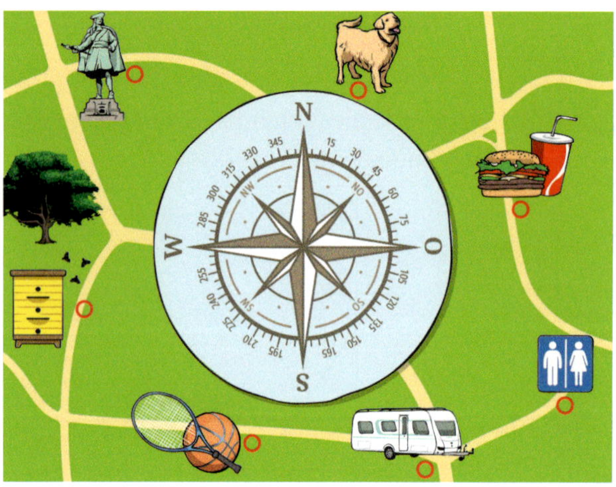

3. Leo und Dina legen eine Windrose in die Mitte eines Plans vom Stadtpark.

a) Lest die Gradzahlen für die Hundewiese, die Toiletten, die Sportwiese und die Imkerei ab.

b) Was könnten Leo und Dina sehen, wenn sie sich in der Mitte des Parks in Richtung 80° bzw. 315° drehen?

4. Für diese Übung braucht ihr einen Plan vom Schulgelände sowie einen Kompass oder eine Kompass-App (Handy, Tablet).

① Stellt euch auf eine Stelle des Schulhofs und markiert sie auf dem Plan.

② Dreht euch dann so, dass ihr in Richtung Norden schaut. Zeichnet im Plan einen roten Pfeil in Richtung des Objekts, auf das ihr schaut. Schreibt Norden an den Pfeil.

③ Zeichnet von eurem Standort Linien zu wichtigen Orten eurer Schule (Mensa, Sporthalle, Bushaltestelle, Aula, …) und schreibt die zugehörigen Gradzahlen an die Linien.

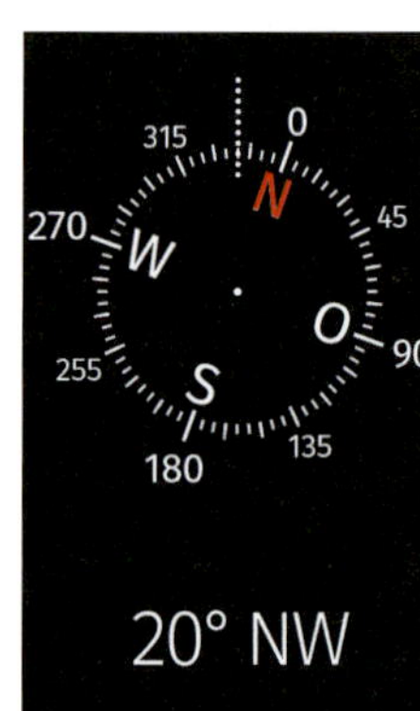

Wiederholungsaufgaben

Die Ergebnisse der Aufgaben ergeben Begriffe aus der Stadt.

1. Berechne.
a) $\frac{1}{4}$ von 60 kg = ■ kg b) $\frac{1}{5}$ von 70 € = ■ €
c) $\frac{2}{3}$ von 36 min = ■ min c) $\frac{4}{5}$ von 100 m = ■ m

2. a) Runde auf Einer: 7,063
b) Runde auf Zehntel: 0,472
c) Runde auf Hundertstel: 1,809

---

3. Ordne jedem Körper den richtigen Namen zu.

Ⓐ 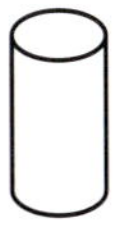 Ⓑ 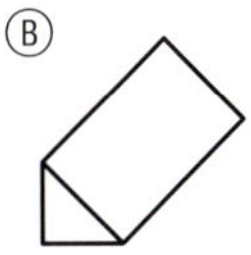

Würfel (24), Quader (23), Pyramide (22), Prisma (21), Zylinder (20)

4. Wandle um.
a) 2,3 m = ■ cm b) 490 mm = ■ cm
c) 240 min = ■ h d) 72 h = ■ Tage

---

5. Rechne geschickt.
a) 27 + 36 + 73
b) 14 · 4 · 25
c) 24 · 7 + 24 · 3

6. Aus welchem Netz lässt sich ein Würfel falten?

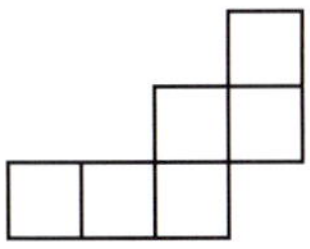 (30) 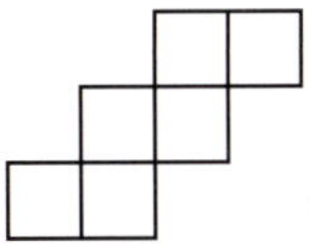 (40)

---

7. Berechne.
a) 23 708 + 16 843
b) 8 943 – 3 065
c) 2 683 · 17

8. Vervollständige die Sätze.
a) Ein Quader hat ■ Ecken und ■ Kanten.
b) Das Netz eines Quaders besteht aus ■ Rechtecken.
Davon sind jeweils ■ gleich groß.

U | 0,5	S | 1,81
T | 1,9	F | 2
L | 2,4	M | 3
U | 4	T | 4,9
O | 6	A | 7
N | 7,1	N | 8
T | 10	H | 12
A | 14	R | 15
M | 20	U | 21
N | 23	T | 24
L | 30	K | 40
E | 49	H | 80
B | 126	P | 136
K | 146	S | 230
R | 240	A | 1 400
A | 5 878	U | 5 922
B | 40 551	H | 45 611

«

Digital+ WES-128745-118

Achsenspiegelung und Achsensymmetrie

Der Garten soll auf einem leeren Grundstück angelegt werden.

Wie sind Weg und Pflanzen angeordnet?

Der Gärtner zeichnet auf dem Plan nur die Hälfte des Gartens. Warum?

1. Übertrage ins Heft. Vervollständige die halben Gartenpläne spiegelbildlich an der roten Linie.

a)

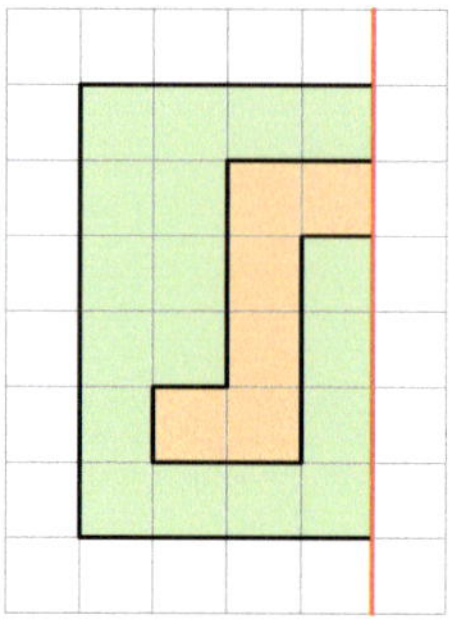

b)

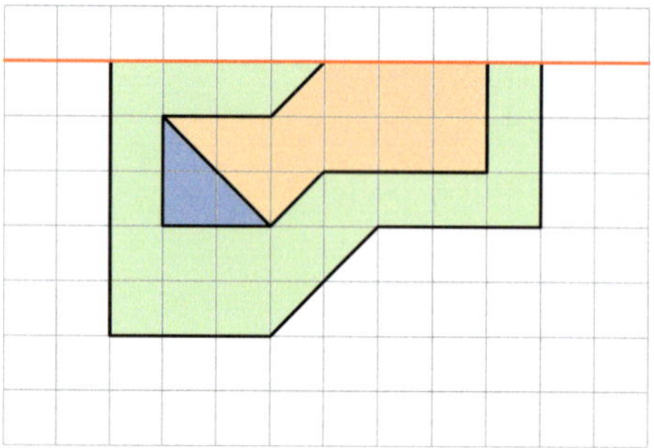

c)

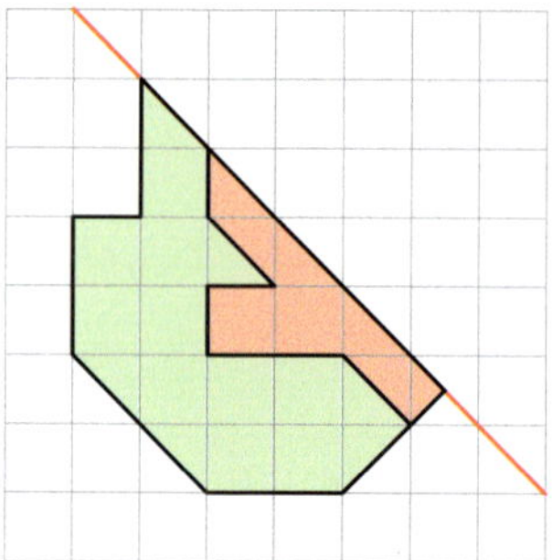

Die Achsenspiegelung Video

So spiegelst du einen Punkt A an einer **Spiegelachse s**:

① Lege die Mittellinie des Geodreiecks so auf die Spiegelachse s, dass der Punkt A auf der Zentimeterskala liegt.

② Markiere den **Bildpunkt A′** im gleichen Abstand wie A auf der anderen Seite der Spiegelachse.

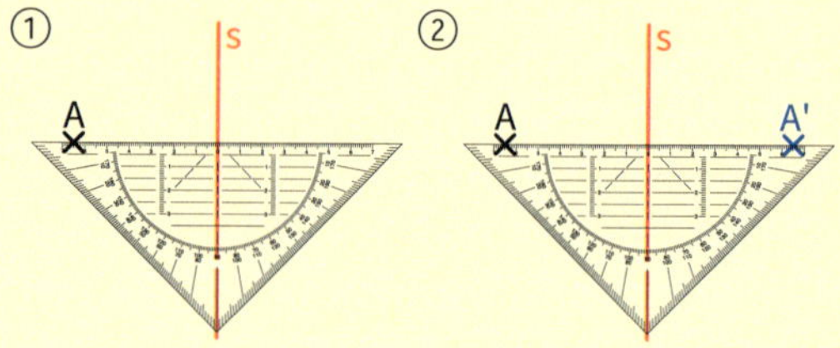

Eine Figur ist **achsensymmetrisch**, wenn beim Falten an der **Symmetrieachse** beide Hälften zur Deckung kommen.

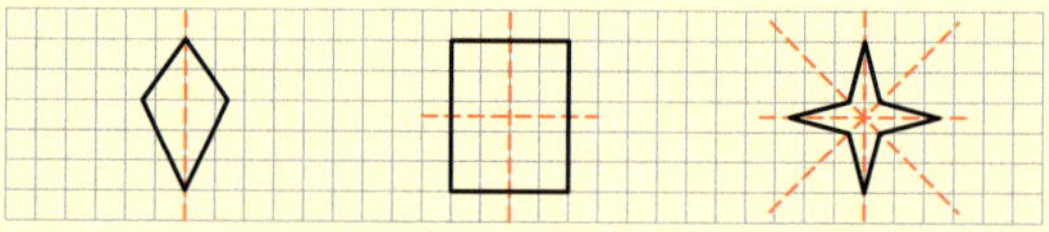

eine Symmetrieachse zwei Symmetrieachsen vier Symmetrieachsen

2. Überprüfe, ob die Achsenspiegelung richtig durchgeführt wird. Erkläre mögliche Fehler.

a)

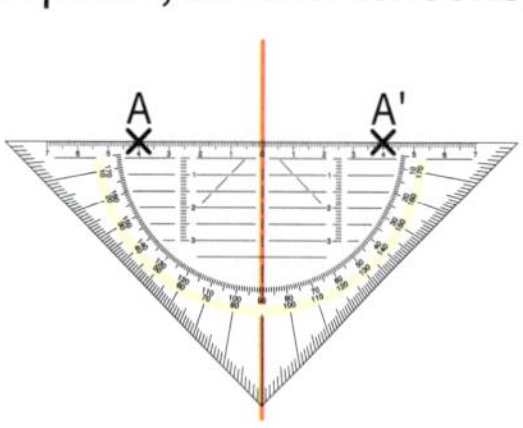

b)

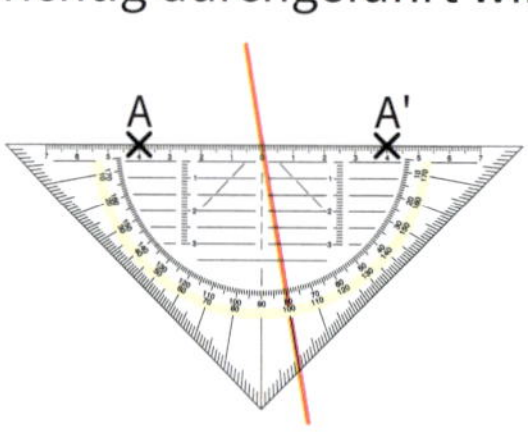

c)

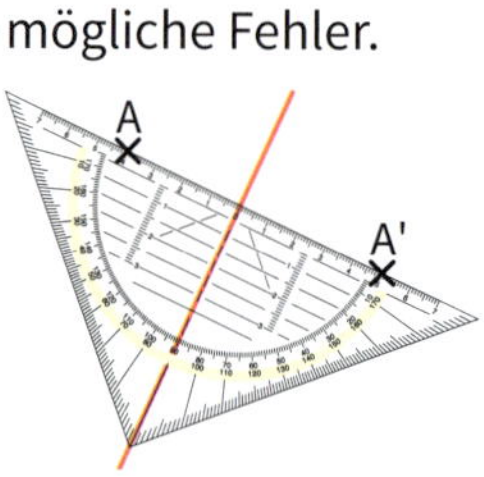

Aufgabe 1 – 4

1. Übertrage die Figur ins Heft und zeichne alle Symmetrieachsen ein.

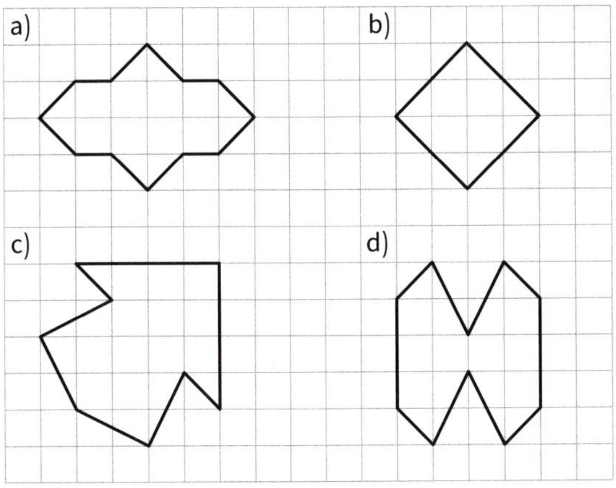

2. Übertrage in dein Heft. Spiegle die Punkte A und B an der Spiegelachse s.

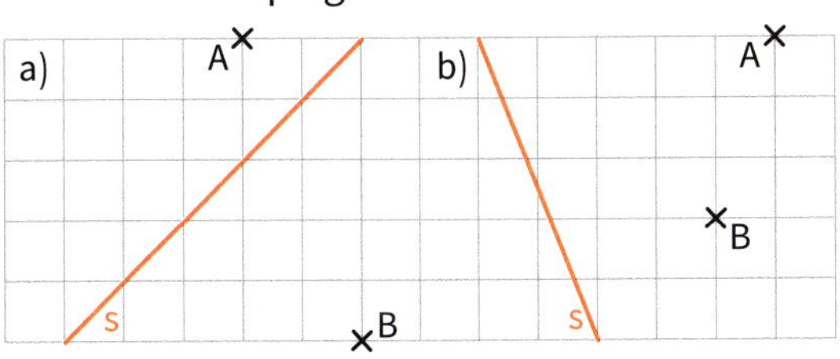

3. Übertrage in dein Heft. Spiegle das Dreieck an der Spiegelachse s, indem du jeden Eckpunkt einzeln spiegelst.

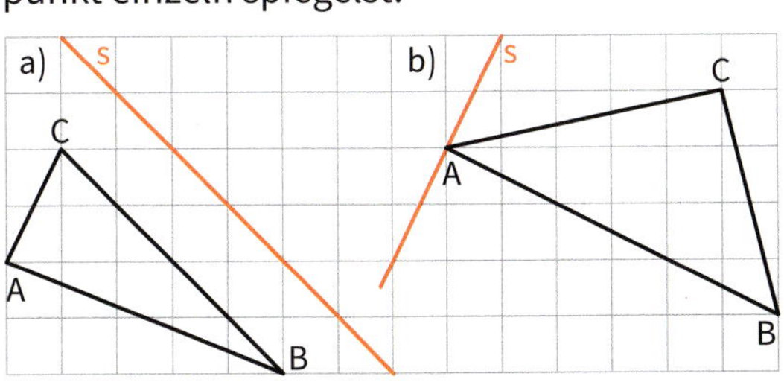

4. ① Jeder zeichnet eine Spiegelachse s und ein Dreieck oder Viereck zum Spiegeln auf weißes Blatt Papier.
② Tauscht die Hefte und spiegelt die Figur eures Partners oder eurer Partnerin.
③ Kontrolliert gemeinsam alle Bildpunkte. Wenn ihr Fehler entdeckt, korrigiert sie.

Aufgabe 5 – 8

5. Zeichne ein Koordinatensystem (1 LE = 1 cm).
① Zeichne eine Gerade s durch die Punkte A(1 | 0) und B(13,5 | 10).
② Trage die Punkte P(3,5 | 2), Q(4,5 | 11), R(8,5 | 2) und S(9,5 | 9,5) ein und spiegle sie an der Geraden s.

6. Hier wurde nicht immer richtig gespiegelt. Erklärt euch gegenseitig, wie die Fehler entstanden sein könnten.

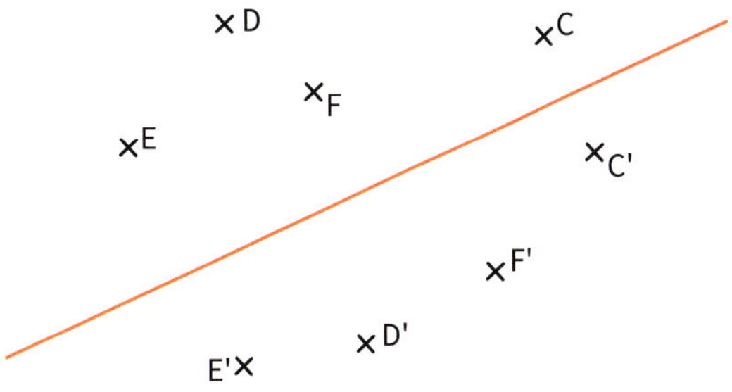

7. Übertrage in dein Heft. Ergänze die Gerade, an der das Viereck ABCD gespiegelt wurde.

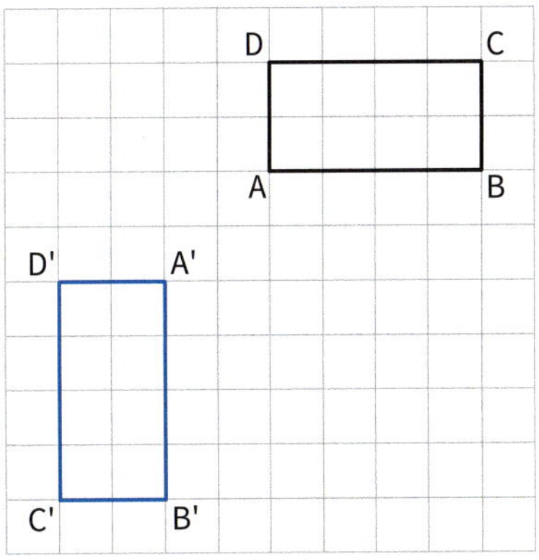

8. Übertrage in dein Heft. Spiegle die Figur an der Spiegelachse s.

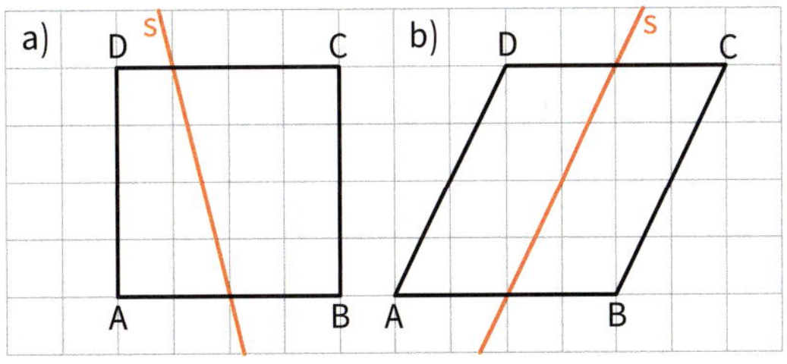

Digital+
WES-128745-120

Punktspiegelung und Punktsymmetrie

Der Regenschirm besteht aus mehreren Stoffteilen. Beschreibt die Anordnung der Teile. Könnt ihr hier eine Symmetrieachse einzeichnen?

1. Sechs Freunde sitzen auf einem Karussell. Vergleicht die beiden Abbildungen. Was könnte passiert sein? Diskutiert eure Ideen.

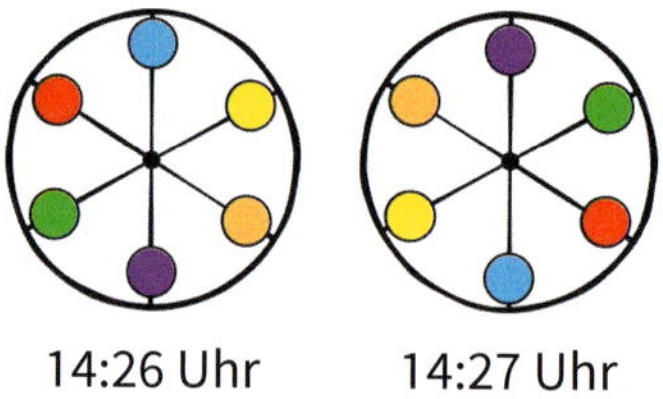

Die Punktspiegelung
So spiegelst du einen Punkt A an einem **Spiegelzentrum Z**:

① Zeichne vom Punkt A einen Strahl durch Z.
② Markiere den **Bildpunkt A′** auf der anderen Seite von Z, sodass er
- auf dem Strahl $\overline{AZ}$ liegt und
- von Z den gleichen Abstand hat wie A.

Video

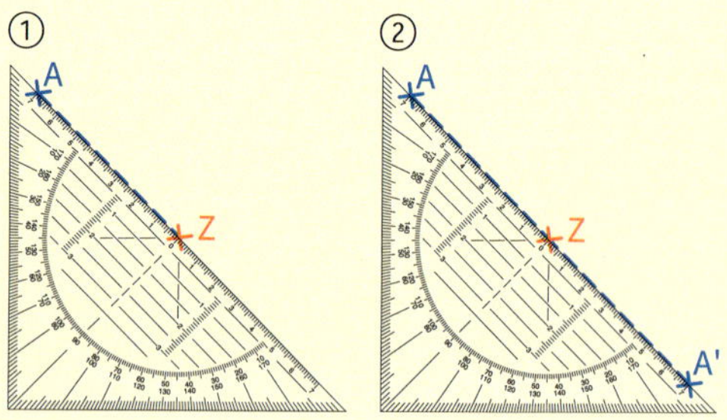

2. Übertrage ins Heft und spiegle den Punkt am Spiegelzentrum Z.

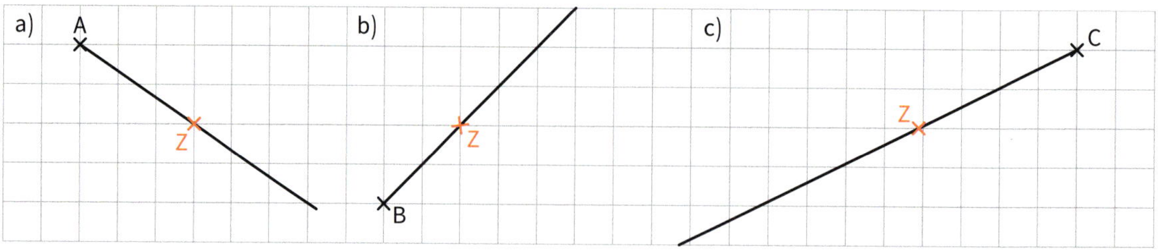

3. Übertrage ins Heft. Spiegle die Figur am Spiegelzentrum Z, indem du die Eckpunkte einzeln spiegelst.

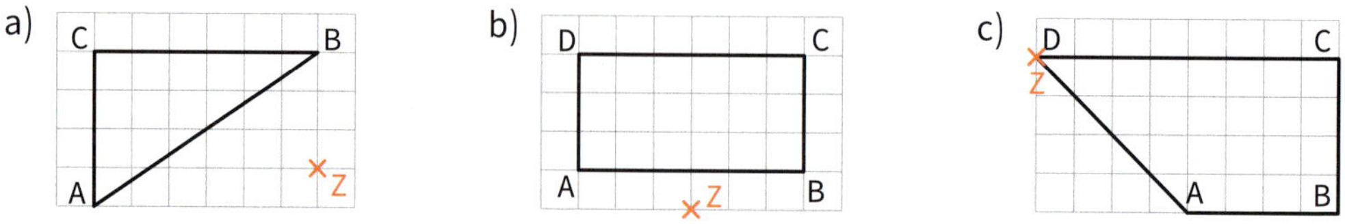

Digital+ WES-128745-121

4. Die blaue Figur ist durch Punktspiegelung der schwarzen Figur entstanden.

a)
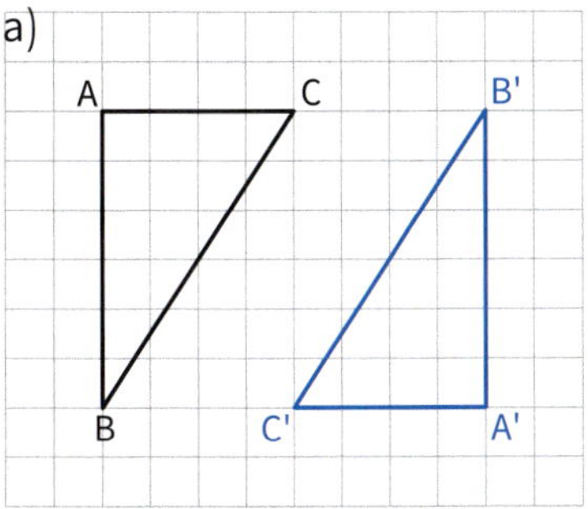

b)
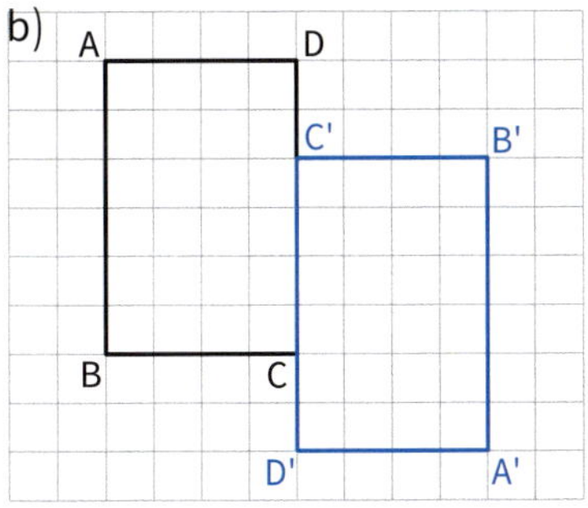

c)
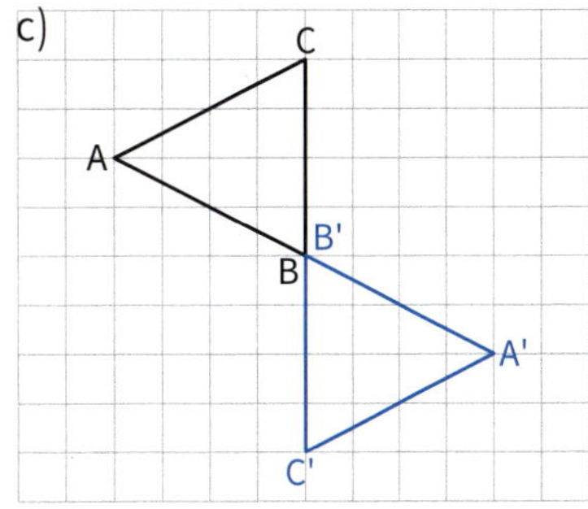

① Übertrage die Abbildung in dein Heft und verbinde die Originalpunkte mit ihren Bildpunkten.

② Kennzeichne das Spiegelzentrum Z, an dem gespiegelt wurde.

Video

Die Punktsymmetrie

Eine Figur heißt **punktsymmetrisch**, wenn sie nach einer Punktspiegelung an einem Punkt Z mit sich selbst zur Deckung kommt.

Der Punkt Z heißt **Symmetriezentrum**.

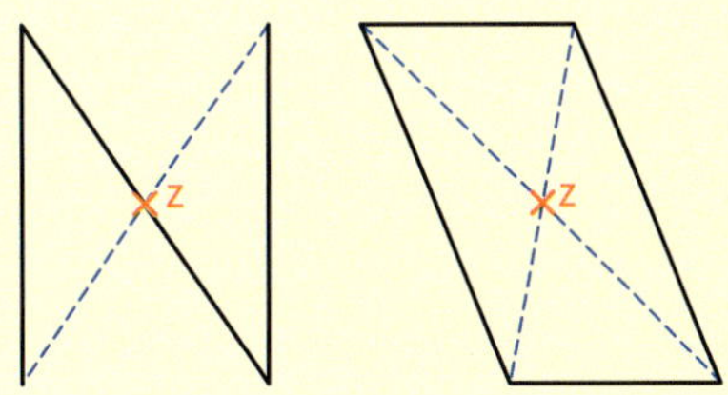

5. Welche der Figuren und Gegenstände sind punktsymmetrisch? Begründe.

a) 
b) 
c) 
d) 
e) 

6. Welche Buchstaben sind punktsymmetrisch?

a) Zeichne die punktsymmetrischen Buchstaben auf kariertes Papier.

b) Zeichne jeweils das Symmetriezentrum Z farbig ein.

A B C D E F G H I
J K L M N O P Q
R S T U V W X Y Z

7. Überprüft Marthas Aussage:

Zeichnet dafür punktsymmetrische Figuren (z. B. Quadrat, Parallelogramm) zweimal auf Karopapier. Kennzeichnet das Symmetriezentrum Z. Schneidet eine der Figuren aus und verbindet die Figuren mit einer Pinnadel genau im Symmetriezentrum. Führt mit der oberen Figur eine halbe Drehung aus.

Eine punktsymmetrische Figur ist nach einer halben Drehung um das Symmetriezentrum mit sich deckungsgleich.

»

Aufgabe 1 – 3

1. Übertrage die Figur ins Heft. Spiegle sie am Spiegelzentrum Z.

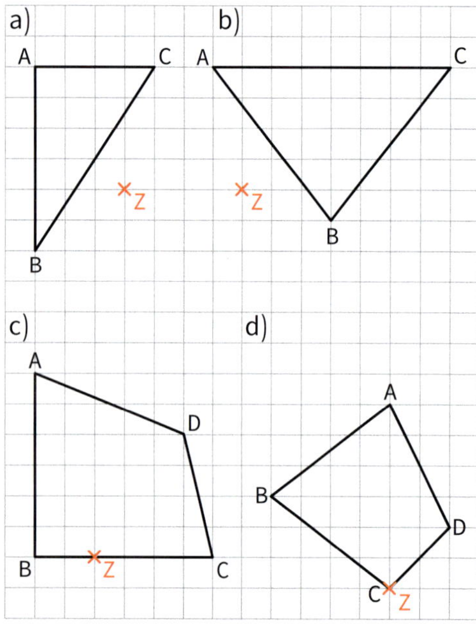

2. Übertrage ins Heft.
① Spiegle die Punkte A, B, C und D an Z.
② Zeichne eine Gerade g durch die Punkte A, B, C und D sowie eine Gerade h durch A′, B′, C′ und D′. Wie liegen die Geraden g und h zueinander?

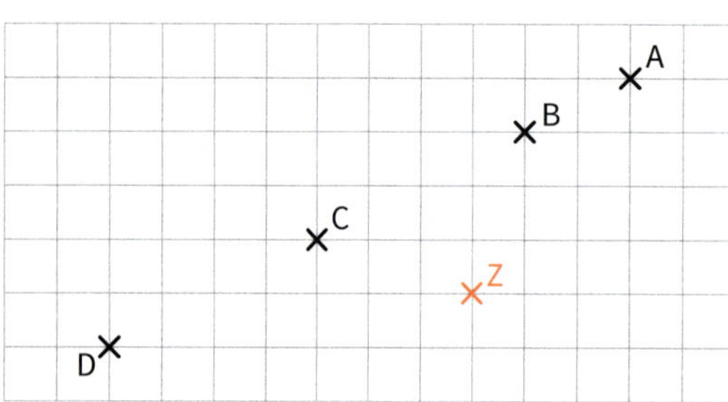

3. Entscheidet, welche der Spielkarten punktsymmetrisch sind. Begründet eure Entscheidung.

Aufgabe 4 – 6

4. Übertrage die Figur ins Heft. Färbe die weißen Felder so, dass die Figur punktsymmetrisch ist. Kennzeichne auch das Symmetriezentrum Z.

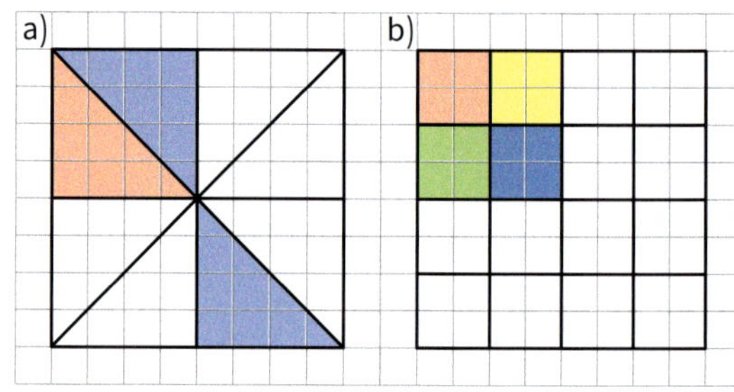

5. Übertrage die Figur ins Heft und zeichne das Symmetriezentrum Z ein.

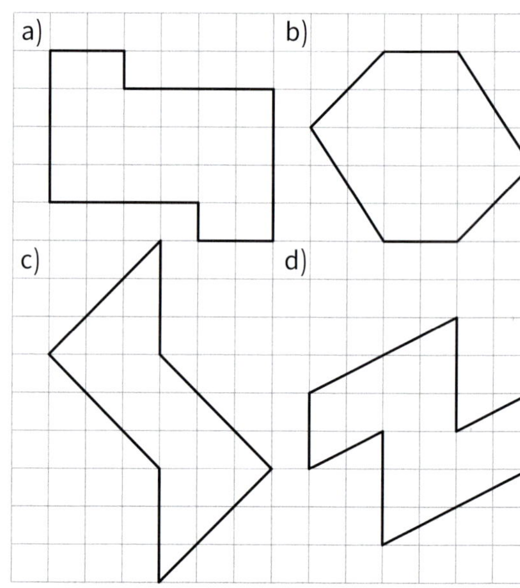

6. Henri hat bei seiner Punktspiegelung Fehler gemacht. Nennt seine Fehler und berichtigt sie im Heft.

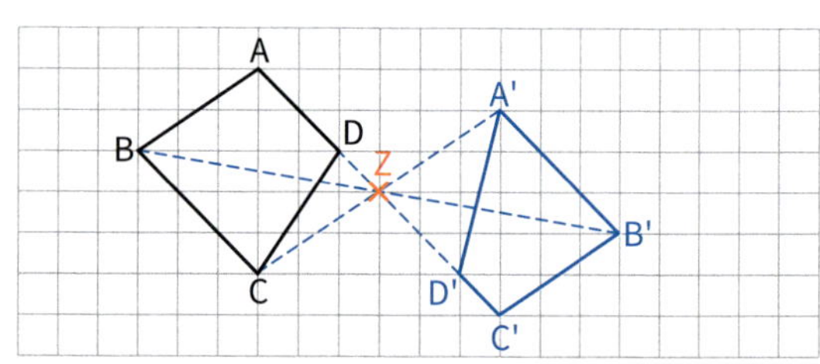

Aufgabe 7 – 9

7. Übertrage die Figur ins Heft. Spiegle sie am Spiegelzentrum Z.

a)

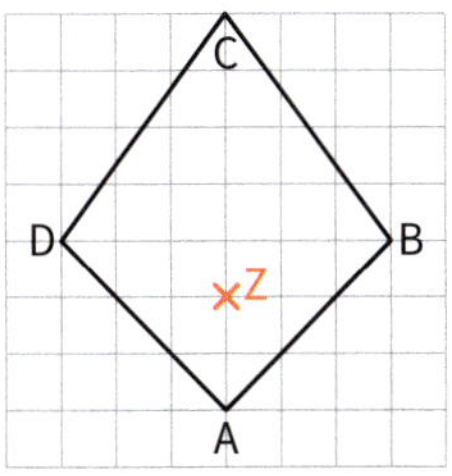

b)

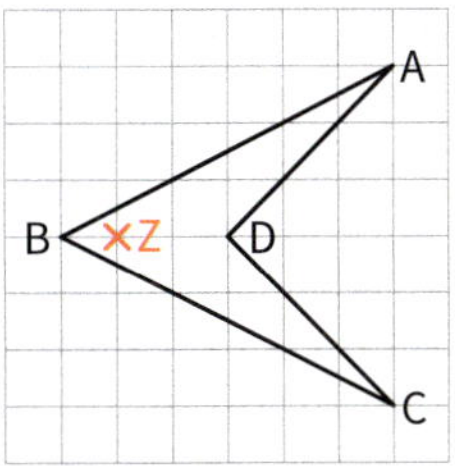

8. Übertrage das Muster ins Heft. Färbe die weißen Flächen so, dass ein punktsymmetrisches Muster entsteht.

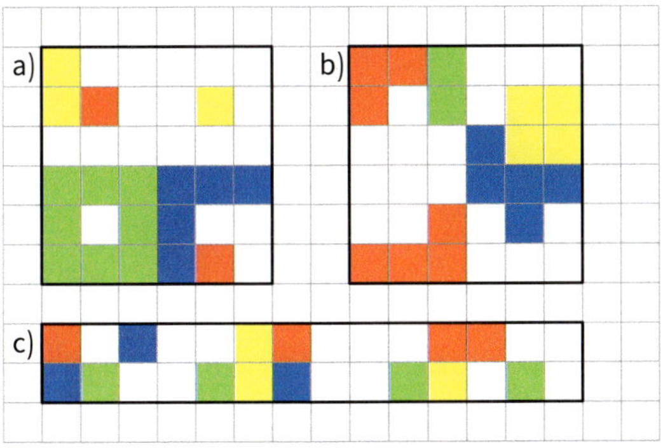

9. a) Zeichne in ein Koordinatensystem (1 LE = 1 cm) das Fünfeck mit den Eckpunkten A(5|9), B(1|4), C(7|1), D(9|4) und E(8|8) sowie den Punkt Z(7|6).

① Spiegle die Figur ABCDE an Z.

② Übertrage die Tabelle ins Heft und vervollständige sie.

Originalpunkt	A(5|9)	B(1|4)	…
Spiegelzentrum	Z(7|6)	Z(7|6)	Z(7|6)
Bildpunkt	A′(▒|▒)	B′(▒|▒)	…

③ Formuliere eine Regel, mit der man die Koordinaten der Bildpunkte berechnen kann.

b) Der Punkt A(2|5) soll am Spiegelzentrum Z(8|4) gespiegelt werden. Gib die Koordinaten des Bildpunkts A′ an, ohne zu zeichnen.

Aufgabe 10 – 12

10. Übertrage die Abbildung ins Heft.

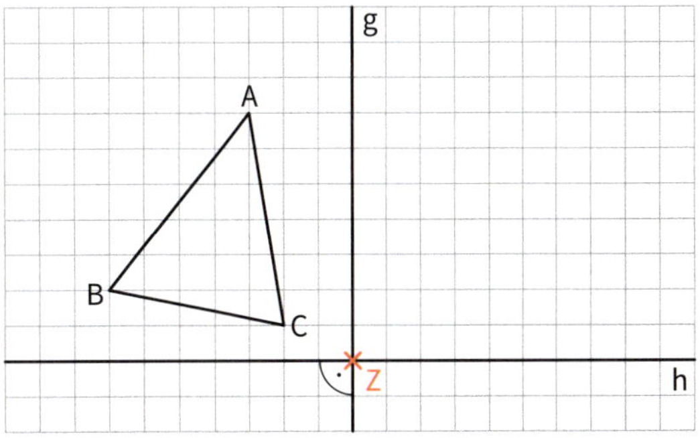

① Spiegle die Figur erst an der Geraden g und die Bildfigur dann an der Geraden h.

② Spiegle die Originalfigur am Punkt Z.

③ Was stellst du fest? Beschreibe den Zusammenhang von Geraden- und Punktspiegelung.

11. Wahr oder falsch? Begründe deine Antwort.

a) In einem punktsymmetrischen Vieleck sind alle Eckpunkte gleich weit vom Symmetriezentrum entfernt.

b) In einem punktsymmetrischen Vieleck gibt es Paare von parallelen Seiten.

c) In einem punktsymmetrischen Vieleck gibt es immer eine gerade Anzahl von Eckpunkten.

12. Übertrage und ergänze so, dass eine punktsymmetrische Figur ABCDEF entsteht. Dabei ist D Bildpunkt von A, E Bildpunkt von B und F Bildpunkt von C.

a)

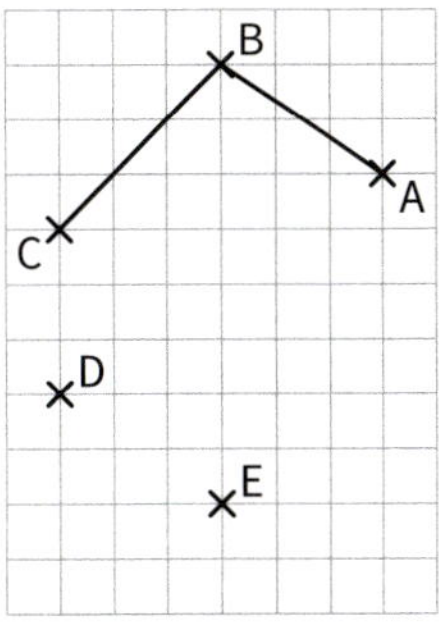

b)

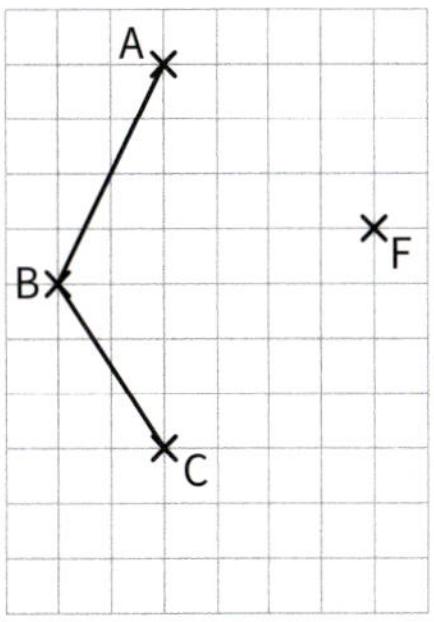

«

Digital+ WES-128745-124

Drehsymmetrie und Drehung

Wie viele Gondeln hat das kleine Riesenrad?

Wie groß ist der Winkel zwischen zwei nebeneinanderliegenden Gondelarmen?

Um wie viel Grad hat sich das Riesenrad gedreht, wenn alle Gondeln drei Positionen weiterrücken?

1. Auf dem Stadtfest dreht Luca am Glücksrad. Zu seiner Überraschung sieht das Glücksrad nach dem Drehen genauso aus wie vor dem Drehen.
a) Erklärt, warum das möglich ist.
b) Gebt mögliche Drehwinkel an.

Drehsymmetrie Video

Eine Figur heißt **drehsymmetrisch**, wenn sie beim Drehen um ein **Drehzentrum Z** mit sich selbst zur Deckung kommt. Der **Drehwinkel** α gibt an, wie weit die Figur gedreht wird.

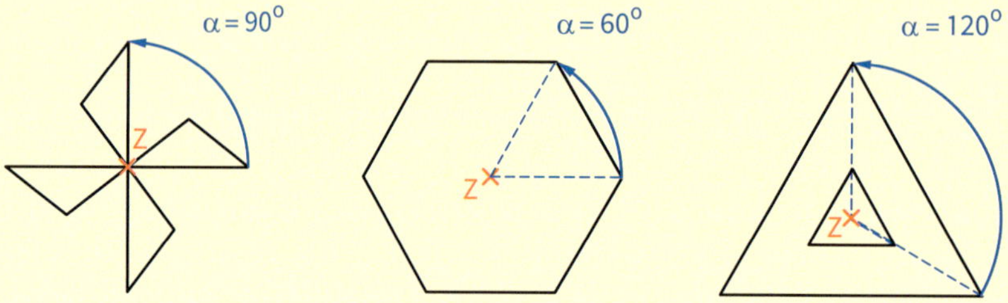

2. Gib für die drehsymmetrische Figur das Drehzentrum an. Nenne verschiedene Drehwinkel, mit denen die Figur auf sich selbst abgebildet wird.

a) 

b) 

c) 

d) 

e) 

3. Finde drehsymmetrische Figuren in deiner Schule. Gib das Drehzentrum und den Drehwinkel an.

Aufgabe 1 – 2

1. Welche Vierecke sind drehsymmetrisch? Übertrage alle drehsymmetrischen Vierecke ins Heft, zeichne das Drehzentrum Z ein und markiere den Drehwinkel α mit einem Pfeil.

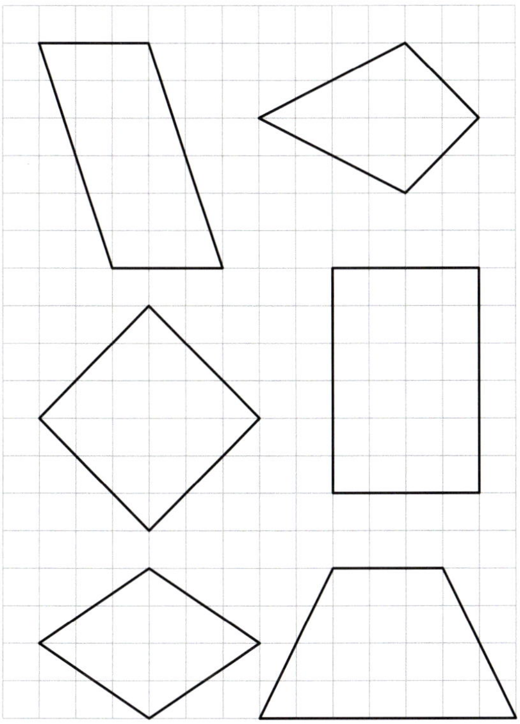

2. Übertrage ins Heft und führe eine Drehung um 90° um das Drehzentrum Z aus. Drehe immer gegen den Uhrzeigersinn.

a)
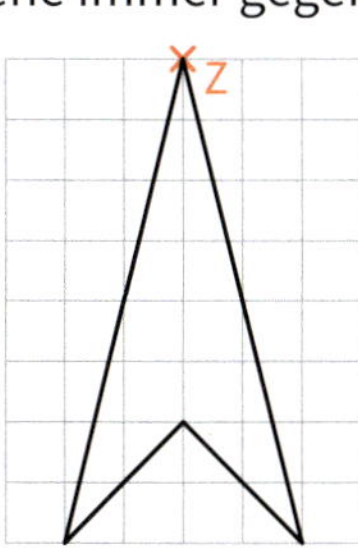

b)
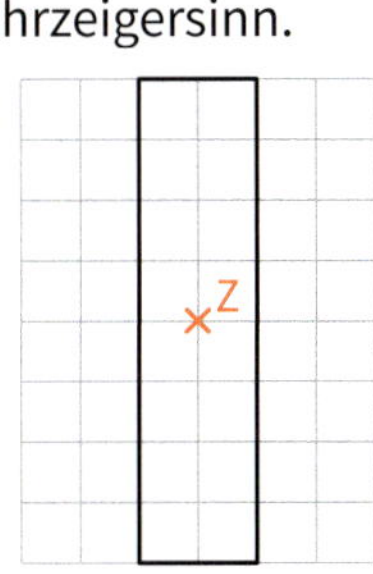

c)
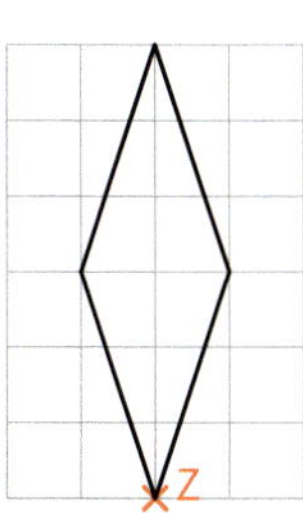

d)
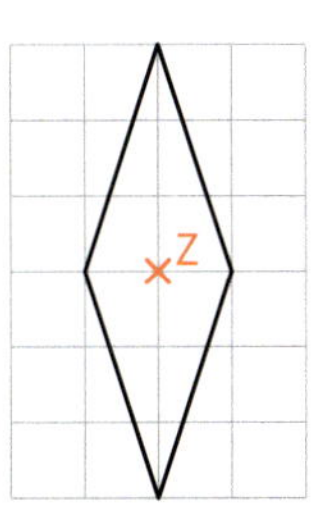

Aufgabe 3 – 4

3. Übertrage in dein Heft. Zeichne das Drehzentrum Z ein, um den die schwarze Figur auf die blaue Figur gedreht wurde und gib den Drehwinkel an.

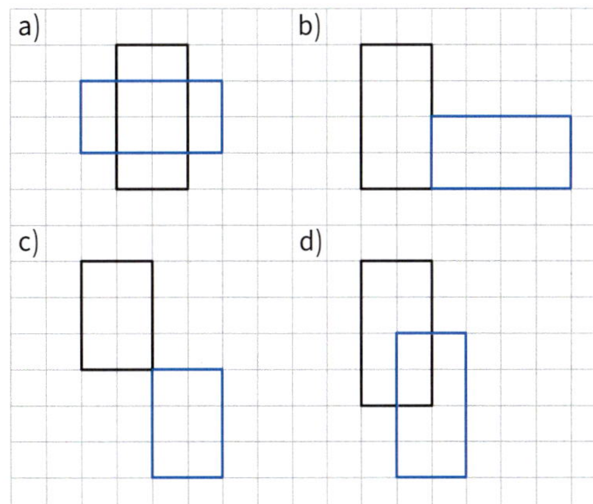

Video

So führst du eine **Drehung** durch:

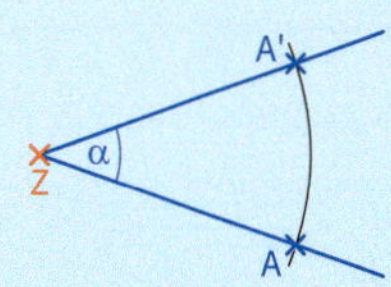

① Verbinde den Originalpunkt A mit dem Drehzentrum Z.
② Zeichne an die Verbindungsstrecke den Drehwinkel α gegen den Uhrzeigersinn, sodass ein zweiter Schenkel entsteht.
③ Markiere A′ mit dem Zirkel im gleichen Abstand zu Z wie A.

4. Übertrage in dein Heft. Drehe den Punkt A mit dem angegebenen Drehwinkel α um das Drehzentrum Z.

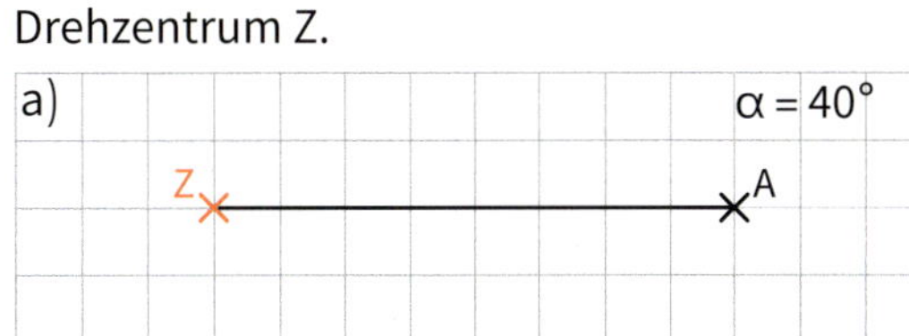

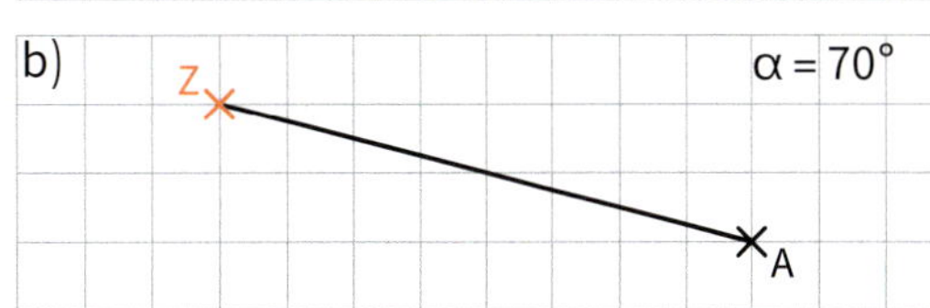

Spiegeln und Drehen von Figuren mit DGS

Mit einer dynamischen Geometriesoftware (DGS) könnt ihr Punkte und Figuren spiegeln und drehen.

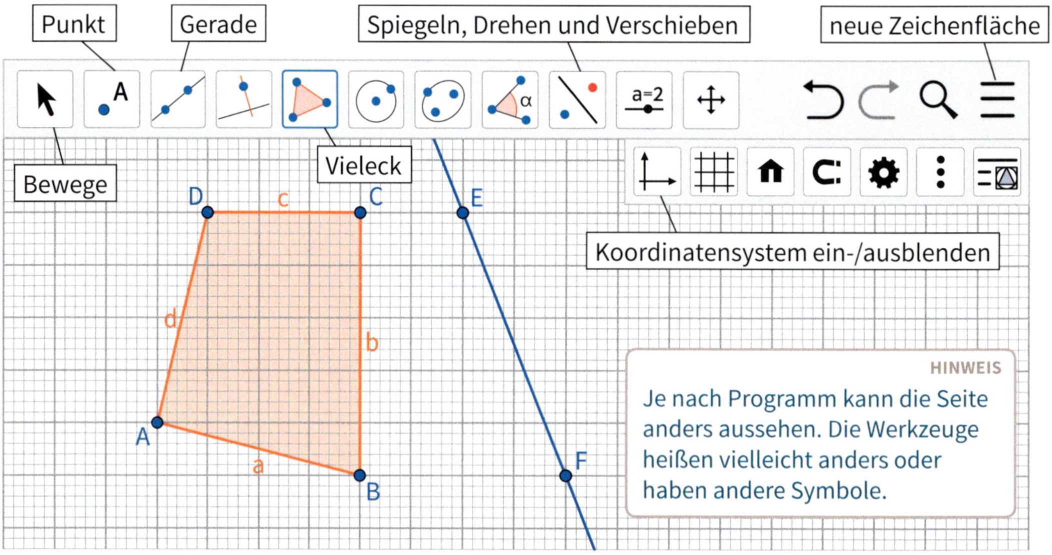

HINWEIS
Je nach Programm kann die Seite anders aussehen. Die Werkzeuge heißen vielleicht anders oder haben andere Symbole.

1. Öffnet eine neue Zeichenfläche in der dynamischen Geometriesoftware.
Blendet die Achsen des Koordinatensystems aus.
Erkundet durch Anklicken, welche Funktionen sich hinter den oben beschrifteten Schaltflächen verbergen.

2. Achsenspiegelung

① Übertragt das oben abgebildete Viereck ABCD.
Nutzt dazu das Werkzeug *Vieleck*.

② Übertragt die Gerade EF aus dem Bild oben mit dem Werkzeug *Gerade*.

③ Führt nun die Achsenspiegelung mit dem Werkzeug *Spiegle an Gerade* aus.
Klickt dafür zuerst das Viereck und dann die Gerade an.

④ Verändert die Lage der Gerade mit dem Werkzeug *Bewege* durch Anklicken der Punkte.
Legt die Gerade so, dass sie …
- … durch einen Eckpunkt des Vierecks verläuft,
- … durch das Viereck verläuft.

Besprecht, was sich an der Bildfigur ändert.

3. Punktspiegelung

① Zeichnet ein beliebiges Sechseck und einen Punkt außerhalb der Figur.

② Spiegelt das Sechseck an dem Punkt mit dem Werkzeug *Spiegle an Punkt*. Klickt dafür zuerst das Sechseck und dann den Punkt an.

③ Bewegt den Punkt: Legt ihn auf einen Eckpunkt oder in das Sechseck.
Besprecht, was sich an der Bildfigur ändert.

4. Drehung

① Zeichnet ein Dreieck.
② Klickt das Werkzeug *Drehe um Punkt* an.
③ Dreht das Dreieck um einen der Eckpunkte und gebt den Drehwinkel 90° ein.
④ Dreht erneut das Originaldreieck um den gleichen Eckpunkt mit dem Drehwinkel 180°.
⑤ Wiederholt mit dem Drehwinkel 270°.

5. Achsenspiegelung und Drehung

① Übertragt das Fünfeck ABCDE, die Gerade FG und das Drehzentrum H aus der Abbildung.
② Spiegelt das Fünfeck an der Gerade FG.
③ Dreht die Bildfigur um den Punkt H mit dem Drehwinkel 80°.
④ Könnt ihr durch Bewegen des Punktes H die neue Bildfigur A''B''C''D''E'' wieder genau auf ABCDE abbilden? Begründet.

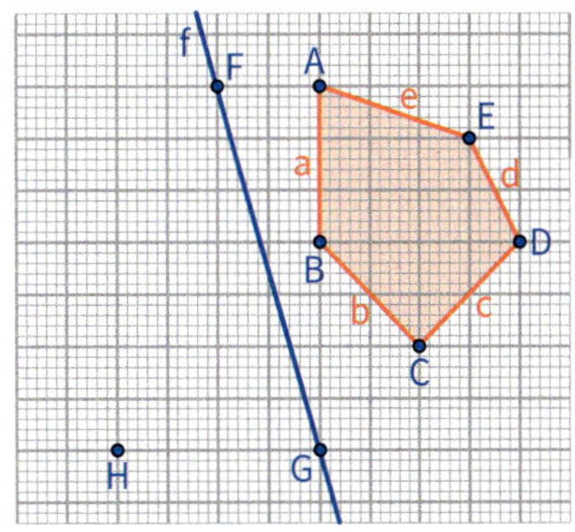

6. Schaut euch die Abbildung genau an. Welche Aussage trifft zu? Begründet eure Entscheidung.

Das Viereck ABCD wurde an einer Gerade gespiegelt und dann verschoben.

Das Viereck ABCD wurde an einem Punkt gespiegelt und dann an einer Gerade gespiegelt.

Das Viereck ABCD wurde an einem Punkt gespiegelt und dann verschoben.

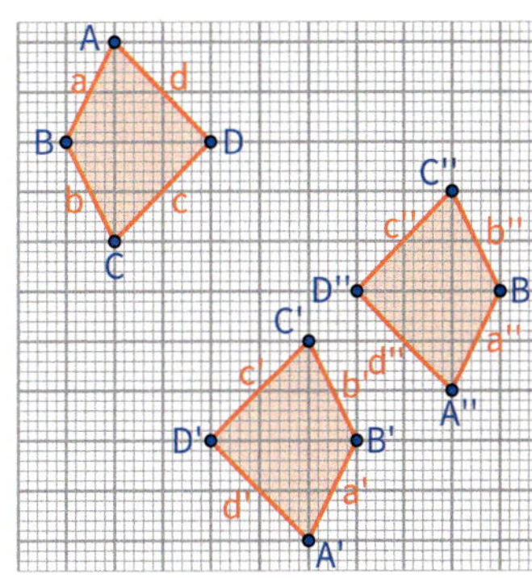

7. Ordnet den Symbolen die passende Bedeutung zu.

BEISPIEL
Vieleck → H

A	B	C	D	E	F	G	H
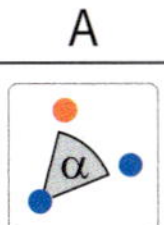	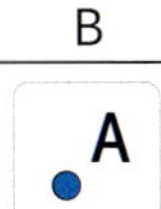	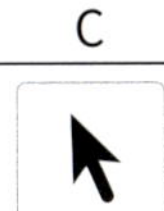	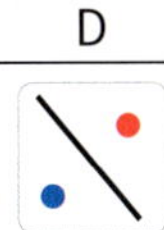	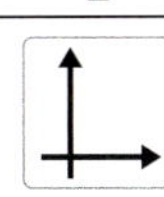	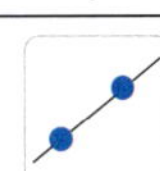	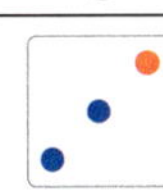	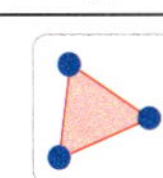
Spiegle an Gerade	Vieleck	Spiegle an Punkt	Bewege	Gerade	Drehe um Punkt	Punkt	Achsen anzeigen oder verbergen

Winkel zeichnen und messen

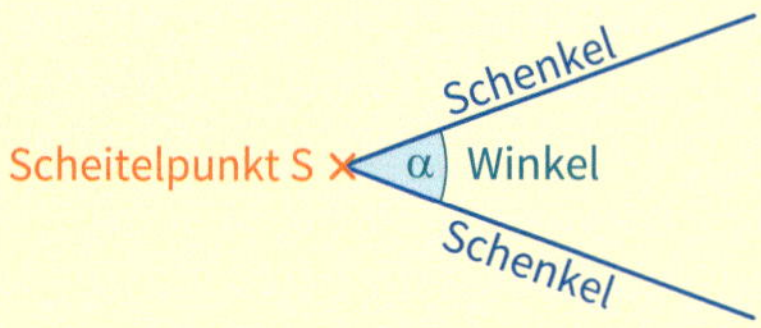

① Lege den Nullpunkt auf den Scheitelpunkt.
② Lege die lange Kante an einen Schenkel.

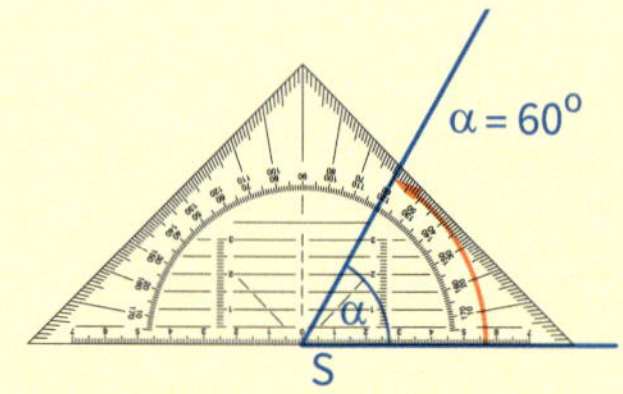

Winkelarten

spitzer Winkel	rechter Winkel	stumpfer Winkel	gestreckter Winkel	überstumpfer Winkel	Vollwinkel

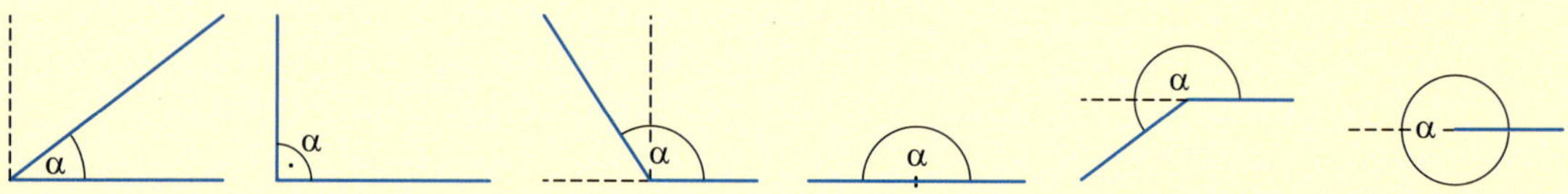

$\alpha < 90°$	$\alpha = 90°$	$90° < \alpha < 180°$	$\alpha = 180°$	$180° < \alpha < 360°$	$\alpha = 360°$

Winkelpaare

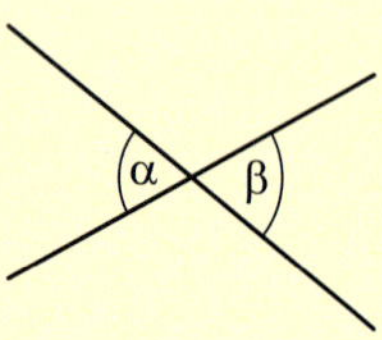

Scheitelwinkel
$\alpha = \beta$

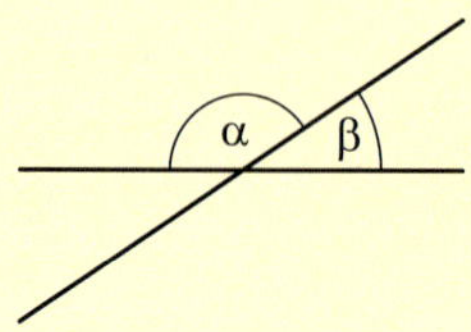

Nebenwinkel
$\alpha + \beta = 180°$

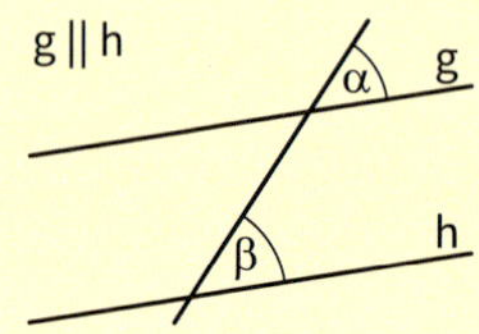

Stufenwinkel
$\alpha = \beta$

Beschriftung von Dreiecken

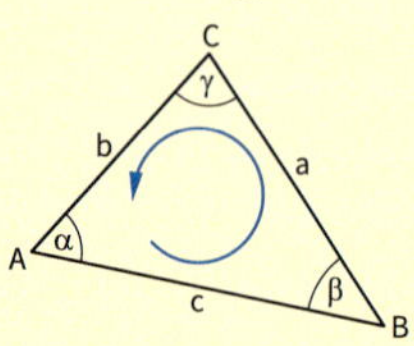

- Eckpunkte mit Großbuchstaben
- Seiten mit Kleinbuchstaben
- Winkel mit griechischen Buchstaben
- gegen den Uhrzeigersinn

Beschriftung von Vierecken

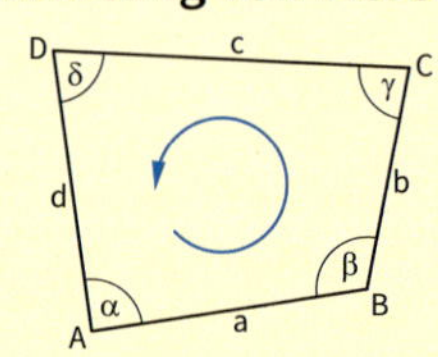

Achsenspiegelung

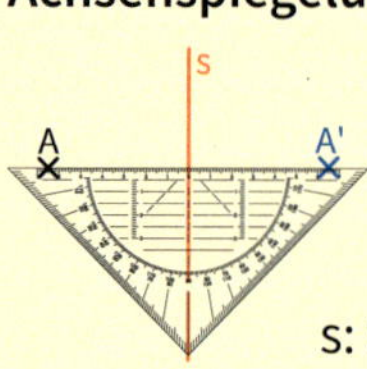

s: Spiegelachse

Punktspiegelung

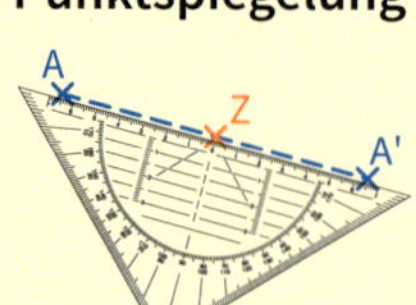

Z: Spiegelzentrum

Drehung

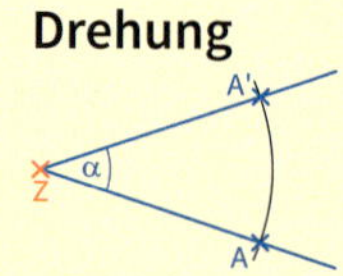

Z: Drehzentrum
α: Drehwinkel

Achsensymmetrie

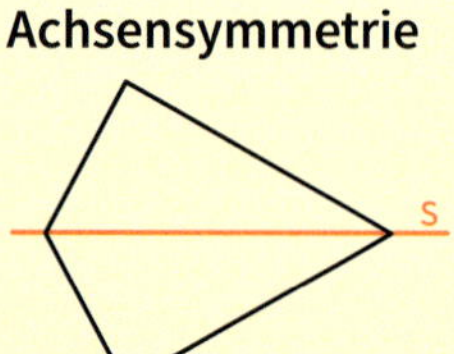

s: Symmetrieachse

Punktsymmetrie

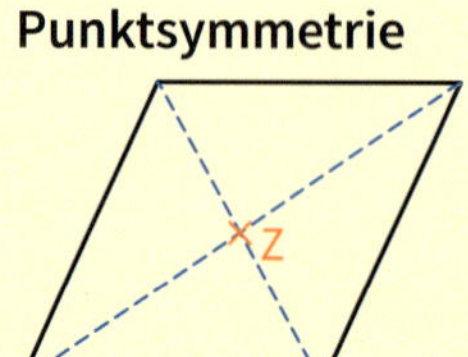

Z: Symmetriezentrum

Drehsymmetrie

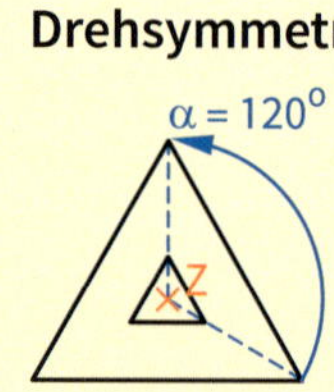

Z: Drehzentrum

Aufgabe 1 – 4

1.

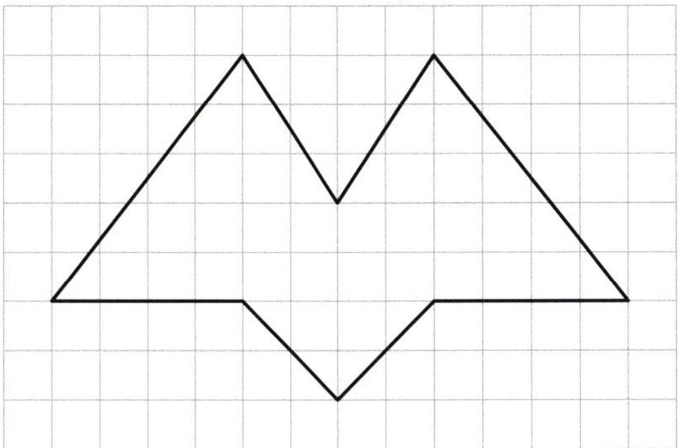

Übertrage die Figur ins Heft. Zeichne alle Winkelbögen ein. Färbe …

a) … spitze Winkel rot,
b) … rechte Winkel blau,
c) … stumpfe Winkel grün,
d) … überstumpfe Winkel gelb.

2. ① Zeichnet gegenseitig in eure Hefte zwei spitze und zwei stumpfe Winkel. Notiert die Winkelgrößen auf einem Zettel.

② Tauscht die Hefte zurück, messt die Winkel und schreibt die Winkelart dazu. Kontrolliert euch gegenseitig.

3. Miss den Steigungswinkel α der Straße.

4.

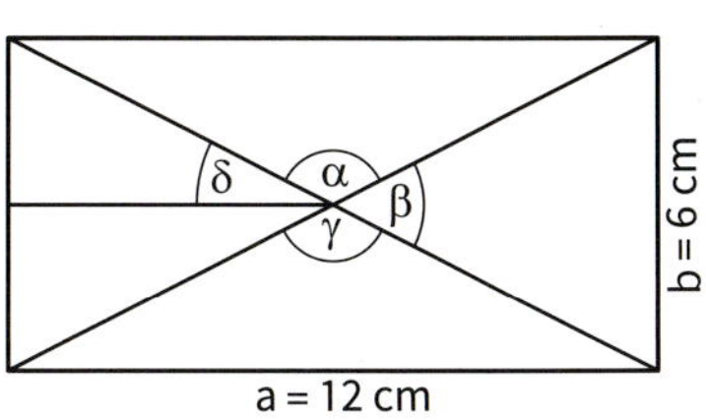

a) Zeichne das abgebildete Rechteck mit den eingezeichneten Strecken in dein Heft. Miss alle eingezeichneten Winkel.

b) Benenne je zwei Scheitelwinkel, Nebenwinkel und Stufenwinkel im Rechteck.

Aufgabe 5 – 8

5. Berechne die Winkel α, β und γ.

a)
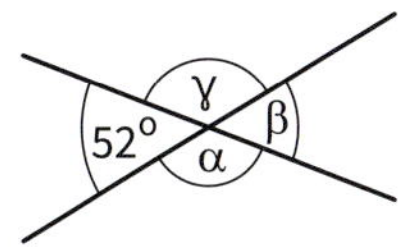

b)
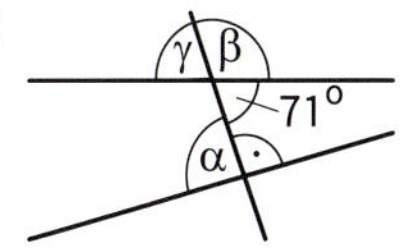

c)
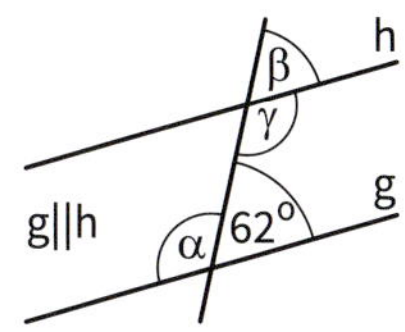

d)
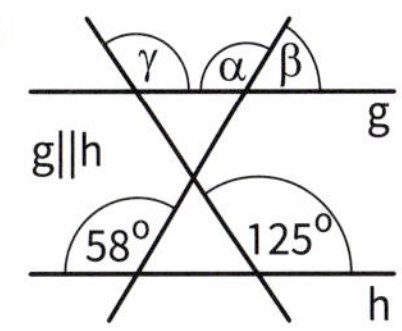

6. Übertrage die Figur in dein Heft und vervollständige die Beschriftung.

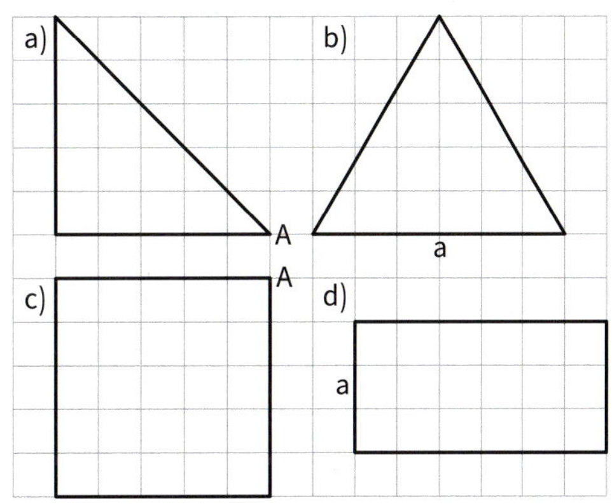

7. Übertrage ins Heft. Spiegle das Viereck ABCD an der Spiegelachse s.

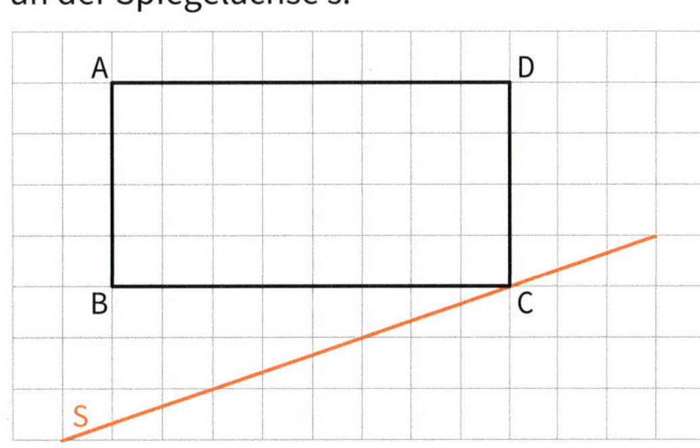

8. Ergänze im Heft mit **einem** Kästchen zu einer achsensymmetrischen Figur.

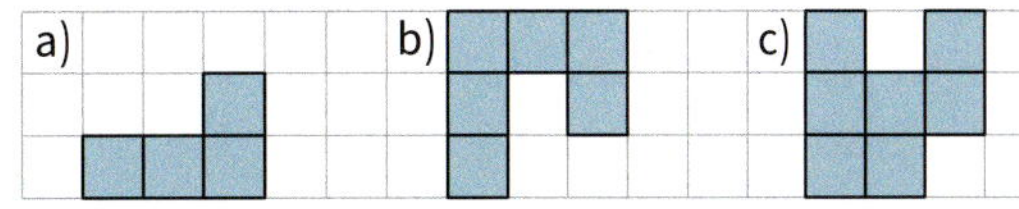

Lösungen → Seite 279

Aufgabe 9 – 12

9. Zeichne den Winkel. Notiere neben deine Zeichnung die zugehörige Winkelart.

a) 90° b) 35° c) 180° d) 117°

10. Übertrage ins Heft und spiegle das Dreieck ABC am Spiegelzentrum Z.

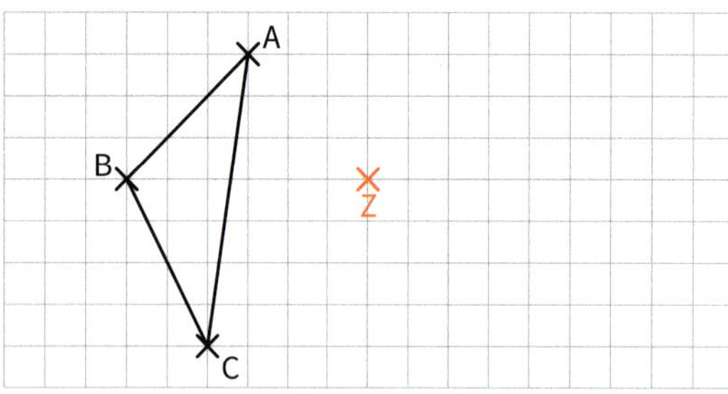

11. Gib verschiedene Drehwinkel an, mit denen die Figur wieder auf sich abgebildet wird.

a)

b)

12. Rima hat ein kariertes Blatt Papier in der Mitte gefaltet und entlang der gestrichelten Linien drei Figuren ausgeschnitten.

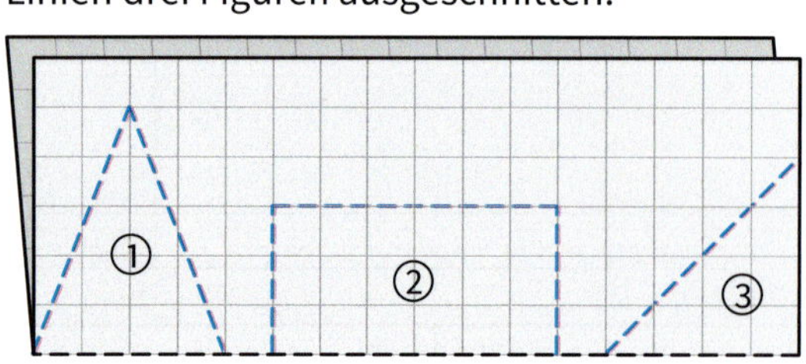

a) Wie sehen die Figuren nach dem Aufklappen aus? Zeichne sie in dein Heft.

b) Welche Figuren sind punktsymmetrisch? Zeichne in diese Figuren das Symmetriezentrum ein.

c) Welche Figuren sind drehsymmetrisch? Gib für diese Figuren einen möglichst kleinen Drehwinkel an.

Aufgabe 13 – 15

13.

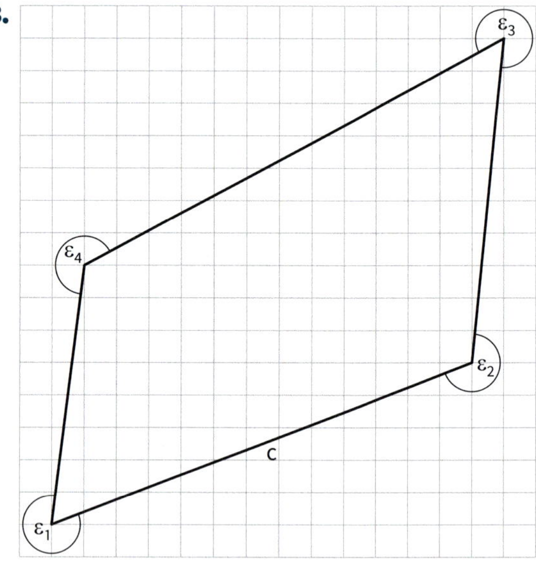

a) Übertrage das abgebildete Viereck in dein Heft und vervollständige seine Beschriftung mit Eckpunkten, Seiten und Winkeln.

b) Bestimme die Größen der gekennzeichneten Winkel ε_1 bis ε_4.

14.

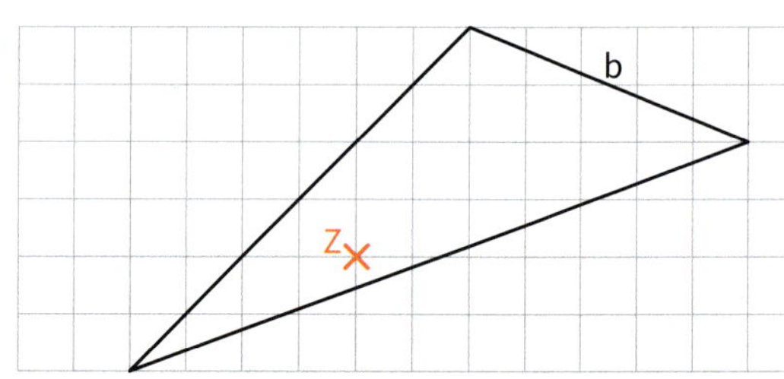

a) Übertrage das abgebildete Dreieck in dein Heft und vervollständige seine Beschriftung mit Eckpunkten und Seiten.

b) Spiegle das Dreieck am Spiegelzentrum Z.

15. Welche Namen sind achsensymmetrisch, welche punktsymmetrisch? Schreibe diese Namen in dein Heft. Zeichne die Symmetrieachse oder das Symmetriezentrum ein.

ONNO OTTO ANNA

AVA IBO INI

Lösungen → Seite 280

Aufgabe 16 – 19

16. Dorian peilt von einem Punkt aus mit einem Kompass zwei Bäume an.

a) Wie groß ist der Winkel zwischen den Bäumen, in dessen Scheitelpunkt Dorian steht? Zeichne den Winkel in dein Heft.
b) Wird der Winkel größer oder kleiner, wenn er auf einen der Bäume zuläuft? Erkläre mit einer Skizze.

17.

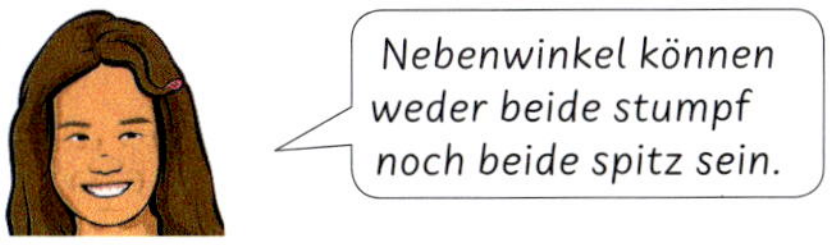

Hat Yasemin Recht? Begründe deine Antwort.

18. Zeichne eine Figur mit den vorgegebenen Eigenschaften.
a) ein achsensymmetrisches Dreieck mit einem stumpfen Winkel
b) ein punktsymmetrisches Viereck, das nicht achsensymmetrisch ist
c) ein achsensymmetrisches Viereck mit einem überstumpfen Winkel

19. Zeichne den Punkt, den Bildpunkt und die zugehörige Spiegelachse in ein Koordinatensystem (1 LE = 1 cm).
a) A(2|4), A′(2|0) b) B(3|2), B′(5|0)
c) C(5|6), C′(7|2) d) D(1|3), D′(2|6)

Aufgabe 20 – 24

20. Zeichne und beschrifte ein Viereck mit einem rechten Winkel α, einem stumpfen Winkel γ und zwei spitzen Winkeln β und δ.

21.

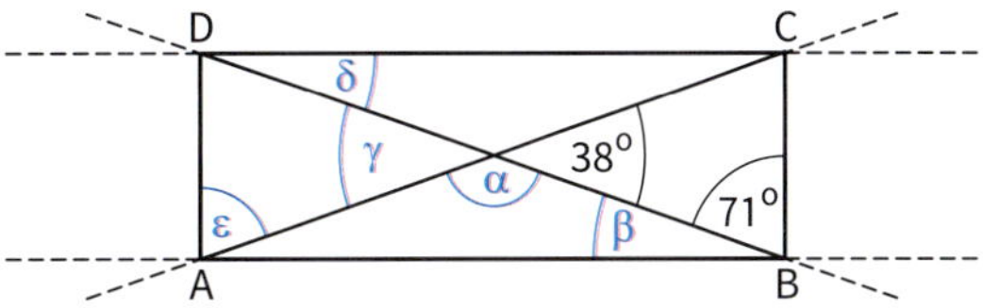

Bestimme die Größen der in das Rechteck eingezeichneten Winkel ohne zu messen. Begründe deine Ergebnisse.

22. Übertrage die Figur in dein Heft.

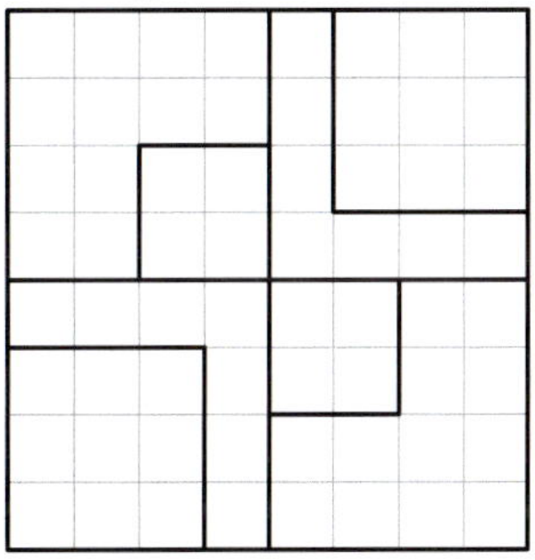

Verändere und färbe das innere Muster der Figur so, dass sie drehsymmetrisch mit einem Drehwinkel von $\alpha = 90°$ ist.

23.

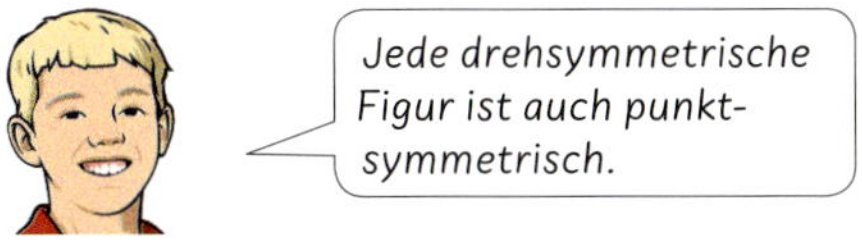

Hat Luca Recht? Begründe deine Antwort.

24. Zeichne das Dreieck ABC mit A(6|7), B(9|7) und C(7|5) sowie den Punkt Z(5|4) in ein Koordinatensystem (1 LE = 1 cm).
a) Spiegle das Dreieck am Spiegelzentrum Z.
b) Zeichne zwei Geraden in das Koordinatensystem, sodass das Dreieck ABC durch eine doppelte Achsenspiegelung auf das Bilddreieck A′B′C′ abgebildet werden kann.

Lösungen → Seite 280

Stadtrallye

Am Wandertag macht die Klasse 6c eine mathematische Stadtrallye. Treffpunkt ist um 8:30 Uhr. Um 9:00 Uhr startet die Rallye. Die Gruppen haben eine Stunde Zeit.

a) Die erste Aufgabe befasst sich mit der Rathausuhr.

① Wie groß ist der Winkel, den der Minutenzeiger seit dem Treffpunkt zurückgelegt hat?

② Wie viel Grad fehlen dem Stundenzeiger bis 12:00 Uhr?

③ Bestimme die Größe des Winkels zwischen dem Minuten- und dem Stundenzeiger am Ende der Rallye um 10:00 Uhr.

b) In der zweiten Aufgabe sollen symmetrische Zeichen fotografiert werden. Kims Gruppe hat sechs Fotos gemacht.

A

B

C

D

E

F

① Welche Zeichen sind achsensymmetrisch, welche sind punktsymmetrisch?

② Welche Zeichen sind drehsymmetrisch? Gib jeweils einen möglichen Drehwinkel an.

c) In der dritten Aufgabe sollen nun selbst symmetrische Zeichen erstellt werden.

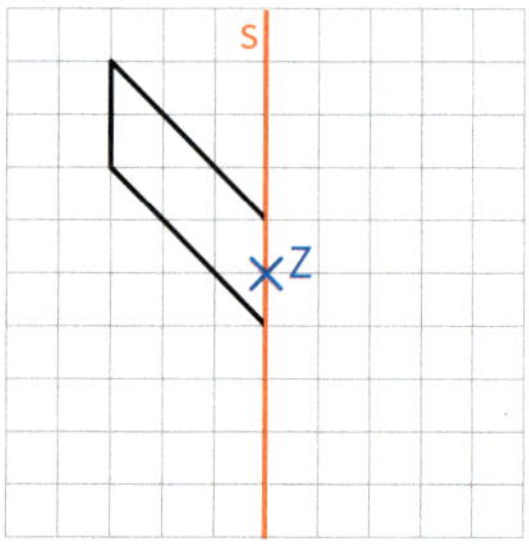

① Übertrage die schwarze Figur mit der roten Spiegelachse s in dein Heft und führe eine Achsenspiegelung durch.

② Übertrage die schwarze Figur mit dem blauen Spiegelzentrum Z in dein Heft und führe eine Punktspiegelung durch.

d) Auf dem Rückweg zum Treffpunkt soll Kims Gruppe den Winkel α zwischen der Hauptstraße und der Fürstenallee bestimmen. Bestimme seine Größe und erkläre, warum du dafür nicht messen musst.

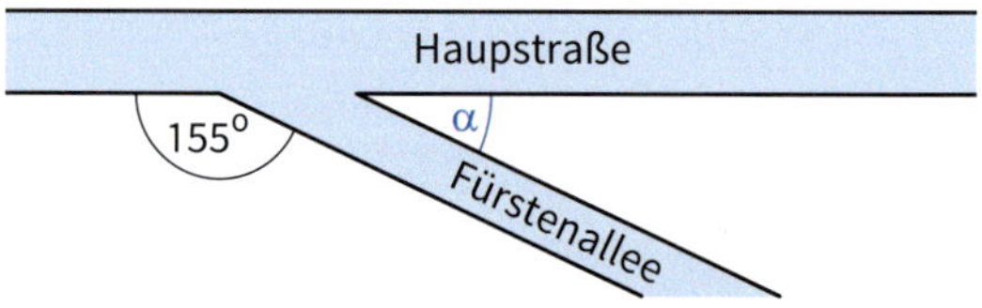

Lösungen → Seite 281

5 | Rechnen mit Brüchen und Dezimalzahlen

1. Erweitere die beiden Brüche auf einen gemeinsamen Nenner.

a) $\frac{1}{2}$ und $\frac{1}{4}$ b) $\frac{2}{3}$ und $\frac{5}{12}$

c) $\frac{2}{5}$ und $\frac{1}{3}$ d) $\frac{1}{8}$ und $\frac{1}{6}$

Ich kann Brüche auf einen gemeinsamen Nenner erweitern.
Das kann ich gut. ✓ | Ich bin noch unsicher. → S. 256, Aufgabe 3, 4

2. Übertrage die angefangene Rechnung in dein Heft und führe sie zu Ende.

a)
```
4 2 3 · 6 2
  2 5 3 8 0
```

b)
```
  4 5 3 6 : 7 = 6
- 4 2
    3
```

Ich kann natürliche Zahlen schriftlich multiplizieren und dividieren.
Das kann ich gut. ✓ | Ich bin noch unsicher. → S. 261, Aufgabe 1-3

3. Berechne im Kopf.

a) $53 \cdot 10 = \square$ b) $24\,000 : 10 = \square$

c) $46 \cdot 100 = \square$ d) $39\,000 : 100 = \square$

e) $18 \cdot 1\,000 = \square$ f) $58\,000 : 1\,000 = \square$

Ich kann natürliche Zahlen mit 10, 100, 1 000 multiplizieren und durch 10, 100, 1 000 dividieren.
Das kann ich gut. ✓ | Ich bin noch unsicher. → S. 262, Aufgabe 1

4. Addiere und subtrahiere schriftlich im Heft.

a)

	T	H	Z	E
	3	0	6	7
+		2	7	3

b)

	T	H	Z	E
	2	8	1	5
−		3	8	4

Ich kann natürliche Zahlen in der Stellenwerttafel addieren und subtrahieren.
Das kann ich gut. ✓ | Ich bin noch unsicher. → S. 262, Aufgabe 2, 3

5. Schreibe den Bruch als Dezimalzahl.

a) $\frac{1}{10}$ b) $\frac{1}{100}$ c) $\frac{1}{1\,000}$

d) $\frac{3}{10}$ e) $\frac{7}{100}$ f) $\frac{9}{1\,000}$

g) $\frac{23}{100}$ h) $\frac{163}{100}$ i) $\frac{999}{1\,000}$

Ich kann Zehntel, Hundertstel und Tausendstel in Dezimalzahlen umwandeln.
Das kann ich gut. ✓ | Ich bin noch unsicher. → S. 263, Aufgabe 1, 2

Lösungen → Seite 282

Wie viel Liter Limonade kannst du ohne Eiswürfel mit dem angegebenen Rezept herstellen?

Wie viele Gläser kannst du mit Limonade füllen, wenn neben Eiswürfeln und Minze in jedes Glas 0,15 Liter Limonade passen?

5 Rechnen mit Brüchen und Dezimalzahlen

In diesem Kapitel lernst du, ...

... wie du Brüche addierst und subtrahierst,

... wie du Brüche vervielfachst und durch natürliche Zahlen teilst,

... wie du Dezimalzahlen addierst und subtrahierst,

... wie du Dezimalzahlen vervielfachst und durch natürliche Zahlen teilst,

... wie du Brüche in Dezimalzahlen umwandelst,

... wodurch sich periodische von abbrechenden Dezimalzahlen unterscheiden.

Eine Limette hat ungefähr 0,1 Liter Saft. Wie viele Limetten musst du für die Limette-Minz-Limonade kaufen? Wie viel Geld benötigst du dafür?

Gleichnamige Brüche addieren und subtrahieren

Welchen Anteil der Pizza hat Mert übrig, welchen Anteil hat Rima übrig?

Welchen Anteil haben die beiden insgesamt übrig, wenn sie ihre Pizzareste zusammenlegen?

1. Marc nimmt sich sechs Stückchen von der Schokolade.

a) Welcher Anteil bleibt übrig? Begründe deine Antwort mit einer Zeichnung.

b) Übertrage die zugehörige Subtraktionsaufgabe ins Heft und vervollständige sie. $\frac{\square}{18} - \frac{\square}{18} = \frac{\square}{\square}$

Video

Brüche mit dem gleichen Nenner addierst du so:
Addiere nur die Zähler, der Nenner bleibt gleich.

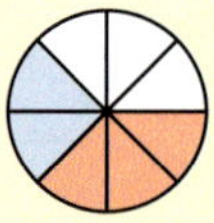

$\frac{2}{8} + \frac{3}{8} = \frac{2+3}{8} = \frac{5}{8}$

Brüche mit dem gleichen Nenner subtrahierst du so:
Subtrahiere nur die Zähler, der Nenner bleibt gleich.

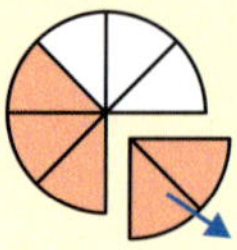

$\frac{5}{8} - \frac{2}{8} = \frac{5-2}{8} = \frac{3}{8}$

2. Übertrage die Additionsaufgabe ins Heft und berechne das Ergebnis.

a) 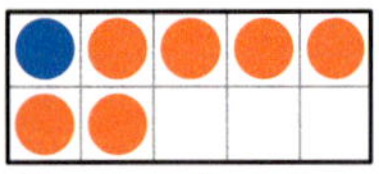
$\frac{1}{10} + \frac{6}{10} = \frac{\square}{\square}$

b) 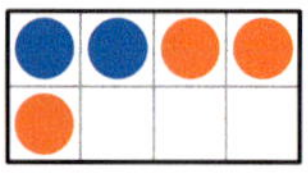
$\frac{2}{8} + \frac{3}{8} = \frac{\square}{\square}$

c) 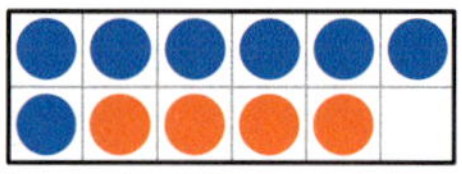
$\frac{7}{12} + \frac{4}{12} = \frac{\square}{\square}$

d) 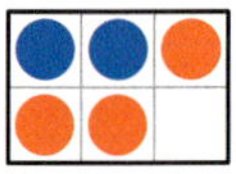
$\frac{2}{6} + \frac{3}{6} = \frac{\square}{\square}$

3. Übertrage die Subtraktionsaufgabe ins Heft und berechne das Ergebnis.

a) 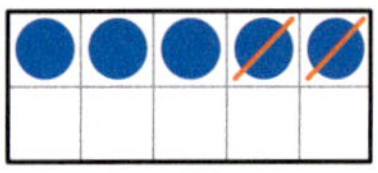
$\frac{5}{10} - \frac{2}{10} = \frac{\square}{\square}$

b) 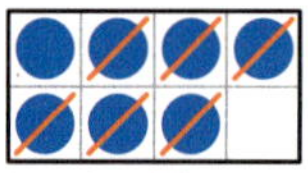
$\frac{7}{8} - \frac{6}{8} = \frac{\square}{\square}$

c) 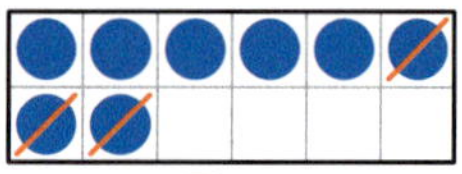
$\frac{8}{12} - \frac{3}{12} = \frac{\square}{\square}$

d) 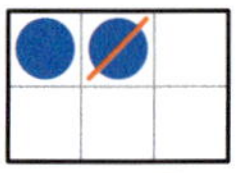
$\frac{2}{6} - \frac{1}{6} = \frac{\square}{\square}$

4. Schreibe mit Brüchen und berechne.

a) 1 Achtel + 6 Achtel
b) 3 Zehntel + 4 Zehntel
c) 2 Neuntel + 2 Neuntel
d) 9 Zehntel – 2 Zehntel
e) 5 Siebtel – 3 Siebtel
f) 4 Fünftel – 3 Fünftel

Aufgabe 1 – 5

1. Stelle die Additionsaufgabe im Bruchstreifen dar und berechne das Ergebnis.

BEISPIEL

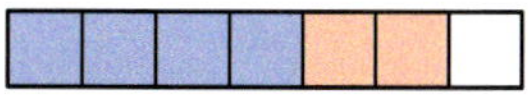

$\frac{4}{7} + \frac{2}{7} = \frac{6}{7}$

a) $\frac{4}{9} + \frac{2}{9}$ b) $\frac{2}{5} + \frac{2}{5}$ c) $\frac{4}{13} + \frac{6}{13}$

2. Stelle die Subtraktionsaufgabe im Bruchstreifen dar und berechne das Ergebnis.

BEISPIEL

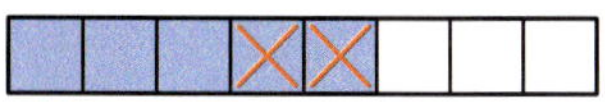

$\frac{5}{8} - \frac{2}{8} = \frac{3}{8}$

a) $\frac{2}{3} - \frac{1}{3}$ b) $\frac{5}{7} - \frac{3}{7}$ c) $\frac{8}{11} - \frac{6}{11}$

3. Überprüft, ob die Rechnung zum Bild passt.

4. Berechne. Kürze das Ergebnis so weit wie möglich.

a) $\frac{1}{8} + \frac{5}{8}$ b) $\frac{5}{12} + \frac{1}{12}$ c) $\frac{3}{10} + \frac{5}{10}$

d) $\frac{8}{9} - \frac{2}{9}$ e) $\frac{8}{15} - \frac{2}{15}$ f) $\frac{11}{16} - \frac{1}{16}$

g) $\frac{3}{14} + \frac{5}{14}$ h) $\frac{9}{10} - \frac{7}{10}$ i) $\frac{1}{18} + \frac{5}{18}$

j) $\frac{19}{20} - \frac{11}{20}$ k) $\frac{13}{24} + \frac{7}{24}$ l) $\frac{7}{12} - \frac{5}{12}$

LÖSUNGEN: $\frac{1}{2}$ | $\frac{1}{3}$ | $\frac{2}{3}$ | $\frac{3}{4}$ | $\frac{1}{5}$ | $\frac{2}{5}$ | $\frac{2}{5}$ | $\frac{4}{5}$ | $\frac{1}{6}$ | $\frac{5}{6}$ | $\frac{4}{7}$ | $\frac{5}{8}$

5. Berechne wie im Beispiel.

BEISPIEL: $1 - \frac{3}{5} = \frac{5}{5} - \frac{3}{5} = \frac{2}{5}$

a) $1 - \frac{2}{7}$ b) $1 - \frac{5}{8}$ c) $1 - \frac{1}{10}$

d) $1 - \frac{2}{3}$ e) $1 - \frac{1}{6}$ f) $1 - \frac{3}{5}$

Aufgabe 6 – 11

6. Übertrage ins Heft und fülle die Lücken aus.

a) $\frac{2}{9} + \square = \frac{7}{9}$ b) $\square + \frac{2}{15} = \frac{13}{15}$

c) $\frac{2}{5} + \square = \frac{4}{5}$ d) $\square - \frac{7}{13} = \frac{5}{13}$

e) $\frac{9}{11} - \square = \frac{3}{11}$ f) $\square - \frac{1}{3} = \frac{1}{3}$

g) $\frac{6}{7} - \square = \frac{1}{7}$ h) $\square + \frac{3}{17} = \frac{13}{17}$

7. Schreibe das Ergebnis als gemischte Zahl. Kürze, wenn es möglich ist.

a) $\frac{2}{3} + \frac{2}{3}$ b) $\frac{4}{5} + \frac{3}{5}$ c) $\frac{7}{10} + \frac{9}{10}$

d) $\frac{5}{8} + \frac{7}{8}$ e) $\frac{15}{4} + \frac{3}{4}$ f) $\frac{13}{6} + \frac{11}{6}$

8. Schreibe das Ergebnis als gemischte Zahl.

a) $\frac{7}{8} + \frac{5}{8} + \frac{1}{8}$ b) $\frac{3}{4} + \frac{3}{4} + \frac{3}{4}$

c) $\frac{2}{9} + \frac{7}{9} + \frac{8}{9}$ d) $\frac{18}{7} - \frac{3}{7} - \frac{6}{7}$

e) $\frac{17}{3} - \frac{2}{3} - \frac{2}{3}$ f) $\frac{19}{5} - \frac{4}{5} + \frac{2}{5}$

9. Wie viel Liter entstehen?

Himbeerlimo
$\frac{3}{8}$ l Himbeersirup
$1\frac{2}{8}$ l Wasser

Apfelschorle
$\frac{3}{4}$ l Apfelsaft
$1\frac{2}{4}$ l Mineralwasser

Spezi
$1\frac{2}{5}$ l Cola
$1\frac{2}{5}$ l Orangenlimo

Früchtetee
$2\frac{2}{3}$ l Tee
$1\frac{2}{3}$ l Fruchtsaft

10. Berechne wie im Beispiel.

BEISPIEL
$2\frac{3}{8} + 3\frac{7}{8}$
$= 5\frac{3}{8} + \frac{7}{8}$
$= 6\frac{2}{8}$
$= 6\frac{1}{4}$

a) $2\frac{2}{6} + 3\frac{5}{6}$ b) $1\frac{3}{5} + 2\frac{4}{5}$

c) $4\frac{3}{8} + 2\frac{5}{8}$ d) $4\frac{7}{10} + 2\frac{9}{10}$

e) $5\frac{7}{9} + 5\frac{5}{9}$ f) $6\frac{4}{9} + 1\frac{1}{9}$

g) $3\frac{1}{8} - 1\frac{3}{8}$ h) $5\frac{3}{10} - 3\frac{9}{10}$

11. Familie Ott wandert auf einem $12\frac{1}{4}$ km langen Rundweg. $8\frac{3}{4}$ km haben sie schon zurückgelegt. Wie viel km sind noch zu wandern?

Ungleichnamige Brüche addieren und subtrahieren

Habt ihr auch schon einmal lange auf einen Zug, Bus oder Flug warten müssen?

Hat Jonas Recht? Erklärt, wie er auf eine Dreiviertelstunde kommt.

1. a) Erklärt, warum das Ergebnis $\frac{2}{5}$ nicht stimmen kann. Ihr könnt zur Veranschaulichung auch eine Zeichnung anfertigen.

b) Leo, Pascal und Anaïs lösen die Aufgabe auf verschiedene Arten. Erklärt euch gegenseitig die Lösungsansätze der drei und führt sie zu Ende.

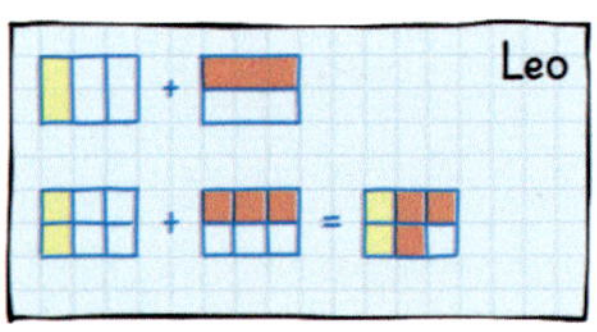

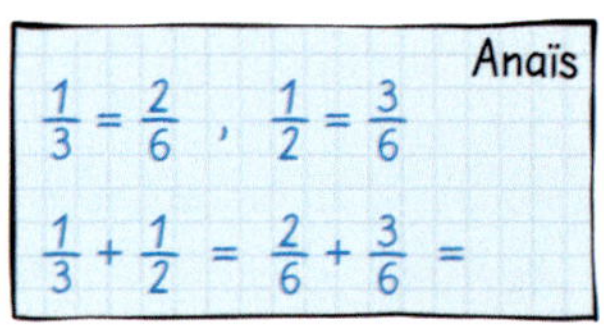

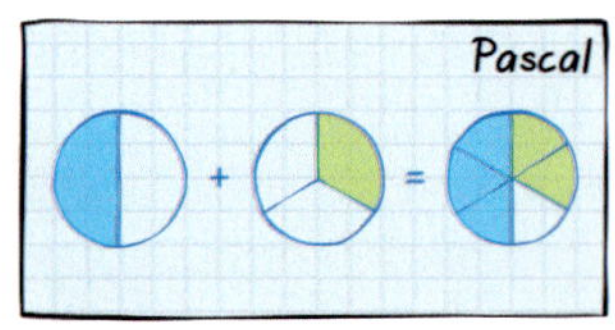

c) Überlegt euch mit einer Methode eurer Wahl eine Lösung für die Aufgabe $\frac{1}{2} - \frac{1}{3}$.

Video

So **addierst** du Brüche mit verschiedenen Nennern:

① Erweitere die Brüche auf einen **gemeinsamen Nenner**.

② Addiere nur die **Zähler**, der **Nenner** bleibt gleich.

$$\frac{2}{5} + \frac{1}{2} = \frac{2 \cdot 2}{5 \cdot 2} + \frac{1 \cdot 5}{2 \cdot 5} = \frac{4}{10} + \frac{5}{10} = \frac{4+5}{10} = \frac{9}{10}$$

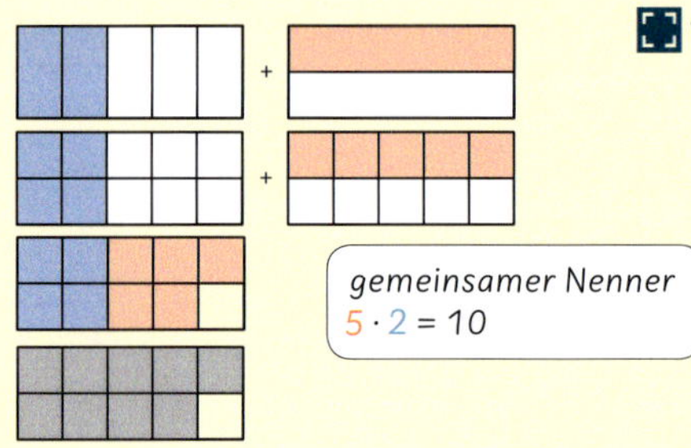

So **subtrahierst** du Brüche mit verschiedenen Nennern:

① Erweitere die Brüche auf einen **gemeinsamen Nenner**.

② Subtrahiere nur die **Zähler**, der **Nenner** bleibt gleich.

$$\frac{4}{5} - \frac{2}{3} = \frac{4 \cdot 3}{5 \cdot 3} - \frac{2 \cdot 5}{3 \cdot 5} = \frac{12}{15} - \frac{10}{15} = \frac{12-10}{15} = \frac{2}{15}$$

gemeinsamer Nenner
5 · 3 = 15

2. Übertrage ins Heft. Löse die Aufgabe zeichnerisch wie im gelben Merkkasten.

a) $\frac{1}{5} + \frac{1}{2}$

b) $\frac{3}{5} + \frac{1}{3}$

Digital+ WES-128745-139

3. Erweitere die Brüche auf einen gemeinsamen Nenner und berechne.

a) $\frac{1}{2}+\frac{1}{5}$ b) $\frac{1}{7}+\frac{2}{3}$ c) $\frac{3}{4}+\frac{1}{5}$ d) $\frac{2}{7}+\frac{3}{10}$

e) $\frac{1}{2}-\frac{1}{7}$ f) $\frac{2}{3}-\frac{1}{2}$ g) $\frac{3}{4}-\frac{1}{5}$ h) $\frac{7}{9}-\frac{2}{5}$

LÖSUNGEN

$\frac{1}{6}$ | $\frac{7}{10}$ | $\frac{5}{14}$ | $\frac{11}{20}$ | $\frac{19}{20}$ | $\frac{17}{21}$ | $\frac{17}{45}$ | $\frac{41}{70}$

4.

Beim Kuchenverkauf der Klasse 6c sind noch einige Stücke Streuselkuchen übrig. Jule und Gregor wollen den Kuchen auf einem Blech zusammenschieben und in gleich große Stücke zerteilen.

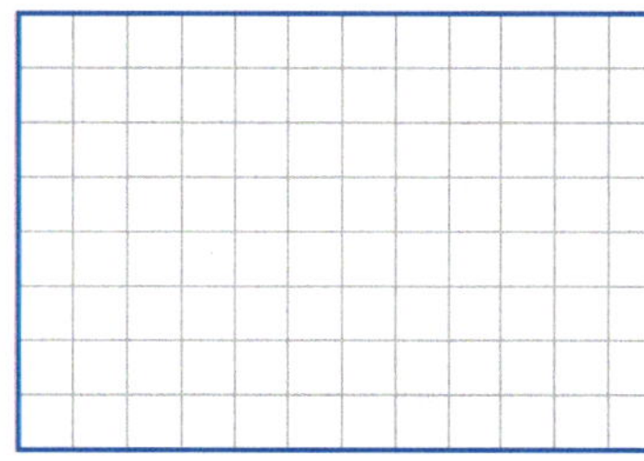

a) Findet ihr eine geschicktere Zerteilung als Gregor? Übertragt das Rechteck in euer Heft und zeichnet eure Zerteilung ein.

b) Berechnet, wie viel Kuchen insgesamt übrig ist. Nutzt eure Kuchenzerteilung und vervollständigt die Rechnung im Heft.

$\frac{3}{8}+\frac{5}{12}=\frac{■}{■}+\frac{■}{■}=\frac{■}{■}$

Video

Der kleinste gemeinsame Nenner heißt **Hauptnenner**.
Er ist das kleinste gemeinsame Vielfache (**kgV**) der einzelnen Nenner.

	$\frac{3}{8}+\frac{1}{6}$	$\frac{2}{3}-\frac{1}{6}$
① Hauptnenner (kgV) ermitteln	$=\frac{3\cdot 3}{8\cdot 3}+\frac{1\cdot 4}{6\cdot 4}$	$=\frac{2\cdot 2}{3\cdot 2}-\frac{1}{6}$
② Brüche erweitern	$=\frac{9}{24}+\frac{4}{24}$	$=\frac{4}{6}-\frac{1}{6}$
③ Zähler addieren (subtrahieren), Nenner bleibt gleich	$=\frac{9+4}{24}=\frac{13}{24}$	$=\frac{4-1}{6}=\frac{3}{6}=\frac{1}{2}$

Vielfache des größeren Nenners: 8, 16, 24, …

6 ist ein Vielfaches von 3.

5.

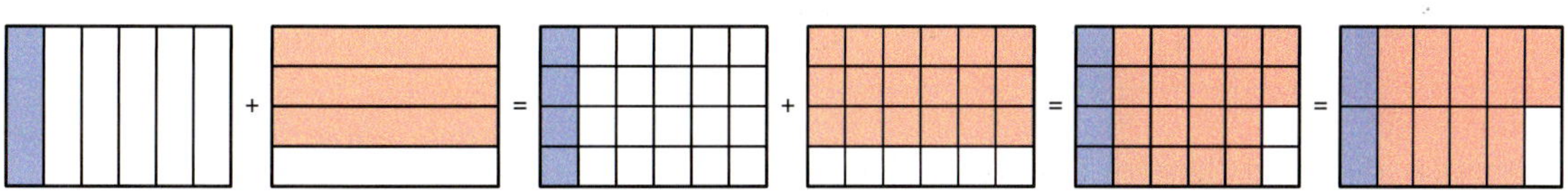

$\frac{1}{■}+\frac{3}{■}=\frac{■}{■}+\frac{■}{■}=\frac{■}{■}=\frac{■}{■}$

a) Übertrage die Rechnung zur dargestellten Aufgabe ins Heft und vervollständige sie.

b) Löse die Aufgabe noch einmal zeichnerisch und rechnerisch. Nutze diesmal den Hauptnenner.

---

6. Erweitere die Brüche auf den Hauptnenner und berechne.

a) $\frac{1}{10}+\frac{1}{5}$ b) $\frac{3}{16}+\frac{5}{8}$ c) $\frac{2}{3}-\frac{1}{9}$ d) $\frac{3}{4}-\frac{3}{8}$

e) $\frac{1}{6}+\frac{1}{4}$ f) $\frac{3}{8}-\frac{1}{12}$ g) $\frac{3}{10}+\frac{4}{15}$ h) $\frac{5}{8}-\frac{3}{10}$

LÖSUNGEN

$\frac{3}{8}$ | $\frac{5}{9}$ | $\frac{3}{10}$ | $\frac{5}{12}$ | $\frac{13}{16}$ | $\frac{7}{24}$ | $\frac{17}{30}$ | $\frac{13}{40}$

»

Aufgabe 1 – 5

1. Notiere die zugehörige Aufgabe und löse sie im Heft.

a) 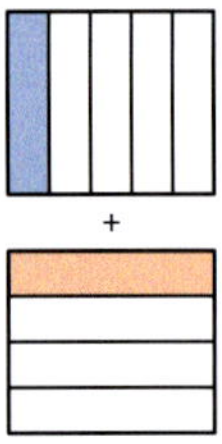

b) 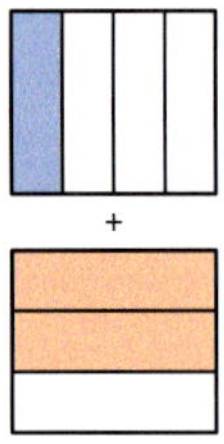

c) 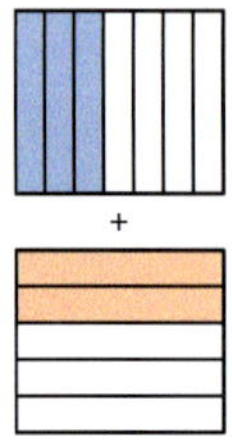

---

2. Berechne. Kürze das Ergebnis, wenn möglich.

a) $\frac{3}{4}+\frac{1}{12}$ b) $\frac{9}{10}-\frac{2}{5}$ c) $\frac{1}{4}+\frac{1}{6}$

d) $\frac{3}{8}+\frac{1}{6}$ e) $\frac{3}{4}-\frac{5}{12}$ f) $\frac{1}{2}-\frac{3}{10}$

g) $\frac{7}{10}+\frac{1}{6}$ h) $\frac{5}{6}-\frac{2}{9}$ i) $\frac{4}{15}-\frac{1}{10}$

LÖSUNGEN: $\frac{1}{2}$ | $\frac{1}{3}$ | $\frac{1}{5}$ | $\frac{1}{6}$ | $\frac{5}{6}$ | $\frac{5}{12}$ | $\frac{13}{15}$ | $\frac{11}{18}$ | $\frac{13}{24}$

---

3. Findet die Fehler und korrigiert die Aufgaben. Notiert den richtigen Lösungsweg im Heft.

a) $\frac{1}{4}+\frac{1}{6}=\frac{3}{12}+\frac{2}{12}=\frac{5}{24}$ f

b) $\frac{1}{3}+\frac{1}{5}=\frac{3}{5}+\frac{1}{5}=\frac{4}{5}$ f

c) $\frac{3}{7}+\frac{1}{3}=\frac{3}{21}+\frac{1}{21}=\frac{4}{21}$ f

---

4. Wie viel kg Weintrauben sind auf der Waage?

a) 

b) 

---

5. Anne, Berkan und Clemens teilen sich eine Pizza. Ist die Aufteilung möglich?

Aufgabe 6 – 10

6. Berechne die gesuchte Zahl.

a) Die Zahl ist um $\frac{1}{5}$ größer als $\frac{3}{10}$.

b) Die Zahl ist um $\frac{1}{3}$ kleiner als $\frac{7}{10}$.

---

7. Gib das Ergebnis als gemischte Zahl an.

BEISPIEL: $\frac{2}{3}+\frac{3}{8}=\frac{16}{24}+\frac{9}{24}=\frac{25}{24}=1\frac{1}{24}$

a) $\frac{3}{4}+\frac{1}{2}$ b) $\frac{2}{3}+\frac{1}{2}$ c) $\frac{5}{11}+\frac{19}{22}$

d) $\frac{5}{6}+\frac{4}{9}$ e) $\frac{7}{8}+\frac{1}{3}$ f) $\frac{5}{6}+\frac{3}{4}$

---

8. Forme die gemischte Zahl in einen unechten Bruch um, bevor du rechnest.

BEISPIEL: $1\frac{1}{3}-\frac{1}{2}=\frac{4}{3}-\frac{1}{2}=\frac{8}{6}-\frac{3}{6}=\frac{5}{6}$

a) $1\frac{1}{4}-\frac{1}{2}$ b) $1\frac{2}{3}-\frac{5}{6}$ c) $1\frac{1}{2}-\frac{7}{9}$

d) $1\frac{2}{5}-\frac{3}{4}$ e) $1\frac{1}{6}-\frac{5}{9}$ f) $1\frac{3}{10}-\frac{13}{15}$

---

9. a) Ida kauft $\frac{1}{4}$ kg Erdbeeren, $\frac{1}{2}$ kg Pfirsiche und 1 kg Kirschen. Wie viel kg muss sie tragen?

b) Von einem halben Liter Sahne verbraucht Herr Linke beim Kochen $\frac{1}{10}$ ℓ. Wie viel Sahne bleibt übrig?

---

10. Welche Rechengeschichten passen zur Aufgabe $\frac{1}{4}+\frac{1}{2}=\frac{3}{4}$? Diskutiert und begründet.

① *Mio bekommt $\frac{1}{4}$ von der Schokolade und die Hälfte von den Gummibärchen.*

② *Im Restaurant bleiben $\frac{1}{2}$ Pizza Margherita und $\frac{1}{4}$ von der gleich großen Pizza Salami übrig.*

③ *Paola bringt zum Fest $\frac{1}{2}$ Melone und $\frac{1}{4}$ kg Erdbeeren mit.*

④ *Lea mischt $\frac{1}{2}$ Liter Sprudel mit $\frac{1}{4}$ Liter Apfelsaft.*

Aufgabe 11 – 15

11. Erweitere zuerst so, dass alle Brüche einen gemeinsamen Nenner haben. Gib das Ergebnis als gemischte Zahl an.

a) $\frac{2}{3}+\frac{1}{2}+\frac{2}{5}$ b) $\frac{1}{4}+\frac{5}{6}+\frac{4}{9}$

c) $\frac{4}{7}+\frac{1}{2}+\frac{5}{8}$ d) $\frac{7}{10}+\frac{1}{3}+\frac{3}{4}$

12. Beurteilt die Lösungen. Wer hat richtig gerechnet, wer falsch? Wer hat geschickt gerechnet, wer umständlich?

Leonie: $\frac{8}{9}-\frac{5}{6}=\frac{3}{54}$

Burak: $\frac{8}{9}-\frac{5}{6}=\frac{3}{3}=1$

Luis: $\frac{8}{9}-\frac{5}{6}=\frac{2}{36}$

Samira: $\frac{8}{9}-\frac{5}{6}=\frac{1}{18}$

13. Bestimme die fehlende Zahl.

a) $\square+\frac{2}{5}=\frac{7}{10}$ b) $\square-\frac{3}{4}=\frac{1}{16}$

c) $\frac{2}{3}-\square=\frac{3}{8}$ d) $\square-\frac{5}{12}=\frac{3}{10}$

14. Bestimme die gedachte Zahl.

a) 

Wenn ich von meiner gedachten Zahl $\frac{2}{5}$ subtrahiere, erhalte ich $\frac{1}{3}$.

b) 

Wenn ich zu meiner gedachten Zahl $\frac{3}{10}$ addiere, erhalte ich $\frac{3}{4}$.

15. Reicht der 2-Liter-Krug für die Limonade?

Für meine Minz-Zitronenlimonade brauche ich $\frac{4}{5}$ ℓ Pfefferminztee, $\frac{3}{4}$ ℓ Mineralwasser, $\frac{7}{10}$ ℓ Zitronensaft und etwas Zucker.

Aufgabe 16 – 20

16. Berechne die Summe durch geschicktes Vertauschen.

$$\frac{7}{8}+\frac{5}{2}+\frac{3}{8}+\frac{1}{2}+\frac{4}{5}+\frac{3}{2}+\frac{1}{4}+\frac{1}{5}$$

17. Luan:

$2\frac{3}{5}+4\frac{2}{3}$
$=\frac{13}{5}+\frac{14}{3}$
$=\frac{39}{15}+\frac{70}{15}$
$=\frac{109}{15}=7\frac{4}{15}$

Rima:

$2\frac{3}{5}+4\frac{2}{3}$
$=2\frac{9}{15}+4\frac{10}{15}$
$=2+4+\frac{9}{15}+\frac{10}{15}$
$=6\frac{19}{15}=7\frac{4}{15}$

a) Erklärt euch gegenseitig, wie Luan und Rima gerechnet haben. Welchen Weg findet ihr geschickter?

b) Welchen Weg würdet ihr wählen, um die Differenz $3\frac{1}{4}-1\frac{2}{3}$ zu berechnen? Nutzt diesen Weg und berechnet das Ergebnis.

18. Berechne.

a) $2\frac{3}{5}+1\frac{1}{2}$ b) $2\frac{1}{6}+2\frac{3}{4}$ c) $1\frac{5}{6}+2\frac{3}{4}$

d) $3\frac{2}{5}-1\frac{2}{3}$ e) $4\frac{3}{4}-1\frac{1}{3}$ f) $5\frac{1}{4}-2\frac{7}{10}$

$1\frac{11}{15}$ | $2\frac{11}{20}$ | $3\frac{5}{12}$ | $4\frac{1}{10}$ | $4\frac{7}{12}$ | $4\frac{11}{12}$ LÖSUNGEN

19. >, < oder =? Vergleiche geschickt und versuche dabei, möglichst wenig zu rechnen.

a) $4\frac{1}{2}+5\frac{3}{4}\ \square\ 10$ b) $10\ \square\ 3\frac{8}{9}+5\frac{11}{12}$

c) $14\frac{3}{5}-4\frac{1}{3}\ \square\ 10$ d) $10\ \square\ 2\frac{2}{5}+7\frac{6}{10}$

20. Bestimme die gedachte Zahl.

a) 

Wenn ich die Summe aus meiner gedachten Zahl und $\frac{1}{2}$ bilde und vom Ergebnis $\frac{1}{6}$ subtrahiere, erhalte ich $\frac{11}{15}$.

b) 

Die Differenz aus meiner gedachten Zahl und $\frac{1}{4}$ ist um $\frac{1}{3}$ kleiner als $\frac{5}{6}$.

Brüche mit natürlichen Zahlen multiplizieren

In jeder Flasche sind $\frac{2}{5}$ Liter Orangensaft.

Stehen insgesamt mehr oder weniger als 3 Liter Orangensaft auf dem Tisch?

1. a) Lena, Ida und Sali lösen die Aufgabe $3 \cdot \frac{5}{8}$ auf verschiedene Arten. Erklärt euch ihre verschiedenen Lösungsansätze und führt sie zu Ende.

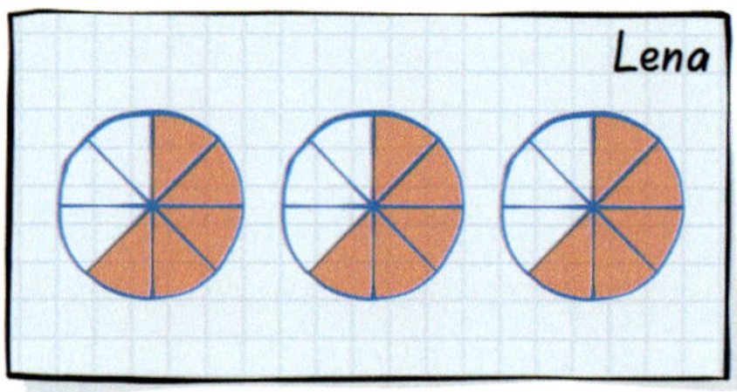

Ida

$= 3 \cdot \frac{5}{8}$

$= \frac{5}{8} + \frac{5}{8} + \frac{5}{8}$

$=$

Sali

$= 3 \cdot \frac{5}{8}$

$= 3 \cdot 5 : 8$

$=$

b) Nutzt den Lösungsansatz, der euch am besten gefällt und berechnet die folgenden Aufgaben.

① $4 \cdot \frac{1}{5}$ ② $5 \cdot \frac{2}{3}$ ③ $\frac{3}{4} \cdot 3$

c) Hat Sali mit ihrer Aussage Recht? Erklärt mit Hilfe einer Beispielaufgabe.

Eigentlich muss ich nur den Zähler mit der Zahl multiplizieren.

So multiplizierst du einen Bruch mit einer natürlichen Zahl:

Multipliziere nur den **Zähler** mit der natürlichen Zahl, der **Nenner** bleibt gleich.

$3 \cdot \frac{2}{7} = \frac{3 \cdot 2}{7} = \frac{6}{7}$

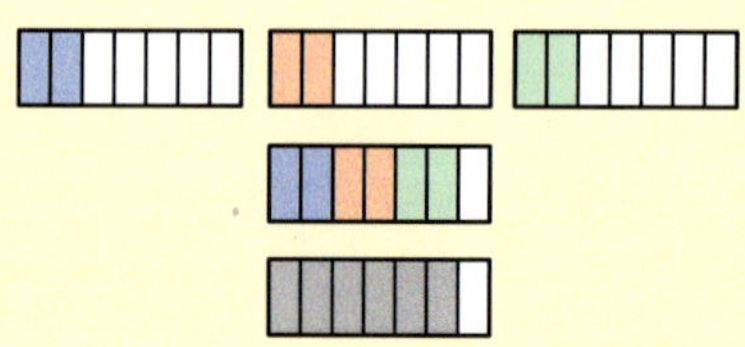

$\frac{2}{7} \cdot 3 = \frac{2 \cdot 3}{7} = \frac{6}{7}$

Video

2. Wandle in eine Multiplikationsaufgabe um und berechne.

a) $\frac{1}{2} + \frac{1}{2} + \frac{1}{2}$ b) $\frac{2}{5} + \frac{2}{5} + \frac{2}{5} + \frac{2}{5}$ c) $\frac{1}{3} + \frac{1}{3} + \frac{1}{3} + \frac{1}{3} + \frac{1}{3}$

d) $\frac{4}{7} + \frac{4}{7}$ e) $\frac{5}{9} + \frac{5}{9} + \frac{5}{9} + \frac{5}{9} + \frac{5}{9}$ f) $\frac{3}{8} + \frac{3}{8} + \frac{3}{8} + \frac{3}{8} + \frac{3}{8} + \frac{3}{8} + \frac{3}{8}$

BEISPIEL

$\frac{5}{7} + \frac{5}{7} + \frac{5}{7} = 3 \cdot \frac{5}{7} = \frac{3 \cdot 5}{7} = \frac{15}{7}$

---

3. a) Pauline und Juri sollen die Aufgabe $9 \cdot \frac{5}{6}$ rechnen. Welchen der beiden Rechenwege findet ihr leichter?

b) Berechnet die Aufgaben wie Juri, indem ihr schon vor dem Multiplizieren kürzt.

① $4 \cdot \frac{5}{12}$ ② $6 \cdot \frac{4}{9}$ ③ $8 \cdot \frac{3}{4}$ ④ $\frac{5}{8} \cdot 10$

$\frac{9 \cdot 5}{6} = \frac{45}{6}$

Das Ergebnis muss ich noch mit 3 kürzen.

Ich kürze vor dem Rechnen:

$\frac{\overset{3}{\cancel{9}} \cdot 5}{\underset{2}{\cancel{6}}} = \frac{3 \cdot 5}{2} = \frac{15}{2}$

Aufgabe 1 – 5

1. Notiere die zugehörige Multiplikationsaufgabe und löse sie im Heft.

a) b) c) d)

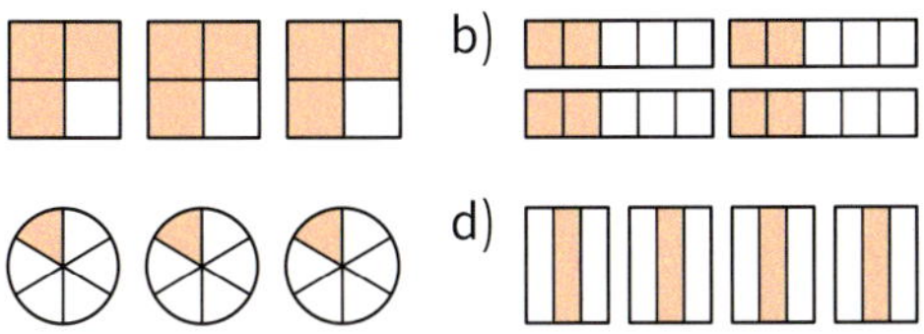

2. Berechne das Produkt. Kürze, wenn möglich.

a) $2\cdot\frac{3}{8}$ b) $\frac{3}{5}\cdot 7$ c) $5\cdot\frac{1}{2}$

d) $\frac{1}{6}\cdot 3$ e) $9\cdot\frac{4}{15}$ f) $\frac{2}{5}\cdot 10$

g) $11\cdot\frac{5}{11}$ h) $\frac{3}{4}\cdot 3$ i) $12\cdot\frac{3}{4}$

LÖSUNGEN: $\frac{1}{2}$ | $\frac{5}{2}$ | $\frac{3}{4}$ | $\frac{9}{4}$ | $\frac{12}{5}$ | $\frac{21}{5}$ | 4 | 5 | 9

3. Findet die Fehler und korrigiert sie im Heft.

a) $2\cdot\frac{3}{4}=\frac{6}{8}$ f b) $\frac{8}{9}\cdot 4=\frac{2}{9}$ f

c) $5\cdot\frac{1}{5}=25$ f d) $6\cdot\frac{2}{3}=2$ f

4.

a) Überprüft Leas Aussage am Beispiel.
b) Notiert weitere Beispiele, bei denen ihr Bruchteile durch Multiplizieren berechnet.

5.

Beim Multiplizieren wird der erste Faktor immer vergrößert.

a) Nehmt Stellung zur Aussage im Kasten. Berechnet dafür auch die Ergebnisse der Aufgaben $6\cdot\frac{2}{3}=$ ▪ und $6\cdot\frac{3}{2}=$ ▪.
b) Denkt euch zwei weitere Beispiele zum Vergrößern und zwei Beispiele zum Verkleinern einer Zahl aus.

Aufgabe 6 – 9

6. Wandle zuerst die gemischte Zahl in einen unechten Bruch um. Gib das Ergebnis wieder als gemischte Zahl an.

a) $8\cdot 1\frac{1}{5}$ b) $2\frac{1}{3}\cdot 7$ c) $3\cdot 2\frac{1}{3}$

d) $1\frac{3}{5}\cdot 5$ e) $8\cdot 1\frac{3}{4}$ f) $2\frac{2}{9}\cdot 6$

LÖSUNGEN: 7 | 8 | $9\frac{3}{5}$ | $13\frac{1}{3}$ | 14 | $16\frac{1}{3}$

7. Zu ihrem Geburtstag hat Nina sechs Kinder eingeladen. Ninas Vater spendiert jedem der sieben Kinder einen $\frac{3}{4}$ Liter Traubensaft.

Erklärt die verschiedenen Rechenwege von Nina und ihrem Vater. Welchen der beiden Wege bevorzugt ihr?

8.

Zum Streichen eines Heizkörpers benötigt Herr Yavuz $\frac{2}{5}$ Liter Heizkörperlack. Für einen Großauftrag muss er 12 Heizkörper streichen. Wie viel Euro muss er im Baumarkt für den Lack bezahlen?

9. Mit welcher natürlichen Zahl wurde multipliziert? Notiere die vollständige Aufgabe.

a) ▪ $\cdot\frac{3}{4}=\frac{21}{2}$ b) $\frac{2}{3}\cdot$ ▪ $=20$

c) ▪ $\cdot\frac{5}{12}=\frac{10}{3}$ d) $\frac{5}{12}\cdot$ ▪ $=6\frac{2}{3}$

Brüche durch natürliche Zahlen dividieren

Welchen Anteil bekommt jedes Kind, wenn die Pizza gerecht verteilt wird?

Notiert eine passende Rechenaufgabe mit Ergebnis.

1. a) Erklärt euch gegenseitig, wie es den Kindern gelingen könnte, den Schokoladenkuchen gerecht aufzuteilen.

b) Übertragt Nikas Notizen auf dem unteren Zettel ins Heft. Erklärt, wie die Situation mit dem Schokoladenkuchen, Nikas Rechnung und ihre Skizze miteinander zusammenhängen.

c) Erstellt nun selbst Skizzen wie Nika zu folgenden Rechnungen:

① $\frac{1}{4}:3$ ② $\frac{3}{7}:2$ ③ $\frac{2}{3}:4$

d) Vergleicht eure Ergebnisse mit den Aufgaben. Formuliert eine Regel, mit der ihr die Aufgaben auch ohne Skizze lösen könnt.

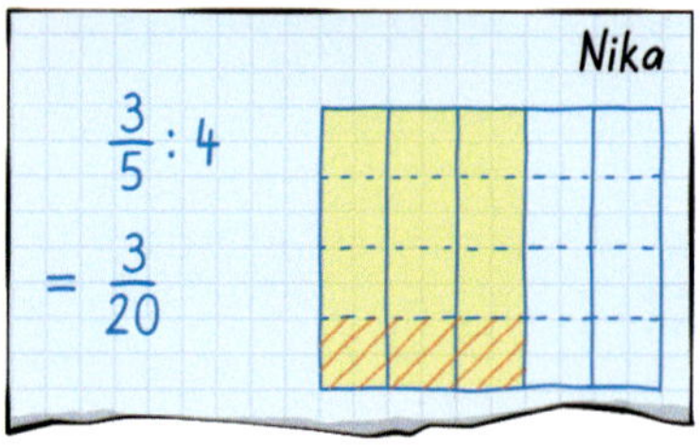

Video

Einen **Bruch** kannst du auf zwei verschiedene Arten **durch eine natürliche Zahl dividieren:**

- Dividiere den Zähler durch die Zahl.
- Der Nenner bleibt gleich.

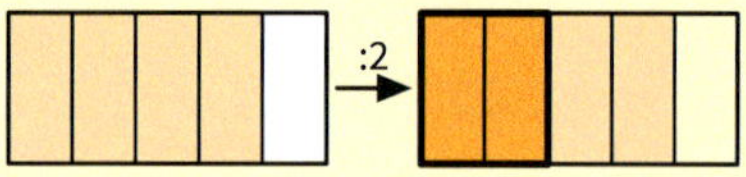

$\frac{4}{5}:2=\frac{4:2}{5}=\frac{2}{5}$

- Der Zähler bleibt gleich.
- Multipliziere den Nenner mit der Zahl.

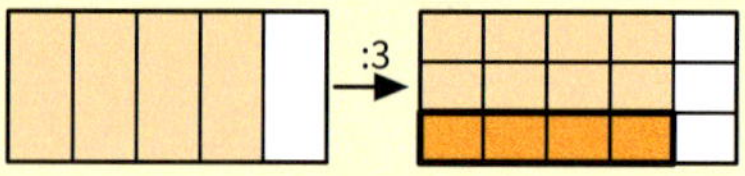

$\frac{4}{5}:3=\frac{4}{5\cdot 3}=\frac{4}{15}$

2. Dividiere, indem du den Zähler dividierst.

a) $\frac{4}{5}:2$ b) $\frac{3}{4}:3$ c) $\frac{8}{15}:4$ d) $\frac{10}{11}:5$ e) $\frac{3}{5}:3$

f) $\frac{3}{4}:1$ g) $\frac{14}{15}:2$ h) $\frac{9}{11}:3$ i) $\frac{7}{15}:7$ j) $\frac{10}{11}:2$

LÖSUNGEN

$\frac{1}{4}$ | $\frac{3}{4}$ | $\frac{1}{5}$ | $\frac{2}{5}$ | $\frac{2}{11}$ | $\frac{3}{11}$ | $\frac{5}{11}$ | $\frac{1}{15}$ | $\frac{2}{15}$ | $\frac{7}{15}$

3. Dividiere, indem du den Nenner multiplizierst.

a) $\frac{1}{7}:3$ b) $\frac{1}{6}:5$ c) $\frac{1}{8}:4$ d) $\frac{1}{3}:6$ e) $\frac{1}{10}:10$

f) $\frac{3}{5}:2$ g) $\frac{4}{7}:3$ h) $\frac{3}{8}:5$ i) $\frac{11}{13}:2$ j) $\frac{4}{9}:5$

LÖSUNGEN

$\frac{3}{10}$ | $\frac{1}{18}$ | $\frac{1}{21}$ | $\frac{4}{21}$ | $\frac{11}{26}$ | $\frac{1}{30}$ | $\frac{1}{32}$ | $\frac{3}{40}$ | $\frac{4}{45}$ | $\frac{1}{100}$

Aufgabe 1 – 5

1. Welche Divisionsaufgabe ist dargestellt? Notiere Aufgabe und Ergebnis.

a) 

b) 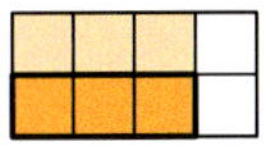

2. Entscheide, ob du den Zähler dividierst oder den Nenner multiplizierst.

a) $\frac{6}{7}:2$ b) $\frac{2}{3}:3$ c) $\frac{1}{6}:4$
d) $\frac{3}{5}:3$ e) $\frac{7}{8}:5$ f) $\frac{8}{9}:4$

3. Kürze beim Rechnen wie im Beispiel.

BEISPIEL
$\frac{4}{5}:6=\frac{\overset{2}{\cancel{4}}}{5\cdot\underset{3}{\cancel{6}}}=\frac{2}{15}$

a) $\frac{5}{8}:10$ b) $\frac{2}{3}:6$ c) $\frac{7}{10}:14$
d) $\frac{8}{11}:12$ e) $\frac{9}{13}:6$ f) $\frac{14}{15}:21$

LÖSUNGEN
$\frac{1}{9}$ | $\frac{1}{16}$ | $\frac{1}{20}$ | $\frac{2}{33}$ | $\frac{3}{26}$ | $\frac{2}{45}$

4.

a) Murat erklärt das Ergebnis der Aufgabe $\frac{1}{2}:4=\frac{1}{8}$. Zeichnet gemeinsam ein Bild, das Murats Erklärung veranschaulicht.
b) Denkt euch gemeinsam Erklärungen für die Ergebnisse der Aufgaben $\frac{3}{4}:3$ und $\frac{3}{4}:2$ aus.

5. Welchen Bruchteil erhält jedes Kind?

a) 

b) 

Aufgabe 6 – 10

6. Wandle die gemischte Zahl zuerst in einen unechten Bruch um.

a) $1\frac{1}{3}:2$ b) $1\frac{3}{4}:4$ c) $3\frac{1}{9}:6$
d) $3\frac{3}{20}:9$ e) $4\frac{3}{8}:14$ f) $4\frac{1}{6}:10$

LÖSUNGEN
$\frac{2}{3}$ | $\frac{5}{12}$ | $\frac{5}{16}$ | $\frac{7}{16}$ | $\frac{7}{20}$ | $\frac{14}{27}$

7. Übertrage die Aufgabe in dein Heft und ergänze die Lücken.

a) $1\frac{2}{5}:\blacksquare=\frac{7}{15}$ b) $3\frac{1}{3}:\blacksquare=\frac{2}{3}$
c) $4\frac{1}{2}:\blacksquare=\frac{3}{22}$ d) $2\frac{4}{7}:\blacksquare=1\frac{2}{7}$

8. Welche Rechengeschichten passen zur Aufgabe $\frac{1}{2}:2=\frac{1}{4}$? Diskutiert und begründet.

① *Timur und Lars teilen sich eine halbe Pizza. Welchen Anteil erhält jeder?*

② *Zwei Schokoriegel werden halbiert. Wie viele Stücke entstehen dabei?*

③ *Welcher Anteil einer 2-Liter-Flasche ist gefüllt, wenn $\frac{1}{2}$ ℓ enthalten ist?*

9. Ein Bruch wird zuerst geteilt und dann vervielfacht. Erhält man beim Vertauschen der Reihenfolge – zuerst vervielfachen und dann teilen – dasselbe Ergebnis? Begründet mit Hilfe selbst gewählter Beispiele.

10. Welcher Anteil des großen Gefäßes ist gefüllt, wenn das kleine Gefäß umgefüllt wird?

a) 

b) 

3-Gänge-Menü am Projekttag

Die 24 Schülerinnen und Schüler der Klasse 6b möchten am Projekttag gemeinsam ein 3-Gänge-Menü zubereiten. Als Vorspeise soll es eine türkische Linsensuppe geben, als Hauptgang italienische Pizza und für den Nachtisch ist eine französische Süßspeise geplant.

1. Schreibt die Zutatenlisten so um, dass sie die Zutaten für 24 Personen angeben.
Bei der Pizza müsst ihr schätzen, wie viele Bleche die 6b für 24 Kinder zubereiten sollte.

Mercimek Çorbasi (Linsensuppe)
(8 kleine Portionen)

$\frac{1}{3}$ kg rote Linsen
$\frac{1}{5}$ kg Kartoffeln
1 Karotte
1 Zwiebel
1 Knoblauchzehe
$\frac{4}{3}$ l Wasser
1 TL Gemüsebrühe
$\frac{1}{2}$ TL Pfeffer
1 TL Salz
$1\frac{1}{2}$ EL Minze und Petersilie, gehackt
2 EL Butter
$\frac{1}{2}$ EL Paprikapulver
1 EL Tomatenmark

Pizzateig (1 Blech)		Soße	
$\frac{2}{5}$ kg	Weizenmehl	$\frac{3}{10}$ kg	stückige Tomaten
$\frac{1}{2}$ Würfel	Hefe	$\frac{1}{2}$ TL	Salz
$\frac{3}{4}$ TL	Salz	etwas	Pfeffer
$\frac{1}{2}$ TL	Zucker	$\frac{1}{2}$ TL	Oregano (getrocknet)
$\frac{1}{5}$ l	Wasser	Belag	
25 ml	Olivenöl	$\frac{1}{5}$ kg	geriebener Käse
		Belag nach Belieben	

2. Erstellt eine Einkaufsliste, auf der genau angegeben ist, welche Mengen von welcher Zutat eingekauft werden müssen. Denkt auch an den Pizzabelag. Sortiert die Zutaten nach Möglichkeit in der Reihenfolge, in der sie im Supermarkt zu finden sind (zuerst Obst und Gemüse, …).

3. Plant einen eigenen Koch- oder Back-Projekttag. Nehmt eines der abgebildeten Rezepte oder recherchiert im Internet nach anderen Rezepten, die ihr gemeinsam mit eurer Klasse zubereiten wollt.

Crème brûlée
(6 Portionen)

$\frac{1}{5}$ l Vollmilch
$\frac{3}{5}$ l Sahne
$\frac{3}{20}$ kg Zucker
$7\frac{1}{2}$ Eigelb
$1\frac{1}{2}$ Vanilleschoten (das Mark)
Zitronenabrieb

Wiederholungsaufgaben

Die Ergebnisse der Aufgaben ergeben drei Getränke.

1. Wie heißt der Körper?

a)
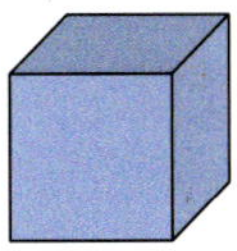

Würfel (10)
Pyramide (20)
Zylinder (30)

b)
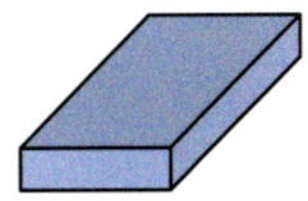

Würfel (40)
Quader (50)
Zylinder (60)

2. Rechne möglichst geschickt im Kopf.

a) $170 + 190 + 130$
b) $2 \cdot 37 \cdot 50$
c) $83 + 38 + 17 + 62$
d) $140 \cdot 11$
e) $6 \cdot 27 + 4 \cdot 27$
f) $99 \cdot 24$

---

3. Gib den blauen Teil des Balkens als Bruch an.

a)

b)

c)

4. Gib die Winkelart an.

a)
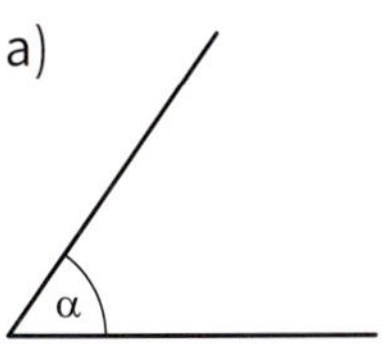

spitzer Winkel (80)
stumpfer Winkel (40)

b)
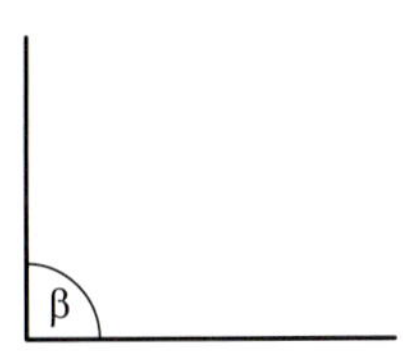

rechter Winkel (70)
gestreckter Winkel (100)

5. Wandle in die angegebene Einheit um.

a) $11\,m^2 = \square\,dm^2$
b) $5\,cm^2 = \square\,mm^2$
c) $4{,}7\,cm^2 = \square\,mm^2$

---

6. Berechne den fehlenden Wert.

a) $7^2 = \square$
b) $10^2 = \square$
c) $\square^2 = 81$

7.
a) 842 g + 1,4 kg = ▢ g
b) 13,40 € – 80 Cent + 1,20 € = ▢ €
c) 18,48 € + 2 € 84 Cent = ▢ €
d) 1,87 m – 0,98 m = ▢ m

K | $\frac{1}{5}$	**A** | $\frac{1}{4}$
P | $\frac{1}{3}$	**S** | $\frac{1}{2}$
E | $\frac{5}{6}$	**L** | 0,89
R | 1,47	**R** | 9
L | 10	**D** | 13,80
L | 15,40	**O** | 20
E | 21,32	**R** | 40
S | 49	**I** | 50
E | 70	**R** | 80
P | 100	**N** | 200
D | 270	**O** | 470
M | 490	**S** | 500
S | 1 100	**A** | 1 540
U | 2 242	**E** | 2 376
O | 3 700	**E** | 10 672

«

Dezimalzahlen addieren und subtrahieren

Überschlagt die Rechnung im Kopf und vergleicht mit dem Rechnungsbetrag.

Erklärt, wie die Eisverkäuferin die Geldbeträge schriftlich addiert hat.

1.

Malik möchte die Länge seines Schulwegs berechnen. Dafür notiert er sich die verschiedenen Teilstrecken und addiert sie schriftlich.

a) Macht einen Überschlag. Kann Maliks Ergebnis von 2,02 km stimmen?
b) Findet Maliks Fehler und korrigiert seine Rechnung im Heft.
c) Maliks bester Freund Lio hat einen 0,8 km kürzeren Schulweg. Berechnet die Länge von Lios Schulweg durch Subtraktion.

Mein Schulweg

Fußweg	0,	2	3	km
Bus	1,	4	5	km
S-Bahn		3,	1	km
Fußweg		0,	3	km
	1	1		
	2,	0	2	km

Video

Dezimalzahlen addierst oder **subtrahierst** du wie natürliche Zahlen:

① Schreibe die Zahlen stellengerecht untereinander (Komma unter Komma).
② Ergänze Nullen, wenn es nötig ist.
③ Addiere oder subtrahiere stellenweise von rechts nach links.
④ Mit einem Überschlag kannst du dein Ergebnis überprüfen.

12,3 + 3,8

	1	2,	3
+		3,	8
		1	
	1	**6,**	**1**

Ü: 12 + 4 = 16

9,2 − 4,15

	9,	2	0
−	4,	1	5
		1	
	5,	**0**	**5**

Ü: 9 − 4 = 5

2. Addiere und subtrahiere die Dezimalzahlen in einer Stellenwerttafel wie im Beispiel. Ergänze – wenn nötig – Endnullen.

a) 3,26 + 5,71 b) 7,83 + 4,35 c) 2,6 + 4,82
d) 13,9 + 8,7 e) 16,8 + 4,72 f) 8,77 − 2,71
g) 6,25 − 2,68 h) 9,13 − 6,4 i) 14,2 − 6,41

LÖSUNGEN
2,73 | 3,57 | 6,06 | 7,42 | 7,79 | 8,97 | 12,18 | 21,52 | 22,6

BEISPIEL
6,58 + 12,7 = 19,28

	Z	E	z	h
		6	5	8
+	1	2	7	0
		1		
	1	9	2	8

3. Bei diesen Aufgaben wurden Fehler gemacht.

①
```
  7,68
- 2,90
    1
  478   f
```

②
```
  36,4
- 2,13
  1,51  f
```

③
```
  3,40
- 1,79
  2,39  f
```

④
```
  19,28
-  6,32
  13,96  f
```

a) Ordnet den vier Rechnungen gemeinsam die passenden Fehler zu.

Ⓐ Die Zahlen wurden nicht stellengerecht untereinander geschrieben.

Ⓑ Es wurde immer *größere Ziffer minus kleinere Ziffer* gerechnet.

Ⓒ Der Übertrag wurde vergessen.

Ⓓ Im Ergebnis fehlt das Komma.

b) Berichtigt die Aufgaben in euren eigenen Heften.

4. Nele, Paul und Daniel sollen die Aufgabe 3,4 – 2,13 im Kopf rechnen.

Ich rechne $\frac{34}{10} - \frac{213}{100} = \frac{340}{100} - \frac{213}{100} = \frac{127}{100}$. Das Ergebnis ist $\frac{127}{100} = 1{,}27$.

Nele

Ich ergänze eine Null: 3,40 – 2,13. Dann rechne ich ohne Komma 340 – 213 = 127. Das Ergebnis muss zwei Nachkommastellen haben, lautet also 1,27.

Paul

Ich ergänze wie Paul eine Null und subtrahiere stellenweise:
3,40 – 2 E = 1,40
1,40 – 1 z = 1,30
1,30 – 3 h = 1,27

Daniel

a) Besprecht die drei Rechenwege. Welchen findet ihr am besten?

b) Berechnet die Aufgaben mit einer Methode eurer Wahl im Kopf. Eine oder einer rechnet, der oder die andere kontrolliert. Wechselt euch mit dem Rechnen ab.

① 2,1 + 0,3 ② 3,6 + 0,5 ③ 0,62 + 0,18 ④ 0,6 + 0,23
⑤ 0,8 – 0,2 ⑥ 5,6 – 2,5 ⑦ 0,4 – 0,25 ⑧ 1,23 – 0,5

So addierst und subtrahierst du Dezimalzahlen **im Kopf**:

① Ergänze Nullen, so dass beide Zahlen gleich viele Nachkommastellen haben.
② Addiere oder subtrahiere nun stellenweise.

2,9 – 0,73	2,56 + 3,24
① 2,90 – 0,73	① *entfällt*
② 2,90 – 0 E = 2,90	② 2,56 + 3 E = 5,56
2,90 – 7 z = 2,20	5,56 + 2 z = 5,76
2,20 – 3 h = **2,17**	5,76 + 4 h = **5,80**

5. a) Stoppe die Zeit. Wie lange brauchst du, um die Aufgaben im Kopf zu berechnen? Jeder Fehler gibt zehn Strafsekunden.

① 1,2 + 0,3 ② 1,32 + 0,5 ③ 0,23 + 0,47 ④ 1,7 + 0,33
⑤ 1,4 – 0,6 ⑥ 0,9 – 0,31 ⑦ 1,6 – 0,59 ⑧ 2,1 – 1,53

LÖSUNGEN
0,57 | 0,59 | 0,7 | 0,8
1,01 | 1,5 | 1,82 | 2,03

b) Schaffst du es, schneller zu sein als in Aufgabenteil a)?

① 1,5 + 0,2 ② 1,63 + 0,3 ③ 0,64 + 0,16 ④ 0,8 + 0,42
⑤ 1,1 – 0,2 ⑥ 0,8 – 0,29 ⑦ 1,8 – 0,71 ⑧ 3,4 – 2,53

LÖSUNGEN
0,51 | 0,8 | 0,87 | 0,9
1,09 | 1,22 | 1,7 | 1,93

»

Aufgabe 1 – 4

1. Übertrage in dein Heft und rechne schriftlich.

a)	156,7	+ 79,9
b)	94,79	− 52,99
c)	386,84	+ 48,56
d)	68,40	− 22,72
e)	89,60	+ 65,74
f)	108,22	− 34,56

QUERSUMMEN: 13 | 16 | 17 | 18 | 22 | 23

2. Schreibe Komma unter Komma und rechne schriftlich.

a) 13,74 + 28,3
b) 27,45 − 13,8
c) 12,4 + 10,76
d) 26,5 − 12,84
e) 10,07 + 6,94
f) 87,65 − 2,84

QUERSUMMEN: 9 | 10 | 12 | 15 | 16 | 21

3. Bildet Additionsaufgaben mit je zwei Zahlen, sodass das Ergebnis eine ganze Zahl ist.

TIPP: Die Summe aller Ergebnisse ist eine besondere Zahl.

3,8 | 1,95 | 4,85 | 1,62 | 1,48

2,15 | 7,52 | 6,38 | 2,2 | 1,05

4. In den Ergebnissen wurde vergessen, das Komma zu setzen. Übertrage die Aufgaben in dein Heft und setze das Komma mit Hilfe eines Überschlags.

a) 382,4 − 98,726 = 283674
b) 437,21 + 718,9 = 115611
c) 1017,3 − 25,274 = 992026
d) 5,873 + 397,287 = 40316

Aufgabe 5 – 8

5. Spiele mit einer Partnerin oder einem Partner.

Spielregel:
Würfelt abwechselnd jeweils sechsmal. Direkt nach jedem Wurf schreibst du deine gewürfelte Zahl in ein freies Feld deiner schriftlichen Addition. Wer am Ende die größte Summe hat, hat gewonnen.

6. Berechne jeweils das Rückgeld.

a) 

b) 

7.

a) Paula hat eingekauft. Überschlagt im Kopf: Reichen 10 € für den Einkauf?
b) Berechnet die genaue Rechnungssumme. Wie viel Euro muss sich Paula noch von ihrer Freundin Martha leihen?

8. Rechnet möglichst geschickt im Kopf.

a) 2,6 + 3,7 + 1,4 + 0,3
b) 4,8 + 3,6 + 0,2 − 1,6
c) 12,9 + 3,7 + 4,3 − 2,9
d) 9,4 + 2,3 + 5,7 + 1,6
e) 18,4 + 13,8 − 11,4 + 0,2
f) 15,6 + 0,7 + 4,4 + 1,3

7 | 21 | 18 | 22 | 8 | 19

Aufgabe 9 – 12

9. Mache zuerst einen Überschlag und rechne dann genau.

a) 237,89 + 87,994 + 1 904,9
b) 1 467,8 + 45,67 + 765,099
c) 74,723 + 1 062,7 + 980,702
d) 1 024,76 + 85,362 + 1 014,9

10. Spiele mit einer Partnerin oder einem Partner.

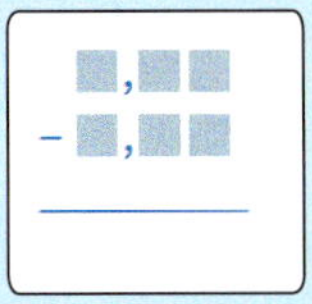

Spielregel:
Würfelt abwechselnd jeweils sechsmal. Direkt nach jedem Wurf schreibst du deine gewürfelte Zahl in ein freies Feld deiner schriftlichen Subtraktion. Wer am Ende die kleinste Differenz hat, hat gewonnen. Wenn deine Aufgabe nicht lösbar ist, hast du direkt verloren.

11. Berechne die fehlenden Zahlen. Die Umkehraufgabe kann dir helfen.

a) 5,2 + □ = 8,4
b) □ + 6,4 = 9,1
c) 12,9 – □ = 9,5
d) □ – 4,3 = 3,8
e) 11,4 – □ = 7,7
f) □ – 2,3 = 3,25
g) 6,25 + □ = 8,75
h) □ + 2,34 = 5,6
i) 7,21 – □ = 2,05
j) □ – 2,33 = 6,4

LÖSUNGEN
2,5 | 2,7 | 3,2 | 3,26 | 3,4 | 3,7 | 5,16
5,55 | 8,1 | 8,73

12. Familie Nowak möchte ihr rechteckiges Grundstück (28,92 m lang und 23,75 m breit) neu einzäunen. Wie viel Meter Zaun müssen sie einkaufen, wenn die 3,8 m breite Einfahrt frei bleiben soll?
Erstelle zuerst eine beschriftete Skizze.

Aufgabe 13 – 16

13. Mache zuerst einen Überschlag und rechne dann genau.

a) 1 985,89 – 31,602 – 735,1
b) 4 000 – 345,37 – 2 542,12
c) 4 732,6 – 2 583,01 – 851,76
d) 2 378,977 – 435,887 + 1 422,2

14.

a) Marlon möchte vom Parkplatz zur Burg gehen und danach im See schwimmen. Wie lang ist der kürzeste Weg?
b) Überlege dir eine Wanderstrecke, die möglichst genau 11 km lang ist.

15. Beim Kugelstoßen wirft Isa 0,53 m weiter als Lasse. Tamara wirft 1,52 m weiter als Isa. Leo wirft 0,88 m weiter als Tamara und damit doppelt so weit wie Lasse. Welche Stoßweiten haben die vier Kinder erreicht?

16.

13,4 | 9,8005 | 16,85
8,165 | 18,045 | 23,4 | 15,076

Bildet jeweils Aufgaben mit zwei Zahlkarten.

a) Die Summe der zwei Zahlen soll zwischen 30 und 40 liegen.
b) Die Differenz der beiden Zahlen soll möglichst nah an Null liegen
c) Die Differenz der beiden Zahlen soll kleiner als 5 und ihre Summe größer als 30 sein.

Multiplizieren und dividieren mit Zehnerzahlen

Ausgewachsene Pflanzenzellen sind 0,1 – 0,3 mm lang.

Wie groß erscheinen sie unter einer Lupe mit 10-facher Vergrößerung, wie groß unter einem Mikroskop mit 100-facher Vergrößerung?

1. Für den Druck der neusten Ausgabe der Schülerzeitung hat Minna 1 000 Blatt Kopierpapier eingelegt. Dabei stellt sie sich die Frage, wie dick ein Blatt Papier ist. Sie misst nach: Der ganze Stapel ist 10,2 cm hoch.

1 000 Blatt sind etwa 10 cm dick, dann sind 100 Blatt etwa 1 cm dick.

a) Begründet, dass Minnas Aussage für einen Stapel mit 100 Blatt stimmt.

b) Jeder von euch sucht sich einen Rechenansatz (A oder B) zur Bestimmung der Dicke von einem Blatt Papier aus und führt ihn zu Ende. Stellt euch anschließend eure Rechnungen gegenseitig vor.

A

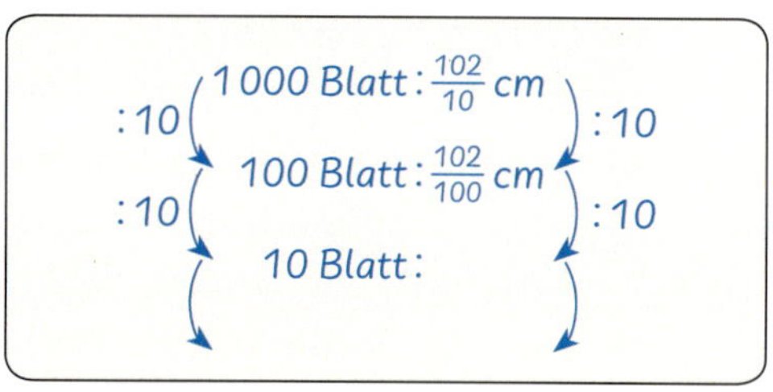

B

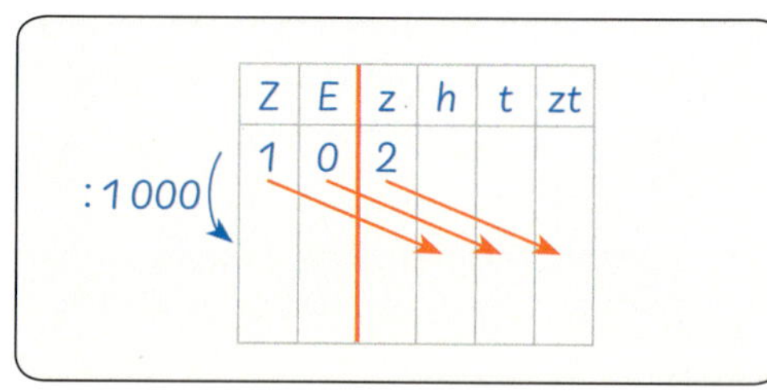

Multiplikation mit 10, 100, 1 000

Du multiplizierst eine Dezimalzahl mit 10, 100 oder 1 000, indem du das Komma um 1, 2 oder 3 **Stellen nach rechts** verschiebst. Bis zu den Einern musst du manchmal Endnullen ergänzen.

4,82 · 10 = 48,2

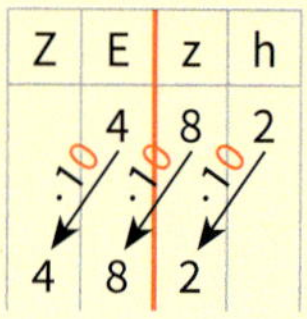

2,6 · 100 = 260

Division durch 10, 100, 1 000

Video

Du dividierst eine Dezimalzahl durch 10, 100 oder 1 000, indem du das Komma um 1, 2 oder 3 **Stellen nach links** verschiebst. Ab den Einern musst du manchmal Nullen an die höchsten Stellenwerte schreiben.

67,3 : 10 = 6,73

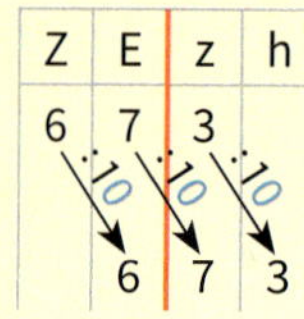

9 : 1 000 = 0,009

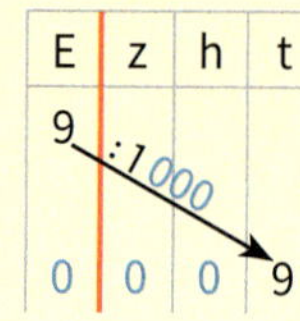

2. Löse die Aufgaben mit Hilfe einer Stellenwerttafel.

a) 284 · 10 b) 1,672 · 100 c) 0,921 · 1 000
d) 0,5 · 10 e) 0,8 · 100 f) 0,71 · 1 000
g) 12,3 : 10 h) 354 : 100 i) 462 : 1 000
j) 0,9 : 10 k) 3,2 : 100 l) 8 : 1 000

BEISPIEL

2,3 · 100 = 230

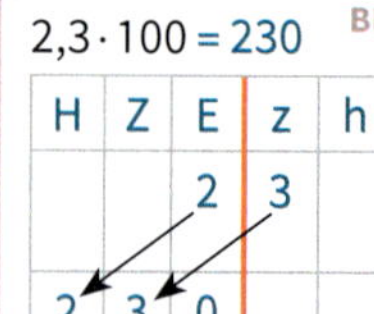

Aufgabe 1 – 5

1.

Welchen Denkfehler hat Claas gemacht? Formuliert gemeinsam eine Antwort auf seine Aussage. Nutzt dabei auch die Stellenwerttafel.

---

2. Multipliziere im Kopf.

a) 0,52 · 10	b) 2,5 · 100	c) 0,07 · 1 000
d) 10 · 0,01	e) 199 · 9,36	f) 1 000 · 2,5
g) 0,072 · 10	h) 0,4 · 100	i) 1,03 · 1 000

---

3. Dividiere im Kopf.

a) 93 : 10	b) 25,1 : 100	c) 537 : 1 000
d) 1,5 : 10	e) 0,8 : 100	f) 1,1 : 1 000
g) 0,03 : 10	h) 7,6 : 100	i) 80 : 1 000

---

4. Immer zwei Aufgaben haben das gleiche Ergebnis. Notiere sie mit einem Gleichheitszeichen.

① 4,56 · 10 ② 45,6 : 100
③ 456 : 100 ④ 45 600 : 1 000
⑤ 0,456 · 10 ⑥ 0,0456 · 10

---

5. a) Übertragt die drei Aufgaben ins Heft und löst sie. Was fällt euch auf? Erklärt.

8,7 · 10 = ■

0,87 · 100 = ■

0,087 · 1 000 = ■

b) Jeder von euch erfindet zwei ähnliche Aufgabenpakete: eines für die Multiplikation, eines für die Division. Gebt sie euch gegenseitig zum Lösen.

Aufgabe 6 – 9

6. Linus und Rana diskutieren. Nehmt Stellung zu ihren Aussagen.

---

7. Multiplizieren oder Dividieren? Und mit welcher Zehnerzahl? Übertrage ins Heft und fülle die Lücken.

a) 6,2 ■ ■ = 0,62
b) 0,043 ■ ■ = 0,43
c) 70,2 ■ ■ = 0,702
d) 0,008 ■ ■ = 0,08
e) 50 ■ ■ = 0,05

---

8. Berechne im Kopf.

a) 0,05 : 100	b) 2,038 : 10	c) 0,01 : 1 000
d) 0,2 : 10 000	e) 2,3 · 1 Mio	f) 0,03 · 1 Mrd
g) 250 : 1 Mio	h) 900 : 1 Mrd	i) 8,5 · 1 Mrd

---

9. a) Erklärt gemeinsam, wie Elias die abgebildeten Aufgaben gerechnet hat.

3	7	·	4	2	3,7 · 42 = 155,4
	1	4	8	0	
			7	4	3,7 · 4,2 = 15,54
		1			
	1	5	5	4	0,37 · 4,2 = 1,554

b) Gebt die Ergebnisse zu folgenden Aufgaben an:
① 37 · 4,2 ② 37 · 0,42 ③ 37 · 0,042

c) 824 · 768 = 632 832

Nutzt das Ergebnis im blauen Kasten, um folgende Aufgaben zu lösen.
① 82,4 · 768 ② 824 · 0,768
③ 82,4 · 76,8 ④ 8,24 · 7 680

d) Denkt euch selbst ähnliche Aufgaben aus.

Dezimalzahlen mit natürlichen Zahlen multiplizieren

In Schottland werden Entfernungen in Meilen (miles) angegeben. 1 Meile sind etwa 1,6 km.

Wandelt die Entfernungen auf dem Straßenschild in km um.

1. Pia, Yuto und Sara möchten berechnen, wie viel Liter Wasser in einem Wasserkasten sind.
Führt die Rechnungen der drei Kinder im Heft zu Ende.
Welcher Rechenweg gefällt euch am besten?

Pia

$12 \cdot 0{,}7$
$= 0{,}7 + 0{,}7 + 0{,}7 + 0{,}7$
$+ 0{,}7 + 0{,}7 + 0{,}7 + 0{,}7$
$+ 0{,}7 + 0{,}7 + 0{,}7 + 0{,}7$
$=$

Yuto

$12 \cdot 0{,}7$
$= 12 \cdot \frac{7}{10}$
$= \frac{12 \cdot 7}{10}$
$=$

Sara

$12 \cdot 0{,}7$
$= 10 \cdot 0{,}7 + 2 \cdot 0{,}7$
$= 10 \cdot 0{,}7 + 0{,}7 + 0{,}7$
$=$

---

2. Rechne wie im Beispiel.
① Überschlage das Ergebnis der Aufgabe.
② Multipliziere ohne Beachtung des Kommas.
③ Setze das Komma, wie es der Überschlag verlangt.

a) $29{,}4 \cdot 4$ b) $8{,}106 \cdot 7$ c) $0{,}86 \cdot 11$

$1{,}836 \cdot 21$
Ü: $2 \cdot 20 = 40$

Nebenrechnung
$1836 \cdot 21$
36720
1836
1
38556

$1{,}836 \cdot 21 = \underline{\underline{38{,}556}}$

Video

So kannst du **Dezimalzahlen mit natürlichen Zahlen multiplizieren**:
① Multipliziere, als wäre kein Komma vorhanden.
② Setze das Komma: Das Ergebnis hat genau so viele Stellen nach dem Komma wie die Dezimalzahl.
Ein Überschlag dient dir als Kontrolle.

$2{,}75 \cdot 3$

① $\underline{275 \cdot 3}$
825

② $2{,}75 \cdot 3 = 8{,}25$
2 Nachkommastellen 2 Nachkommastellen

Ü: $2{,}75 \cdot 3 \approx 3 \cdot 3 = 9$

3. Beim Ergebnis im grünen Feld fehlt das Komma. Schreibe die Aufgabe mit Gleichheitszeichen in dein Heft und setze das Komma an die richtige Stelle.

a) $2{,}14 \cdot 189$ 40446 b) $17{,}3 \cdot 86$ 14878 c) $87{,}63 \cdot 427$ 3741801
d) $824 \cdot 9{,}65$ 795160 e) $0{,}364 \cdot 652$ 237328 f) $36 \cdot 7{,}9421$ 2859156
g) $0{,}0192 \cdot 63$ 12096 h) $524 \cdot 23{,}25$ 1218300 i) $752 \cdot 16{,}71$ 1256592

Aufgabe 1 – 5

1. Notiere eine Additionsaufgabe und eine Multiplikationsaufgabe, die zu dem Pfeilbild am Zahlenstrahl passen. Lies das Ergebnis ab.

a)
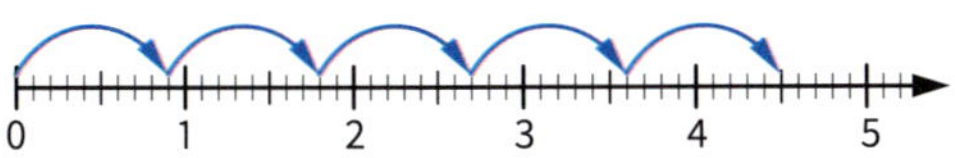

b)
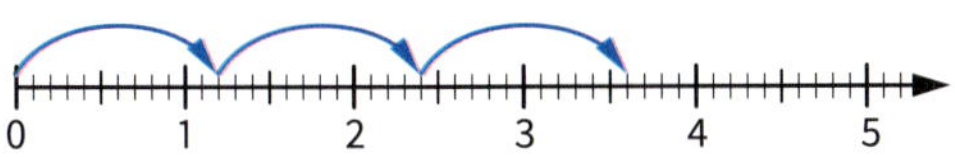

2. Übertrage den Zahlenstrahl zweimal in dein Heft. Zeichne in verschiedenen Farben Pfeilbilder ein, die zu den Aufgaben passen.

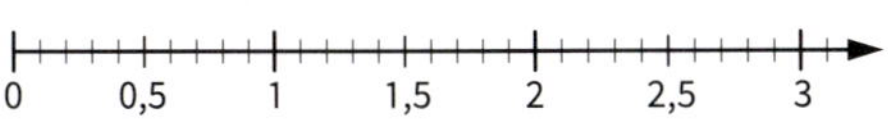

3·0,5 | 6·0,2 | 2·1,4 | 8·0,3

3. Paula, Samu und Amina finden verschiedene Erklärungen für die Aufgabe 7·0,4 = 2,8. Führt ihre Erklärungen gemeinsam zu Ende.

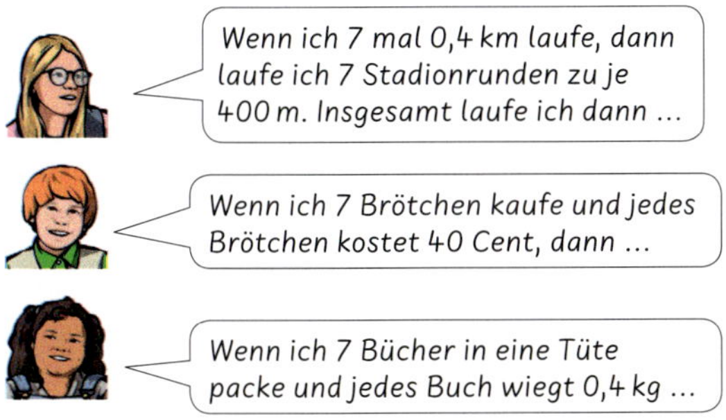

4. Rechne im Kopf.

a) 0,3·5 b) 6·0,8 c) 0,02·4
d) 8·0,1 e) 0,25·3 f) 4·0,3
g) 0,9·12 h) 0,06·3 i) 30·0,01

5. Berechne nur eine Aufgabe schriftlich. Löse die anderen durch Kommaverschiebung.

a) 7,26·3
72,6·3
0,726·3

b) 46,8·7
4,68·7
0,468·7

c) 35,28·6
352,8·6
0,3528·6

Aufgabe 6 – 10

6. Welchen Denkfehler macht Jamila? Schreibt die Erklärung von Lio zu Ende.

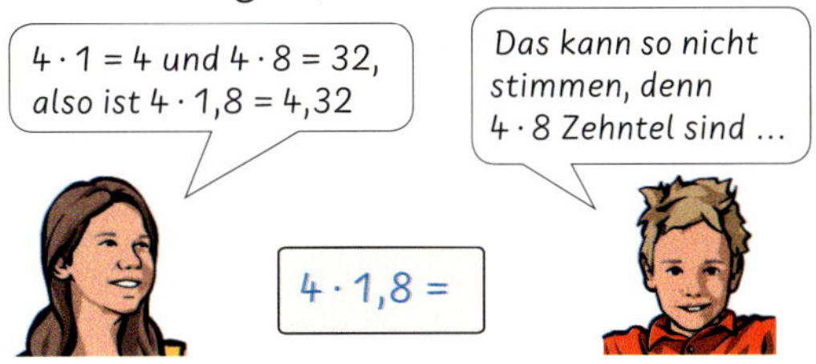

7. Findet die Fehler und korrigiert sie im Heft.

a)
```
2,93 · 57
 10550
  1431
 ------
 129,81  f
```

b)
```
93,6 · 45
 37440
  4680
  111
 ------
 421,2   f
```

8. Rechne schriftlich.

a) 6,23·71 b) 94,6·82 c) 5,05·96
d) 746·4,3 e) 845·2,8 f) 391·0,24
g) 2,41·620 h) 767·2,43 i) 4,45·544

LÖSUNGEN
93,84 | 442,33 | 484,8 | 1 494,2 | 1 863,81
2 366 | 2 420,8 | 3 207,8 | 7 757,2

9.

Auf Nicolas Geburtstagsfeier gab es Orangensaft in 0,75-ℓ-Flaschen, Limonade in 0,33-ℓ-Flaschen und Mineralwasser in 1,5-ℓ-Flaschen. Berechne, wie viel Liter die Gäste insgesamt getrunken haben.

10. ■·■,■■ Karten: 3 5 0 8

Setze in die Kästchen die Ziffern der Karten so ein, dass du folgende Ergebnisse erhältst.

2,55 | 40,24 | 19 | 2,8

Dezimalzahlen durch natürliche Zahlen dividieren

Die 25 Schülerinnen und Schüler der 6a der Lindenschule aus Berlin machen mit der Bahn einen Tagesausflug ins phaeno nach Wolfsburg.
Wie viel Euro muss jedes Kind für die Bahnfahrt etwa bezahlen?

1. Rechts seht ihr, wie Selma die Aufgabe 58,8:8 gelöst hat.

a) Hat Selma Recht? Überprüft mit der Umkehraufgabe oder mit einem Überschlag.

b) Schaut euch die Rechnung genau an. Beschreibt Gemeinsamkeiten und Unterschiede zur schriftlichen Division. Beantwortet dabei folgende Fragen:
- Wann hat Selma im Ergebnis das Komma gesetzt?
- Warum hat Selma in der Zehnerstelle des Ergebnisses eine Null gesetzt?
- Warum musste Selma an die 58,8 eine Null anhängen?

c) Rechnet die beiden rechts abgebildeten Aufgaben wie Selma. Die Tipps sollen euch dabei helfen.
Kontrolliert eure Ergebnisse durch Überschläge.

```
 Z E  z h       Z E  z h
 5 8, 8 0 : 8 = 0 7, 3 5
-0
 5 8
-5 6
   2 8
 - 2 4
     4 0
   - 4 0
       0
```

6,9 : 4
Tipp: 6,9 = 6,900

3,24 : 9
Tipp: Die 9 passt 0-mal in die 3.

Video

So kannst du **Dezimalzahlen durch natürliche Zahlen dividieren:**
- Dividiere stellenweise, als wäre kein Komma vorhanden.
- Setze das Komma im Ergebnis, sobald du während der Rechnung das Komma überschreitest.
- Ergänze Endnullen, wenn du sie benötigst.

Ein Überschlag dient dir als Kontrolle.

```
    Endnull ergänzen
 6 9, 8 0 : 5 = 1 3, 9 6
-5
 1 9
-1 5        Komma setzen beim
   4 8      Überschreiten des Kommas
 - 4 5
     3 0    Ü:   6 9, 8 : 5
   - 3 0       ≈ 7 0 : 5
       0       = 1 4
```

2. Dividiere schriftlich.

a) 26,19 : 3 b) 14,22 : 6 c) 36,45 : 9 d) 17,01 : 7
e) 163,95 : 5 f) 125,84 : 4 g) 64,24 : 8 h) 29,58 : 6

LÖSUNGEN
2,37 | 2,43 | 4,05 | 4,93
8,03 | 8,73 | 31,46 | 32,79

3. Bei diesen Aufgaben benötigst du Endnullen.

a) 45,90 : 5 b) 11,130 : 6 c) 5,2500 : 4 d) 31,00 : 4
e) 93,5 : 2 f) 8,7 : 4 g) 87 : 6 h) 98 : 8

LÖSUNGEN
1,3125 | 1,855 | 2,175 | 7,75
9,18 | 12,25 | 14,5 | 46,75

Aufgabe 1 – 5

1. Übertrage ins Heft und beende die Rechnung.

a) 2,58 : 3 = 0,8
 − 0
 25
 − 24

b) 19,92 : 8 = 2
 − 16
 39

---

2. Dividiere schriftlich. Achte im Ergebnis auf die Null vor dem Komma.

a) 3,51 : 9 b) 2,645 : 5 c) 0,75 : 2
d) 2,6 : 4 e) 3,62 : 8 f) 4,29 : 6

LÖSUNGEN
0,375 | 0,39 | 0,4525 | 0,529 | 0,65 | 0,715

---

3. Im Ergebnis fehlt das Komma. Mache einen Überschlag im Kopf und notiere die Aufgabe mit richtigem Ergebnis im Heft.

a) 86,38 : 7 = 1234 *b) 55,32 : 8 = 6915*
c) 36,06 : 5 = 7212 *d) 9,612 : 6 = 1602*

4.

a) Überprüft die Probe von Lana. Hat sie richtig gerechnet?
b) Erklärt Juri seinen Fehler. Schreibt einen kurzen Text, der folgendermaßen beginnt: *Wenn du 21,18 € gerecht an 3 Personen verteilen möchtest, dann bekommt jedes Kind …*

---

5. *Dezimalzahl geteilt durch natürliche Zahl*

Jeder von euch denkt sich 5 passende Aufgaben aus, die man im Kopf lösen kann. Stellt euch gegenseitig eure Aufgaben.

Aufgabe 6 – 11

6. Löse die erste Aufgabe schriftlich und alle weiteren durch Kommaverschiebung.

a)	b)	c)
617,2 : 4	31,47 : 6	8367 : 5
61,72 : 4	3,147 : 6	83,67 : 5
6,172 : 4	3147 : 6	0,8367 : 5

---

7. Dividiere schriftlich.

a) 87,12 : 12 b) 25,14 : 15 c) 56,07 : 21
d) 92,75 : 14 e) 38,48 : 16 f) 29,25 : 18
g) 9891 : 15 h) 8761 : 20 i) 7016 : 16

LÖSUNGEN
1,625 | 1,676 | 2,405 | 2,67 | 6,625
7,26 | 438,05 | 438,5 | 659,4

---

8. Dividiere im Kopf. Kontrolliere dein Ergebnis mit einer Probe.

a) 3,5 : 7 b) 0,1 : 2 c) 0,24 : 6
d) 0,75 : 3 e) 6,4 : 8 f) 0,8 : 4

---

9. a) Die Kanten eines Würfels haben eine Gesamtlänge von 14,04 cm. Berechne die Länge einer Kante.
b) Eine Treppe mit 12 Stufen ist 1,92 m hoch. Wie hoch ist eine einzelne Stufe?

10.

Wie teuer ist eine Flasche ohne Pfand?

---

11. Am Ende des Schuljahres soll der Restbetrag der Klassenkasse von 307,70 € gerecht unter den 25 Kindern aufgeteilt werden. Wie viel Euro erhält jedes Kind?

Vom Bruch zur Dezimalzahl

Melek soll Zutaten für das Waffelessen der Klasse 6c einkaufen.

Welche Packungsgrößen muss sie für das Rezept mindestens einkaufen?

1. Kim und Noah sollen den Bruch $\frac{13}{20}$ in eine Dezimalzahl umwandeln.

a) Wandelt $\frac{13}{20}$ um, wie Kim und Noah es vorschlagen. Ihr dürft euch die Arbeit aufteilen. Vergleicht eure Ergebnisse und Lösungswege.

b) Wandelt nun den Bruch $\frac{21}{6}$ in eine Dezimalzahl um. Klappt die Umwandlung mit beiden Methoden von Kim und Noah?

Ich erweitere auf Hunderstel und nutze dann die Stellenwerttafel.

E	z	h

Ich rechne 13 : 20 mit der schriftlichen Division.

Video

Um einen Bruch in eine Dezimalzahl umzuwandeln gibt es zwei Möglichkeiten:

Immer kannst du den **Zähler durch den Nenner dividieren.**

$$\frac{7}{4} = 7{,}00 : 4 = 1{,}75$$
$$\begin{array}{r} -4 \\ \hline 30 \\ -28 \\ \hline 20 \\ -20 \\ \hline 0 \end{array}$$

Wenn nötig, Endnullen ergänzen

Manchmal kannst du den **Nenner auf Zehntel, Hundertstel, Tausendstel, … erweitern.**

$$\frac{7}{4} = \frac{7 \cdot 25}{4 \cdot 25} = \frac{175}{100} = 1{,}75$$

Erweitern auf Hundertstel: $4 \cdot 25 = 100$

2. Wandle den Bruch in eine Dezimalzahl um, indem du ihn …

a) … auf Zehntel erweiterst. $\frac{1}{5}$ $\frac{3}{2}$ $\frac{4}{5}$

b) … auf Hundertstel erweiterst. $\frac{3}{20}$ $\frac{9}{25}$ $\frac{73}{50}$

c) … auf Tausendstel erweiterst. $\frac{9}{250}$ $\frac{501}{500}$ $\frac{11}{200}$

TIPP

	E	z	h	t	
$\frac{14}{10}$	1	4			1,4
$\frac{23}{100}$	0	2	3		0,23
$\frac{1207}{1000}$	1	2	0	7	1,207

3. Wandle den Bruch in eine Dezimalzahl um, indem du den Zähler durch den Nenner dividierst.

a) $\frac{3}{4}$ b) $\frac{5}{2}$ c) $\frac{11}{8}$ d) $\frac{9}{6}$ e) $\frac{12}{5}$ f) $\frac{3}{10}$ g) $\frac{9}{4}$ h) $\frac{1}{8}$

LÖSUNGEN

0,125 | 0,3 | 0,75 | 1,375
1,5 | 2,25 | 2,4 | 2,5

4. Lena, Amina und Olga teilen sich eine 1-Liter-Flasche Cola. Paul trinkt allein eine 0,33-Liter-Flasche Cola.
Wer trinkt einzeln mehr, Paul oder die Mädchen? Diskutiert gemeinsam und begründet eure Antwort.

---

5. Marie möchte den Bruch $\frac{5}{6}$ in eine Dezimalzahl umwandeln.

a) Was meint Marie damit, dass sie nie fertig wird? Könnt ihr so wie Ahmad vorhersagen, wie es weitergeht?

b) Das Ergebnis der Aufgabe 5 : 6 nennt man eine *periodische Dezimalzahl*. Lest euch den grünen Kasten zur Wortherkunft durch und erklärt, warum dieser Begriff zum Ergebnis der Aufgabe passt.

Das altgriechische Wort *períodos* bedeutet übersetzt *Kreislauf* oder *Wiederholung*.

Video

Beim Umwandeln von Brüchen in Dezimalzahlen können zwei Fälle auftreten.

abbrechende Dezimalzahl

	5	:	8	=	0,	6	2	5
−	0							
	5	0						
−	4	8						
		2	0					
	−	1	6					
			4	0				
		−	4	0				
				0				

kein Rest

Abbrechende Dezimalzahlen enden nach einer bestimmten Nachkommastelle.

periodische Dezimalzahl

	2	:	3	=	0,	6	6	6	…	=	0, $\overline{6}$
−	0										
	2	0									
−	1	8									
		2	0								
	−	1	8								
			2	0							
		−	1	8							
				2 …							

Null Komma Periode Sechs

Rechnung wiederholt sich

Bei periodischen Dezimalzahlen gibt es nach dem Komma eine Ziffer oder Ziffernfolge (Periode), die sich immer wiederholt.

6. Notiert die periodische Dezimalzahl in der verkürzten Schreibweise mit einem Strich über der Periode. Lest euch die Zahlen abwechselnd vor.

a) 0,3333… b) 0,7777… c) 0,121212… d) 0,246246246…
e) 1,2222… f) 5,5555… g) 4,989898… h) 6,767676…
i) 7,15555… j) 2,5239999… k) 5,2434343… l) 10,3467467467…

BEISPIEL
$1{,}6828282\ldots = 1{,}6\overline{82}$
„eins Komma sechs Periode acht zwei“

---

7. Gib die ersten 8 Nachkommastellen der periodischen Dezimalzahl an.

a) $0{,}\overline{5}$ b) $0{,}\overline{52}$ c) $0{,}5\overline{2}$ d) $2{,}\overline{7}$
e) $2{,}\overline{47}$ f) $2{,}4\overline{7}$ g) $5{,}3\overline{21}$ h) $8{,}9\overline{251}$

BEISPIEL
$2{,}1\overline{43} = 2{,}14343434\ldots$

Aufgabe 1 – 5

1. Diese Brüche und zugehörigen Dezimalzahlen solltest du immer im Kopf haben. Notiere sie mit Gleichheitszeichen im Heft.

$\frac{1}{2}$ | 0,1 | $\frac{2}{3}$ | $0,\overline{3}$ | $\frac{3}{4}$ | 0,5

0,125 | $\frac{1}{3}$ | 0,75 | $\frac{1}{4}$ | 0,01 | $\frac{1}{5}$

$\frac{1}{8}$ | 0,25 | $\frac{1}{100}$ | $0,\overline{6}$ | $\frac{1}{10}$ | 0,2

2. Findet die Fehler und korrigiert sie im Heft.

a) $\frac{7}{2} = \frac{35}{10} = 0{,}35$ f b) $\frac{1}{25} = \frac{4}{100} = 0{,}4$ f

c) $\frac{3}{4} = \frac{9}{10} = 0{,}9$ f d) $\frac{19}{20} = \frac{85}{100} = 0{,}85$ f

3. Wandle den Bruch in eine abbrechende Dezimalzahl um, indem du ihn auf Zehntel, Hundertstel oder Tausendstel erweiterst.

a) $\frac{3}{5}$ b) $\frac{7}{20}$ c) $\frac{21}{50}$ d) $\frac{11}{250}$ e) $\frac{341}{500}$

f) $\frac{7}{5}$ g) $\frac{2}{25}$ h) $\frac{101}{200}$ i) $\frac{76}{50}$ j) $\frac{29}{20}$

LÖSUNGEN
0,044 | 0,08 | 0,35 | 0,42 | 0,505
0,6 | 0,682 | 1,4 | 1,45 | 1,52

4. Wandelt den Bruch in eine periodische Dezimalzahl um, indem ihr den Zähler durch den Nenner dividiert.

a) $\frac{1}{3}$ b) $\frac{1}{9}$ c) $\frac{5}{9}$ d) $\frac{7}{6}$ e) $\frac{10}{6}$

f) $\frac{6}{11}$ g) $\frac{8}{6}$ h) $\frac{19}{9}$ i) $\frac{12}{11}$ j) $\frac{13}{15}$

LÖSUNGEN
$0,\overline{1}$ | $0,\overline{3}$ | $0,\overline{5}$ | $0,\overline{54}$ | $0,8\overline{6}$ | $1,\overline{09}$
$1,1\overline{6}$ | $1,\overline{3}$ | $1,\overline{6}$ | $2,\overline{1}$

5. Wandle die Dezimalzahl in einen Bruch um.

a) 0,3 b) 0,03 c) 0,003 d) 0,7
e) 0,77 f) 0,777 g) 0,077 h) 0,019
i) 0,19 j) 1,9 k) 1,99 l) 1,999

Aufgabe 6 – 10

6. Nehmt Stellung zu Finns Aussage.

Anstelle eines Bruchstrichs schreibe ich einfach ein Komma. Also $\frac{3}{5} = 3{,}5$.

7. Wandle den Bruch mit einem Verfahren deiner Wahl in eine Dezimalzahl um.

a) $\frac{9}{20}$ b) $\frac{5}{8}$ c) $\frac{2}{9}$ d) $\frac{11}{50}$ e) $\frac{5}{2}$

f) $\frac{10}{3}$ g) $\frac{3}{4}$ h) $\frac{14}{6}$ i) $\frac{9}{10}$ j) $\frac{11}{15}$

LÖSUNGEN
0,22 | $0,\overline{2}$ | 0,45 | 0,625 | $0,7\overline{3}$
0,75 | 0,9 | $2,\overline{3}$ | 2,5 | $3,\overline{3}$

8. Erstellt eine Zutatenliste für das Rezept. Ersetzt dabei Brüche durch Dezimalzahlen.

Omas Pfannkuchen

4 Eigelb mit $\frac{1}{4}$ ℓ heißem Wasser, $\frac{1}{10}$ kg Zucker und 1 Päckchen Vanillezucker schaumig schlagen. $\frac{2}{5}$ kg Mehl und $\frac{1}{2}$ ℓ Milch und 1 TL Backpulver unterrühren. Den Teig eine Stunde ruhen lassen. 4 Eiweiß steif schlagen und unter den Teig heben. Den Teig in der Pfanne goldbraun braten.

9. Nura hat den Bruch $\frac{2}{3}$ in eine Dezimalzahl umgewandelt. Erklärt ihr die Anzeige des Taschenrechners.

Ich dachte, da müsste eine periodische Dezimalzahl herauskommen.

10. Runde die periodische Dezimalzahl auf zwei Stellen nach dem Komma.

a) $1,\overline{3}$ b) $2,\overline{6}$ c) $0,\overline{8}$ d) $1,2\overline{7}$
e) $0,\overline{39}$ f) $2,\overline{94}$ g) $0,3\overline{9}$ h) $0,\overline{36}$

Aufgabe 11 – 13

11. Spielt zu zweit.

Spielregel:
Würfelt mit zwei Würfeln den Zähler (kleinere Augenzahl) und den Nenner (größere Augenzahl) eines Bruchs. Wer den Bruch zuerst in eine Dezimalzahl umgewandelt hat, bekommt einen Punkt. Bei gleichen Augenzahlen wird der Wurf wiederholt.

12. Ordne die Zahlen von klein nach groß.

a) 0,45 $0,\overline{4}$ 0,4 0,5 0,44

b) 1,01 0,2 1,1 $1,0\overline{1}$ $1,\overline{01}$

Brüche liegen dicht

Video

Zwischen zwei Brüchen auf dem Zahlenstrahl liegen immer beliebig viele andere Brüche. Mathematiker sagen dazu: *Brüche liegen auf dem Zahlenstrahl dicht.*

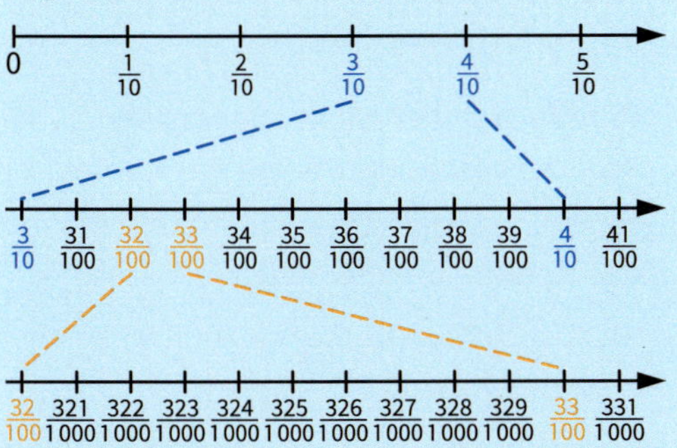

13. Lest die Informationen im blauen Kasten.

a) Nennt zwei Brüche und zwei Dezimalzahlen zwischen $\frac{3}{10}$ und $\frac{4}{10}$.

b) Nennt zwei Brüche und zwei Dezimalzahlen zwischen $\frac{32}{100}$ und $\frac{33}{100}$.

c) Nennt zwei Brüche und zwei Dezimalzahlen zwischen $\frac{325}{1\,000}$ und $\frac{326}{1\,000}$.

d) Erklärt mit euren eigenen Worten, was mit dem *Dichtliegen von Brüchen* gemeint ist.

Aufgabe 14 – 19

14. Ordne die Brüche und Dezimalzahlen von klein nach groß.

a) $\frac{5}{9}$ 0,55 $\frac{54}{99}$ $0,5\overline{4}$ $0,4\overline{5}$

b) $\frac{6}{7}$ $\frac{7}{8}$ $0,\overline{85}$ $0,8\overline{7}$ 0,8

15. Die Zahlen $\frac{1}{7}$ und $\frac{1}{14}$ können in periodische Dezimalzahlen umgewandelt werden. Bestimmt diese beiden Dezimalzahlen.

16. Wandle in eine Dezimalzahl um und runde auf Tausendstel.
Notiere z. B. so: $\frac{1}{3} \approx 0{,}333$.

a) $\frac{12}{14}$ b) $\frac{14}{17}$ c) $\frac{13}{19}$ d) $\frac{17}{21}$ e) $\frac{16}{23}$

BENÖTIGTE ZIFFERN
0 | 0 | 0 | 0 | 0 | 0 | 1 | 2 | 4 | 4 | 5 | 6 | 6 | 6 | 7
8 | 8 | 8 | 8 | 9

17. Pia teilt ein 3 m langes Brett in sieben gleich lange Teile. Wie lang ist eines dieser Teile? Runde auf mm.

18. a) Findet drei Dezimalzahlen, die zwischen den Brüchen $\frac{1}{5}$ und $\frac{1}{6}$ liegen.

b) Schreibt eine Anleitung, wie man eine Dezimalzahl findet, die zwischen zwei verschiedenen Brüchen liegt.

19. Nehmt Stellung zu den Aussagen von Greta und Liam.

Addieren und Subtrahieren von Brüchen

mit gleichen Nennern:
Addiere (subtrahiere) nur die Zähler, der Nenner bleibt gleich.

$\frac{5}{8} - \frac{2}{8} = \frac{5-2}{8} = \frac{3}{8}$

mit verschiedenen Nennern:
Erweitere die Brüche zuerst auf einen gemeinsamen Nenner.

$\frac{2}{5} + \frac{1}{2} = \frac{4}{10} + \frac{5}{10} = \frac{4+5}{10} = \frac{9}{10}$

Brüche mit natürlichen Zahlen multiplizieren

Multipliziere den Zähler, der Nenner bleibt gleich.

$\frac{2}{7} \cdot 3 = \frac{2 \cdot 3}{7} = \frac{6}{7}$

Brüche durch natürliche Zahlen dividieren

Dividiere den Zähler, der Nenner bleibt gleich.

$\frac{4}{5} : 2 = \frac{4:2}{5} = \frac{2}{5}$

oder

Multipliziere den Nenner, der Zähler bleibt gleich.

$\frac{4}{5} : 2 = \frac{4}{5 \cdot 2} = \frac{4}{10} = \frac{2}{5}$

Addieren und Subtrahieren von Dezimalzahlen

① Schreibe die Zahlen stellengerecht untereinander (Komma unter Komma).
② Ergänze Nullen, wenn es nötig ist.
③ Addiere (subtrahiere) stellenweise von rechts nach links.

12,3 + 3,8

	12,	3
+	3,	8
	1	
	16,	**1**

9,2 − 4,15

	9,	2	0
−	4,	1	5
		1	
	5,	**0**	**5**

Multiplizieren und Dividieren von Dezimalzahlen mit natürlichen Zahlen

Multipliziere, als wäre kein Komma vorhanden. Das Ergebnis hat genau so viele Stellen nach dem Komma wie die Dezimalzahl.

6,	3	1	·	1	3
		6	3	1	0
		1	8	9	3
		1	1		
		8	2,	0	3

Dividiere stellenweise, als wäre kein Komma vorhanden. Setze das Komma im Ergebnis, sobald du während der Rechnung das Komma überschreitest.

$18{,}6 : 4 = 4{,}65$

	1	8,	6
−	1	6	
		2	6
	−	2	4
			2 0
		−	2 0
			0

Abbrechende Dezimalzahlen

$\frac{5}{8} = 5 : 8 = 0{,}625$

Abbrechende Dezimalzahlen enden nach einer bestimmten Nachkommastelle.

Periodische Dezimalzahlen

$\frac{2}{3} = 2 : 3 = 0{,}666\ldots = 0{,}\overline{6}$

Bei periodischen Dezimalzahlen gibt es nach dem Komma eine Ziffer oder Ziffernfolge (Periode), die sich immer wiederholt.

Aufgabe 1 – 4

1. Übertrage die Additionsmauer in dein Heft und vervollständige sie.

a)
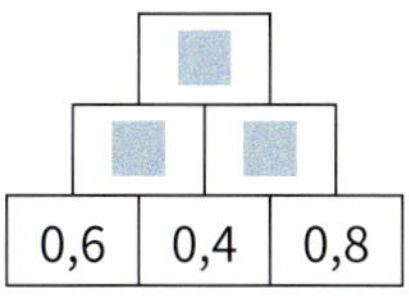

b)
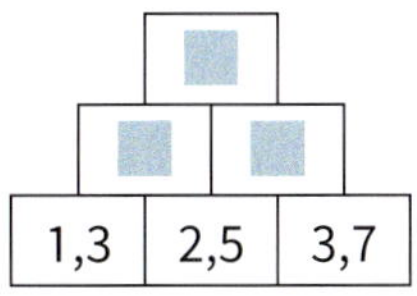

c)
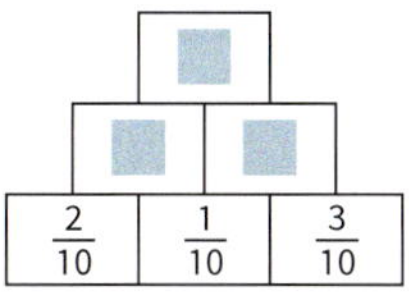

d)
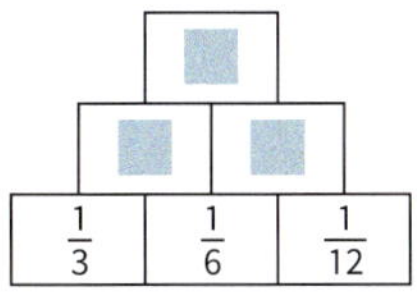

2. Berechne im Kopf.

a) $0{,}4 \cdot 10$ $\quad 1{,}2 \cdot 100$ $\quad 0{,}7 \cdot 1\,000$

b) $3 : 10$ $\quad 2{,}5 : 100$ $\quad 736 : 1\,000$

c) $0{,}4 \cdot 6$ $\quad 1{,}5 \cdot 5$ $\quad 9 \cdot 0{,}02$

d) $7{,}2 : 2$ $\quad 2{,}4 : 3$ $\quad 6{,}3 : 9$

3. Berechnet die Ergebnisse beider Aufgaben und veranschaulicht sie mit einer Skizze.

a)
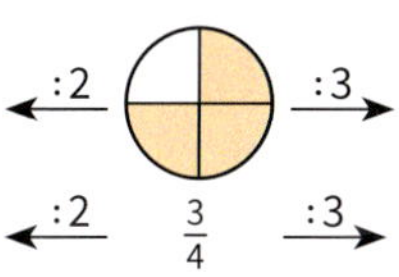

b)
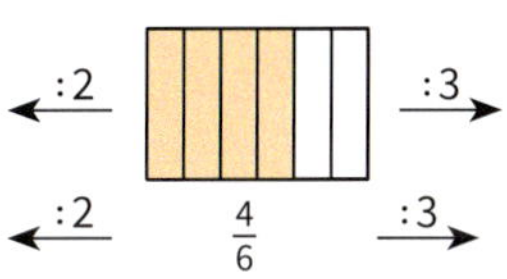

4.

Name: *Leonore Bliefert* Klasse: *6b*

gelaufene Runden: *14*

Sponsor:in	Spende pro Runde	Unterschrift
Mama	*0,80 €*	*V. Bliefert*
Papa	*1,20 €*	*T. Bliefert*
Oma	*1,30 €*	*G. Bliefert*
Opa	*0,50 €*	*P. Bliefert*
Tante Jenny	*0,70 €*	*J. Bansemir*

Die Lichtenberger Schule sammelt bei einem Spendenlauf Geld für die SOS-Kinderdörfer. Diskutiert: Wie kann Leonore möglichst schnell ihren Gesamtspendenbetrag berechnen? Führt die Rechnung dann durch.

Aufgabe 5 – 7

5. Gib für jede Zutat eine Möglichkeit an, sie mit den vorhandenen Messbechern abzumessen. Vergleicht eure Lösungen in Partnerarbeit.

6. Rechne schriftlich.

a) $43{,}692 + 19{,}658$ b) $7{,}925 \cdot 8$

c) $7{,}862 + 54{,}95$ d) $374{,}1 : 6$

e) $113{,}42 - 49{,}523$ f) $255 : 4$

LÖSUNGEN
62,35 | 62,812 | 63,35 | 63,4 | 63,75 | 63,897

7. Lies den Text zuerst genau durch. Beantworte dann die Fragen.

Blattschneiderameisen leben in den tropischen und subtropischen Regionen Zentral- und Südamerikas. Die 0,002 bis 0,008 g schweren Insekten sind wahre Profigärtner. Sie transportieren Blätter in ihre Nester, die bis zu 12-mal so schwer sind wie sie selbst. Auf diesen Blättern züchten die 0,5 bis 1,3 cm großen Ameisen Pilze, von denen sie sich ernähren.

a) Was fressen Blattschneiderameisen?

b) Berechne den Größenunterschied der größten und kleinsten Blattschneiderameisen.

c) Berechne, welches Gewicht eine Blattschneiderameise höchstens transportieren kann.

Lösungen → Seite 282

Aufgabe 8 – 12

8. Berechne. Kürze das Ergebnis so weit wie möglich.

a) $\frac{5}{16}+\frac{7}{16}$ b) $\frac{1}{5}+\frac{1}{2}$ c) $\frac{3}{4}+\frac{5}{6}$

d) $\frac{7}{8}-\frac{1}{4}$ e) $\frac{7}{12}-\frac{3}{8}$ f) $1-\frac{3}{5}$

g) $\frac{5}{12}\cdot 3$ h) $\frac{16}{9}:8$ i) $\frac{2}{3}:4$

LÖSUNGEN: $\frac{3}{4}$ | $\frac{5}{4}$ | $\frac{2}{5}$ | $\frac{1}{6}$ | $\frac{5}{8}$ | $\frac{2}{9}$ | $\frac{7}{10}$ | $\frac{19}{12}$ | $\frac{5}{24}$

9. 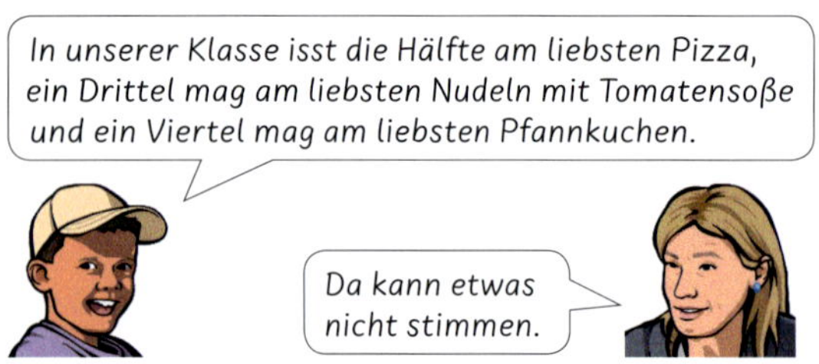

Was sagt ihr zu Koljas Aussage? Begründet eure Antwort mit einer Rechnung.

10. Zu jeder blauen Karte gehört eine orangene Karte. Notiere alle passenden Zahlenpaare mit einem Gleichheitszeichen.

$\frac{3}{100}$ | $\frac{1}{3}$ | $\frac{3}{4}$ | $\frac{3}{10}$ | $\frac{2}{3}$ | $\frac{3}{5}$

$0{,}3$ | $0{,}\overline{6}$ | $0{,}6$ | $0{,}\overline{3}$ | $0{,}75$ | $0{,}03$

11. Wandle den Prozentsatz in eine Dezimalzahl um.

BEISPIEL: $12\,\% = \frac{12}{100} = 0{,}12$

a) 15 % b) 47 % c) 2 % d) 20 % e) 70 %
f) 7 % g) 1 % h) 99 % i) 90 % j) 9 %

12. Wandle die Dezimalzahl in einen Prozentsatz um.

BEISPIEL: $0{,}3 = \frac{30}{100} = 30\,\%$

a) 0,48 b) 0,95 c) 0,03 d) 0,5 e) 0,05
f) 0,9 g) 0,04 h) 1 i) 0,8 j) 0,81

Aufgabe 13 – 17

13. Übertrage die Additionsmauer in dein Heft und vervollständige sie.

a) 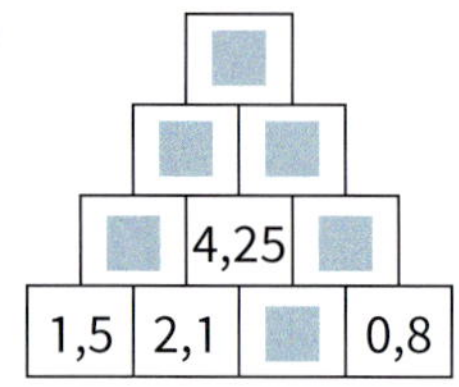

b) 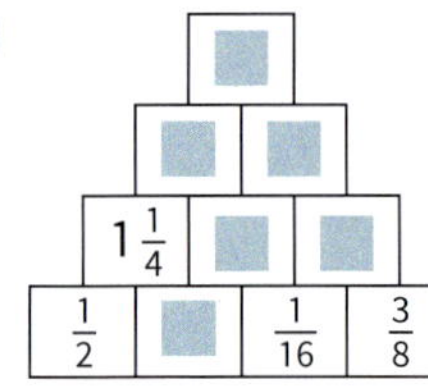

14. Rechnet möglichst geschickt im Kopf.

a) $2{,}63+1{,}89+3{,}37$ b) $8{,}29+6{,}57+2{,}13$

c) $\frac{7}{12}+\frac{1}{3}+\frac{1}{12}+\frac{2}{5}$ d) $\frac{3}{4}+\frac{5}{16}+\frac{1}{2}+\frac{7}{16}$

e) $\frac{1}{2}+1{,}25+2{,}5+\frac{3}{4}$ f) $2{,}8+\frac{2}{3}+1{,}2+\frac{4}{3}$

15. **Preisliste Ostsee-Herberge**

Preis pro Übernachtung mit	Frühstück	Halbpension	Vollpension
Erwachsene	45,30 €	52,30 €	59,30 €
Kinder (ab 6 J.)	39,10 €	45,10 €	51,10 €

Pia möchte mit ihrem Mann Marc und ihrem Sohn Julius (12 Jahre) von Donnerstag bis Sonntag ein verlängertes Wochenende in der Ostsee-Herberge verbringen. Pia möchte nicht mehr als 450 € ausgeben. Welche Verpflegung kann sie sich dafür leisten?

16. a) $\frac{3}{8}$ Liter Saft sollen so verdünnt werden, dass man insgesamt $\frac{7}{10}$ Liter erhält. Wie viel Liter Wasser werden benötigt?

b) Ein Päckchen wiegt $1\frac{1}{5}$ kg. Wie schwer ist der Inhalt, wenn die Verpackung $\frac{1}{4}$ kg wiegt?

17. Rechne schriftlich.

a) $34{,}7\cdot 46$ b) $8{,}409\cdot 96$

c) $72{,}96\cdot 85$ d) $6{,}4028\cdot 25$

e) $19\,432:25$ f) $8\,999{,}9:14$

g) $9\,716:12$ h) $7\,625{,}6:15$

Lösungen → Seite 282

Aufgabe 18 – 20

18. Notiere die vollständige Aufgabe.

a) $\frac{5}{6} \cdot \square = \frac{15}{2}$ b) $\frac{2}{3} : \square = \frac{1}{6}$

c) $\frac{1}{3} + \square = \frac{7}{12}$ d) $\frac{9}{4} - \square = \frac{9}{5}$

19. Lies den Text zuerst genau durch. Beantworte dann die Fragen.

Der CO_2-Fußabdruck verschiedener Transportmittel gibt an, wie viel CO_2 eine Person bei der Nutzung des jeweiligen Transportmittels verursacht. Ein Flug von Frankfurt in das etwa 800 km entfernte London verursacht etwa 92,5 kg CO_2, während eine Anreise mit Zug und Fähre nur etwa 5 kg CO_2 verursacht. Eine Fahrt mit dem Benzinauto verursacht etwa 72,3 kg CO_2, verglichen damit würde man mit dem Elektroauto 48,8 kg CO_2 sparen.

a) Wie hoch ist der CO_2-Fußabdruck bei einer London-Reise mit einem Elektroauto?

b) Wie viel mal mehr CO_2 wird bei einer London-Reise per Flugzeug emittiert als bei einer Anreise mit der Bahn?

c) Schätze ab, wie groß der CO_2-Fußabdruck eines Fluges von Frankfurt in das 8 000 km entfernte Vancouver (Kanada) in etwa ist.

20. Begründet, warum ihr wie rundet.

a) Der Lottogewinn von 17 360 € muss unter drei Personen aufgeteilt werden. Berechnet den Gewinn jeder einzelnen Person.

b) Die Malerei Piel muss für einen Großauftrag 580 m² Wand streichen. Ein 5-Liter-Eimer Farbe reicht für 30 m². Wie viel Liter Farbe müssen die Maler mitbringen?

Aufgabe 21 – 26

21. Übertrage die Additionsmauer in dein Heft und vervollständige sie.

a)

10			
$\square$	4,21		
$\square$	$\square$	1,5	
$\square$	$\square$	$\square$	0,89

b)

$10\frac{3}{4}$			
$5\frac{7}{12}$	$\square$		
$2\frac{5}{6}$	$\square$	$\square$	
$1\frac{1}{3}$	$\square$	$\square$	$\square$

22. Notiere die Aufgabe und löse sie.

a) Multipliziere $\frac{3}{8}$ mit der Zahl 4. Subtrahiere vom Produkt die Zahl $\frac{5}{6}$.

b) Halbiere $\frac{7}{9}$ und addiere zum Ergebnis $\frac{1}{4}$.

c) Bilde die Summe der Brüche $1\frac{1}{2}$ und $\frac{3}{5}$. Dividiere das Ergebnis durch 7.

23. Schreibe die Rechnung stellengerecht untereinander und ergänze die fehlenden Ziffern. Die Summe aller gesuchten Ziffern ist 66.

a) $3\square,\square 9 + 7{,}8\square = 43{,}3$

b) $6\square 5,\square 7\square + 4\square,864 = 686{,}0\square 7$

c) $\square 9,\square 3 - \square,25\square = 53{,}4\square 9$

d) $\square,1\square 3 - 0{,}685\square = 0,\square 7\square 9$

24. Runde das Ergebnis nach dem Komma auf die angegebene Einheit.

a) 60 km : 7   m   b) 7 m : 23   cm

c) 6 kg : 13   g   d) 2 m² : 21   cm²

25. Ordne die Zahlen der Größe nach. Beginne mit der kleinsten Zahl.

a) $\frac{8}{9}$ 0,8 $\frac{8}{8}$ $0,\overline{98}$ $\frac{7}{8}$ $0,9\overline{8}$

b) $2\frac{5}{6}$ $\frac{26}{9}$ $\frac{29}{10}$ 2,83 $\frac{284}{100}$ $2\frac{4}{5}$

26. Welche Dezimalzahlen kannst du mit 7 multiplizieren, sodass das Ergebnis größer als 3,5 und kleiner als 7 ist?

Lösungen → Seite 283

Getränkebar auf dem Schulfest

Die Klasse 6a der Comenius-Schule organisiert beim Schulfest einen Getränkeverkauf. Um Müll zu vermeiden, haben sie sich dafür aus der Mensa Gläser in den Größen 0,2 Liter, 0,3 Liter und 0,5 Liter ausgeliehen.

a) Laya und Leonie sind für die Cocktails zuständig. Sie möchten einen Virgin Pina Colada zubereiten. Welche Gläser eignen sich für die Zubereitung, wenn sie neben den Zutaten noch 0,1 Liter für Eiswürfel einplanen müssen?

cℓ steht für Zentiliter: 1 cℓ = 0,01 ℓ

Virgin Pina Colada
4 cl Kokosnusscreme
6 cl Orangensaft
8 cl Ananassaft

---

b)

Insgesamt brauchen wir 100 Portionen. 250 · 0,4 = 100. Also müssen wir 250 Packungen Kokosnusscreme kaufen.

Laya

Insgesamt brauchen wir 100 · 0,04 ℓ = 4 ℓ Kokosnusscreme. Also müssen wir 10 Packungen kaufen.

Leonie

Laya und Leonie rechnen mit 100 verkauften Virgin Pina Colada-Cocktails.

① Wer von den beiden hat die Menge der benötigten Kokosnusscreme richtig berechnet?

② Berechne, wie viel Liter Orangensaft und Ananassaft benötigt werden.

③ Berechne, wie teuer der Einkauf für 100 Cocktails insgesamt wird.

---

c) Malik und Ben sind für die Eistee-Zubereitung zuständig.

Zitronen-Eistee (4 Gläser)
$\frac{1}{2}$ l Wasser
$\frac{1}{4}$ l Zitronensaft
$\frac{1}{5}$ l schwarzer Tee
60 g Zucker

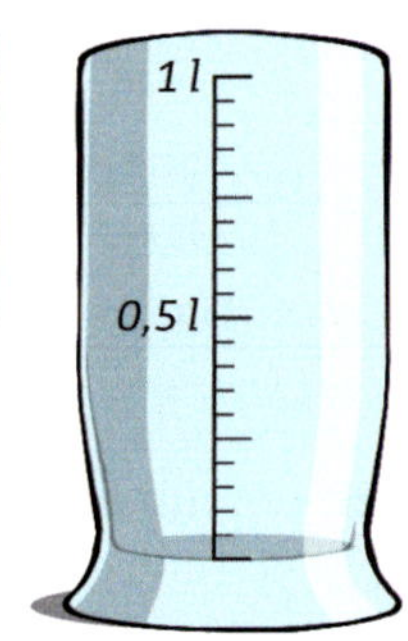

① Bis zum wievielten Strich ist der abgebildete Messbecher gefüllt, wenn Wasser, schwarzer Tee und Zitronensaft eingegossen sind?

② Malik und Ben rechnen damit, 40 Gläser zu verkaufen. Welche Mengen brauchen sie dafür von den einzelnen Zutaten?

---

d) Nutze zur Beantwortung der Fragen die Preisliste in der Abbildung oben.

① Frau Raber kauft zwei Getränke für insgesamt 2,55 €. Welche Getränke können es sein?

② Paula kauft für sich und 5 Freundinnen sechsmal dasselbe Getränk. Sie zahlt insgesamt 8,70 €. Welches Getränk hat sie gekauft?

Lösungen → Seite 284

Digital+
WES-128745-163

6 | Flächeninhalt und Volumen

1. Zeichne die Figur mit den gegebenen Seitenlängen in dein Heft. Beschrifte die Eckpunkte und die Seiten.

a) Rechteck mit a = 5 cm und b = 3 cm

b) Quadrat mit a = 3,5 cm

> Ich kann Rechtecke und Quadrate zeichnen.
> Das kann ich gut. | Ich bin noch unsicher. → **S. 254, Aufgabe 2, 3**

---

2. Berechne den Umfang u und den Flächeninhalt A des Rechtecks oder des Quadrats.

a)
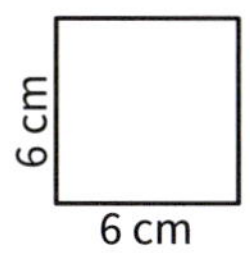

b)
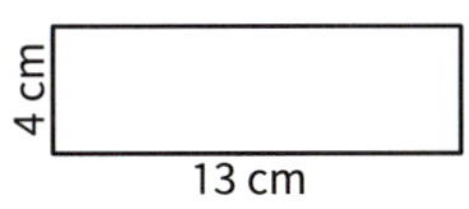

c)
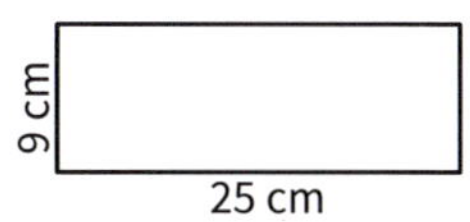

d)
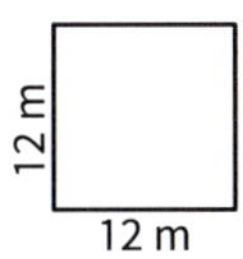

> Ich kann den Umfang und den Flächeninhalt von Rechtecken und Quadraten berechnen.
> Das kann ich gut. | Ich bin noch unsicher. → **S. 264, Aufgabe 1, 2**

---

3. Welche Längenangaben sind gleich groß? Ordne zu.

4 km | 400 cm | 400 dm | 4 m

40 mm | 4 000 m | 40 m | 4 cm

> Ich kann Längeneinheiten umwandeln.
> Das kann ich gut. | Ich bin noch unsicher. → **S. 259, Aufgabe 1, 2**

---

4. Wandle in die gegebene Flächeneinheit um.

a) $7\,cm^2 = ■\,mm^2$
$3\,m^2 = ■\,dm^2$
$40\,dm^2 = ■\,cm^2$

b) $300\,cm^2 = ■\,dm^2$
$8\,000\,dm^2 = ■\,m^2$
$50\,mm^2 = ■\,cm^2$

> Ich kann Flächeneinheiten umwandeln.
> Das kann ich gut. | Ich bin noch unsicher. → **S. 264, Aufgabe 3**

---

5. Übertrage das angefangene Netz in dein Heft und vervollständige es.

a) Würfelnetz

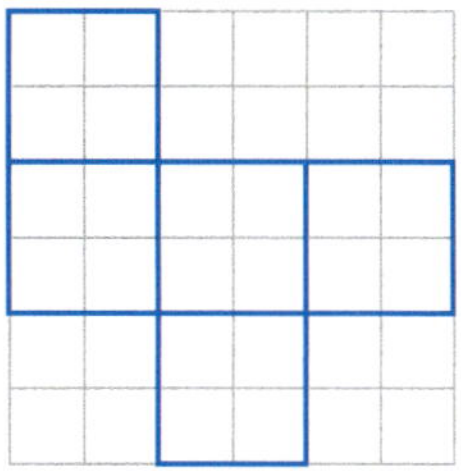

b) Quadernetz

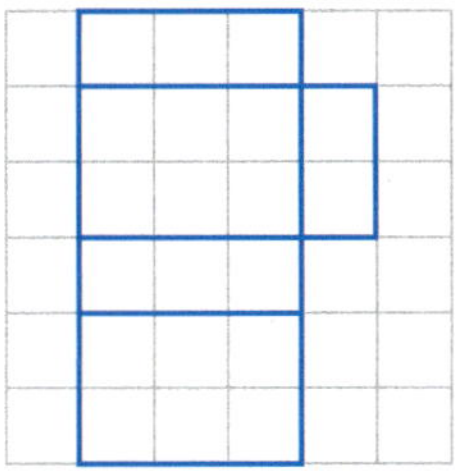

> Ich kenne Würfelnetze und Quadernetze.
> Das kann ich gut. | Ich bin noch unsicher. → **S. 265, Aufgabe 1, 2**

Lösungen → Seite 284

Bist du auch schon einmal umgezogen? Musstet ihr die neue Wohnung noch renovieren?

Hast du schon einmal die Wände gestrichen? Welche Wandfläche müsstest du in deinem Wohnzimmer streichen?

6 | Flächeninhalt und Volumen

Die Ladefläche ist 4 m lang. Wie viele Umzugskartons passen ungefähr in den Laderaum?

In diesem Kapitel lernst du, ...

... wie du den Umfang und den Flächeninhalt von zusammengesetzten Figuren berechnest,

... wie du den Oberflächeninhalt von Quadern und Würfeln berechnest,

... was das Volumen eines Körpers ist,

... Volumeneinheiten kennen,

... wie du das Volumen von Quadern und Würfeln berechnest,

... wie du das Volumen von zusammengesetzten Körpern berechnest.

Zusammengesetzte Figuren

Cansus Zimmer ist nicht rechteckig.
Kann sie die Zimmerfläche trotzdem berechnen?

1. Mira, Bekir und Carl sollen den Flächeninhalt der grünen Figur berechnen.
Die drei haben verschiedene Lösungswege.

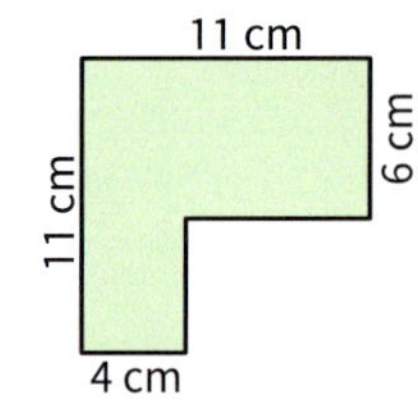

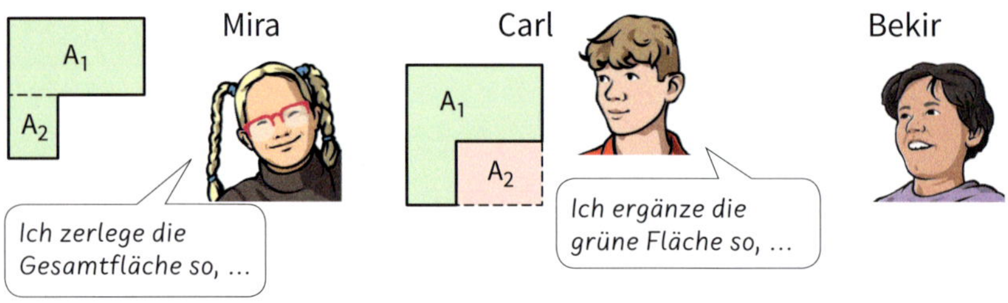

$A_1 = 11\,cm \cdot 4\,cm = 44\,cm^2$
$A_2 = 6\,cm \cdot 7\,cm = 42\,cm^2$
$A \;= A_1 + A_2 = 86\,cm^2$

a) Ergänzt Miras und Carls Aussagen so mit den Textbausteinen, dass sie ihre Lösungswege beschreiben. Anschließend notiert jeder von euch die Rechnung zu einem der beiden Wege.

- Danach berechne ich die Flächeninhalte des Quadrats und des ergänzten Rechtecks und …
- … dass ich zwei Rechtecke erhalte.
- … dass ich ein Quadrat erhalte.
- Danach berechne ich die Flächeninhalte der Rechtecke und …
- … addiere die beiden Flächeninhalte.
- … subtrahiere die ergänzte Fläche von der Quadratfläche.

b) Bekir zerlegt zunächst ähnlich wie Mira die grüne Fläche in Teilflächen. Wie unterscheidet sich sein Lösungsweg von Miras?

---

2. Herr Schlegel hat im Garten eine Rasenfläche neu eingesät.
Er möchte die eingesäte Fläche mit Kantsteinen umranden.

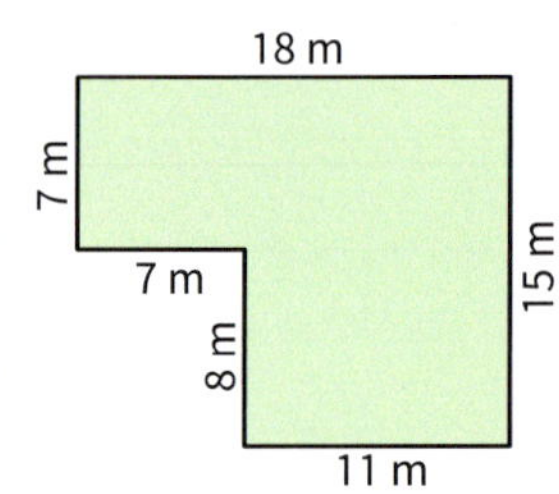

a) Was haltet ihr von Leas Idee? Begründet eure Meinung.
b) Berechnet die Gesamtlänge der benötigten Kantsteine (in m).

Digital+
WES-128745-167

Video

Du kannst den **Flächeninhalt A** einer zusammengesetzten Figur auf **zwei Arten** berechnen.

① **Zerlegen und Addieren**

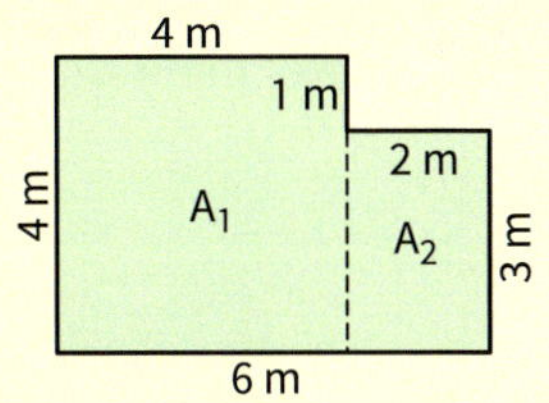

$A_1 = 4\,m \cdot 4\,m = 16\,m^2$
$A_2 = 2\,m \cdot 3\,m = 6\,m^2$
$A = A_1 + A_2$
$= 16\,m^2 + 6\,m^2$
$= 22\,m^2$

② **Ergänzen und Subtrahieren**

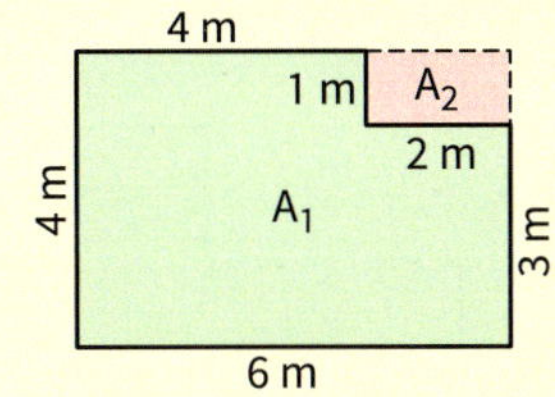

$A_1 = 4\,m \cdot 6\,m = 24\,m^2$ (Rechteck)
$A_2 = 2\,m \cdot 1\,m = 2\,m^2$ (ergänzte Fläche)
$A = A_1 - A_2$
$= 24\,m^2 - 2\,m^2$
$= 22\,m^2$

Den **Umfang u** berechnest du, indem du alle Seitenlängen addierst.

$u = 4\,m + 4\,m + 1\,m + 2\,m + 3\,m + 6\,m$
$u = 20\,m$

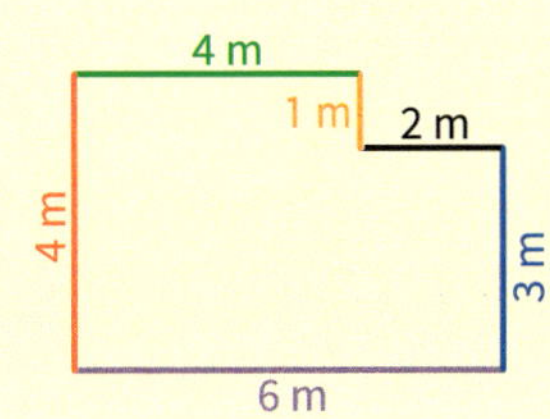

3. Berechne den Umfang u der Figur.

a)
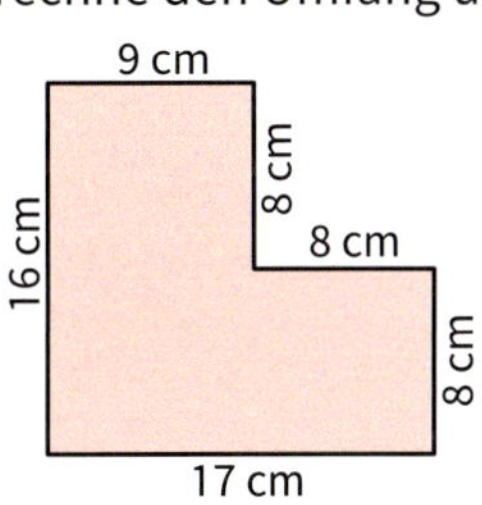

b)
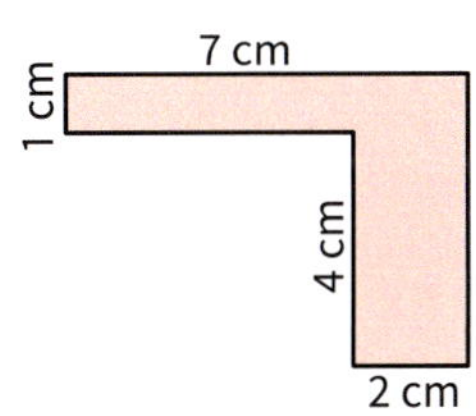

c)
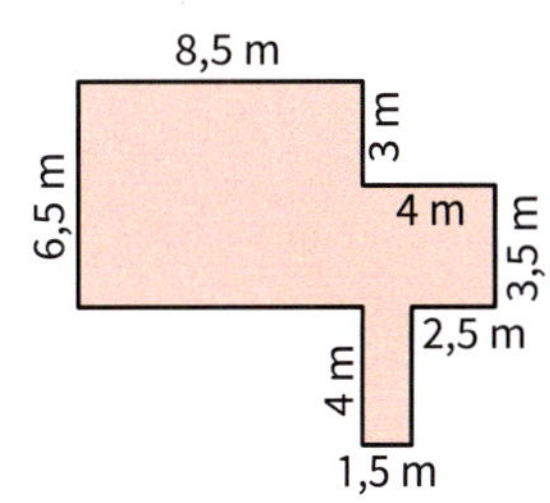

4. Berechne den Flächeninhalt A der grünen Figur durch Ergänzen und Subtrahieren.

a)
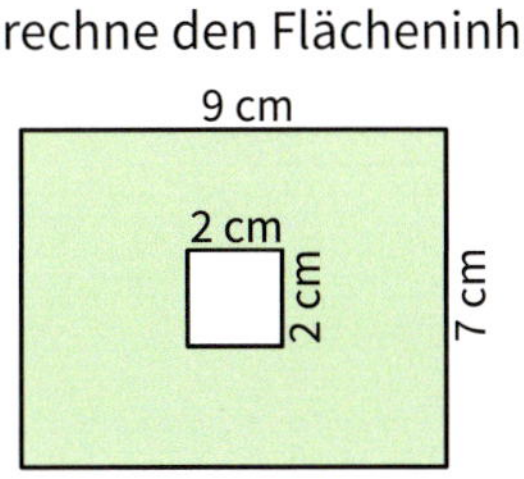

b)
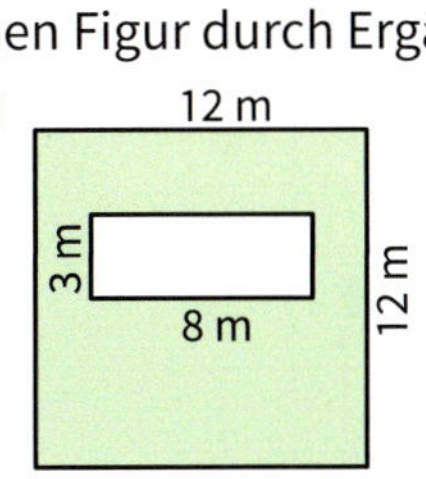

c)
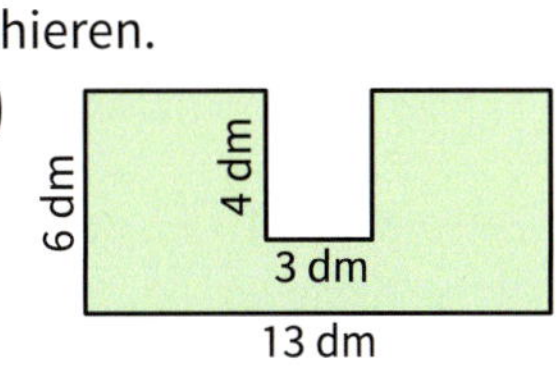

5. Berechne den Flächeninhalt A durch Zerlegen und Addieren.

a)
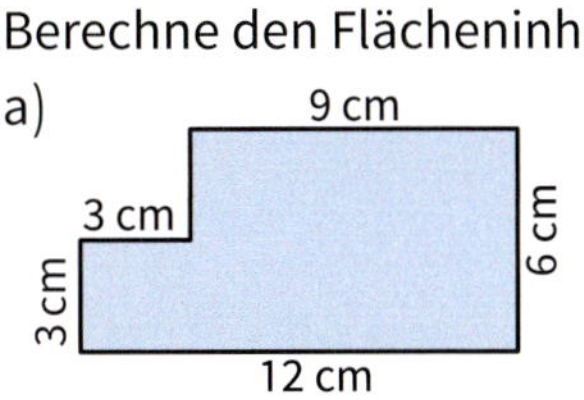

b)
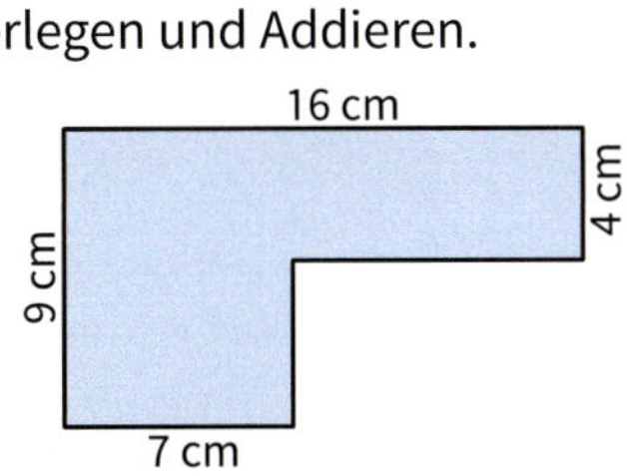

c)
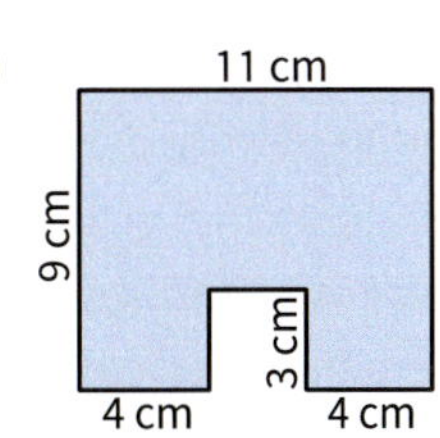

»

Aufgabe 1 – 4

1. *Zerlegen und Addieren* oder *Ergänzen und Subtrahieren*? Wie würdest du den Flächeninhalt berechnen? Begründe.

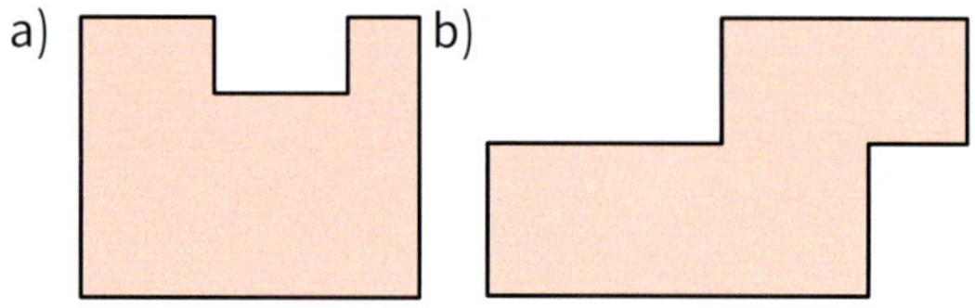

2. Miss alle Seitenlängen und berechne den Umfang der Figur.

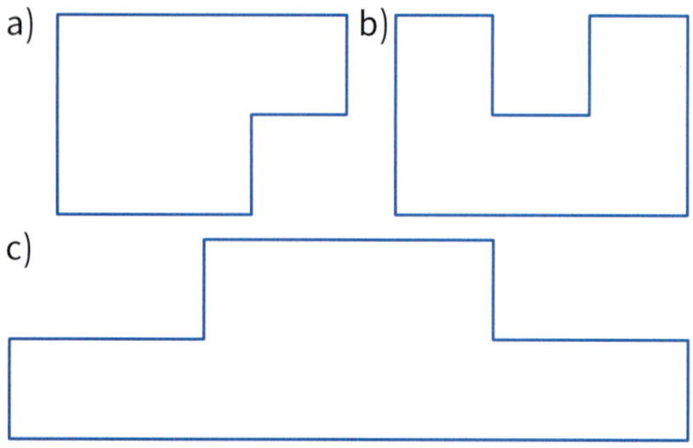

3. Berechne den Flächeninhalt der blauen Figur durch Ergänzen und Subtrahieren.

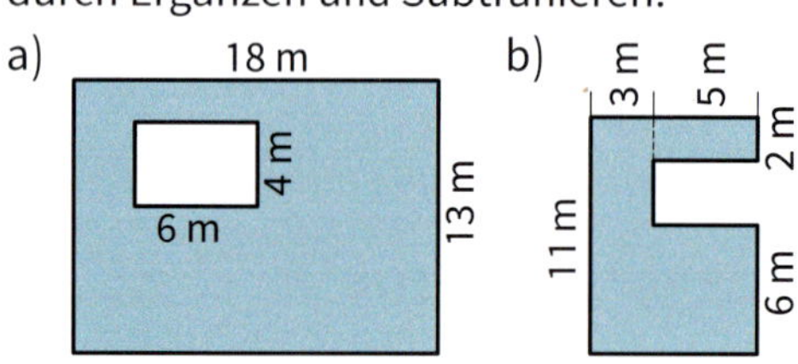

4.

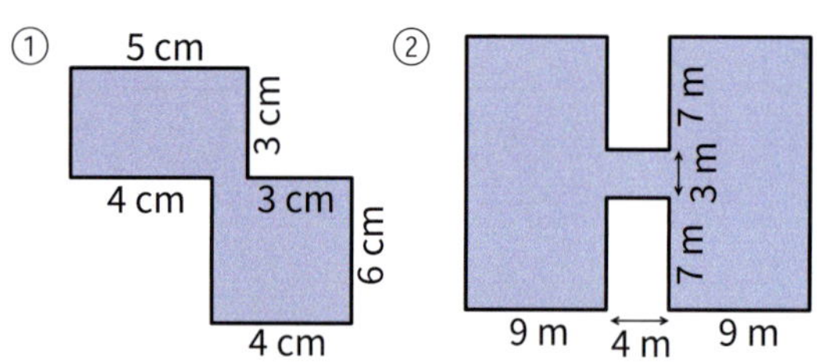

a) Zerlege zunächst in Teilflächen. Berechne dann jeweils den Flächeninhalt der zusammengesetzten Figur.
b) Berechne den Umfang beider Figuren.

Aufgabe 5 – 8

5. Beide Tiergehege sind komplett eingezäunt.
a) Welches Gehege hat den längeren Zaun?
b) Welches Tiergehege bietet mehr Platz?

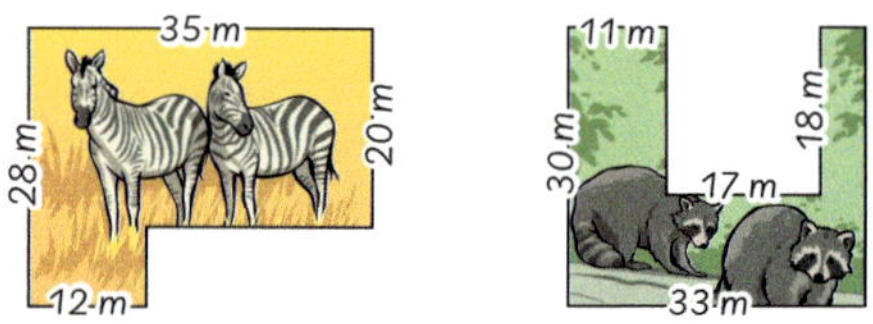

6.

TIPP
Eine Diagonale teilt ein Rechteck in zwei gleichgroße rechtwinklige Dreiecke.

Berechnet zunächst den Flächeninhalt des Rechtecks. Wie groß ist dann der Flächeninhalt eines Dreiecks?

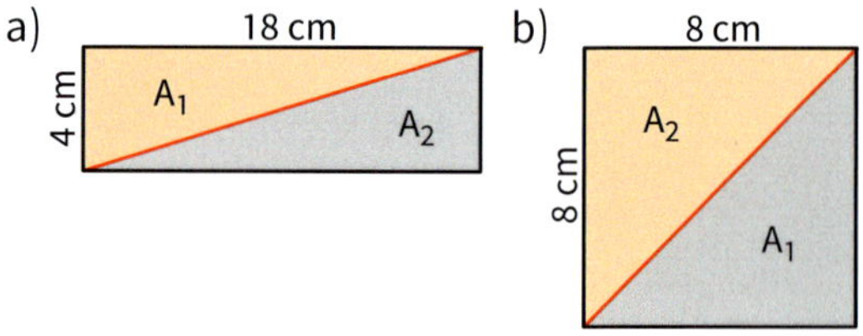

7. Frau Mansfeld pflastert einen 2 m breiten Weg um ihren neuen Pool. Ein Quadratmeter Pflastersteine kostet 14 €.
a) Berechne den Flächeninhalt des Weges.
b) Wie teuer sind die benötigten Pflastersteine?

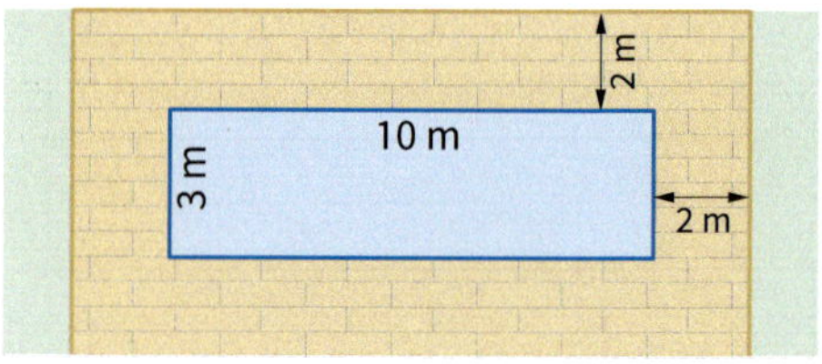

8. Bestimme den Flächeninhalt in mm^2 und cm^2 und den Umfang in mm und cm.

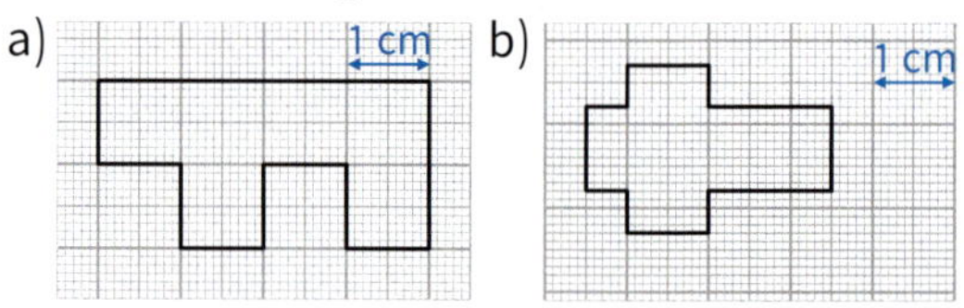

Aufgabe 9 – 12

9. Berechne den Umfang und den Flächeninhalt der Figur.

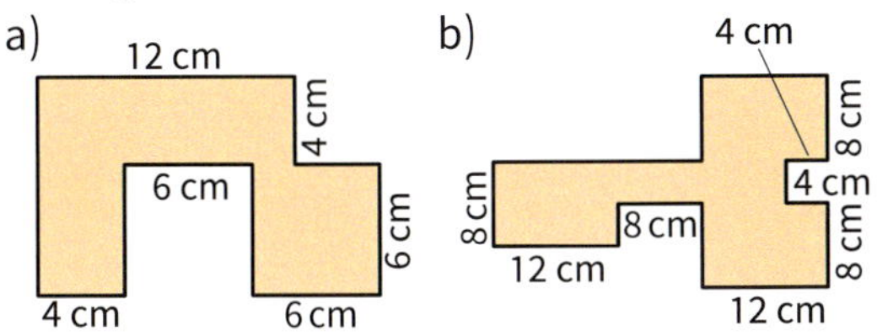

10. Frau Jensen möchte die graue Hauswand neu streichen. Die Farbe für einen Quadratmeter kostet 8,50 €.

a) Berechne, wie viel m² sie streichen muss.

b) Wie hoch sind die Kosten für die Farbe?

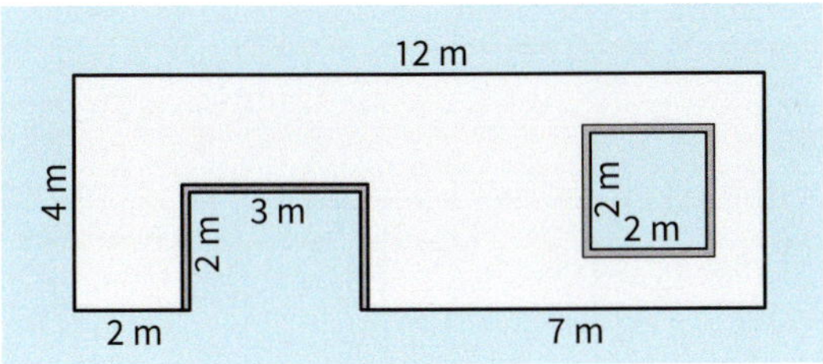

11. Übertrage das rechtwinklige Dreieck in dein Heft und ergänze es zu einem Rechteck. Berechne dann den Flächeninhalt des Dreiecks.

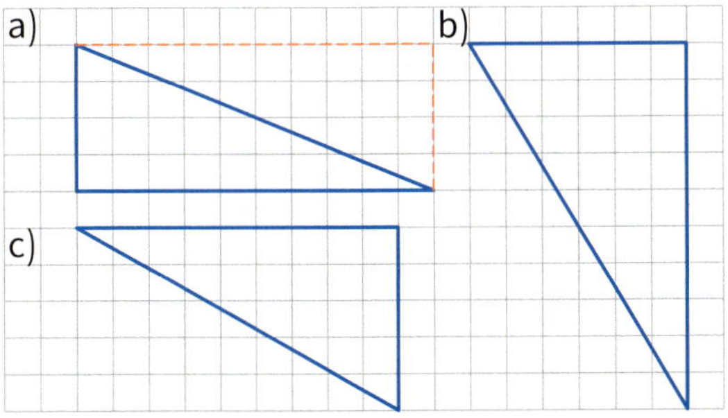

12. 👥

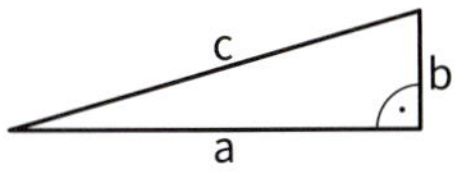

a) Überlegt, wie ihr den Flächeninhalt des rechtwinkligen Dreiecks berechnen könnt.

b) Berechnet den Flächeninhalt und den Umfang für a = 12 cm, b = 5 cm, c = 13 cm.

Aufgabe 13 – 15

13. 👥 Das Grundstück der Familie Krasniqi ist rechteckig und ist genauso groß wie das Grundstück von Familie Hensel.
Wie breit und lang kann Familie Krasniqis Grundstück sein? Findet ihr mehrere Möglichkeiten?

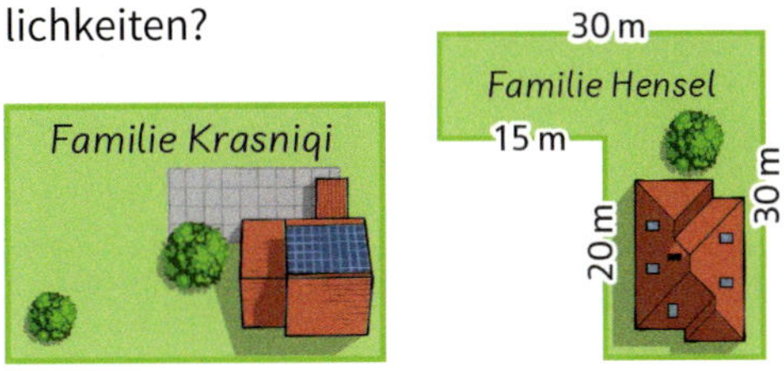

14. Lia hat im Werkunterricht ein Holzlegepuzzle angefertigt.

a) Welches Puzzleteil bedeckt die größte Fläche?

b) Sortiere die verschiedenfarbigen Teile von groß nach klein.

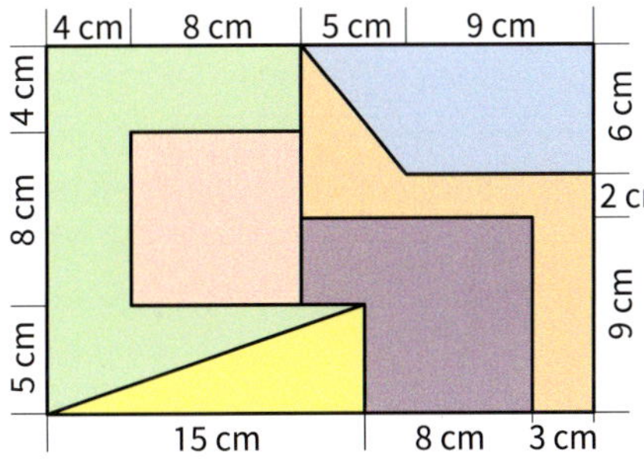

15. Herr Reichenberger hat für den Fußballverein SV Gaste eine neue Flagge genäht.

a) Wie viel cm² Stoff benötigte er insgesamt?

b) Berechne die Flächeninhalte der grünen, gelben und schwarzen Stoffteile. Beschreibe deinen Lösungsweg.

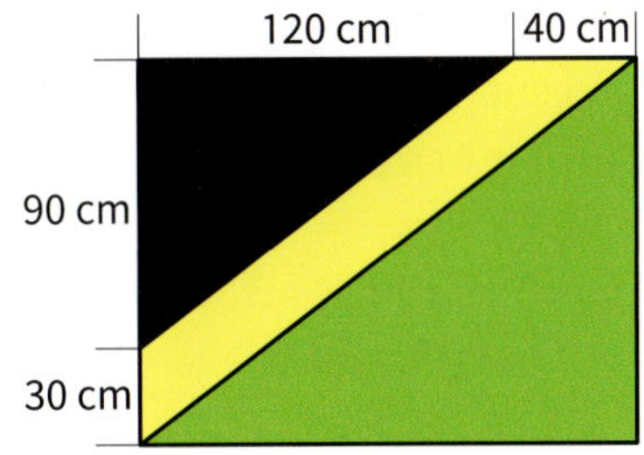

Oberflächeninhalt des Quaders und des Würfels

Mias Holzbox wird neu lackiert. Ihre beiden Sitzwürfel erhalten einen neuen Stoffbezug.

Welche Form haben die Seitenflächen der Holzbox? Welche Form haben die Seitenflächen der Sitzwürfel?

1. a) Lässt sich aus den Netzen ein Quader falten? Begründet.

b) Findet ihr noch weitere Quadernetze? Skizziert sie in euren Heften.

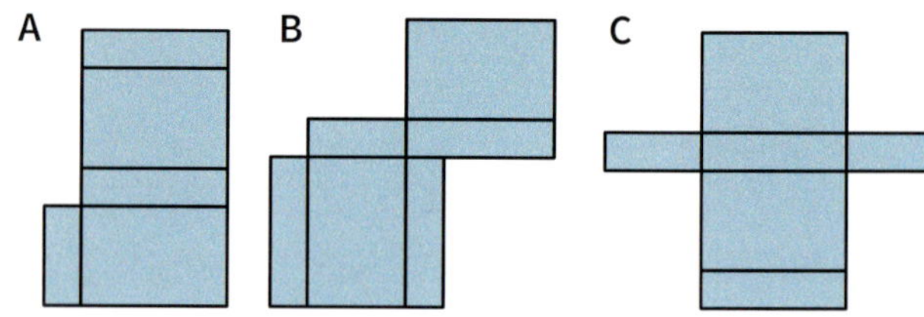

2. ① Zeichnet das unvollständige Netz auf Karopapier und ergänzt die fehlende Fläche so, dass ihr aus dem Netz den nebenstehenden Quader falten könntet.

② Färbt gleich große Rechtecke jeweils in einer Farbe.

③ Wie viele verschiedene Rechtecke hat das Netz?

④ Berechnet den Flächeninhalt von jedem Rechteck.

⑤ Wie groß ist der gesamte Flächeninhalt des Quadernetzes?

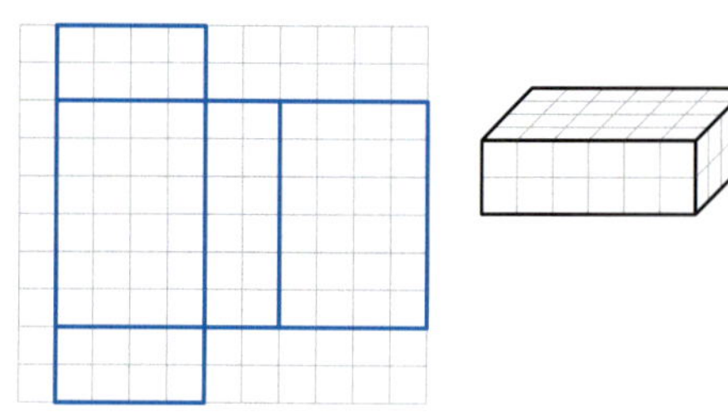

Oberflächeninhalt eines Quaders — Video

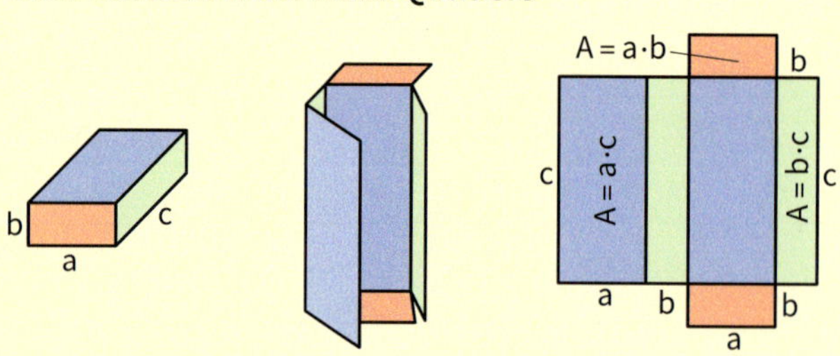

O = 2· 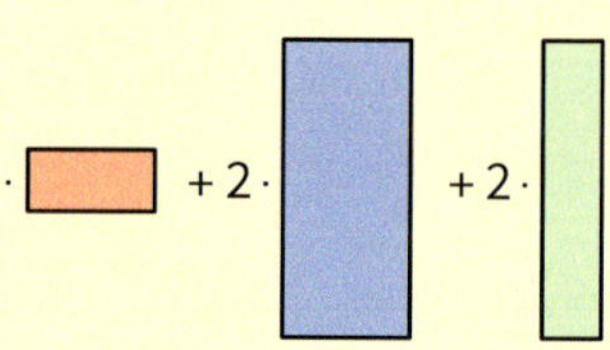

$O = 2 \cdot a \cdot b + 2 \cdot a \cdot c + 2 \cdot b \cdot c$

3. Berechne den Oberflächeninhalt des Quaders mit den gegebenen Seitenlängen.

a) a = 5 cm, b = 6 cm, c = 2 cm

b) a = 4 cm, b = 7 cm, c = 1 cm

c) a = 2 dm, b = 12 dm, c = 3 dm

d) a = 5 m, b = 10 m, c = 5 m

BEISPIEL

Oberflächeninhalt eines Quaders mit a = 3 cm, b = 8 cm, c = 1 cm

$O = 2 \cdot a \cdot b + 2 \cdot b \cdot c + 2 \cdot a \cdot c$

$O = 2 \cdot 3\,cm \cdot 8\,cm + 2 \cdot 8\,cm \cdot 1\,cm + 2 \cdot 3\,cm \cdot 1\,cm$

$O = 2 \cdot 24\,cm^2 + 2 \cdot 8\,cm^2 + 2 \cdot 3\,cm^2$

$O = 48\,cm^2 + 16\,cm^2 + 6\,cm^2$

$O = \mathbf{70\,cm^2}$

4. Berechne den Oberflächeninhalt des Quaders.

a)

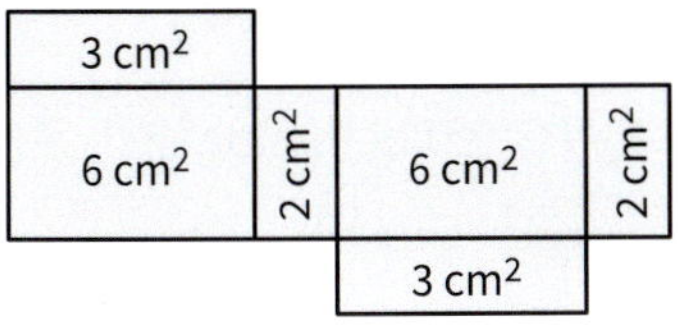

b)

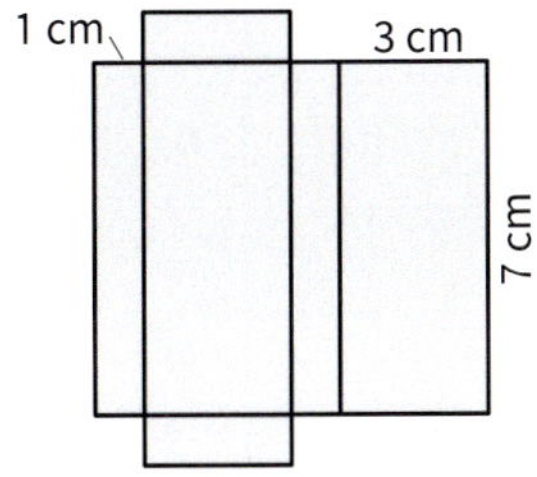

c)

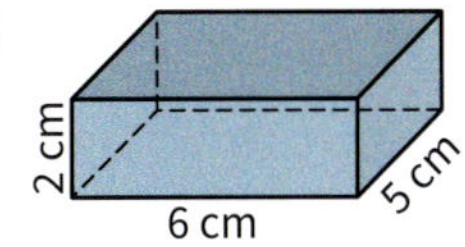

5. a) Aus welchem Netz könntet ihr den Würfel basteln? Aus welchen nicht? Begründet.

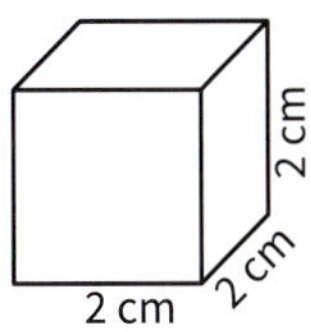

A

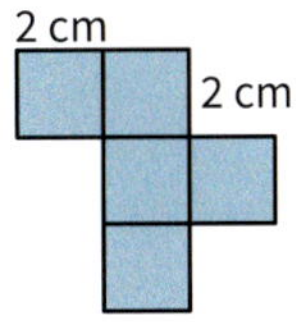

B

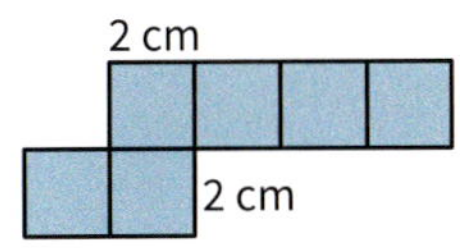

C

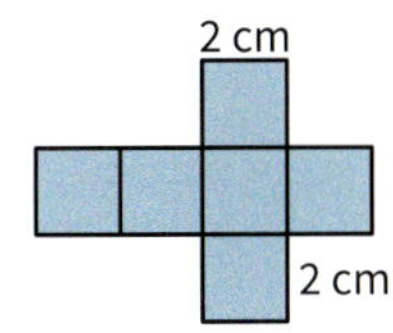

b) Aus wie vielen Quadraten besteht das passende Netz?

c) Berechnet den Flächeninhalt einer Seitenfläche des Würfels.

d) Berechnet den gesamten Flächeninhalt des passenden Würfelnetzes.

Oberflächeninhalt eines Würfels

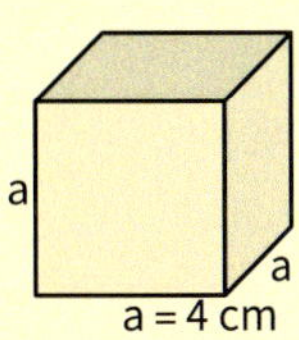

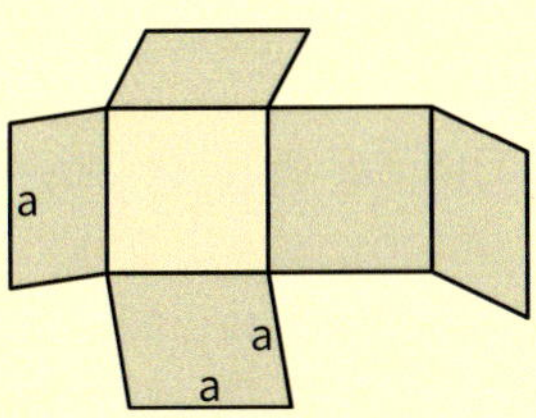

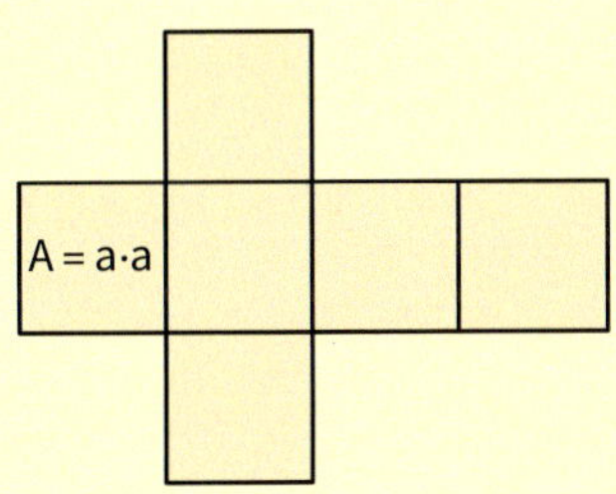

Bei einem Würfel sind alle sechs Seitenflächen gleich große Quadrate.

$O = 6 \cdot A_{Quadrat}$

$O = 6 \cdot a \cdot a$

$O = 6 \cdot a^2$

6. Berechne den Oberflächeninhalt des Würfels.

a)

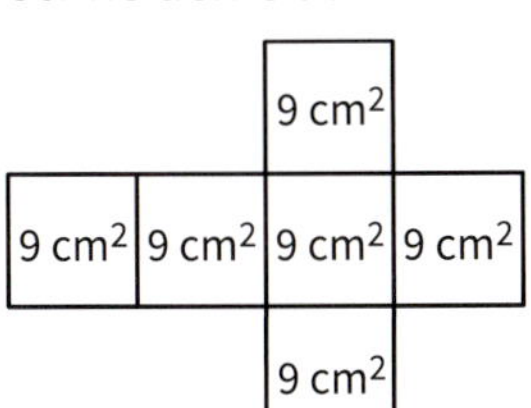

b)

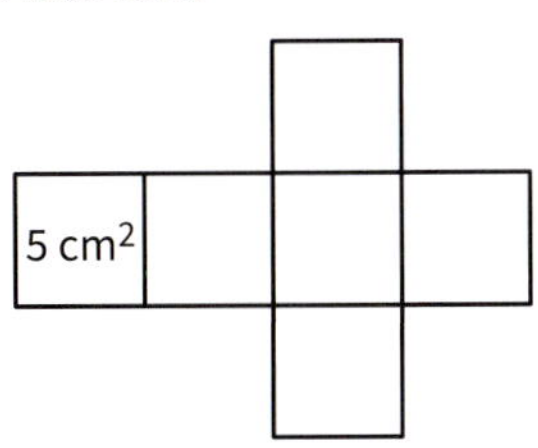

c)

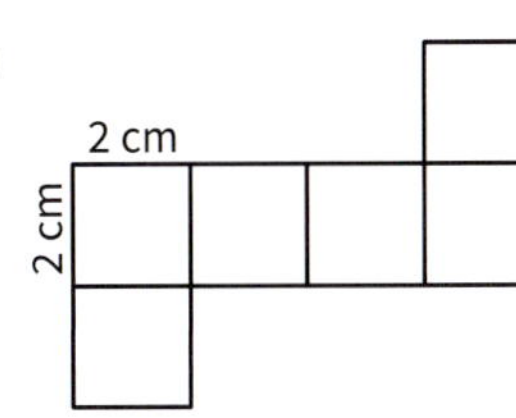

7. Berechne den Oberflächeninhalt des Würfels.

a)

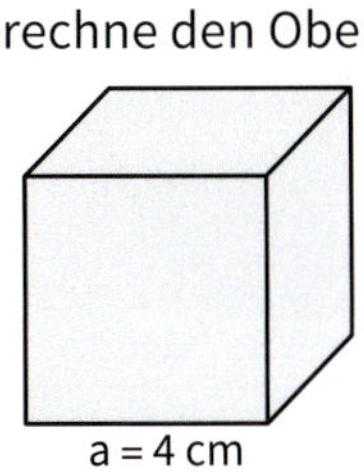

b)

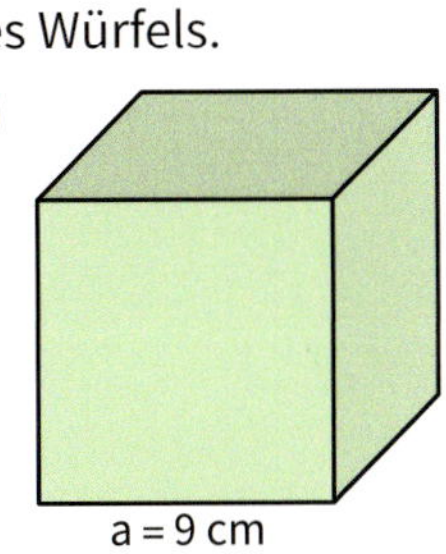

c)

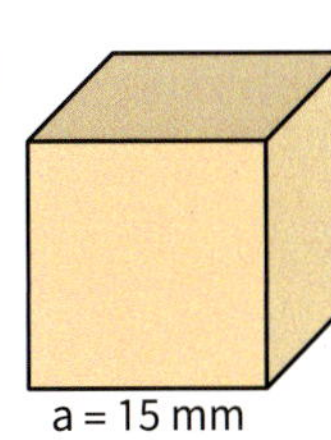

Aufgabe 1 – 3

1. Übertrage das unvollständige Würfelnetz ins Heft und vervollständige es. Berechne dann den Oberflächeninhalt des Würfels.

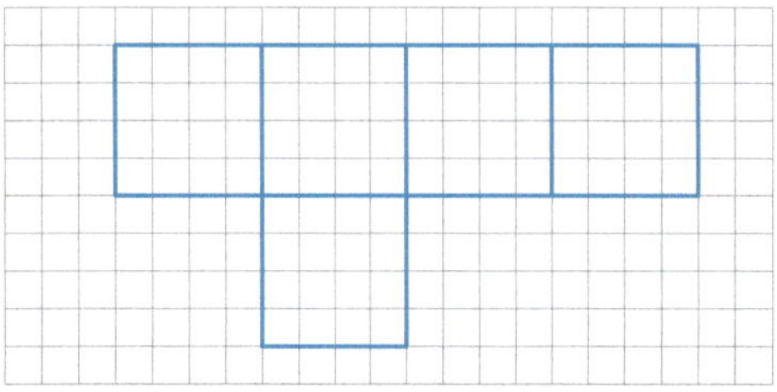

2. Übertrage das unvollständige Quadernetz ins Heft und ergänze die fehlenden Rechtecke. Berechne dann den Oberflächeninhalt.

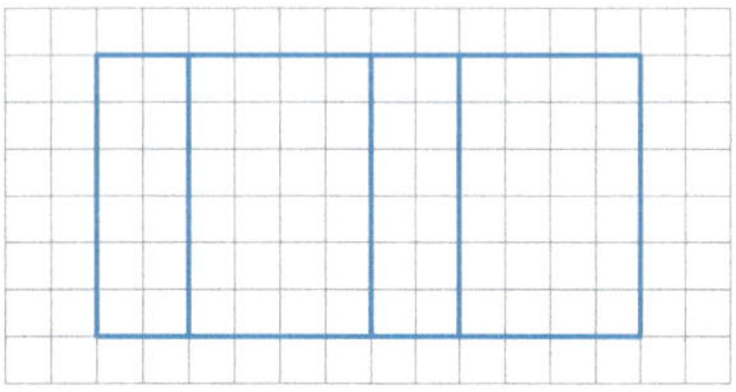

3. Ordne jedem Satzanfang das passende Satzende so zu, dass du richtige Aussagen über die Oberflächenberechnung eines Quaders erhältst.
Schreibe die vollständigen Sätze in dein Heft.

- Die Oberfläche eines Quaders …
- Gegenüberliegende Rechtecke …
- Es gibt also höchstens …
- Die drei verschiedenen Rechtecksflächen …
- Den Oberflächeninhalt …

- … kannst du verdoppeln und dann addieren.
- … sind gleich groß.
- … besteht aus sechs Rechtecken.
- … kannst du auch mit der Formel $O = 2 \cdot a \cdot b + 2 \cdot b \cdot c + 2 \cdot a \cdot c$ berechnen.
- … drei verschiedene Rechtecksflächen.

Aufgabe 4 – 7

4. Berechne den Oberflächeninhalt.

a) 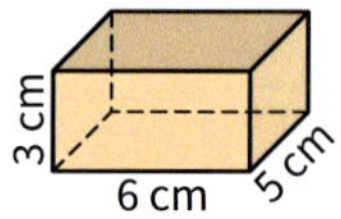

b) 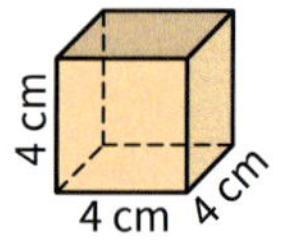

c) 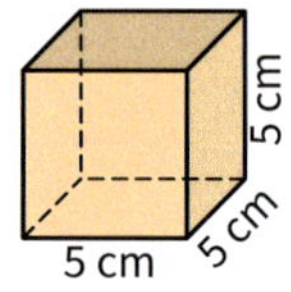

d) 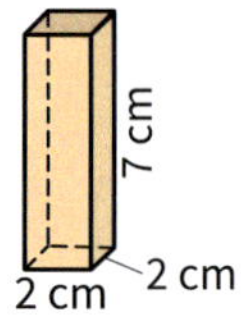

5. Berechne den Oberflächeninhalt.

a) 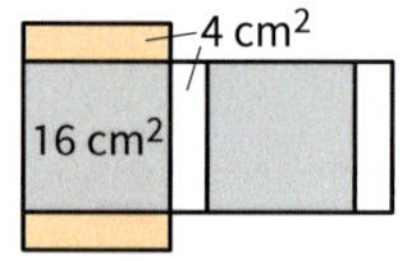

b) 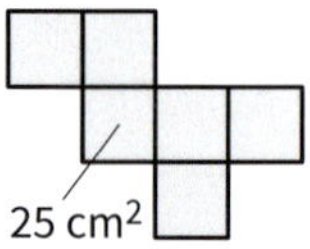

c) 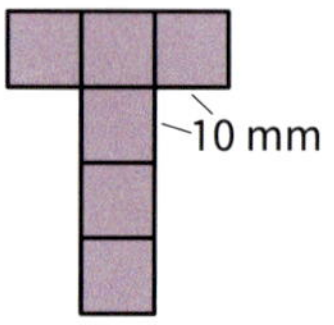

d) 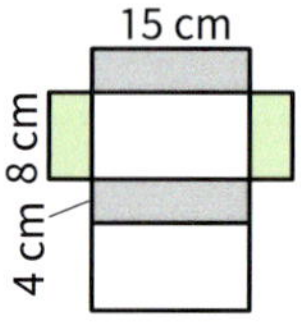

6. Frau Thörner möchte für die drei Sitzwürfel ihrer Kinder neue Stoffbezüge anfertigen. Ein Sitzwürfel hat die Kantenlänge 30 cm.

a) Wie viel cm^2 Stoff benötigt sie für die Oberfläche eines Sitzwürfels?
b) Reicht 1 m^2 Stoff für alle drei Sitzwürfel?

7. a) Schätzt, welcher Körper die größte Oberfläche hat.
b) Berechnet dann den Oberflächeninhalt und vergleicht mit eurer Schätzung.

Ⓐ 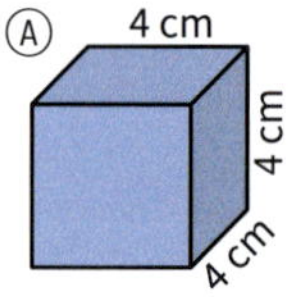

Ⓑ 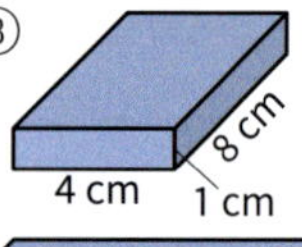

Ⓒ 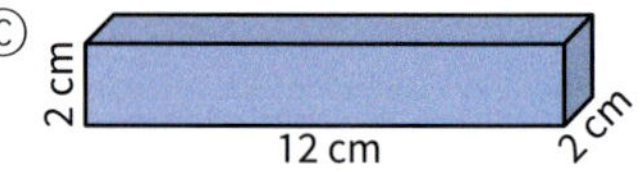

Aufgabe 8 – 11

8. Miss die Kantenlängen des Quaders. Zeichne das zugehörige Quadernetz in dein Heft und berechne dann den Oberflächeninhalt.

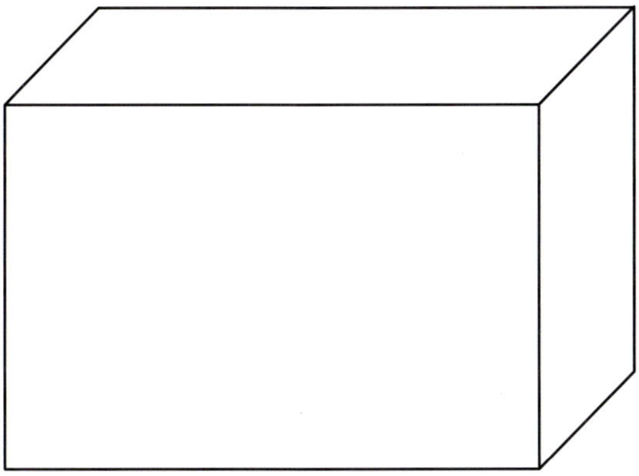

9. Berechne den Oberflächeninhalt des Würfels. Gib das Ergebnis in cm^2 an.

a) $a = 90\,mm$ b) $a = 1\,dm$

c) $a = 15\,mm$ d) $a = 12\,dm$

10. Ein quaderförmiges Aquarium ist 70 cm lang, 40 cm breit und 45 cm hoch. Der Boden und die Seitenflächen sind aus Glas, die Abdeckung ist ein Plastikdeckel.
Wie groß ist die Plastikfläche und wie groß sind die Glasflächen?

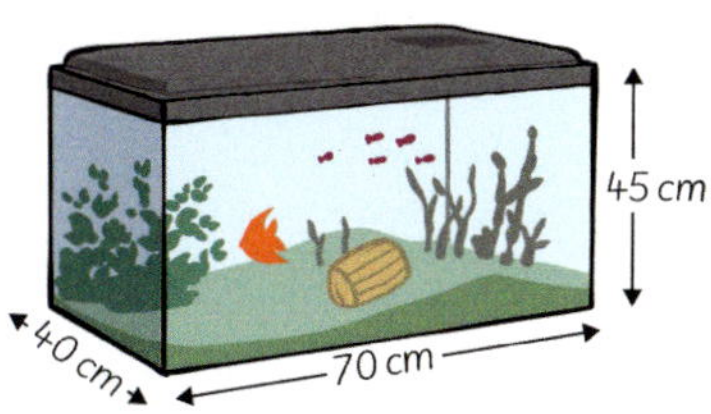

11. Berechne den Oberflächeninhalt des Quaders.

a)

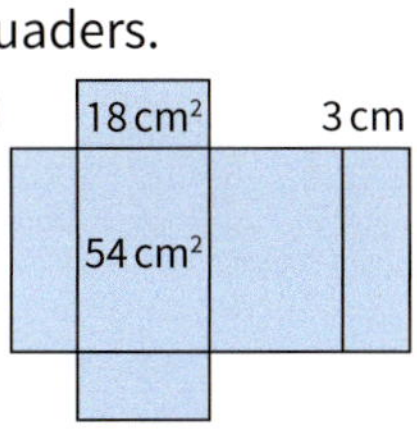

b)

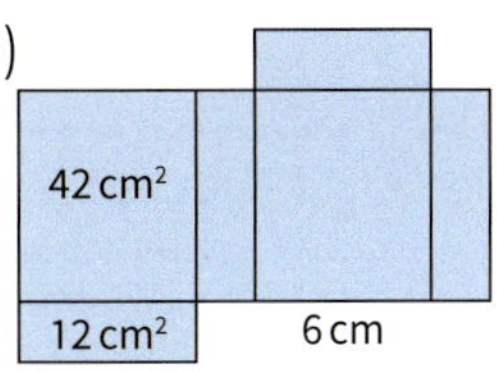

Aufgabe 12 – 15

12. Berechne den Oberflächeninhalt des Quaders.

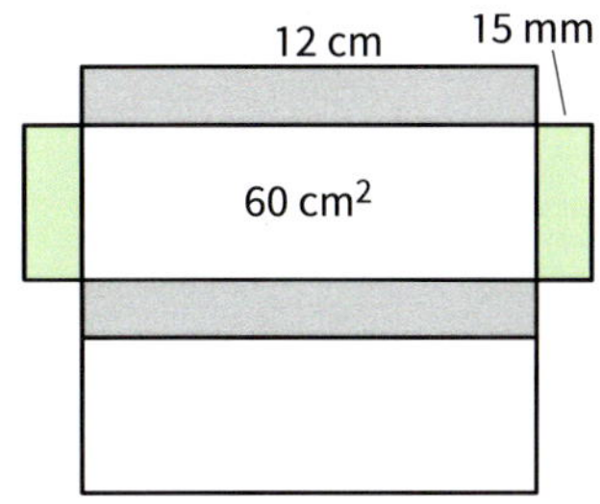

13. Bestimme die Kantenlänge a eines Würfels mit $24\,cm^2$ Oberflächeninhalt.
Beschreibe deinen Lösungsweg.

14. Die Lieblingsfarbe von Raids kleinem Bruder ist rot. Raid möchte seinem Bruder seine alten Holzbauklötze schenken und sie rot lackieren. Eine Dose Holzlack reicht für $1\,m^2$ Fläche.

a) Wie viele Holzklötze der gelben (blauen, grünen) Sorte kann er jeweils mit einer Dose lackieren?

b) Raid möchte seinem Bruder möglichst viele Bauklötze von jeder Sorte schenken. Welche Verteilung der Bauklötze ist mit einer Dose Holzlack möglich? Benennt zwei verschiedene Möglichkeiten.

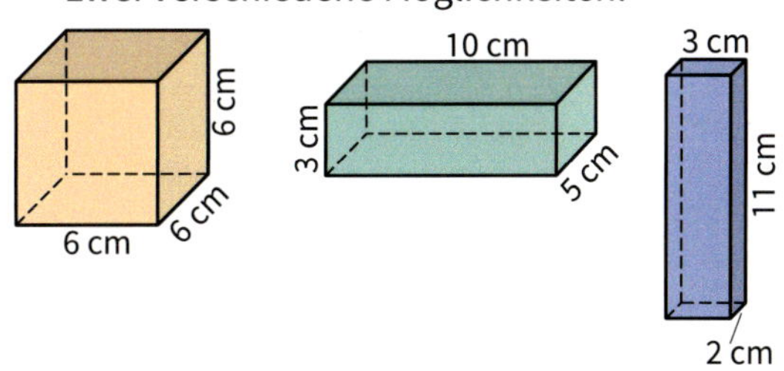

15. Ein Quader hat einen Oberflächeninhalt von $160\,cm^2$. Er ist 10 cm lang und 5 cm breit. Erstellt eine beschriftete Skizze des Quaders und berechnet die Höhe des Quaders.

Modellieren am Geobrett

Digital+ WES-128745-178

1. Im Werkunterricht wurde ein Geobrett mit 9 · 9 Nägeln hergestellt. Die Abstände zwischen den Nägeln betragen 1 cm. Mit Gummis kann man darauf Figuren spannen.

a) Spannt möglichst viele Rechtecke mit einem Flächeninhalt von jeweils $A = 24\,cm^2$. Was könnt ihr über ihren Umfang aussagen?

b) Spannt zwei Rechtecke, die den gleichen Umfang, aber verschiedene Flächeninhalte haben.

c) Spannt das Einheitsquadrat, also das Quadrat mit Seitenlänge 1 cm. Wie ändert sich der Flächeninhalt, wenn ihr die Seitenlänge verdoppelt? Und wie ändert sich der Umfang? Gilt dasselbe auch für andere Quadrate?

d) Besprecht eure Entdeckungen mit euren Mitschülerinnen und Mitschülern.

2. Bestimmt den Flächeninhalt der gefärbten Fläche.

a)
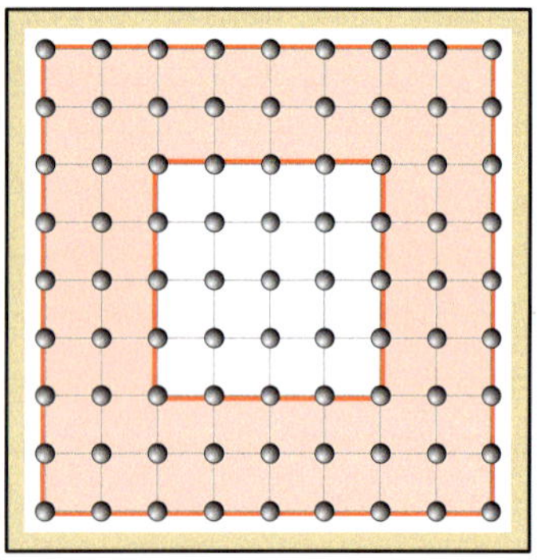

b)
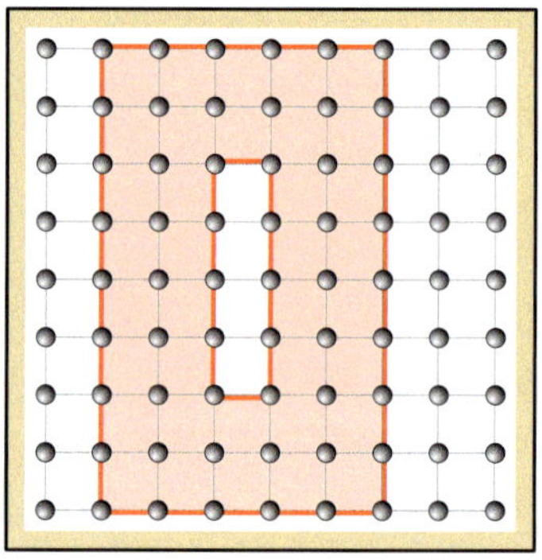

3. Bestimmt den Flächeninhalt der zusammengesetzten Figur.

a)
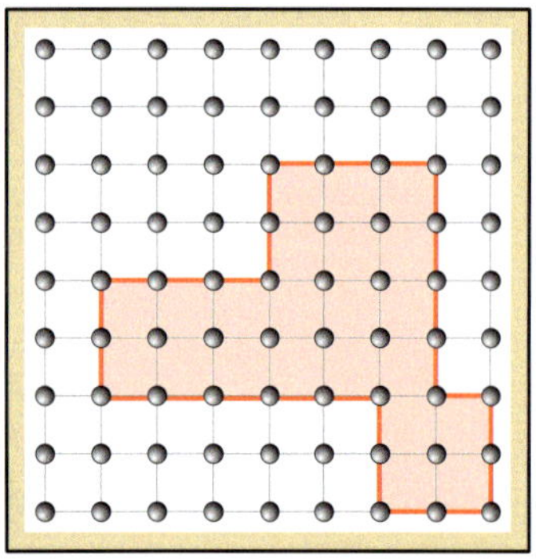

b)
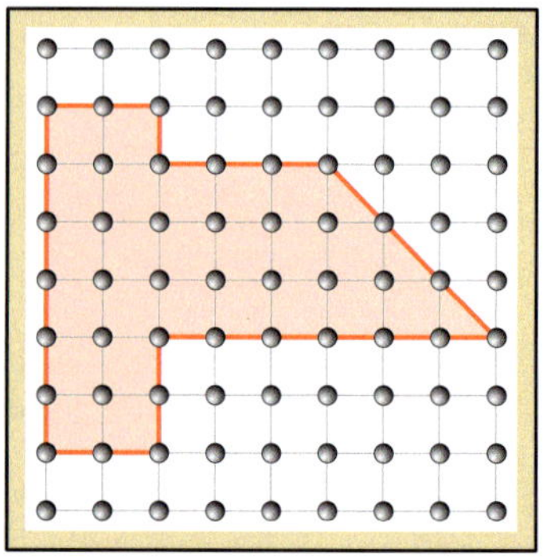

4. Spannt abwechselnd mindestens vier andere Figuren und bestimmt ihren Flächeninhalt.

Wiederholungsaufgaben

Die Ergebnisse der Aufgaben ergeben vier Möbelstücke.

1. Berechne.
a) $\frac{1}{2}$ von 192
b) $\frac{3}{4}$ von 180
c) $\frac{9}{10}$ von 250
d) $\frac{1}{5}$ von 585

2. Berechne.
a) $(12{,}4 + 0{,}6) \cdot 5$
b) $2{,}4 + 8 \cdot 5$
c) $84 : (11{,}5 - 7{,}5)$
d) $15{,}2 - 65 : 5$

3. Wandle um.
a) 5 min 40 s = ▒ s
b) $1\frac{3}{4}$ h = ▒ min
c) 180 s = ▒ min
d) 1 h – 27 min = ▒ min

---

4. Schreibe als Dezimalzahl.
a) $\frac{17}{10}$
b) $\frac{9}{100}$
c) $\frac{25}{100}$
d) $\frac{35}{10}$

---

5. a) Berechne die Differenz aus 1 011 und 981.
b) Wie groß ist das Produkt aus 16 und 3?
c) Berechne die Summe aus 17, 19 und 24.

6. Überschlage im Kopf.
a) $12\,000 : 59$
b) $50\,000 : 511$
c) $20 \cdot 62$
d) $201{,}34 \cdot 5$

---

7. Bei einem Fotoversand kostet ein Bild 10 Cent, der Versand der Bilder 1,99 €.
Tanja bestellt 19 Bilder. Wie viel Euro muss sie bezahlen?

8. Berechne …
a) … das Doppelte von 11,5.
b) … die Hälfte von 8,9.
c) … die Hälfte von 7,7.

9. Ein Rechteck ist 15 m breit und doppelt so lang.
Wie groß ist sein Flächeninhalt in m^2?

E | 0,09	B | 0,17
T | 0,25	S | 0,85
D | 0,9	B | 1,7
T | 2,2	C | 3
T | 3,5	A | 3,85
R | 3,89	G | 4,45
I | 42,4	B | 21
E | 23	S | 30
H | 33	C | 48
H | 60	E | 65
S | 96	A | 100
S | 105	R | 117
C | 135	R | 200
H | 225	I | 340
P | 400	L | 450
K | 1 000	A | 1 100
N | 1 200	Z | 1 450

«

Rauminhalte vergleichen

Für den Umzug hat sich Familie Schlegel einen Anhänger gemietet.

Wie viele würfelförmige Kartons passen hinein?

1.

Wer hat Recht, Mia oder Mert? Begründet, wessen Tasche den größeren Rauminhalt hat.

Du kannst den Innenraum von Körpern ausfüllen. Diesen **Rauminhalt** eines Körpers bezeichnet man als **Volumen**.
Du kannst die **Volumina** von Körpern vergleichen, wenn du sie in gleich große Teilkörper zerlegst.

Die Mehrzahl von „das Volumen“ heißt „die Volumina“.

Ⓐ 9 Würfel

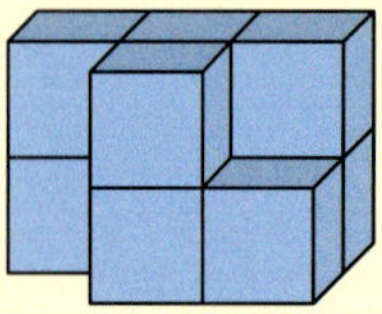

Ⓑ 7 Würfel

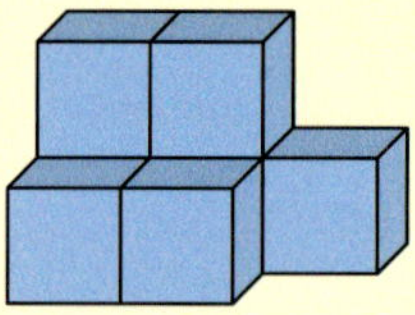

Ⓒ 9 Würfel

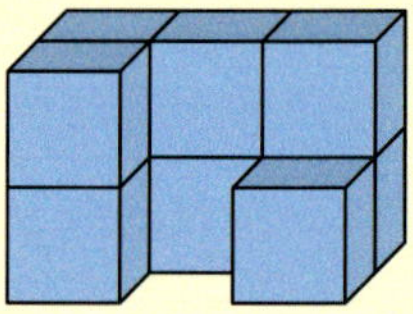

Körper Ⓐ und Ⓒ haben das gleiche Volumen.

2. Ordne die Volumina der Körper von klein nach groß. Du erhältst ein Lösungswort.

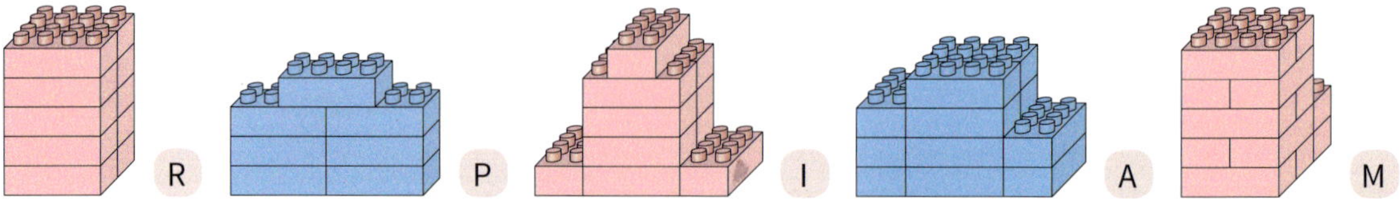

Aufgabe 1 – 5

1. Welcher Körper hat das größte Volumen? Zähle ab und sortiere nach der Größe.

Ⓐ Ⓑ Ⓒ

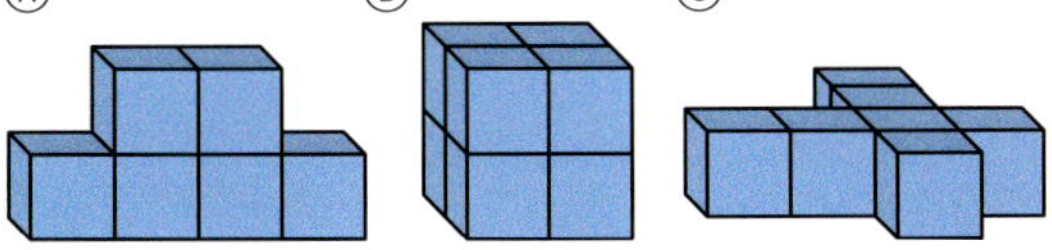

2. Macht es einen Unterschied, ob man den Milchkarton A oder B kauft? Begründet eure Antwort.

Ⓐ Ⓑ

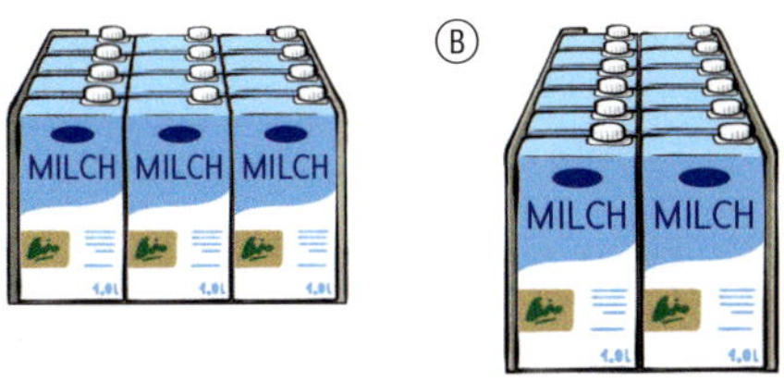

3. Ergänze so viele Würfel, dass der Quader ausgefüllt ist. Wie viele Würfel benötigst du?

a)

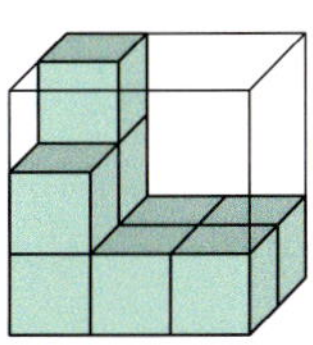

b)

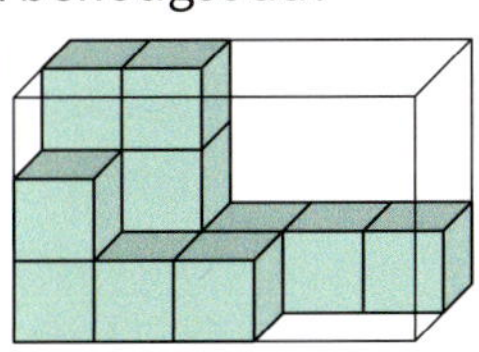

4. Welche Box hat das größte Volumen?

Ⓐ Ⓑ Ⓒ

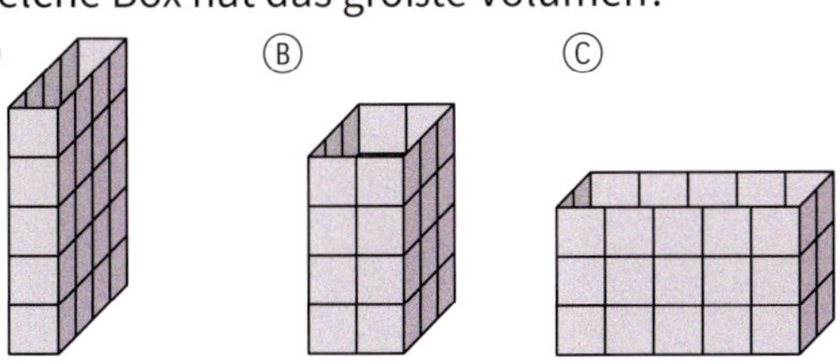

5. Lena behauptet: „Körper A hat das größere Volumen." Noah meint: „Das stimmt nicht, weil der Körper B aus 6 Teilköpern besteht und der Körper A nur aus 5." Was meinst du? Begründe.

Ⓐ Ⓑ

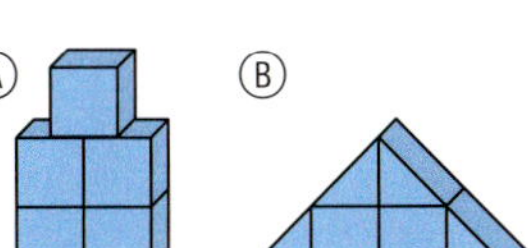

Aufgabe 6 – 10

6. Sortiere die Körper nach der Größe ihrer Volumina.

Ⓐ Ⓑ Ⓒ

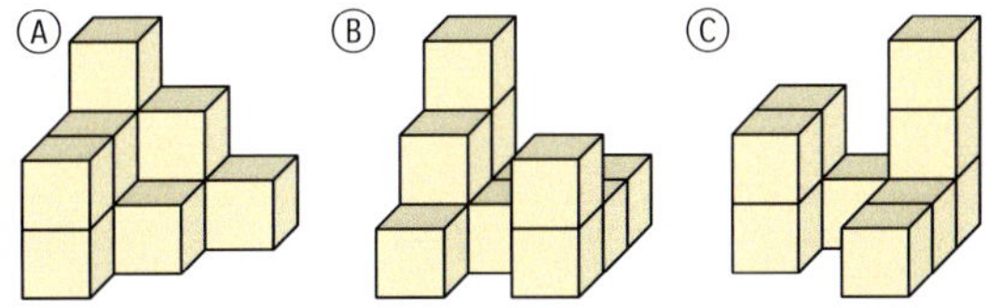

7. Bestimme, wie viele Würfel du mindestens ergänzen musst, damit du einen Quader erhältst.

a)

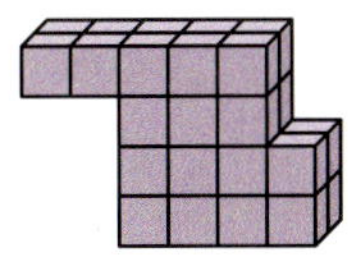

b)

8. Sortiere die Quader nach der Größe ihrer Volumina.

Ⓐ Ⓑ Ⓒ

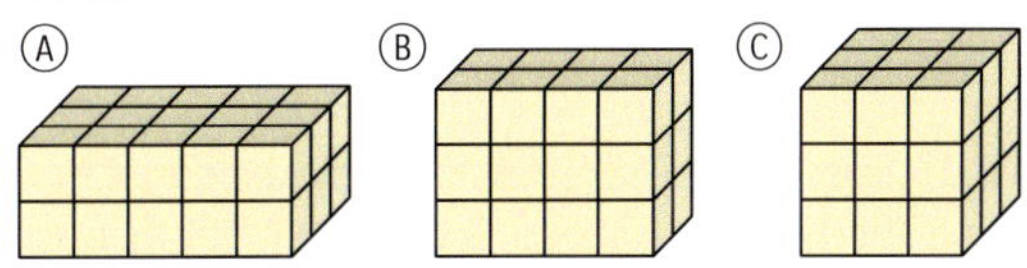

9. Welche Körper haben das gleiche Volumen?

Ⓐ Ⓑ Ⓒ Ⓓ Ⓔ Ⓕ

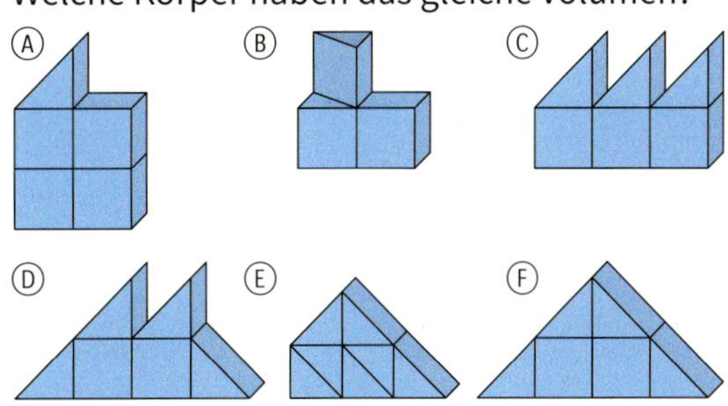

10. Aus wie vielen Würfeln bestehen die drei Körper? Wie viele Würfel brauchst du für den 4., 5., 8. und 10. Körper?

1. Körper *2. Körper* *3. Körper*

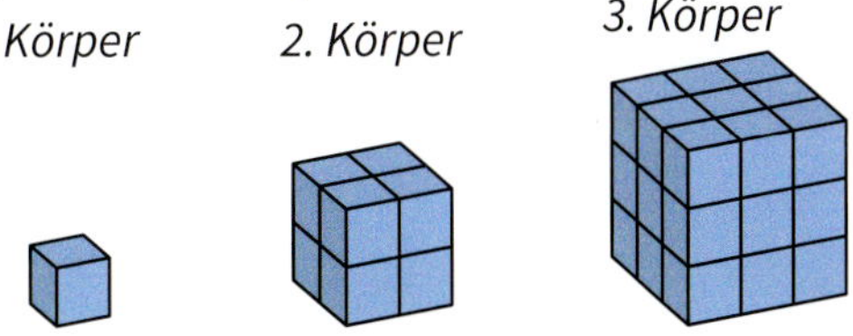

Volumeneinheiten

Bei welchen Angaben handelt es sich um Volumenangaben?

Worum handelt es sich bei den übrigen Angaben?

1. Kira räumt auf. Alle Spielwürfel sollen in die Holzbox. Ein Spielwürfel hat die Kantenlänge 1 cm.

a) Begründet, dass die Würfel in die Box passen.

b) Gebt an, wie viele weitere Spielwürfel noch in die Holzbox passen.

Du kannst die Größe des Volumens mit Volumeneinheiten angeben.

Ein Würfel mit der Kantenlänge 1 m hat das Volumen 1 m^3 (Kubikmeter).

Ein Würfel mit der Kantenlänge 1 dm hat das Volumen 1 dm^3 (Kubikdezimeter).

Ein Würfel mit der Kantenlänge 1 cm hat das Volumen 1 cm^3 (Kubikzentimeter).

Ein Würfel mit der Kantenlänge 1 mm hat das Volumen 1 mm^3 (Kubikmillimeter).

Palette mit Steinen ca. 1 m^3

Holzbox ca. 1 dm^3

Würfelzucker ca. 1 cm^3

Stecknadelkopf ca. 1 mm^3

2. In welcher Einheit würdest du das Volumen des Körpers angeben?

dm^3 mm^3 cm^3 m^3

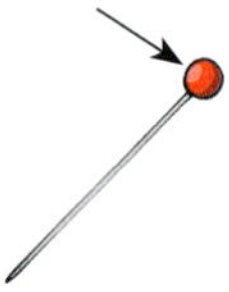

3. Welche Volumenangabe passt am besten zu welchem Bild?

500 cm^3 | 3 m^3 | 10 cm^3 | 200 dm^3 | 6 dm^3 | 500 m^3

4. Ein Meterwürfel ist ein Würfel mit der Kantenlänge 1 m.
Im Bild wird ein Meterwürfel mit Dezimeterwürfeln befüllt.
Eine Schicht ist schon komplett.
Fügt die Satzanfänge so mit den Satzenden zusammen, dass wahre Aussagen entstehen.

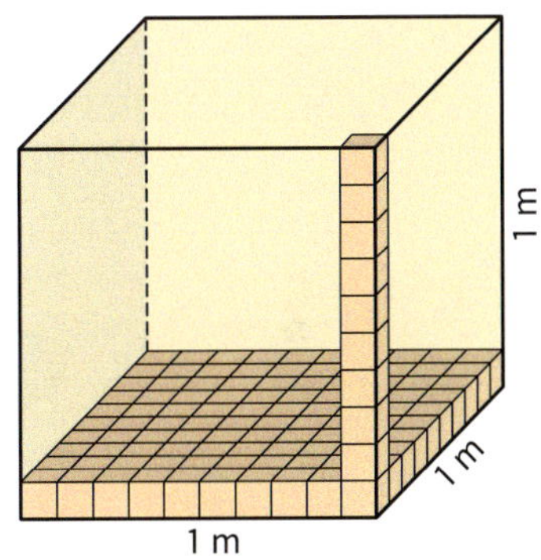

Eine Stange besteht …
Eine Schicht besteht …
Ein Meterwürfel besteht …

… aus 100 Stangen.
… aus 10 Dezimeterwürfeln.
… aus 10 Schichten.
… aus 10 Stangen.
… aus 1 000 Dezimeterwürfeln.
… aus 100 Dezimeterwürfeln.

Video

Bei Volumeneinheiten ist die **Umwandlungszahl 1 000.**

$1\,m^3 = 1\,000\,dm^3$
$1\,dm^3 = 1\,000\,cm^3$
$1\,cm^3 = 1\,000\,mm^3$

$m^3 \xrightarrow{\cdot 1\,000} dm^3 \xrightarrow{\cdot 1\,000} cm^3 \xrightarrow{\cdot 1\,000} mm^3$

$mm^3 \xrightarrow{:1\,000} cm^3 \xrightarrow{:1\,000} dm^3 \xrightarrow{:1\,000} m^3$

Wandle in die **nächstkleinere** Einheit um.

$4\,m^3 \xrightarrow{\cdot 1\,000} 4\,000\,dm^3$

Wandle in die **nächstgrößere** Einheit um.

$15\,000\,mm^3 \xrightarrow{:1\,000} 15\,cm^3$

5. Wandle in die nächstkleinere Volumeneinheit um.
a) $7\,m^3 = ▢\,dm^3$ b) $240\,cm^3 = ▢\,mm^3$ c) $8\,000\,dm^3 = ▢\,cm^3$

6. Wandle in die nächstgrößere Volumeneinheit um.
a) $7\,000\,dm^3 = ▢\,m^3$ b) $3\,000\,mm^3 = ▢\,cm^3$ c) $50\,000\,cm^3 = ▢\,dm^3$

»

Aufgabe 1 – 5

1. Wobei handelt es sich um Volumenangaben?
a) Ein Läufer rennt 1 000 m.
b) Ein Lastwagen transportiert 20 m^3 Erde.
c) Ben pflastert eine 80 m^2 große Terrasse.
d) Der Kofferraum des neuen Autos hat insgesamt 620 dm^3 Fassungsvermögen.

2. Welche Volumenangabe passt am besten zu welchem Bild? Ordne zu.

90 mm^3 | 6 m^3 | 24 m^3 | 8 dm^3 | 48 cm^3

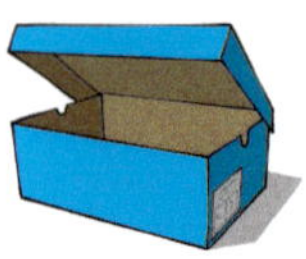

3. Wandle in die nächstkleinere Einheit um.
a) 5 m^3 b) 36 dm^3
c) 60 cm^3 d) 450 m^3

4. Wandle in die nächstgrößere Einheit um.
a) 3 000 mm^3 b) 15 000 dm^3
c) 20 000 cm^3 d) 900 000 dm^3

5. Svenjas Kaninchen bekommen einen größeren Stall. Ihre Mutter behauptet: „Der Stall ist 1 000 cm^3 groß! Da haben deine Kaninchen genügend Platz.“ Kann das stimmen?

Aufgabe 6 – 10

6. Je zwei Volumenangaben sind gleich. Notiere sie mit Gleichheitszeichen.

5 dm^3 | 5 cm^3 | 500 cm^3 | 5 m^3
50 dm^3 | 50 000 cm^3 | 5 000 dm^3
5 000 cm^3 | 500 000 mm^3 | 5 000 mm^3

7. Ordne die Volumenangaben von klein nach groß. Du erhältst ein Lösungswort.

6 dm^3 | **L** ; 10 000 mm^3 | **S** ; 9 cm^3 | **N**
8 000 mm^3 | **I** ; 3 cm^3 | **P** ; 20 cm^3 | **E**

8. Notiere die Angabe aus der Stellenwerttafel in dm^3 und in cm^3.

5,2 dm^3 = 5 200 cm^3 **BEISPIEL**

	dm^3			cm^3		
			5	2	0	0
a)			3	7	0	0
b)		2	5	0	4	0
c)				8	0	0
d)			1	3	2	0

9. Schreibe ohne Komma in der nächstkleineren Einheit.
a) 3,5 dm^3 = ☐ cm^3 b) 0,1 dm^3 = ☐ cm^3
c) 8,15 cm^3 = ☐ mm^3 d) 12,3 cm^3 = ☐ mm^3
e) 5,02 m^3 = ☐ dm^3 f) 0,05 m^3 = ☐ dm^3

10. Schreibe mit Komma in der nächstgrößeren Einheit.
a) 1 500 cm^3 = ☐ dm^3 b) 950 cm^3 = ☐ dm^3
c) 5 420 mm^3 = ☐ cm^3 d) 200 mm^3 = ☐ cm^3
e) 11 500 dm^3 = ☐ m^3 f) 8 dm^3 = ☐ m^3

Aufgabe 11 – 15

11. Kim und Ben diskutieren, wie viel Sand sie für den Sandkasten ihrer kleinen Geschwister benötigen. Was meint ihr zu ihren Aussagen?

12. Wandle um.

a) $250\,m^3 = ☐\,dm^3$ b) $600\,dm^3 = ☐\,m^3$
c) $0{,}03\,cm^3 = ☐\,mm^3$ d) $4\,500\,mm^3 = ☐\,cm^3$
e) $34\,m^3 = ☐\,cm^3$ f) $70\,dm^3 = ☐\,m^3$
g) $0{,}05\,dm^3 = ☐\,mm^3$ h) $90\,000\,cm^3 = ☐\,m^3$
i) $80\,m^3 = ☐\,cm^3$ j) $2\,500\,mm^3 = ☐\,dm^3$

13. Jeweils zwei Angaben sind gleich. Ordne zu.

$4{,}3\,m^3$ $0{,}5\,dm^3$ $43\,m^3$ $4\,300\,dm^3$ $500\,cm^3$ $50\,cm^3$ $50\,000\,mm^3$ $43\,000\,000\,cm^3$

14. Gib die Volumina der Materialien ohne Komma und ohne Brüche in der nächstkleineren Einheit an.

$\frac{1}{2}\,m^3$ Blumenerde $0{,}4\,cm^3$ Gold
$5{,}75\,m^3$ Schotter $1\frac{3}{4}\,dm^3$ Eisen

15. Ordne die Volumenangabe von groß nach klein. Du erhältst ein Lösungswort.

$700\,dm^3$ | E $0{,}8\,m^3$ | L $50\,dm^3$ | E
$\frac{3}{5}\,m^3$ | I $0{,}07\,m^3$ | T $40\,000\,cm^3$ | R

Aufgabe 16 – 19

16. Carla hat das Volumen von Gegenständen notiert. Welche Volumina kannst du mit sinnvolleren Einheiten angeben? Begründe.

Wasserflasche: $500\,cm^3$
Laderaum eines Anhängers: $12\,000\,dm^3$
Poolfüllung: $8\,000\,000\,cm^3$
Aquarium: $72\,dm^3$

17. Begründe, in welcher Einheit du das jeweilige Volumen angeben würdest.

18. Frau Sevim verkauft in ihrer Gärtnerei Rindenmulch in $60\,dm^3$ großen Säcken.
Sie erhält Rindenmulch vom Großhandel in $0{,}9\,m^3$ großen „Big Bags".
Diesen füllt sie in $60\,dm^3$ fassende Säcke um und lagert je 20 Säcke auf einer Palette.
Wie viele Paletten benötigt sie für eine Lieferung von vier „Big Bags" Rindenmulch?

19. Ordne die Volumenangabe von klein nach groß. Du erhältst ein Lösungswort.

$1\frac{3}{4}\,dm^3$ | T $1\,650\,cm^3$ | E $180\,000\,mm^3$ | T
$0{,}002\,m^3$ | E $1\,dm^3\,70\,cm^3$ | A $1{,}09\,dm^3$ | P

Volumen des Quaders und des Würfels

Wie viele Zauberwürfel passen in die Box?

1. Maike und Piotr möchten wissen, wie viele Kubikzentimeter in die quaderförmige Schachtel passen. Dazu befüllen sie die Schachtel schrittweise mit Kubikzentimeter-Würfeln.

①

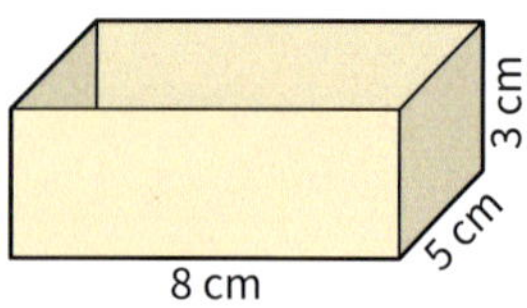

②

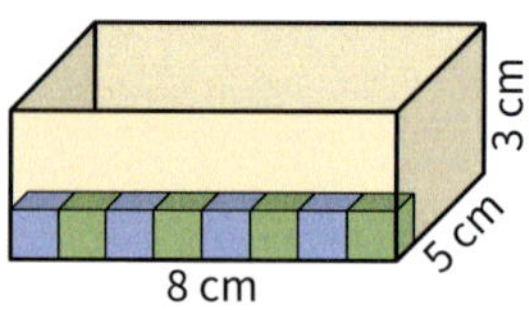

③

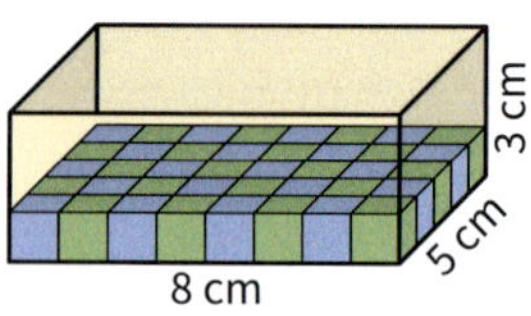

④

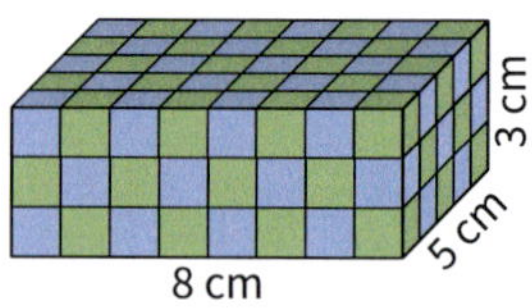

a) Zählt ab, aus wie vielen Kubikzentimetern eine Stange in Bild ② besteht.

b) Bestimmt dann, aus wie vielen Kubikzentimetern eine Schicht in Bild ③ besteht.

c) Wie viele Kubikzentimeter passen dann in die gesamte Schachtel?

d) Ergänzt die Lücken in der Rechnung von Piotr im Heft.

Das hätten wir rechnerisch schneller lösen können:
▒ cm · ▒ cm · ▒ cm = 120 cm³

Volumen eines Quaders

Video

Volumen = Länge a · Breite b · Höhe c

$V = a \cdot b \cdot c$

$V = 5\,cm \cdot 4\,cm \cdot 3\,cm$

$V = 60\,cm^3$

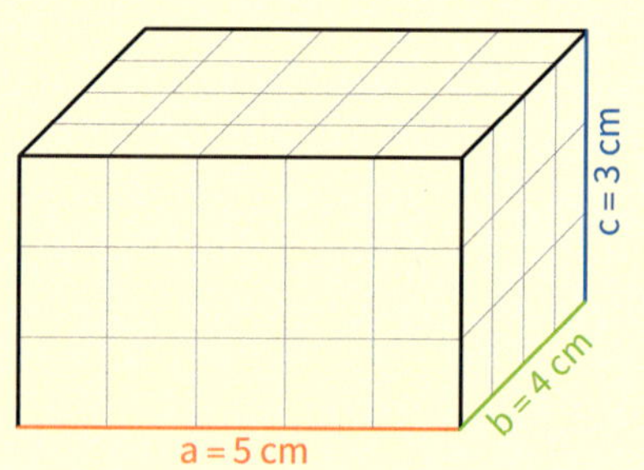

2. Ein kleiner Würfel ist 1 cm³ groß. Aus wie vielen cm³ besteht der Quader?

a)

b)

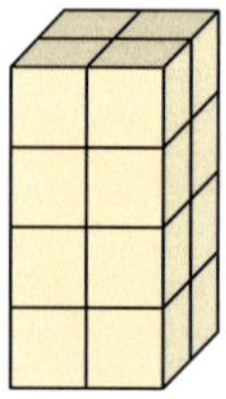

c)

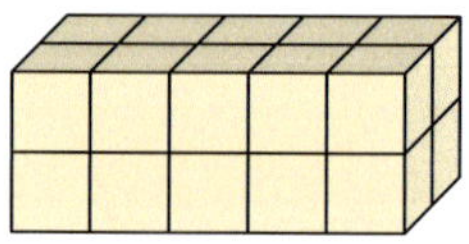

d)

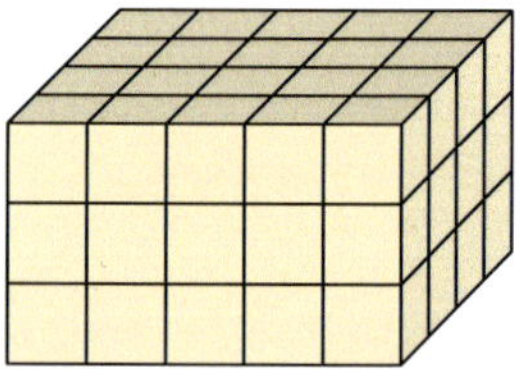

Digital+
WES-128745-183

3. Berechne das Volumen des Quaders.

a) 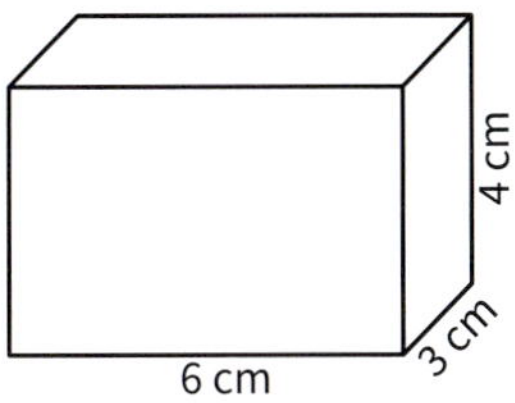

b) 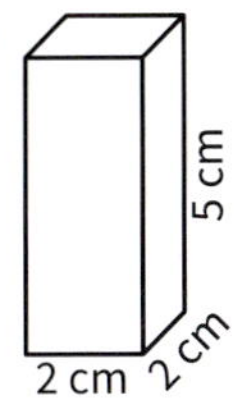

c) 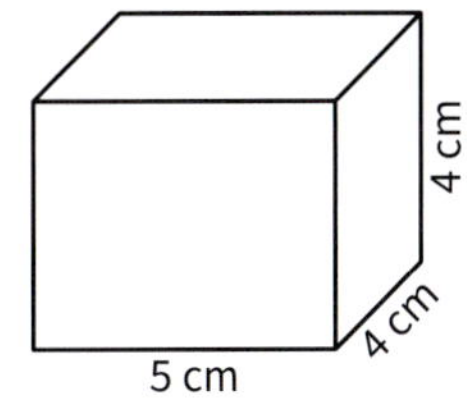

---

4. Carla und Fiete diskutieren die Volumenberechnung eines Würfels.

a) Betrachtet den Comic. Worin unterscheiden sich ein Würfel und ein Quader?
b) Erklärt Carlas Aussage, dass jeder Würfel auch ein Quader ist. Listet dafür die gemeinsamen Eigenschaften von Würfel und Quader auf.
c) Berechnet das Volumen des abgebildeten Holzwürfels.

Video

Volumen eines Würfels

Volumen = Länge a · Breite a · Höhe a

$V = a \cdot a \cdot a$

$V = 3\,cm \cdot 3\,cm \cdot 3\,cm$

$V = 27\,cm^3$

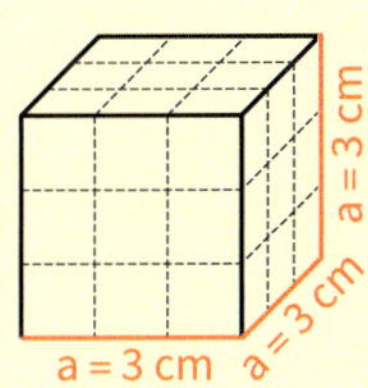

5. Ein kleiner Würfel ist $1\,cm^3$ groß. Bestimme das Volumen des großen Würfels.

a) 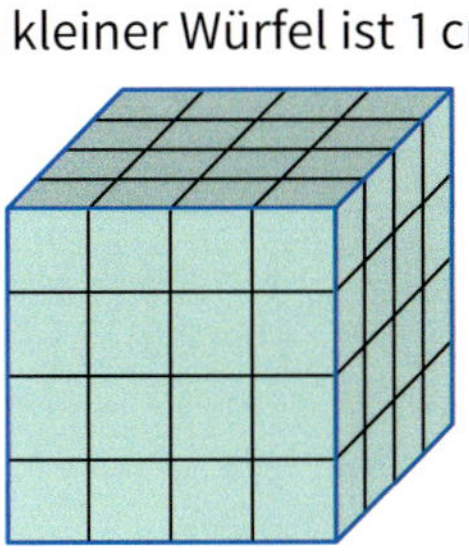

b) 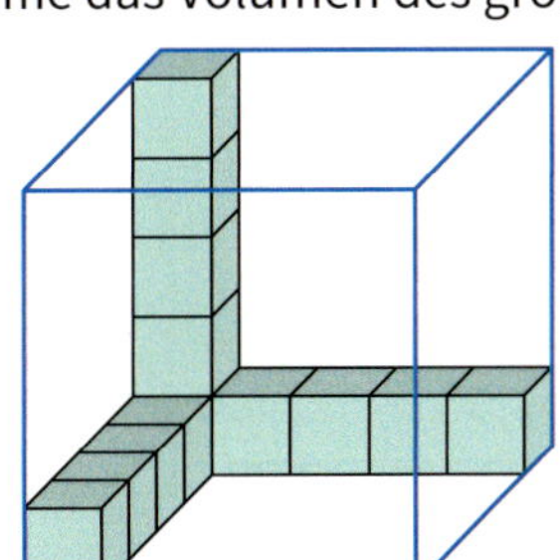

c) 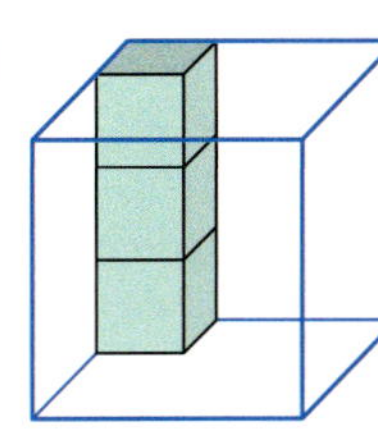

---

6. Berechne das Volumen des Würfels mit der gegebenen Kantenlänge a.

a) a = 9 mm
b) a = 2 m
c) a = 10 dm
d) a = 12 cm

»

Aufgabe 1 – 4

1. Ein kleiner Würfel ist 1 dm³ groß. Berechne das Volumen des ganzen Körpers.

a) 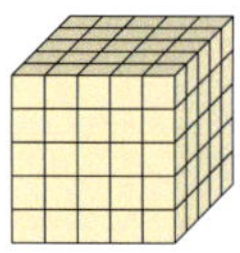

b) 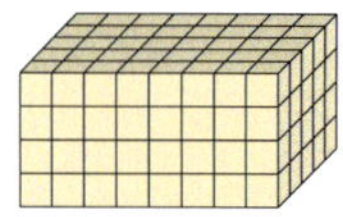

c) 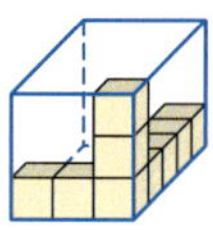

d) 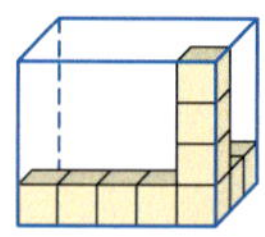

e) 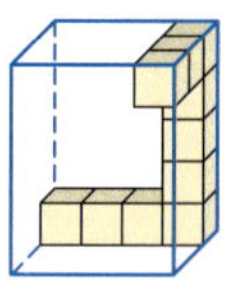

f) 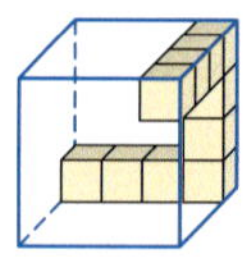

2. Berechne das Volumen des Quaders.

a) $a = 7\text{ cm}$, $b = 4\text{ cm}$, $c = 10\text{ cm}$

b) $a = 4\text{ m}$, $b = 9\text{ m}$, $c = 5\text{ m}$

3. Sortiert die Pakete nach der Größe ihrer Volumina.

A 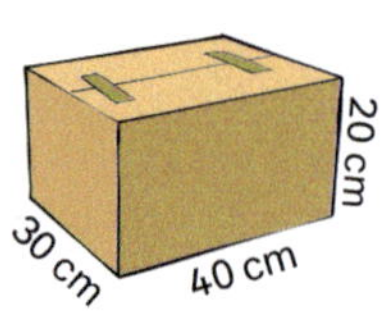

B 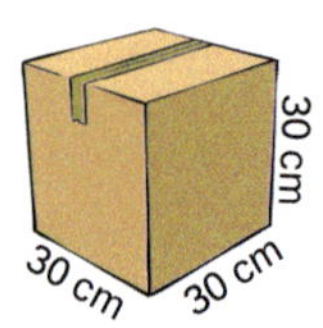

C 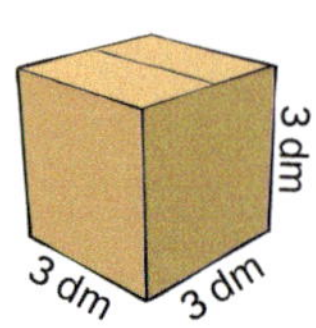

D 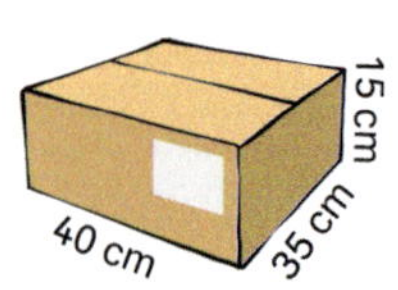

4. Familie Karius hat einen neuen Gartenpool. Er ist 6 m lang, 3 m breit und 2 m tief. Wie viel Kubikmeter Wasser fasst der Pool?

Aufgabe 5 – 7

5.

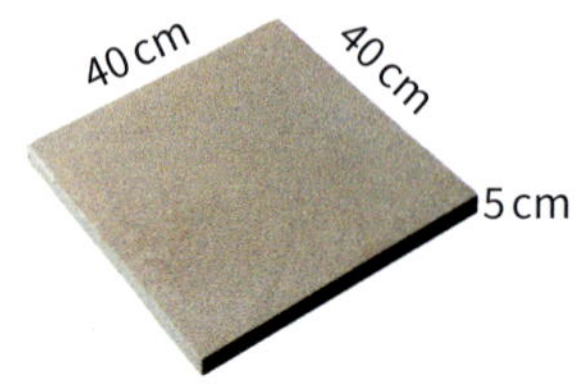

a) Berechne das Volumen der Gehwegplatte.

b) 1 cm³ Beton wiegt 2 g. Wie schwer ist die Gehwegplatte? Gib in kg an.

6. Ergänze in den Volumenberechnungen von Quadern die Lücken mit den korrekten Zahlen. Die zugeordneten Buchstaben ergeben in der richtigen Reihenfolge eine europäische Hauptstadt.

a) $V = 5\text{ cm} \cdot 2\text{ cm} \cdot 7\text{ cm} = \square\text{ cm}^3$

b) $V = 5\text{ cm} \cdot \square\text{ cm} \cdot 4\text{ cm} = 80\text{ cm}^3$

c) $V = \square\text{ dm} \cdot 3\text{ dm} \cdot 6\text{ dm} = 126\text{ dm}^3$

d) $V = 7\text{ m} \cdot 7\text{ m} \cdot 7\text{ m} = \square\text{ m}^3$

e) $V = 5\text{ m} \cdot 5\text{ m} \cdot \square\text{ m} = 125\text{ m}^3$

f) $V = 9\text{ cm} \cdot 7\text{ cm} \cdot \square = 378\text{ cm}^3$

6 | **N**	343 | **L**	49 | **M**	70 | **D**
4 | **U**	5 | **I**	20 | **R**	7 | **B**

7. Ein Brausepulverhersteller entwickelt eine neue Verpackung für eine Portion Pulver. Diese soll die Form eines Quaders und 8 cm³ Volumen haben.

a) Wie breit, lang und hoch könnte eine solche Verpackung sein?
Findet ihr mehrere Möglichkeiten?

b) Findet ihr auch eine mögliche Kantenlänge, wenn die Verpackung würfelförmig wäre?

III Aufgabe 8 – 12

8. Sortiere die Würfel nach der Größe ihrer Volumina.

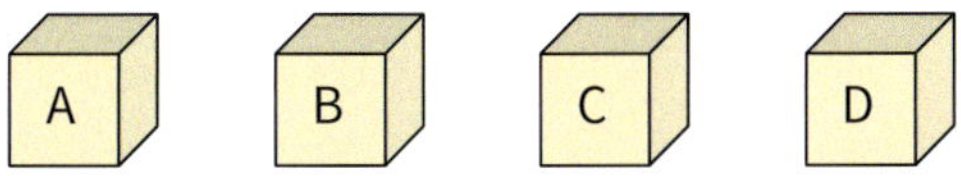

a = 32 cm   V = 30 dm³   a = 3 dm   V = 25 000 cm³

9. Berechne das Volumen des Körpers.

a) Würfel

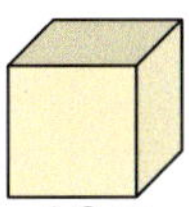

b) Quader

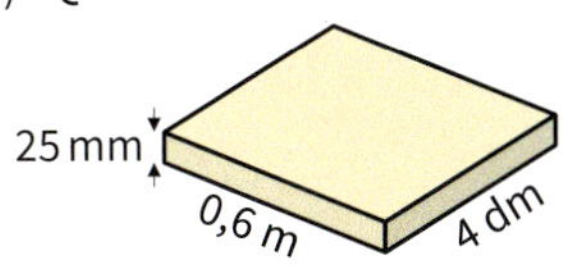

10. Berechne das Volumen des 3,5 m langen Holzbalkens in dm³.

a)

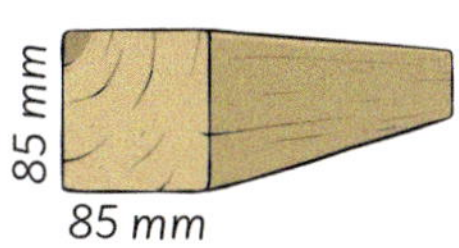

b)

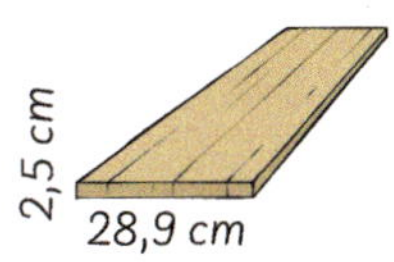

11. Berechne das Volumen des Containers. Gib das Ergebnis in m³ an.

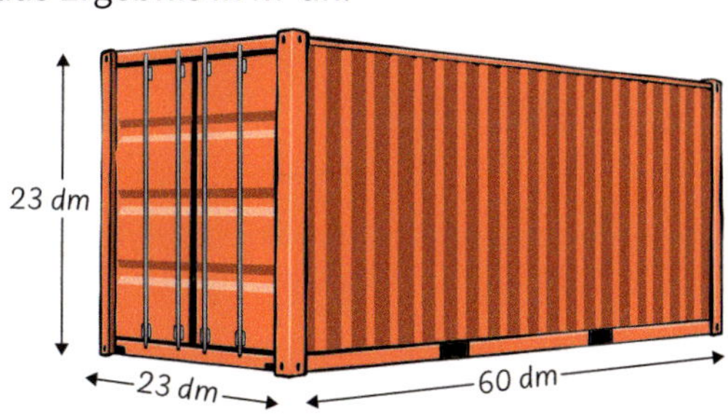

12. Berechne die fehlende Kantenlänge des Quaders.

BEISPIEL

$V = 400\,cm^3$, $a = 10\,cm$, $b = 5\,cm$, $c = \square$

$8 \underset{:5}{\overset{\cdot 5}{\rightleftarrows}} 40 \underset{:10}{\overset{\cdot 10}{\rightleftarrows}} 400$

Die Kantenlänge c beträgt 8 cm.

a)	b)	c)
a = 10 cm	a = ■	a = 5 cm
b = 6 cm	b = 7 m	b = ■
c = ■	c = 5 m	c = 20 cm
V = 900 cm³	V = 350 m³	V = 2 000 cm³

III Aufgabe 13 – 14

13. Die Palette ist mit Rindenmulchpaketen beladen. 1 dm³ Rindenmulch wiegt 280 g.

a) Berechne, wie schwer ein quaderförmiges Paket Rindenmulch ist.

b) Berechne, wie schwer die gesamte Ladung ist. Die leere Palette wiegt 20 kg.

14.

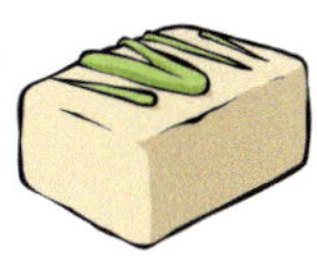

Schokotraum

Nougat-Knusper

Der Süßwarenhersteller „Pralinenwelt" möchte neue Pralinenkreationen verkaufen. Die quaderförmige Pralinensorte „Schokotraum" soll ein Volumen von 16 cm³ haben. Die würfelförmige Pralinensorte „Nougat-Knusper" hat eine Kantenlänge von 3 cm.

a) Überlegt euch mindestens drei geeignete Quader für die Sorte „Schokotraum" mit verschiedenen Maßen. Welche Pralinenmaße würdet ihr wählen? Begründet eure Antwort.

b) 25 Pralinen der Sorte „Nougat-Knusper" werden in quaderförmigen Verpackungen mit quadratischem Boden verpackt. Zwei Pralinen haben jeweils einen Abstand von 1 cm zueinander. Zwischen Pralinen und Rand der Schachtel soll ebenfalls ein Abstand von 1 cm bleiben. Bestimmt zunächst die Seitenlängen des quadratischen Bodens. Berechnet dann das Volumen der Schachtel, wenn der Deckel einen Abstand von 2 cm zu den Pralinen haben soll.

Liter und Milliliter

Von welchem Saft benötigt ihr am meisten, von welchem am wenigsten?

Schätzt ab: Wie lang können die Kanten eines Quaders sein, in den die 2 Liter Fruchtbowle hineinpassen?

1. a) Beschreibt, wie der Schüler den Tafelanschrieb des Lehrers überprüft.
b) Überprüft die Volumenangabe der Milchpackung, indem ihr das Volumen in cm^3 und dm^3 berechnet.

2. Hast du eine Trinkflasche dabei? Wie viel Milliliter (mℓ) Flüßigkeit passen hinein? Wie viele mℓ fehlen zu einem ganzen Liter?

Video

Das **Volumen von Flüssigkeiten** wird oft in **Liter (ℓ)** und **Milliliter (mℓ)** angegeben.
Dabei gilt:

1 ℓ = 1 dm^3

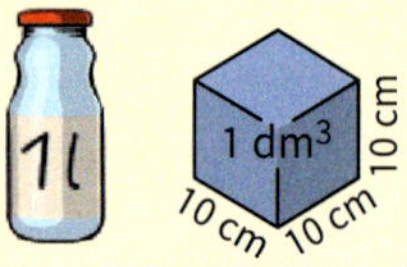

ℓ → mℓ: · 1 000
mℓ → ℓ: : 1 000

1 mℓ = 1 cm^3

3. Liter (ℓ) oder Milliliter (mℓ)? In welcher Einheit würdest du das Volumen angeben?

a) 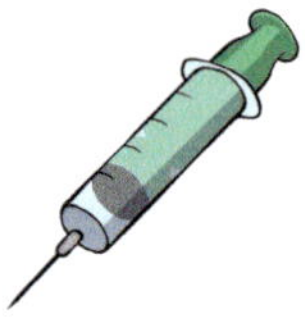
b) 
c) 
d) 
e) 

4. Wandle in die angegebene Einheit um.

a) 5 ℓ = ▢ mℓ	b) 85 ℓ = ▢ mℓ	c) 7 000 mℓ = ▢ ℓ
d) 95 000 mℓ = ▢ ℓ	e) 0,3 ℓ = ▢ mℓ	f) 20 ℓ = ▢ mℓ
g) 500 mℓ = ▢ ℓ	h) 10 000 mℓ = ▢ ℓ	i) 0,125 ℓ = ▢ mℓ

BEISPIEL
25 ℓ → 25 000 mℓ: · 1 000
25 000 mℓ → 25 ℓ: : 1 000

Aufgabe 1 – 5

1. Welcher Körper gehört zu welcher Volumenangabe? Ordne zu.

5 ℓ | 4 mℓ | 10 ℓ | 300 mℓ | 230 ℓ

2. Wandle in Liter (ℓ) um.

a) 13 000 mℓ b) 7 000 mℓ c) 50 000 mℓ
d) 2 500 mℓ e) 800 mℓ f) 400 000 mℓ

3. Wandle in Milliliter (mℓ) um.

a) 6 ℓ b) 25 ℓ c) 70 ℓ
d) 1,5 ℓ e) 500 ℓ f) 12,5 ℓ

4. Wahr oder falsch? Begründet eure Antworten.

a) 300 mℓ = 3 ℓ b) 5 cm³ = 5 ℓ
c) 8 ℓ = 8 dm³ d) 5 dm³ = 5 000 mℓ
e) 200 mℓ = 0,2 ℓ f) 1,5 dm³ = 150 mℓ

5. Sind die Volumenangaben richtig? Überprüft die Verpackungsgrößen.

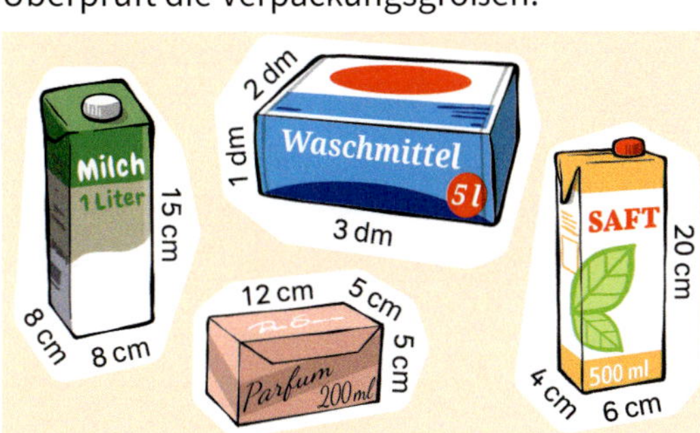

Aufgabe 6 – 9

6. Sortiere die Gegenstände nach der Größe ihrer Volumina.

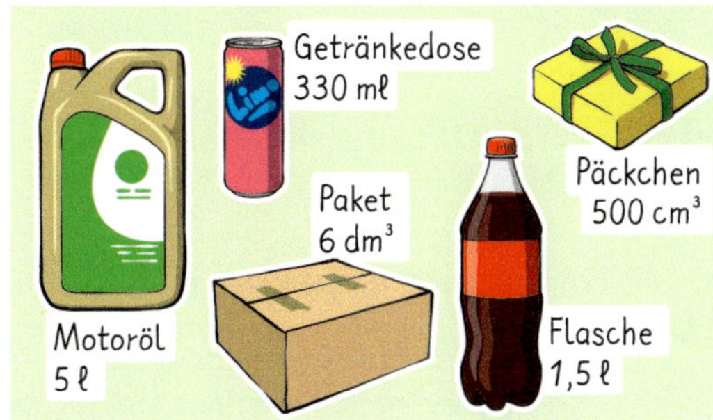

7. Wandle in die angegebene Einheit um.

a) 2 500 mℓ = ☐ ℓ b) 3 dm³ = ☐ mℓ
c) 40 000 ℓ = ☐ m³ d) 95 ℓ = ☐ cm³
e) 20 000 mm³ = ☐ mℓ f) 0,5 m³ = ☐ ℓ
g) 500 000 mℓ = ☐ m³ h) 0,02 ℓ = ☐ mm³

8. Auf einem Weingut wird neben Wein auch Traubensaft produziert. Die hergestellte Menge wird oft in Hektoliter (1 hℓ = 100 ℓ) angegeben.
Ein Winzer produziert in einem Jahr 90 hℓ Traubensaft und 300 hℓ Wein.

a) Wie viel Liter Traubensaft und wie viel Liter Wein sind das?
b) Wie viel Liter Traubensaft und Wein produziert der Winzer durchschnittlich pro Monat?

9. Ist der Kanister vollständig gefüllt, können 20 Gläser befüllt werden. Überprüft diese Aussage durch eine Rechnung. Beschreibt, wie ihr vorgegangen seid.

Digital+ WES-128745-188

Volumen von zusammengesetzten Körpern

In welche Teilkörper kann Noah das Regal zerlegen?

Ist das Volumen des Schranks größer oder kleiner als 1 m³?

1. a) Emil hat beschrieben, wie er das Volumen des zusammengesetzten Körpers berechnet hat.

Ich habe zuerst den gesamten Körper in drei ■ zerlegt. Danach habe ich jeweils das ■ des gelben, des grünen und des ■ Quaders berechnet. Zum Schluss habe ich die Ergebnisse ■.

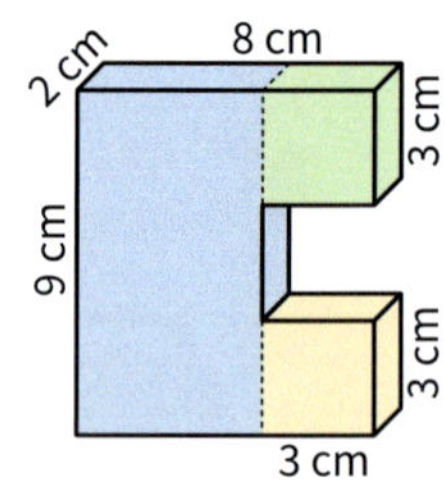

Quader | blauen | Volumen | addiert

Schreibt Emils Erklärung in eure Hefte und ergänzt die Lücken sinnvoll mit den gegebenen Begriffen.

b) Berechnet das Volumen des zusammengesetzten Körpers nach Emils Erklärung.

c) Yara hat anders gerechnet. Erklärt Yaras Lösungsweg mit eigenen Worten.

$V_1 = 8\,cm \cdot 9\,cm \cdot 2\,cm = 144\,cm^3$

$V_2 = 3\,cm \cdot 3\,cm \cdot 2\,cm = 18\,cm^3$

$V = V_1 - V_2$

$= 144\,cm^3 - 18\,cm^3$

$= 126\,cm^3$

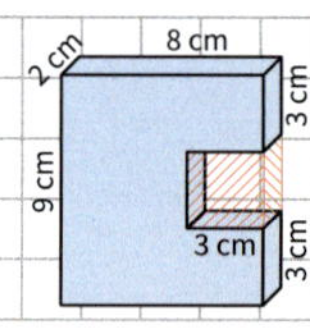

Video

Du kannst das **Volumen V** eines zusammengesetzten Körpers auf **zwei Arten** berechnen.

① **Zerlegen und Addieren**

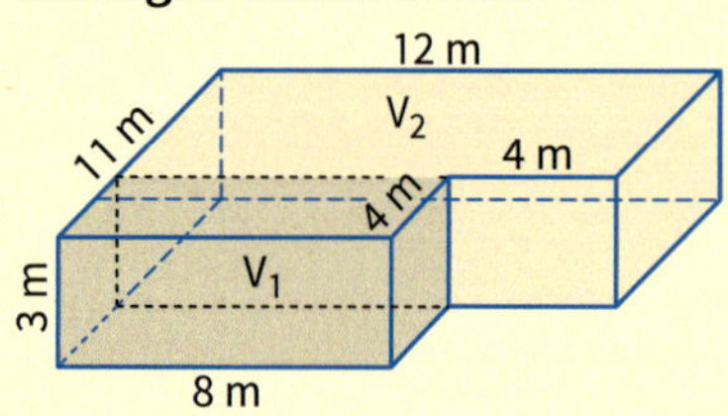

$V_1 = 8\,m \cdot 4\,m \cdot 3\,m = 96\,m^3$

$V_2 = 12\,m \cdot 7\,m \cdot 3\,m = 252\,m^3$

$V = V_1 + V_2 = 96\,m^3 + 252\,m^3 = 348\,m^3$

② **Ergänzen und Subtrahieren**

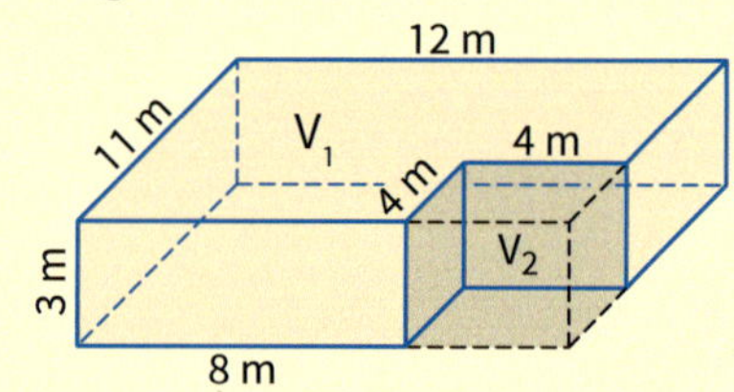

$V_1 = 12\,m \cdot 11\,m \cdot 3\,m = 396\,m^3$

$V_2 = 4\,m \cdot 4\,m \cdot 3\,m = 48\,m^3$

$V = V_1 - V_2 = 396\,m^3 - 48\,m^3 = 348\,m^3$

2. Berechne das Gesamtvolumen durch *Zerlegen und Addieren* oder *Ergänzen und Subtrahieren*.

a)

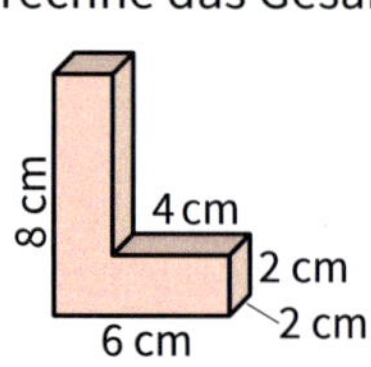

b)

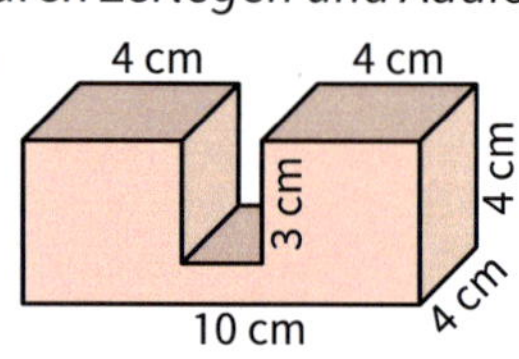

c)

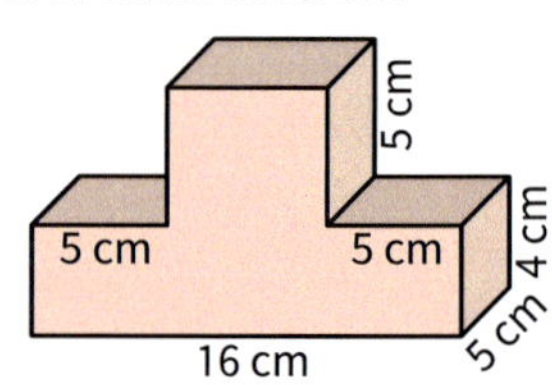

Aufgabe 1 – 4

1. Zerlegen oder ergänzen? Beschreibe, wie du das Volumen berechnen würdest.

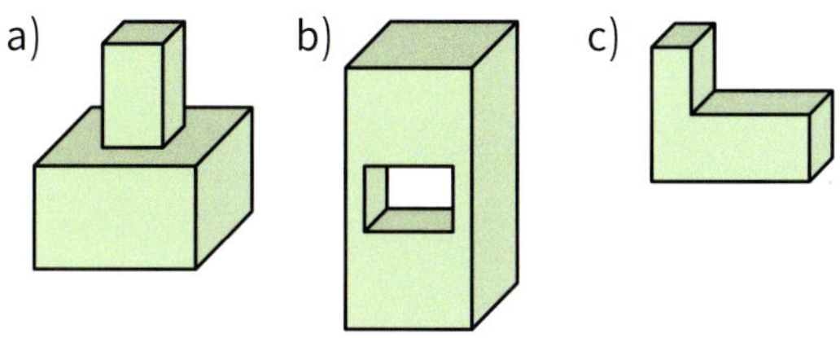

2. Berechne das Volumen des Körpers durch Zerlegen und Addieren.

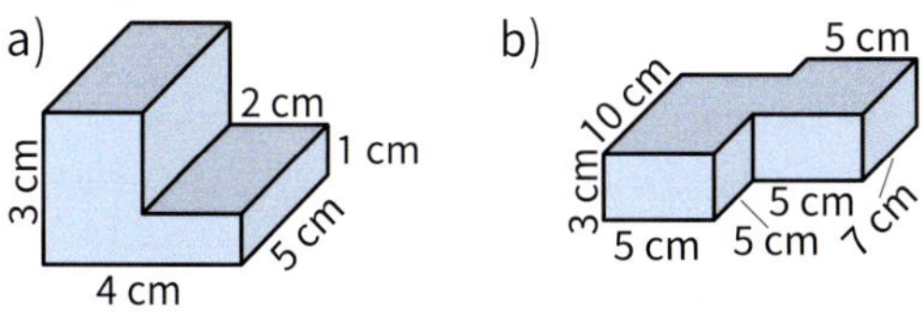

3. Berechne das Volumen des Körpers durch Ergänzen und Subtrahieren.

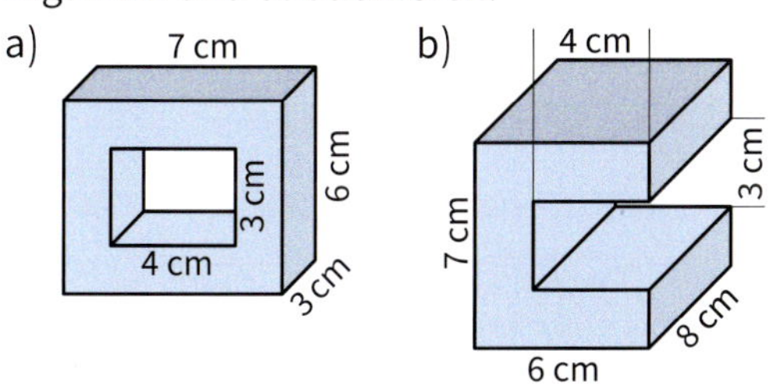

4. Ein Brunnen besteht aus einem ausgehöhlten Steinquader mit den äußeren Kantenlängen $a = 4\,dm$, $b = 4\,dm$ und $c = 2\,dm$. $1\,dm^3$ Stein wiegt 2 kg. Die quaderförmige Aushöhlung hat ein Volumen von $4\,dm^3$.

a) Berechne das Volumen des Steinkörpers. Begründe, warum du bei dieser Aufgabe ergänzen und subtrahieren musst.

b) Wie schwer ist der Steinkörper?

Aufgabe 5 – 8

5. Berechne das Volumen des Körpers möglichst geschickt. Erkläre dein Vorgehen.

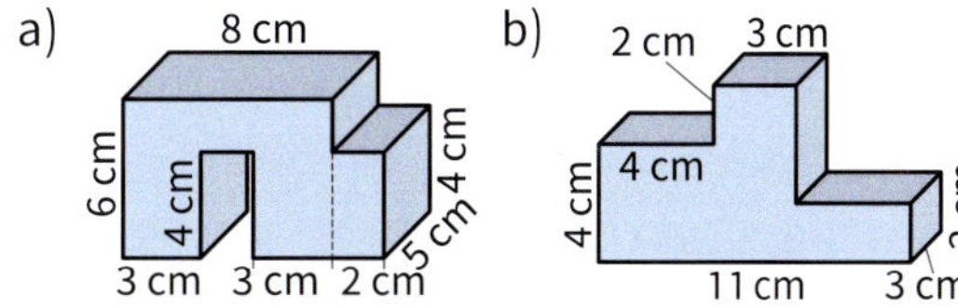

6. Berechne das Volumen des Körpers. Gib dein Ergebnis auch in Liter an.

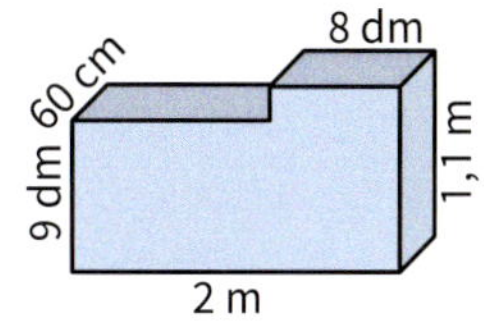

7. Der abgebildete Körper ist aus einem Quader und einem Würfel zusammengesetzt. Sein Gesamtvolumen beträgt $207\,cm^3$. Berechne die fehlende Kantenlänge a des Quaders.

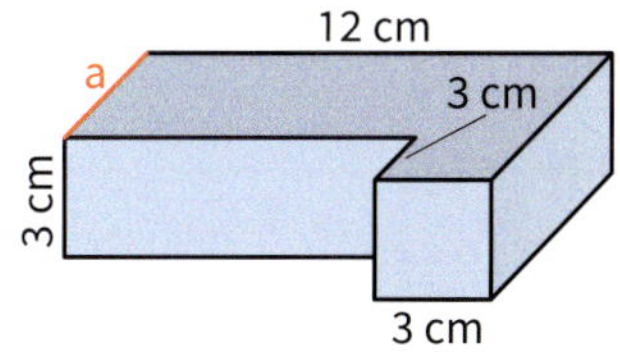

8. Eine quaderförmige Holzkiste hat eine Wand- und Bodenstärke von 5 mm.

a) Berechne das Fassungsvermögen der Kiste, wenn sie bis zum Rand gefüllt wird.

b) Wie schwer ist die Holzkiste, wenn ein Kubikdezimeter Holz 500 g wiegt? Runde dein Ergebnis auf ganze Kilogramm.

«

Wasser ist kostbar

Zum Überleben benötigt ein gesunder Mensch täglich nur ca. 2,5 ℓ Wasser.

In den letzten 100 Jahren ist der tägliche Wasserverbrauch in Deutschland jedoch von 20 ℓ auf 123 ℓ pro Person gestiegen.

Erschreckend ist, dass die Wassermenge, die davon auf die Toilettennutzung entfällt, dem Tagesbedarf eines Menschen in Entwicklungsländern entspricht.

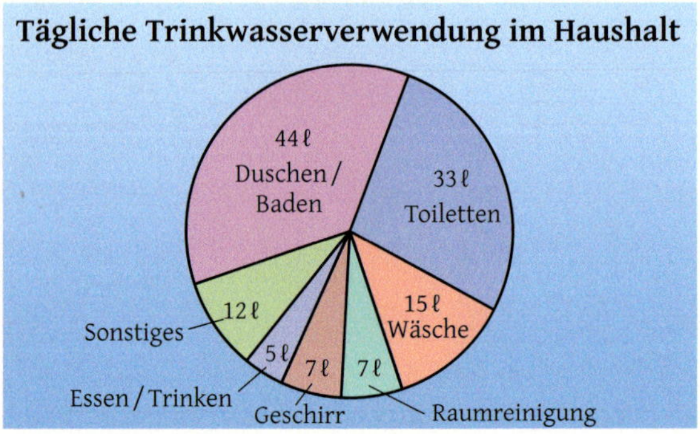

1. a) Welche Informationen könnt ihr aus dem Zeitungsbericht und dem Schaubild oben ablesen?
b) Berechnet, wie viel Liter Wasser eine Person wöchentlich, monatlich und jährlich verbraucht.
c) Wie viel Liter Wasser verbraucht deine Familie nach dieser Rechnung pro Jahr?

---

2. Auszug aus der Wasserrechnung von Familie Torres (5 Personen):

Verbrauchsermittlung

Bescheid für	Zeitraum von – bis	Zählerstand (in 1 000 ℓ) alt	neu	Verbrauch	Einzelpreis €	Arbeitspreis €	Summe in €
Wasser	01.01. – 31.12.	340	503	163 m³	1,87	304,81	689,49
Abwasser	01.01. – 31.12.			163 m³	2,36	384,68	

Bereits geleistete Zahlung Wasser	288,– €	Restbetrag wird abgebucht
Bereits geleistete Zahlung Abwasser	336,– €	

a) Wie viel Liter Wasser wurden insgesamt verbraucht?
b) Wie viel Liter sind das ungefähr pro Person pro Tag? Vergleicht mit Aufgabe 1.
c) Die Rechnung wurde beschädigt. Ermittelt den Restbetrag, der abgebucht wird.

---

3. Aus Gründen der Nachhaltigkeit möchte Familie Torres im nächsten Jahr Wasser sparen.
a) Beurteilt, welche Vorschläge sinnvoll sind und welche nicht. Begründet eure Antworten.

- Baden statt Duschen
- tropfende Wasserhähne reparieren
- Geschirrspüler nur vollbeladen laufen lassen
- Wasserspar-Duschkopf verwenden
- nicht mehr auf die Toilette gehen
- zum Gießen gesammeltes Regenwasser nutzen

b) Fallen euch weitere Tipps zum Wassersparen ein? Präsentiert sie vor eurer Klasse.

Volumenbestimmung von unregelmäßigen Körpern

Archimedes *(*um 287 v. Chr., †212 v. Chr.), griechischer Mathematiker und Physiker*

Das Bild zeigt die Statue von Archimedes in der Badewanne (Haifa, Israel 2013)

Archimedes stand der Legende nach vor einer kniffligen Aufgabe: Er sollte überprüfen, ob die Krone seines Königs wirklich aus reinem Gold war. Die Masse konnte er wiegen, aber das Volumen zu messen, ohne die Krone zu beschädigen, schien unmöglich. Beim Baden hatte Archimedes jedoch eine geniale Idee. Als sein Körper ins Wasser tauchte, bemerkte er, dass das Wasser anstieg. Dieses einfache, aber clevere Prinzip half ihm, das Volumen der Krone zu ermitteln, ohne sie zu zerstören.

---

1. Alina bestimmt das Volumen einer Schraube nach dem Prinzip von Archimedes. Sie wendet die so genannte *Differenzmethode* an.

a) Erklärt, wie das Vorgehen von Alina mit der oben abgebildeten Legende von Archimedes zusammenhängt.

b) Lest ab, um wie viel Milliliter (mℓ) der Wasserspiegel nach dem Eintauchen der Schraube gestiegen ist. Bestimmt so das Volumen der Schraube in cm^3.

c) Beschreibt mit eigenen Worten, wie die Volumenbestimmung mit der von Alina angewendeten *Differenzmethode* funktioniert.

d) Halef nutzt die so genannte *Überlaufmethode*. Benennt Gemeinsamkeiten und Unterschiede zwischen der Überlaufmethode von Halef und der *Differenzmethode* von Alina. Haben die beiden die gleichen Schrauben benutzt?

e) Für welche Methode würdet ihr euch entscheiden? Begründet.

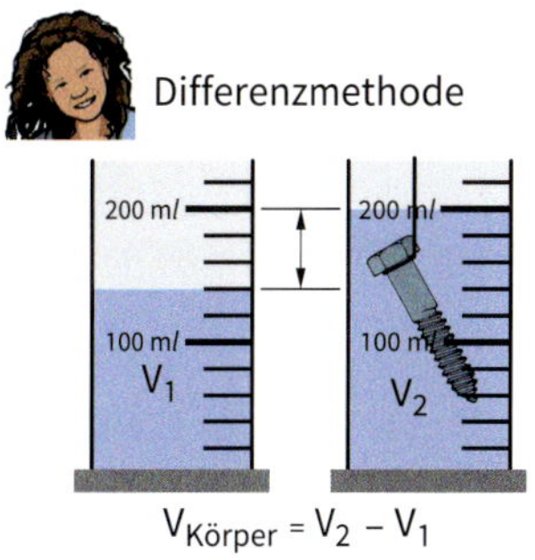

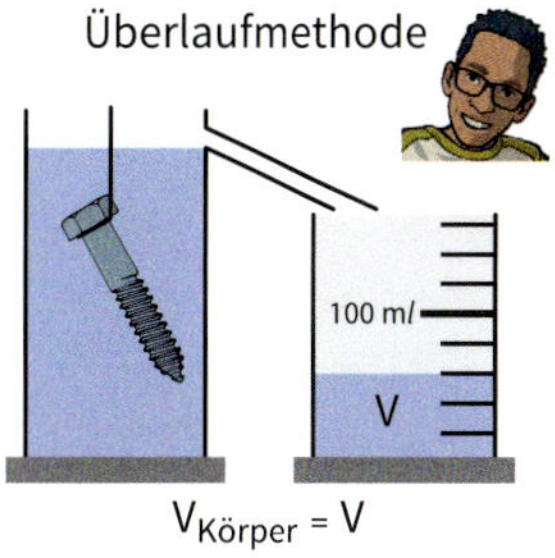

---

2. a) Lasst euch von eurer Lehrerin oder eurem Lehrer einen Messzylinder geben und bestimmt nun selbst das Volumen von verschiedenen Gegenständen nach dem Prinzip von Archimedes. Gebt an, ob ihr die *Überlaufmethode* oder die *Differenzmethode* anwendet.

b) Bei einem der rechts abgebildeten Gegenständen eignet sich das Prinzip von Archimedes nicht, um das Volumen zu bestimmen. Welcher ist es und warum?

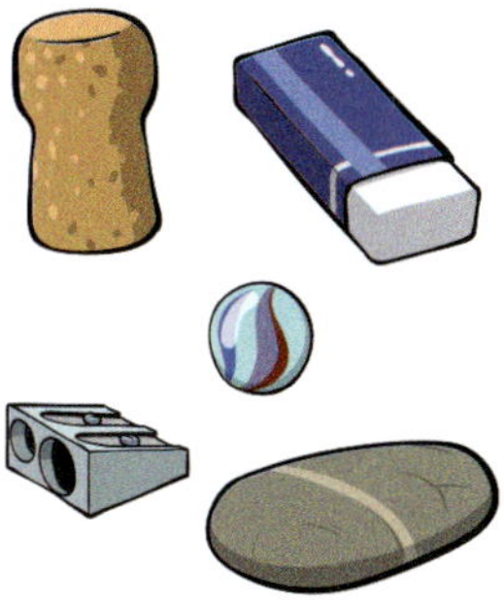

Zusammengesetzte Figuren

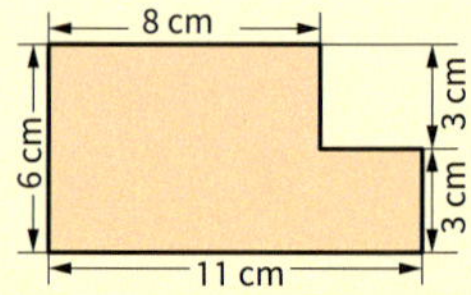

Umfang u

Der Umfang ist die Summe aller Seitenlängen.

u = 11 cm + 3 cm + 3 cm + 3 cm + 8 cm + 6 cm

u = **34 cm**

Flächeninhalt A

Zerlegen und Addieren

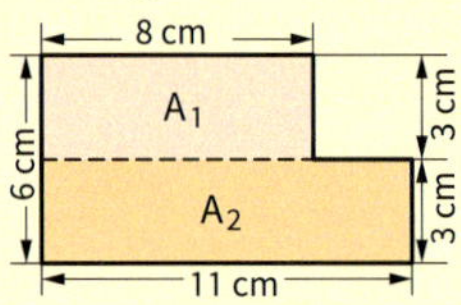

A_1 = 8 cm · 3 cm
= 24 cm²

A_2 = 11 cm · 3 cm
= 33 cm²

$A = A_1 + A_2$ = 24 cm² + 33 cm² = **57 cm²**

Ergänzen und Subtrahieren

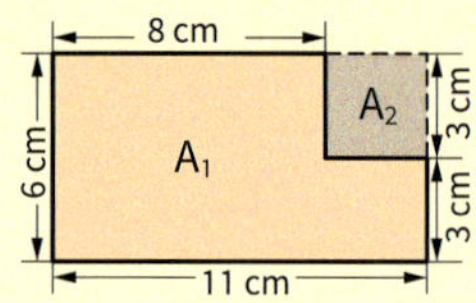

A_1 = 11 cm · 6 cm
= 66 cm² (Rechteck)

A_2 = 3 cm · 3 cm
= 9 cm² (ergänzte Fläche)

$A = A_1 - A_2$ = 66 cm² – 9 cm² = **57 cm²**

Oberflächeninhalt

Quader

Länge a = 3 cm
Breite b = 8 cm
Höhe c = 1 cm

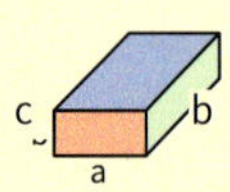

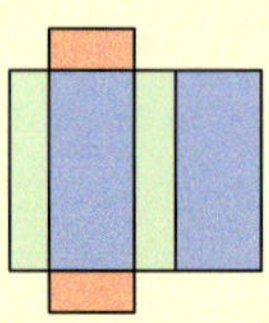

O = 2 · a · b + 2 · b · c + 2 · a · c

O = 2 · 3 cm · 8 cm + 2 · 8 cm · 1 cm + 2 · 3 cm · 1 cm

O = 48 cm² + 16 cm² + 6 cm²

O = **70 cm²**

Würfel

Kantenlänge
a = 8 cm

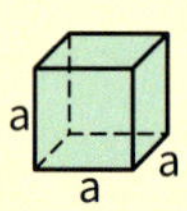

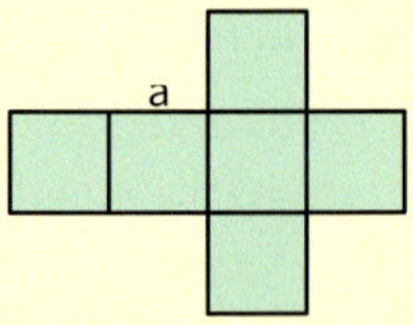

O = 6 · a · a

O = 6 · 8 cm · 8 cm

O = 6 · 64 cm²

O = **384 cm²**

Volumen

Quader

Länge a = 6 cm
Breite b = 4 cm
Höhe c = 3 cm

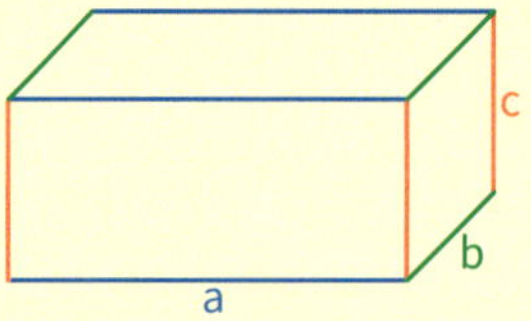

V = a · b · c

V = 6 cm · 4 cm · 3 cm

V = **72 cm³**

Würfel

Kantenlänge
a = 5 cm

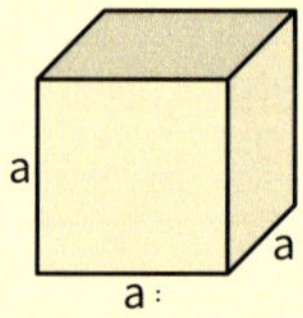

V = a · a · a

V = 5 cm · 5 cm · 5 cm

V = **125 cm³**

Volumeneinheiten

1 m³ = 1 000 dm³

1 dm³ = 1 000 cm³

1 cm³ = 1 000 mm³

1 ℓ = 1 000 mℓ

1 ℓ = 1 dm³

1 mℓ = 1 cm³

Aufgabe 1 – 5

1. Welche Figur hat den größeren Umfang, welche den größeren Flächeninhalt?

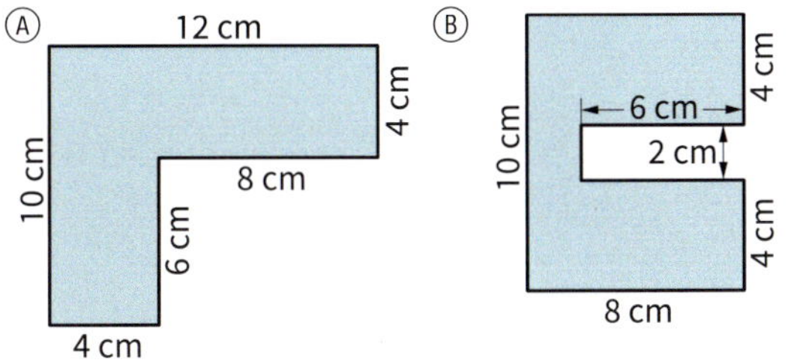

2. Berechne den Oberflächeninhalt und das Volumen des Körpers.

a) Würfel mit a = 10 cm

b) Quader mit a = 2 m, b = 5 m, c = 7 m

3. Zeichne zuerst das Netz des abgebildeten Quaders. Berechne dann seinen Oberflächeninhalt.

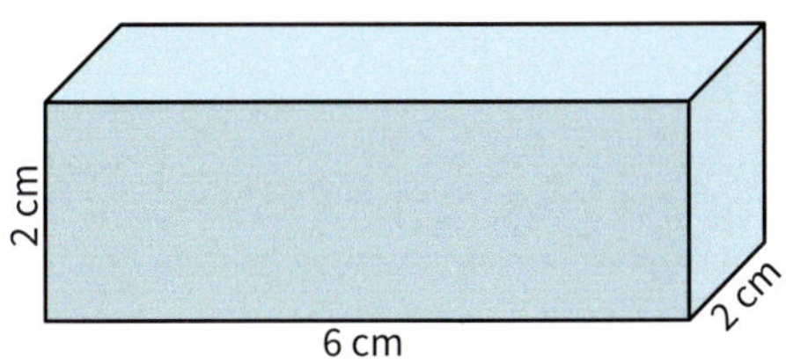

4. Berechne das Volumen der Pappkartons in cm^3 und in dm^3.

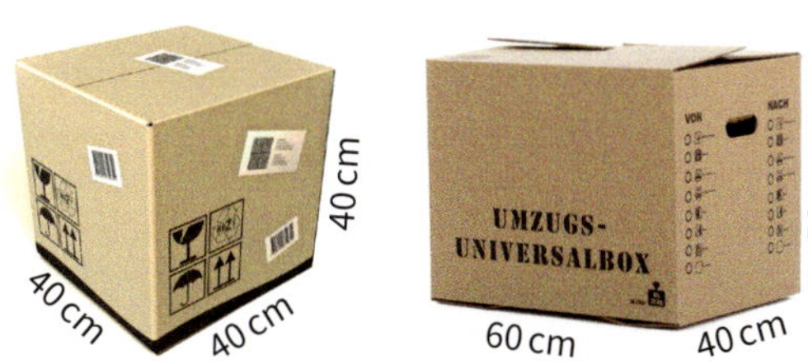

5. Liter oder Milliliter? In welcher Einheit würdest du das Volumen angeben?

a) b) c)

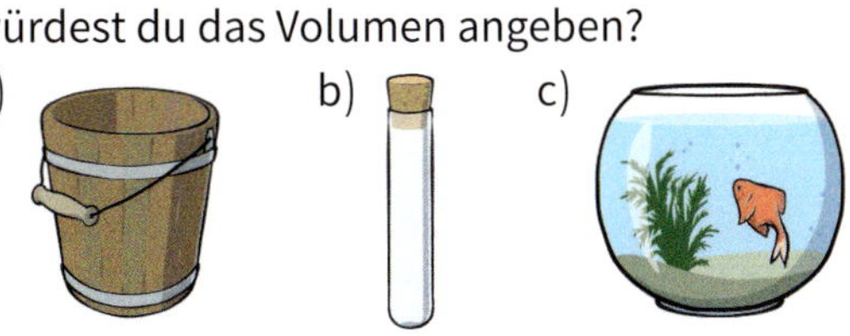

Aufgabe 6 – 8

6. Sortiere die Körper nach ihrem Volumen. Beginne mit dem kleinsten.

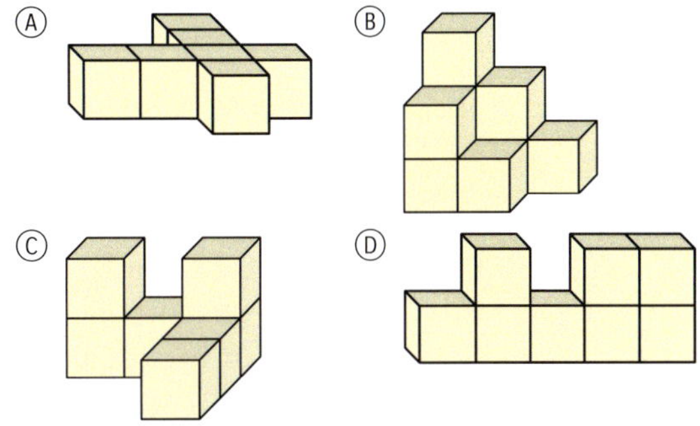

7. Wandle in die angegebene Einheit um.

a) in m^3:

$6\,000\ dm^3$ | $25\,000\ dm^3$ | $500\ dm^3$

b) in dm^3:

$7\,000\ cm^3$ | $12\,000\ cm^3$ | $0{,}4\ m^3$

c) in cm^3:

$6\ dm^3$ | $500\ dm^3$ | $2\,500\ mm^3$

d) in mm^3:

$2\ cm^3$ | $33\ cm^3$ | $0{,}01\ cm^3$

8. Für eine Aufführung der Theater-AG bastelt Frida Goldbarren aus Pappkartons und Goldfolie.

Ein quaderförmiger Goldbarren ist 25 cm lang, 12 cm breit und 10 cm hoch.

a) Berechne die Größe der Oberfläche eines Goldbarrens.

b) Frida schneidet das Quadernetz aus einer rechteckigen Goldfolie. Gib möglichst kleine Maße für dieses Rechteck an.

Lösungen → Seite 284

Aufgabe 9 – 13

9. Auf der Skala des Messbechers siehst du die Angaben in Liter (ℓ) und Milliliter (mℓ). Gib die Flüssigkeiten in mℓ an.

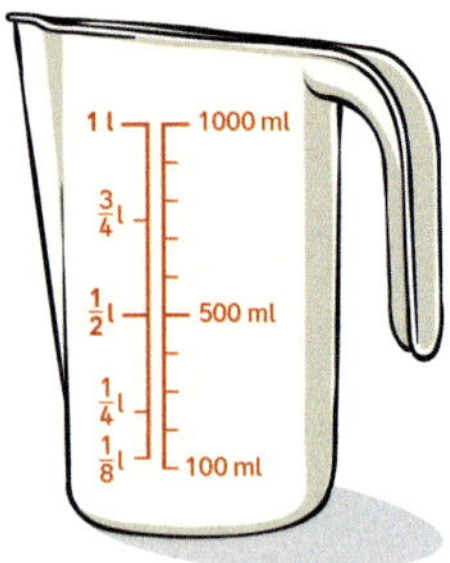

- 1 ℓ Milch
- $\frac{1}{4}$ ℓ Sahne
- 0,5 ℓ Kirschsaft
- $\frac{1}{8}$ ℓ Orangensaft
- $\frac{3}{4}$ ℓ Wasser

10. Wandle um.

a) 6 ℓ = ■ mℓ b) 2 000 mℓ = ■ ℓ
c) 25 ℓ = ■ mℓ d) 800 mℓ = ■ ℓ
e) 0,3 ℓ = ■ mℓ f) 75 000 mℓ = ■ ℓ

11. Überprüfe die Volumenangabe rechnerisch.

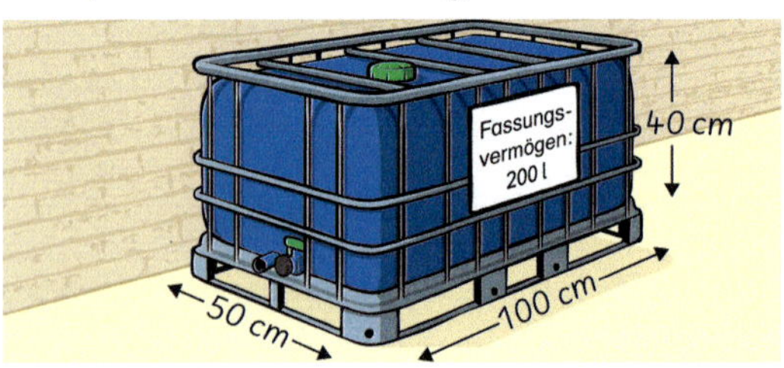

12. *Zerlegen und Addieren* oder *Ergänzen und Subtrahieren*? Wie würdest du hier das Volumen bestimmen? Begründe.

a) 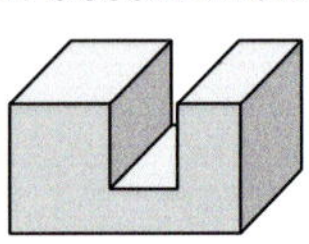

b) 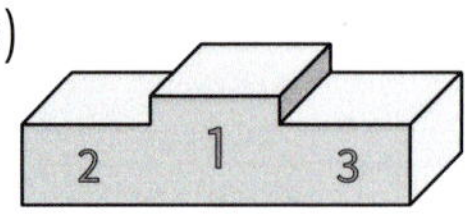

13. Berechne das Volumen des zusammengesetzten Körpers.

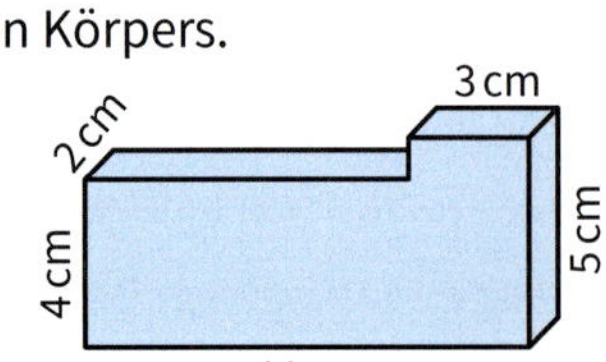

Aufgabe 14 – 18

14. Berechne den Umfang und den Flächeninhalt der Figur.

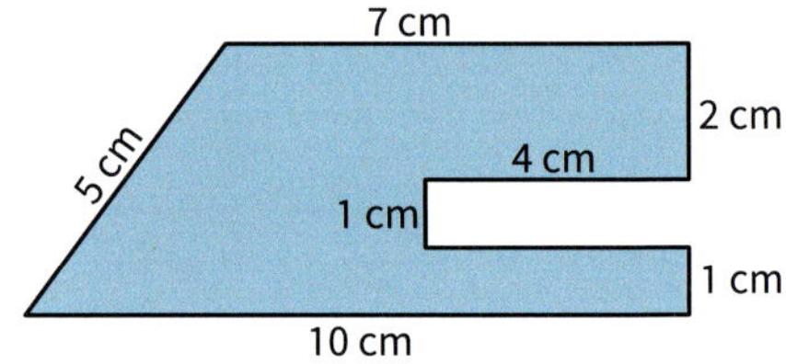

15. Zeichne in dein Heft und ergänze zu einem Quadernetz. Berechne dann den Oberflächeninhalt.

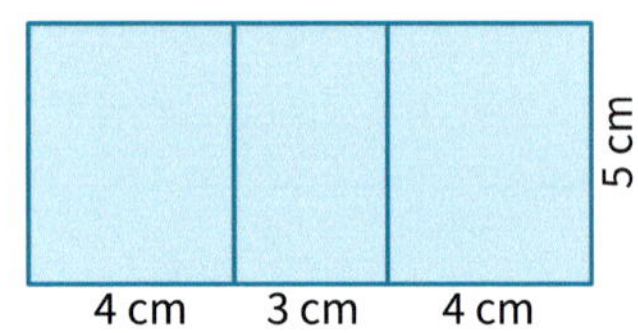

16. Berechne den Oberflächeninhalt und das Volumen des Körpers.

a) Würfel mit a = 1,2 dm
b) Quader mit a = 2 m, b = 15 dm, c = 70 cm

17. Ein Würfel hat einen Oberflächeninhalt von 24 cm².

a) Welchen Flächeninhalt hat eine Seitenfläche?
b) Welche Kantenlänge hat der Würfel?
c) Zeichne ein Netz für diesen Würfel.

18. Sortiere die Volumenangaben nach ihrer Größe. Beginne mit der kleinsten.
In der richtigen Reihenfolge ergeben die zugehörigen Buchstaben eine Stadt in Nordrhein-Westfalen.

R | 2,5 dm³
E | 5 m³
V | 2 cm³
S | 0,5 m³
E | 25 mℓ
E | 0,5 cm³
N | 25 m³
U | 250 ℓ
K | 50 dm³
L | 25 mm³

Lösungen → Seite 285

Aufgabe 19 – 23

19.

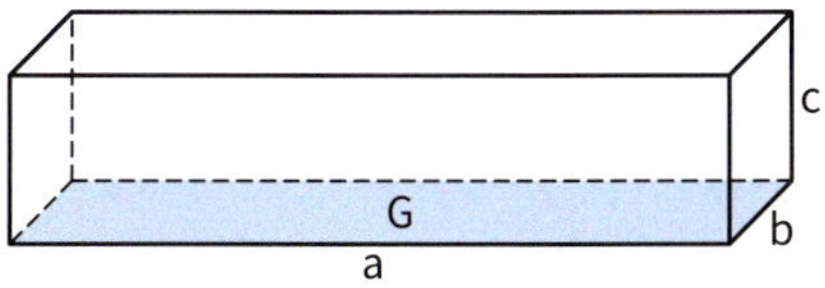

Berechne für den abgebildeten Quader
a) das Volumen für G = 15 cm² und c = 4 cm,
b) die Oberfläche für G = 30 cm², b = 5 cm und c = 3 cm.

20. Ein Quader wurde teilweise mit gleich großen Würfeln gefüllt. Das Volumen eines kleinen Würfels beträgt 1 cm³. Berechne das Volumen des Quaders.

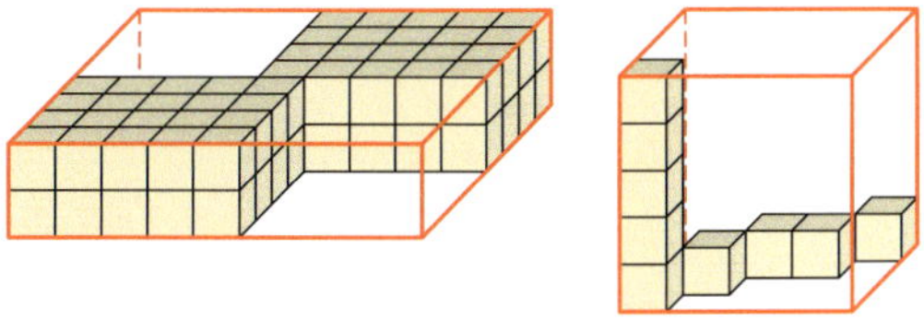

21. Ein Quader hat ein Volumen von 1 200 cm³. Er ist 25 cm lang und 12 cm breit. Bestimme seine Höhe.

22. Frau Wirtz hat für ihre Terrasse vier quaderförmige Pflanzkübel gekauft und befüllt sie mit Blumenerde bis 5 cm unter der Kante.

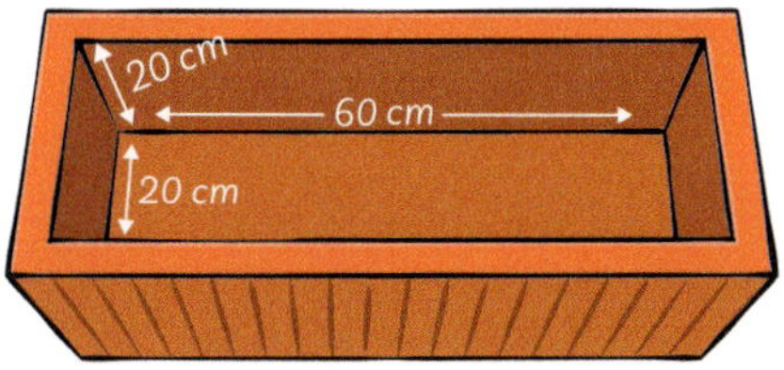

Berechne, wie viele 30-Liter-Säcke Blumenerde sie einkaufen muss.

23. Ein Regenfass hat ein Volumen von 0,2 m³. Wie viele Gießkannen mit einem Volumen von 8 ℓ können mit dem Regenwasser eines vollen Regenfasses befüllt werden?

Aufgabe 24 – 28

24.

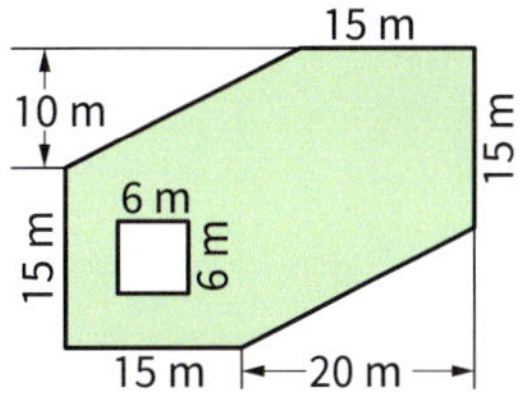

Berechne den Inhalt der grünen Rasenfläche.

25. Ein Hersteller von Kakaopulver hat zwei Verpackungen zur Auswahl.

a) Berechne den Oberflächeninhalt und das Volumen für beide Verpackungen.
b) Welche Verpackung würdest du für 1 Liter Kakaopulver wählen? Begründe.

26. Berechne die fehlende Größe des Quaders.

	Länge a	Breite b	Höhe c	Volumen V
a)	■	10 cm	8 m	2 dm³
b)	4 m	■	2 m	800 ℓ
c)	75 mm	4 cm	■	1,5 ℓ

27. Berechne den Oberflächeninhalt des Quaders. Beschreibe stichpunktartig, wie du bei deiner Rechnung vorgegangen bist.

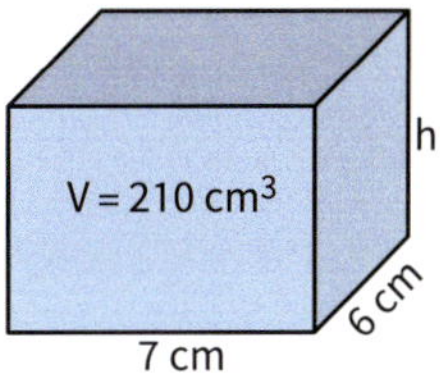

28. „Wird die Kantenlänge eines Würfels verdoppelt, verachtfacht sich das Volumen des Würfels."
Überprüfe die Aussage mit Hilfe eines Rechenbeispiels. Notiere einen Antwortsatz.

Lösungen → Seite 286

Das neue Hochbeet

Familie Schlegel baut im Garten ein neues Hochbeet mit Sitzecke. Frau Schlegel hat berechnet, dass sie zum Befüllen des großen Hochbeetes 3 000 Liter Pflanzerde kaufen muss.

a) Gib das Volumen der benötigten Pflanzerde in m^3 an und berechne die Kosten.

b) Herr Schlegel fertigt für eine Sitzecke am Hochbeet eine Holzfläche an.

① Der Quadratmeterpreis für das benötigte Holz beträgt 60 €. Berechne die Kosten für die gesamte Holzfläche.

② Um die Sitzecke herum soll eine Metallschiene verlaufen. Berechne die Länge.

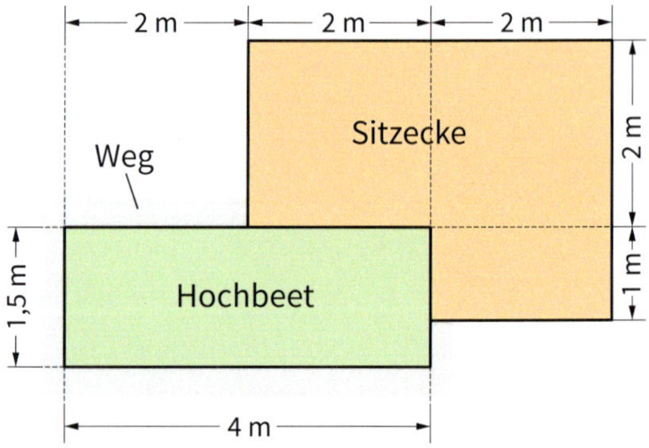

c) Der graue Weg ist 50 cm breit und soll gepflastert werden.
Wie viel Quadratmeter Pflastersteine benötigt die Familie?

d) Das Hochbeet hat die Form eines Quaders. Es ist 1,5 m breit, 4 m lang und 1 m hoch.

① Berechne das Volumen des Hochbeets. Gib das Ergebnis in Kubikmeter (m^3) und in Liter (ℓ) an.

② Fabian streicht die vier Außenwände des Hochbeets mit einem Pflegeöl. Berechne die Fläche, die er streichen muss.

e) Frau Schlegel überlegt: „Welche Maße könnte ein Hochbeet mit 4 000 Liter Volumen haben?“
Finde zwei verschiedene Möglichkeiten.

Lösungen → Seite 286

7 | Daten und Zufall

1. Im Säulendiagramm sind die Ergebnisse beim Weitwurf mit dem Schlagball abgebildet.

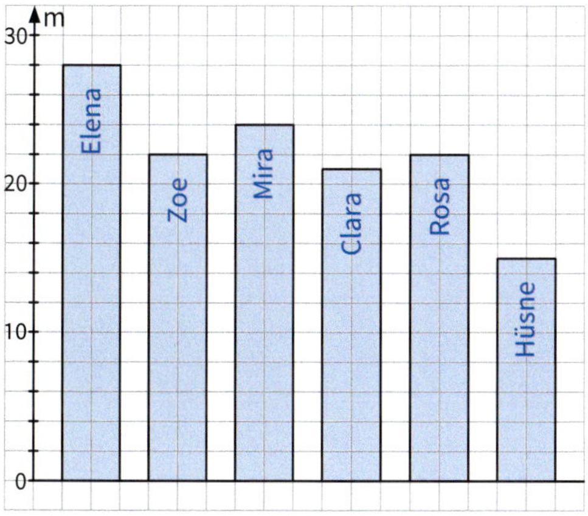

a) Wer hat am weitesten geworfen, wer am kürzesten? Wie groß sind diese beiden Weiten?
b) Welche beiden Mädchen haben gleich weit geworfen?

Ich kann Werte aus Säulendiagrammen ablesen.
Das kann ich gut. ✓ | Ich bin noch unsicher. → S. 266, Aufgabe 1, 2

---

2. Berechne möglichst geschickt im Kopf.

a) $13 + 29 + 11$ b) $27 + 26 + 23 + 9$
c) $68 + 29 + 32 + 11$ d) $49{,}5 + 0{,}5 + 9{,}9$
e) $4{,}2 + 3{,}9 + 1{,}8$ f) $5{,}10 + 2{,}55 + 1{,}45$

Ich kann Zahlen geschickt im Kopf addieren.
Das kann ich gut. ✓ | Ich bin noch unsicher. → S. 267, Aufgabe 1, 2

---

3. Berechne.

a) 18 kg + 13 kg b) 2,5 km + 6,5 km
c) 73 m – 33 m d) 14,20 € – 3,60 €
e) 8 kg · 5 f) 3,20 € · 3
g) 90 cm : 10 h) 5,20 € : 2

Ich kann mit Größen rechnen.
Das kann ich gut. ✓ | Ich bin noch unsicher. → S. 253, Aufgabe 1, 2

---

4. Wandle in die Prozentschreibweise um.

a) $\frac{9}{100}$ b) $\frac{1}{2}$ c) $\frac{3}{10}$ d) $\frac{7}{20}$
e) $\frac{2}{5}$ f) $\frac{44}{200}$ g) $\frac{3}{4}$ h) $\frac{350}{1000}$

Ich kann Brüche in die Prozentschreibweise umwandeln.
Das kann ich gut. ✓ | Ich bin noch unsicher. → S. 266, Aufgabe 3, 4

---

5. Bestimme den Bruchteil der Größe.

a) $\frac{1}{2}$ von 18 kg b) $\frac{1}{4}$ von 12 m
c) $\frac{3}{4}$ von 24 € d) $\frac{2}{5}$ von 30 €

Ich kann Bruchteile von Größen bestimmen.
Das kann ich gut. ✓ | Ich bin noch unsicher. → S. 267, Aufgabe 3, 4

Lösungen → Seite 286

Weitsprung
Ergebnisse
Olga

2,80 m
3,70 m
3,20 m
2,60 m
3,80 m
3,10 m

Weitsprung
Ergebnisse
Hannah

3,40 m
3,20 m
3,40 m
3,20 m
3,30 m

Wen würdest du zum Leichtathletik-Wettkampf schicken, Olga oder Hannah?

7 | Daten und Zufall

Was wird häufiger gewürfelt: eine Eins oder eine Sechs?

In diesem Kapitel lernst du, …

… wie du Daten mit Hilfe von statistischen Kennwerten vergleichen kannst,

… wie du absolute und relative Häufigkeiten bestimmst,

… was Wahrscheinlichkeiten sind,

… wie du Wahrscheinlichkeiten einschätzen kannst.

Auf welches Feld würdest du bei diesem Glücksrad setzen?

Minimum, Maximum und Spannweite

Begründet, welchen Werfer ihr zum Wettkampf schickt, wenn es dort nur einen Versuch gibt.

Ändert sich eure Auswahl, wenn es drei Versuche gibt?

1.

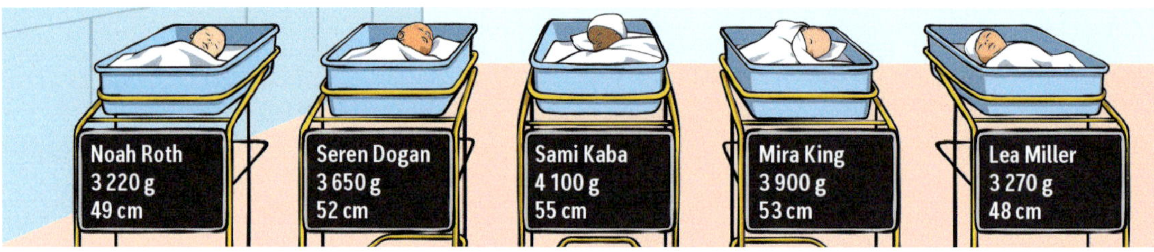

Im Geburtshaus sind am Wochenende 5 Kinder geboren worden. Direkt nach der Geburt wurden Größe und Gewicht gemessen und notiert.

a) Sortiere die Babys nach ihrer Größe.

b) Welches Baby war bei der Geburt am schwersten, welches am leichtesten?

c) Hat das kleinste Baby auch das geringste Gewicht?

Video

Ergebnisse aus Befragungen oder Wettkämpfen bestehen aus statistischen Daten. Wenn du Daten auswerten möchtest, notierst du sie zunächst ungeordnet in einer **Urliste**.
Um einen genaueren Überblick zu erhalten, ordnest du die Daten in einer **Rangliste** nach ihrer Größe.
Die **Spannweite** berechnest du, indem du den kleinsten Wert (Minimum) vom größten Wert (Maximum) subtrahierst.

Urliste von Wurfweiten:
24 m, 20 m, 31 m, 23 m, 28 m, 25 m

Rangliste:
20 m, 23 m, 24 m, 25 m, 28 m, 31 m
Minimum — Maximum

Spannweite:
31 m – 20 m = **11 m**

2. Die Schülerinnen und Schüler der Klasse 6b wurden nach der Höhe ihres monatlichen Taschengeldes befragt. Sie haben ihre Antworten anonym auf kleinen Zetteln notiert.

a) Ordne die Daten und erstelle eine Rangliste.

b) Gib das Maximum und das Minimum an.

c) Berechne die Spannweite.

9 € 13 € 16 € 9 € 8 €
20 € 7 € 15 € 13 € 16 €
10 € 6 € 12 € 13 € 11 €

Aufgabe 1 – 3

1. Erstelle eine Rangliste. Bestimme dann Minimum, Maximum und Spannweite.
a) 15 kg, 18 kg, 23 kg, 34 kg, 17 kg, 21 kg
b) 99 min, 87 min, 102 min, 110 min, 91 min
c) 1,43 €; 1,54 €; 1,36 €; 1,29 €; 1,49 €

2.
Lieblingsfarben | Körpergrößen
Telefonnummern | Alter
Taschengeld | Glückszahlen

Überlegt gemeinsam, bei welchen Daten die Berechnung der Spannweite möglich ist. Bei welchen dieser Daten ist die Angabe der Spannweite gar nicht sinnvoll? Begründet.

3.

Team „Grashüpfer“	Team „die Flummis“
2,95 m	3,50 m
3,10 m	3,70 m
2,25 m	3,45 m
2,90 m	3,60 m
4,10 m	3,50 m
3,70 m	3,45 m
4,15 m	3,35 m
2,50 m	3,60 m

Beim Weitsprung-Teamwettkampf wurden die Ergebnisse der Springerinnen und Springer notiert.
a) Erstellt zwei Ranglisten für die Weiten.
b) Spannweite, Maximum oder Minimum? Beantwortet jede Fragestellung mit Hilfe des passenden Kennwerts.
① Welches Team hatte den besten Sprung?
② Welches Team war ausgeglichener aufgestellt?
③ Welches Team hatte den kürzesten Sprung?

Aufgabe 4 – 5

4.

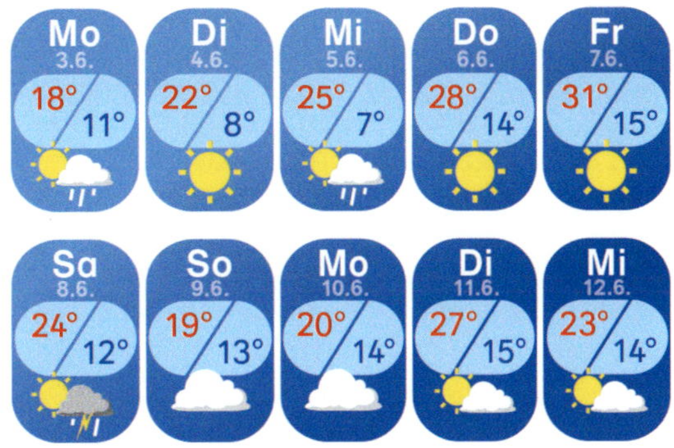

Die Abbildung zeigt das vorhergesagte 10-Tage-Wetter für die Stadt Bochum. Die Tageshöchsttemperaturen sind rot, die Tagestiefsttemperaturen sind blau gefärbt.
a) Bestimme das Temperaturmaximum und das Temperaturminimum für die abgebildeten 10 Tage.
b) Berechne die Spannweiten bei den Tagestiefsttemperaturen und den Tageshöchsttemperaturen.
c) An welchem Tag ist die Spannweite zwischen der höchsten und der tiefsten Temperatur am größten?

5.

Die Schülerinnen und Schüler der 6a haben die Längen ihrer Schulwege auf Zetteln notiert und an die Pinnwand geheftet. Fertige eine Rangliste an und bestimme Minimum, Maximum und Spannweite.

Digital+ WES-128745-206

Arithmetisches Mittel und Median

Ordnet jedem Kind auf dem Bild seinen Vornamen zu.

Die Latte zeigt die Durchschnittsgröße der Kinder. In welcher Höhe ist sie angebracht?

Laura	1,62 m
Luca	1,65 m
Mesut	1,57 m
Luis	1,61 m
Linda	1,40 m

1. Die Basketball-AG übt Freiwürfe. Die Sportlehrerin Frau Santos notiert die Anzahl der Treffer pro Person.

a) Nach dem 1. Durchgang möchten Lena und Ahmed herausfinden, welches das mittlere Ergebnis ist. Beurteilt die Aussagen der beiden. Erklärt, wie die beiden bei der Ermittlung der mittleren Leistung vorgehen.

Freiwurftraining

	1. Durchgang	2. Durchgang
Yara	8	7
Ben	1	6
Julien	8	12
Ahmed	7	7
Lena	6	8

Ben	Lena	Ahmed	Yara	Julien
1	6	7	8	8

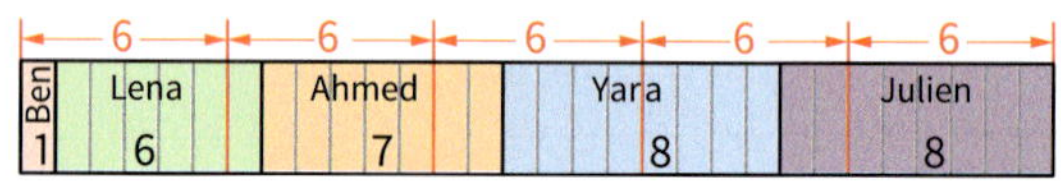

Mit meinen 7 Treffern liege ich genau in der Mitte.

Nein, ich! Denn im Durchschnitt hat jeder 6 Treffer erzielt.

b) Ermittelt nun selbst die mittlere Leistung für den zweiten Durchgang: Einmal mit der Methode von Ahmed, einmal mit der Methode von Lena. Welche Ergebnisse erhaltet ihr?

c) Es ist auch möglich, dass mit beiden Methoden dasselbe Ergebnis herauskommt. Denkt euch eine Trefferliste für einen dritten Durchgang aus, bei dem Ahmed und Lena mit beiden Methoden dasselbe Ergebnis für die mittlere Leistung erhalten würden.

Video

Zum Vergleich mehrerer Datenlisten kannst du zwei verschiedene Werte der Mitte bestimmen.

Der Wert in der Mitte einer Rangliste heißt **Median** oder **Zentralwert**.

Urliste:
6, 10, 8, 12, 1, 5, 28

Rangliste:
1 5 6 **8** 10 12 28
↑ Median

Der Durchschnitt aller Werte heißt **arithmetisches Mittel** (oder **Mittelwert**). Für die Berechnung des arithmetischen Mittels teilst du die Summe aller Werte durch die Anzahl der Werte.

$$\frac{\text{Summe aller Werte}}{\text{Anzahl der Werte}} = \frac{6+10+8+12+1+5+28}{7} = \frac{70}{7} = \mathbf{10}$$ ← arithmetisches Mittel

2. Bestimme den Median und das arithmetische Mittel der Datenliste.

a) 18, 13, 16, 17, 11 b) 21, 12, 13, 10, 16, 20, 13
c) 19, 18, 12, 17, 19 d) 12, 8, 20, 18, 10, 16, 14

LÖSUNGEN: 13 | 14 | 14 | 15 | 15 | 16 | 17 | 18

Aufgabe 1 – 4

1. 

a) Erklärt euch gegenseitig die Lösungswege von Luisa und Miro.
b) Wendet den Lösungsweg an, der euch besser gefällt, und löst die Aufgabe.

2. Chiara notiert 5 Tage lang, wie viel Zeit sie für ihre Hausaufgaben braucht.

Mo	Di	Mi	Do	Fr
40 min	50 min	0 min	45 min	35 min

a) Berechnet den Median und das arithmetische Mittel.
b) Diskutiert: Welcher der beiden Werte ist besser geeignet, um Chiaras mittlere Hausaufgabenzeit zu beschreiben?

3.

3	4	1	2	2	4	5	3	5	2
4	2	4	1	3	5	2	4	2	2

Herr Luger hat die Noten vom Mathe-Test an die Tafel geschrieben. Berechne den Klassendurchschnitt (arithmetisches Mittel).

4. Die Abbildung zeigt das Gewicht von Marks Schultasche während einer Schulwoche.

a) Berechne das durchschnittliche Gewicht. Runde auf eine Stelle nach dem Komma.
b) Bestimme die Spannweite und den Median.

Aufgabe 5 – 8

5.

Note	1	2	3	4	5	6
Anzahl	卌	卌 |	卌 ||	|||	|	

Berechne den Durchschnitt der Klassenarbeit. Runde auf eine Stelle nach dem Komma.

Bei einer geraden Anzahl von Werten liegen zwei Werte in der Mitte. Der Median ist dann das arithmetische Mittel dieser beiden Werte. **Video**

5 14 **15 17** 19 20

Median: $\frac{15+17}{2} = 16$

6. Beim Weitwurf mit einem Medizinball wurden folgende Weiten erzielt:

Gruppe 1: 7 m; 11 m; 10 m; 8 m; 10 m; 5 m
Gruppe 2: 9 m; 8 m; 12 m; 9 m; 20 m; 11 m

a) Bestimme für beide Gruppen den Median und das arithmetische Mittel.
b) Welche Gruppe war erfolgreicher? Begründe deine Antwort.

7. Ergänze den fehlenden Wert.

a) 2 4 7 ? 15 18 Median: 10
b) 8 15 20 5 9 ? Median: 10,5
c) 12 ? 10 15 8 Mittelwert: 12
d) 3 15 19 ? 13 Mittelwert: 11

8. Jeder notiert eine Datenliste mit unterschiedlichen Werten, die zu den Angaben passt. Überprüft euch gegenseitig.
a) Die Datenliste besteht aus 8 Werten. Der Median ist 10.
b) Die Datenliste besteht aus 4 Werten. Das arithmetische Mittel ist 15.
c) Die Datenliste hat 5 Werte. Das arithmetische Mittel ist 12, der Median 11.

«

Absolute und relative Häufigkeiten

Wer hat häufiger getroffen, Linda oder Sami?

Wer war erfolgreicher? Begründet eure Antwort.

1.

a) Übertragt die Tabelle in eure Hefte und vervollständigt sie.

b) Welche Klasse ist die beste? Begründet eure Meinung.

c) In der 6a gibt es 8 Medaillen von 32 Schülerinnen und Schülern, der Anteil ist also $\frac{8}{32} = \frac{1}{4}$. Gebt die Anteile für die beiden anderen Klassen an und vergleicht sie miteinander.

Klasse	6a	6b	6c
Schüler	■	■	■
Medaillen	■	■	■

Video

Häufigkeiten können auf zwei verschiedene Arten angegeben werden.

Die **absolute Häufigkeit** gibt an, wie oft ein bestimmter Wert vorkommt.

Die **relative Häufigkeit** gibt den Anteil an der Gesamtzahl an.

$$\text{relative Häufigkeit} = \frac{\text{absolute Häufigkeit}}{\text{Gesamtzahl}}$$

Ben hat 12 von 20 Würfen getroffen, Zola hat 7 von 10 Würfen getroffen.

absolute Häufigkeiten:
Ben: 12
Zola: 7

Gesamtzahlen:
Ben: 20
Zola: 10

relative Häufigkeiten:

Ben: $\frac{12}{20} = \frac{6}{10} = 0{,}6 = 60\,\%$

Zola: $\frac{7}{10} = 0{,}7 = 70\,\%$

2. Luan und Johanna haben verschiedene Ideen, um die relative Häufigkeit in Prozent zu bestimmen.

a) Führt beide Ideen für das Beispiel an der Tafel durch.

b) Bestimmt folgende relative Häufigkeiten in Prozent.

① 3 von 20 ② 18 von 50 ③ 13 von 25

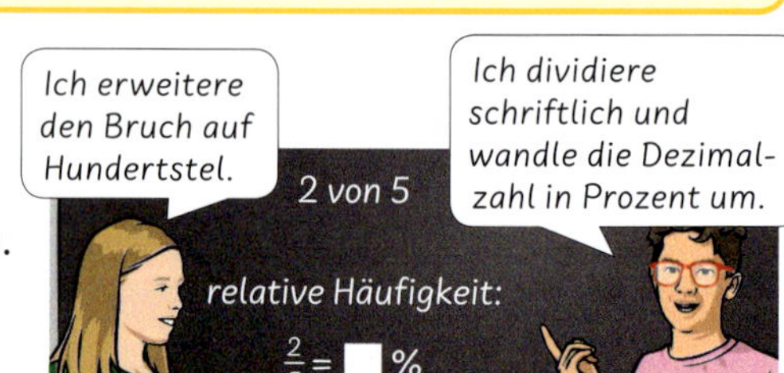

Aufgabe 1 – 5

1. Nils, Lena und Paul nehmen am Fußball-Torwandschießen teil.

Bestimme die relativen Häufigkeiten und gib an, wer am erfolgreichsten war.

2. Berechne die relative Häufigkeit in Prozent.

a) 24 von 50 b) 7 von 25
c) 18 von 200 d) 4 von 20

3.

Europa	Paradies	City
20 Betten	200 Betten	40 Betten
14 belegt	120 belegt	32 belegt

Im Tourismusbüro wird notiert, wie viele Betten in den Hotels des Ortes belegt sind. Gib mit Hilfe der relativen Häufigkeiten an, welches Hotel am besten ausgelastet ist.

4.

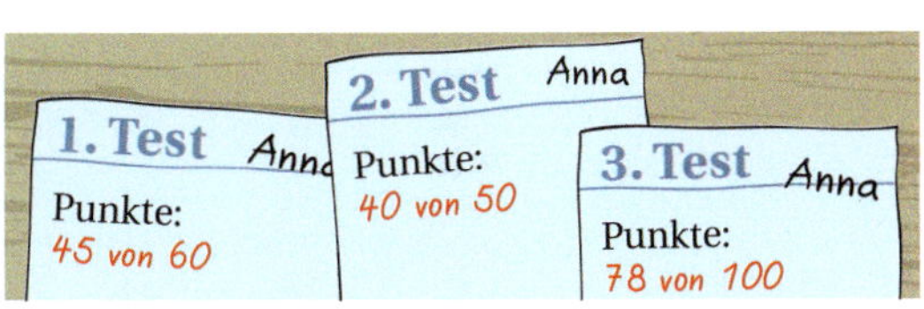

Anna hat in diesem Halbjahr drei Mathematiktests geschrieben. Bei welchem Test hat sie am besten abgeschnitten?

5. Auf dem Tisch liegen bunte Knöpfe. Bestimme die absoluten und relativen Häufigkeiten der verschiedenen Farben.

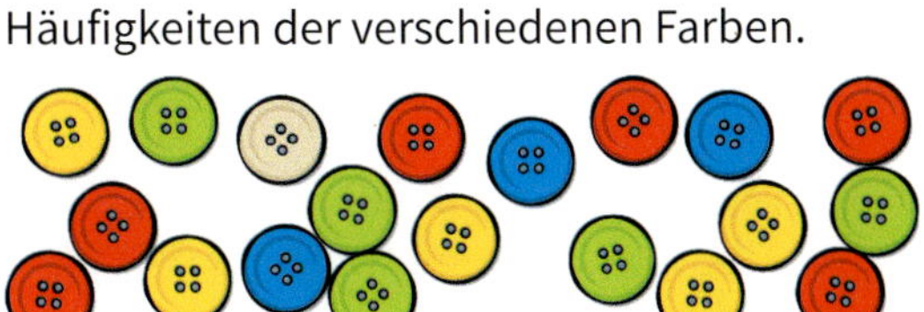

Aufgabe 6 – 9

6. Die Schülerinnen und Schüler der 6a wurden nach ihrem Lieblingsfach befragt.

Fach	Deutsch	Sport	Mathe	Englisch	Sonstige
Anzahl	2	9	6	4	4

Berechnet die relativen Häufigkeiten und addiert sie. Erklärt das Ergebnis.

7.

Team 1	Team 2	Team 3
80 Versuche		100 Versuche
24 Treffer	27 Treffer	

Beim Freiwurftraining waren heute alle drei Teams gleich gut. Leider hat der Sportlehrer Herr Floss nicht alle Angaben notiert. Bestimme die Anzahl der Versuche von Team 2 und die Anzahl der Treffer von Team 3.

8.

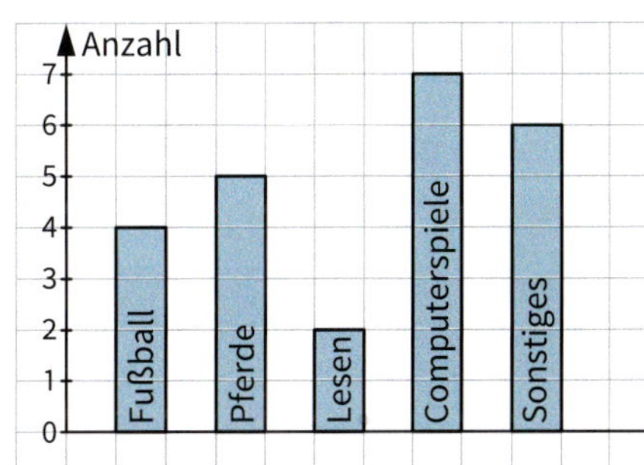

Im Säulendiagramm sind die Lieblingshobbys der Schülerinnen und Schüler der Klasse 6c dargestellt.
Berechne die relativen Häufigkeiten der einzelnen Hobbys. Runde Prozentzahlen auf eine Nachkommastelle, wenn nötig.

9.

Name	Versuche	Treffer
Marc	30	卌 I
André	24	卌
Toni	19	IIII

Bei der Geburtstagsfeier zielen die Gäste mit Dartpfeilen auf Luftballons und notieren ihre Treffer. Wer war der beste Werfer?

Wiederholungsaufgaben

Die Ergebnisse der Aufgaben ergeben drei Sportarten.

1. Schreibe richtig untereinander und berechne.

a) 135,84 + 12,39 + 25,83 b) 1 025,35 – 253,21

c) 248,353 + 224,097

2. Gib an, welche Geraden senkrecht (⊥) oder parallel (∥) zueinander sind.

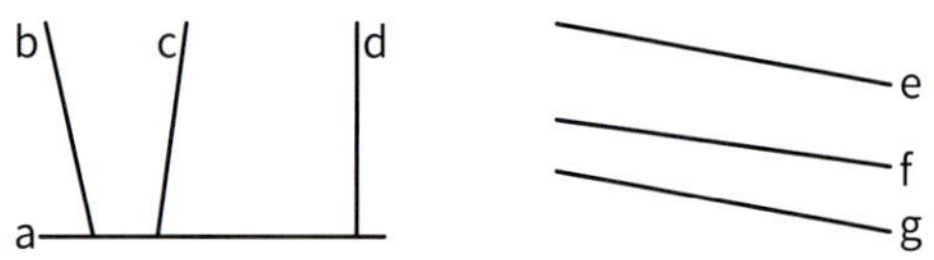

a⊥b (10) g∥f (40)

a⊥c (20) g∥e (50)

a⊥d (30) f∥e (60)

3. Runde auf die angegebene Stelle.

a) 0,9209 (auf Hundertstel)

b) 1 234,49 (auf Zehntel)

c) 1 238 (auf Zehner)

d) 24 562 (auf Hunderter)

---

4. Lies die Flusslängen aus dem Diagramm ab.

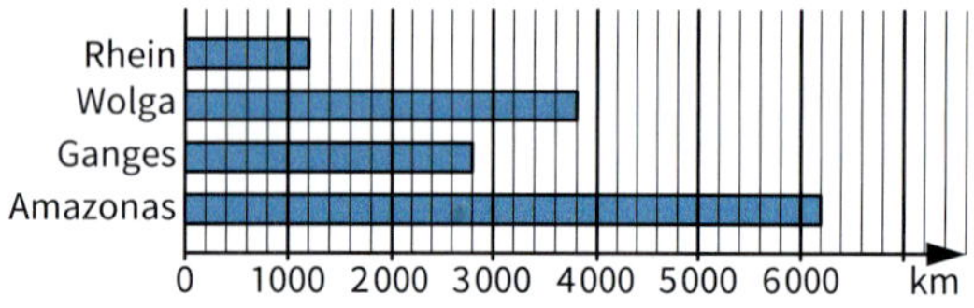

5. Berechne schriftlich.

a) 38,4 · 5 b) 27,9 · 14 c) 47,25 : 7 d) 56,7 : 9

---

6. Wandle um.

a) 7 500 cm³ = ▒ dm³ b) 3 500 dm³ = ▒ m³

c) 1,25 dm³ = ▒ cm³ d) 2 500 cm³ = ▒ dm³

7. Welche Koordinaten haben die Punkte A und B?

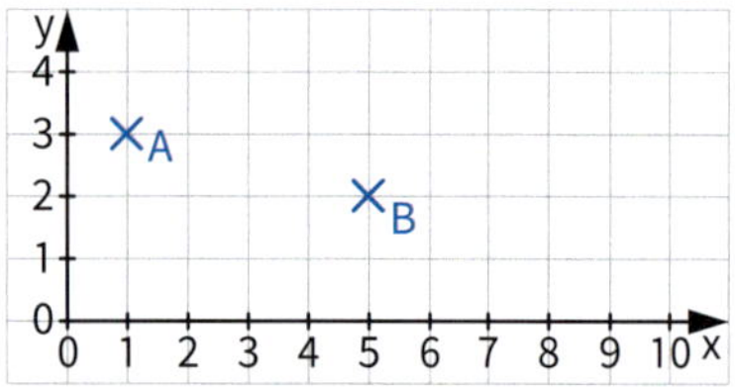

A(▒ | ▒)
B(▒ | ▒)

- M | 0,92
- T | 0,93
- T | 1
- N | 2
- T | 2,5
- E | 3
- L | 3,5
- R | 5
- L | 6,3
- L | 6,75
- K | 7,5
- A | 10
- A | 20
- O | 25
- W | 30
- C | 40
- I | 50
- F | 60
- S | 174,06
- B | 192
- A | 390,6
- H | 472,45
- C | 772,14
- H | 1 200
- M | 1 234,5
- E | 1 240
- E | 1 250
- N | 2 800
- T | 2 900
- A | 3 800
- D | 6 200
- N | 24 600

Daten mit Tabellenkalkulation auswerten

1. Startet ein Tabellenkalkulationsprogramm, z. B. durch einen Doppelklick auf das Programmsymbol.

① Übertragt die Überschriften und Daten aus der Abbildung in euer Tabellenblatt.

② Schreibt in Zelle *D4* die Formel = *B4* + *C4*. Was berechnet sie? Schreibt entsprechende Formeln in die Zellen *D5*, *D6* und *D7*.

③ Schreibt in Zelle *B9* die Formel = SUMME(*B4*:*B7*). Was berechnet sie? Schreibt entsprechende Formeln in die Zellen *C9* und *D9*.

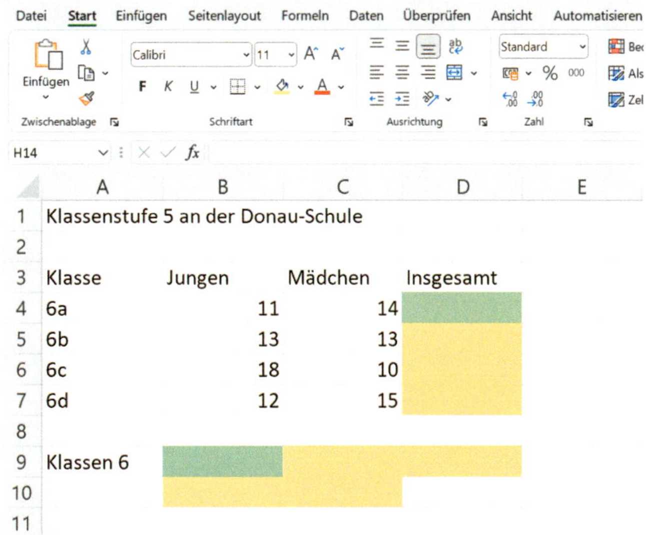

	A	B	C	D	E
1	Klassenstufe 5 an der Donau-Schule				
2					
3	Klasse	Jungen	Mädchen	Insgesamt	
4	6a	11	14		
5	6b	13	13		
6	6c	18	10		
7	6d	12	15		
8					
9	Klassen 6				
10					
11					

④ Gebt in Zelle *B10* die Formel = *B9*/*D9* und in die Zelle *C10* die Formel = *C9*/*D9* ein. Was berechnen die beiden Formeln?

⑤ Stellt die Daten grafisch in einem Diagramm dar: Markiert die Zellen *A3* bis *C7*. Klickt in der Menüleiste auf „Einfügen“, dann auf „Diagramme“ und wählt ein geeignetes Diagramm aus.

---

2. Bei den Bundesjugendspielen der Donauschule wurden die Schülerinnen und Schüler in gemischte 10er-Gruppen eingeteilt. Die Ergebnisse der Gruppe 5 sind rechts in der Tabelle abgebildet.

① Startet euer Tabellenkalkulationsprogramm.

② Übertragt die Tabelle.

③ Bestimmt für jede Disziplin mit den richtigen Formeln die Kennwerte
- Minimum und Maximum,
- Spannweite,
- arithmetisches Mittel,
- Median.

Die Formelbeispiele können euch dabei helfen.

Bundesjugendspiele Donau-Schule Gruppe 5			
Name	Weitsprung (m)	Weitwurf (m)	50 m-Lauf (s)
Jenny	2,95	25	10,0
Sebastian	2,60	26	10,2
Lars	3,75	41	8,3
Lisa	3,33	29	8,8
Feline	2,40	22	11,0
Yusuf	3,30	37	8,8
Mario	2,85	33	9,6
Defne	2,90	27	9,7
Mike	3,92	39	8,4
Uta	3,40	32	8,5

=MAX(B3:B12) =MEDIAN(B3:B12) =MIN(C3:C12)

=MAX(C3:C12)-MIN(C3:C12) =MITTELWERT(D3:D12)

---

3. Wertet nun eigene Daten mit einem Tabellenkalkulationsprogramm aus. Sammelt dafür zum Beispiel im Sportunterricht Daten, bestimmt Kennwerte und stellt die Daten in Diagrammen dar.

Schulranzen

Jedes Jahr zu Beginn des neuen Schuljahres widmen sich Zeitungsartikel und Internetseiten dem Thema „Schulranzen“. Es wird beklagt, dass viele Schülerinnen und Schüler zu schwere Schulranzen tragen. Als Faustregel gilt: Der Schulranzen sollte mit Inhalt nicht mehr als den zehnten Teil des Körpergewichts wiegen.
Untersuche mit deinen Mitschülerinnen und Mitschülern, ob ihr in eurer Klasse auch zu schwere Ranzen tragt. Überlegt, wie ihr vorgehen wollt.

1. Warum solltet ihr eure Ranzen nicht nur an einem Tag, sondern von Montag bis Freitag wiegen? Welcher Wert ist dann zu nehmen: Maximum, Minimum, Median oder arithmetisches Mittel?

2. Warum genügt es, euer Körpergewicht nur einmal zu wiegen?

3. Jeder von euch notiert eine Schulwoche lang das Ranzengewicht. Dann bestimmt jeder den vereinbarten Kennwert und entscheidet, ob der Ranzen höchstens $\frac{1}{10}$ des Körpergewichts wiegt oder nicht.

Ranzengewicht (kg)				
Mo	Di	Mi	Do	Fr

4. Wertet die Ergebnisse aus.
a) Bei wie vielen Kindern ist das durchschnittliche Ranzengewicht höchstens ein Zehntel des Körpergewichts, bei wie vielen ist es höher?
b) Wie groß sind die relativen Häufigkeiten (gerundet)?

	Anzahl	rel. Häufigkeit
höchstens $\frac{1}{10}$		
mehr als $\frac{1}{10}$		
gesamt		

5. a) Stellt die Ergebnisse übersichtlich auf einem Plakat dar und präsentiert es.
b) Wie lässt sich erreichen, dass kein Ranzen zu schwer ist?

Wir machen unsere Schule nachhaltiger

1. Überlegt, welche von den vier Erklärungen zur Nachhaltigkeit ihr am wichtigsten findet, und begründet eure Antwort.

---

2. Die Klasse 6d der Goethe-Schule möchte einen Beitrag zur Nachhaltigkeit leisten und bei ihrer nächsten Klassenfahrt den Kohlenstoffdioxid-Ausstoß (CO_2-Ausstoß) möglichst gering halten. Tabea hat im Internet das abgebildete Säulendiagramm gefunden.

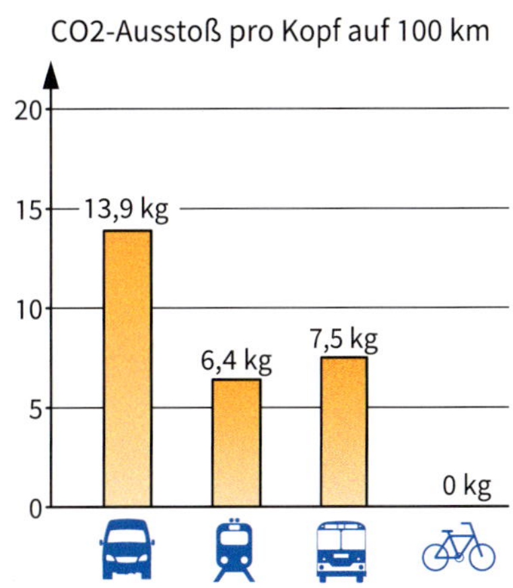

a) Beschreibt das Diagramm. Was stellt es dar?
b) Im Diagramm fehlt ein Transportmittel, das Flugzeug. Recherchiert den fehlenden Wert im Internet.
c) Stellt den CO_2-Ausstoß von Flugzeug, Auto, Bus und Bahn in einem Balkendiagramm dar.
d) Für die Klassenfahrt haben sich 26 Schülerinnen und Schüler angemeldet, das Ziel liegt 150 km entfernt. Welches Transportmittel sollte die Klasse wählen? Begründet eure Antwort.

---

3. a) Überlegt zunächst zu zweit und dann in der Klasse, welche Möglichkeiten es gibt, um als Klassen- oder Schulgemeinschaft nachhaltiger zu werden. Informiert euch dafür im Internet über Möglichkeiten zu mehr Nachhaltigkeit. Sucht auch nach Beispielen von anderen Schulen.
b) Sprecht mit euren Lehrerinnen und Lehrern und eurem Schulleiter/eurer Schulleiterin, bei welchen Projekten zur Nachhaltigkeit an der Schule sie euch unterstützen würden. Fragt andere Klassen, ob sie sich beteiligen.
c) Erstellt einen Fragebogen zum Thema „Nachhaltigkeit an unserer Schule" und wertet ihn aus.

Zufallsexperimente und Wahrscheinlichkeiten

Könnt ihr den Aussagen zustimmen?

Begründet eure Meinung.

1. Übertragt die abgebildete Wahrscheinlichkeitsskala in eure Hefte und ordnet die Ereignisse A bis I in eure Skala ein.

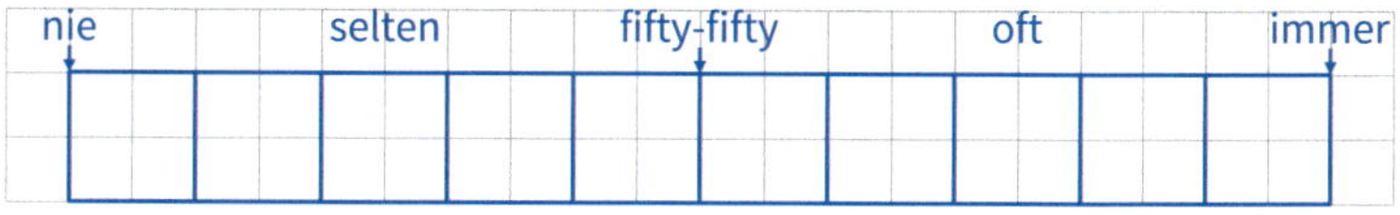

Ⓐ Morgen geht die Sonne auf.

Ⓑ Ein Würfel bleibt auf der „6“ liegen.

Ⓒ Ein Schwein fliegt.

Ⓓ Eure Klasse erreicht beim nächsten Mathetest einen Durchschnitt von 2,0.

Ⓔ Ein Fußballspiel in der Bundesliga endet 0 : 0.

Ⓕ Eure ganze Klasse kommt morgen früh pünktlich zum Unterricht.

Ⓖ Das erste Baby im neuen Jahr ist ein Junge.

Ⓗ Am Freitag gibt es keine Hausaufgaben.

Ⓘ Eine Maus verjagt einen Elefanten.

Video

Ein **Zufallsexperiment** ist ein Versuch, bei dem verschiedene **Ergebnisse** eintreten können. Die Ergebnisse treten dabei zufällig auf.
Beispiel: Der Würfel wird geworfen. Ergebnisse können die Zahlen 1 bis 6 sein.

Du kannst nicht vorhersagen, welches Ergebnis eintritt. Du kannst aber seine **Wahrscheinlichkeit** einschätzen.

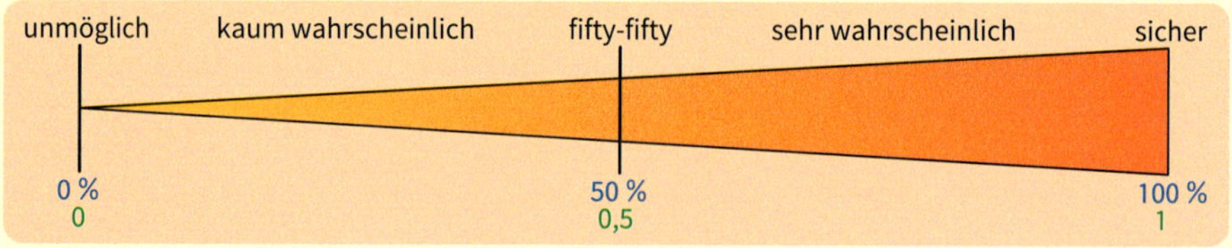

Eine Wahrscheinlichkeit von 0 % bedeutet, dass das Ergebnis nie eintreten kann.

Eine Wahrscheinlichkeit von 100 % bedeutet, dass das Ergebnis immer eintreten wird.

2. Das Glücksrad wird gedreht. Benenne alle möglichen Ergebnisse. Gib an, welches Ergebnis mit der größten Wahrscheinlichkeit eintritt.

a)

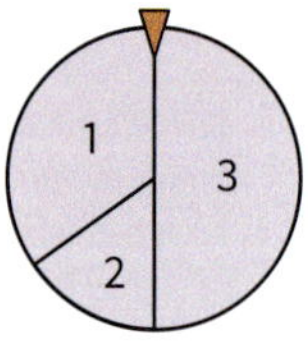

b)

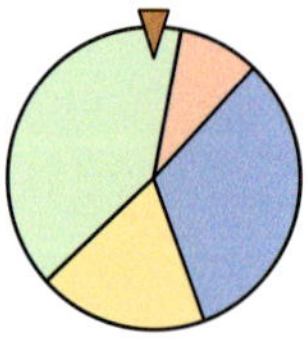

c)

d)

Aufgabe 1 – 4

1. Benenne alle möglichen Ergebnisse des Zufallsexperiments.
a) Linus wirft eine Münze.
b) Frau Lietzow fragt sich, welche Farbe die nächste Ampel zeigt.
c) Rima würfelt.
d) Die Wettervorhersage gibt eine Regenwahrscheinlichkeit von 70 % an.

2. Marek würfelt mit einem Würfel. Was ist wahrscheinlicher, ① oder ②?
a) ① Es fällt eine Eins.
② Es fällt eine gerade Zahl.
b) ① Es fällt eine Zwei.
② Es fällt eine Sechs.
c) ① Es fällt höchstens eine Drei.
② Es fällt eine größere Zahl als Vier.

3.

Bei jedem der Glücksräder erhält man den Hauptgewinn, wenn der Zeiger auf dem Feld mit der Sonne stehen bleibt. Welches Glücksrad würdet ihr wählen? Begründet eure Wahl.

4.

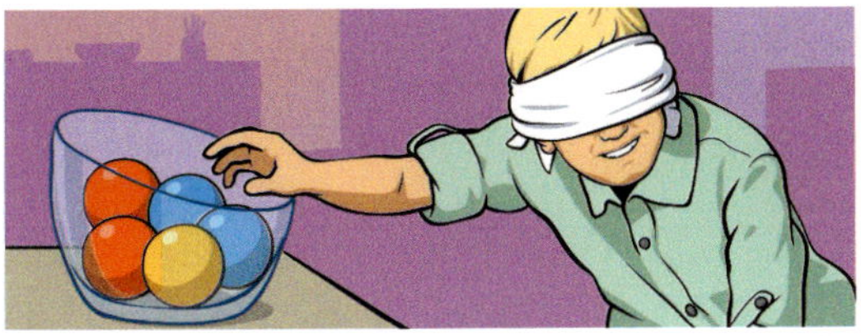

Pepe tastet mit verbundenen Augen nach einer Kugel und zieht sie heraus.
a) Gib alle möglichen Ergebnisse dieses Zufallsexperiments an.
b) Schätze die Wahrscheinlichkeiten für die verschiedenen Ergebnisse ein.

Aufgabe 5 – 8

5.

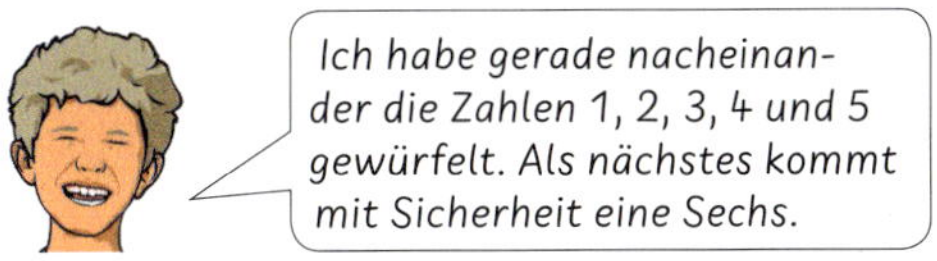

Hat Max Recht? Begründet eure Meinung.

6.

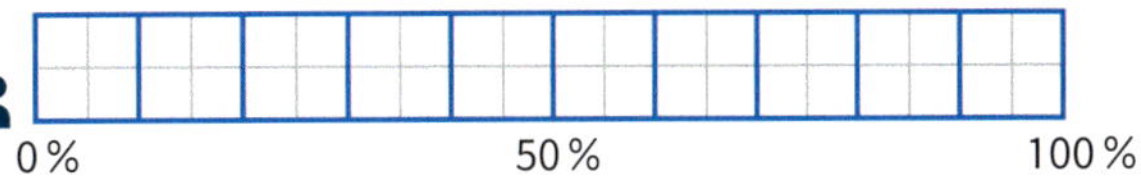

Übertragt die Wahrscheinlichkeitsskala in eure Hefte. Ordnet die folgenden Vorhersagen auf der Wahrscheinlichkeitsskala ein.
Ⓐ Beim Münzwurf liegt die Zahlseite oben.
Ⓑ Heiligabend ist in diesem Jahr am 24. Dezember.
Ⓒ Juri hat dieses Jahr an einem Sonntag Geburtstag.
Ⓓ Rosenmontag ist am Dienstag.
Ⓔ Ein Jahr hat 365 Tage.

7. Zehra und Yusuf fahren mit ihren Eltern in den Sommerferien nach Italien. Sie vertreiben sich die lange Autofahrt, indem sie auf die Farbe des nächsten Fahrzeugs wetten, das hinter ihnen fährt. Zehra findet im Internet das abgebildete Diagramm.

a) Auf welche Farbe sollte Zehra wetten?
b) Schätze die Wahrscheinlichkeit, dass die nächste Autofarbe nicht grau, nicht schwarz und auch nicht weiß ist.

8. Lina würfelt mit zwei Würfeln. Was ist wahrscheinlicher: die Augensumme 3 oder die Augensumme 5?
Begründe deine Antwort.

Wahrscheinlichkeiten bestimmen

Welche Vorschläge sind fair?

Ändert die unfairen Vorschläge so ab, dass es gerecht ist.

1. Selin und Kemal würfeln mit dem abgebildeten Holzquader, auf dem die Augenzahlen genau so angeordnet sind wie bei einem normalen Spielwürfel (gegenüberliegende Seiten ergeben zusammen 7). Die beiden werfen den Holzquader 500-mal und notieren die Ergebnisse in einer Tabelle.

Augenzahl	1	2	3	4	5	6
absolute Häufigkeit	185	3	57	61	1	193
relative Häufigkeit	37 %	0,6 %	11,4 %	12,2 %	0,2 %	38,6 %

a) Stellt euch vor, ihr würfelt mit dem Holzquader. Wie würdet ihr die Wahrscheinlichkeit für die Zahl Drei einschätzen?

b) Die Eins und die Sechs liegen sich genau gegenüber. Nehmt Stellung zu den Aussagen von Selin und Kemal.

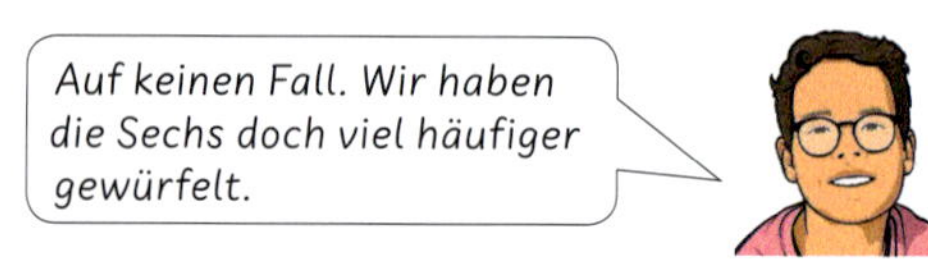

Experimentelle Bestimmung der Wahrscheinlichkeit Video

Wenn du ein Zufallsexperiment sehr oft wiederholst, dann kannst du die relative Häufigkeit berechnen, mit der ein Ergebnis eintritt.
Diese relative Häufigkeit ist ein guter **Schätzwert für die Wahrscheinlichkeit** dieses Ergebnisses.

Die abgebildete Wäscheklammer landete bei 340 von 500 Würfen auf dem Rücken.
Die relative Häufigkeit beträgt $\frac{340}{500} = \frac{68}{100} = 0{,}68 = 68\,\%$.
Die Wahrscheinlichkeit für das Ergebnis Rücken beträgt also ungefähr 68 %.

2. Adam hat eine Reißzwecke insgesamt 200-mal geworfen. Sie landete dabei 78-mal in der Kopflage. Bestimme Schätzwerte für die Wahrscheinlichkeiten der beiden möglichen Lagen der Reißzwecke.

3. Fynn, Mia und Malia überlegen, mit welcher Wahrscheinlichkeit die „6“ bei einem Spielwürfel fällt.

a) Wenn Fynn 600-mal würfelt, wie oft ungefähr wird das Ergebnis „Sechs“ sein?

b) Nutzt Malias Behauptung und gebt die theoretische Wahrscheinlichkeit für folgende Ergebnisse beim Würfeln an.

① Es fällt eine Eins.

② Es fällt eine ungerade Zahl.

③ Es fällt eine Fünf oder Sechs.

Video

Rechnerische Bestimmung der Wahrscheinlichkeit

Ein **Ereignis** ist eine Zusammenfassung von einem oder mehreren Ergebnissen eines Zufallsexperiments. Man nennt diese zusammengefassten Ergebnisse auch *günstige Ergebnisse*.

Sind bei einem Zufallsexperiment alle Ergebnisse gleich wahrscheinlich, dann kannst du die **Wahrscheinlichkeit eines Ereignisses** berechnen, ohne das Zufallsexperiment durchzuführen.

Es gilt dann: $\text{Wahrscheinlichkeit} = \frac{\text{Anzahl der günstigen Ergebnisse}}{\text{Anzahl der möglichen Ergebnisse}}$

Die Wahrscheinlichkeit für das Ereignis „gerade Zahl“ beim Würfeln berechnest du so:

mögliche Ergebnisse: 1, 2, 3, 4, 5, 6

günstige Ergebnisse: 2, 4, 6

Wahrscheinlichkeit für eine gerade Zahl:

$\frac{\text{Anzahl der günstigen Ergebnisse}}{\text{Anzahl der möglichen Ergebnisse}} = \frac{3}{6} = \frac{1}{2} = 0{,}5 = 50\,\%$

Die Wahrscheinlichkeit beträgt $\frac{1}{2}$ oder 50 %.

4. Wahrscheinlichkeiten werden oft in Prozent (%) angegeben.
Wandle den Bruch in Prozent um.

a) $\frac{1}{4}$ b) $\frac{1}{3}$ c) $\frac{1}{5}$

d) $\frac{3}{6}$ e) $\frac{7}{10}$ f) $\frac{5}{8}$

TIPP

$\frac{1}{2} = 0{,}5 = 50\,\%$

$\frac{3}{4} = 0{,}75 = 75\,\%$

$\frac{2}{3} \approx 0{,}667 = 66{,}7\,\%$

5. Ein Gefäß ist mit 10 bunten Murmeln gefüllt. Mit geschlossenen Augen wird eine Murmel gezogen, jede Murmel hat die gleiche Chance. Wie groß ist die Wahrscheinlichkeit, dass die gezogene Murmel ...

a) ... grün ist? b) ... rot ist? c) ... eine gerade Zahl zeigt?

d) ... gelb ist? e) ... blau ist? f) ... eine größere Zahl als 7 zeigt?

»

Aufgabe 1 – 3

1.

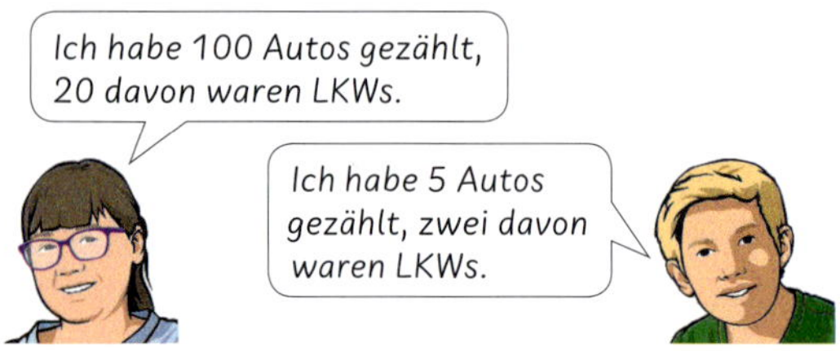

Elsa und Eric beobachten auf der Autobahnraststätte die vorbeifahrenden Fahrzeuge.

a) Welche Schätzwerte für die Wahrscheinlichkeit, dass das nächste Fahrzeug ein LKW ist, erhalten Elsa und Eric mit Hilfe ihrer Beobachtungen? Gebt die Schätzwerte in Prozent an.

b) Wer von den beiden kann eine verlässliche Prognose machen? Begründet.

2. Bestimme die Wahrscheinlichkeit, dass das Glücksrad auf dem rosa Feld stehen bleibt.

a)

b)

c)
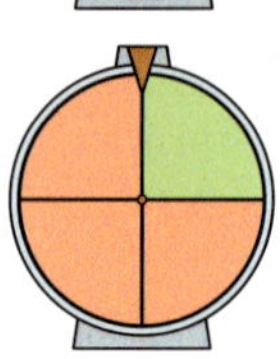

d)

3.

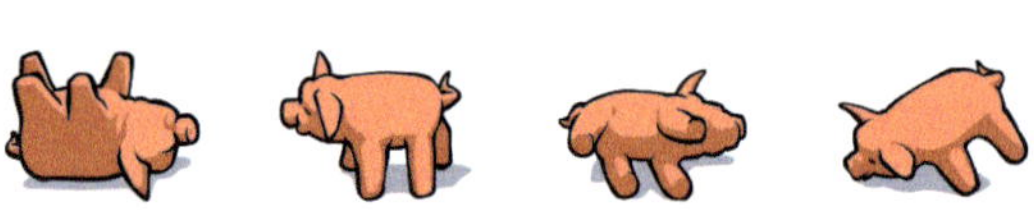

Rücken	Füße	Seite	Schnauze
13	11	24	2

Selcuk hat beim Spiel „Schweinewürfeln“ Protokoll geführt.

a) Bestimmt Schätzwerte für die Wahrscheinlichkeiten der verschiedenen Lagen des Schweins.

b) Ihr dürft 25 Punkte auf die verschiedenen Lagen verteilen. Wie viele Punkte sollte ein Spieler für welche Lage erhalten?

Aufgabe 4 – 7

4. Aus dem Gefäß wird mit verbundenen Augen eine Kugel gezogen. Bestimme die Wahrscheinlichkeit dafür, dass diese Kugel blau ist.

a)

b)

c)

d)
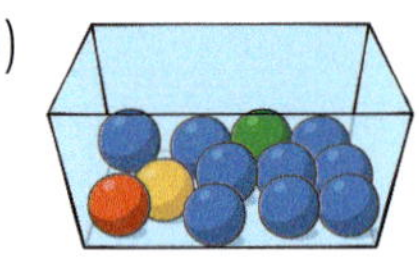

5.

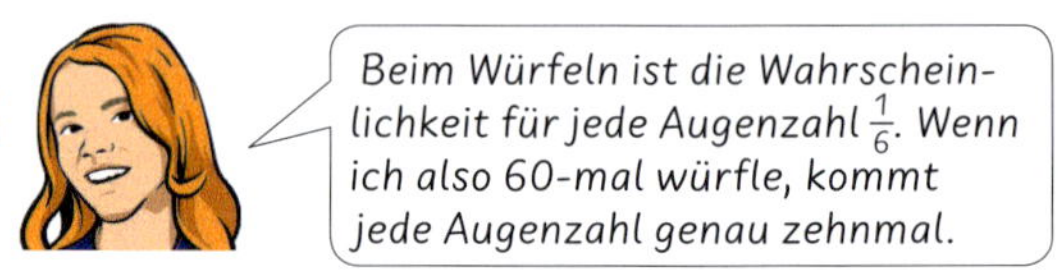

Nehmt Stellung zu Rikes Aussage. Begründet eure Antwort.

6.

Beim Kindergeburtstag wird das Gummibärenspiel gespielt. Wer mit verbundenen Augen ein Gummibärchen auf dem Tisch berührt und die richtige Farbe errät, bekommt das Gummibärchen.
Welche Farbe sollte Anna tippen? Wie groß ist dann die Wahrscheinlichkeit, dass sie das Gummibärchen behalten darf?

7. Berechne die Wahrscheinlichkeit, dass beim Würfeln mit einem Spielwürfel eine …

a) … Fünf gewürfelt wird.

b) … Eins oder Zwei gewürfelt wird.

c) … größere Zahl als Zwei gewürfelt wird.

d) … Zahl von Eins bis Sechs gewürfelt wird.

e) … Sieben gewürfelt wird.

Aufgabe 8 – 10

8. Wie kommst du zur Schule?

Klasse 6a	Mädchen	Jungen
Auto	3	1
Bus	6	3
Fahrrad	4	2
zu Fuß	7	4

Die 30 Kinder der Klasse 6a wurden nach ihrem Schulweg befragt. Die Tabelle zeigt das Ergebnis. Cem und Nele gehen in die Klasse 6a. Bestimme die Wahrscheinlichkeit, …

a) … dass Cem zu Fuß zur Schule kommt.

b) … dass Nele nicht zu Fuß zur Schule kommt.

c) … dass das erste Kind, das morgens den Klassenraum betritt, mit dem Fahrrad zur Schule kommt.

9.

	⚀	⚁	⚂	⚃	⚄	⚅
Würfel 1	36	35	31	36	32	30
Würfel 2	21	23	19	24	18	35
Würfel 3	38	42	39	44	42	45

Yannick hat mit drei Würfeln gewürfelt. Zwei Würfel sind „normale Würfel“. Der dritte ist manipuliert, sodass die Sechs eine deutlich höhere Wahrscheinlichkeit hat als bei einem normalen Würfel.

a) Begründe, welcher Würfel manipuliert ist.

b) Bestimme für den gezinkten Würfel einen Schätzwert für die Wahrscheinlichkeit der Sechs. Gib dein Ergebnis in Prozent an.

10. Bestimme mit Hilfe der angegebenen Winkel die Wahrscheinlichkeiten für die verschiedenen Farben des Glücksrads.

a)

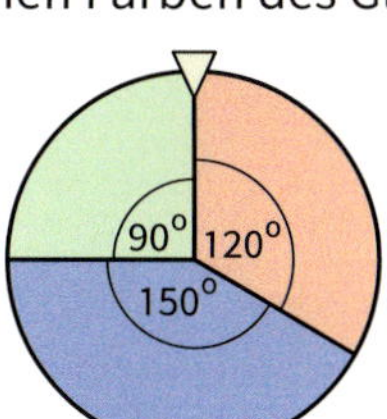

b)

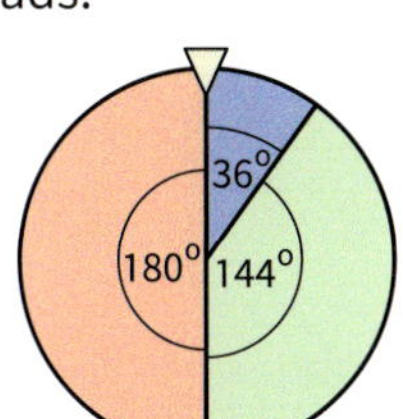

Aufgabe 11 – 14

11. Zeiche ein eigenes Glücksrad, bei dem die Farbe „Blau“ die angegebene Wahrscheinlichkeit hat.

a) $\frac{3}{16}$ b) 0,125 c) 40 %

12.

Eine Schokolinse wird mit verbundenen Augen gezogen. Gib an, wie viele Schokolinsen von welcher Farbe du dazulegen musst, damit die Wahrscheinlichkeit für …

a) … gelb 25 % beträgt.

b) … grün 50 % beträgt.

c) … rot 40 % beträgt.

13. Ermittelt die Wahrscheinlichkeit für das folgende Ereignis.

Beim Werfen von zwei Münzen bleibt bei einer Münze die Zahl oben liegen, bei der anderen bleibt das Wappen oben liegen.

Werft zwei Münzen 100-mal und bestimmt so einen Schätzwert für die gesuchte Wahrscheinlichkeit. Erklärt das Ergebnis.

14. Nehmt Stellung zu den Aussagen und begründet.

Es gibt 12 Monate. Die Wahrscheinlichkeit, dass jemand im Februar Geburtstag hat, beträgt also $\frac{1}{12} \approx 8{,}3$ %.

Es gibt 7 Wochentage. Die Wahrscheinlichkeit, dass der erste Advent auf einen Sonntag fällt, beträgt also $\frac{1}{7} \approx 14{,}3$ %.

Jeder Knopf hat zwei Seiten. Die Wahrscheinlichkeit, dass ein Knopf auf die Oberseite fällt, beträgt also $\frac{1}{2} = 50$ %.

Kombinieren

Dürft ihr euch in eurer Mensa auch Menüs aus Hauptgang und Beilage zusammenstellen?
Ermittelt die Anzahl der möglichen Kombinationen aus Hauptgang und Beilage.

1. Joline hat zum Geburtstag ein Stickerheft bekommen. Darin befindet sich ein Model, das mit Hilfe von Stickern bekleidet wird. Joline und Silvie überlegen, wie viele Möglichkeiten es gibt, das Model zu bekleiden.

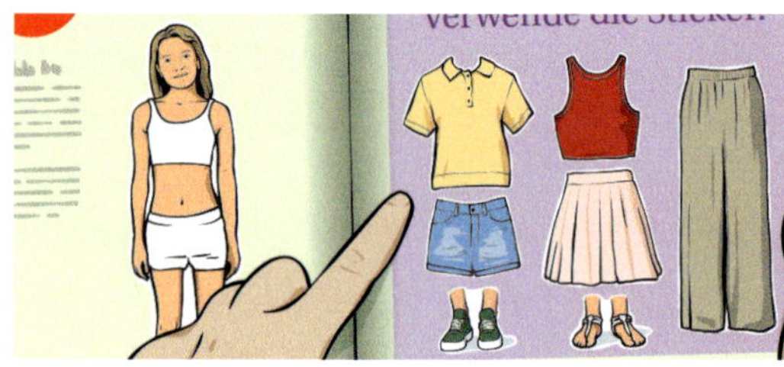

a) Silvie veranschaulicht sich die möglichen Kombinationen mit einem Baumdiagramm. Übertragt und vervollständigt das angefangene Baumdiagramm in eurem Heft.

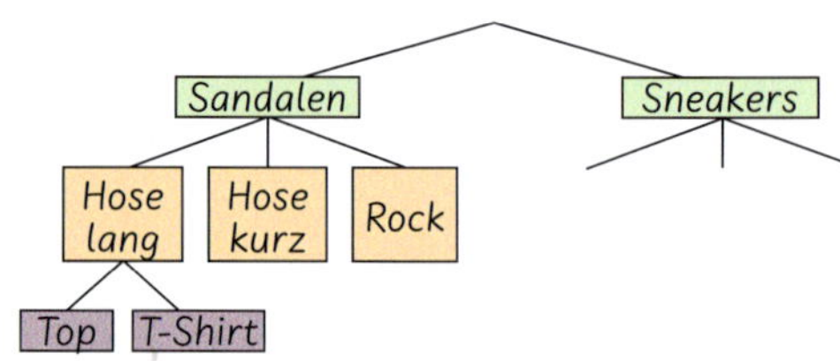

b) Gebt eine Rechnung an, mit der ihr die Anzahl der möglichen Kombinationen bestimmen könnt.

c) Für den Kopf gibt es noch eine Mütze und Ohrschützer zur Auswahl. Berechnet die neue Anzahl der möglichen Kombinationen. Überprüft euer Rechenergebnis, indem ihr eurer Baumdiagramm erweitert.

Video

Das Kombinieren verschiedener Möglichkeiten lässt sich übersichtlich in einem **Baumdiagramm** darstellen.

Um die Gesamtzahl aller Kombinationen zu erhalten, muss man die **Anzahl der Möglichkeiten bei den einzelnen Auswahlen multiplizieren.**
Hier sind das $2 \cdot 3$, also 6 Kombinationen.

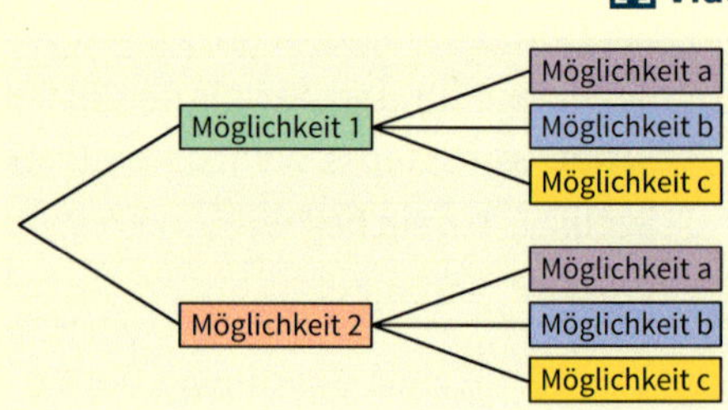

2. Beim Sommerfest gibt es einen Eisstand. Die Kunden können zuerst zwischen Becher und Waffel wählen und haben dann die Wahl zwischen drei Eissorten: Vanille, Erdbeere oder Schoko. Vervollständige im Heft das angefangene Baumdiagramm und bestimme die Anzahl der verschiedenen Kombinationsmöglichkeiten.

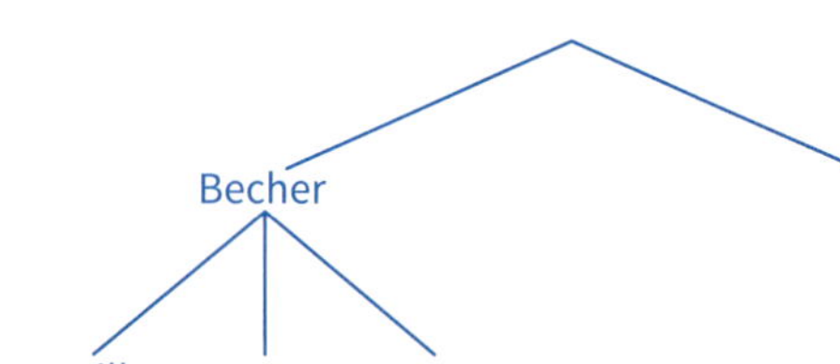

Aufgabe 1 – 4

1. 

Selma hat in den Urlaub drei Hosen, drei T-Shirts und zwei Sonnenhüte mitgenommen. Zeichne ein Baumdiagramm für alle möglichen Zusammensetzungen in der Reihenfolge Hose, T-Shirt, Sonnenhut.

> TIPP
> Um Schreibarbeit zu sparen, kürze ab. Schreibe z.B. H für *blaue Hose*.

2. Sami wirft eine 1-€-Münze dreimal nacheinander auf den Boden. Die Ergebnisse (Wappen oder Zahl) der drei Würfe notiert er nacheinander. Zeichne ein Baumdiagramm und gib an, wie viele mögliche Reihenfolgen aus Wappen und Zahl es gibt.

3. Bestimme die Anzahl der Kombinationen mit einer Rechnung.

a) Das neue Schul-Shirt gibt es in vier Größen. Es stehen fünf Farben zur Auswahl.

b) Für das 3-Gang-Menü stehen zwei Vorspeisen, fünf Hauptgänge und drei Nachspeisen zur Auswahl.

c) Ein Zahlenschloss besteht aus drei drehbaren Zahlenscheiben, jeweils mit den Ziffern 0 bis 9.

4. Zwei verschiedene Glücksräder werden nacheinander gedreht. Das zugehörige Baumdiagramm ist abgebildet. Skizziert, wie die beiden Glücksräder aussehen könnten.

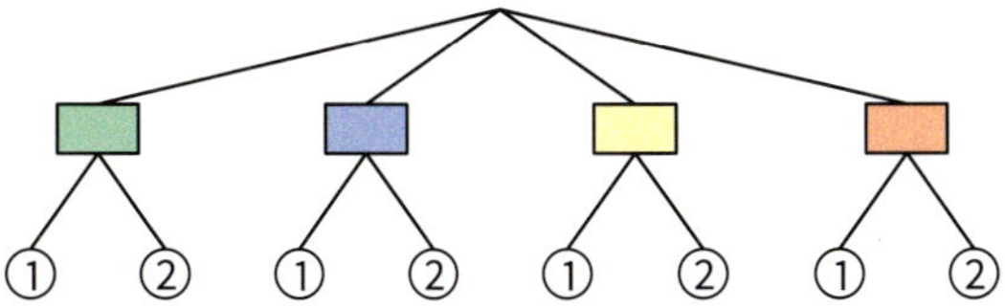

Aufgabe 5 – 8

5. Baumdiagramme kannst du auch nutzen, um die Anzahl von günstigen und möglichen Ergebnissen eines Zufallsexperimentes zu ermitteln. Zeichne ein Baumdiagramm für das zweimalige Werfen eines Würfels. Bestimme damit die gesuchten Wahrscheinlichkeiten.

a) In beiden Würfen fällt eine 6.

b) In beiden Würfen fällt die gleiche Zahl.

c) Die Augensumme ist 7.

6. 

Pietro hat drei Kugeln in eine Schüssel gelegt, eine rote, eine blaue und eine gelbe. Er verspricht seiner Freundin Olga ein Eis, wenn sie die Kugeln mit verbundenen Augen in der Reihenfolge blau-rot-gelb zieht. Wer hat Recht, Pietro oder Olga? Begründet eure Antwort mit einem Baumdiagramm.

7. 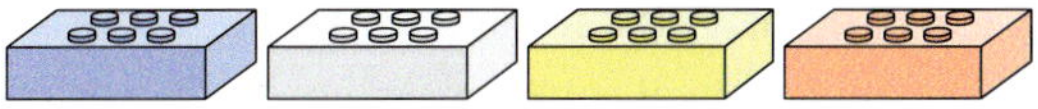

Basak hat 4 verschiedenfarbige Bausteine. Wie viele verschiedene Türme kann sie mit den 4 Steinen bauen?

8. 

Auf dem Foto siehst du Familie Laimer. Berechne, wie viele Möglichkeiten die Familienmitglieder haben, sich für ein Foto in einer Reihe aufzustellen.

«

Statistische Daten

Urliste:
ungeordnete Liste von Daten

Rangliste:
Liste mit nach Größe geordnete Daten

Spannweite:
Maximum – Minimum

Median (Zentralwert):
Wert in der Mitte einer Rangliste

arithmetisches Mittel (Mittelwert): $\frac{\text{Summe aller Werte}}{\text{Anzahl aller Werte}}$

Wurfweiten:

Urliste: 14 m, 14 m, 21 m, 13 m, 18 m

Rangliste: 13 m, 14 m, 14 m, 18 m, 21 m

Spannweite: 21 m – 13 m = **9 m**

Median:
13 m 14 m **14 m** 18 m 21 m

arithmetisches Mittel:
$\frac{14 + 14 + 21 + 13 + 18}{5} = \frac{80}{5} = \mathbf{16\,m}$

Absolute und relative Häufigkeiten

Häufigkeiten können auf zwei verschiedene Arten angegeben werden.

Die **absolute Häufigkeit** gibt an, wie oft ein bestimmter Wert vorkommt.

Die **relative Häufigkeit** gibt den Anteil an der Gesamtzahl an.

relative Häufigkeit = $\frac{\text{absolute Häufigkeit}}{\text{Gesamtzahl}}$

Zola hat 7 von 10 Würfen getroffen.

absolute Häufigkeit: 7
Gesamtzahl: 10

relative Häufigkeit:

$\frac{7}{10} = 0{,}7 = 70\,\%$

Zufallsexperiment

Ein **Zufallsexperiment** ist ein Versuch, bei dem verschiedene **Ergebnisse** eintreten können. Die Ergebnisse treten dabei zufällig auf. Du kannst nicht vorhersagen, welches Ergebnis eintritt. Du kannst aber seine **Wahrscheinlichkeit** einschätzen.

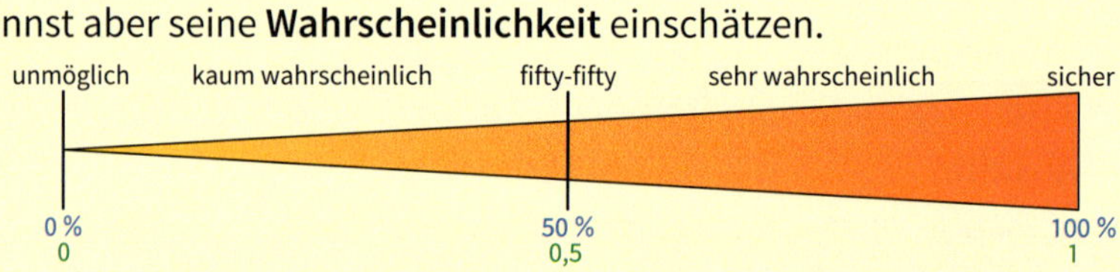

Ein **Ereignis** ist eine Zusammenfassung von einem oder mehreren Ergebnissen eines Zufallsexperiments.

Bestimmung der Wahrscheinlichkeit

Experimentelle Bestimmung
Wenn du ein Zufallsexperiment sehr oft wiederholst, dann ist die relative Häufigkeit ein guter **Schätzwert für die Wahrscheinlichkeit** eines Ergebnisses.

Rechnerische Bestimmung
Sind bei einem Zufallsexperiment alle Ergebnisse gleich wahrscheinlich, dann berechnest du die **Wahrscheinlichkeit eines Ereignisses** so:
Wahrscheinlichkeit = $\frac{\text{Anzahl der günstigen Ergebnisse}}{\text{Anzahl der möglichen Ergebnisse}}$

Aufgabe 1 – 4

1. EUROPA WETTER

Amsterdam	10 °C	Las Palmas	23 °C
Athen	17 °C	London	12 °C
Barcelona	16 °C	Madrid	21 °C
Berlin	9 °C	München	5 °C
Brüssel	10 °C	Paris	14 °C
Dresden	6 °C	Rom	18 °C
Hamburg	8 °C	Zürich	6 °C
Kopenhagen	7 °C		

a) Bestimme das Temperaturmaximum, das Temperaturminimum und die Spannweite der Temperaturen.
b) Welche Stadt bildet den Median der Temperaturen?

2. Bestimme die Kennwerte Spannweite, Median und arithmetisches Mittel der Größen.
a) 16 cm, 10 cm, 8 cm, 21 cm, 15 cm
b) 150 g, 300 g, 70 g, 130 g, 350 g

3.

Das Hotel Nordseeluft hat 25 Gäste nach ihrer Zufriedenheit befragt.
a) Erstelle eine Rangliste der Bewertungen und bestimme den Median.
b) Begründe kurz, warum du kein arithmetisches Mittel bestimmen kannst.

4. Was ist gesucht? Median oder arithmetisches Mittel? Entscheide und berechne.
a) Frau Straka ist an den drei Tagen ihrer Fahrradtour 65 km, 70 km und 45 km gefahren. Wie weit ist sie durchschnittlich pro Tag gefahren?
b) Samira bekommt pro Monat 23 € Taschengeld, Julie 21 € und Greta 24 €. Wer von den Dreien liegt in der Mitte?

Aufgabe 5 – 9

5. Ordne der gegebenen relativen Häufigkeit den zugehörigen Bruch und die zugehörige Prozentzahl zu.
a) 43 von 86 b) 60 von 80 c) 24 von 50
d) 35 von 100 e) 18 von 45 f) 60 von 200

$\frac{3}{10}$ $\frac{7}{20}$ $\frac{1}{2}$ $\frac{2}{5}$ $\frac{12}{25}$ $\frac{3}{4}$

75 % 50 % 48 % 30 % 35 % 40 %

6. Justin erhält bei der Klassensprecherwahl 18 von insgesamt 25 Stimmen. Seine Schwester Lisa erhält in ihrer Klasse 16 von 20 Stimmen. Wer hatte das bessere Wahlergebnis?

7.

Saal	1	2	3	4
Plätze	200	400	100	250
davon verkauft	120	300	68	200

Das City-Kino kontrolliert die Auslastung seiner vier Kinosäle. Berechne die relativen Häufigkeiten der verkauften Plätze in Prozent.

8.

Jule übt Freiwürfe am Basketballkorb. Sie wirft 100-mal und trifft dabei 50-mal in den Korb. Dann kommt Nina dazu, wirft zweimal und hat einen Treffer. Vergleicht die Erfolge von Jule und Nina. Begründet, wem ihr mehr vertraut.

9. Was ist wahrscheinlicher beim Würfeln?
a) mehr als 3 | weniger als 3
b) ungerade Zahl | mehr als 4

Lösungen → Seite 287

Aufgabe 10 – 13

10.

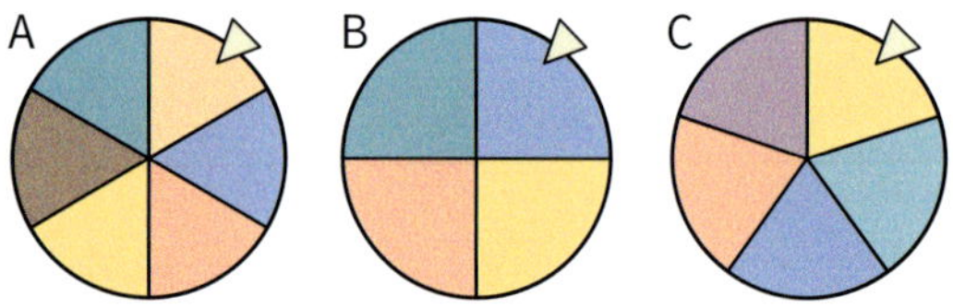

Bleibt das Glücksrad auf einem blauen Feld stehen, gibt es einen Hauptgewinn. Für welches Glücksrad sollte sich ein Spieler entscheiden?

11.

Mit geschlossenen Augen wird eine Murmel aus dem Gefäß gezogen. Bestimme die Wahrscheinlichkeiten für die einzelnen Farben.

12. Beim „Bottle-Flip“ versucht man, eine Wasserflasche so zu werfen, dass sie sich in der Luft dreht und dann aufrecht landet. Kamil schafft den „Bottle-Flip“ bei 68 von 200 Versuchen, Oli hat bei 63 von 150 Versuchen Erfolg. Bestimme Schätzwerte für die Wahrscheinlichkeiten, mit denen die beiden den „Bottle-Flip“ meistern.

13.

Vorspeise	*Hauptgang*	*Dessert*
Bruschetta Minestrone oder Carpaccio	Lasagne Risotto Saltimbocca oder Pizza	Tiramisu oder Gelato

Feline möchte sich im Ristorante Don Antonio ein 3-Gänge-Menü (Vorspeise, Hauptgang und Dessert) zusammenstellen.

a) Stelle die möglichen Menüs mit einem Baumdiagramm dar (kürze dabei ab: *B* für *Bruschetta* usw.).

b) Gib die Anzahl der möglichen Menüs an.

Aufgabe 14 – 16

14. Marc und Silas trainierten den Weitwurf mit dem Schlagball.

Marc		*Silas*	
21 m	22 m	29 m	28 m
21 m	27 m	27 m	4 m
29 m	24 m	31 m	19 m

a) Bestimme für die erzielten Weiten von Marc und Silas jeweils den Median und das arithmetische Mittel.

b) Entscheide und begründe: Wer ist der bessere Werfer?

15. Bei der Klassensprecherwahl wurden die Stimmen der Mädchen und der Jungen getrennt ausgezählt.

	Tina	*Tom*
Jungen	~~IIII~~ ~~IIII~~	~~IIII~~ IIII
Mädchen	~~IIII~~	~~IIII~~ II

a) Wer wurde gewählt, Tina oder Tom?

b) Haben mehr Mädchen Tom oder mehr Jungen Tina gewählt? Vergleiche die absoluten und die relativen Häufigkeiten.

16.

Lena dreht am Glücksrad. Bestimme die Wahrscheinlichkeit, dass das Glücksrad auf …

a) … einem Vielfachen von 4 landet,

b) … einem blauen Feld landet,

c) … einer Zahl von 4 bis 11 landet,

d) … einem gelben Feld mit einer geraden Zahl landet,

e) … einem roten Feld mit einer zweistelligen Zahl landet,

f) … einer Primzahl landet.

Lösungen → Seite 287

Aufgabe 17 – 19

17. An der Mozartschule sollen die Hausaufgaben für die Kinder in der 6. Klasse etwa 30 Minuten pro Tag dauern. Rima hat einige Tage lang notiert, wie viele Minuten sie benötigt:

37 25 28 31 0 41 33 38 0 29

a) Bestimme statistische Kennwerte, mit denen du überprüfen kannst, ob ihre Hausaufgaben zu lange dauern.

b) Bekommt Rima zu viele Hausaufgaben auf? Schreibe einen kurzen Text, in dem du deine Meinung begründest.

18.

Was ist bei einem Experiment mit den abgebildeten Würfeln richtig? Begründe.

① Die Wahrscheinlichkeit, eine gerade Augenzahl zu würfeln, ist bei dem 12er-Spielwürfel doppelt so groß wie bei dem 6er-Spielwürfel.

② Die Wahrscheinlichkeit, eine Sechs zu würfeln, ist bei dem 6er-Spielwürfel doppelt so groß wie bei dem 12er-Spielwürfel.

19.

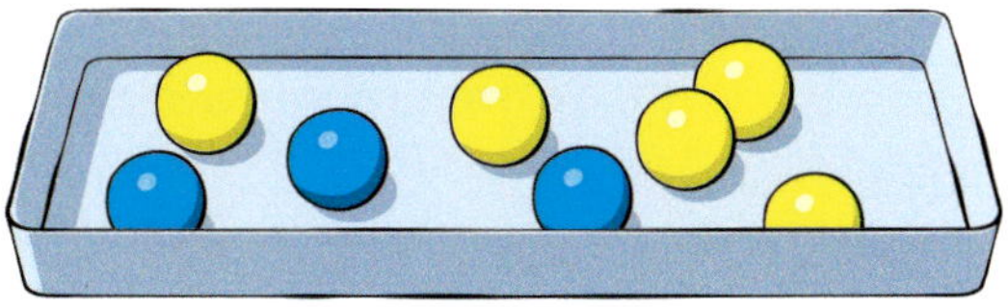

In einem Gefäß befinden sich wie abgebildet acht Kugeln. Gib an, wie viele Kugeln du mindestens von welcher Farbe dazulegen musst, damit beim blinden Ziehen einer Kugel die angegebene Wahrscheinlichkeit gilt.

a) Die Wahrscheinlichkeit für eine blaue Kugel beträgt 40 %.

b) Die Wahrscheinlichkeit für eine gelbe Kugel beträgt 75 %.

Aufgabe 20 – 23

20. 31 € 42 € 49 € 25 € 35 €

Ergänze einen weiteren Geldbetrag, sodass …

a) … die Spannweite 38 € beträgt,

b) … der Median 38 € beträgt,

c) … das arithmetische Mittel 38 € beträgt.

21. Juri, Hans und Niclas haben beim heutigen Handball-Siebenmetertraining mit den gleichen relativen Häufigkeiten getroffen. Juri hat 12 von 15 Siebenmetern getroffen. Hans hatte 25 Versuche, Niclas kam auf 28 Treffer.

a) Wie viele Siebenmeter hat Hans getroffen?

b) Wie oft hat Niclas geworfen?

22.

Augenzahl	Mia	Leon	Yannick
1	20 %	30 %	33 %
2	20 %	30 %	28 %
3	20 %	30 %	29 %
4	20 %	5 %	3 %
5	20 %	5 %	7 %

Mia, Leon und Yannick sollten schätzen, mit welcher Wahrscheinlichkeit der abgebildete Körper auf die verschiedenen Zahlen 1 bis 5 fällt. Welche Schätzung erscheint dir am besten? Begründe deine Antwort.

23. Elyar legt in eine Schachtel Zettel mit den Ziffern 1 bis 5. Mit geschlossenen Augen zieht er nacheinander zwei Zettel aus der Schachtel, legt sie nebeneinander und bildet so eine zweistellige Zahl.

a) Gib das Minimum und das Maximum aller so gebildeten Zahlen an.

b) Stelle das Zufallsexperiment in einem Baumdiagramm dar.

c) Bestimme die Wahrscheinlichkeit, dass Elyars Zahl ein Vielfaches von 3 ist.

Lösungen → Seite 288

Das Sportfest

An der Donauschule findet das Sportfest für die 6. Klassen statt. Dabei treten ausgewählte Schülerinnen und Schüler aus den drei Parallelklassen gegeneinander an. Neben üblichen Disziplinen wie Werfen, Springen und Laufen gibt es auch Limbo, Wurf-Biathlon und Hula-Hoop.

a) Anna und Zeki können wegen Verletzungen nicht am Sporttag teilnehmen. Sie bekommen vom Klassenlehrer den Auftrag, die Ergebnisse der 6a beim Weitsprung auszuwerten.

① Erstelle eine Rangliste der Weitsprungergebnisse der 6a.

② Bestimme die auf dem Zettel notierten Kennwerte im Heft.

Weitsprung Klasse 6a

Ergebnisse:
2,90 m; 3,30 m; 2,70 m; 3,00 m; 3,60 m; 3,40 m; 3,50 m; 3,10 m; 3,30 m

Maximum:
Spannweite:
arithmetisches Mittel:
Median:

b) Beim Limbo nahmen alle Schülerinnen und Schüler teil. Notiert wurde die Anzahl der Kinder, bei denen die Limbostange auf 90 cm Höhe liegen blieb.

① Berechne für alle Klassen die absoluten und die relativen Häufigkeiten.

② Begründe, welche Klasse am besten abgeschnitten hat.

Limbo

Höhe: 90 cm

Klasse 6a:
卌 卌 卌 | von 20 Kindern

Klasse 6b:
卌 卌 卌 || von 25 Kindern

Klasse 6c:
卌 卌 卌 ||| von 24 Kindern

c) Joshua tritt für die 6c im Weitwurf an. Er hat in der Woche vor dem Sportfest trainiert und seine Ergebnisse protokolliert. Bestimme je einen Schätzwert für die Wahrscheinlichkeit, dass er …

① … weiter als 35 m wirft,

② … weiter als 40 m wirft.

33 m	40 m	32 m	18 m	38 m
36 m	32 m	41 m	35 m	39 m
38 m	36 m	39 m	38 m	41 m
39 m	30 m	44 m	37 m	42 m

d) Beim Wurf-Biathlon bekommt jede Läuferin eine von acht Wurfstationen zugelost.
Kim kann sich an den beiden äußeren Wurfstationen (Nummer 1 und 8) am besten konzentrieren. Bestimme die Wahrscheinlichkeit, dass Kim eine der äußeren Wurfstationen zugelost bekommt.

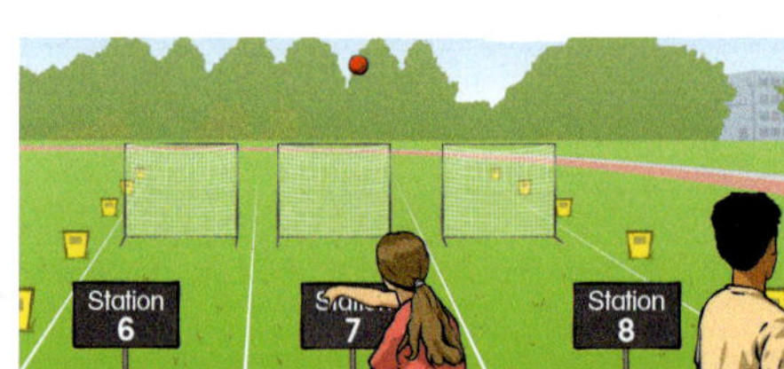

Lösungen → Seite 288

Digital+
WES-128745-227

8 | Multiplizieren und Dividieren von Brüchen und Dezimalzahlen

1. Multipliziere.

a) $\frac{1}{3} \cdot 4$ b) $\frac{3}{4} \cdot 7$

c) $\frac{2}{7} \cdot 5$ d) $\frac{3}{5} \cdot 8$

Ich kann Brüche mit natürlichen Zahlen multiplizieren.

Das kann ich gut. ✔ | Ich bin noch unsicher. → S. 268, Aufgabe 1

---

2. Dividiere.

a) $\frac{8}{3} : 4$ b) $\frac{3}{4} : 3$

c) $\frac{4}{5} : 5$ d) $\frac{7}{9} : 2$

Ich kann Brüche durch natürliche Zahlen dividieren.

Das kann ich gut. ✔ | Ich bin noch unsicher. → S. 265, Aufgabe 3

---

3. Berechne im Kopf.

a) $3{,}52 \cdot 10$ b) $4{,}1 \cdot 1\,000$

c) $0{,}2 \cdot 100$ d) $231{,}5 : 100$

e) $0{,}6 : 10$ f) $2{,}5 : 1\,000$

Ich kann Dezimalzahlen mit 10, 100 und 1 000 multiplizieren und durch sie dividieren.

Das kann ich gut. ✔ | Ich bin noch unsicher. → S. 269, Aufgabe 1, 2

---

4. Übertrage die angefangene Multiplikation in dein Heft und vervollständige sie.

a)

1	8,	6	4	·	2	1	
		3	7	2	8	0	
						4	
				,			

b)

5	4,	0	9	·	5	4	
	2	7	0	4	5	0	

Ich kann Dezimalzahlen mit natürlichen Zahlen multiplizieren.

Das kann ich gut. ✔ | Ich bin noch unsicher. → S. 269, Aufgabe 3, 4

---

5. Übertrage die angefangene Division in dein Heft und vervollständige sie.

a)

2	4,	6	:	2	0	=	1,	2
− 2	0							
	4	6						
−	4	0						
		6	0					

b)

1	3,	9	8	:	6	=	2
− 1	2						

Ich kann Dezimalzahlen durch natürliche Zahlen dividieren.

Das kann ich gut. ✔ | Ich bin noch unsicher. → S. 268, Aufgabe 2, 3

Lösungen → Seite 289

Welcher Anteil der neuen Intercity-Strecke ist bereits mit Schienen ausgestattet?

Die Durchschnittsgeschwindigkeit beträgt 180 Kilometer pro Stunde. Wie viele Kilometer fährt der Intercity in 2,5 Stunden?

8 Multiplizieren und Dividieren von Brüchen und Dezimalzahlen

Die Fahrt mit der Bahn kostet pro Kind 9,80 €. Die Lehrerin bezahlt für die Fahrkarten aller Kinder 392 €. Wie viele Kinder sind mitgefahren?

In diesem Kapitel lernst du, …

… wie du Brüche multiplizierst,

… wie du Brüche dividierst,

… wie du Dezimalzahlen multiplizierst,

… wie du Dezimalzahlen dividierst.

Brüche multiplizieren

$\frac{3}{4}$ der neuen Bahnhofshalle werden als Verkaufsfläche genutzt. Die Gastronomie belegt davon $\frac{2}{3}$.
Welchen Anteil der gesamten Halle belegt die Gastronomie?

1.

Tim und Judy lösen zeichnerisch:

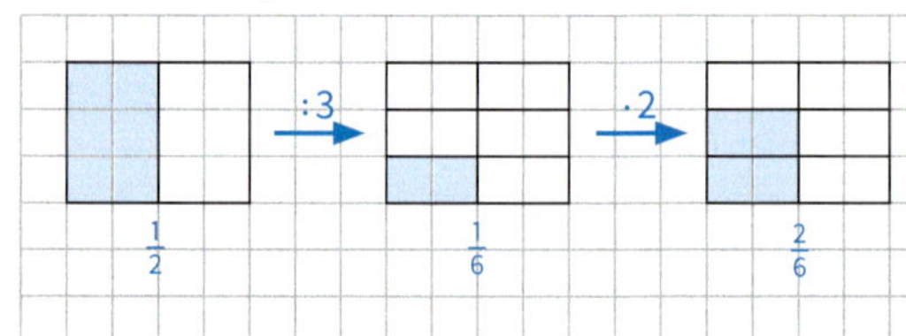

Chris und Anja lösen ohne eine Zeichnung:

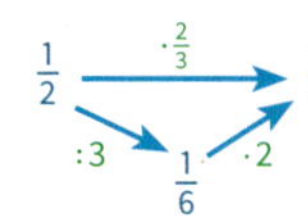

a) Löst die folgenden Aufgaben zeichnerisch wie Tim und Judy: ① $\frac{1}{2} \cdot \frac{1}{2}$ ② $\frac{1}{2} \cdot \frac{3}{4}$ ③ $\frac{2}{3} \cdot \frac{2}{3}$

b) Kontrolliert die Ergebnisse von Teilaufgabe a), indem ihr die Aufgaben wie Chris und Anja löst.

2. Welche Multiplikationsaufgabe wurde gelöst?

a) Beschreibt die Abbildung und schreibt Aufgabe sowie Ergebnis.

b) Formuliert eine Rechenregel.

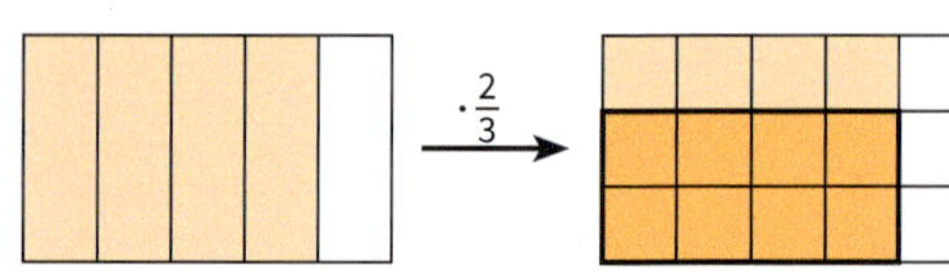

Video

Du **multiplizierst** zwei Brüche miteinander, indem du Zähler mit Zähler und Nenner mit Nenner multiplizierst.

kurz: $\frac{\text{Zähler mal Zähler}}{\text{Nenner mal Nenner}}$

Berechne $\frac{2}{3} \cdot \frac{4}{5}$

$\frac{2}{3} \cdot \frac{4}{5} = \frac{2 \cdot 4}{3 \cdot 5} = \frac{8}{15}$

3. Berechne.

a) $\frac{1}{3} \cdot \frac{1}{2}$ b) $\frac{1}{4} \cdot \frac{1}{5}$ c) $\frac{2}{3} \cdot \frac{2}{5}$ d) $\frac{3}{4} \cdot \frac{1}{2}$ e) $\frac{4}{5} \cdot \frac{2}{3}$ f) $\frac{5}{7} \cdot \frac{2}{9}$

4. Notiere die Multiplikationsaufgabe und berechne.

a) die Hälfte von $\frac{1}{4}$ b) ein Drittel von $\frac{1}{2}$ c) drei Viertel von $\frac{3}{5}$

Digital+
WES-128745-231

5. a) Marek hat die Aufgabe $\frac{2}{3} \cdot \frac{4}{5}$ durch Falten und Schraffieren eines DIN A4-Blattes veranschaulicht. Erklärt, wie er das gemacht hat.

b) Veranschaulicht die folgenden Aufgaben wie Marek durch Falten und Schraffieren eines DIN A4-Blattes.
① $\frac{1}{2} \cdot \frac{1}{4}$ ② $\frac{3}{4} \cdot \frac{1}{5}$ ③ $\frac{2}{3} \cdot \frac{3}{4}$

c) Nun wählt jeder von euch zwei Brüche, die er miteinander multipliziert. Veranschaulicht die Aufgabe wie Marek. Tauscht eure DIN A4-Blätter und ermittelt die Aufgabe eures Partners/eurer Partnerin.

6. Gegeben ist ein Quadratmeter. Es wird ein Anteil rot gefärbt. Beschreibt wie im Beispiel den roten Teil mit einer Multiplikationsaufgabe.

a) 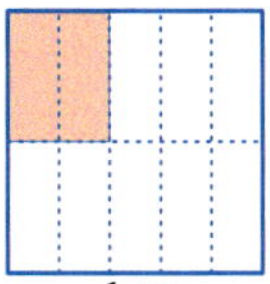

b) 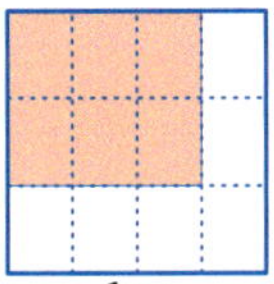

c) 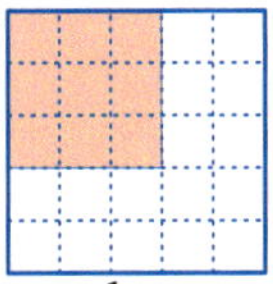

BEISPIEL

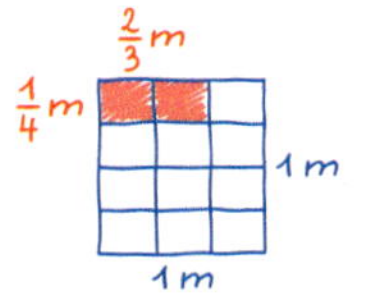

$\frac{1}{4} m \cdot \frac{2}{3} m = \frac{2}{12} m^2$

7. Zeichne ein Quadrat mit 8 Kästchen Seitenlänge und färbe den Anteil. Welcher Anteil des Quadrats ist gefärbt?

a) $\frac{1}{2}\,m \cdot \frac{1}{2}\,m$ b) $\frac{1}{4}\,m \cdot \frac{1}{4}\,m$ c) $\frac{1}{8}\,m \cdot \frac{3}{4}\,m$

d) $\frac{7}{8}\,m \cdot \frac{1}{2}\,m$ e) $\frac{3}{4}\,m \cdot \frac{1}{4}\,m$ f) $\frac{1}{2}\,m \cdot \frac{1}{4}\,m$

LÖSUNGEN
$\frac{1}{4}\,m^2$ | $\frac{1}{8}\,m^2$ | $\frac{1}{16}\,m^2$ | $\frac{3}{16}\,m^2$ | $\frac{7}{16}\,m^2$ | $\frac{3}{32}\,m^2$

8. *Pascal*

$\frac{7}{15} \cdot \frac{5}{14} = \frac{7 \cdot 5}{15 \cdot 14} = \frac{35 : 5}{210 : 5} = \frac{7 : 7}{42 : 7} = \frac{1}{6}$

Jule

$\frac{7}{15} \cdot \frac{5}{14} = \frac{\cancel{7}^{1} \cdot \cancel{5}^{1}}{\cancel{15}_{3} \cdot \cancel{14}_{2}} = \frac{1}{6}$

Pascal und Jule haben die gleiche Aufgabe unterschiedlich gelöst. Beschreibt und vergleicht die Lösungen. Welchen Lösungsweg würdet ihr wählen?

Video

Bei vielen Aufgaben ist es günstiger, vor dem Multiplizieren zu kürzen. Das geht auch „über Kreuz".

$\frac{3}{4} \cdot \frac{4}{5} = \frac{3 \cdot \cancel{4}^{1}}{\cancel{4}_{1} \cdot 5} = \frac{3}{5}$ $\frac{14}{9} \cdot \frac{18}{21} = \frac{\cancel{14}^{2} \cdot \cancel{18}^{2}}{\cancel{9}_{1} \cdot \cancel{21}_{3}} = \frac{2 \cdot 2}{1 \cdot 3} = \frac{4}{3}$

9. Schreibe auf einen Bruchstrich und kürze vor dem Ausrechnen.

a) $\frac{2}{3} \cdot \frac{1}{6}$ b) $\frac{1}{4} \cdot \frac{2}{5}$ c) $\frac{3}{7} \cdot \frac{5}{6}$ d) $\frac{4}{5} \cdot \frac{5}{8}$

e) $\frac{3}{7} \cdot \frac{7}{12}$ f) $\frac{7}{10} \cdot \frac{5}{6}$ g) $\frac{4}{9} \cdot \frac{3}{8}$ h) $\frac{4}{9} \cdot \frac{9}{10}$

LÖSUNGEN
$\frac{1}{2}$ | $\frac{1}{4}$ | $\frac{2}{5}$ | $\frac{1}{6}$ | $\frac{1}{9}$ | $\frac{1}{10}$ | $\frac{7}{12}$ | $\frac{5}{14}$

»

Aufgabe 1 – 4

1. Berechne.

a) $\frac{1}{3}\cdot\frac{1}{3}$ b) $\frac{1}{5}\cdot\frac{1}{5}$ c) $\frac{1}{7}\cdot\frac{2}{5}$
d) $\frac{2}{5}\cdot\frac{2}{3}$ e) $\frac{4}{7}\cdot\frac{2}{3}$ f) $\frac{3}{4}\cdot\frac{3}{4}$

2.

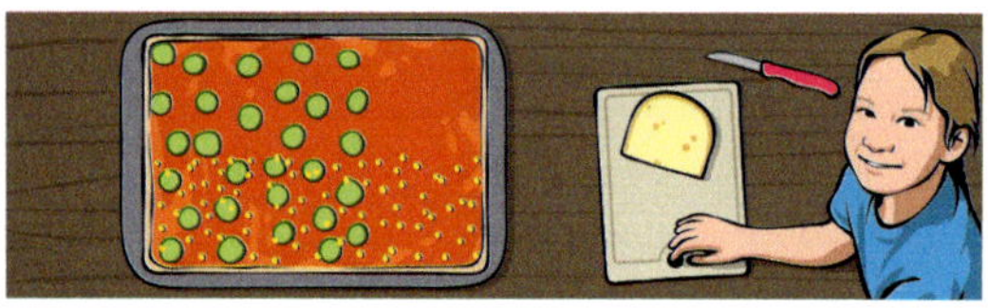

Miri backt eine Pizza. Sie belegt $\frac{2}{3}$ der Pizza mit Zucchini und $\frac{1}{2}$ der Pizza mit Mais. Zeichne ein Rechteck ins Heft mit 6 cm Länge und 4 cm Breite und färbe die Anteile.
Welcher Bruchteil der Pizza ist gleichzeitig mit Zucchini und mit Mais belegt?

3.

Zeichnet geeignete Rechtecke, wie Nina vorschlägt. Notiert die passende Multiplikationsaufgabe und berechnet.

a) $\frac{1}{4}$ von $\frac{1}{2}$ b) $\frac{1}{3}$ von $\frac{1}{2}$ c) $\frac{3}{4}$ von $\frac{1}{5}$
d) $\frac{5}{6}$ von $\frac{2}{3}$ e) $\frac{3}{4}$ von $\frac{2}{5}$ f) $\frac{2}{3}$ von $\frac{1}{4}$

4.

In die Schwarzwald-Schule gehen 360 Schülerinnen und Schülern. $\frac{1}{3}$ aller Kinder singen im Chor, davon sind $\frac{3}{4}$ Mädchen.

a) Wie viele Mädchen singen im Chor?
b) Welchem Anteil entspricht das?

Aufgabe 5 – 9

5. Schreibe als Multiplikationsaufgabe und berechne.

a) ein Viertel von der Hälfte
b) drei Zehntel von einem Drittel
c) zwei Fünftel von fünf Sechsteln

6. Übertrage ins Heft und ergänze die fehlende Zahl.

a) $\frac{1}{2}\cdot\frac{\square}{3}=\frac{2}{6}$ b) $\frac{3}{4}\cdot\frac{\square}{4}=\frac{9}{16}$ c) $\frac{4}{5}\cdot\frac{\square}{3}=\frac{4}{15}$
d) $\frac{3}{4}\cdot\frac{5}{\square}=\frac{15}{24}$ e) $\frac{2}{3}\cdot\frac{6}{\square}=\frac{12}{21}$ f) $\frac{1}{2}\cdot\frac{7}{\square}=\frac{7}{16}$

7. Schreibe auf einen Bruchstrich und kürze vor dem Ausrechnen. Die Lösungen findest du in den Bällen.

a) $\frac{2}{9}\cdot\frac{1}{6}$ b) $\frac{1}{4}\cdot\frac{2}{7}$ c) $\frac{3}{7}\cdot\frac{5}{9}$
d) $\frac{4}{7}\cdot\frac{7}{8}$ e) $\frac{4}{15}\cdot\frac{5}{12}$ f) $\frac{8}{9}\cdot\frac{3}{4}$

$\frac{1}{2}$ $\frac{2}{3}$ $\frac{1}{9}$ $\frac{1}{14}$ $\frac{5}{21}$ $\frac{1}{27}$

8. Drei Aufgaben sind falsch gelöst. Wo steckt der Fehler? Erklärt und berichtigt im Heft.

a) $\frac{2}{5}\cdot\frac{3}{5}=\frac{6}{5}$
b) $\frac{\cancel{3}^{1}}{\cancel{6}_{2}}\cdot\frac{1}{5}=\frac{1}{10}$
c) $\frac{\cancel{4}^{1}}{\cancel{9}_{3}}\cdot\frac{\cancel{12}^{4}}{\cancel{14}_{1}}=\frac{4}{3}$
d) $\frac{\cancel{3}^{1}}{4}\cdot\frac{\cancel{6}^{2}}{7}=\frac{2}{28}$

9.

a) Der Krug fasst $\frac{7}{8}$ ℓ. Er ist zu $\frac{3}{5}$ mit Apfelsaft gefüllt. Wie viel ℓ Saft enthält der Krug?
b) Die $\frac{3}{4}$-ℓ-Flasche ist noch zu $\frac{1}{3}$ mit Orangensaft gefüllt. Wie viel ℓ Saft sind das?
c) $\frac{9}{16}$ des Kuchens sind noch übrig. Dijana isst davon $\frac{1}{3}$. Welchen Bruchteil des ganzen Kuchens isst sie?

Aufgabe 10 – 13

10. Verwandle zuerst die gemischte Zahl in einen Bruch.

a) $1\frac{1}{3} \cdot \frac{1}{2}$ b) $2\frac{1}{4} \cdot \frac{1}{5}$

c) $\frac{2}{3} \cdot 3\frac{2}{5}$ d) $\frac{3}{4} \cdot 2\frac{1}{2}$

e) $1\frac{4}{5} \cdot 1\frac{2}{3}$ f) $2\frac{1}{2} \cdot 1\frac{1}{2}$

BEISPIEL

$2\frac{4}{5} \cdot \frac{2}{3} = \frac{14}{5} \cdot \frac{2}{3} = \frac{14 \cdot 2}{5 \cdot 3} = \frac{28}{15} = 1\frac{13}{15}$

11.

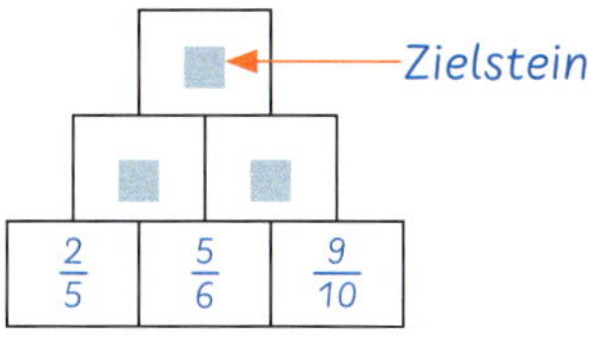

a) Übertragt die Zahlenmauer ins Heft. Multipliziert benachbarte Zahlen und schreibt das Ergebnis in den oberen Stein.

b) Wie verändert sich das Ergebnis im Zielstein, wenn ihr in der unteren Reihe den linken und den mittleren Stein tauscht?

c) In einer anderen Zahlenmauer sind die drei Brüche $\frac{4}{7}$, $\frac{2}{3}$ und $\frac{3}{4}$ in der unteren Reihe gegeben. Wie kann der Bruch im Zielstein berechnet werden, ohne dass die mittleren Steine ausgefüllt werden? Gebt die passende Rechnung an und ermittelt den gesuchten Bruch.

12. Übertrage ins Heft und ergänze die fehlende Zahl. Das Ergebnis ist schon gekürzt.

a) $\frac{5}{8} \cdot \frac{■}{3} = \frac{5}{6}$ b) $\frac{6}{7} \cdot \frac{■}{9} = \frac{4}{21}$ c) $\frac{1}{12} \cdot \frac{■}{5} = \frac{3}{20}$

d) $\frac{7}{8} \cdot \frac{4}{■} = \frac{7}{10}$ e) $\frac{14}{9} \cdot \frac{3}{■} = \frac{2}{3}$ f) $\frac{10}{9} \cdot \frac{6}{■} = \frac{4}{9}$

LÖSUNGEN: 2 | 4 | 5 | 7 | 9 | 15

13. Berechne. Denke an die Rechenregeln.

a) $\frac{5}{3} \cdot \frac{2}{5} + \frac{1}{2} \cdot \frac{4}{5}$ b) $\frac{2}{5} \cdot \left(\frac{4}{7} + \frac{7}{4}\right)$

c) $\frac{9}{10} \cdot \frac{5}{12} + \frac{3}{4} \cdot \frac{8}{9}$ d) $\frac{6}{11} \cdot \left(\frac{6}{5} - \frac{5}{6}\right)$

e) $\frac{2}{3} \cdot \frac{2}{3} + \frac{3}{7} \cdot \frac{14}{15}$ f) $\frac{6}{7} \cdot \left(\frac{4}{9} + \frac{11}{12}\right)$

$\frac{25}{24}$ $\frac{1}{5}$ $\frac{16}{15}$ $\frac{7}{6}$ $\frac{13}{14}$ $\frac{38}{45}$

Aufgabe 14 – 17

14. Addieren oder Multiplizieren? Entscheide.

a) Das Eis der Alpengletscher zieht sich immer schneller zurück. Von 1970 bis 2000 haben die Gletscher etwa $\frac{1}{5}$ ihrer ursprünglichen Eismasse verloren, in der Zeit nach 2000 verloren sie etwa die Hälfte ihrer ursprünglichen Masse. Berechne den Anteil der Eismasse, den die Gletscher bis heute verloren haben.

b) Wälder bedecken etwa ein Drittel der Fläche Deutschlands. Mehr als $\frac{2}{5}$ dieser Waldfläche ist in Privatbesitz. Welchem Anteil an der Gesamtfläche Deutschlands entspricht das?

15. Wählt vier Zahlen aus und schreibt eine Multiplikationsaufgabe mit zwei Brüchen, die beide kleiner als 1 sind. Das Ergebnis soll …

a) … möglichst groß sein,

b) … möglichst klein sein,

c) … möglichst nah an $\frac{1}{2}$ liegen.

5   8   9   2   4

16. Achtung: Hier wurde gekürzt.

a) $\frac{1}{2} \cdot ■ = \frac{2}{5}$ b) $\frac{3}{4} \cdot ■ = \frac{3}{5}$ c) $\frac{5}{12} \cdot ■ = \frac{1}{3}$

d) $\frac{3}{4} \cdot ■ = \frac{1}{3}$ e) $\frac{9}{8} \cdot ■ = \frac{15}{28}$ f) $\frac{12}{7} \cdot ■ = \frac{3}{2}$

17. Zwei Brüche werden multipliziert. Wie ändert sich das Produkt, wenn …

a) … Zähler und Nenner eines Bruchs verdoppelt werden,

b) … ein Nenner verdoppelt wird,

c) … ein Zähler verdoppelt wird,

d) … beide Nenner verdoppelt werden.

Brüche dividieren

Im Crêpes-Express sind kurz vor Betriebsschluss noch 2 Liter Eis übrig. Zum Tiefkühlen gibt es Formen in den Größen $\frac{1}{2}$ ℓ, $\frac{1}{4}$ ℓ und $\frac{1}{8}$ ℓ.
Wie viele dieser Formen könnten jeweils gefüllt werden?

1. a) Wie oft passt $\frac{1}{4}$ in 2? Wie oft passt $\frac{1}{3}$ in 3? Die Bruchstreifen helfen dir.

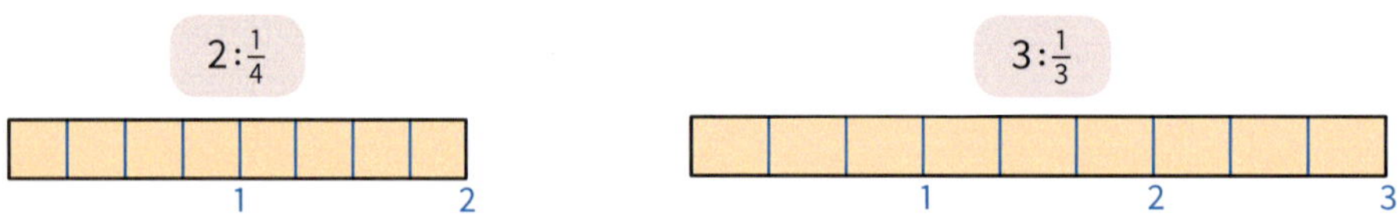

b) Überlege genau und berechne: $1 : \frac{1}{2}$ $3 : \frac{1}{4}$ $2 : \frac{1}{3}$ $5 : \frac{1}{6}$

2.

a) Erklärt euch das Vorgehen von Mila und Tom und führt die Gedanken zu Ende.
b) Löst wie Mila und wie Tom die Aufgabe $2 : \frac{2}{3}$.
c) Versucht nun, die Aufgabe $3 : \frac{2}{5}$ zu lösen. Kommt ihr mit beiden Wegen zur Lösung? Erklärt eure Überlegungen.

3.

a) Erklärt gemeinsam Selinas Idee im zweiten Bild.
b) Berechnet das Ergebnis der Divisionsaufgabe mit dem Schema im dritten Bild. Überprüft euer Ergebnis mit einer Probe.
c) Erklärt mit Hilfe der Ideen von Selina und Konrad, dass „$: \frac{6}{5}$“ dasselbe ist wie „$\cdot \frac{5}{6}$“. Formuliert eine Regel zur Division von Brüchen und wendet sie auf die folgenden Aufgaben an. Überprüft jedes Ergebnis mit einer Probe. ① $\frac{2}{3} : \frac{1}{2}$ ② $\frac{3}{4} : \frac{1}{8}$ ③ $\frac{1}{5} : \frac{2}{3}$ ④ $\frac{5}{8} : \frac{3}{4}$

So **dividierst** du einen Bruch durch einen Bruch:

① Bestimme den **Kehrwert** des zweiten Bruchs.
Beim Kehrwert werden Zähler und Nenner vertauscht.

② **Multipliziere** den ersten Bruch mit dem Kehrwert des zweiten Bruchs.

Video

Berechne $\frac{4}{5}:\frac{3}{2}$

① Der Kehrwert von $\frac{3}{2}$ ist $\frac{2}{3}$.

② $\frac{4}{5}:\frac{3}{2}=\frac{4}{5}\cdot\frac{2}{3}=\frac{4\cdot 2}{5\cdot 3}=\frac{8}{15}$

4. Bilde den Kehrwert des Bruchs.

a) $\frac{1}{3}$ b) $\frac{1}{4}$ c) $\frac{2}{3}$ d) $\frac{3}{4}$ e) $\frac{5}{8}$ f) $\frac{7}{6}$

5. Berechne.

a) $\frac{4}{5}:\frac{1}{2}$ b) $\frac{1}{4}:\frac{2}{5}$ c) $\frac{2}{3}:\frac{5}{2}$ d) $\frac{3}{4}:\frac{1}{3}$

e) $\frac{7}{5}:\frac{2}{3}$ f) $\frac{5}{7}:\frac{2}{3}$ g) $\frac{4}{5}:\frac{3}{8}$ h) $\frac{2}{3}:\frac{2}{3}$

LÖSUNGEN
$\frac{9}{4}$ | $\frac{8}{5}$ | $\frac{5}{8}$ | $\frac{21}{10}$ | $\frac{15}{14}$ | $\frac{4}{15}$ | $\frac{32}{15}$ | 1

6. Nennt die zugehörige Divisionsaufgabe und berechnet im Kopf.

a) Wie oft passt $\frac{1}{2}$ Liter in 1 Liter?
b) Wie oft passt $\frac{1}{4}$ Liter in $\frac{3}{4}$ Liter?
c) Wie oft passt $\frac{1}{8}$ Liter in 1 Liter?
d) Wie oft passt $\frac{1}{4}$ Liter in $\frac{1}{2}$ Liter?
e) Wie oft passt $\frac{1}{8}$ Liter in $\frac{1}{2}$ Liter?
f) Wie oft passt $\frac{1}{8}$ Liter in $\frac{3}{4}$ Liter?

7. Berechnet die Anzahl der Teile.

a) $\frac{8}{5}$ km werden für einen Staffellauf in Strecken mit $\frac{1}{5}$ km aufgeteilt.

b) $\frac{5}{4}$ ℓ Schokomilch werden in Tassen mit $\frac{1}{8}$ ℓ eingegossen.

c) $3\frac{1}{2}$ kg Marmelade werden in Gläser mit $\frac{1}{4}$ kg abgefüllt.

8. Kürze vor dem Ausrechnen. In der richtigen Reihenfolge ergeben die Buchstaben auf den Karten ein Lösungswort.

a) $\frac{3}{4}:\frac{11}{12}$ b) $\frac{8}{9}:\frac{2}{9}$ c) $\frac{4}{3}:\frac{1}{6}$ d) $\frac{7}{11}:\frac{14}{33}$

e) $\frac{7}{5}:\frac{7}{5}$ f) $\frac{6}{7}:\frac{3}{2}$ g) $\frac{9}{16}:\frac{6}{8}$ h) $\frac{10}{21}:\frac{15}{14}$

BEISPIEL
$\frac{7}{9}:\frac{2}{3}=\frac{7}{9}\cdot\frac{3}{2}=\frac{7\cdot \cancel{3}^{1}}{{}_{3}\cancel{9}\cdot 2}=\frac{7}{6}$

$\frac{15}{14}:\frac{10}{21}=\frac{15}{14}\cdot\frac{21}{10}=\frac{\cancel{15}^{3}\cdot\cancel{21}^{3}}{{}_{2}\cancel{14}\cdot\cancel{10}_{2}}=\frac{9}{4}$

8 | H $\frac{4}{9}$ | N 4 | A $\frac{4}{7}$ | L $\frac{3}{2}$ | R $\frac{9}{11}$ | F 1 | P $\frac{3}{4}$ | A

9. a) Paul hat vergessen, wie man einen Bruch durch eine natürliche Zahl dividiert. Er nutzt stattdessen die Regel für „Bruch : Bruch“. Erklärt seinen Lösungsweg.

b) Berechnet die Aufgaben mit Pauls Methode.

① $\frac{3}{5}:2$ ② $\frac{4}{9}:5$ ③ $\frac{6}{7}:3$ ④ $\frac{5}{8}:4$

»

Aufgabe 1 – 4

1. Bestimme den Kehrwert.

a) $\frac{1}{2}$ b) $\frac{1}{5}$ c) $\frac{2}{7}$

d) $\frac{5}{3}$ e) $\frac{9}{7}$ f) $\frac{5}{4}$

2. Berechne. Bei einigen Aufgaben kannst du vor dem Ausrechnen kürzen. Die Lösungen hängen an der Leine.

a) $\frac{1}{3}:\frac{1}{3}$ b) $\frac{1}{5}:\frac{2}{3}$ c) $\frac{2}{7}:\frac{1}{5}$

d) $\frac{4}{5}:\frac{2}{3}$ e) $\frac{4}{9}:\frac{5}{3}$ f) $\frac{3}{4}:\frac{7}{4}$

g) $\frac{2}{9}:\frac{6}{7}$ h) $\frac{1}{4}:\frac{5}{8}$ i) $\frac{3}{7}:\frac{6}{7}$

3. Wie viele Gläser könnt ihr mit dem Inhalt der Karaffe füllen? Nennt die Divisionsaufgabe und rechnet im Kopf.

a) eine $\frac{3}{4}$-Liter-Karaffe in $\frac{1}{4}$-Liter-Gläser

b) eine $\frac{5}{8}$-Liter-Karaffe in $\frac{1}{8}$-Liter-Gläser

c) eine $\frac{1}{2}$-Liter-Karaffe in $\frac{1}{4}$-Liter-Gläser

d) eine $1\frac{1}{2}$-Liter-Karaffe in $\frac{1}{8}$-Liter-Gläser

4. Wo steckt der Fehler? Erklärt und berichtigt im Heft.

a) $\frac{3}{2}:\frac{4}{5} = \frac{3\cdot \cancel{4}^{2}}{_{1}\cancel{2}\cdot 5} = \frac{6}{5}$ f

b) $\frac{4}{\cancel{7}}:\frac{\cancel{7}}{3} = \frac{4\cdot 3}{1\cdot 1} = 12$ f

c) $7:\frac{3}{4} = \frac{^{1}\cancel{7}\cdot 4}{_{1}\cancel{7}\cdot 3} = \frac{4}{3}$ f

d) $\frac{3}{4}:\frac{2}{5} = \frac{4\cdot 2}{3\cdot 5} = \frac{8}{15}$ f

Aufgabe 5 – 8

5. Berechnet im Kopf und schreibt nur die Ergebnisse auf. Wer ist schneller in der Zweiergruppe?

a) $\frac{1}{2}:\frac{1}{2}$ b) $\frac{3}{5}:\frac{1}{5}$ c) $\frac{4}{5}:\frac{1}{3}$

d) $\frac{1}{7}:\frac{1}{3}$ e) $\frac{3}{5}:\frac{5}{3}$ f) $\frac{4}{7}:\frac{3}{5}$

g) $\frac{5}{6}:\frac{1}{6}$ h) $\frac{3}{4}:\frac{1}{8}$ i) $\frac{1}{3}:\frac{2}{9}$

LÖSUNGEN

$\frac{3}{2}$ | $\frac{12}{5}$ | $\frac{3}{7}$ | $\frac{20}{21}$ | $\frac{9}{25}$ | 1 | 3 | 5 | 6

6. Dividiere die natürliche Zahl durch den Bruch.

TIPP: $4:\frac{2}{5} = 4\cdot\frac{5}{2}$

a) $3:\frac{3}{4}$ b) $4:\frac{1}{2}$

c) $5:\frac{4}{5}$ d) $2:\frac{3}{10}$ e) $4:\frac{2}{3}$

f) $2:\frac{2}{7}$ g) $7:\frac{9}{11}$ h) $3:\frac{3}{5}$

7. Wie oft ist die eine Größe in der anderen enthalten?

BEISPIEL

Wie oft sind $\frac{3}{8}$ m in $\frac{3}{2}$ m enthalten?

Rechnung: $\frac{3}{2}:\frac{3}{8} = \frac{3}{2}\cdot\frac{8}{3} = \frac{^{1}\cancel{3}\cdot\cancel{8}^{4}}{_{1}\cancel{2}\cdot\cancel{3}_{1}} = 4$ → 4-mal

a) $\frac{1}{4}$ m in $\frac{7}{4}$ m b) $\frac{3}{4}$ kg in $\frac{5}{2}$ kg

c) $\frac{1}{6}$ ℓ in $\frac{2}{3}$ ℓ d) $\frac{1}{8}$ km in $\frac{7}{4}$ km

8.

Ein Obsthändler verpackt 20 kg Erdbeeren in Schalen zu $\frac{1}{4}$ kg. Wie hoch sind seine Einnahmen, wenn er für eine Schale 2,50 € verlangt und alle Schalen verkauft werden?

Aufgabe 9 – 12

9. Wandle zuerst die gemischte Zahl in einen Bruch um.

BEISPIEL
$2\frac{4}{5}:\frac{2}{3}=\frac{14}{5}:\frac{2}{3}=\frac{14}{5}\cdot\frac{3}{2}=\frac{\overset{7}{\cancel{14}}\cdot 3}{5\cdot\cancel{2}_1}=\frac{21}{5}=4\frac{1}{5}$

a) $1\frac{1}{3}:\frac{1}{2}$ b) $\frac{2}{3}:3\frac{2}{5}$ c) $1\frac{4}{5}:1\frac{2}{3}$
d) $2\frac{1}{4}:\frac{1}{5}$ e) $\frac{3}{4}:2\frac{1}{2}$ f) $2\frac{1}{2}:1\frac{1}{2}$
g) $3\frac{1}{6}:\frac{1}{6}$ h) $\frac{4}{5}:1\frac{3}{25}$ i) $1\frac{2}{5}:2\frac{4}{5}$

LÖSUNGEN
$\frac{1}{2}$ | $\frac{5}{7}$ | $\frac{3}{10}$ | $\frac{10}{51}$ | $1\frac{2}{25}$ | $1\frac{2}{3}$ | $2\frac{2}{3}$ | $11\frac{1}{4}$ | 19

10. 

a) Charlottes Zimmer hat einen Flächeninhalt von $10\frac{1}{2}\,m^2$ und eine Breite von $2\frac{1}{2}$ m. Wie lang ist es?
b) Das Zimmer von Max hat einen Umfang von $14\frac{1}{2}$ m und ist $3\frac{1}{2}$ m lang. Wie breit ist es?
c) Berechne für dein eigenes Zimmer Flächeninhalt und Umfang.

11. 

Hat Emily recht? Begründet eure Antwort mit Beispielen und mit Worten.

12. Wählt zwei Brüche aus und schreibt eine Divisionsaufgabe. Das Ergebnis soll …

$\frac{4}{9}$ $\frac{7}{6}$ $\frac{1}{5}$ $\frac{2}{3}$

a) … möglichst groß sein,
b) … möglichst klein sein,
c) … genau $\frac{2}{3}$ sein,
d) … möglichst nah an 1 liegen.

Aufgabe 13 – 17

13. 

Die 6a macht auf ihrer Wanderung nach $3\frac{1}{2}$ km zum ersten Mal Rast. Das Mathe-Ass Carlo meint: „Jetzt haben wir $\frac{7}{10}$ der gesamten Wanderstrecke zurückgelegt." Berechne die Länge der ganzen Strecke.

14. Vergleiche die Brüche zuerst. Dividiere dann den größeren Bruch durch den kleineren und gib das Ergebnis als gemischte Zahl an.

a) $\frac{2}{3}$ | $\frac{1}{4}$ b) $\frac{1}{2}$ | $\frac{7}{8}$ c) $\frac{1}{4}$ | $\frac{1}{9}$
d) $\frac{5}{6}$ | $\frac{6}{5}$ e) $\frac{3}{7}$ | $\frac{5}{9}$ f) $\frac{3}{4}$ | $\frac{7}{10}$

15. Berechne die fehlende Zahl.

a) $\frac{3}{4}:\square=2\frac{1}{2}$ b) $3\frac{2}{3}:\square=\frac{5}{6}$
c) $\frac{3}{2}:\square=3\frac{1}{4}$ d) $2\frac{1}{2}:\square=\frac{1}{3}$

16. Überlegt zuerst, welches Ergebnis größer ist. Berechnet erst dann. Denkt an die Rechenregeln.

a) $\frac{1}{2}+\frac{1}{3}:\frac{1}{4}+\frac{1}{5}$ oder $\left(\frac{1}{2}+\frac{1}{3}\right):\left(\frac{1}{4}+\frac{1}{5}\right)$
b) $\frac{7}{5}-\frac{1}{2}:\frac{3}{4}-\frac{2}{7}$ oder $\left(\frac{7}{5}-\frac{1}{2}\right):\left(\frac{3}{4}-\frac{2}{7}\right)$

17. a) Verdopple den Quotienten aus $5\frac{1}{2}$ und $2\frac{1}{3}$.
b) Subtrahiere den Quotienten aus $6\frac{2}{5}$ und $1\frac{2}{5}$ von der Zahl $10\frac{1}{2}$.
c) Dividiere die Summe aus $\frac{2}{3}$ und $\frac{4}{5}$ durch $\frac{11}{20}$.

«

Fehler erkennen und korrigieren

- Teilt euch in Gruppen auf. Jede Gruppe korrigiert zwei der Blätter.
- Beschreibt die Fehler und gebt Tipps, wie man diese vermeiden kann.
- Berichtigt die Fehler in euren Heften.
- Setzt euch mit einer Gruppe zusammen, die andere Blätter geprüft hat und präsentiert eure Ergebnisse.

Bruchteile

① 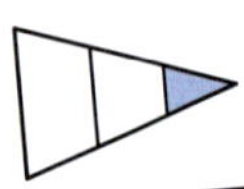 $\frac{1}{3}$

② 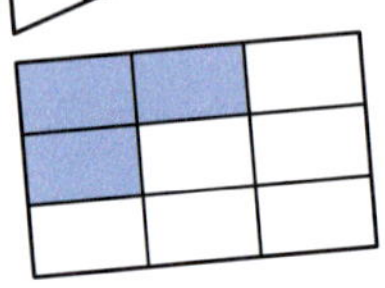 $\frac{3}{6} = \frac{1}{2}$

③ 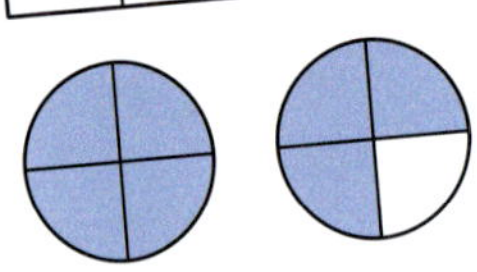 $\frac{7}{8}$

④ 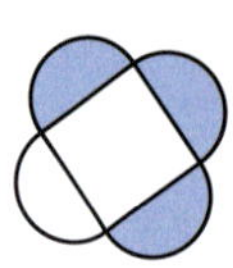 $\frac{3}{4}$

Größenvergleich

① $\frac{1}{10} > \frac{1}{2}$ und $\frac{3}{8} > \frac{3}{5}$

② $\frac{1}{5} = 1{,}5$ und $\frac{2}{3} = 2{,}3$

③ $0{,}27 = \frac{27}{10}$ und $1{,}40 = \frac{140}{10}$

④ $0{,}23 > 0{,}5$ und $1{,}8 < 1{,}399$

⑤ $0{,}6 < 0{,}60$ und $0{,}2 = 0{,}02$

Brüche

① $\frac{1}{2} + \frac{1}{3} = \frac{2}{5}$

② $\frac{6}{7} + \frac{6}{5} = \frac{6}{12}$

③ $\frac{3}{4} - \frac{1}{4} = \frac{2}{0} = 0$

④ $4 + \frac{2}{5} = \frac{4+2}{5} = \frac{6}{5}$

⑤ $\frac{3}{4} + \frac{4}{9} = \frac{{}^{1}\cancel{3}}{{}_{1}\cancel{4}} + \frac{\cancel{4}^{1}}{\cancel{9}_{3}} = \frac{1}{1} + \frac{1}{3} = \frac{4}{3}$

Dezimalzahlen

① $7{,}79 + 8{,}6 = 15{,}85$

② $0{,}75 - 0{,}2 = 0{,}73$

③ $8{,}8 - 3 = 8{,}5$

④ $7{,}3 \cdot 8 = 56{,}24$

⑤ $36{,}48 : 6 = 6{,}8$

Wiederholungsaufgaben

Die Ergebnisse der Aufgaben ergeben zwei Begriffe mit Bezug zum Bahnfahren.

1. Welche Zahl kannst du auf dem Zahlenstrahl ablesen?

2. Berechne schriftlich.
a) $304 \cdot 29$
b) $1\,624 : 8$
c) $75{,}8 + 14{,}1 + 7{,}5 + 310$
d) $45{,}86 - 7{,}56 - 4 - 32{,}9$

3. Wie heißen die dargestellten Vierecke?

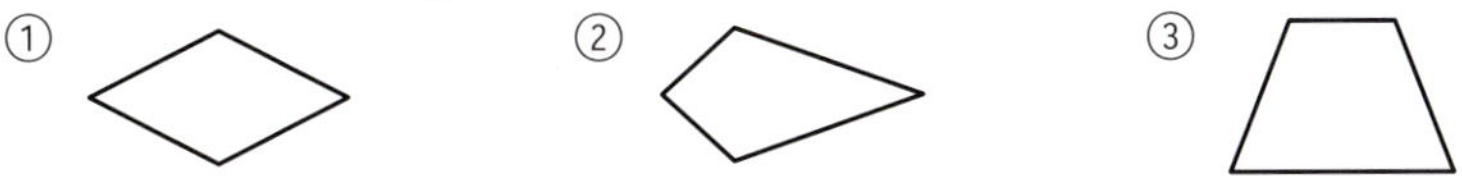

Rechteck (20) | Raute (30) | Quadrat (40) | Trapez (60) | Drachen (50)

---

4. Wandle um.
a) 170 cm = ■ dm
b) 4,35 dm = ■ cm
c) 1 400 cm² = ■ dm²
d) 1,6 dm² = ■ cm²
e) 1 200 cm³ = ■ dm³
f) 1,75 dm³ = ■ cm³

5. Welcher der Anteile entspricht rund …
a) … einem Drittel?
b) … einem Viertel?

190 € von 380 € (11) | 330 g von 1 000 g (12) | 130 m von 650 m (13) | 199 t von 800 t (14)

6. a) Frau Helmer kauft 15 kg Kartoffeln. 1 kg kostet 2,50 €. Wie viel Euro muss sie bezahlen?
b) Herr Fatih kauft 7 Flaschen Orangensaft für je 1,60 € und bezahlt mit einem 50-€-Schein. Berechne das Rückgeld.

7. Wie viel Kilometer ist 1 cm auf einer Karte mit folgendem Maßstab?
a) 1 : 800 000 (Straßenkarte)
b) 1 : 4 000 000 (Atlas)
c) 1 : 100 000 (Wanderkarte)

E | 1	**C** | 1,2
C | 1,4	**R** | 1,75
R | 1,8	**R** | 5,6
E | 6,2	**A** | 6,3
D | 7,2	**I** | 7,25
S | 7,85	**L** | 7,9
O | 8	**E** | 12
E | 13	**I** | 14
C | 16	**G** | 17
H | 20	**K** | 30
N | 37,50	**C** | 38,80
D | 40	**U** | 43,5
E | 50	**T** | 60
S | 160	**T** | 203
S | 400	**I** | 407,4
E | 435	**H** | 1 750
U | 2 500	**E** | 8 816

«

Dezimalzahlen multiplizieren

Manuel hat bei der Ankunft am Bahnhof gleich fürs Wochenende eingekauft:

0,5 kg Tomaten
1,5 kg Orangen
2 Avocados

Reichen 10 €?

1. Familie Walter hat im neuen Haus ein großes Spielzimmer: 7,2 m lang und 3,9 m breit. Um die Kosten für den neuen Holzboden zu ermitteln, wollen die Kinder den Flächeninhalt berechnen. Sie gehen ganz unterschiedlich vor.

Ich wandle in Dezimeter um. Dann kann ich ohne Komma rechnen. Das Ergebnis rechne ich um in m².

Julia

Brüche kann ich mulitplizieren, also wandle ich die Dezimalzahlen in Brüche um. Das Ergebnis wandle ich wieder in eine Dezimalzahl um.

Ben

Ich rechne ohne Komma, also 72 · 39. Dann mache ich den Überschlag und weiß, wo das Komma im Ergebnis hingehört.

Clemens

①
72 · 39
 2160
  648
  1
 2808

Ü: $7 \cdot 4 = 28$

$7{,}2\,m \cdot 3{,}9\,m = 28{,}08\,m^2$

②
$7{,}2\,m = 72\,dm \quad 3{,}9\,m = 39\,dm$

72 · 39
 2160
  648
  1
 2808

$2808\,dm^2 = 28{,}08\,m^2$

③
$7{,}2\,m = \frac{72}{10}\,m \quad 3{,}9\,m = \frac{39}{10}\,m$

$\frac{72}{10}\,m \cdot \frac{39}{10}\,m = \frac{2808}{100}\,m^2$

Das sind $28{,}08\,m^2$.

a) Wer hat wie gerechnet? Erklärt euch die Überlegungen von Julia, Ben und Clemens und ordnet richtig zu.

b) Die Lösungswege sind unterschiedlich. Besprecht, welchen Weg ihr wählen würdet.

2.

① $2{,}8 \cdot 1{,}1 = 308$	② $9{,}8 \cdot 1{,}02 = 9996$	③ $19{,}8 \cdot 6{,}3 = 12474$	④ $9{,}71 \cdot 15{,}3 = 148563$
⑤ $8{,}1 \cdot 8{,}1 = 6561$	⑥ $11{,}3 \cdot 2{,}9 = 3277$	⑦ $4{,}97 \cdot 48 = 23856$	⑧ $10{,}15 \cdot 3{,}8 = 3857$

a) In den Ergebnissen sind die Ziffern korrekt, allerdings fehlt das Komma. Mache einen Überschlag und setze das Komma an die richtige Stelle.

b) Vergleiche die Anzahl der Nachkommastellen der beiden Faktoren mit der Anzahl der Nachkommastellen im Ergebnis. Was fällt dir auf?

So **multiplizierst** du Dezimalzahlen:

Video

① Rechne zuerst ohne Komma.
② Setze im Ergebnis das Komma.
Das Ergebnis hat so viele Stellen nach dem Komma wie die beiden Faktoren zusammen.
Ein Überschlag dient dir als Kontrolle.

Aufgabe: $12{,}95 \cdot 3{,}4$

2 Nachkommastellen — 1 Nachkommastelle

1	2,	9	5	·	3,	4
		3	8	8	5	0
			5	1	8	0
		1	1	1		
		4	4,	0	3	0

3 Nachkommastellen

Überschlag: $13 \cdot 3 = 39$

3. Beim Ergebnis im blauen Feld fehlt das Komma, die Ziffernfolge stimmt. Schreibe die Aufgaben mit Gleichheitszeichen in dein Heft und setze das Komma an die richtige Stelle.

a) $3{,}8 \cdot 6{,}6 =$ 2508
b) $6{,}02 \cdot 11{,}3 =$ 68026
c) $6{,}9 \cdot 32{,}12 =$ 221628
d) $5{,}05 \cdot 1{,}2 =$ 6060
e) $7{,}63 \cdot 2{,}3 =$ 17549
f) $0{,}97 \cdot 1{,}234 =$ 119698
g) $1{,}23 \cdot 1{,}1 =$ 1353
h) $2{,}31 \cdot 9{,}9 =$ 22869
i) $0{,}987 \cdot 51{,}1 =$ 504357

4. Berechne schriftlich. Kontrolliere mit einer Überschlagsrechnung.

a) $2{,}5 \cdot 2{,}5$
b) $3{,}1 \cdot 9{,}9$
c) $1{,}25 \cdot 6{,}2$
d) $5{,}5 \cdot 3{,}3$
e) $20 \cdot 0{,}68$
f) $9{,}7 \cdot 0{,}9$
g) $2{,}34 \cdot 40$
h) $5{,}36 \cdot 3{,}6$
i) $8{,}8 \cdot 8{,}8$
j) $0{,}2 \cdot 9{,}85$

LÖSUNGEN
1,97 | 6,25 | 7,75 | 8,73 | 13,6 | 18,15 | 19,296 | 30,69 | 77,44 | 93,6

5. a) Berechnet im Kopf und schreibt nur die Ergebnisse auf. Stoppt dabei die Zeit. Jeder Fehler gibt 5 Strafsekunden.

① $0{,}5 \cdot 0{,}3$ ② $0{,}4 \cdot 0{,}8$ ③ $7 \cdot 1{,}1$ ④ $10 \cdot 8{,}42$
⑤ $4 \cdot 0{,}2$ ⑥ $100 \cdot 0{,}3$ ⑦ $0{,}7 \cdot 0{,}8$ ⑧ $2{,}2 \cdot 0{,}1$

LÖSUNGEN
0,15 | 0,22 | 0,32 | 0,56
0,8 | 7,7 | 30 | 84,2

b) Rechnet noch einmal. Seid ihr diesmal schneller?

① $0{,}1 \cdot 6{,}2$ ② $0{,}6 \cdot 0{,}6$ ③ $0{,}9 \cdot 0{,}2$ ④ $25 \cdot 0{,}01$
⑤ $100 \cdot 0{,}2$ ⑥ $0{,}7 \cdot 0{,}5$ ⑦ $10 \cdot 2{,}02$ ⑧ $3 \cdot 1{,}2$

LÖSUNGEN
0,18 | 0,25 | 0,35 | 0,36
0,62 | 3,6 | 20 | 20,2

6. Bei diesen Aufgaben wurden Fehler gemacht.

① $0{,}3 \cdot 0{,}3 = 0{,}9$ f
② $70 \cdot 0{,}3 = 2{,}1$ f
③ $4 \cdot 2{,}7 = 8{,}28$ f
④ $2{,}3 \cdot 3{,}2 = 6{,}6$ f
⑤

4,	7	·	5,	8
	2	3	5	0
		3	7	6
	2,	7	2	6

f

a) Erklärt, wie die Fehler wahrscheinlich zustande gekommen sind.
b) Rechnet die Aufgaben richtig in euren Heften.

»

Aufgabe 1 – 4

1.

> 325 · 72 = 23 400
> Jetzt kann ich Aufgaben mit Dezimalzahlen, die dieselben Ziffern haben, ganz einfach berechnen.

Nutze die Rechnung von Ibrahim und schreibe mit Ergebnis ins Heft.

a) 32,5 · 7,2 b) 32,5 · 72 c) 3,25 · 7,2
d) 325 · 7,2 e) 3,25 · 0,72 f) 32,5 · 0,72

2. Berechne nur die erste Aufgabe schriftlich. Bestimme die anderen Ergebnisse entweder mit Überschlag oder mit der Kommaverschiebung.

a) 7,5 · 2,3
7,5 · 0,23
0,75 · 2,3

b) 60,6 · 1,3
6,06 · 1,3
60,6 · 0,13

c) 3,02 · 2,5
30,2 · 2,5
3,02 · 0,25

d) 2,7 · 5,2
27 · 5,2
0,27 · 5,2

3.

> Manchmal müssen Nullen ergänzt werden.
> 1,2 · 0,04
> 0,048

Rechne schriftlich. Denke an das Ergänzen von Nullen.

a) 1,2 · 0,03 b) 1,3 · 0,03 c) 2,2 · 0,01
d) 0,2 · 0,2 e) 2,4 · 0,04 f) 0,05 · 1,3
g) 0,02 · 3,9 h) 0,6 · 0,1 i) 0,06 · 1,6
j) 0,2 · 0,4 k) 1,5 · 0,05 l) 0,1 · 0,9

4. Welches Ergebnis stimmt ① oder ②? Überschlage und wähle das richtige aus.

a) 2,6 · 5,43	① 4,118	② 14,118
b) 4,8 · 23,21	① 111,408	② 51,408
c) 8,6 · 0,98	① 18,428	② 8,428
d) 9,9 · 15,5	① 53,45	② 153,45
e) 99,1 · 9,1	① 901,81	② 1 501,81
f) 12,1 · 8,9	① 37,69	② 107,69

Aufgabe 5 – 9

5. Familie Jones aus San Francisco macht in Deutschland Urlaub. Sie wechselt dafür Geld. Runde dein Ergebnis auf zwei Stellen nach dem Komma.

> 1 $ (US-Dollar) = 0,93 € Euro
> 1 € (Euro) = 1,08 $ (US-Dollar)

a) Wie viel Euro erhält Familie Jones für 8,50 US-Dollar?
b) Wie viel Euro erhält Familie Jones für 12,60 US-Dollar?
c) Wie viel US-Dollar erhält man für 5,80 €?
d) Wie viel US-Dollar erhält man für 12,30 €?

6. Multipliziere schriftlich. Du erhältst besondere Ziffernfolgen im Ergebnis.

a) 13,13 · 0,6 b) 28,8 · 1,2 c) 25,25 · 2,4
d) 1,07 · 30 e) 93,5 · 4,8 f) 308,5 · 0,8

7. 1 kg Trauben kostet 2,40 €. Berechne den Preis für die angegebene Menge:

a) 0,6 kg b) 1,5 kg c) 0,75 kg

8.

> 0,4 · 1,5 > 0,4
> Das musste ich nicht ausrechnen. 0,4 · 1,5 ist größer als 0,4, denn der zweite Faktor ist größer als 1.

a) Formuliert eine passende Begründung hierfür: 0,4 · 1,5 < 1,5

b) < oder >? Übertragt ins Heft und setzt das richtige Zeichen ein. Die Produkte müsst ihr nicht ausrechnen.

① 1,4 · 1,2 ■ 1,4 ② 0,9 · 0,5 ■ 0,9
③ 1,5 · 1,5 ■ 1,5 ④ 0,6 · 0,6 ■ 0,6
⑤ 0,6 · 1,8 ■ 1,8 ⑥ 5,1 · 0,7 ■ 5,1

9. Berechne die Quadratzahlen.

a) $1{,}2^2$ b) $3{,}4^2$ c) $2{,}25^2$
d) $5{,}5^2$ e) $9{,}9^2$ f) $14{,}5^2$

> TIPP
> $2{,}2^2 = 2{,}2 \cdot 2{,}2$
> $= 4{,}84$

Aufgabe 10 – 14

10. Multipliziere schriftlich und kontrolliere mit einer Überschlagsrechnung.

a) 10,9 · 19,3 b) 4,91 · 9,23 c) 80,7 · 6,58
d) 40,16 · 7,26 e) 250,2 · 1,82 f) 14,5 · 14,5

11. Berechnet und rundet sinnvoll.

a) 12,25 € · 2,5 b) 3,86 € · 1,05
c) 48,48 m · 4,8 d) 5,07 m · 2,77
e) 9,815 t · 0,92 f) 2,345 t · 3,5

12.

0,5 · 64,2 · 0,2 = ?
Das kann ich im Kopf.
0,5 · 0,2 ist 0,10 und jetzt nur noch mit 64,2 multiplizieren.

Rechnet möglichst geschickt im Kopf.

a) 0,5 · 0,2 · 24,24 b) 0,2 · 2,424 · 0,5
c) 2,5 · 36,4 · 4 d) 0,4 · 0,25 · 36,4
e) 1,25 · 0,8 · 8,1 f) 0,6 · 1,5 · 0,9

LÖSUNGEN
0,2424 | 0,81 | 2,424 | 3,64 | 8,1 | 364

13.

Das Segelschiff legt durchschnittlich in einer Stunde 8,5 Seemeilen zurück. Eine Seemeile entspricht 1,852 Kilometer.

a) Berechne, wie viele Kilometer das Schiff in einer Stunde fährt.
b) Bei besonders gutem Wind segelt der Dreimaster 12,5 Seemeilen pro Stunde. Wie viel Kilometer sind das?

14. Berechne Oberfläche und Volumen eines Quaders mit den Kantenlängen $a = b = 7{,}25\,cm$ und $c = 2{,}5\,cm$.

Aufgabe 15 – 17

15.

Sponsorenlauf: Die Schülerinnen und Schüler laufen um einen See und bekommen für jeden Kilometer von ihren Sponsoren einen Geldbetrag, der dann für einen guten Zweck gespendet wird. Eine Runde um den See hat eine Länge von 2,4 km. Hat Darius Recht?

16.

① 100 – (54,2 – 29,66 · 1,5)
② 100 – (54,2 – 29,66) · 1,5
③ 100 – 54,2 – 29,66 · 1,5
④ (100 – 54,2 – 29,66) · 1,5

a) Überschlagt im Kopf. Wo ergibt sich das kleinste, wo das größte Ergebnis?
b) Berechnet und vergleicht mit euren Überlegungen in Teilaufgabe a).

17. 5 4 8 2

Gegeben sind die vier abgebildeten Ziffern. Setzt sie in die Felder ein: ■, ■ · ■, ■

a) Das Produkt soll 15,12 sein.
b) Welche Produkte haben an der letzten Stelle die Ziffer 8?
c) Das Produkt soll möglichst nah an 30 sein.
d) Welches Produkt ist am größten? Begründet.
e) Welches Produkt ist am kleinsten? Begründet.

«

Durch eine Dezimalzahl dividieren

Die Schülerinnen und Schüler haben 0,2-ℓ-Becher dabei.

Wie viele Becher lassen sich mit Johannisbeersaft füllen, wie viele mit Orangensaft?

1. Frau Stefanys Klasse hat Spaß daran, selbst herauszufinden, wie man neue Aufgaben berechnet. Heute geht es um die Aufgabe 31,25 : 0,5.
Micha und Peer haben jeweils eine Idee und stellen sie am Whiteboard vor.

a) Seht euch die beiden Rechenwege an. Beurteilt, ob sie richtig sind. Führt sie zu Ende, wenn noch kein Ergebnis an der Tafel steht.

b) Wer von den beiden Jungs hat eurer Meinung nach den besseren oder schnelleren Weg gefunden? Begründet eure Meinung.

c) Berechnet wie Micha.
① 4,08 : 0,4 ② 17,84 : 0,8

d) Berechnet wie Peer.
① 9,15 : 0,5 ② 11,07 : 0,9

So **dividierst** du durch eine Dezimalzahl:

① Multipliziere beide Zahlen mit 10, 100, 1 000, …, bis der Divisor (die zweite Zahl) eine natürliche Zahl ist.
② Dividiere dann.
③ Setze das Komma im Ergebnis, sobald du während der Rechnung das Komma überschreitest.

Video

Aufgabe: 22,76 : 0,4 = 227,6 : 4 = 56,9

beide Kommas um eine Stelle nach rechts

```
227,6 : 4 = 56,9
-20
 27
-24
  36
 -36
   0
```

22,76 : 0,4 = 56,9

2. a) Multipliziere zuerst beide Zahlen mit 10. Dividiere dann schriftlich.
① 9,3 : 0,3 ② 18,9 : 0,2 ③ 8,53 : 0,5 ④ 120 : 0,8

b) Multipliziere zuerst beide Zahlen mit 100. Dividiere dann schriftlich.
① 5,65 : 0,05 ② 16,839 : 0,03 ③ 86 : 0,02 ④ 9,028 : 0,04

LÖSUNGEN
17,06 | 31 | 94,5
113 | 150 | 225,7
561,3 | 4 300

Aufgabe 1 – 5

1. Überlege zuerst: Musst du mit 10 oder 100 multiplizieren? Dividiere dann schriftlich. Die Lösungen findest du in den Bällen.

a) 3,75 : 0,3 b) 0,738 : 0,06 c) 4,96 : 0,04
d) 8,68 : 0,7 e) 11,25 : 0,09 f) 0,984 : 0,8

1,23 | 12,3 | 12,4 | 12,5 | 124 | 125

2. In den Ergebnissen fehlt das Komma, die Ziffernfolge stimmt. Mache einen Überschlag und setze das Komma an die richtige Stelle.

a) 13,53 : 1,1 = 123 b) 25,08 : 3,8 = 66
c) 6,06 : 1,2 = 505 d) 17,48 : 2,3 = 76
e) 227,7 : 9,9 = 23 f) 20,97 : 0,9 = 233

3. Tim hat schriftlich dividiert. Beschreibt die Fehler und berichtigt in euren Heften.

a) 23,5 : 0,05
= 235 : 5 = 47 f
−20
35
−35
0

b) 27,36 : 0,9
= 273,6 : 9 = 3,4 f
−27
036
−36
0

4. Ihr könnt die Aufgaben im Kopf rechnen. Denkt an das Verschieben des Kommas.

a) 2,4 : 1,2
2,4 : 0,3
2,4 : 0,6

b) 4,8 : 0,6
4,8 : 0,8
4,8 : 1,6

c) 6 : 0,2
6 : 1,5
6 : 0,5

d) 3,2 : 1,6
3,2 : 0,8
3,2 : 0,4

e) 12,4 : 0,2
12,4 : 0,1
12,4 : 0,4

f) 9 : 0,1
9 : 0,3
9 : 0,9

5. Nach der Apfellese werden 1 400 Liter Apfelsaft in 0,7-ℓ-Flaschen abgefüllt. Wie viele Flaschen werden benötigt?

Aufgabe 6 – 9

6. Multipliziere beide Zahlen so, dass die zweite Zahl kein Komma mehr hat. Dividiere dann schriftlich.

a) 356,7 : 2,9 b) 13,02 : 0,31 c) 30,38 : 0,028
d) 6,15 : 4,1 e) 9 486 : 0,51 f) 0,672 : 0,12
g) 1,45 : 0,25 h) 2,356 : 0,19 i) 5,525 : 0,013

LÖSUNGEN
1,5 | 5,6 | 5,8 | 12,4 | 42 | 123 | 425 | 1 085 | 18 600

7.

Ein Kombiticket (Eintritt und Seilbahn) für die Gärten der Welt in Berlin kostet für Kinder 5,50 €. Wie viele dieser Tickets wurden verkauft, wenn an einem Sommertag 2 849 € mit diesen Tickets eingenommen wurden?

8. Zwei Dezimalzahlen werden dividiert, der Quotient ist 0,25.

a) Notiert fünf passende Divisionsaufgaben.
b) Findet ihr eine Strategie, sodass ihr nicht jedesmal neu rechnen müsst? Erklärt.

9. 1 | 4 | 3 | 7 □ , □ : 0 , □ □

Gegeben sind die vier abgebildeten Ziffern und die freien Felder. Setzt die Ziffern so in die Felder ein, dass das Ergebnis …

a) … möglichst groß ist,
b) … möglichst klein ist,
c) … möglichst nah an 10 ist.

Runde immer auf Hundertstel.

Brüche multiplizieren

Du **multiplizierst** zwei Brüche miteinander, indem du Zähler mit Zähler und Nenner mit Nenner multiplizierst.

kurz: $\frac{\text{Zähler mal Zähler}}{\text{Nenner mal Nenner}}$

$$\frac{2}{3}\cdot\frac{4}{5} = \frac{2\cdot4}{3\cdot5} = \frac{8}{15}$$

$$\frac{14}{9}\cdot\frac{18}{21} = \frac{\overset{2}{\cancel{14}}\cdot\overset{2}{\cancel{18}}}{\underset{1}{\cancel{9}}\cdot\underset{3}{\cancel{21}}} = \frac{4}{3}$$

Brüche dividieren

So **dividierst** du durch einen Bruch:

① Bestimme den **Kehrwert** des zweiten Bruchs. Beim Kehrwert werden Zähler und Nenner vertauscht.

② **Multipliziere** mit dem Kehrwert.

$$\frac{4}{5}:\frac{3}{2} = \frac{4}{5}\cdot\frac{2}{3} = \frac{4\cdot2}{5\cdot3} = \frac{8}{15}$$

$$\frac{7}{9}:\frac{2}{3} = \frac{7}{9}\cdot\frac{3}{2} = \frac{7\cdot\overset{1}{\cancel{3}}}{\underset{3}{\cancel{9}}\cdot2} = \frac{7}{6}$$

Dezimalzahlen multiplizieren

So **multiplizierst** du Dezimalzahlen:

① Rechne zuerst ohne Komma.

② Setze im Ergebnis das Komma.
Das Ergebnis hat so viele Stellen nach dem Komma wie die beiden Faktoren zusammen.
Ein Überschlag dient dir als Kontrolle.

Aufgabe: $12{,}95\cdot3{,}4$

2 Nachkommastellen — 1 Nachkommastelle

1	2,	9	5	·	3,	4
		3	8	8	5	0
			5	1	8	0
		1	1	1		
		4	4,	0	3	0

3 Nachkommastellen

Überschlag: $13\cdot3=39$

Dezimalzahlen dividieren

So **dividierst** du durch eine Dezimalzahl:

① Multipliziere beide Zahlen mit 10, 100, 1 000, …, bis der Divisor (die zweite Zahl) eine natürliche Zahl ist.

② Dividiere dann.

③ Setze das Komma, wenn du es beim Rechnen überschreitest.

Aufgabe: $22{,}76:0{,}4 = 227{,}6:4 = 56{,}9$

beide Kommas um eine Stelle nach rechts

```
227,6 : 4 = 56,9
-20
  27
 -24
   36
  -36
    0
```

$22{,}76:0{,}4=56{,}9$

Aufgabe 1 – 5

1. Notiere als Multiplikationsaufgabe und berechne.

a) ein Drittel von $\frac{3}{5}$ b) zwei Drittel von $\frac{3}{5}$
c) die Hälfte von $\frac{4}{7}$ d) ein Viertel von $\frac{1}{2}$
e) drei Achtel von $\frac{2}{3}$ f) drei Viertel von $\frac{2}{5}$

2. Berechne. Kürze, wenn es möglich ist.
Die Lösungen findest du in den Bällen.

a) $\frac{1}{2} \cdot \frac{1}{2}$ b) $\frac{3}{5} \cdot \frac{3}{4}$ c) $\frac{4}{7} \cdot \frac{1}{8}$
d) $\frac{5}{7} \cdot \frac{2}{5}$ e) $\frac{3}{5} \cdot \frac{7}{8}$ f) $\frac{4}{7} : \frac{12}{7}$
g) $\frac{4}{5} : \frac{8}{15}$ h) $\frac{10}{7} : \frac{5}{14}$ i) $\frac{8}{9} : \frac{2}{3}$

$\frac{3}{2}$ $\frac{1}{14}$ $\frac{1}{3}$ $\frac{9}{20}$ $\frac{4}{3}$ $\frac{21}{40}$ $\frac{1}{4}$ 4 $\frac{2}{7}$

3. Löst die Rechenschlangen. Kürzt die Zwischenergebnisse.

a) 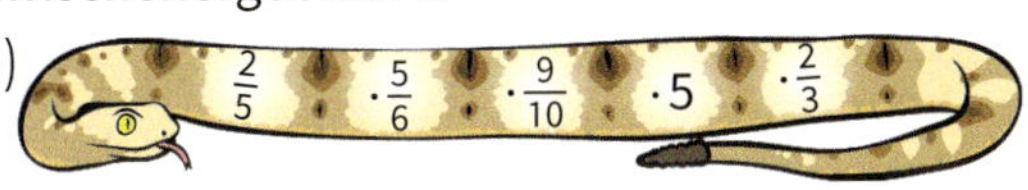

b) 

4. 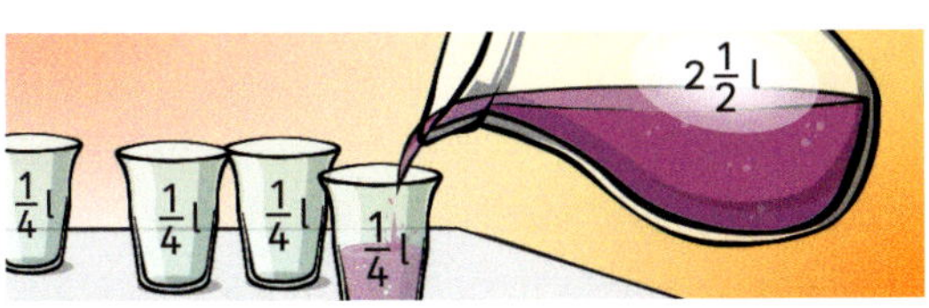

Wie viele $\frac{1}{4}$ ℓ-Gläser kann Helen füllen?

5. Übertrage die Zahlenmauer in dein Heft. Multipliziere benachbarte Zahlen und schreibe das Ergebnis in den oberen Stein.

a) oberster Stein: $\frac{3}{100}$; unterste Reihe: $\frac{4}{3}$ | $\frac{1}{2}$ | $\frac{3}{5}$ | $\frac{5}{6}$

b) oberster Stein: 675; unterste Reihe: 4 | 1,5 | 2,5 | 3,2

Aufgabe 6 – 8

6. Lest den Text zuerst genau durch. Beantwortet dann die Fragen.

Die Bienen sind eine sehr große Insektengruppe. Besonders häufig sind Honigbienen, die in Staaten zusammenleben und Wildbienen, die alleine leben. In der Regel sind Bienen ca. 10 mm lang, die kleinsten sind aber nur 1,5 mm lang. Die größten Bienen können bis zu 27 mm lang sein. Wichtigste Nahrungsquelle der Bienen sind süße Pflanzensäfte, insbesondere Nektar. Eine Biene sammelt auf einem Flug etwa 0,05 g Nektar.

a) Welche zwei Bienenarten kommen sehr häufig vor?
b) Wie viel mal größer sind die größten Bienen im Vergleich zu den kleinsten Bienen?
c) Wie viele Flüge sind notwendig, um 1 kg Nektar zu sammeln?

7. Eines der Ergebnisse ist richtig. Überschlage und schreibe die Aufgabe ins Heft.

a) 3,2 · 1,5 = 0,48 | 4,8 | 48
b) 6,9 · 10,2 = 7,038 | 70,38 | 703,8
c) 75 · 9,8 = 7,35 | 73,5 | 735
d) 0,9 · 5,12 = 4,608 | 46,08 | 460,8

8. Rechne im Kopf. Denke an die Anzahl der Nachkommastellen.

a) 0,2 · 0,5 b) 100 · 1,23 c) 0,6 · 0,6
d) 0,1 · 2,5 e) 9 · 0,05 f) 0,02 · 0,8
g) 2,7 : 0,3 h) 6 : 0,5 i) 9,75 : 0,1

LÖSUNGEN
0,016 | 0,1 | 0,25 | 0,36 | 0,45 | 9
12 | 97,5 | 123

Lösungen → Seite 289

Aufgabe 9 – 13

9. Berechne. Du erhältst besondere Ergebnisse.
a) das 1,5-fache von 3,7
b) das 0,6-fache von 740,74
c) das 2,5-fache von 987,2
d) das 0,8-fache von 16,9625

10. Zeichne zwei Kreise und färbe $1\frac{3}{4}$ davon. Unterteile die Kreise in Achtel. Wie viele Achtelkreise sind in $1\frac{3}{4}$ enthalten? Schreibe auch die Divisionsaufgabe.

11. Berechne den Flächeninhalt.

a)
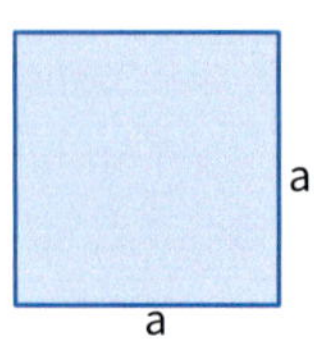

a = 3,5 cm

b)
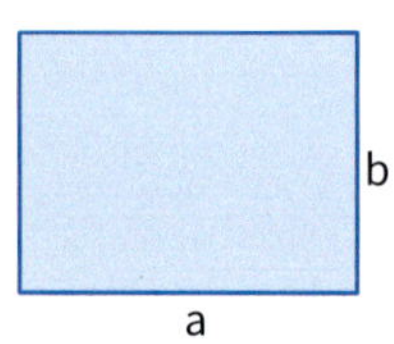

a = 4,5 cm; b = 2,3 cm

12.

In der Projektwoche hat eine Schülergruppe der 6a Obst gepresst und 14 Liter Saft erhalten. Die Kinder überlegen, wie viele Flaschen sie kaufen müssen. Zur Auswahl gibt es 0,5-Liter-Flaschen und 0,7-Liter-Flaschen. Wie viele Flaschen wären es jeweils?

13.

Der französische TGV ist der schnellste Zug Europas. Im Jahr 2015 legte er auf einer Teststrecke in einer Sekunde 159,44 m zurück. Welchen Weg legt er zurück …
a) … in 10 s; b) … in 4,5 min; c) … in 1 h?

Aufgabe 14 – 17

14. Übertrage die Multiplikationsmauer in dein Heft und vervollständige sie. Das Produkt zweier benachbarter Zahlen steht im Stein darüber.

a)
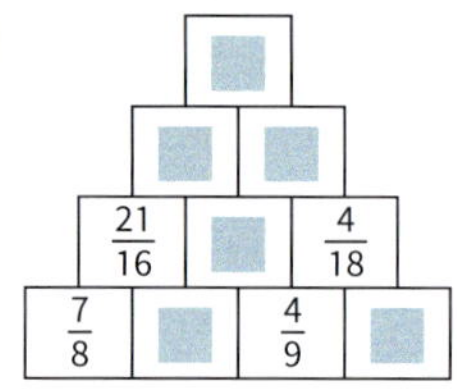

b)
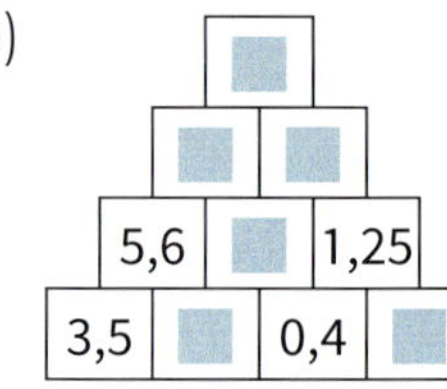

15. Rechne geschickt.

a) $\frac{8}{15} \cdot \frac{5}{4}$ b) $\frac{5}{6} \cdot \frac{3}{10}$ c) $\frac{6}{7} \cdot \frac{14}{12}$

d) $\frac{4}{21} \cdot \frac{7}{10}$ e) $\frac{9}{20} \cdot \frac{15}{12}$ f) $\frac{6}{11} \cdot \frac{5}{9}$

g) $\frac{8}{15} : \frac{10}{5}$ h) $\frac{6}{7} : \frac{12}{35}$ i) $\frac{9}{14} : \frac{6}{7}$

j) $\frac{8}{21} : \frac{16}{15}$ k) $\frac{17}{20} : \frac{51}{50}$ l) $\frac{20}{33} : \frac{15}{22}$

LÖSUNGEN
1 | $\frac{5}{2}$ | $\frac{2}{3}$ | $\frac{1}{4}$ | $\frac{3}{4}$ | $\frac{5}{6}$ | $\frac{8}{9}$ | $\frac{5}{14}$ | $\frac{2}{15}$ | $\frac{4}{15}$ | $\frac{9}{16}$ | $\frac{10}{33}$

16. Ein LKW kann pro Fahrt 3,5 t Erde transportieren. Wie viele Fahrten werden benötigt, bis 94,5 t Erde abtransportiert sind?

17. Findet richtige Zahlen, so dass sich Multiplikationsaufgaben zu den Ergebnissen ergeben. Schreibt die Aufgaben ins Heft. Zu einigen Ergebnissen gibt es mehrere korrekte Aufgaben. Wer findet die meisten Aufgaben?

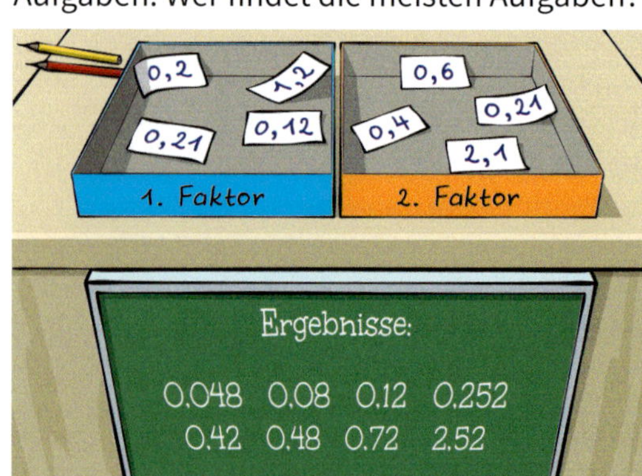

Lösungen → Seite 289

Aufgabe 18 – 22

18.

Lara $\frac{3}{4}+\frac{1}{4}\cdot\left(\frac{5}{6}-\frac{1}{6}\right)$

$= 1\cdot\left(\frac{5}{6}-\frac{1}{6}\right)$

$= 1\cdot\frac{4}{6}$

$= \frac{4}{6}=\frac{2}{3}$

Naomi $\frac{3}{4}+\frac{1}{4}\cdot\left(\frac{5}{6}-\frac{1}{6}\right)$

$= \frac{3}{4}+\frac{1}{4}\cdot\frac{4}{6}$

$= \frac{3}{4}+\frac{1}{6}$

$= \frac{9}{12}+\frac{2}{12}=\frac{11}{12}$

a) Prüft beide Rechnungen. Welches Ergebnis stimmt?

b) Beschreibt den Fehler und formuliert eine Regel für das Berechnen von Rechenausdrücken.

19. Berechnet. Achtet auf die Rechenregeln.

a) $\frac{1}{2}+\frac{1}{3}\cdot\frac{1}{6}$ b) $\frac{2}{3}\cdot\frac{1}{4}+\frac{2}{5}\cdot\frac{5}{8}$

c) $\frac{6}{5}-\frac{1}{4}\cdot\frac{4}{5}$ d) $\frac{4}{7}\cdot\left(\frac{1}{2}+\frac{2}{3}\right)\cdot 3$

e) $\left(\frac{3}{2}\cdot\frac{2}{3}\right)\cdot\frac{1}{2}$ f) $\left(\frac{2}{3}+\frac{1}{6}\right)\cdot\left(\frac{2}{5}+\frac{1}{10}\right)$

20. <, > oder =? Übertragt ins Heft und setzt das richtige Zeichen ein. Die Produkte müsst ihr nicht ausrechnen.

① 1,4 · 1,2 ■ 1 ② 0,9 · 0,5 ■ 1

③ 1,5 · 1,5 ■ 1,5 ④ 0,6 · 0,6 ■ 0,6

⑤ 0,6 · 1,5 ■ 0,6 ⑥ 0 · 0,15 ■ 0

21. Wandle zuerst die gemischte Zahl in einen Bruch um und rechne dann.

a) $4\frac{3}{5}\cdot\frac{3}{5}$ b) $2\frac{2}{3}\cdot 2\frac{2}{3}$ c) $1\frac{3}{4}\cdot 3\frac{1}{5}$

d) $4\frac{1}{2}:\frac{3}{4}$ e) $5\frac{1}{6}:2\frac{3}{8}$ f) $3\frac{2}{3}:5\frac{4}{9}$

22. Ein Quader mit a = 2,3 cm und b = 4,5 cm hat ein Volumen von 39,33 cm³. Berechne die Höhe des Quaders.

Aufgabe 23 – 25

23. Übertrage die Multiplikationsmauer in dein Heft und vervollständige sie. Das Produkt zweier benachbarter Zahlen steht im Stein darüber.

a)

$\frac{3}{3200}$

$\frac{3}{160}$ | ■

$\frac{1}{4}$ | ■ | ■

$\frac{5}{6}$ | ■ | ■ | ■

b)

48

■ | 0,8

■ | ■ | 0,64

■ | ■ | ■ | 3,2

24. Gegeben ist ein Quadrat mit der Seitenlänge a = 2,25 dm. Zwei gegenüberliegende Seiten des Quadrats werden um 0,5 dm verlängert, die beiden anderen Seiten um 0,5 dm verkürzt. Wie ändern sich Umfang und Flächeninhalt des entstehenden Rechtecks?

25.

Das schnellste Passagierflugzeug der Welt war die französische Concorde. Sie hatte eine Reisegeschwindigkeit von 2,02 Mach, das ist das 2,02-fache der Schallgeschwindigkeit.
Der neue Airbus A350 hat eine Höchstgeschwindigkeit von 0,89 Mach, seine Reisegeschwindigkeit auf längeren Strecken beträgt durchschnittlich 0,85 Mach.
1 Mach bedeutet, dass in einer Sekunde 343 m zurückgelegt werden.

a) Berechnet die Reisegeschwindigkeit der Concorde in km pro Stunde.

b) Wie viel mal länger braucht der Airbus A350 für die Strecke Berlin – New York (Flugstrecke 6 385 km) als die Concorde?

Lösungen → Seite 290

Erlebnistag im Miniatur Wunderland

Die 75 Schülerinnen und Schüler der drei 6. Klassen fahren am Ende der Projektwoche mit ihren drei Klassenlehrerinnen und zwei Fachlehrern nach Hamburg, um die größte Modelleisenbahn der Welt im Miniatur Wunderland anzuschauen.

a) Für die 101 km lange Fahrt zum Hamburger Hauptbahnhof benötigt der Zug $1\frac{1}{4}$ Stunden. Berechne, wie viele Kilometer der Zug in einer Stunde fährt.

---

b) Als die Kinder am Bahnhof ankommen, ist die Bahnhofshalle mit etwa 2 300 Menschen überfüllt. Die rechteckige Bahnhofshalle hat eine Länge von 32 m und eine Breite von 37,5 m.
Berechne die Fläche der Bahnhofshalle. Wie viele Menschen kommen ungefähr auf einen Quadratmeter?

---

c) Die Klassen werden bei der Führung im Wunderland aufgeteilt und verlassen das Museum zu unterschiedlichen Zeiten.

Wir waren nach $\frac{5}{6}$ der Zeit fertig.

Julian

Wir haben $\frac{3}{4}$ der Zeit gebraucht.

Emma

Bei uns waren es genau $1\frac{1}{2}$ Stunden.

Melek

① In welcher Reihenfolge kommen die Klassen wieder aus dem Museum?
② Wie lange brauchen die Klassen? Gib das Ergebnis in Stunden und Minuten an.
③ Reicht die Wartezeit der schnellsten Klasse für eine Erfrischung am Museumskiosk?

---

d) Die Gesamtkosten der Fahrt werden aufgeteilt auf die drei Lehrerinnen, die zwei Lehrer und die 75 Kinder.
① Berechne, wie viel jeder bezahlen muss.
② Die Fahrt mit zwei Bussen hätte 575 € gekostet. Wie viel Euro hätte jede Person mehr bezahlen müssen?

GESAMTKOSTEN

Bahnfahrt	476,50 €
3 Führungen	75,00 €
Wunderland Eintritt	285,75 €
Sonstiges	23,55 €

Lösungen → Seite 290

Aufgabe 1 → Seite 7

Im Zahlenraum bis 100 multiplizieren und dividieren

Die Einmaleins-Reihen solltest du auswendig können.
Dann kannst du im Kopf schnell rechnen und zwischen Multiplizieren und Dividieren wechseln, denn Dividieren ist die Umkehrrechnung des Multiplizierens.

Video

·	1	2	3	4	5	6	7	8	9	10
1	1	2	3	4	5	6	7	8	9	10
2	2	4	6	8	10	12	14	16	18	20
3	3	6	9	12	15	18	21	24	27	30
4	4	8	12	16	20	24	28	32	36	40
5	5	10	15	20	25	30	35	40	45	50
6	6	12	18	24	30	36	42	48	54	60
7	7	14	21	28	35	42	49	56	63	70
8	8	16	24	32	40	48	56	64	72	80
9	9	18	27	36	45	54	63	72	81	90
10	10	20	30	40	50	60	70	80	90	100

1. Lerne alle Einmaleins-Reihen auswendig. Tipp: Schreibe dir Karteikärtchen für Aufgaben, die schwierig sind für dich. Beispiel für ein Kärtchen: Vorderseite $8 \cdot 9$ Rückseite 72

2. Schreibe die Aufgabe ins Heft und rechne im Kopf.
a) $6 \cdot 6$ b) $3 \cdot 9$ c) $7 \cdot 4$ d) $5 \cdot 8$ e) $9 \cdot 6$ f) $7 \cdot 7$ g) $6 \cdot 8$

3. Löse im Heft. Notiere auch die Umkehraufgabe wie im Beispiel.
a) $40:8$ b) $28:4$ c) $42:7$ d) $45:5$ e) $24:6$
f) $35:7$ g) $48:6$ h) $72:9$ i) $27:3$ j) $56:8$

BEISPIEL
$24:8 = 3$,
denn $3 \cdot 8 = 24$

Aufgabe 2 → Seite 7

Zahlenfolgen ergänzen

Eine **Zahlenfolge** ist eine Auflistung von Zahlen, die nach einer **festen Regel** aufgebaut wird. Häufig wird immer dieselbe Zahl addiert oder subtrahiert.

① 20, 40, 60, 80, 100, …
Regel: + 20
$20 \xrightarrow{+20} 40 \xrightarrow{+20} 60 \xrightarrow{+20} \dots$

② 90, 75, 60, 45, 30, …
Regel: – 15
$90 \xrightarrow{-15} 75 \xrightarrow{-15} 60 \xrightarrow{-15} \dots$

4. Schreibe die Zahlenfolge in dein Heft und ergänze die nächsten drei Zahlen. Überlege zuerst, nach welcher Regel die Zahlenfolge gebildet wird.
a) 15 18 21 24 27 ■ ■ ■
b) 180 175 170 165 160 ■ ■ ■
c) 14 18 22 26 30 ■ ■ ■
d) 800 720 640 560 480 ■ ■ ■

Lösungen → Seite 291

Digital+
WES-128745-252

Aufgabe 3 → Seite 7

Koordinaten von Punkten ablesen

Video

Das **Koordinatensystem** besteht aus einer **x-Achse** (Rechtsachse) und einer **y-Achse** (Hochachse). So liest du die Koordinaten von Punkt A ab:
Gehe vom Ursprung (0 | 0)
4 Einheiten nach rechts (1. Wert)
und 3 Einheiten nach oben (2. Wert).

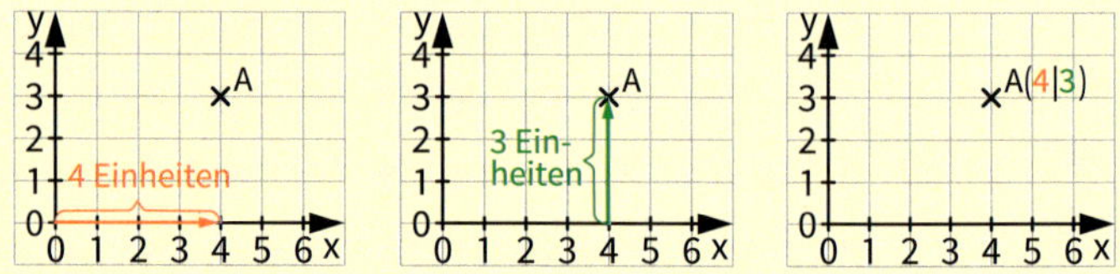

1. Gib die Koordinaten der Punkte A bis H an.

a)

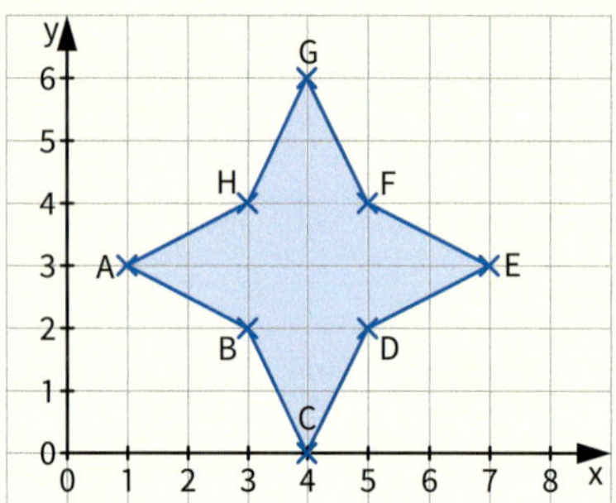

b)

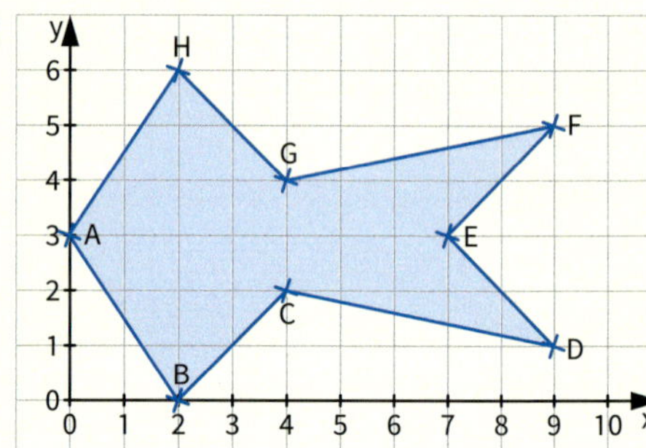

Aufgabe 4 → Seite 7

Zahlen auf dem Zahlenstrahl ablesen

Video

Am **Zahlenstrahl** ist der Abstand zwischen zwei benachbarten Zahlen immer gleich groß.

Zwischen zwei Zehnerzahlen (10, 20, …) gibt es zehn gleiche Teile. Jeder Teilstrich steht für einen Einer.
abgelesen: A = 12 B = 24 C = 46

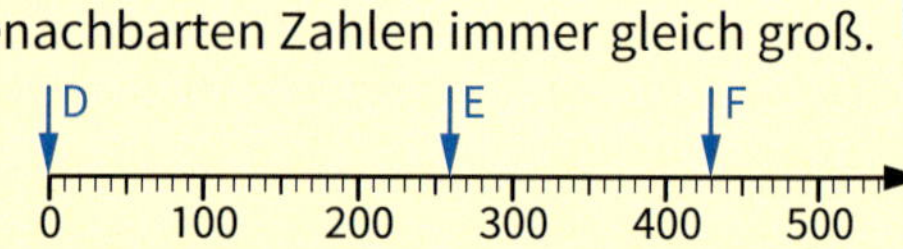

Zwischen zwei Hunderterzahlen (100, 200, …) gibt es zehn gleiche Teile. Jeder Teilstrich steht für einen Zehner.
abgelesen: D = 0 E = 260 F = 430

2. Welche Zahlen sind am Zahlenstrahl dargestellt?

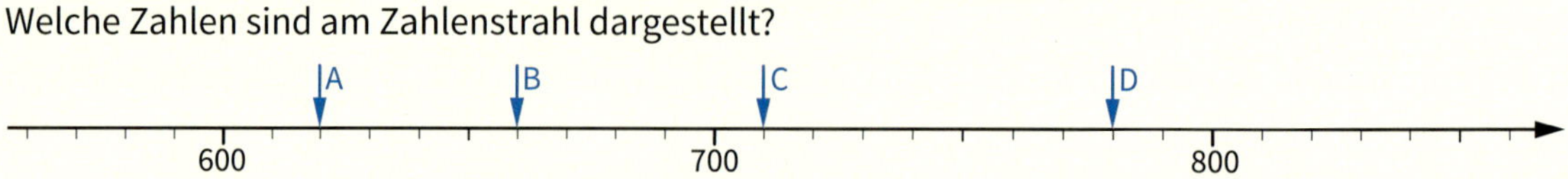

3. Von den neun Zahlen passen nur fünf.

30 000	50 000	170 000
350 000	380 000	520 000
570 000	620 000	720 000

Lösungen → Seite 291

Aufgabe 5 → Seite 7 und Aufgabe 3 → Seite 201

Mit Größen rechnen

Video

Beim **Addieren** oder **Subtrahieren** von Größen addierst oder subtrahierst du die Zahlen. Achte darauf, dass die **Einheiten gleich** sind. Bei Größen mit Komma wandelst du in eine kleinere Einheit ohne Komma um.
Beim **Multiplizieren** oder **Dividieren** von Größen erhält das Ergebnis die Einheit der Größe.

469 cm + 2 m
= 469 cm + 200 cm
= 669 cm

8,5 t – 3,55 t
= 8 500 kg – 3 550 kg
= 4 950 kg
= 4,95 t

120 min · 4
= 480 min

2,40 m : 4
= 240 cm : 4
= 60 cm = 0,6 m

1. Addiere oder subtrahiere. Achte auf gleiche Einheiten.
a) 120 € + 340 € b) 120 m + 85 m c) 252 h – 142 h d) 900 s – 170 s
e) 300 kg + 2 t f) 5,30 m + 2,50 m g) 8 600 m – 5 km h) 9,25 € – 3,50 €

2. Multipliziere oder dividiere.
a) 120 cm · 5 b) 3,20 € · 4 c) 2,50 m · 6 d) 4,2 kg · 3
e) 480 kg : 4 f) 360 min : 9 g) 4,50 € : 5 h) 6,60 m : 6

Aufgabe 5 → Seite 39 und Aufgabe 3 → Seite 103

Abstand messen

Video

Die **kürzeste Entfernung** zwischen einem Punkt und einer Geraden nennt man **Abstand**.
So misst du den Abstand:
① Zeichne den Abstand durch den Punkt senkrecht zur Geraden ein. Dazu muss die **Nulllinie** des Geodreiecks auf der Geraden liegen.
② Miss den Abstand vom Punkt zur Geraden.

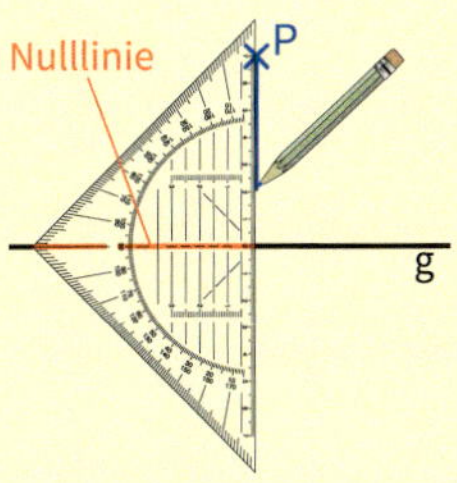

Der Abstand von P zu g beträgt 7 cm.

3. Übertrage ins Heft. Bestimme die Abstände der Punkte von der Geraden g.

a)
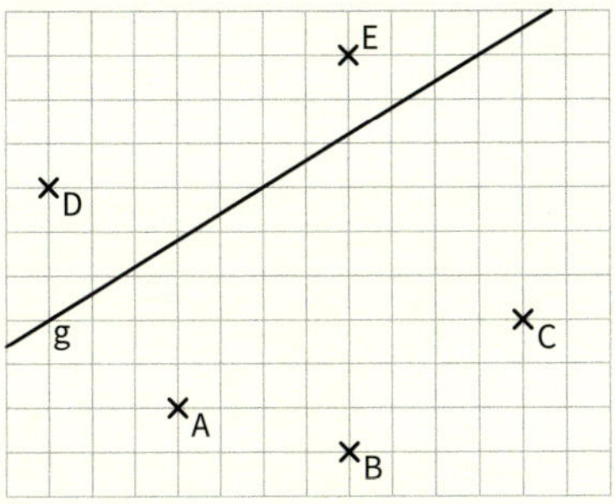

b)
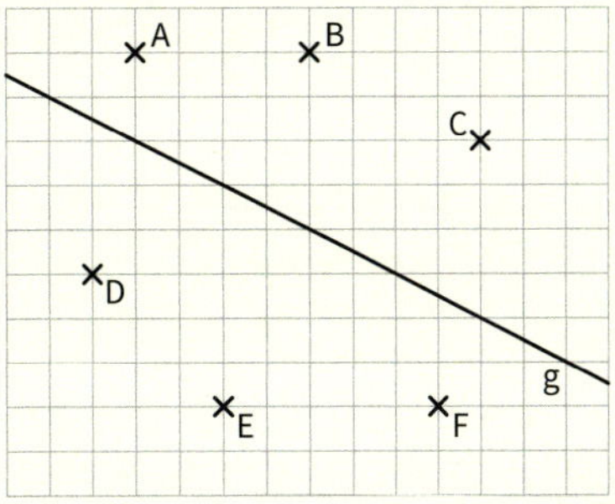

Lösungen → Seite 291

Digital+
WES-128745-254

Aufgabe 1 → Seite 39

Eigenschaften von Rechteck und Quadrat

Ein **Rechteck** hat vier rechte Winkel.
Gegenüberliegende Seiten sind gleich lang.
Gegenüberliegende Seiten sind parallel.

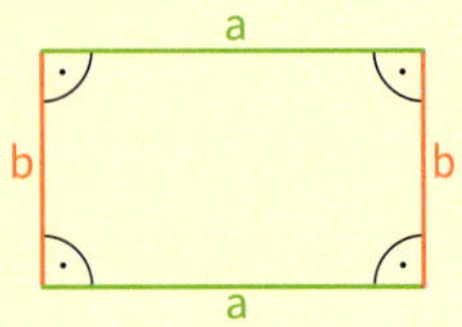

Ein **Quadrat** ist ein besonderes Rechteck.
Alle Seiten sind gleich lang.
Auch ein Quadrat hat vier rechte Winkel.

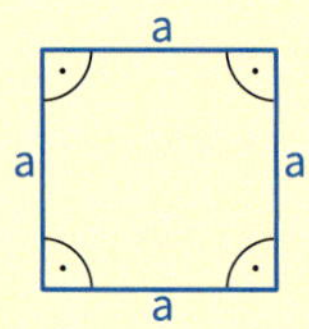

1. Welche Vierecke sind Quadrate, welche sind Rechtecke? Es sind 3 Quadrate und 6 Rechtecke.

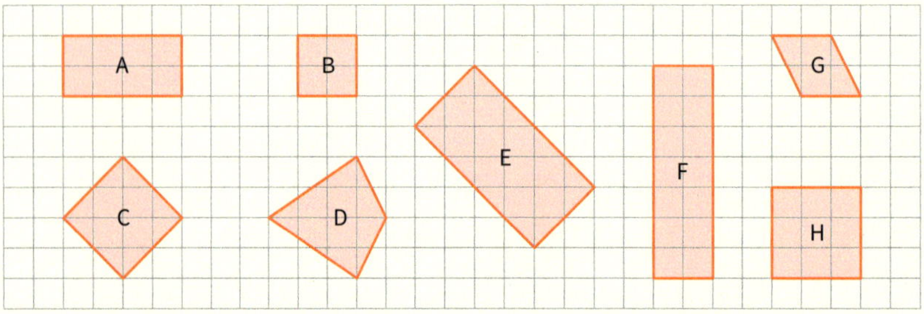

Aufgabe 2 → Seite 39 und Aufgabe 1 → Seite 167

Rechtecke und Quadrate zeichnen

So zeichnest du ein Rechteck mit den Seitenlängen a = 5 cm und b = 3 cm.

Video

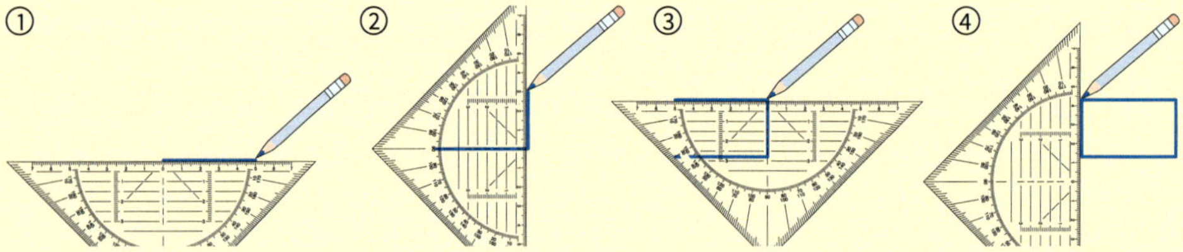

2. Übertrage die Figur ins Heft und ergänze sie zu einem Rechteck.

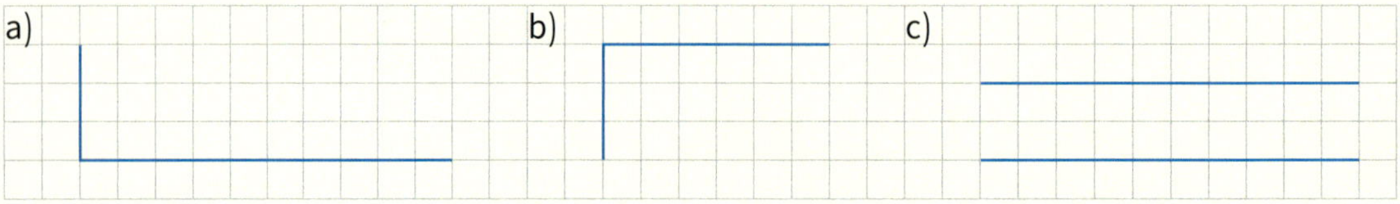

3. Zeichne ein Quadrat mit der Seitenlänge a.

a) a = 3,5 cm b) a = 4,2 cm c) a = 4 cm d) a = 28 mm

Lösungen → Seite 291

Aufgabe 3 → Seite 39

Zueinander senkrechte Geraden erkennen

Geraden, die sich im rechten Winkel schneiden, sind zueinander **senkrecht** (orthogonal).

Mit der **Nulllinie des Geodreiecks** kannst du überprüfen, ob Geraden senkrecht zueinander sind.

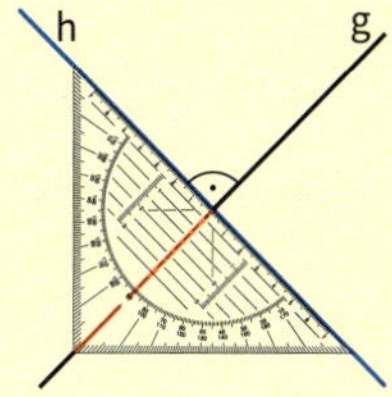

Du schreibst: g ⊥ h (g ist senkrecht zu h)

1. Suche in der Zeichnung zueinander senkrechte Geraden. Prüfe mit dem Geodreieck.

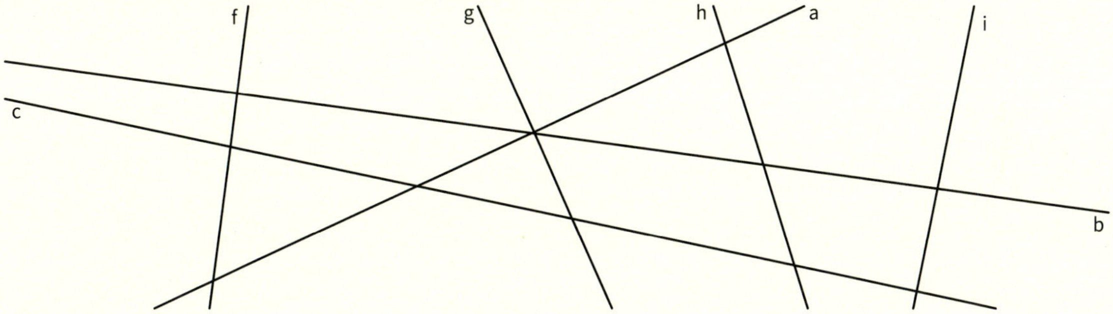

Aufgabe 3 → Seite 39

Zueinander parallele Geraden erkennen

Geraden, die überall die gleiche Entfernung voneinander haben, sind zueinander **parallel**.

Mit den **parallelen Linien des Geodreiecks** kannst du überprüfen, ob Geraden parallel zueinander sind.

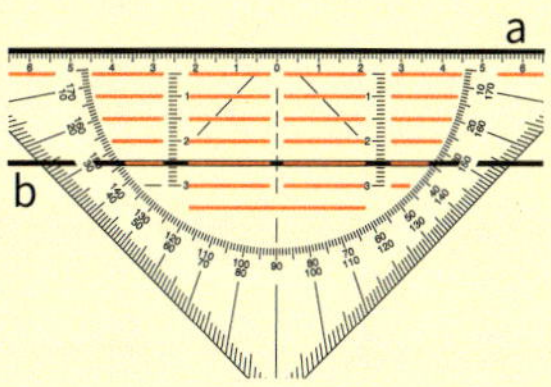

Du schreibst: a ∥ b (a ist parallel zu b)

2. Suche in der Zeichnung zueinander parallele Geraden. Prüfe mit dem Geodreieck.

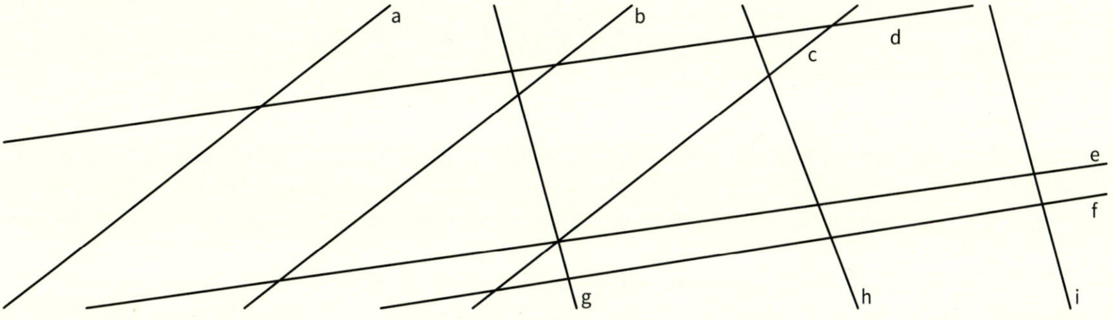

Lösungen → Seite 291

Digital+
WES-128745-256

Aufgabe 4 → Seite 39

Zueinander senkrechte und parallele Geraden zeichnen

Video

So zeichnest du eine senkrechte Gerade zu g durch P.
① Lege das Geodreieck mit der Nulllinie auf die Gerade g.
② Schiebe das Geodreieck bis zum Punkt P. Die Nulllinie muss dabei auf der Geraden g bleiben.
③ Zeichne die Senkrechte durch P.

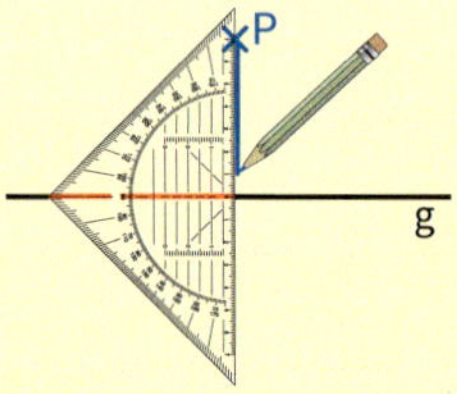

So zeichnest du eine parallele Gerade zu g durch P.
① Lege das Geodreieck an die Gerade g.
② Schiebe das Geodreieck mit Hilfe der parallelen Hilfslinien (rote Linien auf dem Geodreieck) bis zum Punkt P.
③ Zeichne die Parallele durch P.

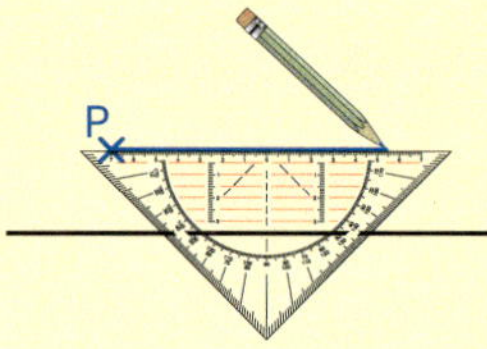

1. Zeichne zwei parallele Geraden mit einem Abstand von 3 cm. Zeichne nicht entlang der Karos.

2. Übertrage ins Heft. Zeichne zur Geraden AB die Parallele durch Q und die Senkrechte durch P.

a)
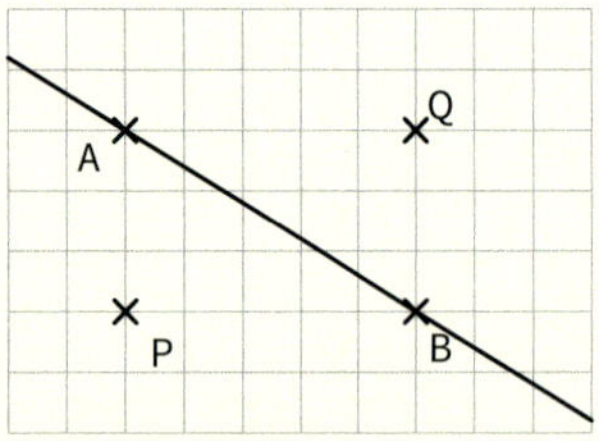

b)
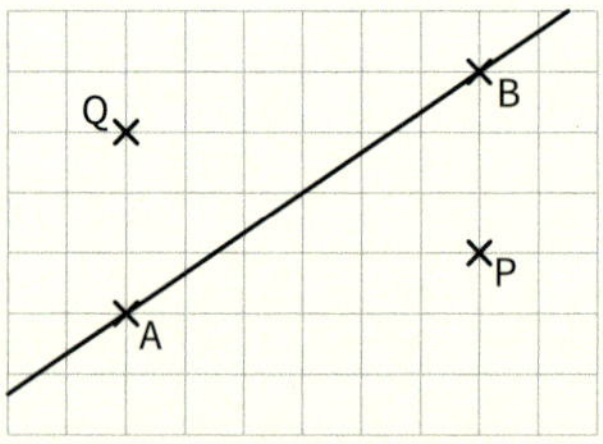

c)
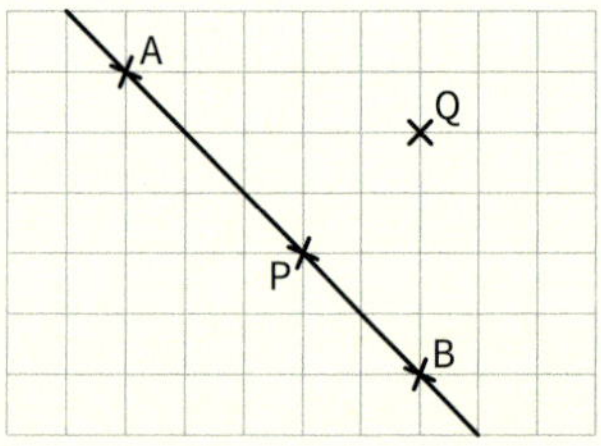

Aufgabe 1 → Seite 133

Brüche erweitern

Video

Du erweiterst einen Bruch, indem du Zähler und Nenner mit derselben Zahl multiplizierst.

Bruch und erweiterter Bruch haben den gleichen Wert.

$\frac{3}{4} = \frac{3 \cdot 3}{4 \cdot 3} = \frac{9}{12}$

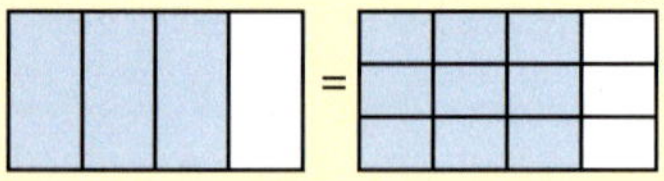

3. Erweitere mit der angegebenen Erweiterungszahl.

a) $\frac{1}{4}$ mit 4 b) $\frac{2}{3}$ mit 6 c) $\frac{3}{7}$ mit 3 d) $\frac{4}{5}$ mit 5 e) $\frac{3}{10}$ mit 7 f) $\frac{2}{9}$ mit 4

4. Hier wurde erweitert. Ergänze den fehlenden Zähler oder Nenner.

a) $\frac{3}{4} = \frac{6}{■}$ b) $\frac{1}{5} = \frac{■}{25}$ c) $\frac{2}{7} = \frac{4}{■}$ d) $\frac{2}{3} = \frac{■}{12}$ e) $\frac{7}{8} = \frac{21}{■}$ f) $\frac{4}{11} = \frac{■}{88}$

Lösungen → Seite 292

Aufgabe 1 → Seite 65

Das kleinste gemeinsame Vielfache

Das kleinste Vielfache, das zwei Zahlen gemeinsam haben, heißt **k**leinstes **g**emeinsames **V**ielfaches (**kgV**).

So bestimmst du das kgV zweier Zahlen:
Bilde Vielfache der größeren Zahl, bis du das erste gemeinsame Vielfache beider Zahlen findest.

Bestimme das kgV von 8 und 14. Video

Vielfache von 14:
14, 28, 42, 56 — kleinstes gemeinsames Vielfaches von 8 und 14

kgV(8,14) = 56

1. Wähle aus den angegebenen Vielfachen der größeren Zahl das kgV der beiden Zahlen aus.

a) kgV(3,8) = ▪
Vielfache von 8:
8, 16, 24, 32, 40, 48, …

b) kgV(8,12) = ▪
Vielfache von 12:
12, 24, 36, 48, 60, 72, …

c) kgV(5,25) = ▪
Vielfache von 25:
25, 50, 75, 100, 125, …

2. Bestimme das kleinste gemeinsame Vielfache (kgV) der beiden Zahlen.
a) kgV(5,6) b) kgV(4,6) c) kgV(8,10) d) kgV(6,9) e) kgV(2,12) f) kgV(9,15)

Aufgabe 2 → Seite 65

Der größte gemeinsame Teiler

Der größte Teiler, den zwei Zahlen gemeinsam haben, heißt **g**rößter **g**emeinsamer **T**eiler (**ggT**).

So bestimmst du den ggT zweier Zahlen:
① Notiere alle Teiler der beiden Zahlen.
② Unterstreiche alle gemeinsamen Teiler der beiden Zahlen und kreise den größten ein.

Bestimme den ggT von 12 und 18. Video

Teiler von 12:
1, 2, 3, 4, (6), 12

Teiler von 18:
1, 2, 3, (6), 9, 18

größter gemeinsamer Teiler von 12 und 18

ggT(12,18) = 6

3. Wähle aus den angegebenen Teilern der beiden Zahlen den größten gemeinsamen Teiler aus.

a) ggT(24,32) = ▪
Teiler von 24:
1, 2, 3, 4, 6, 8, 12, 24
Teiler von 32:
1, 2, 4, 8, 16, 32

b) ggT(14,35) = ▪
Teiler von 14:
1, 2, 7, 14
Teiler von 35:
1, 5, 7, 35

c) ggT(8,16) = ▪
Teiler von 8:
1, 2, 4, 8
Teiler von 16:
1, 2, 4, 8, 16

4. Bestimme den größten gemeinsamen Teiler (ggT) der beiden Zahlen.
a) ggT(8,18) b) ggT(28,32) c) ggT(24,30) d) ggT(7,21) e) ggT(18,27) f) ggT(4,9)

Lösungen → Seite 292

Digital+ WES-128745-258

Aufgabe 3 → Seite 65

Rechtecke in gleich große Teile unterteilen

So zeichnest du ein **Rechteck**, das du **sowohl in 3 als auch in 4 gleich große Teile** unterteilen kannst.

① Wähle die Seitenlängen so, dass die erste Seite durch 3 teilbar ist und die zweite Seite durch 4 teilbar ist.
② Teile die erste Seite in 3 gleich große Teile ein, um das Rechteck in 3 gleich große Teile zu unterteilen.
③ Teile die zweite Seite in 4 gleich große Teile ein, um das Rechteck in 4 gleich große Teile zu unterteilen.

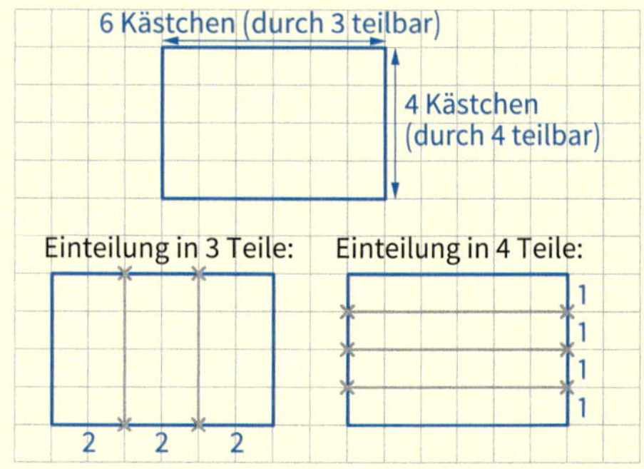

1. Übertrage das Rechteck zweimal in dein Heft. Unterteile die Rechtecke in gleich große Teile.

a) 4 Teile und 5 Teile

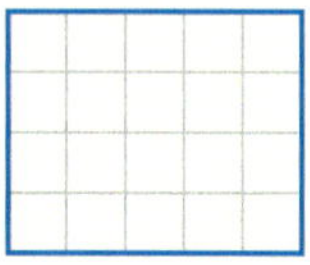

b) 2 Teile und 9 Teile

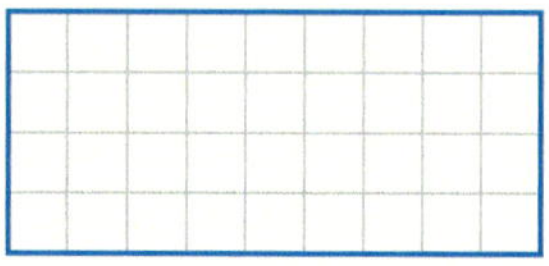

c) 3 Teile und 4 Teile

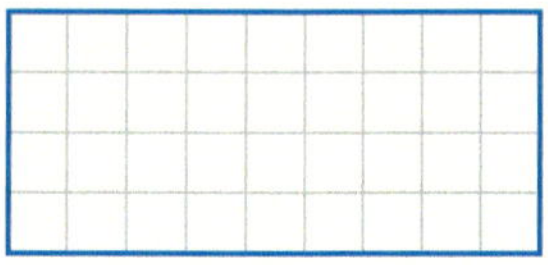

2. Zeichne zweimal dasselbe Rechteck in dein Heft. Unterteile die Rechtecke in gleich große Teile.

a) 6 Teile und 8 Teile b) 5 Teile und 12 Teile c) 7 Teile und 13 Teile

Aufgabe 5 → Seite 65

Kommaschreibweise bei Längen

Video

Für die **Kommaschreibweise** bei Längen ist eine **Einheitentabelle** nützlich. Damit kannst du Einheiten von der Kommaschreibweise in die gemischte Schreibweise umwandeln und umgekehrt.

km	m			dm	cm	mm	
	H	Z	E				
			1	5	7		1,57 m = 1 m 57 cm
			1	5	0		1,5 m = 1 m 50 cm
					4	8	4,8 cm = 4 cm 8 mm
3	5	0	0				3,5 km = 3 km 500 m

3. a) Wandle die Längen in die gemischte Schreibweise um.

① 3,26 m = ▢ m ▢ cm ② 2,3 cm = ▢ cm ▢ mm ③ 1,125 km = ▢ km ▢ m
④ 4,5 m = ▢ m ▢ cm ⑤ 1,8 km = ▢ km ▢ m ⑥ 2,49 km = ▢ km ▢ m

b) Wandle die Längen in die Kommaschreibweise um.

① 380 cm = ▢ m ② 5 420 m = ▢ km ③ 74 mm = ▢ cm
④ 62 mm = ▢ cm ⑤ 80 cm = ▢ m ⑥ 12 800 m = ▢ km

Lösungen → Seite 292

Aufgabe 4 → Seite 65 und Aufgabe 3 → Seite 167

Längeneinheiten umwandeln

Umrechnungszahlen

Video

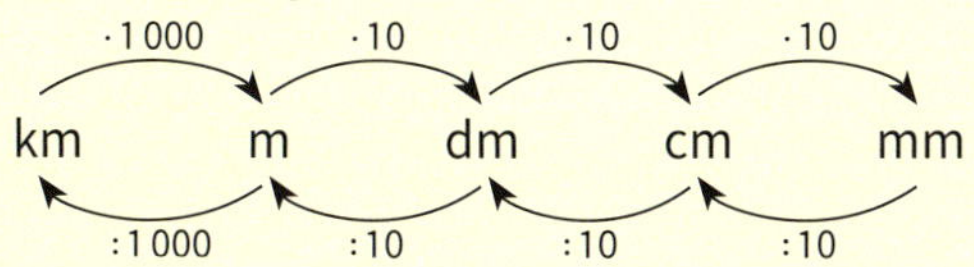

1 km = 1 000 m
1 m = 10 dm
1 dm = 10 cm
1 cm = 10 mm

① Wenn du von einer größeren in die kleinere Einheit umwandelst, musst du multiplizieren:
7 km = 7 000 m   8 m = 80 dm = 800 cm   1,2 cm = 12 mm   0,25 dm = 2,5 cm

② Wenn du von einer kleineren in die größere Einheit umwandelst, musst du dividieren:
2 000 m = 2 km   180 cm = 18 dm = 1,8 m   30 mm = 3 cm   6 500 m = 6,5 km

1. Wandle in die kleinere Längeneinheit um.
a) 4 km = ■ m b) 5 m = ■ cm c) 12 cm = ■ mm d) 1,2 km = ■ m e) 2,1 m = ■ cm

2. Wandle in die größere Längeneinheit um.
a) 40 mm = ■ cm b) 700 cm = ■ m c) 9 000 m = ■ km d) 145 cm = ■ m e) 1 dm = ■ m

Aufgabe 4 → Seite 65

Geld-, Massen- und Zeiteinheiten umwandeln

Video

Geld

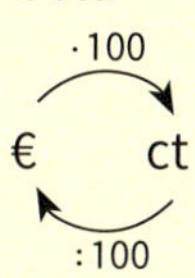

1 € = 100 ct

Massen

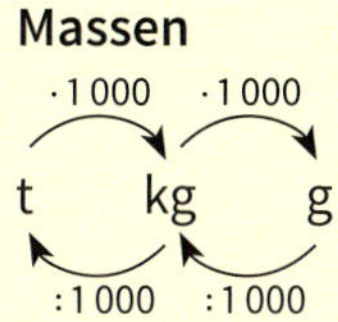

1 t = 1 000 kg
1 kg = 1 000 g

Zeit

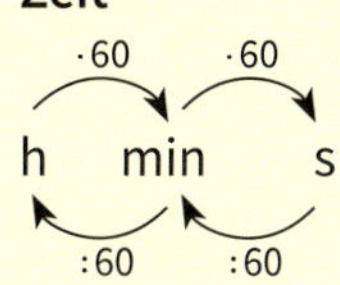

1 h = 60 min
1 min = 60 s

① Wenn du von einer größeren in die kleinere Einheit umwandelst, musst du multiplizieren:
7 € = 700 ct   23 kg = 23 000 g   4 h = 240 min

② Wenn du von einer kleineren in die größere Einheit umwandelst, musst du dividieren:
840 ct = 8,40 €   9 500 kg = 9,5 t   300 s = 5 min

3. Wandle in die nächstkleinere Einheit um.
a) 9 € = ■ ct b) 2 h = ■ min c) 11 kg = ■ g d) 3 min = ■ s e) 4 t = ■ kg

4. Wandle in die nächstgrößere Einheit um.
a) 240 min = ■ h b) 2 000 g = ■ kg c) 600 s = ■ min d) 199 ct = ■ € e) 2 500 kg = ■ t

Lösungen → Seite 292

Digital+
WES-128745-260

Aufgabe 1 → Seite 103

Strecke, Strahl und Gerade

Video

Strecken, **Strahlen** und **Geraden** sind gerade Linien.

Eine **Strecke** hat einen Anfangspunkt und einen Endpunkt.

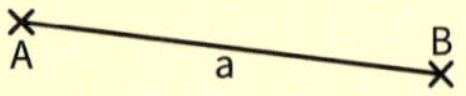

Für diese **Strecke a** mit Anfangspunkt A und Endpunkt B schreibt man auch $\overline{AB}$.

Ein **Strahl** hat einen Anfangspunkt und keinen Endpunkt.

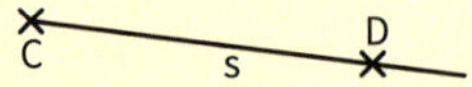

Für diesen **Strahl s** mit Anfangspunkt C und dem Punkt D, der auf dem Strahl liegt, schreibt man auch $\overrightarrow{CD}$.

Eine **Gerade** hat keinen Anfangspunkt und keinen Endpunkt.

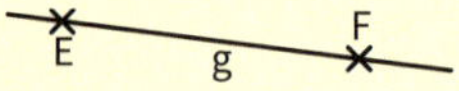

Für diese **Gerade g**, auf der die Punkte E und F liegen, schreibt man auch $\overleftrightarrow{EF}$.

1. Entscheide für jede Linie, ob es sich um eine Strecke, einen Strahl oder eine Gerade handelt.

a)
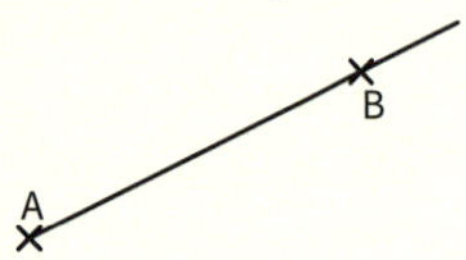

b)
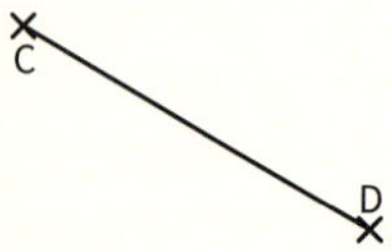

c)
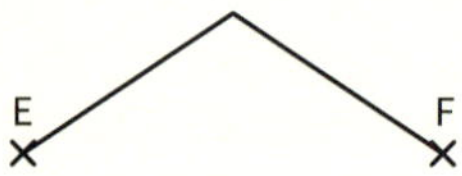

d)

2. a) Zeichne eine Gerade g, auf der zwei Punkte A und B liegen.
b) Zeichne eine Strecke $\overline{AB}$ mit der Länge 7 cm.
c) Zeichne drei verschiedene Strahlen, die alle in einem Punkt S beginnen.
d) Zeichne einen Punkt P und drei Geraden, die durch diesen Punkt P verlaufen.

Aufgabe 2 → Seite 103

Rechter Winkel

Wenn zwei Geraden sich schneiden, entstehen vier Winkel. Sind alle diese Winkel gleich groß, dann sind es **rechte Winkel**. Man kennzeichnet rechte Winkel mit einem Punkt.
Überprüfen kannst du rechte Winkel mit der **großen Ecke** des Geodreiecks oder mit der **Nulllinie des Geodreiecks**.

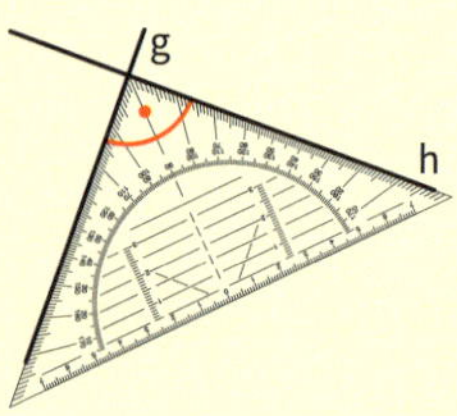

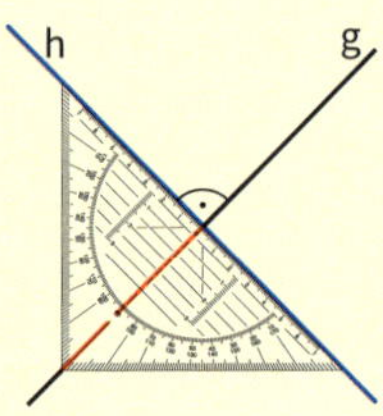

3. Welche der Geraden a bis f bilden mit der Geraden g einen rechten Winkel?
Prüfe mit dem Geodreieck.

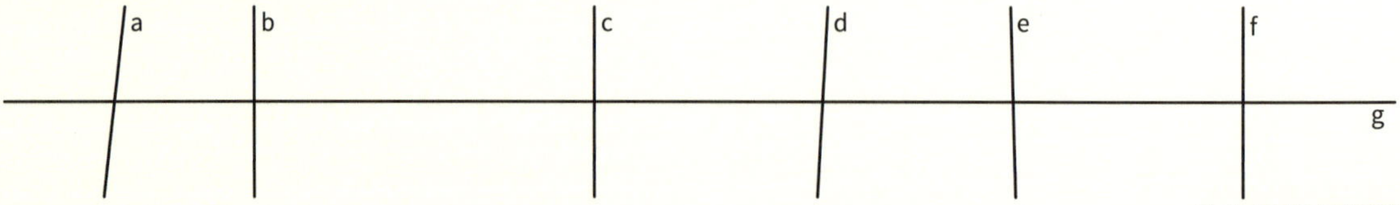

Lösungen → Seite 293

Aufgabe 2 → Seite 133

Schriftlich multiplizieren

Video

Aufgabe: 341 · 27 Überschlag: 300 · 30 = 9 000

① Schreibe die Zahlen nebeneinander.

② Multipliziere einzeln jede Stelle der zweiten Zahl mit jeder Stelle der ersten Zahl.

③ Schreibe die Ergebnisse stellengerecht untereinander.

④ Addiere die Teilergebnisse.

H	Z	E		Z	E	
3	4	1	·	2	7	
		6	8	2	0	*multiplizieren mit 2Z*
		2	3	8	7	*multiplizieren mit 7E*
		1	1			
		9	2	0	7	*addieren*

1. Multipliziere schriftlich und kontrolliere anschließend mit einem Überschlag.
a) 230 · 12 b) 342 · 34 c) 614 · 50 d) 2408 · 71 e) 1241 · 28 f) 5234 · 39

Aufgabe 2 → Seite 133

Schriftlich dividieren

Video

Aufgabe: 858 : 3 Überschlag: 900 : 3 = 300

Rechnung:

	H	Z	E				H	Z	E
	8	5	8	:	3	=	2	8	6
−	6								
	2	5							
−	2	4							
		1	8						
−		1	8						
			0						

(·3)

Hunderter: 8 : 3 = 2, Rest 2
2 · 3 = 6 und 8 − 6 = 2

Zehner: 25 : 3 = 8, Rest 1
8 · 3 = 24 und 25 − 24 = 1

Einer: 18 : 3 = 6, Rest 0
6 · 3 = 18 und 18 − 18 = 0

Probe: 286 · 3
858

2. Vervollständige die Divisionsaufgabe. Kontrolliere dein Ergebnis mit einer Probe.

a)

	T	H	Z	E				T	H	Z	E
	3	0	1	8	:	3	=	■	■	0	■
−	3										
	0	■									
−		■									
		■	1								
−		■	■								
			1	■							
−			■	■							
				0							

b)

	T	H	Z	E				T	H	Z	E
	9	2	9	6	:	4	=	■	■	■	4
−	8										
	1	2									
−	■	■									
		■	9								
−		■	■								
			■	6							
−			■	■							
				0							

3. Dividiere schriftlich. Mache vorher einen Überschlag.
a) 280 : 2 b) 312 : 3 c) 624 : 4 d) 6205 : 5 e) 5244 : 6 f) 8912 : 8

Lösungen → Seite 293

Digital+ WES-128745-262

Aufgabe 3 → Seite 133

Multiplizieren und Dividieren mit Zehnerzahlen

Multiplizierst du eine Zahl mit 10, 100 oder 1 000, dann rücken alle Ziffern in der Stellenwerttafel um 1, 2 oder 3 **Stellen nach links.** Das bedeutet, dass du 1, 2 oder 3 **Nullen anhängen** musst.

37 · 10 = 370

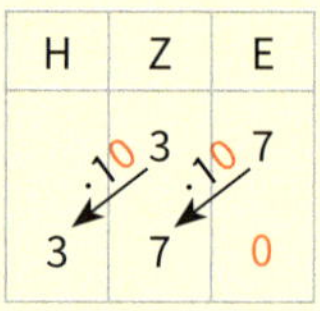

37 · 100 = 3 700

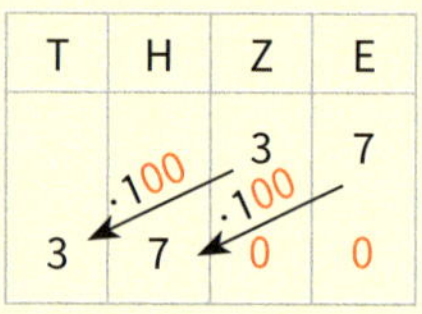

Dividierst du eine Zahl durch 10, 100 oder 1 000, dann rücken alle Ziffern in der Stellenwerttafel um 1, 2 oder 3 **Stellen nach rechts.** Das bedeutet, dass du 1, 2 oder 3 **Nullen wegstreichen** musst.

5 000 : 10 = 500

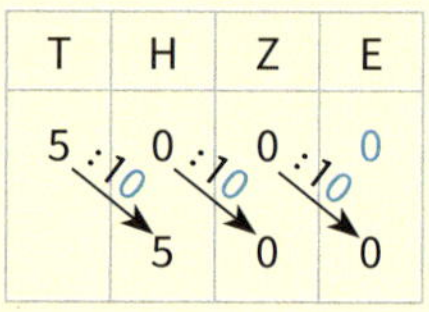

5 000 : 1 000 = 5

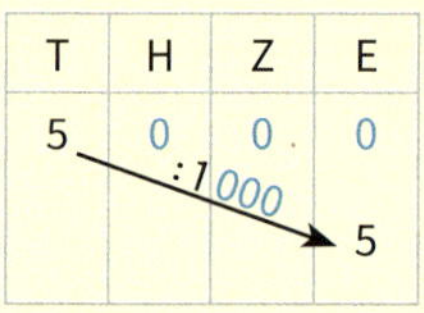

1. Berechne im Kopf.

a) 62 · 10 b) 24 · 100 c) 930 : 10 d) 3 900 : 100
e) 73 · 1 000 f) 250 · 100 g) 62 000 : 100 h) 90 000 : 1 000

Aufgabe 4 → Seite 133

Schriftlich Addieren und Subtrahieren

Video

Um natürliche Zahlen **schriftlich zu addieren oder zu subtrahieren**, schreibst du sie **stellengerecht** untereinander (Einer unter Einer, Zehner unter Zehner, …). Dann addierst oder subtrahierst du **stellenweise von rechts nach links**. Entsteht ein Übertrag, schreibe ihn unten in die nächste linke Stelle.

2 8 5 1 + 9 7 6

	T	H	Z	E
	2	8	5	1
+		9	7	6
	1	1		
	3	8	2	7

3 2 9 5 − 8 3 4

	T	H	Z	E
	3	2	9	5
−		8	3	4
	1			
	2	4	6	1

2. Addiere und subtrahiere schriftlich im Heft. Die Ergebnisse sind besondere Zahlen.

a)

	H	Z	E
	3	6	1
+	2	0	6

b)

	H	Z	E
	1	7	1
+		7	5

c)

	T	H	Z	E
		3	8	1
+	3	1	9	8

d)

	T	H	Z	E
	2	7	9	8
+	3	7	4	5

e)

	H	Z	E
	5	4	7
−	2	0	2

f)

	H	Z	E
	3	7	2
−	1	3	8

g)

	T	H	Z	E
	5	6	2	3
−		2	8	8

h)

	T	H	Z	E
	8	7	3	0
−	8	0	2	3

3. Schreibe die Zahlen stellengerecht untereinander und rechne schriftlich.

a) 7 342 + 816 b) 6 247 + 4 162 c) 6 895 − 339 d) 3 112 − 2 861

Lösungen → Seite 293

Aufgabe 5 → Seite 133

Dezimalzahlen

Mit Hilfe der Stellenwerttafel kannst du Zehntel, Hundertstel und Tausendstel in **Dezimalzahlen** umwandeln:
Trage dafür den Zähler des Bruchs in die Stellenwerttafel ein. Beginne bei dem Stellenwert, den dir der Nenner vorgibt.

Video

1 E	$\frac{1}{10} = 0{,}1$ z	$\frac{1}{100} = 0{,}01$ h	$\frac{1}{1\,000} = 0{,}001$ t	
0	1	8		$\frac{18}{100} = 0{,}18$
0	0	0	5	$\frac{5}{1\,000} = 0{,}005$
3	7			$\frac{37}{10} = 3{,}7$

1. Übertrage die Stellenwerttafel in dein Heft. Trage den Bruch ein und wandle ihn anschließend in eine Dezimalzahl um.

a) $\frac{34}{100}$ b) $\frac{19}{10}$ c) $\frac{92}{1\,000}$ d) $\frac{9}{100}$
e) $\frac{251}{100}$ f) $\frac{2}{1\,000}$ g) $\frac{6\,734}{1\,000}$ h) $\frac{4}{10}$

E	z	h	t

2. Wandle den Bruch in eine Dezimalzahl um.

a) $\frac{7}{10}$ b) $\frac{28}{10}$ c) $\frac{5}{100}$ d) $\frac{103}{100}$ e) $\frac{24}{1\,000}$ f) $\frac{938}{1\,000}$

Aufgabe 5 → Seite 103

Figuren mit Hilfe der Kästchen spiegeln

① Finde die Eckpunkte der Figur und kennzeichne sie.

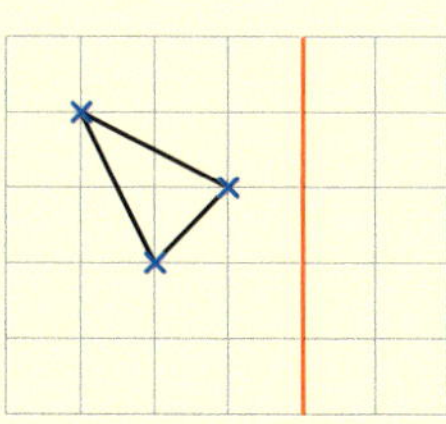

② Übertrage jeden Punkt auf die andere Seite der Spiegelachse. Achte auf die gleiche Anzahl von Kästchen nach rechts und links.

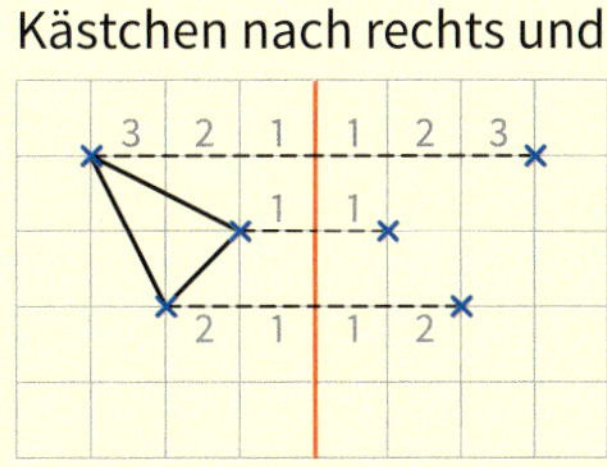

③ Verbinde die neuen Punkte durch Linien miteinander.

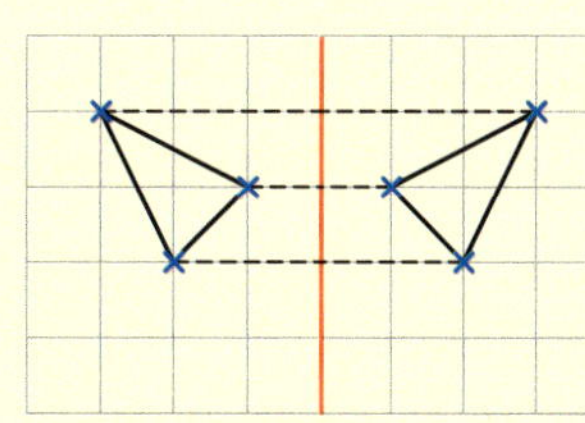

3. Übertrage die Figur in dein Heft. Spiegle sie an der roten Spiegelachse.

Lösungen → Seite 293

Digital+ WES-128745-264

Aufgabe 2 → Seite 167

Umfang und Flächeninhalt von Rechteck und Quadrat

Video

Umfang eines **Rechtecks:** $u = 2 \cdot a + 2 \cdot b$

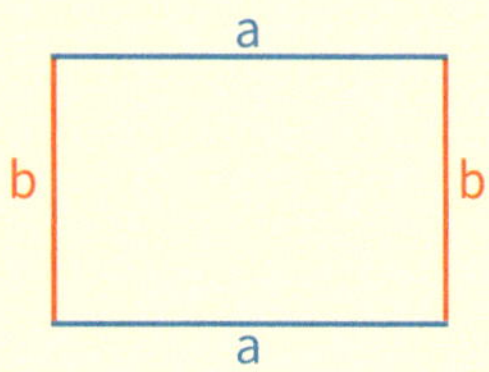

gegeben: $a = 6\,cm$, $b = 3\,cm$

$u = 2 \cdot a + 2 \cdot b$

$u = 2 \cdot 6\,cm + 2 \cdot 3\,cm$

$u = 12\,cm + 6\,cm$

$u = 18\,cm$

Flächeninhalt eines **Rechtecks:** $A = a \cdot b$

gegeben: $a = 6\,cm$, $b = 3\,cm$

$A = a \cdot b$

$A = 6\,cm \cdot 3\,cm$

$A = 18\,cm^2$

Umfang eines **Quadrats:** $u = 4 \cdot a$

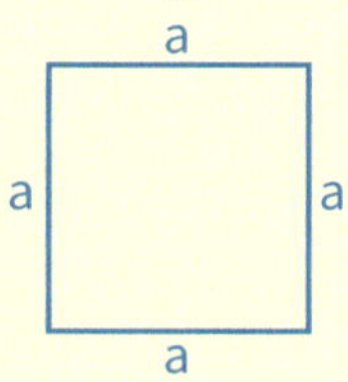

gegeben: $a = 5\,cm$

$u = 4 \cdot a$

$u = 4 \cdot 5\,cm$

$u = 20\,cm$

Flächeninhalt eines **Quadrats:** $A = a \cdot a$

gegeben: $a = 5\,cm$

$A = a \cdot a$

$A = 5\,cm \cdot 5\,cm$

$A = 25\,cm^2$

1. a) Zeichne ein Rechteck mit $a = 6\,cm$ und $b = 2\,cm$ und berechne seinen Flächeninhalt.
b) Zeichne ein Quadrat mit $a = 4\,cm$ und berechne seinen Umfang.

---

2. Berechne den Umfang und den Flächeninhalt der Figur.
a) Rechteck mit $a = 8\,cm$ und $b = 5\,cm$
b) Quadrat mit $a = 10\,cm$

Aufgabe 4 → Seite 167

Flächeneinheiten umwandeln

Video

Du kannst Flächeninhalte in verschiedenen Einheiten angeben. Dabei gilt:

$1\,m^2 = 100\,dm^2$ $1\,dm^2 = 100\,cm^2$ $1\,cm^2 = 100\,mm^2$

So wandelst du in die **nächstkleinere** Einheit um:

$4\,m^2 = 400\,dm^2$ (· 100)

$25\,dm^2 = 2\,500\,cm^2$ (· 100)

So wandelst du in die **nächstgrößere** Einheit um:

$3\,400\,mm^2 = 34\,cm^2$ (: 100)

$9\,000\,dm^2 = 90\,m^2$ (: 100)

3. Wandle in die angegebene Einheit um.

a) $4\,m^2 = ■\,dm^2$ b) $25\,cm^2 = ■\,mm^2$ c) $70\,dm^2 = ■\,cm^2$ d) $12\,cm^2 = ■\,mm^2$

e) $200\,mm^2 = ■\,cm^2$ f) $4\,100\,cm^2 = ■\,dm^2$ g) $6\,000\,dm^2 = ■\,m^2$ h) $700\,cm^2 = ■\,dm^2$

Lösungen → Seite 294

Aufgabe 5 → Seite 167

Würfelnetze und Quadernetze

Video

Das **Netz eines Körpers** erhältst du, wenn du den Körper an den Kanten so aufschneidest und auseinanderklappst, dass eine zusammenhängende Fläche entsteht.

Quadernetze bestehen aus 6 Rechtecken, von denen jeweils 2 gleich groß sind.

Quader   Quadernetz

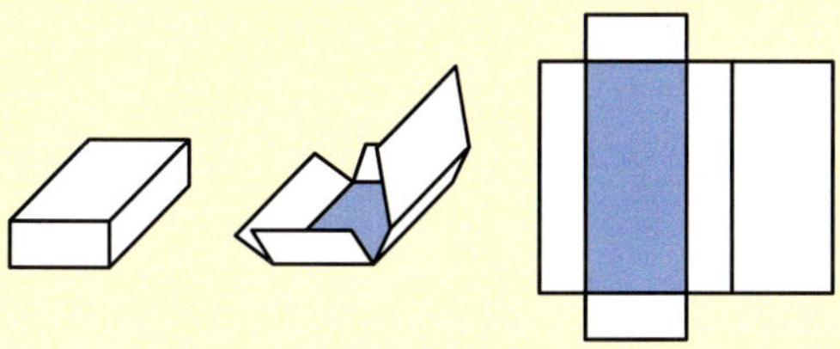

Würfelnetze bestehen aus 6 Quadraten, die alle gleich groß sind.

Würfel   Würfelnetz

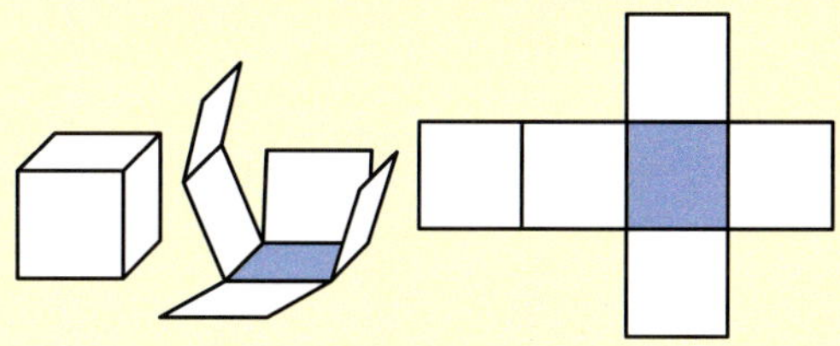

1. Übertrage das angefangene Quadernetz ins Heft und vervollständige es.

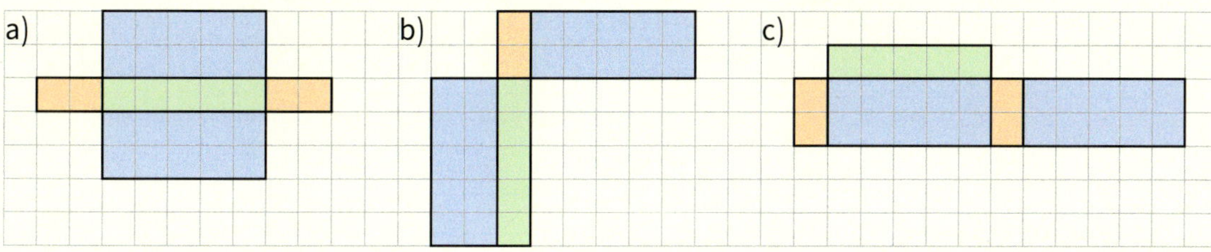

2. Zeichne das Netz eines Würfels mit der Kantenlänge a = 3 cm.

Aufgabe 2 → Seite 227

Brüche durch natürliche Zahlen dividieren

Video

Einen **Bruch** kannst du auf zwei verschiedene Arten **durch eine natürliche Zahl dividieren:**

- Dividiere den Zähler durch die Zahl.
- Der Nenner bleibt gleich.

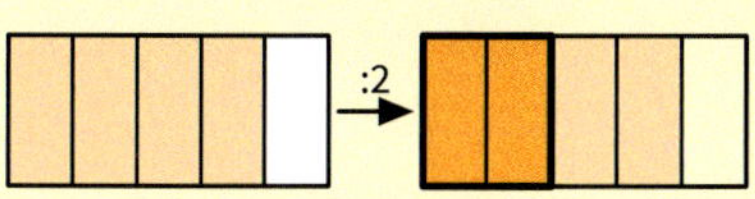

$\frac{4}{5}:2 = \frac{4:2}{5} = \frac{2}{5}$

- Der Zähler bleibt gleich.
- Multipliziere den Nenner mit der Zahl.

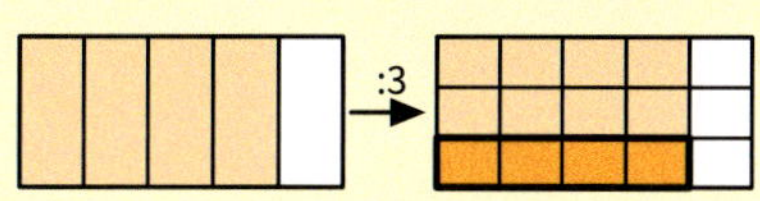

$\frac{4}{5}:3 = \frac{4}{5 \cdot 3} = \frac{4}{15}$

3. Berechne.

a) $\frac{3}{7}:4$ b) $\frac{2}{5}:3$ c) $\frac{2}{9}:6$ d) $\frac{2}{11}:2$ e) $\frac{3}{8}:4$ f) $\frac{1}{9}:5$ g) $\frac{4}{15}:16$

Lösungen → Seite 294

Digital+
WES-128745-266

Aufgabe 1 → Seite 201

Säulendiagramme

Video

Mit einem **Säulendiagramm** kannst du Daten anhand der Höhe der Säulen schnell miteinander vergleichen.

Beim Ablesen der genauen Werte ist es wichtig, die Einteilung der Achsen zu beachten.

Wenn du ein Säulendiagramm zeichnest, musst du darauf achten, dass alle Säulen die gleiche Breite haben.

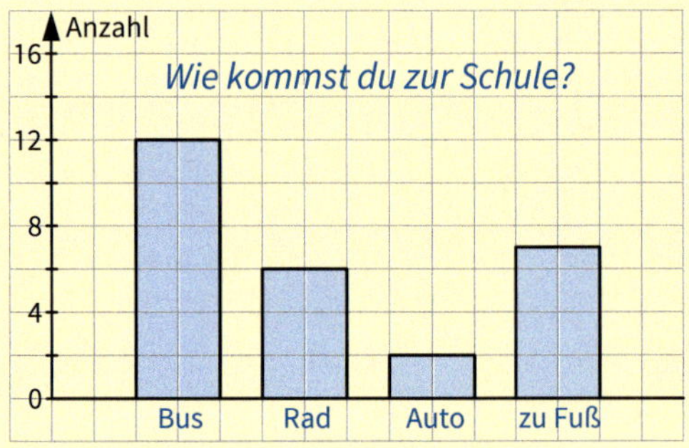

1. a) Betrachte das Säulendiagramm im Kasten. Für welche Anzahl steht ein Kästchen, für welche Anzahl steht ein halbes Kästchen?

b) Lies aus dem Säulendiagramm ab, wie viele Personen mit dem Bus, mit dem Rad, mit dem Auto und zu Fuß zur Schule kommen.

2. Zeichne ein Säulendiagramm zur nebenstehenden Tabelle, in der es um Lieblingseissorten geht. Achte auf eine geeignete Einteilung der Hochachse.

Eissorte	Schoko	Erdbeer	Vanille	Stracciatella
Anzahl	30	10	40	20

Aufgabe 4 → Seite 201

Prozentschreibweise

Video

Prozent bedeutet „von 100" und wird mit dem Zeichen % ausgedrückt. Prozente sind eine andere Schreibweise für Brüche mit dem Nenner 100.

1 % bedeutet $\frac{1}{100}$ 17 % bedeutet $\frac{17}{100}$

$1\,\% = \frac{1}{100}$ $17\,\% = \frac{17}{100}$

Viele Brüche kannst du in die Prozentschreibweise umwandeln, indem du sie auf den Nenner 100 erweiterst.

Umwandlung von $\frac{3}{20}$ in Prozent:

$\frac{3}{20} = \frac{3 \cdot 5}{20 \cdot 5} = \frac{15}{100} = 15\,\%$

3. Notiere die Anteile in der Prozentschreibweise.

a) $\frac{3}{100}$ b) $\frac{19}{100}$ c) $\frac{83}{100}$ d) $\frac{99}{100}$ e) $\frac{100}{100}$ f) $\frac{66}{100}$

4. Erweitere oder kürze auf den Nenner 100 und gib den Anteil in der Prozentschreibweise an.

a) $\frac{1}{20}$ b) $\frac{7}{25}$ c) $\frac{3}{5}$ d) $\frac{9}{10}$ e) $\frac{88}{200}$ f) $\frac{250}{1\,000}$

Lösungen → Seite 294

Aufgabe 2 → Seite 201

Geschicktes Addieren

Video

Mit den folgenden Rechenregeln für die Addition kannst du geschickt rechnen.

Kommutativgesetz (Vertauschungsgesetz)
Beim Addieren darfst du die Summanden vertauschen.

$19 + 37 + 11 = 19 + 11 + 37$
$= 30 + 37$
$= \mathbf{67}$

Assoziativgesetz (Verbindungsgesetz)
Beim Addieren darfst du Klammern beliebig setzen oder auch weglassen.

$26 + 38 + 22 = 26 + (38 + 22)$
$= 26 + 60$
$= \mathbf{86}$

1. Vertausche die Summanden so, dass du geschickt rechnen kannst.

a) $48 + 27 + 12$ b) $45 + 69 + 25$ c) $146 + 98 + 54$ d) $244 + 128 + 116$
e) $35 + 17 + 13 + 15$ f) $177 + 66 + 23 + 104$ g) $92 + 37 + 108 + 13$ h) $709 + 26 + 74 + 101$

2. Setze Klammern so, dass du geschickt rechnen kannst.

a) $67 + 76 + 24$ b) $38 + 42 + 35$ c) $69 + 167 + 33$ d) $402 + 88 + 66$
e) $25 + 88 + 12 + 56$ f) $36 + 24 + 87 + 23$ g) $49 + 44 + 46 + 41$ h) $69 + 27 + 53 + 21$

Aufgabe 5 → Seite 201

Bruchteile von Größen

Video

So berechnest du einen **Bruchteil** vom Ganzen.

① Dividiere das Ganze durch den Nenner.

② Multipliziere das Ergebnis mit dem Zähler.

Berechne $\frac{2}{5}$ von 10 km.

① $\frac{1}{5}$ von 10 km:
$10\,\text{km} : 5 = 2\,\text{km}$

② $\frac{2}{5}$ von 10 km:
$2\,\text{km} \cdot 2 = 4\,\text{km}$

$\frac{2}{5}$ von 10 km sind 4 km.

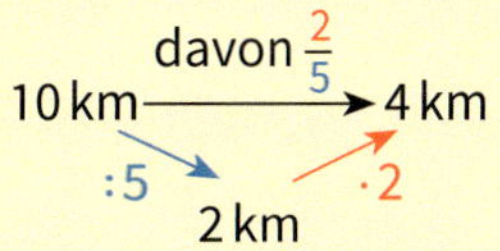

3. Übertrage in dein Heft und berechne den gesuchten Bruchteil.

a)
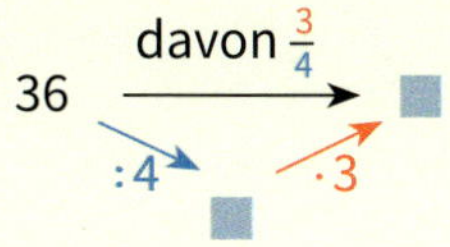

b)
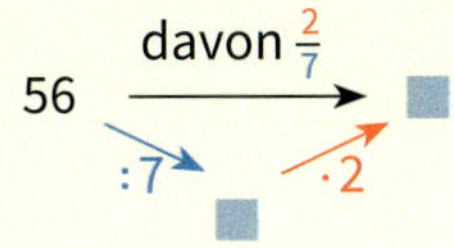

c)
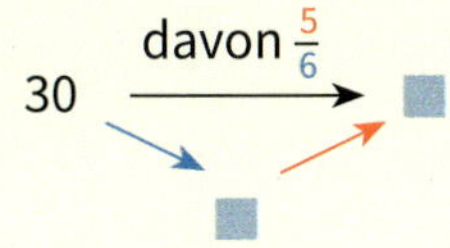

d)
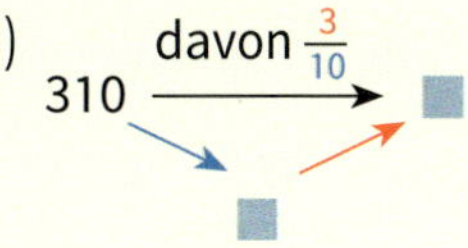

4. Berechne den gesuchten Bruchteil.

a) $\frac{1}{3}$ von 21 m b) $\frac{1}{8}$ von 32 kg c) $\frac{1}{7}$ von 42 cm d) $\frac{1}{12}$ von 36 min
e) $\frac{3}{5}$ von 15 € f) $\frac{2}{9}$ von 54 km g) $\frac{3}{4}$ von 200 g h) $\frac{7}{10}$ von 110 s

Lösungen → Seite 294

Digital+
WES-128745-268

Aufgabe 1 → Seite 227

Brüche mit natürlichen Zahlen multiplizieren

So multiplizierst du einen Bruch mit einer natürlichen Zahl:

Multipliziere nur den **Zähler** mit der natürlichen Zahl, der **Nenner** bleibt gleich.

$3 \cdot \frac{2}{7} = \frac{3 \cdot 2}{7} = \frac{6}{7}$

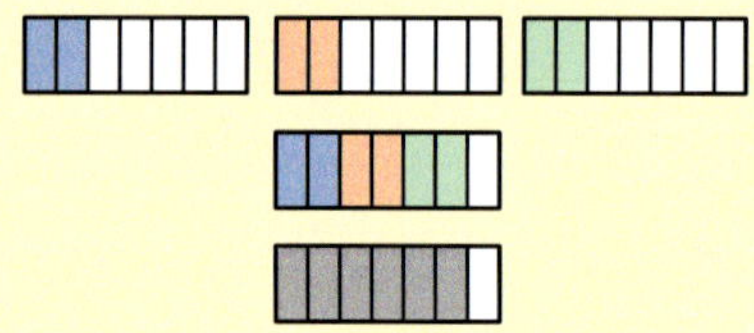

$\frac{2}{7} \cdot 3 = \frac{2 \cdot 3}{7} = \frac{6}{7}$

Video

1. Berechne das Produkt. Kürze, wenn möglich.

a) $9 \cdot \frac{5}{8}$ b) $\frac{1}{5} \cdot 12$ c) $8 \cdot \frac{3}{2}$ d) $\frac{1}{12} \cdot 3$ e) $4 \cdot \frac{4}{16}$ f) $\frac{3}{7} \cdot 5$ g) $8 \cdot \frac{3}{15}$ h) $\frac{5}{6} \cdot 2$

Aufgabe 5 → Seite 227

Dezimalzahlen durch natürliche Zahlen dividieren

So kannst du **Dezimalzahlen durch natürliche Zahlen dividieren**:

- Dividiere stellenweise, als wäre kein Komma vorhanden.
- Setze das Komma im Ergebnis, sobald du während der Rechnung das Komma überschreitest.
- Ergänze Endnullen, wenn du sie benötigst.

Ein Überschlag dient dir als Kontrolle.

Video

Endnull ergänzen

69,80 : 5 = 13,96
−5
19
−15
48
−45
30
−30
0

Komma setzen beim Überschreiten des Kommas

Ü: 69,8 : 5
≈ 70 : 5
= 14

2. Übertrage und ergänze die Lücken.

a) 23,65 : 5 = 4,■3
−2■
3■
−35
■■
−15
0

b) 17,15 : 7 = 2,■5
−14
■1
−2■
3■
−■■
0

c) 70,53 : 3 = ■3,■1
−6
1■
−9
■5
−15
■3
−3
0

3. Dividiere schriftlich.

a) 41,84 : 8 b) 91,2 : 6 c) 75,2 : 8 d) 21,06 : 9 e) 68,4 : 3 f) 86,5 : 5

Lösungen → Seite 295

Aufgabe 3 → Seite 227

Multiplizieren und dividieren mit Zehnerzahlen

Video

Multiplikation mit 10, 100, 1 000

Du multiplizierst eine Dezimalzahl mit 10, 100 oder 1 000, indem du das Komma um 1, 2 oder 3 **Stellen nach rechts** verschiebst. Bis zu den Einern musst du manchmal Endnullen ergänzen.

4,82 · 10 = 48,2

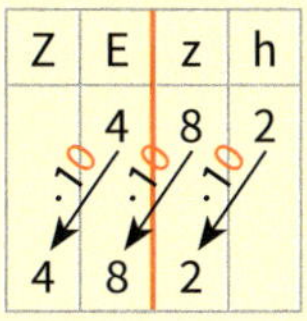

2,6 · 100 = 260

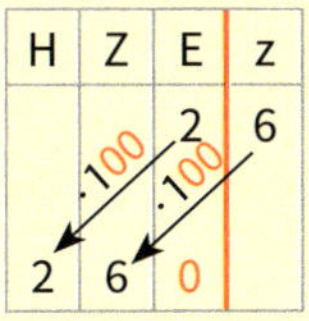

Division durch 10, 100, 1 000

Du dividierst eine Dezimalzahl durch 10, 100 oder 1 000, indem du das Komma um 1, 2 oder 3 **Stellen nach links** verschiebst. Ab den Einern musst du manchmal Nullen an die höchsten Stellenwerte schreiben.

67,3 : 10 = 6,73

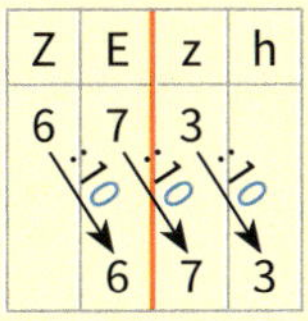

9 : 1 000 = 0,009

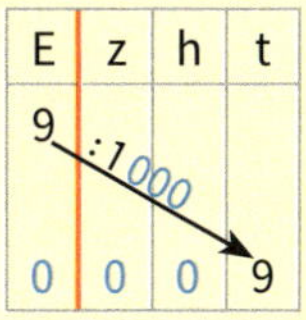

1. Berechne durch Kommaverschiebung.

a) 2,35 · 100 b) 0,5 · 10 c) 4,89 · 1 000 d) 6,9 · 100 e) 7,618 · 100 f) 3,5 · 100
g) 3 500 : 100 h) 450 : 10 i) 5 600 : 100 j) 3 600 : 100 k) 600 : 1 000 l) 1 560 : 100

2. Übertrage und ergänze die Lücke.

a) 6 700 : ■ = 6,7 b) 560 : ■ = 0,56 c) 230 : ■ = 23 d) 9 800 : ■ = 980
e) 0,9 · ■ = 900 f) 78,9 · ■ = 7 890 g) 29,24 · ■ = 292,4 h) 3,07 · ■ = 3 070

Aufgabe 4 → Seite 227

Dezimalzahlen mit natürlichen Zahlen multiplizieren

Video

So kannst du **Dezimalzahlen mit natürlichen Zahlen multiplizieren:**

① Multipliziere, als wäre kein Komma vorhanden.

② Setze das Komma: Das Ergebnis hat genau so viele Stellen nach dem Komma wie die Dezimalzahl.
Ein Überschlag dient dir als Kontrolle.

2,75 · 3

① <u>275 · 3</u>
825

② 2,75 · 3 = 8,25
2 Nachkommastellen 2 Nachkommastellen

Ü: 2,75 · 3 ≈ 3 · 3 = 9

3. Multipliziere im Kopf.

a) 2,5 · 4 b) 0,6 · 8 c) 1,2 · 3 d) 2,1 · 5 e) 1,1 · 8 f) 9 · 0,5 g) 7 · 0,4

4. Multipliziere schriftlich.

a) 0,25 · 6 b) 6,9 · 8 c) 5,78 · 4 d) 12,6 · 3 e) 7,3 · 12 f) 3,24 · 25 g) 11 · 9,45

Lösungen → Seite 295

Digital+
WES-128745-270

Aufgabe 4 → Seite 103

Symmetrieachsen erkennen und einzeichnen

Video

Wenn du eine Figur entlang einer Linie so falten kannst, dass die beiden Hälften genau aufeinander liegen, dann ist die Figur **achsensymmetrisch**.
Die Faltlinie nennt man **Symmetrieachse**. Eine Figur kann auch mehrere Symmetrieachsen haben.

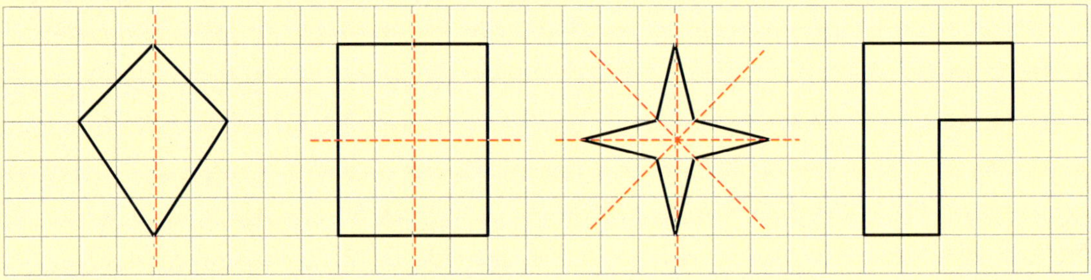

eine Symmetrieachse | zwei Symmetrieachsen | vier Symmetrieachsen | keine Symmetrieachse

1. Wie viele Symmetrieachsen haben die Flaggen?

a) b) c) d)

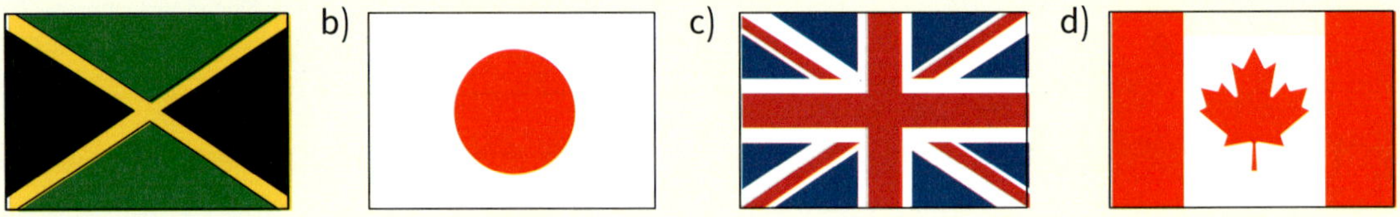

2. Übertrage die Figur ins Heft und zeichne alle Symmetrieachsen ein.

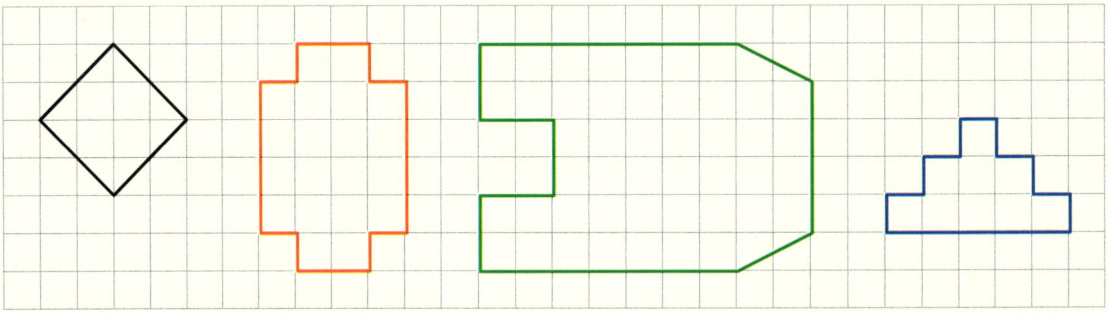

Lösungen → Seite 295

Lösungen zu Kapitel 1

Startklar → Seite 7

1. a) 54 b) 21 c) 40 d) 24 e) 3 f) 7 g) 8 h) 9

2. a) 12, 14, 16 b) 44, 33, 22 c) 90, 105, 120

3. A(1|3), B(4|0), C(3|2), D(0|2)

4. a) A: 12, B: 24, C: 46 b) D: 0, E: 260, F: 430

5. a) 7,20 m b) 4,20 € c) 9,60 m d) 9,00 € e) 2,1 cm f) 6,10 €

Trainer → Seite 35

1. a) Regel: +3 13, 16, 19 b) Regel: +2, +3, +4, … 16, 22, 29
c) Regel: · 2 64, 128, 256 d) Regel: −4 19, 15, 11

2. Anzahl Streichhölzer: für 1 Dreieck: 3, für 2 Dreiecke: 5, für 5 Dreiecke: 11, für 8 Dreiecke: 17

3. a) Dreiecksmuster: +2, +3, +4

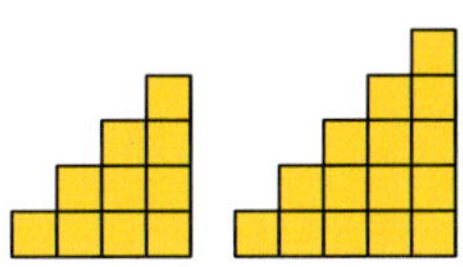

b) Regel: hoch 2

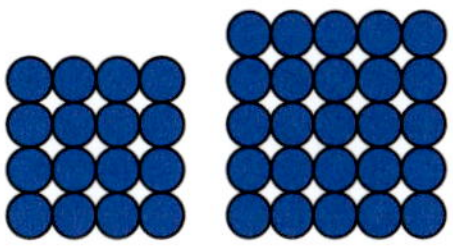

4. a) 670, 314, 216, 372, 534, 58 Lösungswort: WINTER b) 216, 615, 372, 534, 123, 117 Lösungswort: HERBST

5. Antwort: Nach 300 s schlagen beide gleichzeitig am Beckenrand an. Jan ist 6 Bahnen geschwommen, Björn 5 Bahnen.

6.

ist Teiler von	14	30	45	70	84	90	98
2	✓	✓	x	✓	✓	✓	✓
5	x	✓	✓	✓	x	✓	x
10	x	✓	x	✓	x	✓	x

7. a) 9 ist Teiler von 27, denn 27 : 9 = 3 b) 4 ist kein Teiler von 31, denn 31 : 3 = 7 Rest 3
c) 11 ist Teiler von 44, denn 44 : 11 = 4 d) 34 ist Teiler von 34, denn 34 : 34 = 1
e) 10 ist kein Teiler von 72, denn 72 : 10 = 7 Rest 2 f) 1 ist Teiler von 13, denn 13 : 1 = 13

8. a) 1, 2, 4, 8 b) 1, 2, 3, 4, 6, 12 c) 1, 23 d) 1, 5, 25 e) 1, 2, 3, 4, 6, 9, 12, 18, 36

9.

ist Teiler von	15	56	248	432	666	772
3	✓	x	x	✓	✓	x
4	x	✓	✓	✓	x	✓
9	x	x	x	✓	✓	x

10. a) +150 € b) −40 € c) −14 °C d) +10 °C e) −3 f) +5 g) +8 884 m h) −390 m

Trainer → Seite 36

11. a) ① kgV (2,5) = 10 ② kgV (4,12) = 12 ③ kgV (10,15) = 30 b) ① ggT (28,48) = 4 ② ggT (36,81) = 9 ③ ggT (15,144) = 3
c) 8 bleibt übrig, z. B. ggT (8,24) = 8

12. a) 2,40 € b) 9,60 € c) 1,20 € d) 12 km

13. a) +20 m b) nach 30 min c) −25 m d) 15 min e) 9:00 → 150 min → 11:30

14. 2 < 17 < 23 < 37 < 41 < 89 Lösungswort: FERIEN

15. ① Falsch, denn 112 ist nicht durch 12 teilbar.
② Falsch, denn 42 ist durch 6 teilbar, nicht aber durch 12. ③ Richtig.
④ Falsch, denn 12 ist durch 12 teilbar, ihre Quersumme lässt sich aber nicht durch 2 teilen und nicht zweimal dritteln.

16.

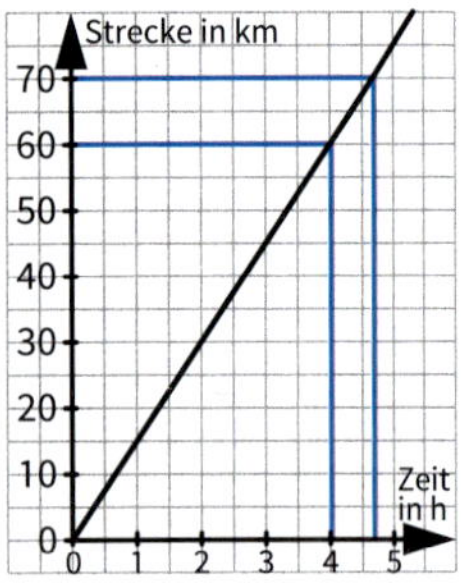

4 Stunden → 60 km
70 km → 4 h 40 min

17. a) Wenn eine der beiden Zahlen die andere Zahl **teilt**. b) Wenn beide Zahlen **teilerfremd** sind.
c) Wenn eine der beiden Zahlen ein **Vielfaches** der anderen Zahl ist.

Trainer → Seite 37

18. ① Die Zuordnung ist proportional, weil das Wasser gleichmäßig in die Badewanne fließt.
② Die Zuordnung ist nicht proportional, weil Kinder nicht gleichmäßig wachsen.
③ Die Zuordnung ist nicht proportional, weil Leon nicht immer gleich schnell läuft.

19. a) 14 = 7 + 7 16 = 5 + 11 oder 3 + 13 18 = 7 + 11 oder 5 + 13 20 = 7 + 13 oder 3 + 17 22 = 11 + 11 oder 5 + 17
24 = 11 + 13 oder 7 + 17 26 = 13 + 13 oder 3 + 23 28 = 11 + 17 oder 5 + 23 30 = 13 + 17 oder 7 + 23
b) z. B. 102 = 41 + 61 oder 53 + 49 104 = 47 + 57 oder 53 + 51 106 = 47 + 59 oder 53 + 53

20. a) Simon ist in die Badewanne eingestiegen. b) ca. 20 min c) individuelle Lösung

21. a) wahr b) wahr c) falsch, Gegenbeispiel: 36 d) wahr

22. a) 3, 5 5, 7 11, 13 17,19 29, 31 41, 43 59, 61 71, 73 b) 101, 103 107, 109 137, 139

23. a) $30 = 2 \cdot 3 \cdot 5$ b) $54 = 2 \cdot 3 \cdot 3 \cdot 3$ c) $200 = 2 \cdot 2 \cdot 2 \cdot 5 \cdot 5$ d) $525 = 3 \cdot 5 \cdot 5 \cdot 7$
e) $88 = 2 \cdot 2 \cdot 2 \cdot 11$ f) $96 = 2 \cdot 2 \cdot 2 \cdot 2 \cdot 2 \cdot 3$ g) $360 = 2 \cdot 2 \cdot 2 \cdot 3 \cdot 3 \cdot 5$ h) $594 = 2 \cdot 3 \cdot 3 \cdot 3 \cdot 11$

24. a) 5:00 Uhr, 5:18 Uhr, 5:36 Uhr, 5:54 Uhr, 6:12 Uhr, 6:30 Uhr, 6:48 Uhr
b) Nein, weil die S5 um 9:33 Uhr oder 9:42 Uhr fährt. c) Sie könnten die Bahn um 20:36 Uhr wählen.

Abschlussaufgabe → Seite 38

a) ① 12 Gruppen mit je 2 Kindern, 8 Gruppen mit je 3 Kindern, 6 Gruppen mit je 4 Kindern, 4 Gruppen mit je 6 Kindern, 3 Gruppen mit je 8 Kindern, 2 Gruppen mit je 12 Kindern
② 10 Gruppen mit je 2 Kindern, 5 Gruppen mit je 4 Kindern, 4 Gruppen mit je 5 Kindern, 2 Gruppen mit je 10 Kindern

b) ① Rechnung: $4 \cdot 35\,€ + 20 \cdot 6\,€ = 140\,€ + 120\,€ = 260\,€$ Antwort: Frau Meister muss 260 € einsammeln.
② Rechnung: $260\,€ : 20 = 13\,€$ Antwort: Jedes Kind zahlt 13 €.

c)

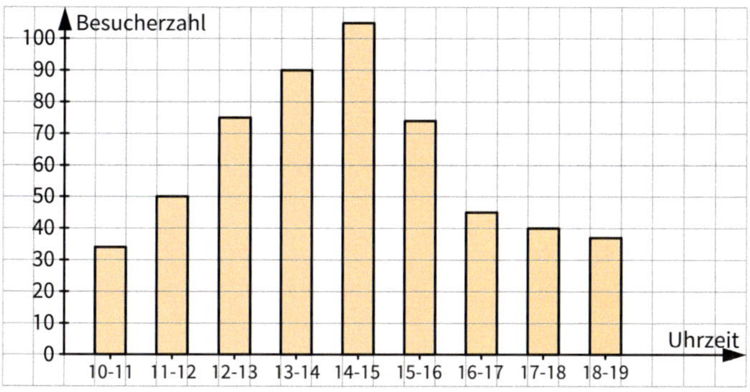

d) ① Muschel, Knochenfisch, Krebs ② bis −4500 m ③ −1
④ Nein, weil Wale nur bis −2500 m tief tauchen. ⑤ 9000 m

Lösungen zu Kapitel 2

Startklar → Seite 39

1. Rechteck: gegenüberliegende Seiten gleich lang, vier rechte Winkel, gegenüberliegende Seiten parallel
Quadrat: gegenüberliegende Seiten gleich lang, vier rechte Winkel, alle Seiten gleich lang, gegenüberliegende Seiten parallel

2. a)

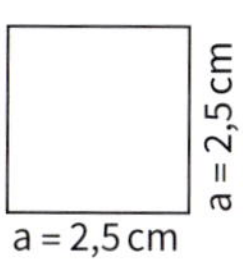

b)

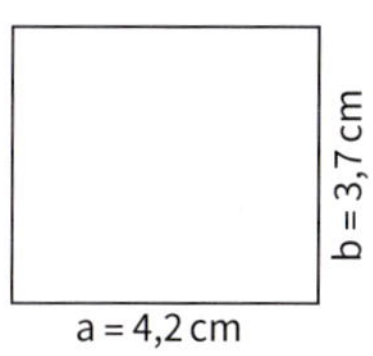

3. a ∥ b, d ∥ e, a ⊥ d, a ⊥ e, b ⊥ d, b ⊥ e, c ⊥ f

4.

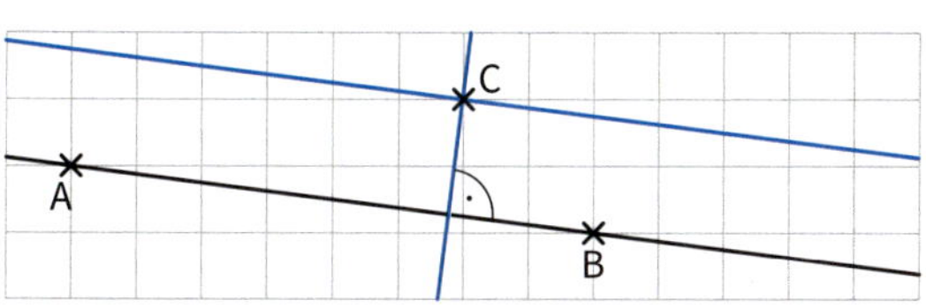

5. 0,8 cm

Trainer → Seite 61

1. a) d = 8 cm b) d = 50 mm c) d = 17 dm d) r = 5 dm e) r = 65 m f) r = 37,5 cm

2. a)

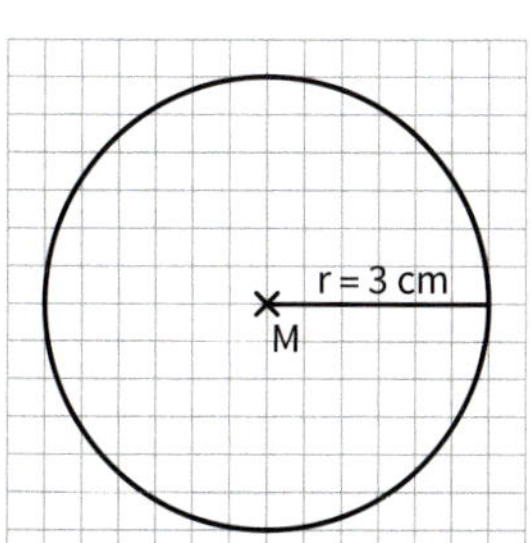

b)

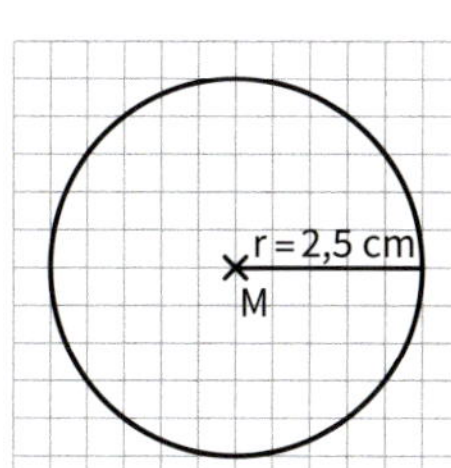

c)

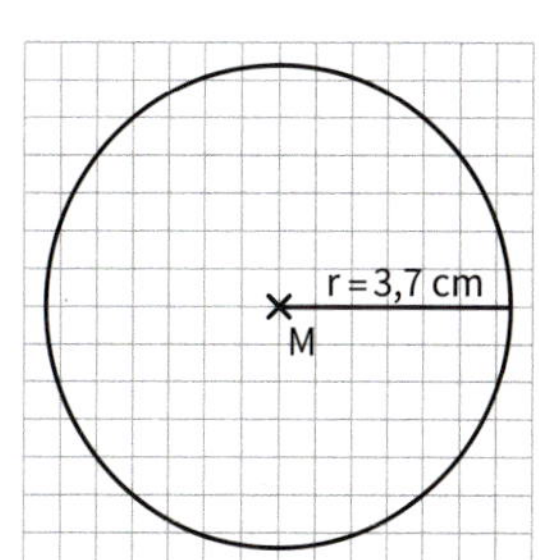

d) 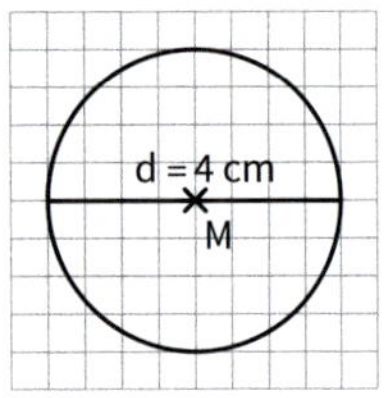

e) 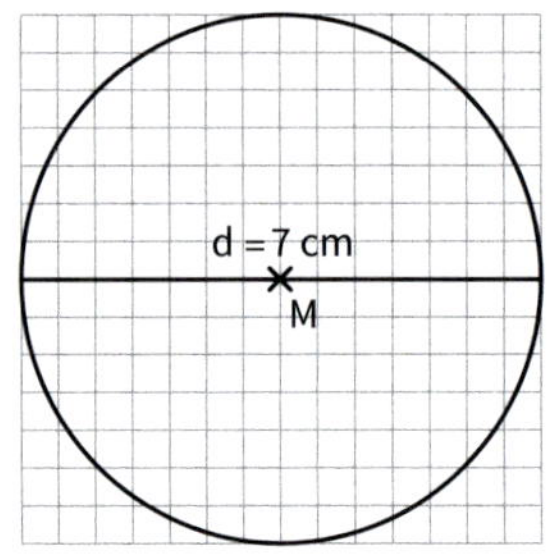

f) 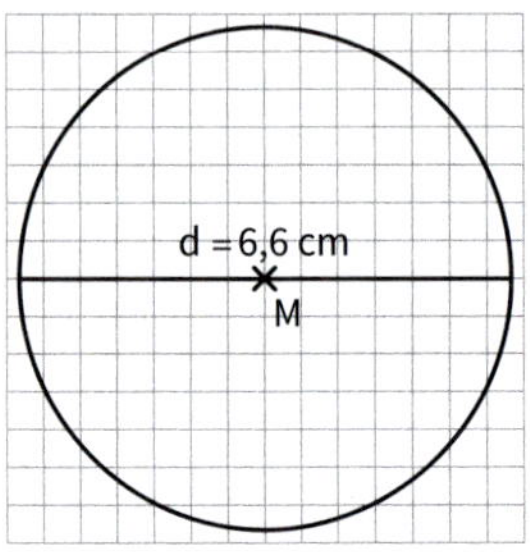

3. a) 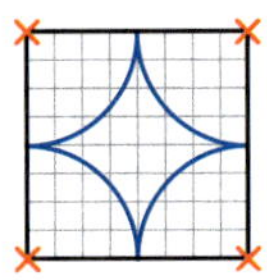 b) 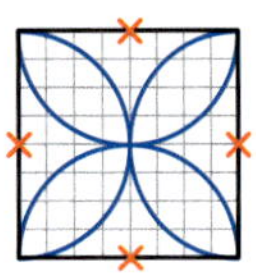

x: Mittelpunkte
r = 2 cm

4. 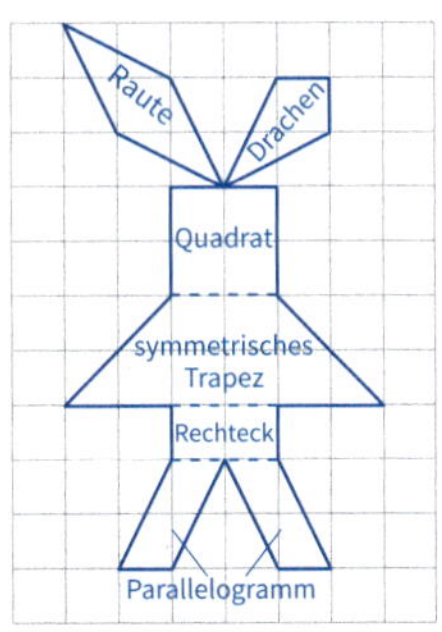

5. a)  b)  c)  d) 

6. a) Raute, Quadrat
b) Raute, Quadrat, Rechteck, Parallelogramm
c) Raute, Quadrat
d) Raute, Quadrat, Rechteck, Parallelogramm

7. Dreiecke, Vierecke, Fünfecke, Sechsecke, Drachen, Parallelogramme

8. a) 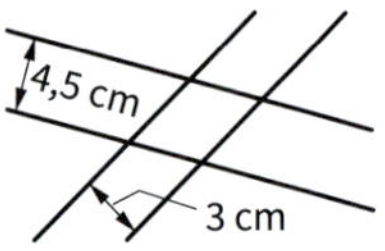

b) 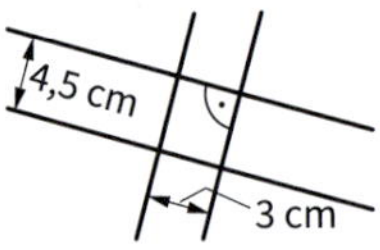

9. A: quadratische Pyramide, B: Kegel, C: Würfel, D: Zylinder, E: Dreieckspyramide, F: Quader, G: Dreiecksprisma

Trainer → Seite 62

10. a) 8 Ecken, 12 Kante, 6 Flächen
b) 0 Ecken, 0 Kanten, 1 Fläche
c) 0 Ecken, 2 Kanten, 3 Flächen
d) 6 Ecken, 9 Kanten, 5 Flächen
e) 0 Ecken, 1 Kante, 2 Flächen
f) 5 Ecken, 8 Kanten, 5 Flächen

11. 

12. a) Nein, weil die Flächen 1 und 2 aufeinander liegen würden.

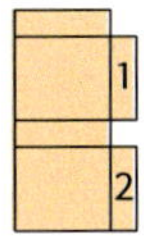

b) Nein, weil die Flächen 1, 2 und 3 zu kurz und Fläche 2 zu breit ist.

13.

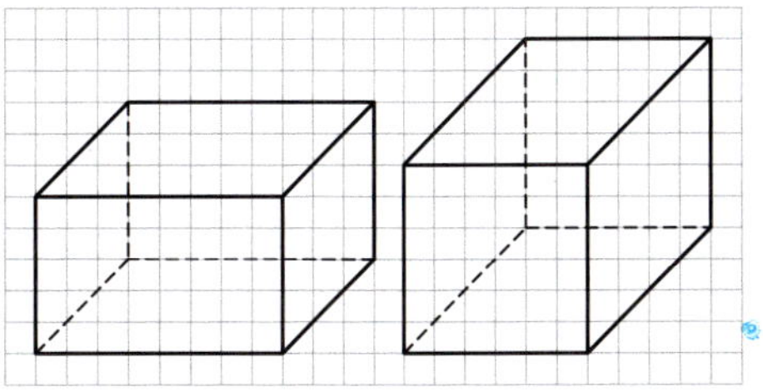

14. a)

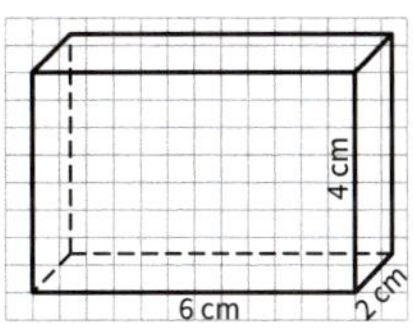

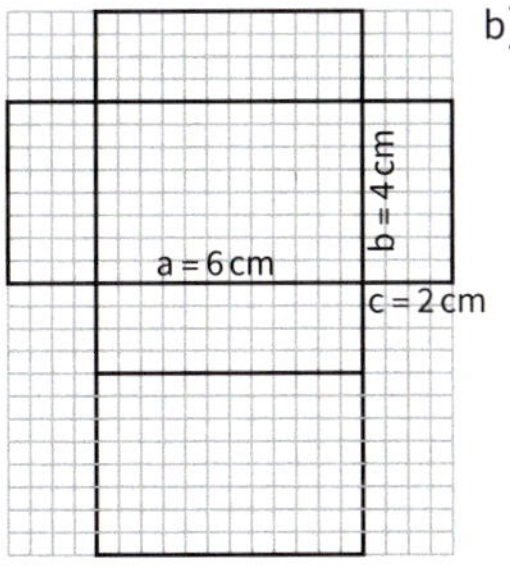

b)

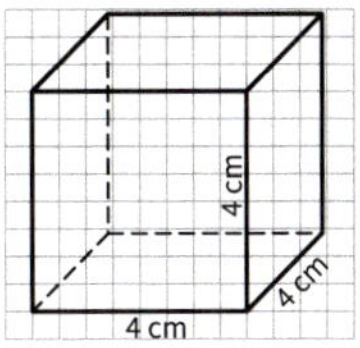

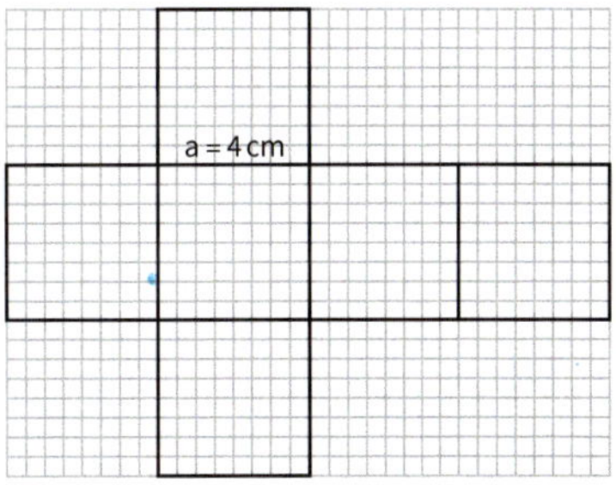

15. individuelle Lösung

16. a)

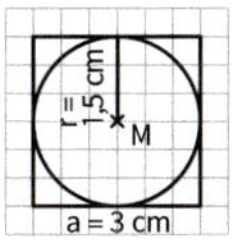

b)

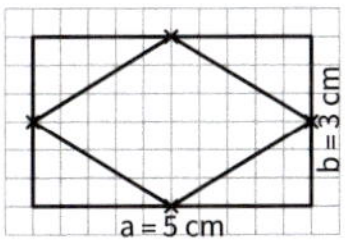

17. ① allgemeines Viereck
② Raute, Drachen, Trapez, Parallelogramm
③ Trapez, Parallelogramm
④ Parallelogramm, Trapez
⑤ Parallelogramm, Trapez

18.
1) Falsch, weil bei einem Trapez die gegenüberliegenden Seiten nicht parallel und gleich lang sein müssen. Nur ein Paar gegenüberliegende Seiten muss parallel sein.
2) Wahr, weil es in jedem Rechteck ein Paar parallele Seiten gibt.
3) Wahr, weil im Quadrat alle Seiten gleich lang sind und gegenüberliegende Seiten parallel sind. Zusätzlich müssen alle Winkel rechte Winkel sein.
4) Wahr, weil alle Eigenschaften des Drachen zutreffen. Zusätzlich sind bei der Raute alle Seiten gleich lang.
5) Falsch, weil bei einem Parallelogramm nicht alle Seiten gleich lang sein müssen. Dies trifft nur für die gegenüberliegenden Seiten zu.

Trainer → Seite 63

19. obere Reihe von links nach rechts: Trapez, Raute, Trapez, Parallelogramm
untere Reihe von links nach rechts: Drachen, Quadrat, Rechteck, Trapez

20. a)

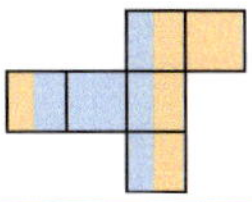

b)

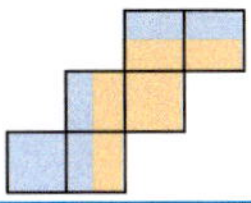

c)

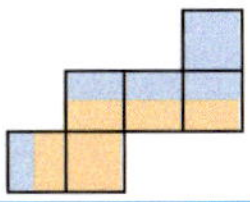

21. a) a = 2,7 cm, b = 1,4 cm, c = 1,8 cm

b) a = 2,3 cm, b = 2,8 cm

22. a) Pyramide, Dreiecksprisma

b) Quader, Würfel, Pyramide

c) Kegel, Zylinder

23. a) ①
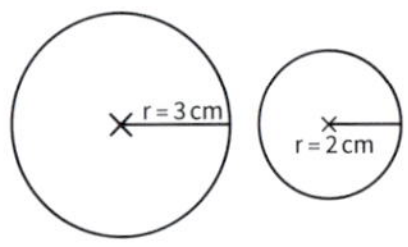

②
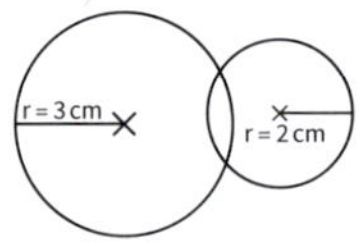

③
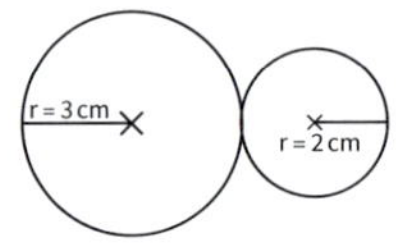

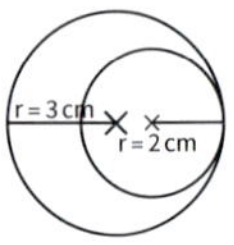

b) Sie können keinen, einen, zwei oder unendlich viele Schnittpunkte haben.

---

24. a) Gegenbeispiel:
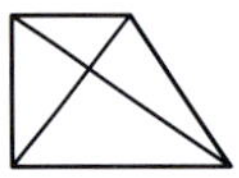
Korrektur: Bei einem **symmetrischen** Trapez sind die Diagonalen immer gleich lang.

b) Gegenbeispiel:
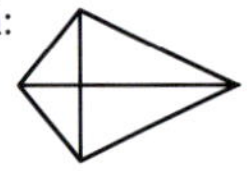
Korrektur: Bei einer **Raute** halbieren sich die Diagonalen.

---

25. a) 9 Ecken, 16 Kanten, 9 Flächen b) 6 Ecken, 12 Kanten, 8 Flächen

---

26.
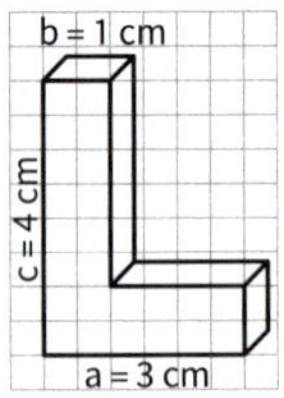

Abschlussaufgabe → Seite 64

a) individuelle Lösung

---

b) ①
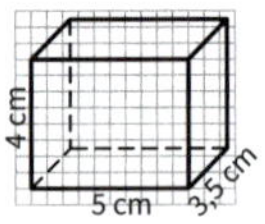

②
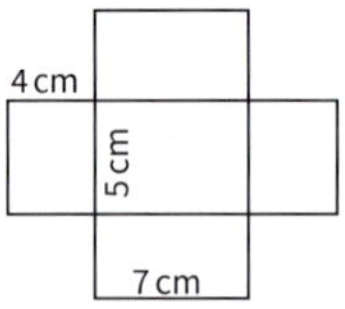

---

c) ①

Körper	Anzahl Ecken	Anzahl Kanten	Anzahl Flächen
A	6	8	5
B	8	12	6
C	0	2	3
D	24	36	14

② A: Dreiecke, Rechtecke
B: Trapeze, Rechtecke
C: Kreise, Rechtecke
D: 12- Ecke, Rechtecke

---

d) ①
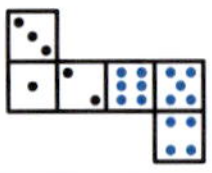
②
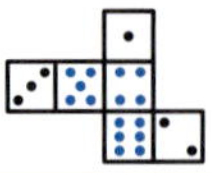
③
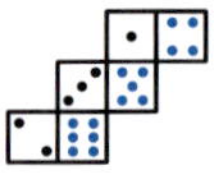
④
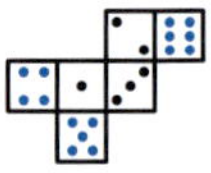

Lösungen zu Kapitel 3

Startklar → Seite 65

1. a) 24 b) 20 c) 18 d) 36

---

2. a) 6 b) 7 c) 8 d) 20

3. a) 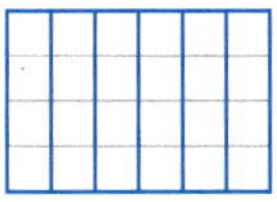 b) 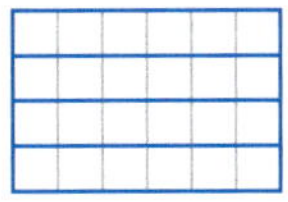 c) 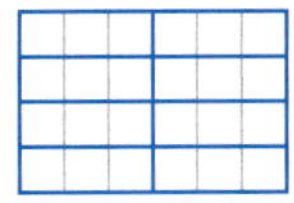

4. a) 600 cm b) 150 mm c) 2 000 g d) 2 000 ct e) 180 min f) 55 000 m

5. a) 1 m 52 cm b) 1 m 20 cm c) 1 km 305 m d) 2 km 500 m e) 3 km 50 m f) 4 cm 80 mm

Trainer → Seite 99

1. a) $\frac{5}{20}=\frac{1}{4}$ b) $\frac{15}{25}=\frac{3}{5}$ c) $\frac{3}{9}=\frac{1}{3}$ d) $\frac{12}{15}=\frac{4}{5}$ e) $\frac{14}{21}=\frac{2}{3}$ f) $\frac{8}{20}=\frac{2}{5}$

2. a) $\frac{1}{5}$ b) $\frac{3}{5}$ c) $\frac{1}{2}$ d) $\frac{4}{5}$

3. a) $\frac{4}{6}=\frac{2}{3}$ 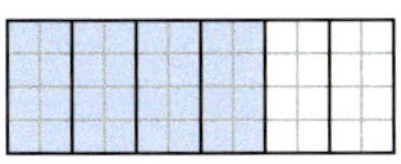 b) $\frac{7}{12}$ 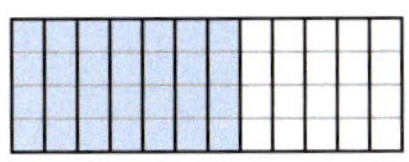 c) $\frac{3}{8}$ 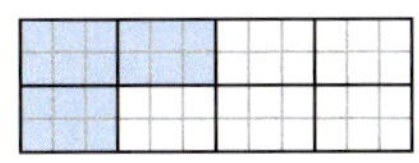 d) $\frac{2}{3}$ 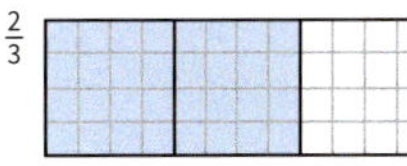

4. a) 12 € b) 70 m c) 25 kg d) 80 g

5. a) 48 € b) 140 m c) 25 km d) 27 kg

6. a) gekürzt mit 3 b) erweitert mit 6

7. a) $\frac{1}{5}$ b) $\frac{2}{7}$ c) $\frac{3}{4}$ d) $\frac{2}{3}$ e) $\frac{3}{5}$ f) $\frac{4}{5}$ g) $\frac{1}{2}$ h) $\frac{1}{4}$

8. a) $\frac{3}{4}=\frac{18}{24}$ $\frac{3}{8}=\frac{9}{24}$ $\frac{1}{3}=\frac{8}{24}$ $\frac{5}{6}=\frac{20}{24}$ $\frac{1}{2}=\frac{12}{24}$ $\frac{7}{12}=\frac{14}{24}$

b) 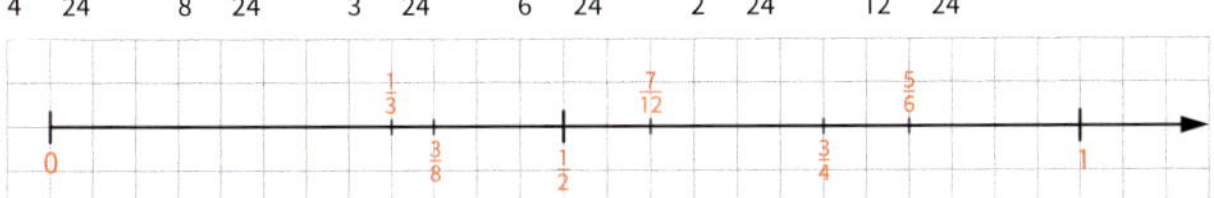

9. a) $\frac{25}{100}=\frac{1}{4}=0{,}25=25\,\%$ b) $\frac{60}{100}=\frac{3}{5}=0{,}6=60\,\%$

10. a) $2\frac{1}{4}=\frac{9}{4}$ b) $1\frac{2}{5}=\frac{7}{5}$ c) $2\frac{7}{8}=\frac{23}{8}$ d) $1\frac{5}{6}=\frac{11}{6}$

11. a) $\frac{8}{10}$ b) $\frac{6}{1000}$ c) $\frac{2}{1}$ d) $\frac{2}{100}$ e) $\frac{10}{1}$ f) $\frac{7}{10}$ g) $\frac{0}{100}$ h) $\frac{6}{100}$

Trainer → Seite 100

12. individuelle Lösung

13. $\frac{7}{10}=0{,}7=70\,\%$ $\frac{1}{4}=0{,}25=25\,\%$ $\frac{7}{20}=0{,}35=35\,\%$ $\frac{14}{25}=0{,}56=56\,\%$

14. a) A: $\frac{1}{5}=0{,}2$ B: $\frac{4}{5}=0{,}8$ C: $1\frac{2}{5}=\frac{7}{5}=1{,}4$ b) D: $3{,}55=\frac{355}{100}=3\frac{11}{20}$ E: $3{,}6=\frac{36}{10}=\frac{18}{5}=3\frac{3}{5}$ F: $3{,}67=\frac{367}{100}=3\frac{67}{100}$

15. a) $4{,}05 < 4{,}450 < 4{,}504$ b) $7{,}488 < 7{,}489 < 7{,}4891$ c) $0{,}2 < 0{,}219 < 0{,}23$

16. a) $6{,}743 \approx 7$ $12{,}391 \approx 12$ b) $4{,}724 \approx 4{,}7$ $9{,}361 \approx 9{,}4$ c) $2{,}565 \approx 2{,}57$ $7{,}698 \approx 7{,}70$

17. a) 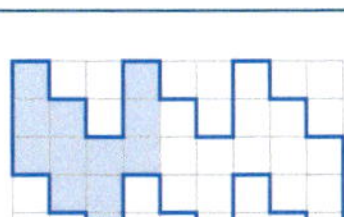 b) 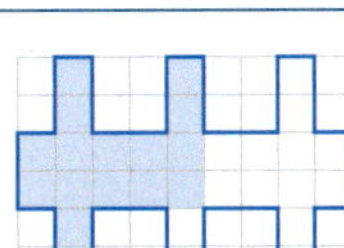

18.

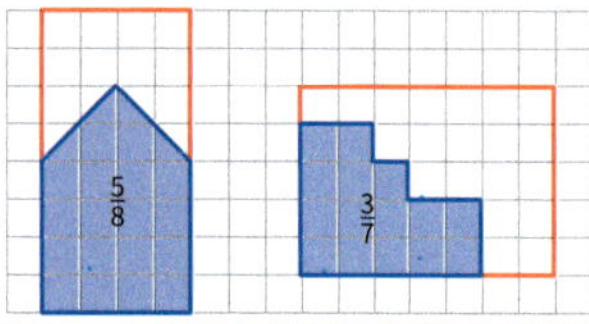

19. $\frac{7}{10}$

20. a)

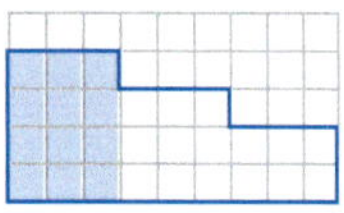

b)

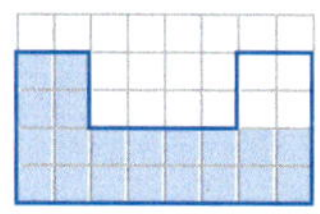

21. a) Luis b) Emre c) Max. Es ist $\frac{1}{9}$ groß.

Trainer → Seite 101

22. a) z. B. 3,45 und 3,455 b) 2,75

23. a) A: $0{,}8 = \frac{8}{10} = \frac{4}{5}$ B: $1{,}2 = \frac{12}{10} = \frac{6}{5}$ C: $2{,}0 = \frac{20}{10} = \frac{10}{5}$ b) D: $0{,}75 = \frac{75}{100} = \frac{3}{4}$ E: $1{,}5 = \frac{15}{10} = 1\frac{5}{10} = 1\frac{1}{2}$ F: $2{,}25 = \frac{225}{100} = 2\frac{1}{4}$

24. a) 3,45 dm b) 2,925 m c) 5,7 cm

25. ① Falsch, denn z. B. $\frac{5}{7} > \frac{5}{8}$. ② Richtig, weil es erweitern entspricht. ③ Falsch, denn $\frac{1}{4} = 0{,}25$.

26. a) 28 000 b) 10 000 c) $\frac{2}{3}$

27. a) $\frac{3}{8} < 1\frac{1}{4} < \frac{17}{12} < \frac{37}{24} < \frac{5}{3} < \frac{13}{6}$ b) $\frac{5}{11} < 0{,}5 < 0{,}501 < 51\,\% < \frac{5}{9} < \frac{6}{10}$

28. a) z. B. $\frac{13}{28}$ und $\frac{15}{28}$ b) z. B. $\frac{9}{24}$ und $\frac{10}{24}$

29. a) Antwort: Es fließen 700 km in Deutschland und 150 km in der Niederlande.
b) $\frac{7}{24}$ fließen weder in Deutschland noch in der Niederlande.

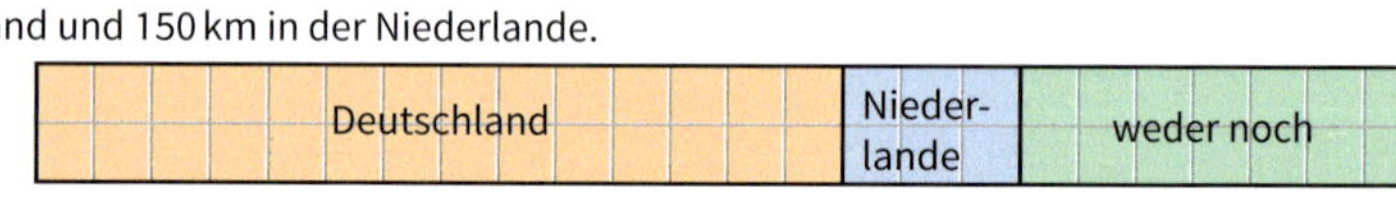

30. Murat hat nicht Recht, denn durch Erweitern ändert sich die Prozentzahl nicht.

31. Antwort: Es sind insgesamt 24 Kinder.

Abschlussaufgabe → Seite 102

a) ① 16 ② $\frac{5}{8}$ ③ 48

b) ① $70\,\% = \frac{70}{100} = \frac{7}{10} = 0{,}7$ ② $24\,\% = \frac{24}{100} = \frac{6}{25} = 0{,}24$

c) ① $\frac{1}{3}$ h = 20 min Antwort: Sapnas Eltern kommen um 16:50 Uhr.
② $1\frac{3}{4}$ h = 1 h 45 min Antwort: Das Konzert ist um 18:15 Uhr zu Ende.

d) ① Das Klassenorchester hat 9 Streicher und 8 Blechbläser. ② $\frac{6}{24} = \frac{1}{4}$
③

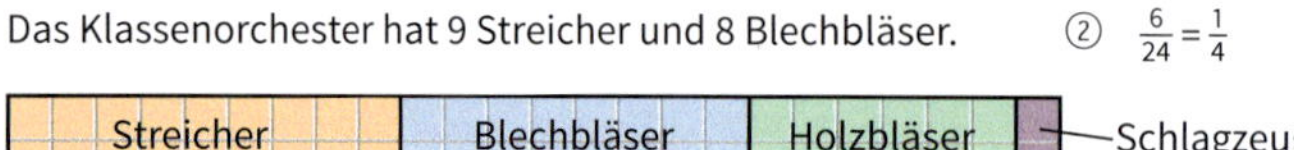

Lösungen zu Kapitel 4

Startklar → Seite 103

1. Strecken: b, h Strahlen: d, f, g Geraden: a, c

2. An den Eckpunkten B und C befinden sich rechte Winkel.

3. A: 5 mm B: 15 mm

4. a) 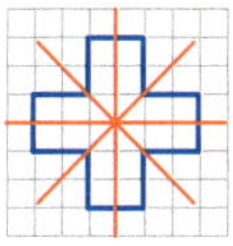 b) 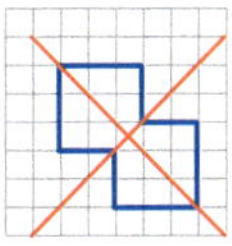

5. 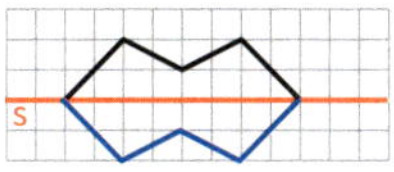

Trainer → Seite 129

1. 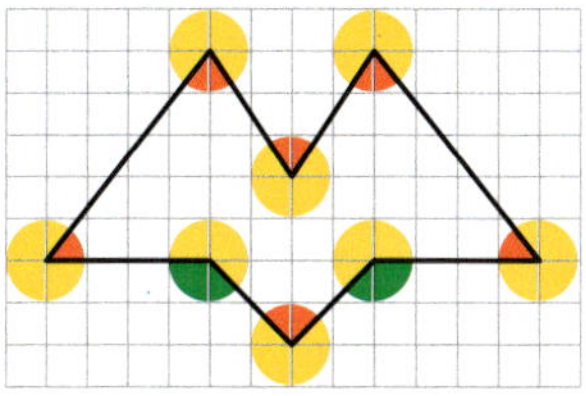

2. individuelle Lösung

3. $\alpha = 15°$

4. a) $\alpha = 127°$ $\beta = 53°$ $\gamma = 127°$ $\delta = 26{,}5°$ $\varepsilon = 26{,}5°$
b) Scheitelwinkel: α und γ Nebenwinkel: β und γ Stufenwinkel: δ und ε

5. a) $\alpha = 128°$ $\beta = 52°$ $\gamma = 128°$ b) $\alpha = 90°$ $\beta = 109°$ $\gamma = 71°$
c) $\alpha = 118°$ $\beta = 62°$ $\gamma = 118°$ d) $\alpha = 58°$ $\beta = 122°$ $\gamma = 125°$

6. 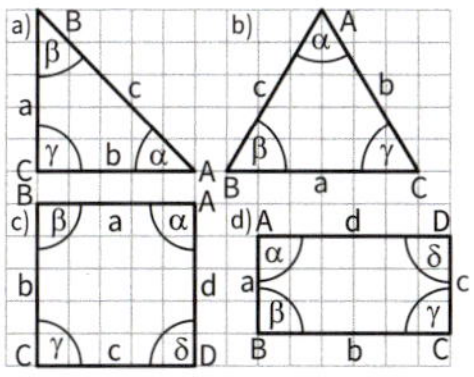

7. 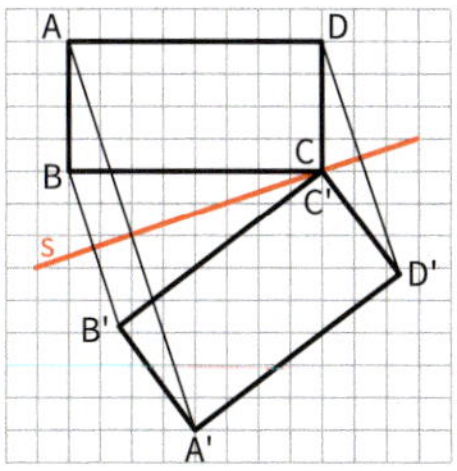

8. z. B.

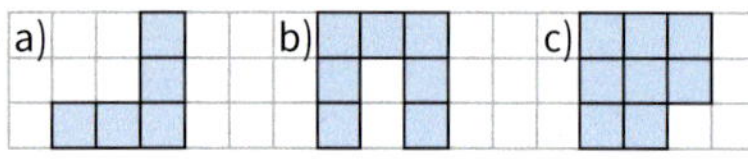

Trainer → Seite 130

9. a)

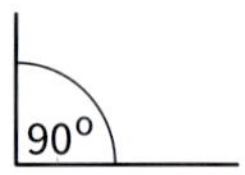

rechter Winkel

b)

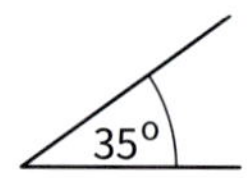

spitzer Winkel

c)

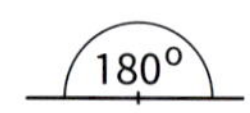

gestreckter Winkel

d)

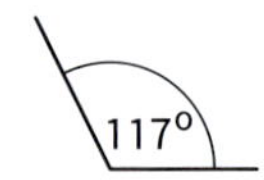

stumpfer Winkel

10.

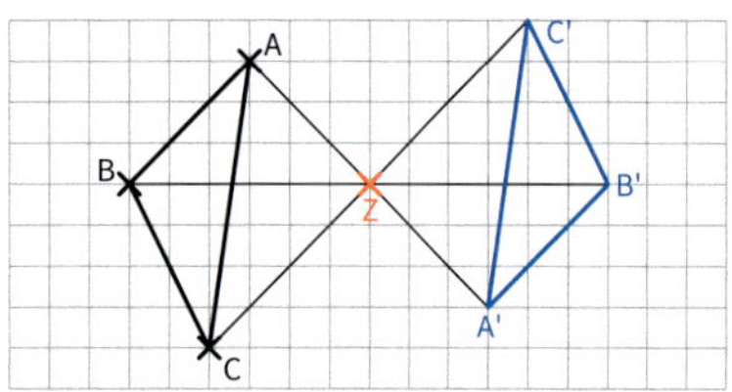

11. a) 90°, 180°, 270°, 360° b) 60°, 120°, 180°, 240°, 360°

12. a)

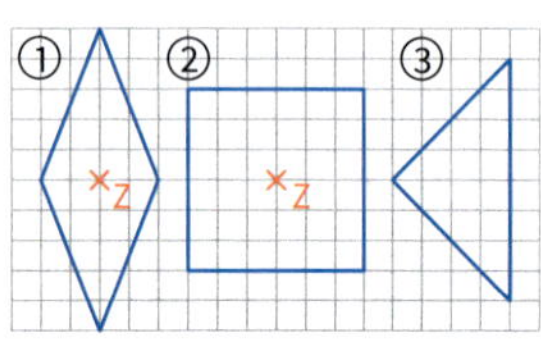

b) punktsymmetrisch: ① und ②
c) drehsymmetrisch: ① (Drehwinkel: 180°) und ② (Drehwinkel: 90°)

13. a)

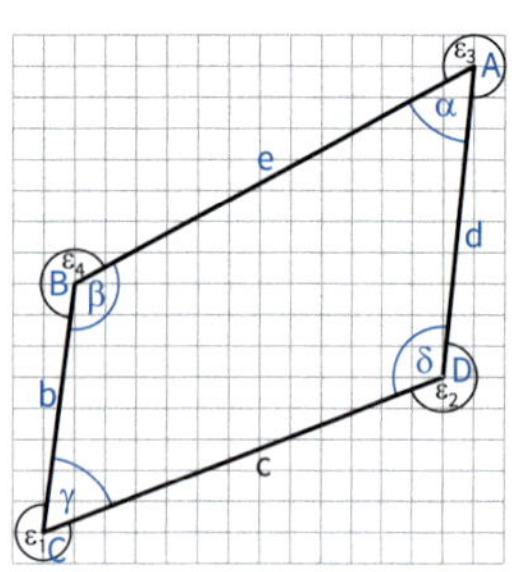

b) $\varepsilon_1 = 299°$
$\varepsilon_2 = 242°$
$\varepsilon_3 = 305°$
$\varepsilon_4 = 234°$

14.

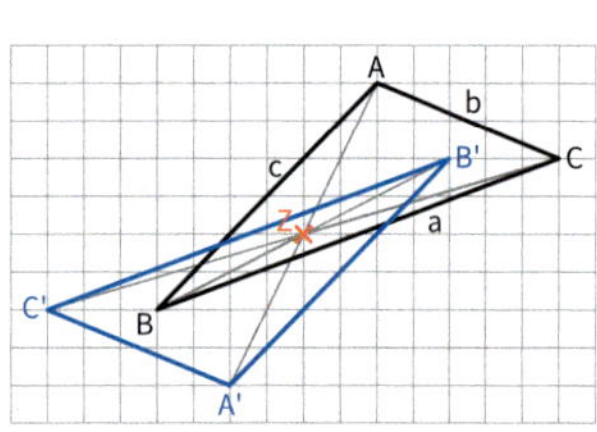

15. punktsymmetrisch: INI ONNO achsensymmetrisch: OTTO AVA IBO

Trainer → Seite 131

16. a) 122° − 54° = 68°

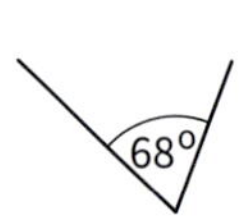

b) Der Winkel wird größer.

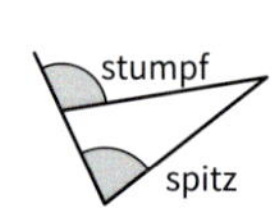

17.

Die Summe zweier Nebenwinkel beträgt 180°. Sind beide gleich groß, dann sind sie jeweils 90° groß. Wird α größer als 90°, so muss β kleiner werden. (α: stumpfer Winkel; β: spitzer Winkel).

18. a) z. B. 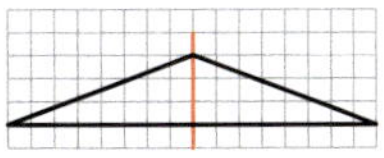

b) z. B. 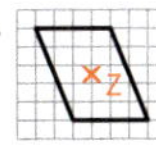

c) z. B. 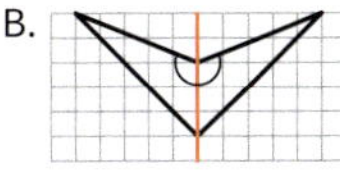

---

19. 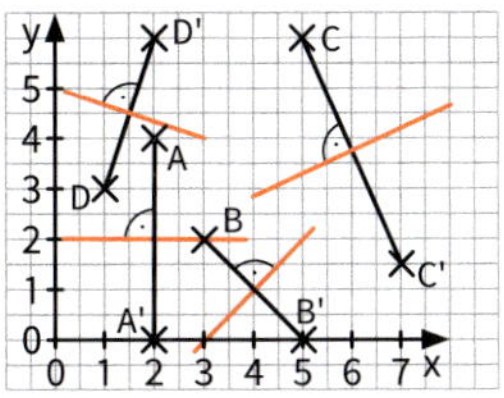

---

20. z. B. 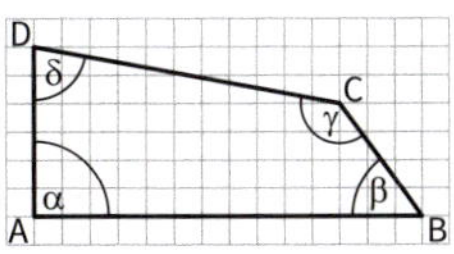

---

21. α = 142° β = 19° γ = 38° δ = 19° ε = 71° Winkel γ ist Scheitelwinkel zu 38°. Winkel α ist Nebenwinkel von 38°. Winkel β und 71° ergeben zusammen 90°. Winkel β und δ sind gleich groß, denn Strecke $\overline{BD}$ ist Diagonale im Rechteck. Winkel ε und 71° sind gleich groß, denn die beiden Dreiecke sind gleich groß.

---

22. z. B. 

---

23. Nein, denn nur drehsymmtrische Figuren, die um 180° gedreht werden können, sind automatisch auch punktsymmetrisch.

---

24. 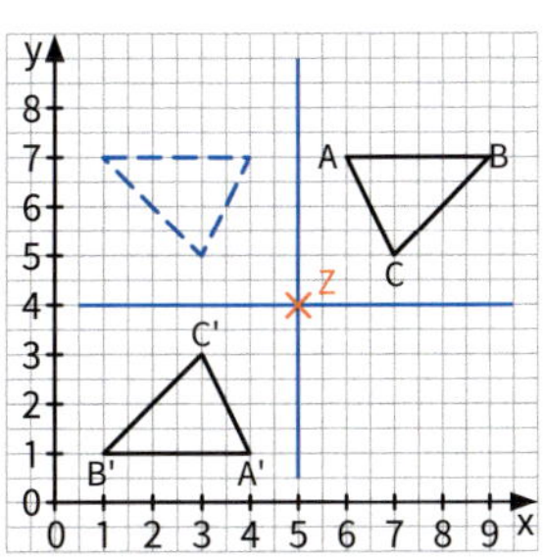

Abschlussaufgabe → Seite 132

a) ① 180° ② 90° ③ 60°

---

b) achsensymmetrisch: A, B, C, D, F punktsymmetrisch: E drehsymmetrisch: B (72°), E (180°), F (120°)

---

c) 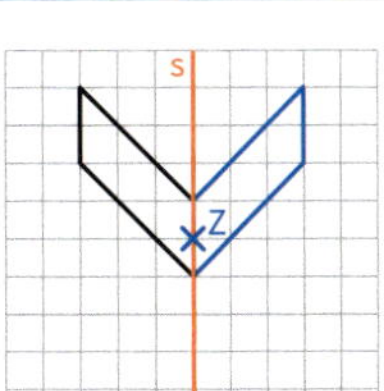

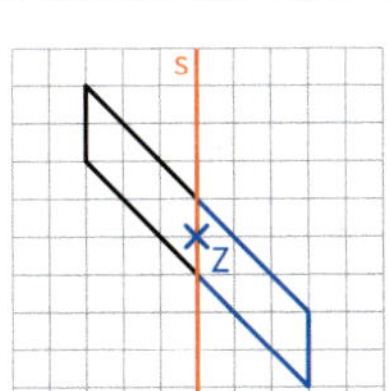

---

d) α = 25° α ist Nebenwinkel zu 155°. 180° – 155° = 25°

Lösungen zu Kapitel 5

Startklar → Seite 133

1. a) $\frac{1}{2}=\frac{2}{4}, \frac{1}{4}=\frac{1}{4}$ b) $\frac{2}{3}=\frac{8}{12}, \frac{5}{12}=\frac{5}{12}$ c) $\frac{2}{5}=\frac{6}{15}, \frac{1}{3}=\frac{5}{15}$ d) $\frac{1}{8}=\frac{3}{24}$ (oder $\frac{6}{48}$), $\frac{1}{6}=\frac{4}{24}$ (oder $\frac{8}{48}$)

2. a) 26 226 b) 648

3. a) 530 b) 2 400 c) 4 600 d) 390 e) 18 000 f) 58

4. a) 3 340 b) 2 431

5. a) 0,1 b) 0,01 c) 0,001 d) 0,3 e) 0,07 f) 0,009 g) 0,23 h) 1,63 i) 0,999

Trainer → Seite 163

1. a)

2,2
1 | 1,2
0,6 | 0,4 | 0,8

b)

10
3,8 | 6,2
1,3 | 2,5 | 3,7

c)

$\frac{7}{10}$
$\frac{3}{10}$ | $\frac{4}{10}$
$\frac{2}{10}$ | $\frac{1}{10}$ | $\frac{3}{10}$

d)

$\frac{9}{12}=\frac{3}{4}$
$\frac{3}{6}=\frac{6}{12}$ | $\frac{3}{12}$
$\frac{1}{3}$ | $\frac{1}{6}$ | $\frac{1}{12}$

2. a) 4 120 700 b) 0,3 0,025 0,736 c) 2,4 7,5 0,18 d) 3,6 0,8 0,7

3. a)

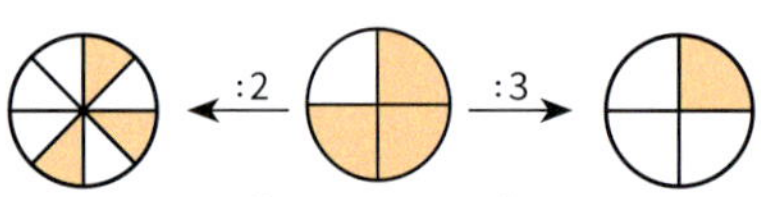

$\frac{3}{4}\cdot 2=\frac{3}{8}$ ← :2 — $\frac{3}{4}$ — :3 → $3:\frac{3}{4}=\frac{1}{4}$

b)

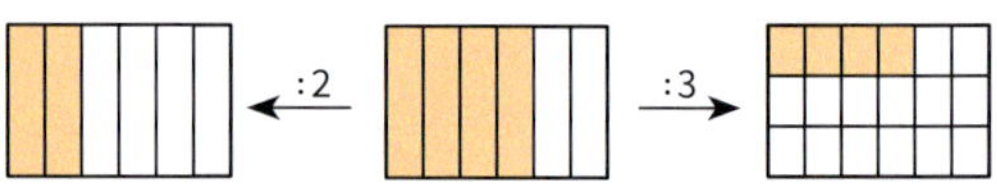

$\frac{4:2}{6}=\frac{2}{6}$ (oder $\frac{1}{3}$) ← :2 — $\frac{4}{6}$ — :3 → $\frac{4}{6\cdot 3}=\frac{4}{18}$

4. Am schnellsten kann Leonore den Gesamtbetrag berechnen, indem sie erst die Spenden für eine Runde addiert und das Ergebnis mit der Rundenanzahl multipliziert.
R: 0,80 € + 1,20 € + 1,30 € + 0,70 € + 0,50 € = 4,50 € pro Runde 4,50 € · 14 = 63,00 €
A: Insgesamt hat Leonore 63 € Spenden erlaufen.

5. Tee: z. B. 3 mal $\frac{1}{2}$ ℓ im großen Messbecher oder 2 mal $\frac{3}{4}$ ℓ im großen Messbecher
Apfelsaft: z. B. $\frac{3}{4}$ ℓ = 0,75 ℓ im großen Messbecher und 0,05 ℓ im kleinen Messbecher oder 16 mal 0,05 ℓ im kleinen Messbecher
Zitronensaft: z. B. 3 mal 0,05 ℓ im kleinen Messbecher

6. a) 63,35 b) 63,4 c) 62,812 d) 62,35 e) 63,897 f) 63,75

7. a) Sie fressen Pilze, die sie selbst auf Blättern züchten.
b) R: 1,3 cm − 0,5 cm = 0,8 cm A: Der Unterschied beträgt 0,8 cm, also 8 mm.
c) R: 0,008 g · 12 = 0,096 g A: Die schwersten Ameisen können bis zu 0,096 g transportieren.

Trainer → Seite 164

8. a) $\frac{12}{16}=\frac{3}{4}$ b) $\frac{2+5}{10}=\frac{7}{10}$ c) $\frac{9+10}{12}=\frac{19}{12}$ d) $\frac{7-2}{8}=\frac{5}{8}$ e) $\frac{14-9}{24}=\frac{5}{24}$ f) $\frac{5-3}{5}=\frac{2}{5}$
g) $\frac{5\cdot 3}{12}=\frac{5}{4}$ h) $\frac{16:8}{9}=\frac{2}{9}$ i) $\frac{2}{3\cdot 4}=\frac{1}{6}$

9. $\frac{1}{2}+\frac{1}{3}+\frac{1}{4}=\frac{6+4+3}{12}=\frac{13}{12}$
$\frac{13}{12}$ ist mehr als 1, das würde bedeuten, dass mehr als alle Kinder ihr Lieblingsgericht genannt haben. Das geht aber nicht.

10. $\frac{3}{100}=0{,}003$ $\frac{1}{3}=0{,}\overline{3}$ $\frac{3}{4}=0{,}75$ $\frac{3}{10}=0{,}3$ $\frac{2}{3}=0{,}\overline{6}$ $\frac{3}{5}=0{,}6$

11. a) $15\,\% = \frac{15}{100} = 0{,}15$ b) $47\,\% = \frac{47}{100} = 0{,}47$ c) $2\,\% = \frac{2}{100} = 0{,}02$ d) $20\,\% = \frac{20}{100} = 0{,}2$
e) $70\,\% = \frac{70}{100} = 0{,}7$ f) $7\,\% = \frac{7}{100} = 0{,}07$ g) $1\,\% = \frac{1}{100} = 0{,}01$ h) $99\,\% = \frac{99}{100} = 0{,}99$
i) $90\,\% = \frac{90}{100} = 0{,}9$ j) $9\,\% = \frac{9}{100} = 0{,}09$

12. a) $0{,}48 = \frac{48}{100} = 48\,\%$ b) $0{,}95 = \frac{95}{100} = 95\,\%$ c) $0{,}03 = \frac{3}{100} = 3\,\%$ d) $0{,}5 = \frac{50}{100} = 50\,\%$
e) $0{,}05 = \frac{5}{100} = 5\,\%$ f) $0{,}09 = \frac{90}{100} = 90\,\%$ g) $0{,}04 = \frac{4}{100} = 4\,\%$ h) $1 = \frac{100}{100} = 100\,\%$
i) $0{,}8 = \frac{80}{100} = 80\,\%$ j) $0{,}81 = \frac{81}{100} = 81\,\%$

13. a)

14,05			
7,85	**7,2**		
3,6	4,25	**2,95**	
1,5	2,1	**2,15**	0,8

b)

$\frac{53}{16} = 3\frac{5}{16}$			
$\frac{33}{16}$	$\frac{20}{16}$		
$1\frac{1}{4}$	$\frac{13}{16}$	$\frac{7}{16}$	
$\frac{1}{2}$	$\frac{3}{4}$	$\frac{1}{16}$	$\frac{3}{8}$

14. a) 7,80 b) 16,99 c) $1\frac{2}{5} = \frac{7}{5}$ d) 2 e) 5 f) 6

15. R: 450 € für 3 Nächte, also 150 € pro Nacht.

Preise pro Nacht:
Frühstück: $2 \cdot 45{,}30\,€ + 39{,}10\,€ = 129{,}70\,€$
Halbpension: $2 \cdot 52{,}30\,€ + 45{,}10\,€ = 149{,}70\,€$
Vollpension: $2 \cdot 59{,}30\,€ + 51{,}10\,€ = 169{,}70\,€$
A: Pia kann sich Halbpension leisten.

16. a) R: $\frac{7}{10} - \frac{3}{8} = \frac{28-15}{40} = \frac{13}{40}$ A: Es werden $\frac{13}{40}$ Liter Wasser benötigt.
b) R: $1\frac{1}{5} - \frac{1}{4} = \frac{6}{5} - \frac{1}{4} = \frac{24-5}{20} = \frac{19}{20}$ A: Der Inhalt wiegt $\frac{19}{20}$ kg.

17. a) 1 596,2 b) 807,264 c) 6 201,6 d) 160,07 e) 777,28 f) 642,85 g) $809{,}\overline{6}$ h) $508{,}37\overline{3}$

Trainer → Seite 165

18. a) $\frac{5}{6} \cdot \mathbf{9} = \frac{15}{2}$ b) $\frac{2}{3} : \mathbf{4} = \frac{1}{6}$ c) $\frac{1}{3} + \frac{\mathbf{1}}{\mathbf{4}} = \frac{7}{12}$ d) $\frac{9}{4} - \frac{\mathbf{9}}{\mathbf{20}} = \frac{9}{5}$

19. a) R: 72,3 kg – 48,8 kg = 23,5 kg A: Mit einem Elektroauto liegt der CO_2-Fußabdruck für eine London-Reise bei 23,5 kg CO_2.
b) R: 92,5 kg : 5 kg = 18,5 kg
A: Bei einer Anreise mit dem Flugzeug wird 18,5-mal mehr CO_2 emittiert als bei einer Anreise mit der Bahn.
c) Vancouver ist etwa 10-mal so weit von Frankfurt entfernt wie London. R: 92,5 kg · 10 = 925 kg
A: Der Flug nach Vancouver hat einen CO_2-Fußabdruck von etwa 925 kg CO_2.

20. a) R: $17\,360 : 3 = 5\,786{,}\overline{6}$ A: Jede Person erhält 5 786,66 €. (Runden auf Cent. Abrunden, damit die 17 360 € ausreichen.)
b) R: $580 : 30 = 19{,}\overline{3}$ A: Es müssen 20 Eimer, also 100 ℓ Farbe mitgebracht werden.
(Man kann nur ganze Eimer kaufen. Darum werden mehr als 19 Eimer benötigt, es wird aufgerundet.)

21. a)

10			
5,79	4,21		
3,08	**2,71**	1,5	
0,98	**2,1**	**0,61**	0,89

b)

$10\frac{3}{4}$			
$5\frac{7}{12}$	$\mathbf{5\frac{1}{6}}$		
$2\frac{5}{6}$	$\mathbf{2\frac{3}{4}}$	$\mathbf{2\frac{5}{12}}$	
$1\frac{1}{3}$	$\mathbf{1\frac{1}{2}}$	$\mathbf{1\frac{1}{4}}$	$\mathbf{1\frac{1}{6}}$

22. a) $\frac{3}{8} \cdot 4 - \frac{5}{6} = \frac{3}{2} - \frac{5}{6} = \frac{9-5}{6} = \frac{4}{6} = \frac{2}{3}$ b) $\frac{7}{9} : 2 + \frac{1}{4} = \frac{7}{18} + \frac{1}{4} = \frac{14+9}{36} = \frac{23}{36}$ c) $(1\frac{1}{2} + \frac{3}{5}) : 7 = (\frac{15+6}{10}) : 7 = \frac{21}{10} : 7 = \frac{3}{10}$

23. a) 35,49 + 7,81 = 43,30 b) 645,173 + 40,864 = 686,037 c) 59,739 – 6,25 = 53,489 d) 1,163 – 0,6851 = 0,4779

24. a) 60 km : 7 ≈ 8,571 km b) 7 m : 23 ≈ 0,30 m c) 6 kg : 13 ≈ 0,462 kg d) 2 m² : 21 ≈ 0,0952 m²

25. a) $0{,}8 < \frac{7}{8} < \frac{8}{9} < 0{,}9\overline{8} < 0{,}\overline{98} < \frac{8}{8}$ b) $2\frac{4}{5} < 2\frac{5}{6} < 2{,}\overline{83} < \frac{284}{100} < \frac{26}{9} < \frac{29}{10}$

26. $0{,}5 \cdot 7 = 3{,}5$ $1 \cdot 7 = 7$
Wenn man Zahlen, die größer als 0,5 und kleiner als 1 sind, mit 7 multipliziert, liegt das Ergebnis zwischen 3,5 und 7.

Abschlussaufgabe → Seite 166

a) R: $0{,}04\,\ell + 0{,}06\,\ell + 0{,}08\,\ell + 0{,}1\,\ell = 0{,}28\,\ell$ A: Am besten eignen sich die 0,3 ℓ-Gäser. Auch die 0,5 ℓ-Gläser würden passen.

b) ① Leonie hat richtig gerechnet.
② $100 \cdot 0{,}06\,\ell = 6\,\ell$ Orangensaft $100 \cdot 0{,}08\,\ell = 8\,\ell$ Ananassaft
③ 10 Packungen Kokosnusscreme: $10 \cdot 3{,}90\,€ = 39$
6 ℓ Orangensaft: $6 \cdot 1{,}10\,€ = 6{,}60\,€$
8 ℓ Ananassaft: $8 \cdot 1{,}50\,€ = 12{,}00\,€$
insgesamt: $39{,}00\,€ + 6{,}60\,€ + 12{,}00\,€ = 57{,}60\,€$
Der Einkauf kostet insgesamt 57,60 €.

c) ① R: $\frac{1}{2} + \frac{1}{4} + \frac{1}{5} = \frac{10+5+4}{20} = \frac{19}{20}$ A: Der Messbecher ist bis zum 19. Strich gefüllt.
② $40 = 10 \cdot 4$ Gläser $10 \cdot \frac{1}{2}\,\ell = 5\,\ell$ Wasser, $10 \cdot \frac{1}{4}\,\ell = \frac{5}{2}\,\ell$ Zitronensaft, $10 \cdot \frac{1}{5}\,\ell = 2\,\ell$ schwarze Tee, $10 \cdot 60\,g = 600\,g$ Zucker

d) ① Möglich sind: Wasser und KiBa oder Kaffee und Orangensaft.
② R: $8{,}70 : 6 = 1{,}45$ A: Paula kauft sechs Gläser Orangensaft für je 1,45 €.

Lösungen zu Kapitel 6

Startklar → Seite 167

1. a)

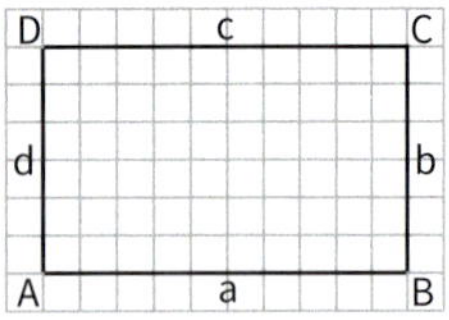

b)

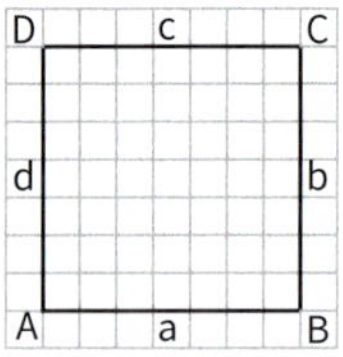

2. a) A = 36 cm², u = 24 cm b) A = 52 cm², u = 34 cm c) A = 225 cm², u = 68 cm d) A = 144 m², u = 48 m

3. 4 km = 4 000 m 400 cm = 4 m 400 dm = 40 m 40 mm = 4 cm

4. a) 7 cm² = 700 mm² 3 m² = 300 dm² 40 dm² = 4 000 cm²
b) 300 cm² = 3 dm² 8 000 dm² = 80 m² 50 mm² = 0,5 cm²

5. a) z. B.

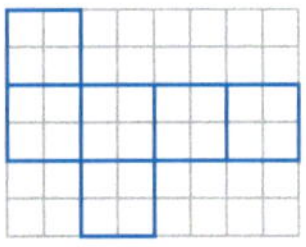

b) z. B.

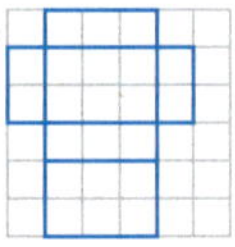

Trainer → Seite 197

1. Ⓐ u = 44 cm Ⓑ u = 48 cm → Der Umfang von Figur Ⓑ ist größer.
Ⓐ A = 72 cm² Ⓑ A = 68 cm² → Der Flächeninhalt von Figur Ⓐ ist größer.

2. a) O = 60 cm² V = 1 000 cm³ b) O = 118 cm² V = 70 cm³

3. 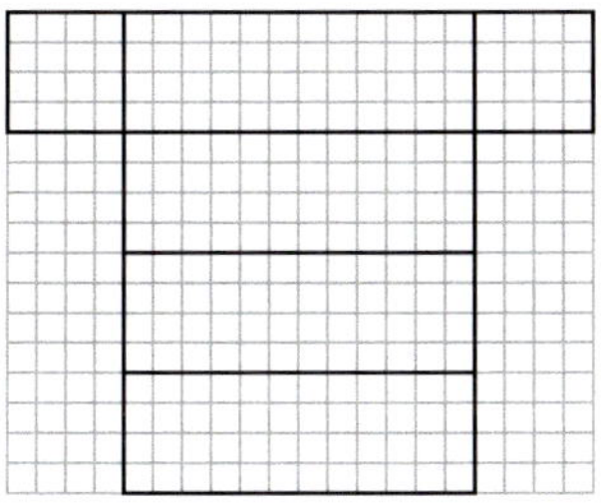

$O = 56\ cm^2$

---

4. Ⓐ $V = 64\,000\ cm^3 = 64\ dm^3$ Ⓑ $V = 120\,000\ cm^3 = 120\ dm^3$

---

5. a) Liter b) Milliliter c) Liter

---

6. Ⓐ (7) = Ⓒ (7) < Ⓓ (8) < Ⓑ (9)

---

7. a) $6\,000\ dm^3 = 6\ m^3$; $25\,000\ dm^3 = 25\ m^3$; $500\ dm^3 = 0{,}5\ m^3$
b) $7\,000\ cm^3 = 7\ dm^3$; $12\,000\ cm^3 = 12\ dm^3$; $0{,}4\ m^3 = 400\ dm^3$
c) $6\ dm^3 = 6\,000\ cm^3$; $500\ dm^3 = 500\,000\ cm^3$; $2\,500\ mm^3 = 2{,}5\ cm^3$
d) $2\ cm^3 = 2\,000\ mm^3$; $33\ cm^3 = 33\,000\ mm^3$; $0{,}01\ cm^3 = 10\ mm^3$

---

8. a) $O = 1\,340\ cm^2$ b) Rechteck mit $a = 44\ cm$ und $b = 45\ cm$

Trainer → Seite 198

9. $1\ \ell$ Milch = $1\,000\ m\ell$ Milch $\frac{1}{4}\ \ell$ Sahne = $250\ m\ell$ Sahne $0{,}5\ \ell$ Kirschsaft = $500\ m\ell$ Kirschsaft
$\frac{1}{8}\ \ell$ Orangensaft = $125\ m\ell$ Orangensaft $\frac{3}{4}\ \ell$ Wasser = $750\ m\ell$ Wasser

---

10. a) $6\ \ell = 6\,000\ m\ell$ b) $2\,000\ m\ell = 2\ \ell$ c) $25\ \ell = 25\,000\ m\ell$ d) $800\ m\ell = 0{,}8\ \ell$ e) $0{,}3\ \ell = 300\ m\ell$ f) $75\,000\ m\ell = 75\ \ell$

---

11. $V = 200\,000\ cm^3 = 200\ dm^3 = 200\ \ell$ → Die Angabe stimmt.

---

12. a) Ergänzen und Subtrahieren, weil man dann nur **zwei** Teilkörper berechnen muss.
b) Zerlegen und Addieren, weil man dann nur **zwei** Teilkörper berechnen muss.

---

13. $V_1 = 88\ cm^3$ $V_2 = 6\ cm^3$ $V = 94\ cm^3$

---

14. $u = 34\ cm$ $A = 30\ cm^2$

---

15. z. B.

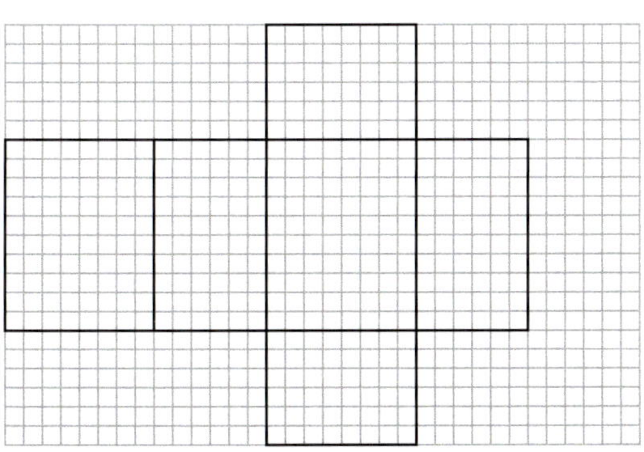

$O = 94\ cm^2$

---

16. a) $V = 1{,}728\ dm^3$ $O = 8{,}64\ dm^2$ b) $V = 2\,100\ dm^3$ $O = 1\,090\ dm^2$

17. a) $4\,cm^2$ b) $a = 2\,cm$ c) z. B.

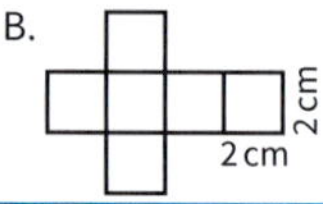

---

18. $25\,mm^3 < 0{,}5\,cm^3 < 2\,cm^3 < 25\,m\ell < 2{,}5\,dm^3 < 50\,dm^3 < 250\,\ell < 0{,}5\,m^3 < 5\,m^3 < 25\,m^3$ Lösungswort: LEVERKUSEN

Trainer → Seite 199

19. a) $V = 60\,cm^3$ b) $O = 126\,cm^2$

20. links: $V = 144\,cm^3$ rechts: $V = 100\,cm^3$

21. $h = 4\,cm$

22. R: 1 Kasten: $V = 18\,\ell$ 4 Kästen: $V = 72\,\ell$ A: Sie muss 3 Säcke kaufen.

23. $V = 200\,dm^3 = 200\,\ell$ $200\,\ell : 8\,\ell = 25$ Gießkannen

24. $A = 439\,m^2$

25. a) links: $V = 1\,280\,cm^3$ $O = 768\,cm^2$ rechts: $V = 1\,331\,cm^3$ $O = 726\,cm^2$
b) Packung (Würfel), weil man weniger Verpackungsmaterial benötigt.

26. a) Länge $a = 2{,}5\,cm$ b) Breite $b = 1\,dm$ c) Höhe $c = 50\,cm$

27. ① Grundfläche berechnen: $7\,cm \cdot 6\,cm = 42\,cm^2$ ② Volumen durch Grundfläche dividieren: $210\,cm^3 = 42\,cm^2 = 5\,cm = h$

28. Beispiel: $a_1 = 3\,cm$ $V_1 = 27\,cm^3$ → Verdopplung: $a_2 = 6\,cm$ Verachtfachung: $V_2 = 216\,cm^3$
Antwort: Wird bei einem Würfel mit der Kantenlänge $a_1 = 3\,cm$ die Kantenlänge auf 6 cm verdoppelt, so verachtfacht sich das Volumen von $27\,cm^3$ auf $216\,cm^3$.

Abschlussaufgabe → Seite 200

a) $3\,000\,\ell = 3\,m^3$ $3 \cdot 145 = 435\,€$

b) $A = 10\,m^2$ $10 \cdot 60\,€ = 600\,€$ $u = 14\,m$ (Metallschiene)

c) Weg: $2\,m \cdot 0{,}5\,m + 2\,m \cdot 0{,}5\,m + 5\,m \cdot 0{,}5\,m + 0{,}5\,m \cdot 0{,}5\,m = 4{,}75\,m^2$

d) ① $V = 6\,m^3 = 6\,000\,\ell$ ② Fläche: $11\,m^2$

e) z. B. $1\,m \cdot 4\,m \cdot 1\,m$ oder $2\,m \cdot 2\,m \cdot 1\,m$

Lösungen zu Kapitel 7

Startklar → Seite 201

1. a) weitester Wurf: Elena, 28 m; kürzester Wurf: Hüsne, 15 m b) Zoe und Rosa haben gleich weit geworfen.

2. a) 53 b) 85 c) 140 d) 59,9 e) 9,9 f) 9,10

3. a) 31 kg b) 9 km c) 40 m d) 10,60 € e) 40 kg f) 9,60 € g) 9 cm h) 2,60 €

4. a) 9 % b) 50 % c) 30 % d) 35 % e) 40 % f) 22% g) 75 % h) 35 %

5. a) 9 kg b) 3 m c) 18 € d) 12 €

Trainer → Seite 223

1. a) Maximum: 23 °C (Las Palmas) Minimum: 5 °C (München) Spannweite: 23 °C – 5 °C = 18 °C
b) Rangliste: 5 6 6 7 8 9 10 $\boxed{10}$ 12 14 16 17 18 21 23 Median: 10 °C (Brüssel)

2. a) Spannweite: 13 cm Median: 15 cm Arithmetisches Mittel: 14 cm
b) Spannweite: 280 g Median: 150 g Arithmetisches Mittel: 200 g

3. a) Median: 🙂 b) Die Datenreihe besteht nicht aus Zahlen und Größen.

4. a) Arithmetisches Mittel: 60 km b) Median: 23 € (Samira)

5. a) 43 von 86 $= \frac{1}{2} = 50\,\%$ b) 60 von 80 $= \frac{3}{4} = 75\,\%$ c) 24 von 50 $= \frac{12}{25} = 48\,\%$
d) 35 von 100 $= \frac{7}{20} = 35\,\%$ e) 18 von 45 $= \frac{2}{5} = 40\,\%$ f) 60 von 200 $= \frac{3}{10} = 30\,\%$

6. Justin: 18 von 25 = 72 % Lisa: 16 von 20 = 80 % Lisa hatte das bessere Wahlergebnis.

7. Saal 1: 120 von 200 = 60 % Saal 2: 300 von 400 = 75 % Saal 3: 68 vonn 100 = 68 % Saal 4: 200 von 250 = 80 %

8. Jule: 50 von 100 = 50 % Nina: 1 von 2 = 50 % Jule und Nina haben beide mit 50 % relativer Häufigkeit getroffen.
Jule hatte viel mehr Versuche als Nina, deshalb kann man Jule mehr vertrauen.

9. a) mehr als 3: 4; 5; 6 $\frac{3}{6} = \frac{1}{2} = 50\,\%$ weniger als 3: 1; 2 $\frac{2}{6} = \frac{1}{3} = 33{,}3\,\%$
Antwort: „Mehr als 3“ ist wahrscheinlicher.
b) ungerade Zahl: 1; 3; 5 $\frac{3}{6} = \frac{1}{2} = 50\,\%$ mehr als 4: 5; 6 $\frac{2}{6} = \frac{1}{3} = 33{,}3\,\%$
Antwort: „Ungerade Zahl“ ist wahrscheinlicher.

Trainer → Seite 224

10. Der Spieler sollte sich für Glücksrad B entscheiden, bei dem die Wahrscheinlichkeit für „blau“ am größten ist.

11. rot: $\frac{3}{10} = 30\,\%$ grün: $\frac{1}{10} = 10\,\%$ blau: $\frac{4}{10} = 40\,\%$ gelb: $\frac{2}{10} = 20\,\%$

12. Kamil: $\frac{68}{200} = \frac{34}{100} = 34\,\%$ Olli: $\frac{63}{150} = \frac{21}{50} = \frac{42}{100} = 42\,\%$

13. a)

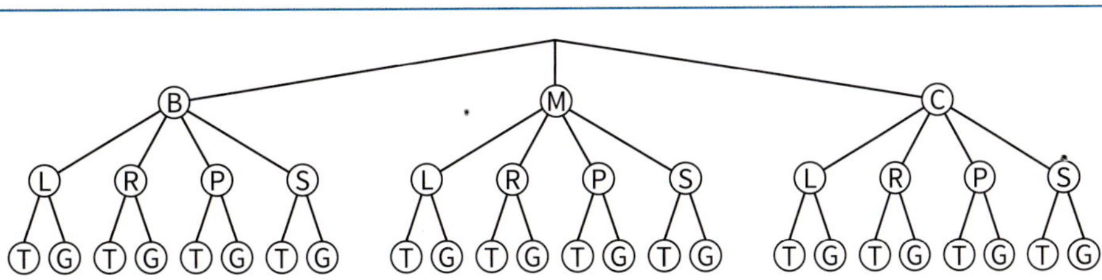

b) Rechnung: $3 \cdot 4 \cdot 2 = 24$ Antwort: Es gibt 24 mögliche Menüs.

14. a) Marc: Median: 23 m; Arithmetisches Mittel: $\frac{144}{6} = 24$ m Silas: Median: 27,5 m; Arithmetisches Mittel: $\frac{138}{6} = 23$ m
b) Silas ist wahrscheinlich der bessere Werfer.

15. a) Tina: 15 Stimmen Tom: 16 Stimmen Tom wurde gewählt.
b) Mädchen, die Tom gewählt haben: 7 relative Häufigkeit: $\frac{7}{12} = 58{,}3\,\%$
Jungen, die Tina gewählt haben: 10 relative Häufigkeit: $\frac{10}{19} = 52{,}6\,\%$
Nach der absoluten Häufigkeit haben mehr Jungen Tina gewählt. Vergleicht man die relative Häufigkeiten, so haben mehr Mädchen Tom gewählt.

16. a) $\frac{4}{16} = \frac{1}{4} = 25\,\%$ b) $\frac{5}{16} = 31{,}3\,\%$ c) $\frac{8}{16} = 50\,\%$ d) $\frac{4}{16} = 25\,\%$ e) $\frac{2}{16} = 12{,}5\,\%$ f) $\frac{6}{16} = 37{,}5\,\%$

Trainer → Seite 225

17. a) Rangliste: 0 0 25 28 [29 31] 33 37 38 41 Maximum: 41 min Median: $\frac{(29+31)}{2} = 30$ min
Arithmetisches Mittel: 26,2 min
b) Der mittlere Wert (Median) beträgt genau 30 min. Im Durchschnitt der letzten 10 Tage hat Rima weniger als 30 min für die Hausaufgaben benötigt.

18. ① Die Wahrscheinlichkeit für „gerade Zahl": beim 12er Würfel: $\frac{6}{12} = \frac{1}{2} = 50\,\%$ beim 6er Würfel: $\frac{3}{6} = \frac{1}{2} = 50\,\%$
Antwort: Die Aussage ist falsch, die Wahrscheinlichkeiten sind gleich groß.
② Die Wahrscheinlichkeit eine 6 zu würfeln: beim 12er Würfel: $\frac{1}{12} = 8{,}3\,\%$ beim 6er Würfel: $\frac{1}{6} = 16{,}7\,\%$
Antwort: Die Aussage stimmt.

19. a) 1 blaue und 1 gelbe Kugel dazulegen. b) 4 gelbe Kugeln dazulegen.

20. a) 11 € b) 41 € c) 46 €

21. a) Hans hatte 20 Treffer. b) Niclas hat 35-mal geworfen.

22. Leons Schätzung ist die beste. 4 und 5 sind weniger wahrscheinlich als 1, 2 und 3. Außerdem sind 4 und 5 gleich wahrscheinlich.

23. a) Minimum: 11 Maximum: 55
b)

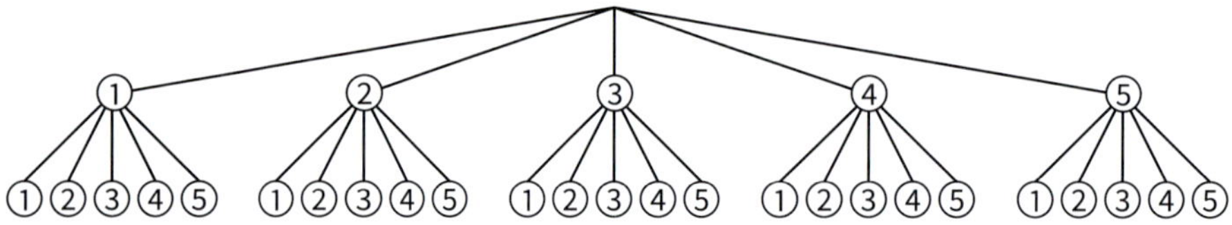

c) Vielfache von 3: 12; 15; 21; 24; 33; 42; 45; 51; 54 Anzahl der Möglichkeiten: $5 \cdot 5 = 25$
Wahrscheinlichkeit für Vielfache von 3: $\frac{9}{25} = \frac{36}{100} = 36\,\%$

Abschlussaufgabe → Seite 226

a) ① Rangliste: 2,70 m; 2,90 m; 3,00 m; 3,10 m; 3,30 m; 3,40 m; 3,50 m; 3,60 m
② Maximum: 3,60 m Spannweite: 3,60 m – 2,70 m = 0,90 m Arithmetisches Mittel: 28,8 m : 9 = 3,20 m Median: 3,30 m

b) ① 6a: absolute Häufigkeit: 16 relative Häufigkeit: 16 von 20 = 80 %
6b: absolute Häufigkeit: 17 relative Häufigkeit: 17 von 25 = 68 %
6c: absolute Häufigkeit: 18 relative Häufigkeit: 18 von 24 = 75 %
② Antwort: Die Klasse 6a hat am besten abgeschnitten.

c) Rangliste: 18 m; 30 m; 32 m; 32 m; 33 m; 35 m; 36 m; 36 m; 37 m; 38 m; 38 m; 38 m; 39 m; 39 m; 39 m; 40 m; 41 m; 41 m; 42 m; 44 m
Gesamtzahl: 20
① Wahrscheinlichkeit, dass Joshua weiter als 35 m wirft: $\frac{14}{20} = 70\,\%$
② Wahrscheinlichkeit, dass Joshua weiter als 40 m wirft: $\frac{4}{20} = 20\,\%$

d) Wahrscheinlichkeit, dass Kim Station 1 oder Station 8 zugelost bekommt: $\frac{2}{8} = \frac{1}{4} = 25\,\%$

Lösungen zu Kapitel 8

Startklar → Seite 227

1. a) $\frac{4}{3}$ b) $\frac{21}{4}$ c) $\frac{10}{7}$ d) $\frac{24}{5}$

2. a) $\frac{2}{3}$ b) $\frac{1}{4}$ c) $\frac{4}{25}$ d) $\frac{7}{18}$

3. a) 35,2 b) 4100 c) 20 d) 2,315 e) 0,06 f) 0,0025

4. a) 391,44 b) 2920,86

5. a) 1,23 b) 2,33

Trainer → Seite 247

1. a) $\frac{1}{3}\cdot\frac{3}{5}=\frac{1}{5}$ b) $\frac{2}{3}\cdot\frac{3}{5}=\frac{2}{5}$ c) $\frac{1}{2}\cdot\frac{4}{7}=\frac{2}{7}$ d) $\frac{1}{4}\cdot\frac{1}{2}=\frac{1}{8}$ e) $\frac{3}{6}\cdot\frac{2}{3}=\frac{1}{4}$ f) $\frac{3}{4}\cdot\frac{2}{5}=\frac{3}{10}$

2. a) $\frac{1}{4}$ b) $\frac{9}{20}$ c) $\frac{1}{14}$ d) $\frac{2}{7}$ e) $\frac{21}{40}$ f) $\frac{1}{3}$ g) $\frac{3}{2}$ h) 4 i) $\frac{4}{3}$

3. a) 1 b) $\frac{1}{2}$

4. R: $2\frac{1}{2}\ell:\frac{1}{4}\ell=\frac{5}{2}\ell\cdot\frac{4}{1}\ell=10$ A: Helen kann 10 Gläser füllen.

5. a)

$\frac{3}{100}$			
$\frac{1}{5}$	$\frac{3}{20}$		
$\frac{2}{3}$	$\frac{3}{10}$	$\frac{1}{2}$	
$\frac{4}{3}$	$\frac{1}{2}$	$\frac{3}{5}$	$\frac{5}{6}$

b)

675			
22,5	**30**		
6	**3,75**	**8**	
4	1,5	2,5	3,2

6. a) Es kommen Honigbienen und Waldbienen sehr häufig vor. b) Sie sind 18-mal größer.
c) 20000 Fische sind notwendig.

7. a) 4,8 b) 70,38 c) 73,5 d) 4,608

8. a) 0,1 b) 123 c) 0,36 d) 0,25 e) 0,45 f) 0,016 g) 9 h) 12 i) 97,5

Trainer → Seite 248

9. a) 5,55 b) 444,444 c) 2468 d) 13,57

10.

$1\frac{3}{4}:\frac{1}{8}=14$

11. a) $3{,}5\,cm\cdot3{,}5\,cm=12{,}25\,cm^2$ b) $4{,}5\,cm\cdot2{,}3\,cm=10{,}35\,cm^2$

12. R: $14\cdot0{,}5\,\ell=28$ $14\cdot0{,}7\,\ell=20$ A: Es wären 28 Flaschen zu 0,5 ℓ oder 20 Flaschen zu 0,7 ℓ.

13. a) 1,5944 km b) 43,0488 km c) 573,84 km

14. a)

$\frac{7}{54}$			
$\frac{7}{8}$	$\frac{4}{27}$		
$\frac{21}{16}$	$\frac{2}{3}$	$\frac{4}{18}$	
$\frac{7}{8}$	$\frac{3}{2}$	$\frac{4}{9}$	$\frac{1}{2}$

b)

2,8672			
3,584	**0,8**		
5,6	**0,64**	1,25	
3,5	**1,6**	0,4	**3,125**

15. a) $\frac{2}{3}$ b) $\frac{1}{4}$ c) 1 d) $\frac{2}{15}$ e) $\frac{9}{16}$ f) $\frac{10}{33}$ g) $\frac{4}{15}$ h) $\frac{5}{2}$ i) $\frac{3}{4}$ j) $\frac{5}{14}$ k) $\frac{5}{6}$ l) $\frac{8}{9}$

16. R: 94,5 t : 3,5 t = 27 t A: Es werden 27 Fahrten benötigt.

17. $0{,}12 \cdot 0{,}4 = 0{,}048$ $0{,}2 \cdot 0{,}4 = 0{,}08$ $0{,}2 \cdot 0{,}6 = 0{,}12$ $1{,}2 \cdot 0{,}21 = 0{,}252$ $0{,}12 \cdot 2{,}1 = 0{,}252$
$0{,}2 \cdot 2{,}1 = 0{,}42$ $1{,}2 \cdot 0{,}4 = 0{,}48$ $1{,}2 \cdot 0{,}6 = 0{,}72$ $1{,}2 \cdot 2{,}1 = 2{,}52$

Trainer → Seite 249

18. a) Naomis Ergebnis stimmt.
b) Lara hätte zuerst den Klammerausruck berechnen müssen. Regel: Klammer vor Punkt vor Strich

19. a) $\frac{10}{18} = \frac{5}{9}$ b) $\frac{5}{12}$ c) 1 d) 2 e) $\frac{1}{2}$ f) $\frac{5}{12}$

20. ① $1{,}4 \cdot 1{,}2 > 1$ ② $0{,}9 \cdot 0{,}5 < 1$ ③ $1{,}5 \cdot 1{,}5 > 1{,}5$ ④ $0{,}6 \cdot 0{,}6 < 0{,}6$ ⑤ $0{,}6 \cdot 1{,}5 > 0{,}6$ ⑥ $0 \cdot 0{,}15 = 0$

21. a) $\frac{69}{25}$ b) $\frac{64}{9}$ c) $\frac{28}{5}$ d) 6 e) $\frac{124}{57}$ f) $\frac{33}{49}$

22. h = 3,8 cm

23. a)

$\frac{3}{3200}$			
$\frac{3}{160}$	$\frac{1}{20}$		
$\frac{1}{4}$	$\frac{3}{40}$	$\frac{2}{3}$	
$\frac{5}{6}$	$\frac{3}{10}$	$\frac{1}{4}$	$\frac{8}{3}$

b)

48			
60	0,8		
48	**1,25**	0,64	
7,68	**6,25**	**0,2**	3,2

24. gegeben Quadrat: u = 9 dm $A = 5{,}0625\ dm^2$
Rechteck mit a = 2,75 dm, b = 1,75 dm: u = 9 dm (bleibt gleich) $A = 4{,}8125\ dm^2$ (wird kleiner)

25. a) $2\,494{,}3\ \frac{km}{h}$
b) Airbus Berlin – New York: circa 6,08 h Concorde Berlin – New York: circa 2,6 h Der Airbus braucht etwa 2,3-mal so lang.

Abschlussaufgabe → Seite 250

a) $80{,}8\ \frac{km}{h}$

b) $A = 1\,200\ m^2$ Etwa 2 Menschen kommen auf einen Quadratmeter.

c) ① Zuerst kommt Emmas Klasse aus dem Museum, dann Julians Klasse und zuletzt Meleks Klasse.
② Julians Klasse: 50 min Emmas Klasse: 45 min Meleks Klasse: 1 h 30 min
③ Ja, denn die Wartezeit von Emmas Klasse beträgt 45 Minuten.

d) ① 10,76 € ② 1,23 €

Lösungen „Wiederholen"

→ Seite 251

1. –

2. a) 36 b) 27 c) 28 d) 40 e) 54 f) 49 g) 48

3. a) 5 b) 7 c) 6 d) 9 e) 4 f) 5 g) 8 h) 8 i) 9 j) 7

4. a) Regel: + 3 30, 33, 36 b) Regel: – 5 155, 150, 145 c) Regel: + 4 34, 38, 42 d) Regel: – 80 400, 320, 240

→ Seite 252

1. a) A(1|3), B(3|2), C(0|4), D(5|2), E(7|3), F(5|4), G(4|6), H(3|4)
b) A(0|3), B(2|0), C(4|2), D(9|1), E(7|3), F(9|5), G(4|4), H(2|6)

2. A: 620 B: 660 C: 710 D: 780

3. A: 50 000 B: 170 000 C: 380 000 D: 570 000 E: 720 000

→ Seite 253

1. a) 460 € b) 205 m c) 110 h d) 730 s e) 2 300 kg = 2,3 t f) 7,80 m g) 3 600 m h) 5,75 €

2. a) 600 cm b) 12,80 € c) 15 m d) 12,6 kg e) 120 kg f) 40 min g) 0,90 € h) 1,10 m

3. a) A: 1,5 cm; B: 3 cm; C: 2,8 m; D: 1,3 cm; E: 0,8 cm b) A: 0,9 cm; B: 1,8 cm; C: 1,8 cm; D: 1,5 cm; E: 2,2 cm; F: 1 cm

→ Seite 254

1. Quadrate: B, C, H Rechtecke: A, B, C, E, F, H

2.

3.
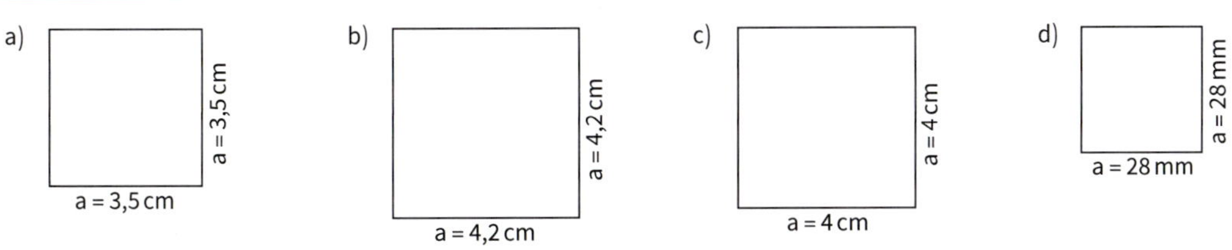

→ Seite 255

1. b ⊥ f, c ⊥ i, a ⊥ g

2. a ∥ b ∥ c, d ∥ e, g ∥ i

→ Seite 256

1.

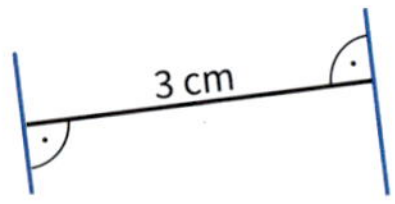

2. a)

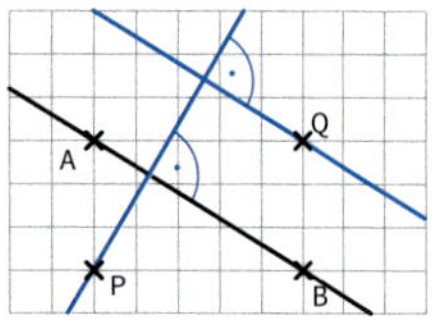

b)

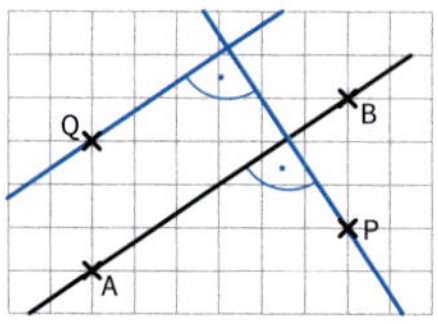

c)

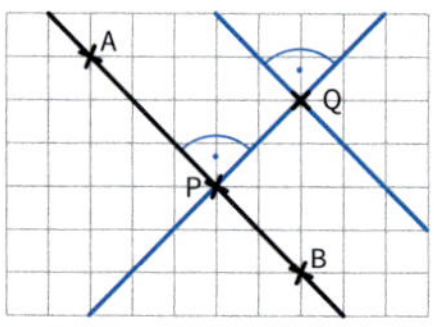

3. a) $\frac{4}{16}$ b) $\frac{12}{18}$ c) $\frac{9}{21}$ d) $\frac{20}{25}$ e) $\frac{21}{70}$ f) $\frac{8}{36}$

4. a) $\frac{6}{8}$ b) $\frac{5}{25}$ c) $\frac{4}{14}$ d) $\frac{8}{12}$ e) $\frac{21}{24}$ f) $\frac{32}{88}$

→ Seite 257

1. a) kgV (3,8) = 24 b) kgV (5, 25) = 24 c) kgV (5,25) = 25

2. a) kgV (5,6) = 30 b) kgV (4,6) = 12 c) kgV (8,10) = 40 d) kgV (2,12) = 18 e) kgV (2,12) = 12 f) kgV (9,15) = 45

3. a) ggT (24, 32) = 8 b) ggT (14,35) = 7 c) ggT (8, 16) = 8

4. a) ggT (8,18) = 2 b) ggT (28,32) = 4 c) ggT (24,30) = 6 d) ggT (7,21) = 7 e) ggT (18,27) = 9 f) ggT (4,9) = 1

→ Seite 258

1. a) z. B.

4 Teile

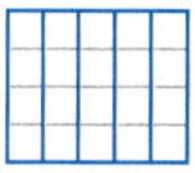
5 Teile

b) z. B.

2 Teile

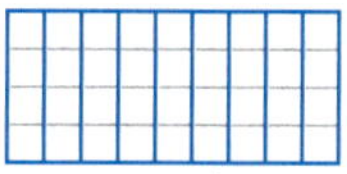
9 Teile

c) z. B.

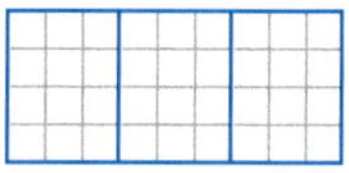
3 Teile

4 Teile

2. a) z. B. 6 Teile:

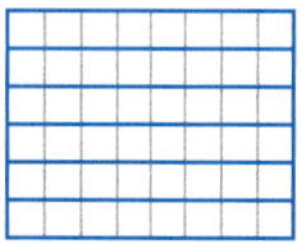

8 Teile:

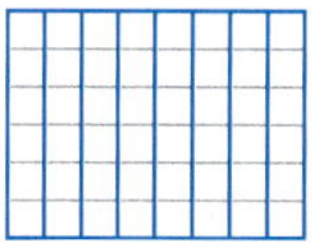

b) z. B. 5 Teile:

8 Teile:

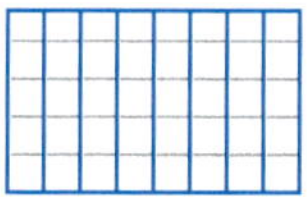

c) z. B. 7 Teile:

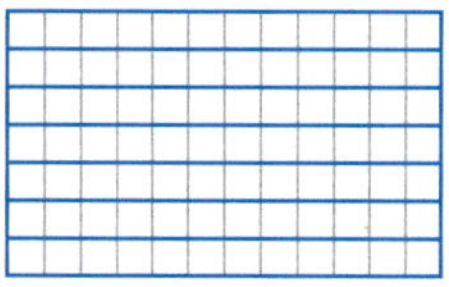

12 Teile:

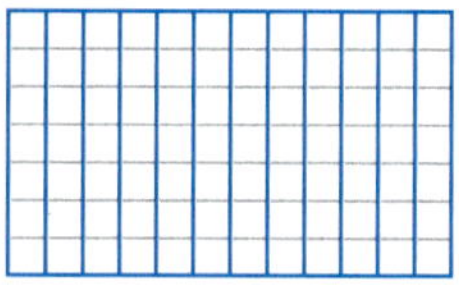

3. a) ① 3 m 26 cm ② 2 cm 3 mm ③ 1 km 125 m ④ 4 m 50 cm ⑤ 1 km 800 m ⑥ 2 km 490 m
b) ① 3,8 m ② 5,42 km ③ 7,4 cm ④ 6,2 cm ⑤ 0,8 m ⑥ 12,8 km

→ Seite 259

1. a) 4 000 m b) 500 cm c) 120 mm d) 1 200 m e) 210 cm

2. a) 4 cm b) 7 m c) 9 km d) 1,45 m e) 0,1 m

3. a) 900 ct b) 120 min c) 11 000 g d) 180 s e) 4 000 kg

4. a) 4 h b) 2 kg c) 10 min d) 1,99 € e) 2,5 t

→ Seite 260

1. a) Strahl $\overline{AB}$ b) Strecke $\overline{CD}$ c) kein Strahl, keine Strecke, keine Gerade d) Gerade GH

2. a) z. B.
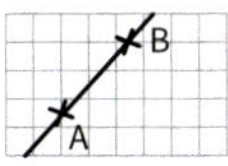

b) z. B.
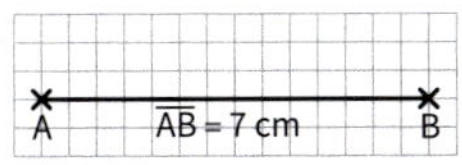

c) z. B.
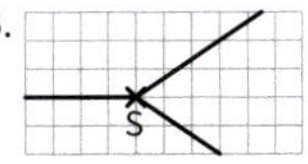

d) z. B.
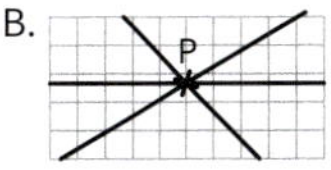

3. b und g, c und g, f und g

→ Seite 261

1. a) 2 760 b) 11 628 c) 30 700 d) 170 968 e) 34 748 f) 204 126

2. a)

T H Z E : T H Z E
3 0 1 8 : 3 = 1 0 0 6
−3
0 0
−0
0 1
−0 0
1 8
−1 8
0

b)

T H Z E : T H Z E
9 2 9 6 : 4 = 2 3 2 4
−8
1 2
−1 2
0 9
−0 8
1 6
−1 6
0

3. a) 140 b) 104 c) 156 d) 1 241 e) 874 f) 1 114

→ Seite 262

1. a) 620 b) 2 400 c) 93 d) 39 e) 73 000 f) 25 000 g) 620 h) 90

2. a) 567 b) 246 c) 3 579 d) 6 543 e) 345 f) 234 g) 5 335 h) 707

3. a) 8 158 b) 10 409 c) 6 556 d) 251

→ Seite 263

1.

	E	z	h	t	
a)	0	3	4		0,34
b)	1	9			1,9
c)	0	0	9	2	0,092
d)	0	0	9		0,09
e)	2	5	1		2,51
f)	0	0	0	2	0,002
g)	6	7	3	4	6,734
h)	0	4			0,4

2. a) 0,7 b) 2,8 c) 0,05 d) 1,03 e) 0,024 f) 0,938

3.

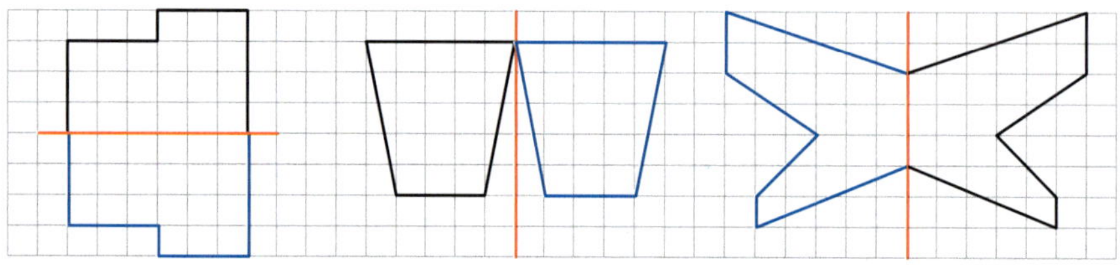

→ Seite 264

1. Hier ohne Zeichnung. a) $A = 12\,cm^2$ b) $u = 16\,cm$

2. a) $A = 40\,cm^2$ $u = 26\,cm$ b) $A = 100\,cm^2$ $u = 40\,cm$

3. a) $400\,dm^2$ b) $2\,500\,mm^2$ c) $7\,000\,cm^2$ d) $1\,200\,mm^2$ e) $2\,cm^2$ f) $41\,dm^2$ g) $60\,m^2$ h) $7\,dm^2$

→ Seite 265

1.

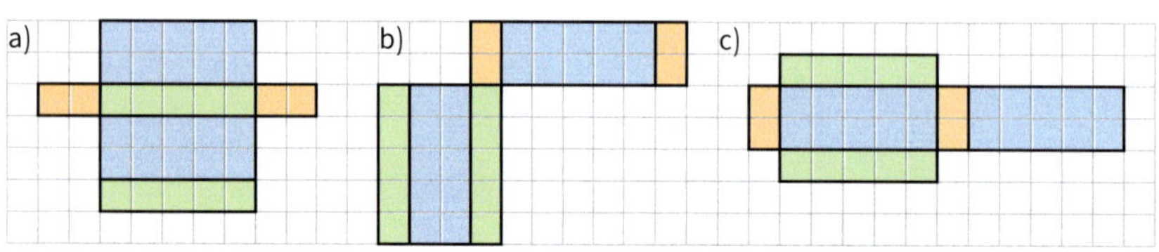

2.

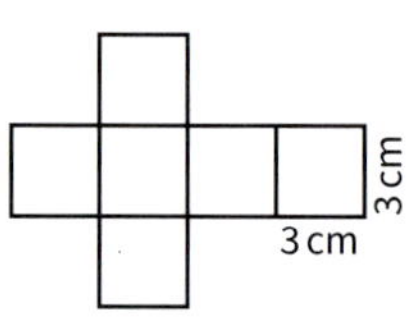

3. a) $\frac{3}{28}$ b) $\frac{2}{15}$ c) $\frac{2}{54} = \frac{1}{27}$ d) $\frac{1}{11}$ e) $\frac{3}{32}$ f) $\frac{1}{45}$ g) $\frac{1}{60}$

→ Seite 266

1. a) Ein Kästchen steht für zwei Personen. Ein halbes Kästchen steht für eine Person.
b) Bus: 12 Personen, Rad: 6 Personen, Auto: 2 Personen, zu Fuß: 7 Personen

2.

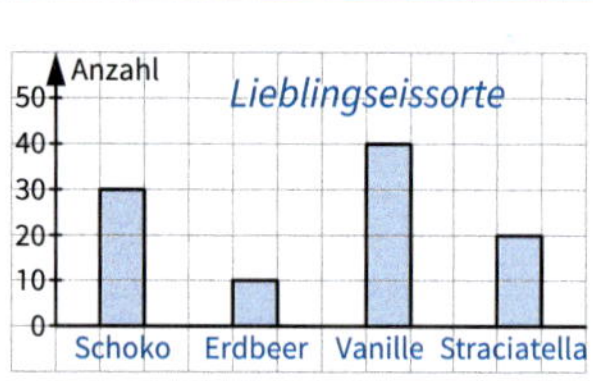

3. a) 3 % b) 19 % c) 83 % d) 99 % e) 100 % f) 66 %

4. a) $\frac{5}{100} = 5\,\%$ b) $\frac{28}{100} = 28\,\%$ c) $\frac{60}{100} = 60\,\%$ d) $\frac{90}{100} = 90\,\%$ e) $\frac{44}{100} = 44\,\%$ f) $\frac{25}{100} = 25\,\%$

→ Seite 267

1. a) $48 + 12 + 27 = 60 + 27 = 87$
b) $45 + 25 + 69 = 70 + 69 = 139$
c) $98 + 146 + 54 = 98 + 200 = 298$
d) $128 + 244 + 116 = 128 + 360 = 488$
e) $35 + 15 + 17 + 13 = 50 + 30 = 80$
f) $177 + 23 + 66 + 104 = 200 + 170 = 370$
g) $92 + 108 + 37 + 13 = 200 + 50 = 250$
h) $26 + 74 + 101 + 709 = 100 + 810 = 910$

2. a) $67 + (76 + 24) = 167$ b) $(38 + 42) + 35 = 115$ c) $69 + (167 + 33) = 269$ d) $(402 + 88) + 66 = 556$
e) $25 + (88 + 12) + 56 = 181$ f) $(36 + 24) + (87 + 23) = 170$ g) $49 + (44 + 46) + 41 = 180$ h) $69 + (27 + 53) + 21 = 170$

3. a) $36 \xrightarrow{\text{davon } \frac{3}{4}} 27$; $36 \xrightarrow{:4} 9 \xrightarrow{\cdot 3} 27$
b) $56 \xrightarrow{\text{davon } \frac{2}{7}} 16$; $56 \xrightarrow{:7} 8 \xrightarrow{\cdot 2} 16$
c) $30 \xrightarrow{\text{davon } \frac{5}{6}} 25$; $30 \xrightarrow{:6} 5 \xrightarrow{\cdot 5} 25$
d) $310 \xrightarrow{\text{davon } \frac{3}{10}} 93$; $310 \xrightarrow{:10} 31 \xrightarrow{\cdot 3} 93$

4. a) 7 m b) 4 kg c) 6 cm d) 3 min e) 9 € f) 12 km g) 77 s

→ Seite 268

1. a) $\frac{45}{8}$ b) $\frac{12}{5}$ c) 12 d) $\frac{1}{4}$ e) 1 f) $\frac{15}{7}$ g) $\frac{8}{5}$ h) $\frac{5}{3}$

2.

```
a) 23,65 : 5 = 4,73     b) 17,15 : 7 = 2,45     c) 70,53 : 3 = 23,51
  -20                     -14                     -6
    36                      31                     10
   -35                     -28                    - 9
     15                      35                     15
    -15                     -35                    -15
      0                       0                      03
                                                    - 3
                                                      0
```

3. a) 5,23 b) 15,2 c) 9,4 d) 2,34 e) 22,8 f) 17,3

→ Seite 269

1. a) 235 b) 5 c) 4 890 d) 690 e) 761,8 f) 350
g) 35 h) 45 i) 56 j) 36 k) 0,6 l) 15,6

2. a) 1 000 b) 1 000 c) 10 d) 10 e) 1 000 f) 100 g) 10 h) 1 000

3. a) 10 b) 4,8 c) 3,6 d) 10,5 e) 8,8 f) 4,5 g) 2,8

4. a) 1,5 b) 55,2 c) 23,12 d) 37,8 e) 87,6 f) 81 g) 103,95

→ Seite 270

1. a) 2 Symmetrieachsen

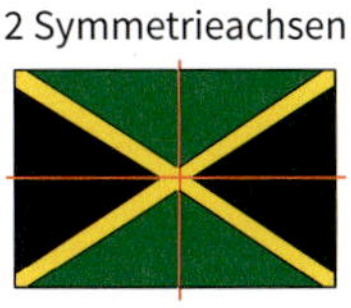

b) 2 Symmetrieachsen

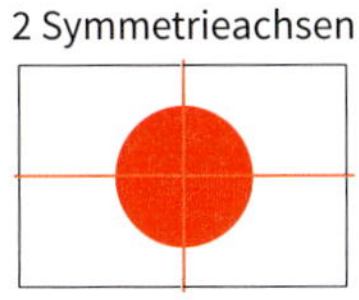

c) 0 Symmetrieachsen

d) 1 Symmetrieachse

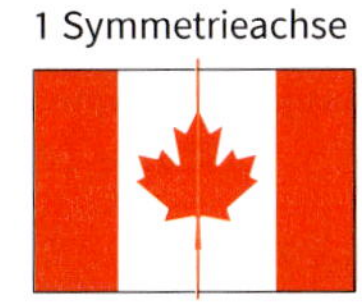

2.

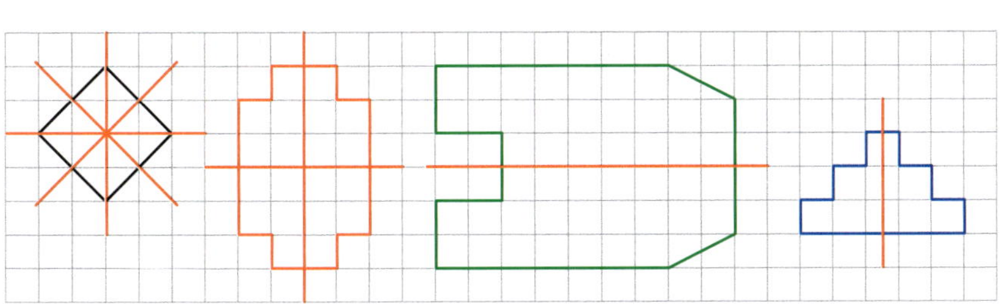

Digital+
WES-128745-295

Stichwortverzeichnis

absolute Häufigkeit 208, 222
Achsenspiegelung 118, 128
Achsensymmetrie 128
achsensymmetrisch 118
Anteil 68
arithmetisches Mittel 206, 222

Baumdiagramm 220
Baummuster 10, 34
Brüche 68
  addieren 136, 138, 162
  dividieren 144, 162, 235, 246
  erweitern 81, 98
  kürzen 81, 98
  multiplizieren 142, 162, 230, 246
  subtrahieren 136, 138, 162
  umwandeln 158
  vergleichen 86
  Zahlenstrahl 69, 98
Bruchteil 68, 72, 74, 98

Dezimalzahlen 90, 98
  abbrechende 159, 162
  addieren 148, 162
  dividieren 152, 156, 162, 244, 246
  multiplizieren 152, 154, 162, 241, 246
  periodische 159, 162
  runden 94, 98
  subtrahieren 148, 162
  vergleichen 92, 98
Drachen 45, 60
Drehsymmetrie 124, 128
drehsymmetrisch 124
Drehung 125, 128
Drehwinkel 124, 128
Drehzentrum 124, 128
Dreieck 44
Dreiecksmuster 10, 34
Dreiecksprisma 52, 60
Durchmesser 42, 60
dynamischen Geometriesoftware 58, 126

Ecke 52
Ereignis 217, 222
Ergebnisse 214, 222
erweitern 81, 98

Fläche 52
Flächeninhalt 171, 196
Fünfeck 44

gemischte Zahl 76
ggT 22, 34
Graph 27
größter gemeinsamer Teiler 22, 34

Hauptnenner 139

Kante 52
Kegel 52, 60
Kehrwert 235, 246
kgV 20, 34
kleinstes gemeinsames Vielfaches 20, 34
Kombinieren 220
Körper 52, 60
Kreis 42, 60
Kreislinie 42, 60
Kugel 52, 60
kürzen 81, 98

Liniendiagramm 27
Liter 190

Maximum 204, 222
Median 206, 222
Minimum 204, 222
Mittelpunkt 42, 60
Muster
  Baummuster 10, 34
  Dreiecksmuster 10, 34
  Rechtecksmuster 10, 34

Nachkommastelle 90
Nebenwinkel 114, 128
Nenner 68, 98
Netz 54
  Quader 54, 60
  Würfel 54, 60

Oberflächeninhalt 174, 175, 196

Parallelogramm 45, 60
Primzahl 18, 34
proportional 30, 34
Prozent 88, 98
Punktspiegelung 120, 128
Punktsymmetrie 128
punktsymmetrisch 121
Pyramide 52, 60

Quadernetze 54, 60
Quadrat 45, 60
quadratische Pyramide 52, 60

Radius 42, 60
Rangliste 204, 222
Raute 45, 60
Rechteck 45, 60
Rechtecksmuster 10, 34
relative Häufigkeit 208, 222

Schätzwert 216, 222
Schaubild 26
Scheitelpunkt 106
Scheitelwinkel 114, 128
Schrägbild 56, 60
Spannweite 204, 222
Spiegelachse 118, 128
Spiegelzentrum 120, 128
Stufenwinkel 114, 128
Symmetrieachse 118
symmetrisches Trapez 45, 60

Teilbarkeit 14, 15, 34
Teiler 12
Trapez 45, 60

Umfang 171, 196
Umwandlungszahl 183
unechter Bruch 76, 98
Urliste 204, 222

verfeinern 80
vergröbern 80
Vieleck 44
Vielfache 12
Viereck 44, 60
Volumen 180, 186, 187, 192, 196
Volumeneinheiten 182, 196

Wahrscheinlichkeit 214, 216, 217, 222
Wertetabelle 26
Winkel 106, 128
  gestreckter 106, 128
  rechter 106, 128
  spitzer 106, 128
  stumpfer 106, 128
  überstumpfer 106, 128
  Vollwinkel 106, 128
Winkelart 106
Winkel messen 108, 128
Winkelpaare 114, 128
Winkel zeichnen 109, 128
Würfelnetze 54, 60

Zahlen
  negative 32, 34
  positive 32, 34
Zahlenfolge 10, 34
Zahlenstrahl 69, 92, 98
Zähler 68, 98
Zentralwert 206, 222
Zufallsexperiment 214, 222
Zuordnung 26, 34
  proportionale 30, 34
zusammengesetzte Figur 171, 196
Zylinder 52, 60

Bildquellenverzeichnis

|Alamy Stock Photo, Abingdon/Oxfordshire: Allenden, Ian 8.2; Cammino, Giuseppe 100.2, 225.2; CHROMORANGE 13.1; Daemmrich, Bob 3.1, 9.1; Dave Bagnall Archive 11.3; earthscapes/Wright, Tony 61.1; imageBROKER.com GmbH & Co. KG 104.1; Khosrow Rajab Kordi 23.1; Lewis, Rick 21.1; Mainka, Markus 249.1; Titmuss, Peter 10.1; Westend61 GmbH 8.1. |Baumert, Tim, Berlin: 231.1. |Bundesministerium der Finanzen, Berlin: 72.2, 72.3, 72.4, 72.5, 72.6, 72.7, 72.8, 72.9. |Druwe & Polastri, Cremlingen/Weddel: 183.3. |Europäische Zentralbank, Frankfurt am Main: 72.1. |fotolia.com, New York: highwaystarz 232.1; stern_et 183.2; yamix 183.4. |iStockphoto.com, Calgary: Andronov, Leonid 248.4; Boubin, Michal 247.1; Burrell, Michael 183.6; Casanowe 124.1; Creativemarc 188.8; diegograndi 53.1; Eplisterra 112.1; Firmafotografen 53.5, 53.6, 53.7; Floortje 146.3; georgeclerk 154.2; Grbush 233.2; huettenhoelscher 249.2; kamski 183.5; Kinek00 114.1; Linine, Denis 106.1; MelkiNimages 203.1; Nagaiets 35.4; oleg66 6.1, 202.1; phatthanit_r 121.9; querbeet 156.1; rudisill 146.2; SanerG 130.3; skynesher 4.1, 66.1, 67.1; SolStock 148.1; songdech17 142.1; StockPlanets 229.1; Suriyan, Amorn 152.1; Valpy, James 154.1; Whitestorm 248.3; Yarphoto 108.1; zetter 116.2. |PantherMedia GmbH (panthermedia.net), München: Dubil, Stefan 3.2, 40.1. |Shutterstock.com, New York: Abrignani, Francesco 121.5, 122.9, 122.10, 122.11, 122.12; Circumnavigation 101.3; crystal51 183.1; FooTToo 233.1; Peterson, Richard 120.1; Petrenko, Dasha 5.1, 134.1; PhotoRedHeart 100.1; picture.factory 245.1. |stock.adobe.com, Dublin: AlexanderD 195.1; Alvov 243.1; anzebizjan Titel; APchanel 228.1; arkadijschell 184.1; Art Posting 46.3; ArTo 230.1; Bergwitz, Uwe 163.1; Burrell, Michael 182.3; by-studio 55.11, 150.1, 151.1, 151.2; drubig-photo 168.1; efkadesign 53.8; ekostsov 168.2; euthymia 191.4; Farhad 188.1; FotoIdee 205.2, 205.3, 205.4, 205.5, 205.6, 205.7, 205.8, 205.9, 205.10, 205.11, 205.12, 205.13; from_my_point_of_view@yahoo.com 74.1; Gecko Studio 182.1; Gissemann, Corinna 182.4; goldencow_images 96.1; Häßler, K.-U. 191.2; Ideeah Studio 197.9; Justin 191.1; kaninstudio 89.5; klikk 193.12; Kljatov, Alexey 130.4; KorayErsin 53.4; lado2016 135.1; Lambert, Frank 237.1; Light Impression 197.8; mariesacha 236.1; Martins, Marco 91.1; Mostovyi, Sergii 97.3; New Africa, Africa Studio, Olga Yastremska 5.2, 169.1; nielskliim 182.2; pit24 225.1; Rey, Svetlana 146.1; Rosskothen, Michael Titel; s_fukumura 235.1; Sander, T. 205.1; Schmidt, Bernd 20.1; serjiob74 6.2, 228.2; sp4764 191.5; Steiner, Carmen 160.1; Sélley, Szabolcs 4.2, 105.1; Tran-Photography Titel; uslatar 234.1; Wells, Kevin 27.1; Zerbor 191.3. |Texas Instruments Education Technology GmbH, Freising: 211.1. |Warmuth, Torsten, Berlin: 214.2. |Wojczak, Michael, Braunschweig: 7.1, 7.2, 7.3, 10.2, 10.3, 10.4, 10.5, 11.1, 11.2, 19.1, 20.2, 21.2, 23.2, 24.1, 26.1, 26.2, 27.2, 28.1, 28.2, 28.3, 29.1, 29.2, 32.1, 33.1, 33.2, 33.3, 33.4, 33.5, 33.6, 33.7, 33.8, 34.1, 35.1, 35.2, 35.3, 36.1, 37.1, 39.1, 39.2, 39.3, 42.1, 42.2, 42.3, 42.4, 42.5, 42.6, 42.7, 42.8, 43.1, 43.2, 43.3, 43.4, 44.1, 44.2, 44.3, 44.4, 44.5, 44.6, 44.7, 44.8, 44.9, 44.10, 44.11, 44.12, 45.1, 45.2, 46.1, 46.2, 46.4, 47.1, 47.2, 47.3, 47.4, 47.5, 48.1, 48.2, 48.3, 48.4, 48.5, 48.6, 48.7, 48.8, 48.9, 48.10, 49.1, 49.2, 49.3, 49.4, 50.1, 50.2, 50.3, 51.1, 52.1, 52.2, 52.3, 52.4, 52.5, 52.6, 52.7, 53.2, 53.3, 54.1, 54.2, 54.3, 54.4, 54.5, 54.6, 54.7, 54.8, 54.9, 55.1, 55.2, 55.3, 55.4, 55.5, 55.6, 55.7, 55.8, 55.9, 55.10, 55.12, 55.13, 55.14, 55.15, 55.16, 55.17, 56.1, 56.2, 56.3, 56.4, 56.5, 56.6, 56.7, 56.8, 56.9, 56.10, 56.11, 57.1, 57.2, 57.3, 57.4, 57.5, 57.6, 57.7, 57.8, 57.9, 57.10, 57.11, 57.12, 57.13, 58.1, 58.2, 58.3, 58.4, 58.5, 59.1, 59.2, 59.3, 59.4, 59.5, 59.6, 59.7, 59.8, 59.9, 59.10, 59.11, 60.1, 60.2, 60.3, 60.4, 60.5, 60.6, 60.7, 60.8, 60.9, 60.10, 60.11, 60.12, 61.2, 61.3, 61.4, 61.5, 62.1, 62.2, 62.3, 62.4, 63.1, 63.2, 63.3, 63.4, 63.5, 63.6, 63.7, 63.8, 64.1, 64.2, 65.1, 68.1, 69.1, 69.2, 69.3, 69.4, 69.5, 69.6, 69.7, 69.8, 69.9, 69.10, 69.11, 69.12, 69.13, 70.1, 70.2, 70.3, 70.4, 70.5, 70.6, 70.7, 70.8, 70.9, 70.10, 70.11, 70.12, 70.13, 70.14, 70.15, 70.16, 71.1, 71.2, 71.3, 71.4, 71.5, 71.6, 71.7, 71.8, 74.2, 75.1, 75.2, 76.1, 76.2, 76.3, 76.4, 76.5, 76.6, 76.7, 76.8, 76.9, 76.10, 76.11, 76.12, 76.13, 77.1, 77.2, 77.3, 77.4, 77.5, 77.6, 79.1, 80.1, 80.2, 80.3, 80.4, 80.5, 80.6, 80.7, 80.8, 80.9, 81.1, 82.1, 84.1, 86.1, 86.2, 86.3, 86.4, 88.1, 88.2, 88.3, 88.4, 88.5, 88.6, 88.7, 89.1, 89.2, 89.3, 89.4, 90.1, 91.2, 91.3, 91.4, 92.1, 92.2, 93.1, 93.2, 93.3, 93.4, 93.5, 93.6, 93.7, 93.8, 94.1, 97.1, 97.2, 98.1, 98.2, 98.3, 98.4, 98.5, 98.6, 99.1, 99.2, 99.3, 99.4, 99.5, 99.6, 99.7, 99.8, 99.9, 99.10, 99.11, 99.12, 99.13, 99.14, 99.15, 99.16, 99.17, 99.18, 99.19, 99.20, 99.21, 99.22, 100.3, 100.4, 100.5, 101.1, 101.2, 102.1, 103.1, 103.2, 103.3, 103.4, 103.5, 103.6, 103.7, 106.2, 106.3, 106.4, 106.5, 106.6, 106.7, 106.8, 106.9, 107.1, 107.2, 107.3, 107.4, 108.2, 108.3, 108.4, 108.5, 109.1, 109.2, 109.3, 109.4, 109.5, 109.6, 109.7, 109.8, 109.9, 110.1, 110.2, 110.3, 110.4, 110.5, 110.6, 111.1, 111.2, 111.3, 111.4, 111.5, 111.6, 111.7, 111.8, 112.2, 112.3, 112.4, 112.5, 112.6, 112.7, 112.8, 112.9, 113.1, 113.2, 113.3, 113.4, 114.2, 114.3, 114.4,